高等学校系列推荐教材

土木工程材料

张　伟　主　编

付厚利　陈怀成　副主编

中国建筑工业出版社

图书在版编目（CIP）数据

土木工程材料/张伟主编. —北京：中国建筑工业出版社，2021.4

高等学校系列推荐教材

ISBN 978-7-112-26242-7

Ⅰ.①土… Ⅱ.①张… Ⅲ.①土木工程-建筑材料-高等学校-教材 Ⅳ.①TU5

中国版本图书馆CIP数据核字（2021）第113927号

本书汲取了国内外土木工程材料领域的最新成就、最新技术，结合我国最新相关标准、规范编写而成。介绍了常用土木工程材料的基本理论、基本知识和土木工程材料的基本组成、生产与配制原理、性质与应用。包括绪论、土木工程材料的基本性质以及气硬性无机胶凝材料、水泥、混凝土、建筑砂浆、金属材料、墙体材料与屋面材料、合成高分子材料、沥青及沥青混合料、建筑功能材料、土木工程材料试验等。为配合教学，各章均附有思考题与习题。

本书按材料科学体系编排章节，注重材料性质与材料组成、结构的关系，并将土木工程材料与工程应用紧密联系在一起，有利于加深对土木工程材料基本理论与基本知识的理解与掌握。

本书可用作高等学校本科土木工程、建筑管理工程、给水排水工程、建筑学等土木建筑类专业的教材，也可供“建筑工程技术”专业的专科学生使用。本书还可供有关土建类专业科研、设计、施工、管理人员参考。

责任编辑：高　悦　范业庶　李天虹
责任校对：党　蕾

高等学校系列推荐教材

土木工程材料

张　伟　主　编

付厚利　陈怀成　副主编

*

中国建筑工业出版社出版、发行（北京海淀三里河路9号）

各地新华书店、建筑书店经销

霸州市顺浩图文科技发展有限公司制版

北京建筑工业印刷厂印刷

*

开本：787毫米×1092毫米　1/16　印张：24¾　字数：601千字

2022年4月第一版　2022年4月第一次印刷

定价：**68.00**元

ISBN 978-7-112-26242-7

（37114）

前　言

本书是以住房和城乡建设部高等学校土木工程专业指导委员会制定的土木工程专业培养目标、培养方案及土木工程专业课程设置为指导，以该委员会审定的土木工程材料课程教学大纲为依据编写的。本书汲取了国内外土木工程材料领域的最新成就、最新技术，结合我国最新相关标准、规范编写而成。介绍了常用土木工程材料的基本理论、基本知识和土木工程材料的基本组成、生产与配制原理、性质与应用。本书可用作高等学校本科土木工程类等专业的教材，也可供有关职业技术学院建筑工程技术类专业的专科学生使用。本书还可供有关建筑、建材专业的科研、设计、施工、管理人员参考。

本书由临沂大学土木工程与建筑学院张伟教授任主编，付厚利教授、陈怀成讲师任副主编。临沂大学建筑材料研究所崔玉理教授、徐世君副教授参编了本书第 11 章“土木工程材料试验”内容。本书在编写过程中，得到河南理工大学张战营教授的指导与帮助。编者在编写本教材时，参考了国内外有关高校教师出版发行的书籍中的部分图片、表格，在此对前辈专家的辛苦劳动表示感谢，引用的主要的专家作品已列入参考文献中；本教材也大量引用参考了国家或行业有关标准、规范，在有关章节都已表明，参考文献中就不再一一列出，特此说明。本书编写过程中，中国民航机场建设公司的杨文科高级工程师、中建西部建设公司王军教授级高级工程师、西安市市政建设集团公司雷燕团高级工程师等也提供了部分工程应用资料，在此特别表示感谢。临沂大学土木工程与建筑学院土木系王南博士参与了部分图片、表格的编辑排版工作，在此也深表谢意。

由于编者水平有限，书中不当之处，敬请读者批评指正。

目　　录

绪　论

0.1　土木工程与材料

构成土木工程的材料统称为土木工程材料，它包括地基基础、梁、板、柱、墙体、屋面、道路、桥梁、水坝、码头等所用到的各种材料。

土木工程材料可从各种角度分类，如按土木工程材料的功能与用途分类，可分为结构材料、防水材料、保温材料、吸声材料、隔声材料、装饰材料、地面材料、墙体材料、屋面材料、密封材料、防腐材料、耐火材料、防火材料、防辐射材料等。此种分类方式便于工程技术人员选用土木工程材料，因此各种材料手册均按此分类。为方便学习、记忆和掌握土木工程材料的基本知识和基本理论，一般按土木工程材料的化学成分分类。按化学成分，可将土木工程材料分为无机材料、有机材料和复合材料，如表 0-1 所示。

土木工程材料按化学成分分类　　表 0-1

<table>
<tr><td rowspan="12">土木工程材料</td><td rowspan="6">无机材料</td><td rowspan="2">金属材料</td><td>黑色金属——钢、铁、不锈钢等</td></tr>
<tr><td>有色金属——铝、铜及其合金等</td></tr>
<tr><td rowspan="4">非金属材料</td><td>天然石材——砂、石及石材制品等</td></tr>
<tr><td>烧土制品——砖、瓦、玻璃、陶瓷等</td></tr>
<tr><td>胶凝材料——石灰、石膏、水玻璃、水泥等</td></tr>
<tr><td>混凝土及硅酸盐制品——混凝土、砂浆、灰砂砖、加气混凝土、混凝土砌块等</td></tr>
<tr><td rowspan="3">有机材料</td><td colspan="2">植物材料——木材、竹材等</td></tr>
<tr><td colspan="2">沥青材料——石油沥青、煤沥青、沥青制品</td></tr>
<tr><td colspan="2">高分子材料——塑料、涂料、胶粘剂、合成橡胶等</td></tr>
<tr><td rowspan="3">复合材料</td><td colspan="2">无机非金属材料与有机材料复合——玻璃纤维增强塑料、聚合物混凝土、沥青混凝土、水泥刨花板等</td></tr>
<tr><td colspan="2">金属材料与无机非金属材料复合——钢筋混凝土、钢纤维增强混凝土等</td></tr>
<tr><td colspan="2">金属材料与有机材料复合——轻质金属夹芯板（聚苯乙烯泡沫塑料芯材）</td></tr>
</table>

0.2　土木工程材料在土木与建筑工程中的重要作用

土木工程材料是一切土木建筑的物质基础。各项工程建设的开始，首先都是土木工程基本建设。土木工程材料的性能、品种、质量及经济性直接影响或决定着建筑结构的形式、建筑物的造型以及建筑物的功能、适用性、艺术性、坚固性、耐久性及经济性等，并在一定程度上影响着土木工程材料的运输、存放及使用方式，也影响着建筑施工方法。

土木建筑工程中许多新技术的突破，往往依赖于土木工程材料性能的改进与提高，而新材料的出现又促进了建筑设计、结构设计和施工技术的发展，使建筑物的功能、适用性、艺术性、坚固性和耐久性等得到进一步的改善。如钢材和钢筋混凝土的出现产生了钢结构和钢筋混凝土结构，使得高层建筑和大跨度建筑成为可能；轻质材料和保温材料的出现对减轻建筑物的自重、提高建筑物的抗震能力、改善工作与居住环境条件等起到了十分有益的作用，并推动了节能建筑的发展；新型装饰材料的出现使得建筑物的造型及建筑物的内外装饰焕然一新，更具有建筑之美；普通及高强泵送混凝土的出现，使得建筑工程施工快速而高效，实现 5～7d 一个标准层的建设。

土木工程材料的用量很大，其经济性直接影响着建筑物的造价。在我国的一般工业与民用建筑中，土木工程材料的费用约占工程总造价的 50%～70%。了解或掌握土木工程材料的性能，按照建筑物及使用环境条件对土木工程材料的要求，正确合理地选用土木工程材料，充分发挥每一种材料的长处，做到材尽其能、物尽其用，并采取正确的运输、存贮与施工方法，对节约材料、降低工程造价、提高建筑物的质量与使用性能、提高建筑物的使用寿命及建筑物的艺术性等，具有十分重要的作用。

0.3 土木工程材料的发展概况与趋势

人们在原始社会只能依靠泥土、木料及其他天然材料从事营造活动，中国在公元前 11 世纪的西周初期制造出瓦，最早的砖出现在公元前 5 世纪至公元前 3 世纪战国时的墓室中。砖和瓦具有比土更优越的力学性能，可以就地取材，又易于加工制作。砖和瓦的出现使人们开始广泛地、大量地修建房屋和城防工程等，由此，土木工程技术得到了飞速发展。直至 18～19 世纪，在长达两千多年时间里，砖和瓦一直是重要的土木工程材料，为人类文明作出了伟大的贡献，甚至在目前还被广泛采用。

从 19 世纪中叶开始，冶金业冶炼并轧制出抗拉和抗压强度都很高、延性好、质量均匀的建筑钢材，随后又生产出高强度钢丝、钢索。于是适应发展需要的钢结构得到蓬勃发展。除应用原有的梁、拱结构外，新兴的桁架、框架、网架结构、悬索结构逐渐推广，出现了结构形式百花争艳的局面。建筑物跨径从砖结构、石结构、木结构的几米、几十米发展到钢结构的百米、几百米，直到现代的千米以上。于是在大江、海峡上架起大桥，在地面上建造起摩天大楼和高耸铁塔，甚至在地面下铺设铁路，创造出前所未有的奇迹。

19 世纪 20 年代，波特兰水泥制成后，混凝土问世了，混凝土骨料可以就地取材，构件易于成型，但抗拉强度很小，用途受到限制。19 世纪中叶以后，钢铁产量激增，随之出现了钢筋混凝土这种新型的复合建筑材料，其中钢筋承担拉力，混凝土承担压力，发挥了各自的优点。20 世纪初以来，钢筋混凝土广泛应用于土木工程材料的各个领域，从 20 世纪 30 年代开始，出现了预应力混凝土。预应力混凝土结构的抗裂性能、刚度和承载能力，大大高于钢筋混凝土结构，因而用途更为广阔。土木工程进入了钢筋混凝土和预应力混凝土占统治地位的历史时期。混凝土的出现给建筑物带来了新的经济、美观的工程结构形式，使土木工程材料产生了新的施工技术和工程结构设计理论，这是土木工程的又一次飞跃发展。

20世纪中后期到21世纪的今天，随着科学技术的进步和建筑工业发展的需要，一大批新型土木工程材料应运而生，出现了各种混凝土减水剂、建筑塑料制品、涂料、新型建筑陶瓷与玻璃、新型复合材料（纤维增强材料、保温隔热材料等）。材料科学的发展和电子显微镜、X射线衍射仪等现代材料研究方法的进步，使得对材料的微观结构、显微结构、宏观结构、性质及其相互间关系的认识有了长足的进步，对正确合理使用材料和按工程要求设计材料起到了非常有益的作用。依靠材料科学和现代工业技术，人们已开发出了许多高性能和多功能的新型材料。而社会的进步、环境保护和节能降耗及建筑业的发展，又对土木工程材料提出了更高、更多的要求。因而，今后一段时间内，土木工程材料将向以下几个方向发展：

（1）高性能化。例如研制轻质、高强、高耐久、优异装饰性和多功能的材料，以及充分利用和发挥各种材料的特性，采用复合技术，制造出具有特殊功能的复合材料。

（2）多功能化及智能化。具有多种功能或智能的土木工程材料，对提高建筑物的使用性能、经济性、加快施工速度及向智能化社会发展有十分重要的作用。

（3）工业规模化。土木工程材料的生产要实现现代化、工业化，而且为了降低成本、控制质量、便于机械化施工，生产要标准化、大型化、商品化等，发展装配式建筑。

（4）绿色化和生态化。为了降低环境污染、节约资源、维护生态平衡，生产节能型、利废型、环保型和保健型的生态建材，产品可再生循环和回收利用。

0.4 土木工程材料的标准化及工程建设规范

土木工程材料的技术标准是产品质量的技术依据，这些技术标准涉及产品规格、分类、技术要求、验收规则、代号与标志、运输与贮存及抽样方法等。材料生产企业必须按照标准生产，并控制其质量。材料使用部门则按照标准选用、设计、施工，并按标准验收产品。政府主导制定的标准为4类，分别是强制性国家标准和推荐性国家标准、推荐性行业标准、推荐性地方标准；市场自主制定的标准分为团体标准和企业标准。在我国，土木工程材料标准分为国家标准、行业标准、地方标准、团体标准与企业标准。政府主导制定的标准侧重于保基本，市场自主制定的标准侧重于提高竞争力。与土木工程材料有关的标准及其代号主要有：国家标准GB、建筑工程国家标准GBJ、建工行业标准JG、建材行业标准JC、石油化学行业标准SH、化工行业标准HG、交通行业标准JT、林业行业标准LY、电力行业标准DL、冶金行业标准YB、轻工行业标准QB、中国工程建设标准化协会标准CECS、中国土木工程学会标准CCES、地方标准DB、团体标准TB、企业标准Q等。

标准的表示方法由标准名称、部门代号、标准编号、批准年份四部分组成，如《预应力混凝土用螺纹钢筋》GB/T 20065—2016、《通用硅酸盐水泥》GB 175—2007、《硫铝酸盐水泥》GB 20472—2006等。工程应用时还可以参考美国材料试验学会标准ASTM、英国工业标准 BS、日本工业标准 JIS、德国工业标准 DIN、苏联标准 ГОСТ、法国标准 NF、欧洲标准 EN 和国际标准 ISO 等。

工程中使用的土木工程材料除必须满足产品标准外，还必须满足有关的设计规范、施工及验收规范（或规程）等的规定。这些规范对土木工程材料的选用、使用、质量要求及验收等还有专门的规定，如混凝土外加剂除满足其产品质量要求外，还应满足《混凝土外加剂应用技术规范》GB 50119—2013 的规定。

标准是根据一定时期的技术水平制定的，因而随着技术的发展与对材料性能要求的不断提高，需要对标准进行不断地修订。熟悉有关标准、规范，了解标准、规范的制定背景与依据，对正确使用土木工程材料具有很好的作用。在实际工程应用中，一定要采用当前最新的产品标准或技术规范。

0.5 本课程学习的目的与方法

本课程是土建类各专业的技术基础课。课程的目的是使学生获得有关土木工程材料的基本理论、基本知识和基本技能，为学习房屋建筑学、施工技术、钢筋混凝土结构设计等专业课程提供土木工程材料的基础知识，并为今后从事建筑设计与施工能够合理选用土木工程材料和正确使用土木工程材料奠定基础。

土木工程材料的内容庞杂、品种繁多，涉及许多学科或课程，其名词、概念和专业术语多，且各种土木工程材料相对独立，本书各章之间的联系较少。此外，本书公式推导少，以叙述为主，且内容为实践规律的总结。材料的组成和结构决定材料的性质和应用，因此学习时应了解或掌握土木工程材料的组成、结构与性质间的关系。应特别注意掌握的是材料内部的孔隙数量、孔隙大小、孔隙状态及其影响因素，它们对材料的所有性质均有影响，并使材料的大多数性质降低。学习本课程应密切联系工程实际，重视试验课并做好试验。土木工程材料是一门实践性很强的课程，学习时应注意理论联系实际，利用一切机会注意观察周围已经建成的或正在施工的土木建筑工程，提出一些问题，在学习中寻求答案，并在实践中验证和补充书本所学内容。试验课是本课程的重要教学环节，通过试验课所学的基本理论，学会检验常用土木工程材料的试验方法，掌握一定的试验技能，并能对试验结果进行正确的分析和判断，这对培养学习与工作能力及严谨的科学态度十分有利。

第 1 章　土木工程材料的基本性质

土木工程材料是土木工程的物质基础，材料的性质与质量是工程的性能与质量的物质基础。土木工程材料在正常使用状态下，总是要承受一定的外力和自重力，同时还会受到环境各种介质（如水、蒸汽、腐蚀性气体和液体、盐渍土等）的作用以及各种物理作用（如温度差、湿度差、摩擦等），因此材料必须具有抵抗上述各种作用的能力。为保证土木工程结构物的正常使用功能，对许多土木工程材料还要求具有一定的防水、吸声、隔声、保温隔热、装饰性等性质。上述性质是大多数土木工程材料均须考虑的性质，也是各种土木工程材料所应具备的基本性质。掌握土木工程材料的基本性质是掌握土木工程材料知识、正确选择与合理使用土木工程材料的基础。

1.1　材料的组成、结构与性质

材料的组成和结构决定着材料的各种性质。要了解材料的性质，必须了解材料的组成、结构与材料性质间的关系。

1.1.1　材料的组成

1. 化学组成

化学组成即化学成分。无机非金属材料的化学组成常用各氧化物的含量来表示，金属材料则常用各化学元素的含量表示，有机材料常用各化合物的含量来表示。化学组成是决定材料化学性质（耐腐蚀性、燃烧性等）、物理性质（耐水性、耐热性、保温性等）、力学性质（强度、变形等）的主要因素之一。

2. 矿物组成

矿物是具有一定化学成分和结构特征的稳定单质或化合物。矿物组成是指构成材料的矿物种类和数量。许多无机非金属材料是由各种矿物组成的。矿物组成是决定无机非金属材料化学性质、物理性质、力学性质和耐久性的重要因素。材料的化学组成不同，则材料的矿物组成也不同。而相同的化学组成，可以有不同的矿物组成，且材料的性质也不同。例如，同是碳元素组成的石墨与金刚石；又如黏土、粉煤灰和矿渣微粉，由于它们的矿物组成不同，物理性质和力学性质截然不同。利用材料的组成可以大致判断出材料的某些性质。如材料的组成易与周围介质（酸、碱、盐等）发生化学反应，则该材料的耐腐蚀性差或较差；有机材料的耐火性和耐热性较差，且多数可以燃烧；合金的强度高于非合金的强度等。

3. 相组成

材料中具有相同结构、相同成分和性能，并以界面相互分开的均匀组成部分称为相。

相组成是指构成材料的相的种类、数量、大小、形态和分布。自然界中的物质可分为气相、液相和固相，凡由两相或两相以上的物质组成的材料称为复合材料，土木工程材料大部分可看作复合材料。水泥混凝土和沥青混合料都是典型的复合材料。复合材料的性质与其构成材料的相组成和界面特性有密切关系，所谓界面是指多相材料中相与相之间的分界面。在实际材料中，界面是一个较薄弱区域，对于土木工程材料，可以通过改变和控制其相组成和界面特征，来改善和提高材料的技术性能。

1.1.2 材料的结构

材料的结构决定着材料的许多性质。一般从微观结构、细观结构和宏观结构三个层次来研究材料结构与性质间的关系。

1. 微观结构

微观结构是指材料物质的原子或分子层次的结构，需要利用电子显微镜、X射线衍射仪等技术手段来分析研究其结构特征。微观结构的尺寸范围在10^{-10}～10^{-6}m。材料内部的晶粒越细小、分布越均匀，其受力越均匀、强度越高、脆性越小、耐久性越好；晶粒或不同材料组成之间的界面粘结越好，则其强度和耐久性越好。材料的微观结构可分为晶体结构和非晶体结构，而非晶体材料又可分为玻璃体和胶体两类。

1）晶体

晶体是质点（原子、分子或离子）按一定规律在空间重复排列的固体，并具有特定的几何外形和固定的熔点，见图1-1（a）。由于质点在各方向上排列的规律和数量不同，单晶体具有各向异性的性质。单晶体特点：①具有特定的几何外形；②各向异性；③固定的熔点和化学稳定性；④结晶接触点和晶面是晶体破坏或变形的薄弱部分。多晶体材料：大量晶粒无规律排列，表现为各向同性，晶粒越小，分布越均匀，材料强度越高。按晶体的质点间结合键的特性，晶体又分为原子晶体、分子晶体、离子晶体和金属晶体。晶体的结构形式与主要特性见表1-1。

材料的微观结构形式及主要特性　　表1-1

<table>
<tr><th></th><th colspan="2">微观晶体</th><th>常见材料</th><th>主要特征</th></tr>
<tr><td rowspan="4">晶体</td><td rowspan="4">原子、离子或分子按一定规律排列</td><td>原子晶体</td><td>金刚石、石英、刚玉</td><td>强度、硬度、熔点均高，密度较小</td></tr>
<tr><td>离子晶体</td><td>氯化钠、石膏、石灰岩</td><td>强度、硬度、熔点均高，但波动大，部分可溶，密度中等</td></tr>
<tr><td>分子晶体</td><td>蜡及部分有机化合物</td><td>强度、硬度、熔点均低，大部分可溶，密度小</td></tr>
<tr><td>金属晶体</td><td>铁、钢、铝、铜及其合金</td><td>强度、硬度变化大，密度大</td></tr>
<tr><td>玻璃体</td><td colspan="2">原子、离子或分子以共价键、离子键或分子键结合，但为无序排列（短程有序，长程无序）</td><td>玻璃、粒化高炉矿渣、火山灰、粉煤灰</td><td>无固定的熔点和几何形状，与同组成的晶体相比，强度、化学稳定性、导热性、导电性较差，且各向同性</td></tr>
<tr><td>胶体</td><td colspan="2">离子、分子的集合体，以共价键离子键或分子键结合，但为无序排列</td><td>水泥凝胶体、石膏浆体、石灰浆体</td><td>胶体微粒在1～100nm，胶体粒子较小，表面积很大，吸附能力很强</td></tr>
</table>

无机非金属材料中的晶体，其键的构成往往不是单一的，而是由共价键、离子键等共同联结，如方解石（$CaCO_3$）、长石及在土木工程材料中占重要地位的硅酸盐类材料，这类材料的性质相差较大。硅酸盐晶体是由硅氧四面体［SiO_4］$^{4-}$为基本单元，与其他金属离子结合而成。硅氧四面体单元相互连接时可以组成不同结构类型的矿物，如链状构造（如石棉）、层状构造（如黏土、云母和滑石）、架状构造（如石英）和岛状构造的硅酸盐晶体。

2）玻璃体

玻璃体也称为无定形体或非晶体，是熔融物在急速冷却时，质点来不及按特定规律排列所形成的内部质点无序排列（短程有序、长程无序）的固体，见图 1-1（b）。玻璃体没有固定的熔点和特定的几何外形，且各向同性。玻璃体的强度和导热性等低于晶体。玻璃体材料的内部质点未按特定规律排列，即质点未能到达能量最低位置，故大量的化学能未能释放出，因而其化学稳定性较差，易和其他物质反应或自行缓慢向晶体转变。如在水泥、混凝土等材料中使用的粒化高炉矿渣、火山灰、粉煤灰等活性混合材料，都是经过高温急冷得到，含有大量玻璃体，正是利用了它们活性高的特点，以改善水泥和混凝土的性能。

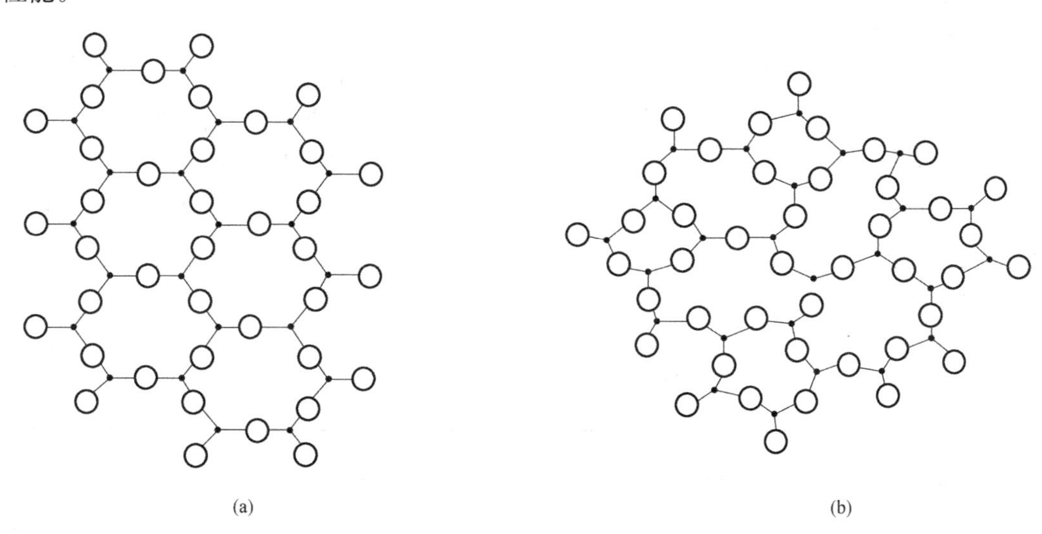

图 1-1　晶体与非晶体的结构示意图

（a）晶体；（b）非晶体

3）胶体

胶体以极小的质点（10^{-9}～10^{-7}m）作为分散相，分散于连续相介质（气、水或溶剂）中所形成的体系称为胶体。胶粒（即分散的粒子）一般都带有相同电性的电荷，从而使胶体具有较高稳定性。胶粒的比表面积很大，因而表面能很高；胶粒具有很强的吸附力，因而胶体具有较强的粘结力。较少的胶粒悬浮、分散在连续相液体中所形成的胶体称为溶胶，此种结构称为溶胶结构。液体性质对溶胶性质影响较大。若胶体较多，则胶粒在表面能作用下产生凝聚，使胶粒间彼此相连形成空间网络结构，从而使胶体强度增大，变形减小，形成固态或半固体状态，此种结构称为凝胶（gel）结构。在特定条件下也可形成溶胶-凝胶结构。凝胶具有触变性，即凝胶在机械力作用下（如搅拌、振动）可变成溶胶，当机械力取消后又重新成为凝胶。拌制不久的水泥浆、混凝土拌合物等均表现出触变性。凝胶脱水后成为干凝胶体，它具有固体的性质，即具有强度。

在胶体中当加入电性相反的其他胶体或离子等时，特别是高价的离子时，胶体会失去稳定性，即胶体粒子发生凝聚并从连续介质中沉淀分离出来。与晶体结构和非晶体结构的材料相比，具有胶体结构的物质或材料的强度低、变形大。

2. 显微结构

由光学显微镜所看到的微米级的组织结构，又称亚微观结构，尺度介于微观和宏观之间，尺寸范围在 10^{-6}～10^{-3}m。显微结构主要研究材料内部的晶粒、颗粒等的大小和形态、晶界或界面，孔隙与微裂纹的大小、形状及分布。显微镜下的晶体材料是由大量的大小不等的晶粒组成的，而不是一个晶粒，因而属于多晶体。多晶体材料具有各向同性的性质，如某些岩石、钢材等。

材料的亚微观结构对材料的强度、耐久性等有很大的影响。材料的亚微观结构相对较易改变。一般而言，材料内部的晶粒越细小、分布越均匀，则材料的受力状态越均匀、强度越高、脆性越小、耐久性越高；晶粒或不同组成材料之间的界面粘结（或接触）越好，则材料的强度和耐久性越高。

3. 宏观结构

用肉眼或放大镜即可分辨的毫米级以上的组织称为宏观结构，又称构造。该结构主要研究材料中的大孔隙、裂纹、不同材料的组合与复合方式（或形式）、各组成材料的分布等。如岩石的层理与斑纹、混凝土中的砂石、纤维增强材料中纤维的多少与纤维的分布方向等。常见土木工程材料的宏观结构，按照孔隙特征可分为密实结构、多孔结构及微孔结构；按照存在状态可分为纤维结构、聚集结构、层状结构及散粒结构。材料宏观结构的分类及其主要特性见表 1-2。

材料的宏观结构及其相应的主要特性　　表 1-2

宏观结构	常用材料	主要特征
密实结构	钢铁、玻璃、塑料	高强、不透水、耐腐蚀
多孔结构	泡沫塑料、泡沫玻璃、泡沫混凝土	质轻、保温、绝热、吸声
微孔结构	石膏制品、烧结黏土制品	有一定强度、质轻、保温、绝热、吸声
纤维结构	木、竹、石棉、玻璃纤维	抗拉强度高、质轻、保温、吸声
聚集结构	水泥混凝土、砂浆、沥青混合料	综合性能好、强度高、价格低
层状结构	纸面石膏板、胶合板、夹芯板	综合性能好
散粒结构	砂、石子、陶粒、膨胀珍珠岩	混凝土集料、轻集料、保温绝热材料

材料的宏观结构是影响材料性质的重要因素。材料的宏观结构不同，即使组成与微观结构等相同，材料的性质与用途也不同，如玻璃与泡沫玻璃、密实的灰砂硅酸盐砖与灰砂加气混凝土，它们的许多性质及用途有很大的不同。材料的宏观结构相同或相似，即使材料的组成或微观结构等不同，材料也具有某些相同或相似的性质与用途，如泡沫玻璃、泡沫塑料、加气混凝土等。

1.1.3 材料的构造

材料的构造是指具有特定性质的材料结构单元的相互搭配情况。同一种类的材料，其构造越均匀、密实，强度越高；构造呈层状、纤维状的，具有各向异性的性质；构造为疏松、多孔的，除降低材料的强度、表观密度外，还会影响其导热性、渗透性、抗冻性、耐久性等。

1.1.4 材料结构中的内部孔隙与材料性质

1. 孔隙的来源与产生

孔隙是材料的组成部分之一，仅少数致密材料（如玻璃、金属）可近似看成是绝对密实的。天然材料的内部孔隙是在其形成过程中产生的。人造材料的内部孔隙是在生产过程中，受生产条件所限混入气体，而又去除不完全形成；或是为改变其性质，在材料设计和制造中，有意形成的孔隙。大多数土木工程材料在宏观层次上或亚微观层次上均含有一定大小和数量的孔隙，甚至是相当大的孔洞，这些孔隙几乎对材料的所有性质都有相当大的影响。

2. 孔隙的分类

按孔隙的大小，可将孔隙分为微细孔隙、细小孔隙（毛细孔）、较粗大孔隙、粗大孔隙等。对于无机非金属材料，孔径小于 20nm 的微细孔隙，水或有害气体难以侵入，可视为无害孔隙。

按孔隙的形状可将孔分为球形孔隙、片状孔隙（即裂纹）、管状孔隙、墨水瓶状孔隙、带尖角的孔隙等。片状孔隙、尖角孔隙、管状孔隙对材料性质的影响较大，往往使材料的大多数性质降低。

按常压下水能否进入孔隙中，将常压下水可以进入的孔隙称为开口孔隙或称连通孔隙，而将常压下水不能进入的孔隙称为闭口孔隙或封闭孔隙，见图 1-2。这种划分是一种粗略的划分，实际上开口孔隙和闭口孔隙没有明显的界线，当水压力较高或很高时，水也可能会进入到部分或全部闭口孔隙中。开口孔隙对材料性质的影响较闭口孔隙大，往往使材料的大多数性质降低（吸声材料除外）。

3. 孔隙对材料性质的影响

一般情况下，材料内部的孔隙含量（即孔隙率）越多，则密实度越低，材料的表观密度、体积密度、堆积密度、强度越小，耐磨性、抗冻性、抗渗性、耐腐蚀性、耐水性及其他耐久性越差，而保温性、吸声性、吸水性与吸湿性等越强。孔隙的形状和孔隙的状态对材料的性质也有不同程度的影响，如开口孔隙、非球形孔隙（如扁平孔隙或片状孔隙，即裂纹）相对于闭口孔隙、球形孔隙而言，往往对材料的强度、抗渗性、抗冻性、耐腐蚀性、耐水性等更为不利，对保温性稍有不利，而对吸声性、吸水性与吸湿性等有利，并且孔隙尺寸越大，上述影响也越大。适当增加材料内部密闭空隙的比例，如混凝土中引气剂带入的微小气泡，可阻断连通孔隙，部分抵消冰冻的体积膨胀，在一定范围内提高其抗渗性和抗冻性。

4. 材料内部孔隙的来源与产生

天然岩石由于地质上的造岩运动等在材料的内部夹入部分气泡或形成部分孔隙。人造材料内部的孔隙是由于生产工艺并非尽善尽美，生产时总是不可避免地会卷入部分气泡

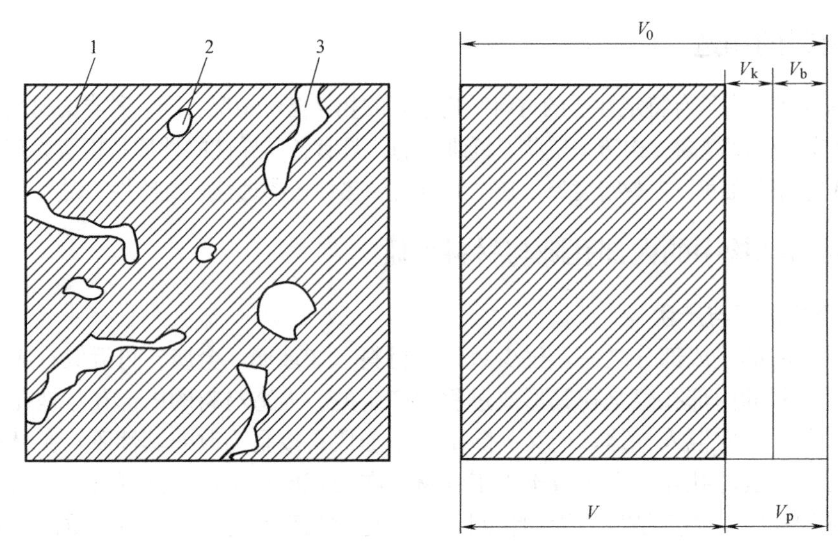

图 1-2　材料内孔隙示意图

1—固体物质；2—闭口孔隙；3—开口孔隙

（或气体），对于无机非金属材料则在很大程度上与生产时所用的拌合用水量有关，或者是在生产材料时，有意识地在材料内部留下（或造成）部分孔隙以改善材料的某些性能。土木工程材料大多属于人造无机非金属材料。这些材料在生产过程中，由于组成上的要求（参与化学反应，以使材料产生强度，如水泥、石膏等的水化反应等）和生产工艺上的要求（各组成材料的混合物须具有适当的流动性或可塑性以便能制作成所需要的形状和尺寸，并保证制品或构件的质量），在生产材料时必须加入一定数量的水。为达到生产工艺所要求的施工性质（流动性或可塑性等），实际用水量往往超过组成上的要求，即超过理论需水量（如水泥、石膏等的水化反应所需的水量）。这些多余的水在材料体积内也占有一定空间，蒸发后即在材料内部留下了大量毛细孔隙，绝大多数人造无机非金属土木工程材料中的孔隙基本上是由水或引气型外加剂所造成的。

通过上述分析，可以得出以下结论：

影响土木工程材料内部孔隙含量（孔隙率）、孔隙形状、孔隙状态的因素或影响生产材料时拌合用水量的因素均是影响材料性质的因素。适当控制上述因素，即可使它们成为改善材料性质的措施或途径。如在生产保温材料时，应采取适当添加引气剂或带孔材料等措施来提高产品的孔隙数量（即孔隙率）；而在生产结构用混凝土时，则应控制影响孔隙数量的因素如添加消泡剂，尽量降低孔隙含量（即降低孔隙率）。

1.2　材料的基本物理性质

1.2.1　材料的体积组成

大多数土木工程材料（金属材料除外）的内部含有孔隙，孔隙的多少和孔隙的特征对材料的性能均产生影响。孔隙特征主要是指孔尺寸、孔与外界是否连通，包括开口孔和闭口孔。含孔材料的体积组成如图 1-2 所示。含孔材料体积包括以下三种：

① 材料绝对密实体积（V）：不包括材料内部孔隙的固体物质本身的体积。

② 材料的孔体积（V_p）：材料所含孔隙的体积，分为开口孔体积（V_k）和闭口孔体积（V_b）。

③ 材料在自然状态下的体积（V_0）：材料的密实体积与材料所含全部孔隙体积之和。

上述几种体积存在以下的关系：

$$V_0=V+V_p$$

其中：$V_p=V_k+V_b$

散粒状材料的体积组成如图 1-3 所示。其中，V_0'表示材料的堆积体积，是指在堆积状态下的材料颗粒体积和颗粒之间的间隙体积之和。V_j 表示颗粒与颗粒之间的间隙体积。散粒状土木工程材料体积关系如下：

$$V_0'=V_0+V_j=V+V_p+V_j$$

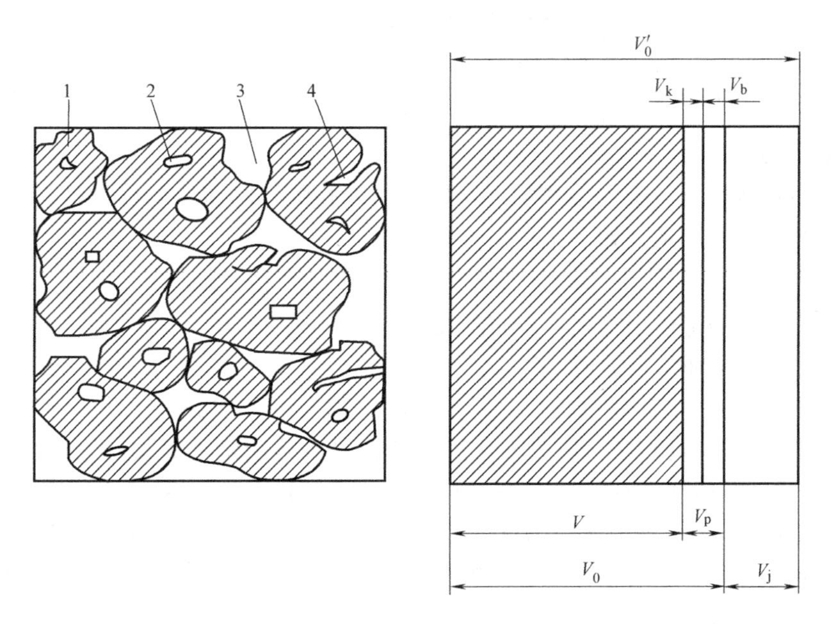

图 1-3　散粒状材料的体积组成示意图

1—颗粒的固体物质；2—颗粒的闭口孔隙；3—颗粒间的间隙；4—颗粒的开口孔隙

1.2.2　材料的密度、表观密度、毛体积密度、堆积密度

1. 密度

材料在绝对密实状态下单位体积（不含任何孔隙）的绝干质量，称为材料的绝对密度或真密度，简称密度，定义式如下：

$$\rho=\frac{m}{V}$$

式中　ρ——材料的密度（g/cm^3 或 kg/m^3）；

m——材料的绝干质量（g 或 kg）；

V——材料在绝对密实状态下的体积（cm^3 或 m^3）。

材料的密度 ρ 取决于材料的组成与微观结构。当材料的组成与微观结构一定时，材料的密度 ρ 为常数。为测得含孔材料的绝对密实体积 V，须将材料磨细成细粉末（细粉的粒径至少小于 0.2mm），使材料内部的所有孔隙外露（即全部成为开口孔隙），用排开液体的方法来测定。

2. 表观密度

材料在自然状态下，单位体积（不含开口孔隙）的质量，称为材料的表观密度，又称视密度，定义式如下：

$$\rho_0=m/V_a,\quad V_a=V+V_b$$

式中　ρ_0——材料的表观密度（g/cm^3 或 kg/m^3）；

m——材料的质量（g 或 kg）；

V_a——材料在自然状态下的体积（不含开口孔隙时，cm^3 或 m^3）；

V——材料在绝对密实状态下的体积（cm^3 或 m^3）；

V_b——材料内部闭口孔隙的体积（cm^3 或 m^3）。

测定材料的表观密度 ρ_0 时，直接采用排水法测定材料的体积 V_a。

3. 毛体积密度

材料在自然状态下，单位毛体积（含内部所有孔隙）的质量，称为材料的毛体积密度，又称体积密度，定义式如下：

$$\rho_v=m/V_0=m/(V+V_k+V_b)$$

式中　ρ_v——材料的毛体积密度（g/cm^3 或 kg/m^3）；

m——材料的质量（g 或 kg）；

V_0——材料的自然状态体积，$V_0=V+V_k+V_b$（cm^3 或 m^3）。

材料的自然状态体积 V_0，对于形状规则的材料直接测定外观尺寸，计算体积即可；对于形状不规则的材料则须在材料表面涂蜡后（封闭开口孔隙），用排水法测定。

材料的毛体积密度除与材料的密度有关外，还与材料内部孔隙的体积 V_p 有关系。材料的孔隙率越大，则材料的毛体积密度越小。在材料开口孔很小甚至可忽略不计时，其毛体积密度可近似看作表观密度。

4. 堆积密度

散粒材料或粉末状材料在自然堆积状态下，单位体积的质量称为堆积密度，定义式如下：

$$\rho_0'=\frac{m}{V_0'}$$

式中　ρ_0'——散粒材料的堆积密度（g/cm^3 或 kg/m^3）；

m——散粒材料的质量（g 或 kg），一般以干燥状态为准；

V_0'——散粒材料在自然状态下的堆积体积（cm^3 或 m^3），它包含所有颗粒的体积以及颗粒之间的空隙体积，$V_0'=V+V_k+V_b+V_j=V_{筒}$。

图 1-3 为散粒材料的堆积状态示意图。散粒材料在自然状态下的堆积体积可以用已标定容积的容量筒（$V_{筒}$）来测定。

按堆积的紧密程度分为自然堆积密度（简称松散堆积密度）、捣实堆积密度（简称捣实密度）、振实堆积密度（简称振实密度）。材料的堆积密度与材料的体积密度、堆积的紧密程度等有关。通常所指的堆积密度是材料在自然堆积状态和气干状态下的，称为气干堆积密度，简称堆积密度。常用土木工程材料的密度、表观密度和堆积密度见表 1-3。

常用土木工程材料的密度、表观密度和堆积密度 **表 1-3**

材料名称	密度(g/cm^3)	表观密度(kg/m^3)	堆积密度(kg/m^3)
石灰岩	2.6～2.8	1800～2600	—
花岗岩	2.7～3.0	2000～2850	—
水泥	2.8～3.1	—	900～1300(松散堆积) 1400～1700(紧密堆积)
混凝土用砂	2.5～2.6	—	1450～1650
混凝土用石	2.6～2.9	—	1400～1700
普通混凝土	—	2000～2800	—
黏土	2.5～2.7	—	1600～1800
钢材	7.85	7850	—
铝合金	2.7～2.9	2700～2900	—
烧结普通砖	2.5～2.7	1500～1800	—
建筑陶瓷	2.5～2.7	1800～2500	—
红松木	1.55～1.60	400～800	—
玻璃	2.45～2.55	2450～2550	—
泡沫塑料	—	10～50	—

1.2.3 材料的密实度与孔隙率

1. 密实度

材料体积（自然状态）内被固体物质充实的程度，称为材料的密实度 D，计算公式如下：

$$D=\frac{V}{V_0}\times100\% \quad 或 \quad D=\frac{\rho_v}{\rho}\times100\%$$

其中，V 为实体体积，V_0 为材料总体积。

密实度 D 反映材料的密实程度，D 越大，材料越密实。

2. 孔隙率

材料内部孔隙体积占材料在自然状态下总体积的百分率，称为材料的孔隙率 P。孔隙率可分为开口孔隙率和闭口孔隙率，定义式如下：

$$P=\frac{V_0-V}{V_0}\times 100\% \quad 或 \quad P=\left(1-\frac{\rho_v}{\rho}\right)\times 100\%$$

显然，$D+P=1$

1）开口孔隙率

材料内部开口孔隙的体积占材料在自然状态下总体积的百分率，称为材料的开口孔隙率P_k。由于水可进入开口孔隙，工程中常将材料在吸水饱和状态下所吸水的体积，视为开口孔隙的体积V_k，开口孔隙率可表示为

$$P_k=V_k/V_0=V_w/V_0$$

式中　V_w——吸水饱和状态下所吸水的体积（cm^3 或 m^3）。

2）闭口孔隙率

材料内部闭口孔隙的体积占材料在自然状态下总体积的百分率，称为材料的闭口孔隙率P_b，定义式如下：

$$P_b=V_b/V_0=(V_a-V)/V_0=P-P_k$$

材料孔隙率的大小直接反映材料的密实程度，孔隙率越小，密实度越大，材料强度越大。孔隙率相同的材料，它们的孔隙特征可以不同（开口、闭孔、大小及连通性等）。因此，孔隙率及其孔隙特征与材料的许多重要性质，如强度、吸水性、抗渗性、抗冻性和导热性等密切相关。一般而言，孔隙率较小且连通开口空隙较少的材料，其吸水性较小、强度较高、抗渗与抗冻性较好。

1.2.4 空隙率与填充率

1. 空隙率

散粒状材料在堆积状态下，颗粒间空隙的体积V_j占堆积总体积的百分率称为空隙率，又称间隙率，定义式如下：

$$P'=\frac{V_0'-V_0}{V_0'}\times 100\% \quad 或 \quad P'=\left(1-\frac{\rho_0'}{\rho_v}\right)\times 100\%$$

式中　V_0'——散粒材料在自然状态下的堆积体积（cm^3 或 m^3），它包含所有颗粒的体积以及颗粒之间的空隙体积，$V_0'=V+V_k+V_b+V_j=V_{筒}$；

V_j——散粒材料在自然状态下的颗粒之间空隙的体积（cm^3 或 m^3）；

V_0——散粒材料总体积（cm^3 或 m^3）；

ρ_0'——散粒材料在自然状态下的堆积密度（g/cm^3 或 kg/m^3）；

ρ_v——散粒材料的体积密度（g/cm^3 或 kg/m^3）。

2. 填充率

填充率是指散粒材料在自然状态下的堆积体积中，被散粒材料的颗粒所填充的程度，称为D'。

$$D'=\frac{V_0}{V_0'}\times 100\% \quad 或 \quad D'=\frac{\rho_0'}{\rho_v}\times 100\%$$

很显然，$D'+P'=1$。

对于水泥混凝土用集料，通常采用自然堆积状态和振实状态下的空隙率。对于沥青混合料用集料，通常采用捣实状态下的空隙率。在配制水泥混凝土、砂浆、沥青混合料等时，为节约水泥、沥青等胶凝材料，改善混凝土、沥青混合料的性能，宜选用空隙率 P' 较小的砂、碎石。

1.2.5 材料与水有关的性质

1. 材料的亲水性与憎水性

材料与其他介质接触的界面上具有表面能，每种材料都力图降低这种表面能至最小，以取得稳定。当材料与水接触时，如果材料与空气接触面上的表面能大于材料与水接触面上的表面能，即材料与水接触后，其表面能降低，则水分就能代替空气而被材料表面吸附，表现为水可以在材料表面上铺展开，亦即材料表面可以被水所润湿或浸润。此种性质称为材料的亲水性，具备这种性质的材料称为亲水性材料。若水不能在材料的表面上铺展开，即材料表面不能被水所润湿或浸润，则称为憎水性，此种材料称为憎水性材料。材料的亲水或憎水程度可用润湿角 θ 来表示，如图 1-4 所示。

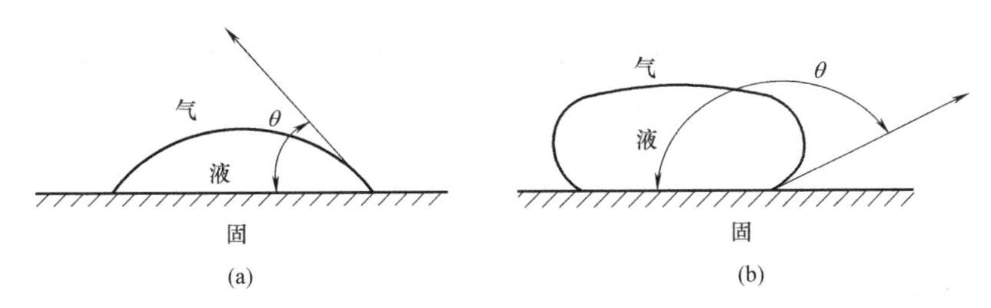

图 1-4　亲水性和憎水性材料的润湿

(a) 亲水性材料；(b) 憎水性材料

润湿角 $\theta \leqslant 90°$ 时，材料表现为亲水性；润湿角 $\theta > 90°$ 时，材料表现为憎水性。润湿角 θ 越小，亲水性越强，憎水性越弱。含毛细孔的亲水性材料可自动将水吸入孔隙内。憎水性材料具有较好的防水性、防潮性，常用作防水材料，也可用于对亲水性材料进行表面处理，以降低吸水率，提高抗渗性。混凝土、钢材、木材、砖、砌块、石材等属亲水性材料；大部分有机材料属于憎水性材料，如沥青、石蜡、塑料、有机硅等。

2. 材料的吸水性与吸湿性

1）材料的吸水性

材料在水中吸收水分的性质称为吸水性，用吸水率表示。吸水率分为质量吸水率 W_m 和体积吸水率 W_v，两者分别是指材料在一定条件下吸水饱和时，所吸水的质量占材料绝干质量的百分率，或所吸水的体积占材料自然状态体积的百分率，定义式如下：

$$W_m = \frac{m_b - m_g}{m_g} \times 100\%$$

式中　W_m——材料的质量吸水率（%）；

m_b——材料在吸水饱和状态下的质量（g）；

m_g——材料在干燥状态下的质量（g）。

$$W_v = \frac{m_b - m_g}{V_0} \cdot \frac{1}{\rho_水} \times 100\%$$

式中　W_v——材料的体积吸水率（%）；

V_0——干燥材料在自然状态下的体积（cm^3）；

$\rho_水$——水的密度（g/cm^3）。

工程用建筑材料一般采用质量吸水率，质量吸水率与体积吸水率的关系

$$W_v = W_m \times \rho_v$$

式中　ρ_v——材料在干燥状态下的毛体积密度（g/cm^3）。

吸水率主要与材料的孔隙率，特别是开口孔隙率有关。孔隙率大或体积密度小，特别是开口孔隙率大的亲水性材料具有较大的吸水率。由于常压下封闭孔隙不吸水，而主要是开口孔隙吸水，因此可以认为当材料吸水饱和时，材料所吸水的体积 V_w 与开口孔隙的体积 V_k 相等，即 $V_w = V_k$。由此可知，材料的吸水率可直接或间接反映材料的部分内部结构及其性质，即可根据材料吸水率的大小对材料的孔隙率、孔隙状态及材料的性质做出粗略的评价。花岗岩的吸水率：0.5%～0.7%；混凝土的吸水率：2%～3%；黏土砖的吸水率：8%～20%；木材的吸水率：可超过100%。

2）材料的吸湿性

吸湿性是材料在潮湿空气中吸收水蒸气的性质。吸湿性用含水率来表示。含水率系指材料内部所含水的质量占材料干燥质量的百分率，用公式表示为：

$$W_h = \frac{m_s - m_g}{m_g} \times 100\%$$

式中　W_h——材料的含水率（%）；

m_s——材料含水时的质量（g）；

m_g——材料干燥至恒重时的质量（g）。

材料的吸湿性随空气的湿度和环境温度的变化而改变。

材料吸湿或干燥至与空气湿度相平衡时的含水率称为平衡含水率。土木工程材料在正常使用状态下，均处于平衡含水状态。材料的吸湿性主要与材料的组成、孔隙含量，特别是毛细孔的含量有关。

3. 材料的耐水性

材料长期在水的作用下，保持其原有性质的能力称为材料的耐水性。对于结构材料，耐水性通常以强度损失大小来衡量，用软化系数 K_R 表示，定义式如下：

$$K_R = \frac{f_b}{f_g}$$

式中　K_R——材料的软化系数；

f_b——材料在饱水状态下的抗压强度（MPa）；

f_g——材料在干燥状态下的抗压强度（MPa）。

软化系数 K_R 的大小表明材料在浸水饱和后强度降低的程度。一般来说，材料被水浸湿后，强度均会有所降低。材料耐水性限制了材料的使用环境，软化系数小的材料耐水性差，其使用环境尤其受到限制。软化系数的波动范围在0～1之间。工程中通常将 $K_R > 0.85$ 的材料称为耐水性材料，可以用于水中或潮湿环境中的重要工程。用于一般受潮较轻或次要的工程部位时，材料软化系数也不得小于0.75。

4. 材料的抗渗性

抗渗性是指材料抵抗压力水或其他液体渗透的性质。抗渗性用渗透系数 K_s 来表示，计算式如下：

$$K_s = \frac{Qd}{AtH}$$

式中 K_s——材料的渗透系数（cm/h）；

Q——渗透水量（cm^3）；

d——材料的厚度（cm）；

A——渗水面积（cm^2）；

t——渗水时间（h）；

H——静水压力水头（cm）。

材料的渗透系数 K_s 的物理意义：一定厚度的材料，单位时间内，在单位压力水头作用下，透过单位面积的渗水量。材料的渗透系数越小，说明材料的抗渗性越好。

对于土木工程中大量使用的砂浆、混凝土等材料，其抗渗性常用抗渗等级来表示：

$$P = 10H - 1$$

抗渗等级用标准方法进行渗水性试验，测得材料不渗水所能承受的最大水压力，并依此划分成不同的等级，常用“Pn”表示，其中 n 表示材料所能承受的最大水压力 MPa 数的 10 倍值，如 P6 表示材料最大能承受 0.6MPa 的水压力而不渗水。材料的抗渗等级越高，其抗渗性越好。P4、P6、P8、P10、P12 等，分别表示可抵抗 0.4、0.6、0.8、1.0、1.2（MPa）的水压力。对于高抗渗性混凝土材料，水压法难以表征抗渗性，目前采用氯离子扩散系数等来表征其抗渗性。材料的抗渗性与材料内部的孔隙率，特别是开口孔隙率有关。开口孔隙率越大，大孔含量越多，则抗渗性越差。与水或腐蚀介质接触的工程，所用材料应具有一定的抗渗性。对于防水材料，则应具有很好的抗渗性。

材料的抗渗性与材料的耐久性（抗冻性、耐腐蚀性等）有着非常密切的关系。一般而言，材料的抗渗性越高，水及各种腐蚀性液体或气体越不易进入材料内部，则材料的其他耐久性越高。

5. 材料的抗冻性

抗冻性是材料抵抗冻融循环作用，保持其原有性质的能力。对结构材料主要指保持强度的能力，并以抗冻等级表示。抗冻等级用材料在吸水饱和状态下（最不利状态），经冻融循环作用，抗压强度损失率不超过 25%（慢冻法）或相对动弹性模量下降至不低于 60%（快冻法），或质量损失率不超过 5%时所能抵抗的最多冻融循环次数［在（−18±2)℃的温度下冻结后，再在（20±2)℃的水中融化，为 1 次循环］来表示，常用“Fn”表示。如混凝土材料分为 F50、F100、F150、F200、F250、F300 等，分别表示在经受 50、100、150、200、250、300 次的冻融循环后仍可满足使用要求。快冻法较慢冻法的试验条件更为严酷。因此，对于同一混凝土，快冻法的冻融循环次数较慢冻法略少。目前，多数标准规定采用快冻法测试。

材料在冻融循环作用下产生破坏，主要是由于材料内部毛细孔隙及大孔隙中的水结冰时的体积膨胀（约 9%）以及水分迁移产生的渗透压等造成的。膨胀对材料孔壁产生较大的压力，由此产生的拉应力超过材料的抗拉强度极限时，材料内部产生微裂纹，强度下降。此外在冻结和融化过程中，材料内外的温差所引起的温度应力也会导致微裂纹的产生或加速微裂纹的扩展。

影响材料抗冻性的主要因素有：

（1）材料的孔隙率 P 和开口孔隙率 P_k。一般情况下，P 越大，特别是 P_k 越大，则材料的抗渗性越差，即材料含水量越多，抗冻性越差。

（2）孔隙的充水程度。为提高材料的抗冻性，在生产材料时常有意引入部分封闭的孔隙，如在混凝土中掺入引气剂。这些引入的闭口孔隙可切断材料内部的毛细孔隙，当开口的毛细孔隙中的水结冰时，所产生的压力可将开口孔隙中尚未结冰的水挤入到无水的封闭孔隙中，即这些封闭的孔隙可起到卸压的作用。

（3）材料本身的强度。材料强度越高，抵抗冻害的能力越强，即抗冻性越高。

1.2.6 材料的热物理性质

1. 导热性

当材料两侧存在温度差时，热量将从温度高的一侧向温度低的一侧传导，材料这种传导热量的性质称为导热性。热量的传递方式主要为导热、辐射、对流。导热是直接接触的物体各部分能量交换的现象。对流是指流体（气体、液体）各部分发生相对位移而引起的热量交换，同时总是伴随着流体本身的导热作用。辐射是由电磁波来传递能量的。

材料传导热量的性质称为材料导热性，以导热系数 λ 来表示，计算式如下：

$$\lambda=\frac{Q\delta}{(t_2-t_1)AZ}$$

式中 λ——导热系数［W/(m·K)］；

Q——传导的热量（J）；

δ——材料厚度（m）；

A——热传导面积（m^2）；

Z——热传导时间（s）；

t_2-t_1——材料两侧温度差（K）。

材料的导热系数 λ 越小，则材料的绝热保温性越好。影响材料导热系数的因素主要有：

（1）材料的组成与结构。通常金属材料、无机材料、晶体材料的导热系数分别大于非金属材料、有机材料、非晶体材料。

（2）材料的孔隙率。孔隙率越大，即体积密度越小，导热系数越小。细小孔隙、闭口孔隙比粗大孔隙、开口孔隙对降低导热系数更为有利，因为减少或降低了对流传热。

（3）含水率。材料含水或含冰时，会使导热系数急剧增加。因为水和冰的导热系数分别是空气的 20 倍和 80 倍。

（4）温度。温度越高，材料的导热系数越大（金属材料除外）。

上述因素一定时，材料的导热系数为常数。为减少高温与低温下的辐射传热，可以采用金属或非金属反射膜（如铝箔、镍箔）来降低热传导。绝热保温材料在运输、存放、施工及使用过程中，须保证为干燥状态。

2. 热阻

材料层厚度 δ 与导热系数 λ 的比值，称为热阻。$R=\delta/\lambda(m^2 \cdot K/W)$，它表明热量通过材料层时所受到的阻力。导热系数或热阻是评定材料绝热性能的主要指标。传热系数的倒数称为热阻 R，即

$$K=1/R$$

式中 K——材料层的传热系数 [$W/(m^2 \cdot K)$]。

由上式可见，材料的导热系数越小，材料层或围护结构的传热系数越小，保温隔热性越好。增加材料层的厚度也可降低传热系数，但会增加材料的用量和建筑物的自重。由于水的导热系数较大为 0.58W/(m·K)，冰的导热系数更大为 2.33W/(m·K)，所以材料受潮或冰冻后，导热性能会受到严重影响。

3. 热容量

材料的热容量是指材料受热时吸收热量，冷却时放出热量的性质。单位质量材料在温度变化 1K 时，材料吸收或放出的热量称为材料的比热，又称比热容或热容量系数。

$$C=\frac{Q}{m(t_2-t_1)}$$

式中 C——材料的比热 [$J/(g \cdot K)$]；

Q——材料吸收或放出的热量（J）；

m——材料质量（g）；

t_2-t_1——材料受热或冷却前后的温差（K）。

比热容与材料质量的乘积称为材料的热容量值，即材料温度上升 1K 须吸收的热量或温度降低 1K 所放出的热量。材料的热容量较大，则材料在吸收或放出较多的热量时，其自身的温度变化较小，即有利于保证室内温度相对稳定。为保证建筑物室内温度稳定性较高，设计时应考虑材料的热容量。轻质材料作为围护结构材料使用时，须注意其热容量较小的特点。

4. 耐热性与耐火性

材料在高温环境下（通常指室温至数百摄氏度）保持其原有性质的能力称为耐热性。木材、合成高分子材料等的耐热性较差，温度较高时它们的性能会发生较大变化，如强度明显降低。除有机材料外，一般材料都有一定的耐热性能。但在高温作用下，大多数材料都会有不同程度的破坏、熔化，甚至着火燃烧。

材料抵抗高热或火的作用，保持其原有性质的能力称为建筑材料的耐火性，一般指偶然经受高热或火的作用。其用耐火度（又称耐熔度）表示，它是表征物体抵抗高温而不熔化的性能指标。金属材料、玻璃等虽属于非燃烧材料，但在高温或火的作用下短时间内就会变形、熔融，因而不属于耐火材料。必须指出的是，这里所说的耐火度与高温窑池中耐火材料的耐火性完全不同。耐火材料一般要求材料能长期抵抗高温或火的作用，具有一定的高温力学强度、高温体积稳定性、热震稳定性等。

5. 温度变形

材料在温度变化时产生的体积变化称为温度变形。温度变形在单向尺寸上的变化称为线膨胀或线收缩，一般用线膨胀系数来衡量。

$$\alpha_1=\frac{\Delta L}{L(t_2-t_1)}$$

式中　α_1——材料的温度变形系数（1/K）；

ΔL——材料的线膨胀或线收缩量（mm）；

t_2-t_1——温度差（K）；

L——材料原长（mm）。

材料的线膨胀系数一般都较小，但由于土木工程结构尺寸较大，温度变形引起的结构体积变化仍是关系其安全与稳定的重要因素。工程上，常用预留伸缩缝的办法来解决温度变形问题。

1.2.7　材料的声学性质

1. 吸声性

当声波传播到材料的表面时，一部分声波被反射，另一部分穿透材料，其余部分则传递给材料。在材料的孔隙中引起空气分子与孔壁的摩擦和黏滞阻力，使相当一部分的声能转化为热能而被吸收或消耗掉；声能穿透材料和被材料消耗的性质称为材料的吸声性，用吸声系数 α 来表示，其定义式如下：

$$\alpha=\frac{E_1}{E_0}$$

式中　α——吸声系数（%）；

E_1——被材料吸收的声能；

E_0——入射到材料表面的总声能。

吸声系数 α 越大，材料的吸声性越好。吸声系数 α 与声音的频率和入射方向有关。因此，吸声系数用声音从各个方向入射的吸收平均值。通常使用的六个频率为 125、250、500、1000、2000、4000（Hz）。一般，将上述六个频率的平均吸声系数≥0.20 的材料称为吸声材料。最常用的吸声材料为多孔吸声材料，影响材料吸声效果的主要因素有：

（1）材料的孔隙率或体积密度。通常宜提高孔隙率。

（2）材料的孔隙特征。开口孔隙越多、越细小，则吸声效果越好。当材料中的孔隙大部分为封闭的孔隙时，如聚氯乙烯泡沫塑料吸声板，因空气不能进入，从吸声机理上来讲，不属于多孔吸声材料。

（3）材料的厚度。增加多孔材料的厚度，可提高对低频声音的吸收效果，而对高频声音没有多大的效果。

吸声材料能抑制噪声和减弱声波的反射作用。在音质要求高的场所，如音乐厅、影剧院、播音室等，必须使用吸声材料。在噪声大的某些工业厂房，为改善劳动条件，也应使用吸声材料。

2. 隔声性

材料隔绝声音的性质，称为隔声性。对于隔空气声，常以隔声量 R 表示：

$$R=10\lg\frac{E_0}{E_2}$$

式中　R——隔声量，分贝（dB）；

E_0——入射到材料表面的总声能；

E_2——透过材料的声能。

对固体声，隔声最有效的措施是采用不连续的结构处理，即在墙壁和承重梁之间、房屋的框架和墙板之间加弹性衬垫，如毛毡、软木、橡皮等材料或在楼板上加弹性地毯、木地板等柔软材料。

对于均质材料，隔声量符合“质量定律”，即材料单位面积的质量越大或材料的体积密度越大，隔声效果越好。轻质材料的质量较小，其隔声性较密实材料差。提高隔声性能可在构造上采取以下措施：

（1）将密实材料用多孔弹性材料分隔，做成夹层结构。

（2）对多层材料，应使各层的厚度相同而质量不同，以防止引起结构的谐振。

（3）将空气层增加到7.5cm以上。在空气层中填充松软的吸声材料，可进一步提高隔声性。

（4）密封好门窗等的缝隙。

固体声或撞击声是由于振源撞击固体材料，引起固体材料受迫振动而发声，固体声在传播过程中的声能衰减较小。隔绝固体声的主要措施有：

（1）固体材料的表面设置弹性面层，如楼板上铺设地毯、木板、橡胶片等。

（2）在构件面层与结构层间设置弹性垫层，如在楼板的结构层与面层间设置弹性垫层，以降低结构层的振动。

（3）在楼板下做吊顶处理。

1.3　材料的力学性质

1.3.1　材料的受力变形

1. 弹性

材料在外力作用下产生变形，当外力取消后，能完全恢复到原来状态的性质称为材料的弹性，材料的这种变形称为弹性变形。明显具备这种特征的材料称为弹性材料。受力后材料的应力 σ 与材料的应变 ε 的比值，称为材料的弹性模量 E。

$$E=\frac{\sigma}{\varepsilon}$$

式中　E——材料的弹性模量（MPa）；

σ——材料所受的应力（MPa）；

ε——材料在应力 σ 作用下产生的应变，无量纲。

2. 塑性

材料在外力作用下产生变形，当外力取消后，材料仍保持变形后的形状和尺寸的性质称为材料的塑性。将这种变形称为塑性变形。具有较高塑性变形的材料称为塑性材料。大多数材料在受力不大时表现为弹性，受力达到一定程度时表现出塑性特征，称之为弹塑性材料。

3. 黏弹性

一些非晶体材料，在受力时可以同时表现出弹性和黏性，称为黏弹性。水泥混凝土、沥青混合料通常被认为是黏弹性材料。非晶体和胶体（或凝胶）含量越高，则黏性越明显。

4. 徐变

材料在恒定应力情况下，其应变随时间而缓慢增长，此种现象称为材料的徐变或蠕变，此时弹性模量也将随时间而降低。徐变属于塑性变形。作用的外力越大，则徐变越大，最后使材料趋于破坏。受力初期，材料的徐变速度较快，后期逐步减慢直至趋于稳定。晶体材料（如岩石）的徐变很小，而非晶体材料及合成高分子材料（如沥青混合料、塑料、水泥混凝土等）的徐变较大。

5. 应力松弛

材料在恒定应变情况下，其应力随时间而减小，此种现象称为材料的应力松弛或弛豫，此时弹性模量也随时间而降低。晶体材料（如岩石）的应力松弛很小，而非晶体材料，特别是合成高分子材料、沥青混合料的应力松弛较大。

1.3.2 材料的脆性与韧性

脆性是材料在荷载作用下，在破坏前无明显的塑性变形，而表现为突发性破坏的性质。脆性材料的特点是塑性变形很小，且抗压强度与抗拉强度的比值较大（5～50 倍）。无机非金属材料多属于脆性材料。

在振动或冲击荷载作用下，材料能吸收较多的能量，并产生较大的变形而不破坏的性质称为材料的冲击韧性（简称韧性）。材料的韧性用冲击试验来检验，又称为冲击韧性，用冲击韧性值即材料受冲击破坏时单位断面所吸收的能量来衡量，其计算式如下：

$$\alpha_k = \frac{W}{S}$$

式中 α_k——材料的冲击韧性值（J/cm^2）；

W——材料破坏时所吸收的能量（J）；

S——材料受力截面面积（cm^2）。

材料在破坏前所产生的变形越大，所能承受的应力越大，其所吸收的能量就越多，材料的韧性就越强。韧性材料的特点是变形大，特别是塑性变形大，抗拉强度接近或高于抗压强度。木材、建筑钢材、橡胶等属于韧性材料。

1.3.3 材料的强度

1. 强度

材料在外力或应力作用下，抵抗破坏的能力称为材料的强度，并以材料在破坏时的最大应力值来表示。材料的实际强度，常采用破坏性试验来测定，根据受力形式，可分为抗压强度、抗拉强度、抗折强度（弯拉强度）、抗剪强度等，受力状态见图 1-5。

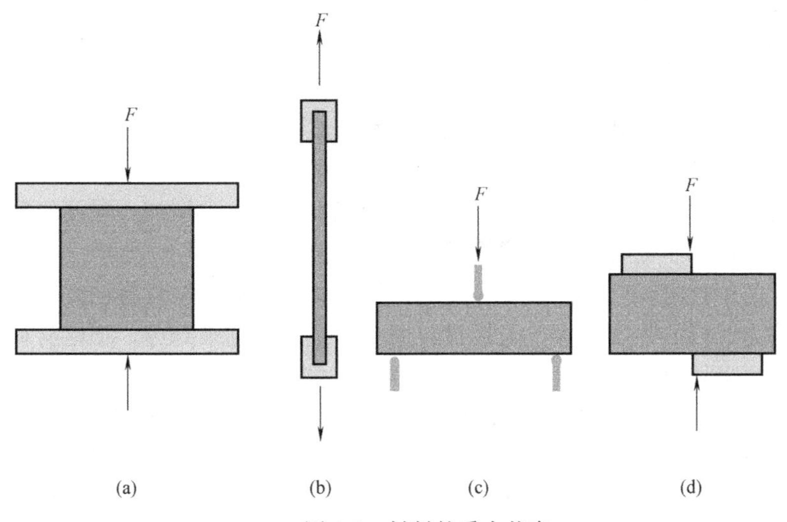

图 1-5　材料的受力状态

（a）压力；（b）拉力；（c）抗折；（d）抗剪切

抗压强度、抗拉强度、抗剪强度的计算公式如下：

$$f=\frac{F}{S}$$

式中　f——材料的抗压强度（MPa）；

F——破坏时的最大荷载（N）；

S——受力截面的面积（mm^2）。

材料的抗折强度与材料的受力情况、截面形状及支承条件等有关。两支点之间的单点集中加荷（图 1-6）和三分点加荷（图 1-7）的计算式如下：

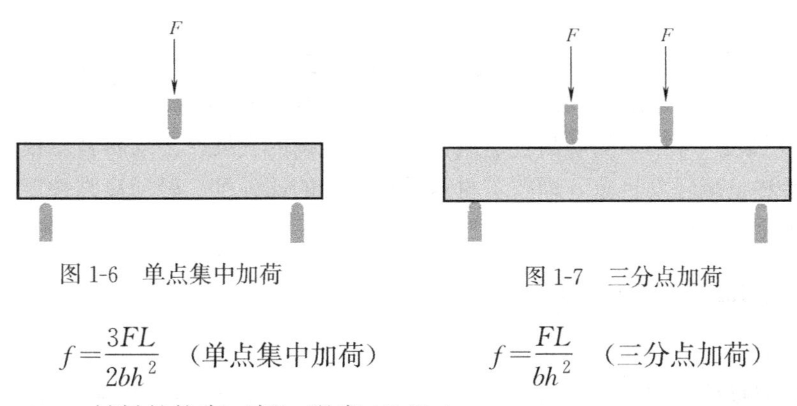

图 1-6　单点集中加荷　　图 1-7　三分点加荷

$$f=\frac{3FL}{2bh^2}\text{（单点集中加荷）}\qquad f=\frac{FL}{bh^2}\text{（三分点加荷）}$$

式中　f——材料的抗弯（折）强度（MPa）；

F——破坏荷载（N）；

L——试件两支点之间的距离（mm）；

b——试件断面宽度（mm）；

h——试件断面高度（mm）。

影响材料强度的内因是材料的组成与结构。材料组成相同，构造不同，强度不同。孔隙率增加，强度降低。影响材料强度的外因有：

（1）试件的形状和大小：大试件强度小于小试件强度，棱柱体强度小于正立方体强度。

（2）加荷速度：加荷速度越快，材料强度值越高。

（3）温度：温度越高，材料强度值越低。

（4）含水情况：含水试件强度小于干燥试件的强度，含水率增加，强度降低。

（5）表面状况：承压板与试件间摩擦越小，强度值越低。

为便于合理使用材料，对于以强度为主要指标的材料，通常按材料强度值的高低划分成若干等级，称为材料的强度等级。脆性材料主要以抗压强度来划分，塑性材料和韧性材料主要以抗拉强度来划分。

常用土木工程材料的强度见表1-4，混凝土、砂浆、砖、石等抗压强度较高而抗拉、抗弯强度较低，所以这类材料多用于结构的受压部位，如墙柱基础等；木材的顺纹抗拉、抗弯强度均大于抗压强度，所以可用作梁和屋架等构件；建筑钢材的抗拉、抗压强度都较高，适用于承受各种外力的结构构件。

常用土木工程材料的强度（MPa） **表1-4**

材料名称	抗压强度	抗拉强度	抗弯强度
花岗岩	120～250	5～8	10～14
普通黏土砖	10～30	—	2.6～5.0
普通混凝土	10～100	1.0～8.0	3.0～10.0
松木(顺纹)	30～50	80～120	60～100
建筑钢材	235～1600	235～1600	—

2. 比强度

比强度指单位体积质量材料所具有的强度，即材料的强度与其表观密度的比值。比强度是衡量材料轻质高强特性的技术指标。

低碳钢表观密度7850kg/m^3，抗压强度420MPa，比强度0.053；松木表观密度500kg/m^3，抗压强度35MPa，比强度0.070；普通混凝土表观密度2400kg/m^3，抗压强度30MPa，比强度0.013。随着高层建筑、大跨度结构的发展，要求材料不仅要有较高的强度，而且要尽量减轻其自重，即要求材料具有较高的比强度。轻质高强性能已经成为材料发展的一个重要方向。

1.3.4 材料的硬度与耐磨性

1. 材料的硬度

硬度是材料抵抗较硬物体压入或刻划的能力。无机矿物材料常采用莫氏硬度（HM）来表示，它是用系列标准硬度的矿物块对材料表面进行划擦，根据划痕确定硬度等级。莫氏硬度划分有十级，由小到大为滑石1、石膏2、方解石3、萤石4、磷灰石5、正长石6、石英7、黄玉8、刚玉9、金刚石10。金属材料常用的洛氏硬度（HR）是用金刚石圆锥或淬火的钢球制成的压头压入材料表面，以压痕的深度来表示；布氏硬度（HB）是以淬火的钢珠压入材料表面产生的球形凹痕单位面积上所受压力来表示。硬度大的材料其强度也高，工程上常用材料的硬度来推算其强度，如用回弹法测定混凝土强度，即用回弹仪测得混凝土表面硬度，再间接推算出混凝土强度的。

2. 材料的耐磨性

材料表面抵抗磨损的能力，称为材料的耐磨性或抗磨耗性。耐磨性的测试方法和表示方法有很多种，通常以磨损前后单位表面的质量损失，即磨损率 K_w 来表示，定义如下：

$$G=\frac{m_1-m_2}{A}$$

式中　G——材料的磨损率（g/cm^2）；

m_1-m_2——材料磨损前后的质量损失（g）；

A——材料受磨面积（cm^2）。

材料的硬度越大，则材料的耐磨性越高。物料的输送管道、溜槽，水利大坝溢流面，混凝土地面、机场混凝土道面及其他有较强磨损作用的部位等，需选用具有较高耐磨性的材料。

1.4　材料的耐久性

1.4.1　材料的耐久性定义及要求

材料长期抵抗各种内外破坏因素或腐蚀介质的作用，保持其原有性质的能力称为材料的耐久性。材料的耐久性是材料的一项综合性质，一般包括抗渗性、抗冻性、耐化学腐蚀性、抗老化性、抗碳化性、耐热性、耐溶蚀性、耐磨性等。

材料耐久性的好坏，直接影响到土木工程结构或构筑物的使用与安全。材料的组成、性质和用途不同，对耐久性的要求也不同。如结构材料主要要求强度不显著降低。工程的重要性及所处环境不同，对材料耐久性的要求也不同。如普通工程中的混凝土耐久性一般要求 50 年以上，而一些重要的基础设施工程中，混凝土的耐久性至少要在 100 年；又如处于严寒地区与水接触的混凝土，对抗冻性的要求远大于一般受冻地区混凝土。因此，应根据工程的重要性、所处的环境及材料的特性，正确选择合理的材料耐久性。

1.4.2　影响材料耐久性的主要因素

1. 内部因素

内部因素是造成材料耐久性下降的根本原因。内部因素主要包括材料的组成、结构。当材料的组成易溶于水或其他液体，或易与其他物质产生化学反应时，则材料的耐水性、耐化学腐蚀性等较差。通常无机非金属材料的化学稳定性较高。金属材料的化学稳定性差，易产生电化学腐蚀和化学腐蚀。沥青材料和高分子材料的耐腐蚀性好，但因含有不饱和键（双键或三键）等，其在光、热、电等的作用下，自身会产生聚合或解聚而使其产生老化。无机非金属脆性材料在温度剧变时易产生开裂，即耐急冷急热性差；晶体材料较同组成非晶体材料的化学稳定性高；当材料的孔隙率 P，特别是开口孔隙率 P_k 较大，且大孔较多时，则材料的耐久性往往较差。

2. 外部因素

外部因素也是影响材料耐久性的主要因素。外部因素主要有：

（1）化学作用。包括各种酸、碱、盐及其水溶液，各种腐蚀性气体作用或氧化作用。

（2）物理作用。包括光、热、电、温度差、湿度差、干湿循环、冻融循环、溶解等，可使材料的结构发生变化，使内部产生微裂纹或孔隙率增加。

（3）机械作用。包括冲击、疲劳荷载，各种气体、液体及固体引起的磨损与磨耗等。

（4）生物作用。包括菌类、昆虫等，可使材料产生腐朽、虫蛀等而破坏。

金属材料常由化学和电化学作用引起腐蚀和破坏；无机非金属材料常由化学作用、溶解、冻融、风蚀、温差、湿差、摩擦等单因素或综合作用而引起破坏；有机材料常由生物作用、溶解、化学腐蚀、光、热、电等作用而引起破坏。

实际工程中，虽然材料同时受到多种外界破坏因素的作用，但往往起主要作用的只有少数几个因素，故在设计、生产和使用时应重点考虑起主要破坏作用的因素。对材料耐久性最可靠的判断是在使用条件下进行长期观测，但这需要很长的时间。通常是根据使用条件与要求，在试验室进行快速试验，据此对材料的耐久性做出判断。

思考题与习题

1. 材料的孔隙率、孔结构、孔隙尺寸对材料的性质有什么影响？

2. 材料的密度、表观密度、毛体积密度、堆积密度有何区别？材料含水时对四者有什么影响？

3. 称取干砂 200g，将此砂装入容量瓶内，加满水并排尽气泡（砂已吸水饱和），称得总质量为 510g。将此瓶内砂倒出，向瓶内重新注满水，此时称得总质量为 380g，试计算砂的表观密度。

4. 某岩石的密度为 2.70g/cm^3，孔隙率为 1.5%。现将该岩石破碎为碎石，测得碎石的堆积密度为 1580kg/m^3，求该岩石的表观密度和碎石的空隙率。

5. 经测定，质量 3.5kg、容积为 10.0L 的容量筒装满绝干石子后的总质量为 18.6kg。若向筒内注入水，待石子吸水饱和后，为注满此筒共注入水 4.26kg。将上述吸水饱和的石子擦干表面后称得总质量为 18.6kg（含筒的质量）。求该石子的表观密度、质量吸水率、体积吸水率、堆积密度、开口孔隙率。

6. 某材料的体积吸水率为 10%，密度为 3.0g/cm^3，绝干时的表观密度为 1550kg/m^3，试求该材料的质量吸水率、开口孔隙率、闭口孔隙率。

7. 含水率为 4.5%的 200g 湿砂，折算干砂的质量为多少克？

8. 现有一块气干质量为 2590g 的红砖，其吸水饱和后的质量为 2910g，将其烘干后的质量为 2500g。将此砖磨细烘干后取 50g，其排开水的体积由李氏瓶测得为 18.60cm^3。求此砖的体积吸水率、质量吸水率、含水率、体积密度、孔隙率及开口孔隙率。

9. 现有甲、乙两相同组成的材料，密度为 2.7g/cm^3。甲材料的绝干毛体积密度为 1400kg/m^3，质量吸水率为 17%；乙材料吸水饱和后的毛体积密度为 1862kg/m^3，体积吸水率为 46.2%。试求：（1）甲材料的孔隙率和体积吸水率？（2）乙材料的绝干体积密度和孔隙率？（3）评价甲、乙两种材料，指出哪种材料更宜作为外墙材料。为什么？

10. 材料的导热系数主要与哪些因素有关？常温下使用的保温材料应具备什么样的组成结构才能使其导热系数最小？

11. 影响材料耐久性的内部因素和外部因素各有哪些？

第 2 章　气硬性无机胶凝材料

工程中将能够通过自身的物理化学作用，从浆体或胶体变成坚硬的固体，并能把散粒材料（砂、石子）或块状材料（如砖、石或砌块）粘结成一个整体的材料，称为胶凝材料。按化学成分，将胶凝材料分为有机胶凝材料和无机胶凝材料。有机胶凝材料常用的有天然或人工合成的高分子化合物为基本组分的一类胶凝材料，如各种沥青、树脂、橡胶等。无机胶凝材料按硬化条件，分为气硬性胶凝材料和水硬性胶凝材料。气硬性胶凝材料只能在空气中凝结硬化，也只能在空气中保持和发展其强度，即气硬性胶凝材料的耐水性差，不宜用于潮湿环境；水硬性胶凝材料则既能在空气中硬化，又能在水中更好地硬化，并保持和发展其强度，即水硬性胶凝材料的耐水性好，可用于潮湿环境或水中。常用的气硬性胶凝材料有石膏、石灰、水玻璃、镁质胶凝材料等，常用的水硬性胶凝材料统称为水泥。

2.1　建筑石膏

以石膏作为原材料，可制成多种石膏胶凝材料。我国石膏资源丰富且分布较广，兼之建筑性能优良、制作工艺简单，因此近年来石膏砂浆、石膏板、建筑饰面板等石膏制品发展很快，已成为极有发展前途的新型建筑材料之一。

2.1.1　石膏的生产与主要品种

生产石膏的原料主要是含硫酸钙的天然石膏（又称生石膏）或含硫酸钙的化工副产品和废渣（如磷石膏、氟石膏、硼石膏等），其化学式为 $CaSO_4 \cdot 2H_2O$，也称二水石膏。常用天然二水石膏。石膏的生产工序主要是破碎、加热与磨细。因原材料质量不同、煅烧时压力与温度不同，可得到不同品种的石膏。二水石膏在不同温度下的生成物及性质见表 2-1。

二水石膏在不同温度下的生成物及性质　　表 2-1

煅烧温度	生成物	性　质
107～170℃（常压）	β 型半水石膏 $CaSO_4 \cdot \frac{1}{2}H_2O$	加水后生成 $CaSO_4 \cdot 2H_2O$，凝结硬化很快，放出热量，体积略膨胀（0.5%～1%）
125℃（0.13MPa）	α 型半水石膏 $CaSO_4 \cdot \frac{1}{2}H_2O$	需水量（35%～45%）较 β 型半水石膏（60%～80%）小，故硬化后为高强度石膏
170～200℃	可溶硬石膏 $CaSO_4$ Ⅲ	水化凝结较快，同时放出大量热，需水量较 β 型半水石膏高，强度较低
＞400℃	硬石膏 $CaSO_4$ Ⅱ	400～500℃是难溶石膏，500～750℃为不溶石膏
＞800℃	煅烧石膏 $CaSO_4$ 和少量 CaO	不加激发剂也具有水化硬化能力，凝结较慢，耐水性好，耐磨性高——无水石膏水泥

1. 模型石膏

模型石膏也为β型半水石膏，但杂质少、色白。主要用于陶瓷厂的模具制坯工艺，少量用于装饰浮雕。

2. 高强度石膏

将二水石膏在0.13MPa大气压、125℃的密闭压蒸釜内蒸炼脱水成为α型半水石膏，再经磨细制得高强度石膏。与β型半水石膏相比，α型半水石膏的晶体粗大且密实，达到一定稠度所需的用水量小（是石膏干重的35%～45%），只是建筑石膏的一半左右，因此这种石膏硬化后结构密实、强度较高，硬化7d时的强度可达15～40MPa。

高强度石膏的密度为2.6～2.8g/cm^3，堆积密度为1000～1200kg/m^3。由于其生产成本较高，因此主要用于要求较高的抹灰工程、装饰制品和石膏板。另外掺入防水剂还可制成高强度防水石膏；加入有机材料如聚乙烯醇水溶液、聚醋酸乙烯乳液等，亦可配成无收缩的胶粘剂。

3. 抹灰石膏（粉刷石膏）

抹灰石膏是以半水石膏和Ⅱ型无水石膏，单独或混合后作为主要胶凝材料，配以适量的缓凝剂、保水剂等化学外加剂而制成的抹灰材料（GB/T 28627—2012）。它具有节省能源、凝结快（初凝≥1h，终凝≤8h）、施工周期短、粘结力好、不裂、不起鼓、表面光洁、防火性能好、自动调节湿度等优异性能且可机械化施工，因此是一种大有发展前途的抹灰材料。

2.1.2 建筑石膏的水化、凝结与硬化

1. 建筑石膏的水化

建筑石膏加水拌和后，与水发生水化反应（简称水化）：

$$CaSO_4 \cdot \frac{1}{2}H_2O + \frac{3}{2}H_2O = CaSO_4 \cdot 2H_2O$$

建筑石膏加水后，首先溶解于水，然后发生上述反应，生成二水石膏。由于二水石膏的溶解度较半水石膏的溶解度小许多，所以二水石膏不断从过饱和溶液中沉淀析出。二水石膏的析出促使上述反应不断进行，直至半水石膏全部转变为二水石膏。这一过程进行得较快，大约需7～12min。

2. 建筑石膏的凝结与硬化

随着水化的不断进行，生成的二水石膏胶体微粒不断增多。这些微粒较原来的半水石膏更加细小，比表面积很大，吸附着很多的水分；同时，浆体中的自由水由于水化和蒸发而不断减少，浆体的稠度不断增加，胶体微粒间的搭接、粘结逐步增加，颗粒间产生摩擦力和粘结力，使浆体逐步推动可塑性，即浆体逐渐产生凝结。随着水化的不断进行，二水石膏胶体微粒凝聚并转变为晶体。晶体颗粒逐渐长大，且晶体颗粒间相互搭接、交错、共生（两个以上晶粒生长在一起），使浆体失去可塑性，产生强度，即浆体产生了硬化，见图2-1。这一过程不断进行，直至浆体完全干燥，强度不再增加。此时，浆体已硬化成为人造石材。

浆体的凝结硬化过程是一个连续进行的过程。将从加水开始拌和一直到浆体刚开始失

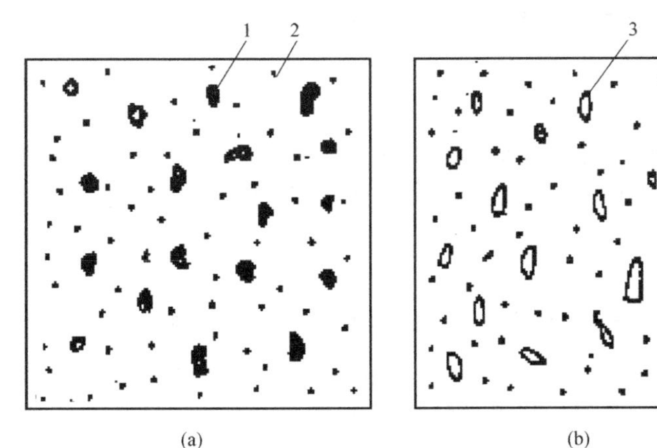

(a)

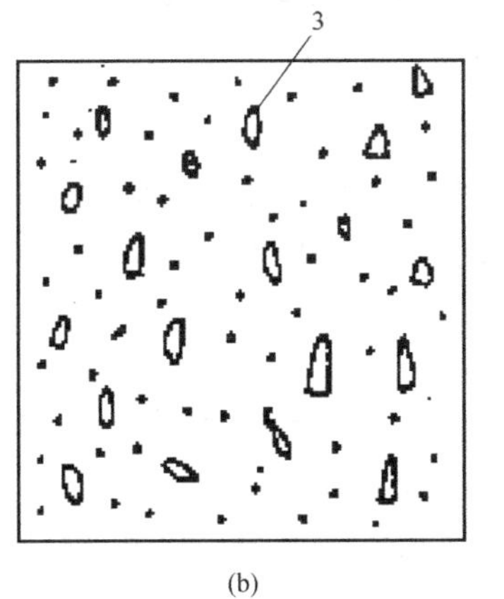

(b)

(c)

图 2-1　建筑石膏凝结硬化示意图

(a) 胶化；(b) 结晶开始；(c) 结晶长大与交错

1—半水石膏；2—二水石膏胶体微粒；3—二水石膏晶体；4—交错的晶体

去可塑性的过程称为浆体的初凝，对应的这段时间称为初凝时间；将从加水拌和开始一直到浆体完全失去可塑性，并开始产生强度的过程称为浆体的终凝，对应的这段时间称为浆体的终凝时间。

2.1.3　建筑石膏的技术要求

建筑石膏是一种白色粉末状的气硬性胶凝材料，根据《建筑石膏》GB/T 9776—2008的规定，建筑石膏抗折和抗压强度、细度和凝结时间技术指标见表 2-2。

建筑石膏各等级的技术要求　　　　**表 2-2**

技术指标 \ 产品等级		等级		
强度(MPa)	抗折强度(MPa)≥	3.0	2.0	1.6
	抗压强度(MPa)≥	6.0	4.0	3.0
细度(%)	0.2mm 方孔筛筛余(%)≤	10		
凝结时间	初凝时间(min)≥	3		
	终凝时间(min)≤	30		

注：1. 指标中有一项不符合者，应予以降级或报废。

2. 表中强度为 2h 时的强度值。强度测定采用 40mm×40mm×160mm 三联试模。

2.1.4　建筑石膏及其制品的性质

建筑石膏与其他胶凝材料相比有如下特点：

1. 凝结硬化快

建筑石膏在加水拌和后，浆体在几分钟内便开始失去可塑性，30min 内完全失去可塑性而产生强度（初凝时间不小于 3min，终凝时间不大于 30min），2h 可达 3～6MPa。由于初凝时间短，造成施工成型困难，一般在使用时均需加硼砂或柠檬酸、亚硫酸盐纸浆废液、动物胶（需用石灰处理过）等缓凝剂，掺量为0.1%～0.5%，以延缓其初凝时间。掺缓凝剂后，石膏制品的强度将有所降低。

2. 凝结硬化时体积微膨胀

石膏浆体在凝结硬化初期会产生微膨胀，膨胀率为0.5%～1.0%。这一性质使石膏制品的表面光滑、细腻，尺寸精确、形体饱满、装饰性好，因而特别适合制作建筑装饰制品。

3. 孔隙率大、体积密度小

建筑石膏在加水拌和时，为使浆体具有施工要求的可塑性，需加入建筑石膏用量的60%～80%的用水量，而建筑石膏水化的理论需水量为18.61%，所以大量的自由水在蒸发时，在建筑石膏制品内部形成大量的毛细孔隙，其孔隙率达50%～60%，体积密度为800～1000kg/m^3，属于轻质材料。

4. 保温性和吸声性好

建筑石膏制品的孔隙率大，且均为微细的毛细孔，所以导热系数小，一般为0.121～0.205W/(m·K)。大量的毛细孔隙对吸声有一定的作用，特别是穿孔石膏板（板中有贯穿的孔径为6～12mm的孔眼）对声波的吸收能力强。

5. 强度一般较低

建筑石膏的强度一般较低，但其强度发展较快，2h的抗压强度可达3～6MPa，7d抗压强度为8～12MPa（接近最高强度）。高强石膏的晶粒粗，晶粒比表面积小，所以实际需水量小，一般为高强石膏用量的30%～40%，故高强石膏硬化后的抗压强度可达10～40MPa。

6. 具有一定的调湿性

由于石膏制品内部的大量毛细孔隙对空气中的水蒸气具有较强的吸附能力，所以对室内的空气湿度有一定的调节作用。

7. 防火性好、耐火性差

建筑石膏制品的导热系数小，传热慢，且二水石膏受热脱水产生的水蒸气能阻碍火势的蔓延，起到防火作用。但二水石膏脱水后，强度下降，因而不耐火。

8. 耐水性、抗渗性、抗冻性差

建筑石膏制品孔隙率大，且二水石膏可微溶于水，遇水后强度大大降低，其软化系数只有0.2～0.3，是不耐水的材料。为了提高建筑石膏及其制品的耐水性，可以在石膏中掺入适当的防水剂（如有机硅防水剂），或掺入适量的白水泥等。

2.1.5 建筑石膏的应用

建筑石膏的用途很广，主要用于室内抹灰、粉刷和生产各种石膏板等。

1. 室内抹灰和粉刷

抹灰石膏（粉刷石膏）是由建筑石膏或由建筑石膏和$CaSO_4$ Ⅱ两者混合后再掺入外加剂而制成的抹灰材料。由于建筑石膏的优良特性，常被用于室内高级抹灰和粉刷。建筑石膏加水、砂及缓凝剂拌和成石膏砂浆，用于室内抹灰或直接采用抹灰石膏进行室内抹灰。抹灰后的表面光滑、细腻、洁白、美观。石膏砂浆也作为油漆等的打底层，并可直接涂刷油漆或粘贴墙布或墙纸等。建筑石膏加水及缓凝剂拌和成石膏浆体，可作为室内粉刷涂料。分类：面层抹灰石膏（F）；底层抹灰石膏（B）；轻质底层抹灰石膏（L）；保温层抹灰石膏（T）。

根据现行《抹灰石膏》GB/T 28627，细度以 1.0mm 和 0.2mm 方孔筛的筛余百分比计，面层抹灰石膏分别应不大于 0 和 40%。初凝时间应不小于 1h，终凝时间应不大于 8h。可操作时间应不小于 30min。保温层抹灰石膏的体积密度应不大于 500kg/m³，轻质底层抹灰砂浆的体积密度应不大于 500kg/m³。抹灰石膏的保水率和强度要求见表 2-3。

抹灰石膏的保水率和强度要求 **表 2-3**

产品类别	面层抹灰石膏	底层抹灰石膏	轻质底层抹灰石膏	保温层抹灰石膏
代号	F	B	L	T
保水率(%)≥	90	75	60	—
抗折强度(MPa)≥	3.0	2.0	1.0	—
抗压强度(MPa)≥	6.0	4.0	2.5	0.6
拉伸粘结强度(MPa)≥	0.5	0.4	0.3	—

2. 石膏板

石膏板具有轻质、隔热保温、吸声、防火、尺寸稳定及施工方便等性能，在建筑中得到广泛的应用，是一种很有发展前途的新型建筑材料。常用石膏板有以下几种：

1）纸面石膏板

纸面石膏板以建筑石膏为主要原料，掺入适量的纤维材料、缓凝剂及发泡剂或轻质填料等，经加水搅拌成料浆并浇筑在纸面上，成型后再覆盖上层面纸。料浆经过凝固形成芯材，经切割、烘干等工序制得纸面石膏板。纸面石膏板分为普通纸面石膏板（GB/T 9775—2008）、耐水纸面石膏板、装饰纸面石膏板（JC/T 997—2006）。纸面石膏板的长度为 1800～3600mm，宽度为 900～1200mm，厚度为 9mm、12mm、15mm、18mm；其纵向抗折荷载可达 400～850N。纸面石膏板主要用于隔墙、内墙等，其自重仅为砖墙的 1/5。耐水纸面石膏板主要用于厨房、卫生间等潮湿环境。耐火纸面石膏板（JC/T 802—1989）（规定耐火极限分为优等品不小于 30min、一等品不小于 25min、合格品不小于 20min 等）主要用于耐火要求高的室内隔墙、吊顶等。使用时须采用龙骨（固定石膏板的支架，通常由木材或铝合金、薄钢等制成）。优点：①质轻，强度较高。②尺寸稳定。③抗震性好。④自动调湿性好。⑤装饰方便。⑥占地面积少。⑦便于管道及电线等埋设。⑧施工简便，进度快。

2）纤维石膏板

纤维石膏板以纤维材料（多使用玻璃纤维）为增强材料，与建筑石膏、缓凝剂、水等经特殊工艺混合制成浆料，在长网成型机上经铺浆、脱水而制成无纸面的纤维石膏板。纤维石膏板的强度和弹性模量都高于纸面石膏板。纤维石膏板除用于隔墙、内墙外，还可用来代替木材制作家具。抗弯强度较高的纤维石膏板主要用作建筑物的内隔墙、吊顶及预制石膏板复合墙板。

3）装饰石膏板

装饰石膏板由建筑石膏、适量纤维材料和水等经搅拌、浇筑、修边、干燥等工艺制得。装饰石膏板按表面形状分有平板、多孔板、浮雕板，其规格均为 500mm×500mm×

9mm 或 600mm×600mm×11mm，并分为普通板和防潮板（JC/T 799—2016）。装饰石膏板造型美观，装饰性强，且具有良好的吸声、防火等功能，主要用于公共建筑的内墙、吊顶等。此外，还有吸声用穿孔石膏板（JC/T 803—2007）及嵌装式装饰石膏板（JC/T 800—2007），调整石膏板的厚度，孔眼大小、孔距，空气层厚度（即石膏板与墙体的距离），可构成适应不同频率的吸声结构。石膏板表面可以贴上各种图案的面纸，如木纹纸等以增加装饰效果。表面贴一层 0.1mm 厚的铝箔可使石膏板具有金属光泽，并能起防湿隔热的作用。除上述石膏制品外，还有石膏空心条板、石膏砌块等。

建筑石膏在存储中，需要防雨、防潮，存储期一般不宜超过三个月。一般存储三个月后，强度降低 30%左右。

2.2 建筑石灰

建筑石灰简称石灰，它是建筑中使用最早的矿物胶凝材料之一。由于其原料来源广泛、生产工艺简单、成本低廉，所以在建筑领域应用很广。

2.2.1 石灰的生产

生产石灰所用的原料主要是含碳酸钙为主的天然岩石，常用的有石灰石、白云石质石灰石。石灰石属沉积岩，其致密程度随沉积年代长短而异；其化学成分、矿物组成及物理性质也随沉积物的不同而异。所以不同产地的石灰石，其结构、杂质成分及含量，以及杂质分布均匀程度也不相同，这就直接影响到石灰的煅烧难易和所得到的石灰质量。

石灰的煅烧在立窑中或回转窑中进行。将上述原料在高温下煅烧，即得石灰，其主要成分为氧化钙 CaO。

$$CaCO_3 \xrightarrow{900\sim1100℃} CaO + CO_2\uparrow$$

正常温度下煅烧得到的石灰具有多孔结构，即内部孔隙率大、晶粒细小、体积密度小，与水作用速度快。生产时，由于火候或温度控制不均，常会含有欠火石灰或过火石灰。欠火石灰是由于煅烧温度低或煅烧时间短，内部尚有未分解的石灰石内核，外部为正常煅烧的石灰，因而欠火石灰只是降低了石灰的利用率，不会带来危害。过火石灰是由于煅烧温度过高或煅烧时间过长，使内部孔隙率减小、体积密度增大、晶粒粗大，而且由于原料中混入或夹带的黏土成分在高温下的熔融，使过火石灰颗粒表面部分被玻璃状物质（即釉状物）所包覆，因此造成过火石灰与水的作用减慢（需数十天至数年），这对使用非常不利。当石灰浆中含有这类过火石灰时，它将在石灰浆硬化后才发生水化作用，于是会因产生膨胀而引起崩裂或隆起裂纹等现象。

2.2.2 石灰的水化与硬化

1. 石灰的水化

石灰的水化也称熟化，又称消解，是生石灰（CaO）与水作用生成熟石灰 $Ca(OH)_2$ 的过程，即：

$$CaO+H_2O \longrightarrow Ca(OH)_2+64kJ$$

伴随着水化过程，放出大量的热，并且体积迅速增加 1～2.5 倍。

根据水化时加水量的不同，石灰的水化方式分为以下两种：

(1) 石灰膏。将生石灰放入化灰池中，并加入大量的水（生石灰的 3～4 倍）水化成石灰乳，然后经筛网流入储灰池，经沉淀除去多余的水分得到的膏状物即为石灰膏。一般，1kg 生石灰约加 2.5kg 水，可水化成 1.5～3.0L 的体积密度为 1300～1400kg/m^3、含水约 50%的石灰膏。为避免过火石灰在使用后，因吸收空气中的水蒸气而逐步熟化膨胀，使已硬化的浆体产生隆起、开裂等破坏，在使用前必须使其熟化或将其去除。常采用的方法是在熟化过程中首先将较大尺寸的过火石灰利用小于 3mm×3mm 的筛网等去除（同时也为了去除较大的欠火石灰块，以改善石灰质量），之后使石灰膏在储灰池中存放一段时间，即所谓陈伏，以使较小的过火石灰块充分熟化。抹面用石灰膏应熟化 15d 以上，陈伏时为防止石灰碳化，石灰膏表面须保存有一层水。

(2) 消石灰粉。消石灰粉，又名消石灰、熟石灰，白色粉末状固体，微溶于水，呈碱性。相对密度 2.24，加热至 580℃脱水成氧化钙，在空气中吸收二氧化碳而成碳酸钙。

2. 石灰的硬化

石灰浆体的硬化包括干燥结晶硬化和碳化硬化。

(1) 干燥结晶硬化。石灰浆体在干燥过程中，毛细孔隙失水。由于水的表面张力的作用，毛细孔隙中的水面呈弯月面，从而产生毛细管压力，使得氢氧化钙颗粒间的接触紧密，产生一定的强度。干燥过程中因水分的蒸发，氢氧化钙也会在过饱和溶液中结晶，但结晶数量很少，产生的强度很低。若再遇水，因毛细管压力消失，氢氧化钙颗粒间紧密程度降低，且氢氧化钙微溶于水，强度丧失。

(2) 碳化硬化。氢氧化钙与空气中的二氧化碳和水反应，生成碳酸钙晶体称为碳化。其反应如下：

$$Ca(OH)_2+CO_2+H_2O \longrightarrow CaCO_3+H_2O$$

生成的碳酸钙具有相当高的强度。由于空气中二氧化碳的浓度很低，因此碳化过程极为缓慢。当石灰浆体含水量过少，处于干燥状态时，碳化反应几乎停止。碳化作用实际上是二氧化碳与水形成碳酸，然后与氢氧化钙反应生成碳酸钙，所以这个作用不能在没有水分的全干状态下进行。石灰浆体含水量多时，孔隙中几乎充满水，二氧化碳气体难以渗透，碳化作用仅在表面进行。生成的碳酸钙达到一定厚度时，阻碍二氧化碳向内渗透，同时也阻碍内部水分向外蒸发，从而减慢了碳化速度。

由石灰硬化的原因及过程可以得出石灰浆体硬化特点：结晶自里向表，碳化自表向里；速度慢（通常需要几周的时间）；体积收缩大（容易产生收缩裂缝）；强度低、不耐水。

2.2.3 石灰的技术要求

按石灰中氧化镁的含量，将生石灰和生石灰粉划分为钙质石灰（MgO≤5%）和镁质石灰（MgO>5%）；按消石灰中氧化镁的含量，将消石灰粉划分为钙质消石灰粉（MgO<4%）、镁质消石灰粉（4%≤MgO<24%）和白云石消石灰粉（24%≤MgO<30%）。

建筑生石灰的技术要求为有效氧化钙和氧化镁含量、未消化残渣含量（即欠火石灰、过火石灰及杂质的含量)、二氧化碳含量(欠火石灰含量)、产浆量(指1kg生石灰生成的石灰膏升数),并由此划分为优等品、一等品、合格品,各等级的技术要求见表2-4。

建筑生石灰的技术指标 **表2-4**

项目	钙质生石灰			镁质生石灰		
	优等品	一等品	合格品	优等品	一等品	合格品
CaO+MgO含量(%)≥	90	85	80	85	80	75
未消化残渣含量(5mm圆孔筛余)(%)≤	5	10	15	5	10	15
CO_2(%)≤	5	7	9	6	8	10
产浆量(L/kg)≥	2.8	2.3	2.0	2.8	2.3	2.0

建筑生石灰粉的技术指标见表2-5。

建筑生石灰粉的技术指标 **表2-5**

项目		钙质生石灰粉			镁质生石灰粉		
		优等品	一等品	合格品	优等品	一等品	合格品
CaO+MgO含量(%)≥		85	80	75	80	75	70
CO_2 含量(%)≤		7	9	11	8	10	12
细度	0.90mm筛筛余(%)≤	0.2	0.5	1.5	0.2	0.5	1.5
	0.125mm筛筛余(%)≤	7.0	12.0	18.0	7.0	12.0	18.0

建筑消石灰粉的技术要求为有效氧化钙和氧化镁、游离水、体积安定性(指凝结硬化过程中体积变化的均匀性。体积安定性不好,即石灰制品在硬化时产生开裂、翘曲,说明未熟化的CaO、MgO含量过多)、细度,并由此划分为优等品、一等品、合格品,建筑消石灰粉的技术指标见表2-6。

建筑消石灰粉的技术指标 **表2-6**

项目		钙质消石灰粉			镁质消石灰粉			白云石消石灰粉		
		优等品	一等品	合格品	优等品	一等品	合格品	优等品	一等品	合格品
CaO+MgO含量(%)≥		70	65	60	65	60	55	65	60	55
游离水(%)		0.4~2	0.4~2	0.4~2	0.4~2	0.4~2	0.4~2	0.4~2	0.4~2	0.4~2
体积安定性		合格	合格	—	合格	合格	—	合格	合格	—
细度	0.90mm筛筛余(%)≤	0	0	0.5	0	0	0.5	0	0	0.5
	0.125mm筛筛余(%)≤	3	10	15	3	10	15	3	10	15

2.2.4 石灰的性质与应用

1. 石灰的性质

石灰与其他胶凝材料相比具有以下特性:

(1)保水性、可塑性好。熟化生成的氢氧化钙颗粒极其细小,比表面积(材料的总表面积与其质量的比值)很大,使得氢氧化钙颗粒表面吸附有一层较厚水膜,即石灰的保水性好。由于颗粒间的水膜较厚，颗粒间的滑移较易进行，即可塑性好。这一性质常被用来改善砂浆的保水性，以克服水泥砂浆保水性差的缺点。

（2）凝结硬化慢、强度低。石灰的凝结硬化很慢，且硬化后的强度很低。如 1∶3 的石灰砂浆，28d 的抗压强度仅为 0.2～0.5MPa。

（3）耐水性差。潮湿环境中，石灰浆体不会产生凝结硬化。硬化后的石灰浆体的主要成分为氢氧化钙，仅有少量的碳酸钙。由于氢氧化钙可微溶于水，所以石灰的耐水性很差，软化系数接近于零。

（4）干燥收缩大。氢氧化钙颗粒吸附的大量水分，在硬化过程中不断蒸发，并产生很大的毛细管压力，使石灰浆体产生很大的收缩而开裂，因此石灰除粉刷外不宜单独使用。

2. 石灰的应用

石灰是建筑工程中使用面广量大的建筑材料之一，其在建筑上的用途主要有：

（1）建筑砂浆。利用石灰膏或消石灰粉可配制成石灰砂浆或水泥石灰混合砂浆，用于墙体抹灰和砌筑。

（2）灰土和三合土。消石灰粉与黏土拌和后称为灰土或石灰土，再加砂或石屑、炉渣等即成三合土，比例为生石灰粉（或消石灰粉）∶黏土∶砂子＝1∶2∶3。由于消石灰粉的可塑性好，在夯实或压实下，灰土和三合土的密实度增加，并且黏土中含有少量的活性氧化硅和活性氧化铝与氢氧化钙反应生成了少量的水硬性产物，所以二者的密实程度、强度和耐水性得到改善。因此，灰土和三合土广泛用于建筑物的基础和道路的基层。

（3）硅酸盐混凝土及其制品。以石灰与硅质材料（如石英砂、粉煤灰、矿渣等）为主要原料，经磨细、配料、拌和、成型、养护（蒸汽养护或压蒸养护）等工序得到的人造石材，其主要产物为水化硅酸钙，所以称为硅酸盐混凝土。常用的硅酸盐混凝土制品有蒸汽养护和蒸压养护的各种粉煤灰砖及砌块、灰砂砖及砌块、加气混凝土等。

（4）碳化石灰板。将磨细生石灰、纤维状填料（如玻璃纤维）或轻质集料加水搅拌成型为坯体，然后再通入二氧化碳进行人工碳化（约 12～24h）而成的一种轻质板材。为减轻自重，提高碳化效果，通常制成薄壁或空心制品。碳化石灰板的可加工性能好，适合做非承重的内隔墙板、顶棚等。

（5）无熟料水泥。石灰与潜在活性混合材料（如粉煤灰、高炉矿渣、煤矸石等）混合，并掺入适量石膏等，磨细后可制成无熟料水泥。

（6）磨制生石灰粉。建筑工程中大量采用磨细生石灰来代替石灰膏和消石灰粉配制灰土或砂浆，或直接用于制造硅酸盐制品。磨细生石灰具有很高的细度，80μm 方孔筛筛余小于 30%，比表面积大，水化放热而且快速，提高了功效，节约了场地，改善了环境，提高了石灰的质量和利用率。

（7）制造静态破碎剂和膨胀剂。静态破碎剂指凡经高温煅烧以氧化钙为主体的无机化合物，掺入适量外加剂共同粉磨制成的具有高膨胀性能的非爆破性破碎用粉状材料。取 85 份过烧石灰粉末、15 份普通硅酸盐水泥混合后，再加少量萘磺酸盐甲醛缩合物混合均匀，制得静态破碎剂。按 34%的水料比、加 0.1%～0.5%调凝剂，加水搅拌成泥浆，注入岩石孔内，孔口不要密封，24h 后岩石开裂。

生石灰块及生石灰粉须在干燥条件下运输和贮存，且不宜存放太久。因在存放过程中，生石灰会吸收空气中的水分熟化成消石灰粉，并进一步与空气中的二氧化碳和水作用生成碳酸钙，从而失去胶结能力。长期存放时，应在密闭条件下且防潮、防水。

2.3 水玻璃

2.3.1 水玻璃的生产

水玻璃（俗称泡花碱）是一种水溶性硅酸盐。其化学式为 $R_2O \cdot nSiO_2$，式中 R_2O 为碱金属氧化物，n 为二氧化硅与碱金属氧化物摩尔数的比值，称为水玻璃的模数。按碱金属氧化物的不同，分为硅酸钠水玻璃（$Na_2O \cdot nSiO_2$，也称钠水玻璃，简称水玻璃）、硅酸钾水玻璃（$K_2O \cdot nSiO_2$，也称钾水玻璃）、硅酸锂水玻璃（$Li_2O \cdot nSiO_2$，也称锂水玻璃）。锂水玻璃和钾水玻璃的性能优于钠水玻璃，但价格也高。工程中主要使用钠水玻璃。

水玻璃的生产常采用碳酸盐法，即将石英和碳酸钠磨细拌匀，在熔炉内于 1300～1400℃下熔融反应而生成固体水玻璃，然后在 0.3～0.8MPa 的蒸压釜内水中加热溶解而成液体水玻璃。熔融状态下的化学反应如下：

$$\text{干法}: Na_2CO_3 + nSiO_2 \xrightarrow{1300\sim1400℃} Na_2O \cdot nSiO_2 + CO_2 \uparrow$$

$$\text{湿法}: SiO_2 + NaOH \xrightarrow{0.3\sim0.8\text{MPa(蒸汽)}} Na_2O \cdot nSiO_2\text{(液态)}$$

若用碳酸钾代替碳酸钠，则可制得钾水玻璃。

水玻璃的模数 n 为其分子式中 SiO_2 与 Na_2O 分子数比，其值越大则水玻璃的黏度越大、粘结力与强度及耐酸、耐热性越高，但也越难溶于水中，且由于黏度太大，不利于施工；同一模数的水玻璃，其浓度（或密度）增加，则黏度增大，粘结力与强度及耐酸、耐热性均提高，但太大时不利于施工。工程中常用模数 n 为 2.6～2.8，密度为 1.3～1.4g/cm^3。水玻璃的质量应满足现行《工业硅酸钠》GB/T 4209 的规定。工程中主要使用液体水玻璃（水玻璃与水形成的胶体溶液），其外观呈青灰或黄色黏稠液体。

2.3.2 水玻璃的硬化

水玻璃在空气中能与二氧化碳反应，生成无定形的二氧化硅凝胶（又称硅酸凝胶），凝胶脱水转变成二氧化硅而硬化（又称自然硬化），其化学反应如下：

$$Na_2O \cdot nSiO_2 + CO_2 + mH_2O \longrightarrow Na_2CO_3 + nSiO_2 \cdot mH_2O$$

由于空气中的二氧化碳含量极少，上述反应极其缓慢，因此水玻璃在使用时常加入促硬剂，以加快其硬化速度（又称加速硬化），常用的硬化剂为氟硅酸钠（Na_2SiF_6），其化学反应如下：

$$2(Na_2O \cdot nSiO_2) + Na_2SiF_6 + mH_2O \longrightarrow 6NaF + (2n+1)SiO_2 \cdot mH_2O$$

$$(2n+1)SiO_2 \cdot mH_2O \longrightarrow (n+1)SiO_2 + mH_2O$$

加入氟硅酸钠后，初凝时间可缩短至 30～60min。

氟硅酸钠的适宜掺量，一般占水玻璃用量的 12%～15%；若掺量少于 12%，则其凝结硬化慢，强度低，并且存在较多的没参与反应的水玻璃。当遇水时，残余水玻璃易溶于水，影响硬化后水玻璃的耐水性；若其掺量超过15%，则凝结硬化过快，造成施工困难，且抗渗性和强度降低。

2.3.3 水玻璃的技术性质

水玻璃在凝结硬化后，具有以下特性：

（1）粘结力强、强度较高。水玻璃在硬化后，其主要成分为二氧化硅凝胶和固体氧化硅，比表面积大，因而具有较高的粘结力和强度。水玻璃质量和用量、配合比和施工养护对强度的发展有显著影响。用水玻璃配制的混凝土的抗压强度可达15～40MPa。

（2）耐酸性好。由于水玻璃硬化后的主要成分为二氧化硅，其可以抵抗除氢氟酸、过热磷酸以外的几乎所有的无机酸和有机酸。用于配制水玻璃耐酸混凝土、耐酸砂浆、耐酸胶泥等。

（3）耐热性好。硬化后形成的二氧化硅网状骨架在高温下强度下降不大，甚至有所上升。当采用耐热耐火集料配制水玻璃砂浆和混凝土时，耐热度可达1000℃。可用于配制水玻璃耐热混凝土、耐热砂浆、耐热胶泥等。

（4）耐碱性和耐水性差。水玻璃在加入氟硅酸钠后仍不能完全反应，硬化后的水玻璃中仍含有一定量的$Na_2O \cdot nSiO_2$。由于SiO_2和$Na_2O \cdot nSiO_2$均可溶于碱，且$Na_2O \cdot nSiO_2$可溶于水，所以水玻璃硬化后不耐碱、不耐水。为提高耐水性，常采用中等浓度的酸对已硬化的水玻璃进行酸洗处理，以促使水玻璃完全转变为硅酸凝胶。

2.3.4 水玻璃的应用

水玻璃除用于耐热和耐酸材料外，还有以下主要用途：

（1）涂刷材料表面，提高其抗风化能力。以密度为$1.35g/cm^3$的水玻璃浸渍或涂刷黏土砖、水泥混凝土、硅酸盐混凝土、石材等多孔材料，可提高材料的密实度、强度、抗渗性、抗冻性及耐水性等。这是因为水玻璃与空气中的二氧化碳反应生成硅酸凝胶，同时水玻璃也与材料中所含的氢氧化钙反应生成硅酸钙凝胶，二者填充材料的孔隙，使材料致密。市场上的液体混凝土密封固化处理剂的主要成分就是钠钾型液体水玻璃，通过有效渗透（3～5mm）到混凝土中，它们与混凝土中的氢氧化钙和掺合料发生化学反应，生成不膨胀、不收缩、性质稳定的化学产物水合硅酸钙。这个产物填补了混凝土中的毛细孔，使整个混凝土成为一个密实坚固的实体，从而得到一个无尘、致密的整体，达到硬化、强固、抗磨耗、防尘、防水、抗化学侵蚀、抗盐分、抗油污、安全环保的固封效果。

（2）加固土壤。将水玻璃和氯化钙溶液交替压注到土壤中，生成的硅酸凝胶在潮湿环境下，因吸收土壤中水分处于膨胀状态，使土壤固结。氯化钙与水玻璃反应的化学反应式如下：

$$Na_2O \cdot nSiO_2 + CaCl_2 + mH_2O \longrightarrow 2NaCl + Ca(OH)_2 + nSiO_2 \cdot (m-1)H_2O$$

（不溶的沉淀凝胶）

（3）配制速凝防水剂。在水玻璃中加入两种、三种或四种矾的溶液，搅拌均匀，即可得二矾、三矾、四矾防水剂。如四矾防水剂是以蓝矾（硫酸铜）、白矾（硫酸铝钾）、绿矾（硫酸亚铁）、红矾（重铬酸钾），搅拌均匀而成。这类防水剂与水泥水化过程中析出的氢氧化钙反应生成不溶性硅酸盐，堵塞毛细管道和孔隙，从而提高砂浆的防水性。这种防水剂因为凝结迅速，宜调配水泥防水砂浆，适用于堵塞漏洞、缝隙等局部抢修。

（4）修补砖墙裂缝。将水玻璃、粒化高炉矿渣粉、砂及氟硅酸钠按适当比例拌和后，直接压入砖墙裂缝，可起到粘结和补强作用。水玻璃应在密闭条件下存放。长时间存放后，水玻璃会产生一定的沉淀，使用时应搅拌均匀。水玻璃矿渣砂浆的质量配比为：磨细粒化高炉矿渣粉：液体水玻璃：砂＝1：1.5：2，所用的水玻璃模数为2.3～3.4，密度为1.4～1.5g/cm^3。

（5）其他用处。用水玻璃可配制耐酸砂浆和耐酸混凝土、耐热砂浆和耐热混凝土，水玻璃可用作多种建筑涂料的原料，将液体水玻璃与耐火填料等调成糊状的防火漆，涂于木材表面可抵抗瞬间火焰。不同的应用条件，对水玻璃的模数有不同要求。用于地基灌浆时，宜取模数为2.7～3.0；涂刷材料表面时，模数宜取3.3～3.5；配制耐酸混凝土或者作为水泥促凝剂时，模数宜取2.6～2.8；配制碱矿渣水泥时，模数宜取1.0～2.0较好。水玻璃模数的大小可根据要求配制。水玻璃溶液加入NaOH可降低模数，溶入硅胶（或硅灰）可以提高模数。

2.4 镁质胶凝材料

以天然菱镁矿（$MgCO_3$）为主要原料，经700～850℃煅烧后再经磨细而得的以氧化镁（MgO）为主要成分的气硬性胶凝材料称为镁质胶凝材料，又称菱苦土。其煅烧反应式如下：

$$MgCO_3 \xrightarrow{700\sim850℃} MgO + CO_2 \uparrow$$

菱苦土是白色或浅黄色的粉末，密度为3.1～3.4g/cm^3，堆积密度为800～900kg/m^3。其质量应满足现行《镁质胶凝材料用原料》JC/T 449的规定。

菱苦土在使用时，若与水拌和，则迅速水化生成氢氧化镁，并放出较多的热量。由于氢氧化镁在水中溶解度很小，生成的氢氧化镁立即沉淀析出，其内部结构松散，且浆体的凝结硬化也很慢，强度也很低。因此，菱苦土在使用时常用氯化镁水溶液（$MgCl_2 \cdot 6H_2O$，也称卤水）来拌制，其硬化后的主要产物是氧氯化镁（$xMgO \cdot yMgCl_2 \cdot zH_2O$），反应式为：

$$xMgO + yMgCl_2 + zH_2O \longrightarrow xMgO \cdot yMgCl_2 \cdot zH_2O$$

MgO与$MgCl_2$的摩尔比为4～6时，生成的水化产物相对稳定。因而氯化镁的适宜用量为55%～60%（以$MgCl_2 \cdot 6H_2O$计），其质量应符合现行《镁质胶凝材料用原料》JC/T 449的规定。采用氯化镁水溶液（密度为1.2g/cm^3）拌制的浆体，其初凝时间为30～60min，1d强度可达最高强度的50%以上，7d左右可达最高强度（40～70MPa），体积密度为1000～1100kg/m^3。

镁质胶凝材料是一种快硬性胶凝材料，并且具有较高的强度。主要用于以下几方面：

（1）锯末地板。菱苦土与木屑、颜料等配制成的板材铺设于地面，称为菱苦土地板，具有保温、防火、防爆（碰撞时不发生火星）及一定的弹性。使用时表面宜刷油漆。

（2）配制砂浆。可用于室内装饰用的抹灰砂浆。

（3）刨花板。菱苦土能与植物纤维及矿物纤维很好地结合，因此常将它与刨花、木丝、木屑、亚麻屑或玻璃纤维等复合制成刨花板、木丝板、木屑板、玻璃纤维增强板等，作内墙、隔墙、顶棚等用。

(4) 空心隔板。以轻细集料为填料，制成空心隔板，可用于建筑内墙的分隔。

(5) 玻璃纤维增强波形瓦。以玻璃纤维为增强材料，可制成抗折强度高的波形瓦。

(6) 泡沫菱苦土。在镁质胶凝材料中掺入适量的泡沫（由泡沫剂经搅拌制得），可制成泡沫菱苦土，是一种多孔、轻质的保温材料。

镁质胶凝材料显著的缺点是吸湿性大、耐水性差，当空气相对湿度大于 80%时，制品易吸潮，产生变形或翘曲现象，且伴随表面泛霜（即返卤）。克服上述缺陷，必须精确确定合理配方，添加具有活性的各种填料和有机、无机的改性外加剂，如过烧的红砖；含磷酸、活化磷的工业废渣；含硫化物和活化硫的工业废渣及含铜的活化工业废渣；无机铁盐和铝盐；水溶性的或乳液型的高分子聚合物等。

镁质胶凝材料在运输和储存时应避免受潮，存期不宜过长，以防菱苦土吸收空气中的水分成为氢氧化镁，再碳化成为碳酸镁，失去化学活性。

思考题与习题

1. 什么是气硬性胶凝材料与水硬性胶凝材料？二者有何区别？

2. 用于内墙面抹灰时，建筑石膏与石灰相比较，具有哪些优点？为什么？

3. 试比较石灰与石膏的硬化速度及强度，并分析其原因。

4. 建筑石膏在使用时，为什么常常要加入动物胶或亚硫酸盐酒精废液？

5. 过火石灰、欠火石灰对石灰的性能有什么影响？如何消除？

6. 石灰本身不耐水，但用它配制的灰土或三合土却可用于基础的垫层、道路的基层等潮湿部位，为什么？

7. 什么是水玻璃的模数？使用水玻璃时为什么要用促硬剂？常用的促硬剂是什么？

8. 水玻璃的主要性质和用途有哪些？

9. 生产镁质胶凝材料制品时，常出现如下问题：(1) 硬化太慢；(2) 硬化过快，并容易吸湿返潮。是什么原因？如何改善？

10. 什么是胶凝材料的凝结、硬化？什么是初凝、终凝？

11. 建筑石膏及其制品为什么适用于室内，而不适用于室外？

12. 什么是生石灰的水化（消解）？伴随水化过程有什么现象？

13. 某建筑的内墙使用石灰砂浆抹面，数月后墙面上出现了许多不规则的网状裂纹，同时个别部位还有一部分凸出的呈放射状裂纹。试分析上述现象产生的原因。

第3章 水　　泥

水泥是一种多组分的人造矿物材料，与适量的水混合后，经过一系列物理化学反应，由可塑性浆体变成坚硬的石状体，并能将砂、石等散粒状材料胶结成为整体。就硬化条件而言，水泥浆体不但能在空气中硬化，而且能更好地在水中硬化，保持并继续增长其强度，故水泥属于水硬性胶凝材料。

水泥广泛应用于工业与民用建筑工程，以及农业、水利、公路、铁路、海港和国防等工程。水泥的品种很多，按水泥的化学矿物组成，可分为硅酸盐类水泥、铝酸盐类水泥、硫铝酸盐类水泥、铁铝酸盐类水泥、氟铝酸盐类水泥等；按用途可分为通用水泥、专用水泥和特性水泥。目前，我国建筑工程中常用的通用水泥包括：硅酸盐水泥、普通硅酸盐水泥、矿渣硅酸盐水泥、火山灰质硅酸盐水泥、粉煤灰硅酸盐水泥和复合硅酸盐水泥。还有一些特殊工程使用的专用水泥，如大坝水泥、油井水泥、道路水泥及砌筑水泥等，或者特殊成分的水泥，如铝酸盐水泥、膨胀水泥、硫铝酸盐水泥、氟铝酸盐水泥等。

水泥的品种繁多，特别是随着科学技术的进步和水泥生产技术的发展，满足各种特殊性能的水泥新品种也日益增多，但其中最基本的品种是硅酸盐水泥。

3.1 硅酸盐水泥

现行国标 GB 175 规定，凡由硅酸盐水泥熟料、0～5%的石灰石或粒化高炉矿渣、适量石膏磨细制成的水硬性胶凝材料称为硅酸盐水泥，也称波特兰水泥。硅酸盐水泥分两种类型，不掺混合材料的称Ⅰ型硅酸盐水泥，代号 P·Ⅰ。在硅酸盐水泥熟料粉磨时掺加不超过水泥质量 5%的石灰石或粒化高炉矿渣混合材料的称Ⅱ型硅酸盐水泥，代号 P·Ⅱ。

凡是由硅酸盐水泥熟料，再掺入大于 5%且小于或等于 20%的活性混合材料及适量石膏，经磨细制成的水硬性胶凝材料称为普通硅酸盐水泥，代号 P·O，其中允许用不超过水泥质量的 8%且符合本标准的非活性混合材料或不超过水泥质量 5%且符合本标准的窑灰代替。

1. 硅酸盐水泥的生产

生产硅酸盐水泥的关键是生产高质量的硅酸盐水泥熟料。硅酸盐水泥的主要生产工艺概括起来是“两磨一烧”。

1）粉磨生料

将石灰质原料、黏土质原料、铁粉等校正原料按一定比例配合，用立磨或管磨粉磨到一定细度的均匀粉体称为生料。石灰质原料主要提供 CaO，可以采用石灰石、白垩、石灰质凝灰岩、贝壳等。黏土质原料主要提供 SiO_2、Al_2O_3 及 Fe_2O_3，可以采用黏土、黄土、页岩、泥岩、粉砂岩及河泥等。校正原料有铁质校正原料和硅质校正原料，铁质校正

原料主要补充 Fe_2O_3，它可以采用铁矿粉等；硅质校正原料主要补充 SiO_2，它可以采用砂岩、粉砂岩等。此外，还常常加入少量矿化剂（如萤石等，降低固溶体的熔点，促进反应）、晶种等用于改善煅烧条件。硅酸盐水泥原料的化学组成见表 3-1。

硅酸盐水泥原料的化学组成　　表 3-1

原料	石灰石原料	黏土质原料		
氧化物名称	氧化钙	氧化硅	氧化铝	氧化铁
化学成分	CaO	SiO_2	Al_2O_3	Fe_2O_3
常用缩写	C	S	A	F
大致的质量分数(%)	62～67	19～24	4～7	2～5

2）煅烧熟料

水泥生料在回转窑内经下列几个过程煅烧成熟料：

干燥：100～200℃，生料被加热，自由水蒸发，生料干燥。

预热：300～500℃，生料被预热，黏土矿物脱水。

分解：500～800℃，碳酸盐开始分解；900～1200℃，$CaCO_3$ 大量分解，且通过固相反应生成铝酸三钙、铁铝酸四钙和硅酸二钙。

烧成：1300～1450℃，物料中出现液相，硅酸二钙吸收 CaO 化合生成硅酸三钙。

冷却：水泥熟料快速冷却。

3）粉磨水泥

熟料与适量石膏及 0～5%的石灰石或粒化高炉矿渣磨细制成硅酸盐水泥。硅酸盐水泥生产的工艺流程见图 3-1。

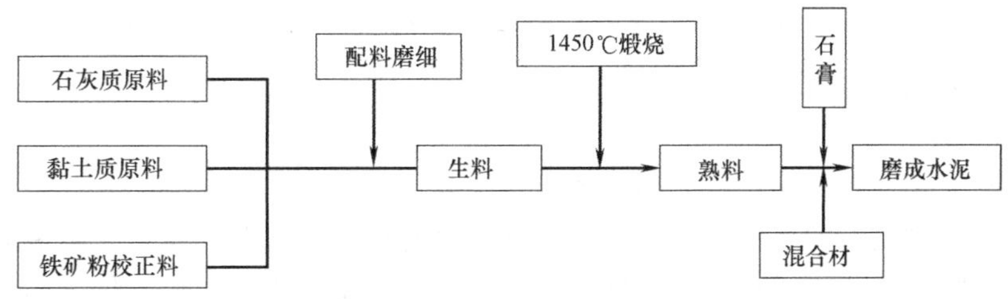

图 3-1　硅酸盐水泥生产工艺流程示意图

如果所掺加的混合材料不是石灰石或粒化高炉矿渣，或者这两种混合材料的掺量超过了 5%，则生产出来的水泥就不是 P·Ⅰ、P·Ⅱ硅酸盐水泥，而属于在 3.2 节中阐述的掺混合材料的硅酸盐水泥。

2. 硅酸盐水泥的矿物组成

现行国家标准《硅酸盐水泥熟料》GB/T 21372 对硅酸盐水泥熟料基本化学要求见表 3-2。

硅酸盐水泥熟料基本化学要求（质量分数）　　表 3-2

f-CaO	MgO[1]	烧失量	不溶物	SO_3[2]	$3CaO\cdot SiO_2+2CaO\cdot SiO_2$[3]	CaO/SiO_2 质量比
≤1.5%	≤5.0%	≤1.5%	≤0.75%	≤1.0%	≥66%	≥2.0

注：1. 当制成 P·Ⅰ型硅酸盐水泥样品的压蒸安定性合格时，允许到 6.0%。
2. 也可以由买卖双方商定。
3. C_3S，C_2S 按下式计算：

$C_3S=4.07C-7.60S-6.72A-1.43F-2.85SO_3-4.07f\text{-}CaO$；

$C_2S=2.87S-0.75C_3S$；

其中，C、S、A、F 分别代表熟料中 CaO、SiO_2、Al_2O_3、Fe_2O_3 的质量百分比。

煅烧过程中生成的硅酸三钙 $3CaO \cdot SiO_2$、硅酸二钙 $2CaO \cdot SiO_2$、铝酸三钙 $3CaO \cdot Al_2O_3$、铁铝酸四钙 $4CaO \cdot Al_2O_3 \cdot Fe_2O_3$，统称为硅酸盐水泥熟料矿物；其中 $3CaO \cdot SiO_2$ 和 $2CaO \cdot SiO_2$ 的总含量在66%以上，氧化钙和氧化硅质量比不小于2.0，故称为硅酸盐水泥熟料。$3CaO \cdot SiO_2$ 中常固溶有少量的 MgO、Al_2O_3、Fe_2O_3 等，此固溶体称为阿里特（alite），简称A矿；$2CaO \cdot SiO_2$ 中常固溶有 Fe_2O_3、Al_2O_3、TiO_2 等，此固溶体称为贝里特（belite），简称B矿。除以上主要的熟料矿物外，硅酸盐水泥中还含有游离氧化钙（f-CaO）、游离氧化镁（f-MgO）和碱（K_2O、Na_2O）等次要组分。硅酸盐水泥熟料主要矿物的含量范围见表3-3。

酸盐水泥熟料矿物的组成、含量　　表3-3

矿物名称	缩写	矿物式	含量(%)
硅酸三钙	C_3S	$3CaO \cdot SiO_2$	37～60
硅酸二钙	C_2S	$2CaO \cdot SiO_2$	15～37
铝酸三钙	C_3A	$3CaO \cdot Al_2O_3$	7～15
铁铝酸四钙	C_4AF	$4CaO \cdot Al_2O_3 \cdot Fe_2O_3$	10～18

C_3S+C_2S 一般占水泥熟料总量的75%～82%，C_3A+C_4AF 为熔剂型矿物，一般占熟料总量的18%～25%。改变水泥的矿物组成范围，水泥的技术性能也随之改变。例如，提高硅酸二钙的含量可以制成节能的贝利特水泥，控制水泥中的铁含量可以制成白色硅酸盐水泥，减少硅酸三钙和铝酸三钙的含量可以制成抗硫酸盐水泥，提高硅酸三钙和铝酸三钙的含量可以制成快硬水泥等。除这四种主要成分外，水泥中尚含有少量游离 CaO、MgO、SO_3 及碱（K_2O、Na_2O）。这些均为有害成分，国家标准中有严格限制。

3. 硅酸盐水泥的水化和硬化

1）硅酸盐水泥的水化

水泥加水拌和后，水泥颗粒立即分散于水中并与水发生化学反应。水泥的水化过程是水泥各种熟料矿物及石膏与水发生反应的过程。该过程极为复杂，需要经历多级反应，生成多种中间产物，最终生成稳定的水化产物。将比较复杂的中间过程简化，熟料矿物的水化反应如下：

$$2(3CaO \cdot SiO_2)+6H_2O \longrightarrow 3CaO \cdot 2SiO_2 \cdot 3H_2O+3Ca(OH)_2$$

水化硅酸钙凝胶 C-S-H，氢氧化钙晶体 CH

$$2(2CaO \cdot SiO_2)+4H_2O \longrightarrow 3CaO \cdot 2SiO_2 \cdot 3H_2O+Ca(OH)_2$$

水化硅酸钙凝胶 C-S-H，氢氧化钙晶体 CH

$$3CaO \cdot Al_2O_3+6H_2O \longrightarrow 3CaO \cdot Al_2O_3 \cdot 6H_2O$$

水化铝酸三钙晶体 C_3AH6

$$4CaO \cdot Al_2O_3 \cdot Fe_2O_3+7H_2O \longrightarrow 3CaO \cdot Al_2O_3 \cdot 6H_2O+CaO \cdot Fe_2O_3 \cdot H_2O$$

水化铝酸三钙晶体 C_3AH_6，水化铁酸一钙凝胶 CFH

硅酸三钙的主要水化产物是水化硅酸钙凝胶 $3CaO \cdot 2SiO_2 \cdot 3H_2O$（实际上，水化硅酸钙凝胶氧化物的比例是不确定的，故可写为 $xCaO \cdot SiO_2 \cdot yH_2O$，简写为C-S-H）。C-S-H 凝胶内含有约28%的凝胶孔隙（15～30Å），因而它具有巨大的比表面积和刚性凝胶的特性。凝胶粒子间存在范德华力和化学结合键，具有较高的强度。氢氧化钙晶体的数量较多，为层状构造，层间结合力较弱，强度较低。硅酸三钙水化很快，是水泥早期强度的主要来源。硅酸二钙的水化与硅酸三钙的水化极为相似，但硅酸二钙的水化速度特别慢，通常在后期才对水泥的强度有较大的贡献。硅酸二钙水化生成的氢氧化钙较少。铝酸三钙的水化速度极快，水化放热量大，单独水化会引起水泥的快凝。C_4AF 的水化与 C_3A 极为相似，只是水化反应速度较 C_3A 慢，水化热较 C_3A 低，即使单独水化也不会引起瞬凝。

在氢氧化钙饱和溶液中，$3CaO \cdot Al_2O_3 \cdot 6H_2O$ 还会与 $Ca(OH)_2$ 反应生成水化铝酸四钙。为了调节凝结时间而加入的石膏也参与反应：

$$3CaO \cdot Al_2O_3 + 3(CaSO_4 \cdot 2H_2O) + 26H_2O \longrightarrow \underset{\text{高硫型水化硫铝酸钙晶体 AFt}}{3CaO \cdot Al_2O_3 \cdot 3CaSO_4 \cdot 32H_2O}$$

$3CaO \cdot Al_2O_3 \cdot 3CaSO_4 \cdot 32H_2O$ 称为高硫型水化硫铝酸钙，也叫做钙矾石（AFt），它为难溶于水的针棒状晶体，包覆在熟料颗粒的表面，阻止了 C_3A 的快速水化。当石膏消耗完毕后，部分高硫型水化硫铝酸钙与 C_3A 反应转变为单硫型（或低硫型）水化硫铝酸钙晶体（$3CaO \cdot Al_2O_3 \cdot CaSO_4 \cdot 12H_2O$，AFm），AFm 为六方板状晶体。

$$3CaO \cdot Al_2O_3 \cdot 6H_2O + CaSO_4 \cdot 2H_2O + 4H_2O \longrightarrow \underset{\text{单硫型水化硫铝酸钙 AFm}}{3CaO \cdot Al_2O_3 \cdot CaSO_4 \cdot 12H_2O}$$

综上所述，如果忽略一些次要的和少量的成分，硅酸盐水泥水化后的主要水化产物为：水化硅酸钙（C-S-H），水化铁酸一钙（CFH），水化铝酸三钙（C_3AH_6），水化硫铝酸钙（AFt 与 AFm）和氢氧化钙（CH）。借助电子显微镜等测试手段，可观察到这些水化产物的外观形貌。C-S-H 和 CFH 为凝胶体，C_3AH_6、AFt 与 AFm 及 CH 为晶体。硅酸盐水泥完全水化后，C-S-H 约占 70%，$Ca(OH)_2$ 约占 20%，AFt 和 AFm 约占 7%。

水泥的水化为放热反应，大部分的水化热集中放热在 3d 以内。C_3A 的水化热与水化放热速率最大，C_3S、C_4AF 次之；C_2S 的水化放热最小，水化放热也最慢。

2）硅酸盐水泥的凝结硬化

凝结和硬化是一个复杂而连续的物理化学变化过程。水泥加水拌和，水泥颗粒分散在水中，成为水泥浆体（图 3-2a）。与水接触的水泥颗粒表面很快发生水化反应，水化产物的生成速度远大于水化产物向周围溶液扩散的速度，并迅速形成水化产物的过饱和溶液；于是，水化产物在水泥颗粒表面沉淀析出，形成水化物膜层，包裹在水泥颗粒的表面。在水化初期，水化物不多，包有水化物膜层的水泥颗粒还是分离着的，水泥浆具有可塑性（图 3-2b）。随着水化反应的进一步进行，水化产物不断增多，包在水泥颗粒表面的水化物膜层增厚，自由水分不断减少，颗粒间空隙逐渐减小，包有凝胶的水泥颗粒逐渐接近，以致相互接触，在接触点借助于范德华力，形成凝聚结构（图 3-2c）。凝聚结构的形成，使水泥浆体开始失去可塑性，表现为初凝。

随着水化物的不断增多，颗粒间的接触点数目逐渐增多，凝胶和晶体互相贯穿形成的凝聚——结晶网状结构不断加强，固相颗粒之间的空隙不断减小，结构逐渐紧密（图 3-2d），水泥浆体完全失去可塑性并开始产生强度，水泥浆表现为终凝。水泥进入硬化阶段后，水化速度逐渐减慢，水化产物不断增多、长大，并填充到毛细孔中，使结构更趋致密，硬化程度和强度相应提高。水泥浆凝结硬化后成为坚硬的石状体——水泥石。水泥石由水泥水化产物（凝胶、晶体）、未水化的水泥颗粒内核、毛细孔、水等组成。水泥水化产物［C-S-H 凝胶约 70%、$Ca(OH)_2$ 晶体约 20%及水化（硫）铝酸钙约 7%］数量越多，毛细孔越少，则水泥石的强度越高。水泥石中的孔隙组成由凝胶孔、毛细孔及气孔组成，水灰比和水化程度决定了孔隙率，水泥石中的孔隙率越小，则水泥石强度越高。

硅酸盐水泥熟料矿物水化凝结硬化特性，见表 3-4。

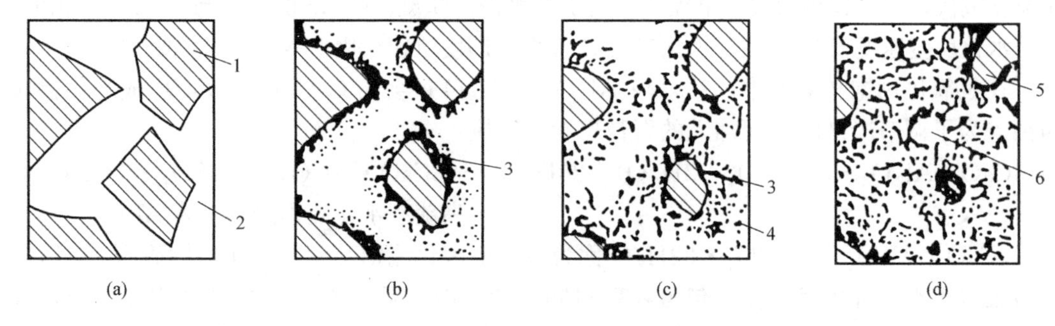

图 3-2 水泥凝结硬化过程示意图

（a）分散在水中未水化的水泥颗粒；（b）在水泥颗粒表面形成水化物膜层；

（c）膜层长大并互相连接（凝结）；（d）水泥产物进一步发展，填充毛细孔（硬化）

1—水泥颗粒；2—水分；3—凝胶；4—晶体；5—水泥颗粒的未水化内核；6—毛细孔

硅酸盐水泥熟料矿物水化凝结硬化特性 **表 3-4**

矿物组成	简称	含量(%)	水化速度	水化热	强度
硅酸三钙	C_3S	37～60	快	多	高
硅酸二钙	C_2S	15～37	慢	少	早低后高
铝酸三钙	C_3A	7～15	最快	最多	低
铁铝酸四钙	C_4AF	10～18	快	中	低

4. 影响水泥水化硬化的因素

1）水泥熟料的矿物组成与细度

水泥熟料的矿物组成范围不同，水化速度就不同。当硅酸三钙、铝酸三钙含量高时，水化反应速度就快，水泥石的早期强度也高。

水泥的颗粒越细，与水接触面积越大，水化越快而且越完全，强度也越高。但水泥颗粒过细，易与空气中的水分及二氧化碳反应，致使水泥不宜久存。过细的水泥硬化时产生的收缩亦较大，而且粉磨过细的水泥耗能多，成本高。水泥的细度比表面积一般不要超过 $380m^2/kg$ 为好。

2）温度与湿度及养护时间

温度升高，水化反应加快，水泥浆体的强度增长也快。温度降低时，水化反应减慢。当温度低于 5℃时，水化硬化大大减慢；当温度低于 0℃时，水化反应基本停止。而且，水分的结冰会破坏水泥石的结构。

潮湿环境下的水泥石，能保持有足够的水分进行水化硬化，有利于水泥石的强度发展。保持环境的温度和湿度，使水泥石强度不断增长的措施，称为养护。随着时间的增长，水泥的水化程度不断增大，水化产物增多，结构逐渐密实。水泥加水拌和后的 28d 内水化速度较快，特别是 3d 和 7d 内强度发展快，28d 以后水化速度显著减慢，强度增长缓慢。但当温度、湿度适宜时，强度在几年以后仍然会缓慢增长，如硅酸盐水泥 1 年时的抗压强度约为 28d 时的 1.3～1.5 倍。

3）石膏掺量

水泥中掺入适量的石膏，主要是为了延缓水泥的凝结硬化速度。当不掺石膏或掺量较少时，则凝结硬化速度很快，但水化并不充分。这是由于 C_3A 在溶液中电离，三价铝离子可促进胶体凝聚。当掺入适量石膏（一般为水泥质量的 5%左右），石膏与 C_3A 反应生成难溶的高硫型水化硫铝酸钙，一方面减少了溶液中铝离子的含量；另一方面，形成的钙矾石覆盖在水泥颗粒表面，延缓了水化的进一步进行，从而延缓了水泥浆体的凝结速度。但石膏掺量过多时，虽然能消除 C_3A 中的三价铝离子，但是过量的二价钙离子又产生强烈的凝聚作用，反而造成了促凝效果。同时还会在后期造成体积安定性不良。

4）水灰比

水泥的水化速率随加水量的增加而提高，但拌合水量多，水化后形成的水泥石孔隙率高导致强度下降；拌合水量多，水泥的凝结硬化变慢，强度不高。

5. 硅酸盐水泥的技术性质

现行国家标准《通用硅酸盐水泥》GB 175 对硅酸盐水泥和普通硅酸盐水泥的要求有细度、凝结时间、体积安定性、强度等。具体如下：

1）细度

细度是指水泥颗粒的粗细程度，它是鉴定水泥品质的重要项目之一。水泥颗粒粒径一般在 7～200μm 范围内，水泥颗粒细，水化较快而且较完全，早期强度和后期强度都较高，但在空气中的硬化收缩性较大。水泥颗粒过粗，不利于水泥活性的发挥。一般认为，水泥颗粒小于 40μm 时，才具有较高的活性，大于 100μm 活性就很小。然而，水泥过细，成本增高，并且会显著增大混凝土的塑性收缩与自收缩，因此细度要适当。水泥的细度可用筛分法和比表面积法检验。筛分法是采用 45μm 的方孔筛对水泥试样进行筛析试验，用筛余量（%）表示水泥的细度。比表面积是单位质量的水泥粉末所具有的总表面积，用 m^2/kg 表示。现行 GB 175 规定硅酸盐水泥的细度以比表面积表示，不低于 $300m^2/kg$、但不大于 $400m^2/kg$。普通硅酸盐水泥、矿渣硅酸盐水泥、粉煤灰硅酸盐水泥、火山灰硅酸盐水泥和复合硅酸盐水泥的细度以 45μm 方孔筛筛余表示，不小于 5%。当有特殊要求时，由买卖双方商议解决。

2）凝结时间

水泥的凝结时间是指水泥净浆从加水至失去流动性所需要的时间。由于用水量的多少，即水泥稀稠对水泥浆体的凝结时间影响很大，因此国家标准规定水泥的凝结时间必须采用标准稠度的水泥净浆，在标准温、湿条件下用水泥凝结时间测定仪测定。测定前需首先测出标准稠度用水量——水泥浆达到标准稠度时的用水量，然后按此用水量拌制水泥净浆。水泥的标准稠度用水量一般在 24%～30%，一般说来该值越小越好。现行 GB 175 规定，硅酸盐水泥初凝时间不小于 45min，终凝时间不大于 390min；普通硅酸盐水泥、矿渣硅酸盐水泥、火山灰质硅酸盐水泥、粉煤灰硅酸盐水泥和复合硅酸盐水泥初凝时间不小于 45min，终凝时间不大于 600min。初凝时间不符合规定者为不合格品。实际上，常规硅酸盐水泥的初凝时间一般为 1～3h，终凝时间一般为 4～6h。

为使混凝土和砂浆有充分的时间进行搅拌、运输、浇捣和砌筑，水泥初凝时间不能过短。当施工完毕，则要求尽快硬化，具有强度，故终凝时间不能太长。

影响水泥凝结时间的因素有：水泥熟料的矿物组成、石膏掺量、混合材料的品种与掺量、水泥的细度、温度、水灰比等。

3）体积安定性

水泥在凝结硬化过程中体积变化的均匀性，称为水泥的体积安定性。水泥在硬化后，产生不均匀的体积变化，即所谓体积安定性不良，就会使水泥制品或混凝土构件产生膨胀性裂缝，降低建筑物质量，甚至引起严重事故。

体积安定性不良的原因，一般是由于熟料中所含的游离氧化钙（f-CaO）过多，也可能是由于熟料中所含的游离氧化镁（f-MgO）过多或掺入的石膏过多。熟料中所含的游离氧化钙或氧化镁都是经过高温煅烧的，水化很慢，在水泥已经硬化后才进行水化：

$$\text{f-CaO}+H_2O\longrightarrow Ca(OH)_2\text{；f-MgO}+H_2O\longrightarrow Mg(OH)_2$$

水化后体积膨胀，引起不均匀的体积变化，使水泥石开裂。当石膏掺量过多时，在水泥硬化后，它还会继续与固态的水化铝酸钙反应生成高硫型水化硫铝酸钙，体积约增大1.5倍，引起水泥石开裂。

现行国家标准GB 175和GB/T 1346规定，用沸煮（沸煮3h）法检验水泥的体积安定性。测试方法可以用试饼法，也可以用雷氏法。有争议时以雷氏法为准。试饼法是观察水泥净浆试饼沸煮后的外形变化，如试饼无裂纹、无翘曲则水泥的体积安定性合格，否则为不合格；雷氏法则是测定水泥净浆试件在雷氏夹中沸煮前后的尺寸变化，即膨胀值，如雷氏夹膨胀值大于5.0mm，则体积安定性不合格。

沸煮法只能起加速游离氧化钙水化的作用，因此只能检验游离氧化钙所造成的水泥体积安定性不良。由于游离氧化镁在压蒸条件下才能加速熟化，而石膏的危害则需长期在常温水中才能发现，即两者均不便于快速检验。所以，现行国家标准GB 175规定，通用硅酸盐水泥中的MgO（质量分数）≤6.0%；水泥中三氧化硫含量不得超过3.5%［矿渣硅酸盐水泥中SO_3（质量分数）≤4.0%］，以控制水泥的体积安定性。

体积安定性不良的水泥为不合格品，不得用于工程中。某些体积安定性不合格的水泥（如游离氧化钙含量高造成体积安定性不合格的水泥）在空气中存放一段时间后，由于游离氧化钙吸收空气中的水蒸气而水化，体积安定性可能会变得合格，此时可以使用。

4）强度及强度等级

水泥的强度是评定水泥性能的重要指标，也是划分水泥强度等级的依据。硅酸盐水泥强度主要取决于熟料的矿物组成和细度，但试件的制作及养护条件等对水泥强度也有影响。现行国家标准GB/T 17671规定的ISO法，将水泥、标准砂和水按1∶3∶0.5的比例，并按规定的方法制成40mm×40mm×160mm的标准试件，在标准养护条件下［1d内为（20±1）℃、相对湿度为90%以上的空气中，1d后为（20±1）℃的水中］养护至规定的龄期，分别按规定的方法测定其3d和28d的抗折强度和抗压强度。根据测定结果，将硅酸盐水泥分为42.5、42.5R（早强型，下同）、52.5、52.5R、62.5和62.5R六个强度等级。通用硅酸盐水泥各强度等级、各龄期的强度值需满足表3-5的数值。如强度不满足相应强度等级的指标时，该水泥为不合格品。如强度指标不合格时，可以采取降低强度等级的办法来处理。

硅酸盐水泥不同龄期的强度要求 **表 3-5**

品种	强度等级	抗压强度(MPa)≥		抗折强度(MPa)≥	
		3d	28d	3d	28d
通用硅酸盐水泥	32.5	12.0	32.5	3.0	5.5
	32.5R	17.0		4.0	
	42.5	17.0	42.5	4.0	6.5
	42.5R	22.0		4.5	
	52.5	22.0	52.5	4.5	7.0
	52.5R	27.0		5.0	
	62.5	27.0	62.5	5.0	8.0
	62.5R	32.0		5.5	

注：火山灰硅酸盐水泥、粉煤灰硅酸盐水泥、复合硅酸盐水泥和掺火山灰质混合材料的普通硅酸盐水泥在进行胶砂强度检验时，其用水量按 0.50 水灰比和胶砂流动度不小于 180mm 来确定（如果流动度不满足，保持 0.50 水灰比不变，同步提高水和水泥用量）；砌筑水泥按胶砂流动度达到 180～190mm 来确定用水量。

5）水化热

水泥在水化过程中放出的热称为水泥的水化热。水化放热量和放热速度不仅决定于水泥的矿物成分，而且还与水泥细度、水泥中掺混合材料及外加剂的品种、数量以及熟料的煅烧和冷却条件等有关。水泥矿物水化时，铝酸三钙放热量最大，放热速度也最快；硅酸三钙放热量大，放热速度快；硅酸二钙放热量最低，速度也慢。水泥细度越细，水化反应越容易进行，水化放热量越大，放热速度也越快。

大型基础、水坝、桥墩等大体积混凝土构筑物（大体积混凝土指混凝土结构物实体最小尺寸大于 1m，或预计因水泥水化热引起混凝土内外温差过大而导致开裂的混凝土），由于水化热积聚在内部不易散热，内部温度常上升到 50℃以上，甚至到 80～90℃，混凝土内外温度差所引起的应力，可使混凝土产生裂缝，因此水化热对大体积混凝土是非常有害的。大体积混凝土工程中不得直接采用硅酸盐水泥，可以采取使用低热硅酸盐水泥、普通硅酸盐水泥或添加混凝土掺合料的方法来降低混凝土中的总水化热。

6）密度和堆积密度

在进行混凝土配合比设计计算和储运水泥时，需要知道水泥的密度和堆积密度。硅酸盐水泥和普通硅酸盐水泥的密度一般在 3.0～3.2g/cm^3，通常可取 3.1g/cm^3。水泥在松散状态下的堆积密度为 900～1300kg/m^3，紧密堆积密度可达 1400～1700kg/m^3。

7）碱含量

水泥中的碱含量是按照 $Na_2O+0.658K_2O$ 计算值来表示。用户要求提供低碱水泥时，水泥中碱含量应不大于 0.60%，或由供需双方商定。

6. 硅酸盐水泥的腐蚀与防止

硅酸盐水泥硬化成水泥石后，在通常条件下是耐久的。但在某些环境中的侵蚀性介质作用下，水泥石的结构会逐渐遭到破坏，强度降低，甚至全部溃裂，这种现象称为水泥石的腐蚀。引起水泥石腐蚀的原因很多，作用也很复杂，几种典型腐蚀类型如下：

1）软水侵蚀（溶出性侵蚀）

软水是指水中重碳酸盐含量较小的水。雨水、雪水、工厂冷凝水及相当多的河水、江水、湖泊水等都属于软水。

当水泥石长期处于软水中时，由于水泥石中的 $Ca(OH)_2$ 可微溶于水，首先被溶出。在静水及无水压的情况下，由于周围的水容易被 $Ca(OH)_2$ 饱和，使溶解作用停止。因此，溶出仅限于表层，对整个水泥石影响不大。但在流水及压力水作用下，溶出的 $Ca(OH)_2$ 不断被流水带走，水泥石中的 $Ca(OH)_2$ 不断溶出，孔隙率不断增加，侵蚀也就不断地进行。由于水泥水化产物要在一定浓度的氢氧化钙溶液中才能稳定存在，因而当水泥石中的 $Ca(OH)_2$ 浓度下降到一定程度时，会使水泥石中 C-S-H 等水化产物分解，引起水泥石的强度下降以致结构破坏。而水泥石处于硬水中时，水泥石的 $Ca(OH)_2$ 会与硬水中的重碳酸盐反应，生成几乎不溶于水的碳酸钙或碳酸镁，并积聚在水泥石的表面孔隙内，起到阻止侵蚀的作用。

2）盐类腐蚀

（1）硫酸盐腐蚀。

在海水以及某些湖水、地下水、工业污水和流经高炉矿渣或煤渣的水中常含有钾、钠、氨的硫酸盐，硫酸盐侵蚀的特征是某些盐类的结晶体逐渐在水泥石的毛细管中积累并长大，水泥石由于内应力而遭到严重破坏。当水中硫酸盐浓度不高时，生成高硫型水化硫酸钙。生成的高硫型水化硫铝酸钙（AFt）含有大量的结晶水，比原有体积增加 1.5 倍以上，由于钙矾石为微观针状晶体，人们常称其为水泥杆菌，水泥石由于受到极大的膨胀应力而破坏。当水中硫酸盐的浓度较高时，产生二水石膏结晶，也会导致水泥石开裂破坏。

$$4CaO \cdot Al_2O_3 \cdot 12H_2O + 3CaSO_4 + 20H_2O = 3CaO \cdot Al_2O_3 \cdot 3CaSO_4 \cdot 31H_2O + Ca(OH)_2$$

（2）镁盐侵蚀。

海水和某些盐沼水、地下水中常含有大量的镁盐，主要是硫酸镁和氯化镁，它们会与水泥石中的氢氧化钙产生反应：

$$MgCl_2 + Ca(OH)_2 \longrightarrow Mg(OH)_2 + CaCl_2$$

$$MgSO_4 + Ca(OH)_2 + 2H_2O \longrightarrow CaSO_4 \cdot 2H_2O + Mg(OH)_2$$

生成的氢氧化镁松软而无胶凝能力；氯化钙则易溶于水，会使 $Ca(OH)_2$ 不断被消耗，二水石膏则会进一步引起硫酸盐腐蚀。因此，镁盐对水泥石的腐蚀是双重腐蚀。

3）酸类腐蚀

（1）一般酸腐蚀。

在一些工业废水、地下水和沼泽水中，经常含有各种不同浓度的无机酸和有机酸，而水泥中的 $Ca(OH)_2$ 呈碱性，这些酸会与 $Ca(OH)_2$ 发生反应：

$$H^+ + OH^- = H_2O;\ H_2SO_4 + Ca(OH)_2 = CaSO_4 \cdot 2H_2O$$

酸的浓度越高，对水泥石的侵蚀越剧烈，二水石膏则会进一步引起硫酸盐腐蚀。

（2）碳酸腐蚀。

在某些工业废水和地下水中，常溶有一些 CO_2 及其盐类，天然水中由于生物化学作用也会溶有 CO_2，这些碳酸水对水泥石的侵蚀有其独特的形式。

$$CO_2+H_2O+Ca(OH)_2 \longrightarrow CaCO_3+2H_2O$$

当水中 CO_2 浓度较低时，会沉淀在水泥石表面而使腐蚀作用停止；当水中 CO_2 浓度较高时，上述反应会继续进行：

$$CO_2+H_2O+CaCO_3 \longrightarrow Ca(HCO_3)_2$$

生成的 $Ca(HCO_3)_2$ 是易溶于水的，这样使反应不断进行，$Ca(OH)_2$ 浓度降低，水化产物分解，造成水泥石腐蚀。

4）强碱侵蚀

硅酸盐水泥基本是耐碱的，碱类溶液如果浓度不高对水泥石是无害的。但铝酸盐含量较高的硅酸盐水泥遇到强碱作用后也会破坏，如氢氧化钠的侵蚀：

$$3CaO \cdot Al_2O_3+6NaOH \longrightarrow 3Na_2O \cdot Al_2O_3+3Ca(OH)_2$$

铝酸钠是易溶于水的，从而造成水泥石的腐蚀。当水泥石被氢氧化钠浸透后又在空气中干燥，与空气中的二氧化碳作用而生成碳酸钠，碳酸钠在水泥石毛细孔中结晶沉积，而使水泥石胀裂：

$$2NaOH+CO_2+9H_2O \longrightarrow Na_2CO_3 \cdot 10H_2O$$

除上述腐蚀类型外，对水泥石有腐蚀作用的还有糖、氨盐、动物脂肪、含环烷酸的石油产品等。

5）防止水泥石被侵蚀的措施

（1）水泥石易受腐蚀的原因。

从以上腐蚀种类可以归纳出水泥石受到腐蚀的主要原因有：

① 水泥石内存在容易受腐蚀的成分。水泥石中含有 $Ca(OH)_2$ 和 C_3AH_6，它们极易与介质成分发生化学反应或溶于水而使水泥石破坏。

② 水泥石本身存在孔隙。腐蚀介质易通过毛细孔隙进入水泥石内部与水泥石成分互相作用，加剧腐蚀。

（2）加速腐蚀的因素。

液态的腐蚀介质较固态的引起的腐蚀更为严重，较高的温度、压力、较快的流速、适宜的湿度及干湿交替等均可加速腐蚀过程。

（3）防止腐蚀的措施。

① 根据侵蚀环境特点，合理选择水泥品种。例如，采用水化产物中 CH 含量较小的水泥，可提高对软水等侵蚀作用的抵抗能力；为抵抗硫酸盐的腐蚀，采用熟料中 C_3A 含量低于 6%的抗硫酸盐水泥。掺入活性混合材料，可提高硅酸盐水泥对多种介质的抗腐蚀性。

② 提高水泥石的密实度，降低孔隙率。理论上，水泥水化只需要水泥质量的 23%，施工中多余的水分由于蒸发会形成连通孔隙，水泥石中的孔隙是侵蚀性介质进入水泥石内部的渠道，合理设计混凝土或砂浆的配合比，降低水灰比，掺外加剂（减水剂），改善施工方法（振动成型、真空吸水）均可提高水泥石的密实度，减少侵蚀性介质进入水泥石内部，达到防腐的效果。

③ 在水泥石表面设置保护层。当水泥石处在较强的侵蚀性介质中时，可根据侵蚀介质的不同，在混凝土材料表面覆盖不透水的保护层，如玻璃、塑料、沥青、耐酸陶瓷等。

7. 硅酸盐水泥的性质与应用

1）性质与应用

（1）凝结硬化快，早期强度及后期强度高。

硅酸盐水泥的凝结硬化速度快，早期强度及后期强度均高，适用于有早强要求的混凝土、冬期施工混凝土，地上、地下重要结构的高强混凝土和预应力混凝土工程。

（2）抗冻性好。

硅酸盐水泥采用合理的配合比和充分养护后，可获得低孔隙率的水泥石，并有足够的强度，因此有优良的抗冻性，适用严寒地区水位升降范围内遭受反复冻融的混凝土工程。

（3）水化热大。

硅酸盐水泥熟料中含有大量的 C_3S 及较多的 C_3A，在水泥水化时，放热速度快且放热量大，因而不宜用于大体积混凝土工程，但可用于低温季节或冬期施工。

（4）耐腐蚀性差。

由于硅酸盐水泥的水化产物中含有较多的 $Ca(OH)_2$ 和 C_3AH_6，耐软水和化学侵蚀性能较差，不宜用于经常与流动淡水或硅酸盐等腐蚀介质接触的工程，也不宜用于经常与海水、矿物水等腐蚀介质接触的工程。

（5）耐热性差。

水泥石中的一些重要成分在高温下会脱水或分解，使水泥石的强度下降以至破坏。当受热温度为100～200℃时，由于尚存的游离水能发生继续水化，生成的水化产物能使水泥石的强度有所提高，且混凝土的导热系数相对较小，故短时间内受热混凝土不会破坏。但当温度较高（≥300℃）且受热时间较长时，水泥石中的水化产物脱水、分解，使水泥石发生体积变化、强度下降，温度达到700～1000℃时强度下降很多，甚至完全破坏。因此，硅酸盐水泥不宜用于有耐热要求的混凝土工程。

（6）抗碳化性好。

水泥石中的 $Ca(OH)_2$ 与空气中的 CO_2 反应生成 $CaCO_3$ 的过程称为碳化。碳化会使水泥石内部碱度降低，产生微裂纹，对钢筋混凝土还会导致钢筋锈蚀。由于硅酸盐水泥在水化后，形成较多的 $Ca(OH)_2$，碳化时碱度降低不明显。故适用于空气中 CO_2 浓度较高的环境，如铸造车间等。

（7）干缩小。

硅酸盐水泥在硬化过程中，形成大量的水化硅酸钙凝胶体，使水泥石密实，游离水分少，不易产生干缩裂纹，可用于干燥环境的混凝土工程。

（8）耐磨性好。

硅酸盐水泥强度高、耐磨性好，且干缩小，可用于重载混凝土路面与机场跑道地面工程。

2）硅酸盐水泥的运输与储存

水泥在储存和运输过程中，应按不同强度等级、品种及出厂日期分别储运，并注意防潮、防水。水泥包装标志中水泥品种、强度等级、生产者名称和出厂编号不全的为不合格品。袋装水泥的堆放高度不宜超过10袋。即使是良好的储存条件，水泥也不宜久存。在空气中水蒸气及二氧化碳的作用下，水泥会发生部分水化和碳化，使水泥的胶结能力及强度下降。一般储存3个月后，强度降低约10%～20%，6个月后降低15%～30%，1年后降低25%～40%。因此，水泥的有效储存期为3个月。如果超过3个月，再使用时应重新检测，按实际强度使用。

3.2 掺混合材料的硅酸盐水泥

在硅酸盐水泥熟料中，掺入一定量（大于5%）的混合材料以及石膏共同磨细制成的水硬性胶凝材料，称为掺混合材料的硅酸盐水泥。它与硅酸盐水泥相比，在经济上提高了产量，节约了熟料，降低了成本；在技术上增加了品种，改善了某些性能，扩大了水泥的应用范围。

3.2.1 混合材料

在水泥生产过程中，为改善水泥性能，调节水泥强度等级而加入水泥中的人工或天然的矿物材料，称为水泥混合材料。混合材料分为活性混合材料和非活性混合材料两大类。

1. 活性混合材料

将混合材料与适量生石灰、石膏混合后磨成细粉，加水共同拌和，在常温下能生成具有胶凝性能的水化产物，且具有水硬性，此种混合材料称为活性混合材料。常用的这类混合材料有粒化高炉矿渣、火山灰质混合材料和粉煤灰等。

1）粒化高炉矿渣

粒化高炉矿渣是炼铁高炉的熔融矿渣，经急速冷却而成。急冷一般采用水淬的方法，因此又称水淬矿渣。水淬后成松软的颗粒，颗粒直径在0.5～5mm。水淬成粒阻止了再结晶，使绝大部分的矿渣成为不稳定的玻璃体，存储着较高的化学能，具有较高的潜在化学活性。粒化高炉矿渣中的主要活性成分是活性氧化硅和活性氧化铝，它们在常温下即能和氢氧化钙作用产生强度。高炉矿渣的主要化学成分为SiO_2、CaO和Al_2O_3。一般情况下，这三种氧化物含量占大约质量的90%，另外还含有少量MgO、Fe_2O_3、Na_2O、K_2O等。矿渣粉的活性与其化学成分有很大的关系。各钢铁企业的高炉矿渣，其化学成分虽大致相同，但各氧化物的含量并不一致，因此，矿渣有碱性、酸性和中性之分，以矿渣中碱性氧化物和酸性氧化物的含量的比值M来区分：

$$M=\frac{CaO+MgO+Al_2O_3}{SiO_2}$$

$M>1$为碱性矿渣，$M<1$为酸性矿渣，$M=1$为中性矿渣。酸性矿渣的胶凝性差，而碱性矿渣的胶凝性好，因此，矿渣粉应选用碱性矿渣，其M值越大，反映其活性越好。

根据现行国家标准《用于水泥中的粒化高炉矿渣》GB/T 203规定，用质量系数K来评价矿渣粉质量：

$$K=\frac{CaO+MgO+Al_2O_3}{SiO_2+MnO+TiO_2}$$

其中，CaO、MgO、Al_2O_3、SiO_2、MnO及TiO_2分别代表其在矿渣中的质量分数（%）。K表达的是矿渣粉中碱性氧化物含量与酸性氧化物含量之比，它反映矿渣粉活性的高低，一般规定$K\geqslant1.2$，堆积密度不大于$1200kg/m^3$。

2）火山灰质混合材料

凡是天然的或人工的以氧化硅、氧化铝为主要成分的矿物质材料，本身磨细加水拌和并不硬化，但与气硬性石灰及水拌和后，则不但能在空气中硬化，而且能在水中继续硬化的材料，称为火山灰质混合材料。天然的火山灰是火山爆发时，随同熔岩一起喷发的大量碎屑沉积在地面或水中形成的松软物质，见图 3-3。由于喷出后遭遇急冷，因此含有一定量的玻璃体，这些玻璃体的成分主要是活性氧化硅和活性氧化铝，它们是火山灰活性的主要来源。火山灰质混合材料分为天然和人工两大类，按其化学成分和矿物结构可分为含水硅酸质、铝硅玻璃质、烧黏土质等。

（1）含水硅酸质的混合材料。硅藻土、硅藻石、蛋白石及硅质渣等，其活性成分以氧化硅为主。

（2）铝硅玻璃质的混合材料。火山灰、凝灰岩、浮石和粉煤灰、液态渣等工业废渣，其活性成分为氧化硅和氧化铝。

（3）烧黏土质的混合材料。主要有烧黏土、煤渣、煤矸石灰渣等，其活性成分以氧化铝为主。

图 3-3　火山爆发时的火山灰

3）粉煤灰

粉煤灰属于火山灰质混合材料中的铝硅玻璃质材料，是燃煤电厂的副产品，是从煤粉炉烟道气体中收集的粉末，其颗粒直径在0.001～0.05mm，呈玻璃态实心或空心的球状颗粒。粉煤灰的活性主要决定于玻璃体的含量，粉煤灰的主要成分是活性氧化硅和活性氧化铝，还含有少量的氧化钙，粉煤灰中未燃炭是有害成分，应限制在规定范围。

根据燃煤品种，分为F类粉煤灰（由无烟煤或烟煤煅烧收集的粉煤灰）和C类粉煤灰（由褐煤和次烟煤煅烧收集的粉煤灰，CaO含量一般≥10%）。用于拌制砂浆和混凝土的粉煤灰可以分为Ⅰ、Ⅱ和Ⅲ三个等级。考虑到优质产品用到最合理的地方，湿拌砂浆用粉煤灰一般选用Ⅱ和Ⅲ级灰。用于湿拌砂浆的粉煤灰，宜满足现行国家标准《用于水泥和混凝土的粉煤灰》GB/T 1596—2017，其重要技术指标见表3-6。此外，考虑到粉煤灰的放射性危害，粉煤灰应当符合现行国家标准《建筑材料放射性核素限量》GB 6566—2010的规定。

用于水泥和混凝土中的粉煤灰关键技术指标　　**表3-6**

项目		理化性能要求		
		Ⅰ级	Ⅱ级	Ⅲ级
细度（45μm方孔筛筛余）（%）≤	F类粉煤灰	12.0	30.0	45.0
	C类粉煤灰			
需水量比（%）≤	F类粉煤灰	95	105	115
	C类粉煤灰			
烧失量（%）≤	F类粉煤灰	5.0	8.0	10.0
	C类粉煤灰			
含水量（%）≤	F类粉煤灰	1.0%		
	C类粉煤灰			
三氧化硫质量分数（%）≤	F类粉煤灰	3.0%		
	C类粉煤灰			
游离氧化钙（f-CaO）质量分数（%）≤	F类粉煤灰	1.0		
	C类粉煤灰	4.0		
$SiO_2+Al_2O_3+Fe_2O_3$ 总质量分数（%）≥	F类粉煤灰	70.0		
	C类粉煤灰	50.0		
密度（g/cm^3）≤	F类粉煤灰	2.6		
	C类粉煤灰			
安定性（雷氏法）（mm）≤	C类粉煤灰	5.0		
强度活性指数（%）≥	F类粉煤灰	70.0		
	C类粉煤灰			

2. 活性混合材料的作用

活性混合材料的主要成分为活性氧化硅和活性氧化铝，即非晶态的氧化硅和氧化铝，它们不具有单独的水硬性，但在氢氧化钙或石膏的激发下，会发生水化反应：

$$xCa(OH)_2+SiO_2+(m-x)H_2O=xCaO\cdot SiO_2\cdot mH_2O$$

$$yCa(OH)_2+Al_2O_3+(n-y)H_2O=yCaO\cdot Al_2O_3\cdot nH_2O$$

式中 x、y 值随混合材料的种类、$Ca(OH)_2$ 和活性 SiO_2 的比率、环境温度及作用时间的变化而变化，一般为1或稍大，n、m 值一般为1～2.5。

当液相中有石膏存在时，水化铝酸钙还能与石膏反应生成水硬性的水化硫铝酸钙。

氢氧化钙或石膏的存在是活性混合材料的潜在活性得以发挥的条件，氢氧化钙和石膏称为混合材料的激发剂，石灰和能在水化时析出氢氧化钙的硅酸盐水泥熟料称为碱性激发剂，二水石膏、半水石膏及各种化工石膏称为硫酸盐激发剂，氢氧化钙和石膏共同存在时为混合激发。硫酸盐激发剂的激发作用须在有碱性激发剂存在的条件下才能充分地发挥作用。活性混合材料存在于硅酸盐水泥中的条件即为混合激发。

活性混合材料的水化速度较水泥熟料慢，且对温度敏感。高温下，水化速度明显加快、强度提高；低温下，水化速度很慢。故活性混合材料适合高温养护。

3. 非活性混合材料

非活性混合材料是指掺入硅酸盐水泥中，不与水泥成分起化学作用或化学作用很微弱，仅起到提高水泥产量、降低水泥强度等级、减小水化热等作用的混合材料。当用高强度水泥拌制砂浆或低强度等级混凝土时，可掺入非活性混合材料来代替部分水泥，从而降低成本并改善了砂浆或混凝土的和易性。常见的非活性混合材料有磨细的石英砂、磨细的石灰石、烧黏土、慢冷矿渣及各种不符合规范技术要求的粒化高炉矿渣、火山灰质混合材料及粉煤灰等废渣等。

3.2.2 掺混合材料的硅酸盐水泥性能

掺混合材料的水泥首先是水泥熟料水化，然后水化生成的氢氧化钙与活性混合材料中的活性氧化硅和活性氧化铝发生水化反应，因此称为二次水化。由此可见，掺混合材料的硅酸盐水泥与硅酸盐水泥相比较，凝结硬化慢、早期强度低。除普通硅酸盐水泥外，掺混合材料的硅酸盐水泥主要有矿渣硅酸盐水泥、火山灰质硅酸盐水泥、粉煤灰硅酸盐水泥、复合硅酸盐水泥等。

1. 矿渣硅酸盐水泥、火山灰质硅酸盐水泥和粉煤灰硅酸盐水泥

1）定义及组成

根据现行国家标准GB 175，凡由硅酸盐水泥熟料和粒化高炉矿渣、适量石膏磨细制成的水硬性胶凝材料称为矿渣硅酸盐水泥（简称为矿渣水泥），代号P·S。水泥中粒化高炉矿渣的掺量按质量百分比计为＞20％且≤70％（＞20％且≤50％为P·S·A型，＞50％且≤70％为P·S·B型）。允许用符合标准的窑灰、粉煤灰和火山灰质活性或非活性混合材料中的一种材料代替粒化高炉矿渣，代替数量不得超过水泥质量的8％。矿渣硅酸盐水泥的初凝时间不得早于45min，终凝时间不得迟于10h。

凡由硅酸盐水泥熟料和火山灰质混合材料、适量石膏磨细制成的水硬性胶凝材料称为火山灰质硅酸盐水泥（简称火山灰水泥），代号P·P。水泥中火山灰质混合材料掺加量按质量百分比计为＞20％且≤40％。

凡由硅酸盐水泥熟料和粉煤灰、适量石膏磨细制成的水硬性胶凝材料称为粉煤灰硅酸盐水泥（简称粉煤灰水泥），代号P·F。水泥中粉煤灰掺加量按质量百分比计为＞20％且≤40％。

2）技术要求

（1）细度、凝结时间、体积安定性。这三种水泥的凝结时间、体积安定性要求与通用硅酸盐水泥相同。

（2）强度等级。这三种水泥根据3d、28d的抗折强度和抗压强度划分强度等级，分别为32.5、32.5R、42.5、42.5R、52.5和52.5R。

（3）氧化镁、三氧化硫。水泥中氧化镁的含量不得超过6%（P·S·B不要求）。矿渣硅酸盐水泥中的三氧化硫含量不得超过4.0%，火山灰硅酸盐水泥和粉煤灰硅酸盐水泥中的三氧化硫不得超过3.5%。

3）性质与应用

矿渣水泥、火山灰水泥和粉煤灰水泥都是在硅酸盐水泥熟料的基础上加入大量活性混合材料磨细制成的。由于三者所用的活性混合材料的化学组成与化学活性基本相同，因而三者的大多数性质和应用相同或接近，即这三种水泥在许多情况下可替代使用。但由于这三种水泥所用活性材料的物理性质与表面特征等有些差异，又使得这三种水泥各自有着一些独特的性能与用途。

（1）三种水泥的共性。

硬化慢、早期强度低，后期强度发展较快。主要原因是水化反应是分两步进行，首先是熟料矿物水化，随后熟料矿物水化析出的氢氧化钙和掺入水泥中的石膏与混合材料中的活性氧化硅和活性氧化铝发生二次水化反应，生成水化硅酸钙、水化铝酸钙、水化硫铝酸钙或水化硫铁酸钙，有时还可能生成水化铝硅酸钙等水化产物。熟料矿物含量比硅酸盐水泥中少得多，水化过程是二次水化，故凝结硬化较慢，早期（3d、7d）强度较低，后期由于二次水化的不断进行及熟料的继续水化，水化产物不断增多，使得水泥强度发展较快，后期强度可赶上甚至超过同强度等级的硅酸盐水泥。这三种水泥不宜用于早强要求高的工程，如冬期施工、现浇工程等。由于粉煤灰表面非常致密，早期强度比矿渣水泥和火山灰水泥还低，适合用于受载较晚的混凝土工程。

对温度敏感，适合高温养护。这三种水泥在低温下水化明显减慢，强度较低。采用高温养护时可大大加速活性混合材料的水化，并可加速熟料的水化，故可大大提高早期强度，且不影响常温下后期强度的发展。而硅酸盐水泥或普通硅酸盐水泥，利用高温养护虽可提高早期强度，但后期强度的发展受到影响，比一直在常温下养护的强度低。这是因为在高温下这两种水泥的水化速度很快，短时间内即生成大量的水化产物，这些水化产物对未水化水泥熟料颗粒的后期水化起到了阻碍作用。因此，硅酸盐水泥和普通硅酸盐水泥不适合于高温养护。

耐腐蚀性好。由于熟料少，水化后生成的$Ca(OH)_2$量较少，并且两次水化还要消耗大量的$Ca(OH)_2$，使得水泥石中的$Ca(OH)_2$量进一步减少，水泥石抵抗流动淡水及硫酸盐等腐蚀介质的能力较强。因此，这三种水泥可用于有耐腐蚀要求的混凝土工程。值得注意的是，如果火山灰水泥所掺入的是以Al_2O_3为主要活性成分的烧黏土质混合材料，则水化后水化铝酸钙数量较多。因此，这种火山灰水泥抵抗硫酸盐腐蚀的能力较弱，不宜用于这类工程中。

水化热小。熟料少，使水化放热量大幅度降低，可用于大体积混凝土工程中。

抗冻性差、耐磨性差。由于加入较多的混合材料，使水泥的需水量增加，水分蒸发后易形成毛细管通路或粗大孔隙，水泥石的孔隙率较大，导致抗冻性和耐磨性差。因此，不宜用于严寒地区水位升降范围内的混凝土工程和有耐磨要求的混凝土工程中。

抗碳化能力差。由于这三种水泥水化产物中 $Ca(OH)_2$ 量很少，碱度较低，故抗碳化能力差，不宜用于 CO_2 浓度高的环境中。但在一般工业与民用建筑中，它们对钢筋仍具有良好的保护作用。

（2）三种水泥的特性。

矿渣水泥，由于硬化后 $Ca(OH)_2$ 含量少，矿渣本身又是高温形成的耐火材料，故矿渣水泥的耐热性较好，可用于温度不高于200℃的混凝土工程中，如热工窑炉基础等。粒化高炉矿渣玻璃体对水的吸附能力差，即矿渣水泥的保水性差，易产生泌水而造成较多连通孔隙，因此矿渣水泥的抗渗性差，且干燥收缩也较普通水泥大，不宜用于有抗渗性要求的混凝土工程。还有如下特性：凝结硬化慢，早期强度低，后期强度增进率大；硬化时对湿热敏感性强；水化热低；具有较强的抗溶出性侵蚀及抗硫酸侵蚀的能力；抗碳化能力较差；耐热性较强；干缩性较大；抗冻性和耐磨性较差。

火山灰水泥，火山灰混合材料含有大量的微细孔隙，标准稠度用水量大，使其具有良好的保水性，并且在水化过程中形成大量的水化硅酸钙凝胶，使火山灰水泥的水泥石结构比较致密，从而具有较高的抗渗性和耐水性，可优先用于有抗渗要求的混凝土工程。但火山灰水泥长期处于干燥环境中时，水化反应就会中止，强度也会停止增长，尤其是已经形成的凝胶体还会脱水收缩并形成微细的裂纹，使水泥石结构破坏，因此火山灰水泥不宜用于长期处于干燥环境中的混凝土工程。另外，其抗冻性及受耐磨性差，干缩现象显著。

粉煤灰水泥，由于粉煤灰呈球形颗粒，比表面积小，对水的吸附能力差，因而粉煤灰水泥的干缩小、抗裂性好。但由于它的泌水速度快，若施工处理不当易产生失水裂缝，因而不宜用于干燥环境。此外，泌水会造成较多的连通孔隙，故粉煤灰水泥的抗渗性较差，不宜用于抗渗要求高的混凝土工程。

2. 复合硅酸盐水泥

根据现行国家标准 GB 175 定义：凡由硅酸盐水泥熟料、两种或两种以上规定的混合材料、适量石膏磨细制成的水硬性胶凝材料称为复合硅酸盐水泥（简称复合水泥），代号P·C。水泥中混合材料总掺量按质量百分比为＞20%且≤50%。水泥中允许用不超过8%的窑灰代替部分混合材料；掺矿渣时，混合材料掺量不得与矿渣水泥重复。

复合水泥的水化、凝结硬化过程基本上与掺混合材料的硅酸盐水泥相同。

复合硅酸盐水泥的细度（选择性指标）、凝结时间、体积安定性、强度等级要求与矿渣硅酸盐水泥相同。各强度等级（42.5、42.5R 级及 52.5、52.5R 级）、各龄期的强度值需满足表 3-5 中的要求。

由于在复合硅酸盐水泥中掺入了两种或两种以上的混合材料，可以相互取长补短，克服了掺单一混合材料水泥的一些弊病。其早期强度接近于普通水泥，而其他性能优于矿渣水泥、火山灰水泥、粉煤灰水泥，因而适用范围广。

硅酸盐水泥、普通硅酸盐水泥、矿渣硅酸盐水泥、火山灰硅酸盐水泥、粉煤灰硅酸盐水泥及复合硅酸盐水泥六种常用水泥的组成、性质与适用范围见表 3-7。

六种通用硅酸盐水泥的组成、性质及特性 表 3-7

项目	硅酸盐水泥	普通硅酸盐水泥	矿渣水泥	火山灰水泥	粉煤灰水泥	复合水泥
组成	硅酸盐水泥熟料、无或很少量（0～5%）粒化高炉矿渣或石灰石、适量石膏	硅酸盐水泥熟料、少量（>5%且≤20%）活性混合材料、适量石膏	硅酸盐水泥熟料、大量（>20%且≤70%）粒化高炉矿渣、适量石膏	硅酸盐水泥熟料、大量（>20%且≤40%）火山灰质混合材料、适量石膏	硅酸盐水泥熟料、大量（>20%且≤40%）粉煤灰、适量石膏	硅酸盐水泥熟料、大量（>20%且≤50%）的两种或两种以上规定的混合材料、适量石膏
共同点	硅酸盐水泥熟料、适量石膏					
不同点	无或很少量的混合材料	少量混合材料	大量活性混合材料（化学组成或化学活性基本相同）分别为粒化高炉矿渣、火山灰质混合材料、粉煤灰			两种以上大量活性或非活性混合材料
性质	1. 早期后期强度高； 2. 耐腐蚀性差； 3. 水化热大； 4. 抗碳化性好； 5. 抗冻性好； 6. 耐磨性好； 7. 耐热性差	1. 早期强度稍低，后期强度高； 2. 耐腐蚀性稍好； 3. 水化热略小； 4. 抗碳化性好； 5. 抗冻性好； 6. 耐磨性较好； 7. 耐热性稍好； 8. 抗渗性好	硬化慢、早期强度低，后期强度高。 对温度敏感，适合高温养护 1. 泌水性大、抗渗性差； 2. 耐热性较好； 3. 干缩较大	1. 抗渗性较好，耐腐蚀性好； 2. 水化热小； 3. 干缩大； 4. 抗碳化、抗冻性较差； 5. 耐磨性差	1. 泌水性大（快）、易产生失水、裂纹，抗渗性差； 2. 干缩小、抗裂性好； 3. 耐磨性差	早期强度稍低 1. 保水性好、抗渗性好； 2. 干缩大； 3. 耐磨性差
优先使用	早期强度要求高的混凝土，有耐磨要求的混凝土，严寒地区反复遭受冻融作用的混凝土，抗碳化性要求高的混凝土，掺混合料的混凝土	高强度混凝土，普通气候及干燥环境中的混凝土，有抗渗要求的混凝土，受干湿交替作用的混凝土	水下混凝土，海港混凝土，大体积混凝土，耐腐蚀性要求较高的混凝土，高温下养护的混凝土			

3.3 其他品种水泥

3.3.1 铝酸盐水泥

凡以铝酸钙为主的铝酸盐水泥熟料，磨细制成的水硬性胶凝材料称为铝酸盐水泥，也称为高铝水泥。根据需要，也可在磨制 Al_2O_3 含量大于 68%的水泥时掺加适量 α-Al_2O_3 粉。

1. 矿物成分与水化产物

铝酸盐水泥的主要矿物成分是铝酸一钙（CA）和二铝酸一钙（CA_2），还有少量的七铝酸十二钙（$C_{12}A_7$）、铝方柱石（C_2AS）和硅酸二钙（C_2S）。

铝酸一钙（CA）的特点是凝结正常，硬化迅速，是铝酸盐水泥强度的主要来源。但CA含量过高时，强度发展主要集中在早期，后期强度增进率不显著。二铝酸一钙（CA_2）水化硬化较慢，早期强度低，但后期强度能不断增长。如果 CA_2 含量过高，将影响铝酸盐水泥的快硬性能。但随着 CA_2 含量增加，水泥的耐热性能提高。七铝酸十二钙（$C_{12}A_7$）水化、凝结极快，但强度不及 CA 高。当水泥中 $C_{12}A_7$ 较多时，水泥出现快凝，甚至强度倒缩。铝方柱石（C_2AS）也称钙黄长石，因晶格中离子配位对称性很高，故水化活性极低。

铝酸盐水泥加水后发生化学反应，由于环境温度不同，其水化产物也不同：

$$CaO \cdot Al_2O_3 + 10H_2O \xrightarrow{<10℃} CaO \cdot Al_2O_3 \cdot 10H_2O$$

$$2(CaO \cdot Al_2O_3) + 11H_2O \xrightarrow{10\sim27℃} 2CaO \cdot Al_2O_3 \cdot 8H_2O + Al_2O_3 \cdot 3H_2O$$

$$3(CaO \cdot Al_2O_3) + 12H_2O \xrightarrow{>27℃} 3CaO \cdot Al_2O_3 \cdot 6H_2O + 2(Al_2O_3 \cdot 3H_2O)$$

熟料矿物 CA_2 的水化与 CA 基本相同，主要水化产物都是 $CaO \cdot Al_2O_3 \cdot 10H_2O$（简写为 CAH_{10}）、$2CaO \cdot Al_2O_3 \cdot 8H_2O$（简写为 C_2AH_8）和 $Al_2O_3 \cdot 3H_2O$［即 $Al(OH)_3$ 凝胶，简写为 AH_3］。次要成分铝方柱石几乎不水化，七铝酸十二钙的水化产物也是 C_2AH8，硅酸二钙可与水反应生成硅酸钙凝胶。

水化生成的 CAH_{10} 和 C_2AH_8 能迅速形成片状或针状晶体，相互交错、连生、长大，形成较坚固的架状结构；生成的 $Al(OH)_3$ 凝胶填充在晶体骨架的空隙中，使水泥形成致密结构，并迅速产生很高的强度。CAH_{10} 和 C_2AH_8 都是亚稳定相，随时间的推移逐渐转变为稳定的 C_3AH_6。高温、高湿条件下，上述转变极为迅速。伴随着晶型转变，水泥石中固相体积减小 50%以上，强度大大降低。

2. 技术要求

铝酸盐水泥的细度要求为比表面积不小于 $300m^2/kg$ 或 $45\mu m$ 方孔筛的筛余不大于 20%；各类型铝酸盐水泥化学成分、凝结时间应满足表 3-8 的规定，各龄期强度值不得低于表 3-8 中的数值。应测定铝酸盐水泥的 28d 强度值，且不得低于 3d 强度值。

3. 性质与应用

1）凝结硬化快、早期强度高、长期强度下降有一个稳定值

铝酸盐水泥的化学成分与强度要求（GB/T 201—2015）　　表 3-8

名称	比表面积（m^2/kg）≥	45μm 方孔筛筛余（%）≤	凝结时间		抗压强度（MPa）≥				抗折强度（MPa）≥			
			初凝（min）≥	终凝（h）≤	6h	1d	3d	28d	6h	1d	3d	28d
CA-50	320	20	30	6	20	40	50		3.0	5.5	6.5	
CA-60			60	18		20	45	85		2.5	5.0	10.0
CA-70			30	6		30	40			5.0	6.0	
CA-80			30	6		25	30			4.0	5.0	

注：1. CA-50，50%≤Al_2O_3＜60%；CA-60，60%≤Al_2O_3＜68%；CA-70，68%≤Al_2O_3＜77%；CA-80，Al_2O_3≥77%。

2. 胶砂强度试验时，水泥：标准砂＝1.0：3.0，用水量按胶砂流动度达到 130～150mm 来确定（CA-50 的 W/C 约为 0.44，CA-60、CA-70、CA-80 的 W/C 约为 0.40，但最终均以胶砂流动度达到 130～150mm 确定拌和用 W/C 的大小）。

铝酸盐水泥加水后，迅速与水反应，硬化速度极快，1～3d 一般可达到极限强度的 60%～80%。因此，适用于紧急抢修工程、冬期施工和对早期强度要求较高的工程。但由于铝酸盐水泥硬化体中的晶体结构在长期使用过程中会发生转变，$Al(OH)_3$ 凝胶也会出现老化现象，引起强度下降。故一般情况下，铝酸盐水泥不宜用于长期承载的结构工程中。需要使用时应按最低稳定强度值进行设计，对于铝酸盐水泥应按（50±2）℃水中养护 7d、14d 强度值之低者来确定。

2）耐热性好

铝酸盐水泥硬化后，在较高的温度下可产生固相反应，由烧结结合代替水化结合，在高温下仍能保持一定的强度，因此经常用于配制在 900～1300℃使用的耐热胶泥、耐热砂浆和耐热混凝土（能长期承受 1580℃以上高温作用的混凝土称为耐火混凝土）。

3）抗渗性及抗硫酸盐性好

铝酸盐水泥在水化后不析出 $Ca(OH)_2$，且硬化后结构比较致密，有较强的抗渗性和抗硫酸盐腐蚀性能，同时对碳酸、稀盐酸等侵蚀性溶液也有较好的稳定性，因此铝酸盐水泥可用于经常与硫酸盐等腐蚀介质接触的工程。

4）水化热大

铝酸盐水泥的水化放热量大且主要集中在早期，其 1d 内放出水化热总量的 70%～80%，即使在－10℃施工也可以很快凝结硬化。因此，不宜用于大体积混凝土工程。

5）耐碱性很差

水化铝酸钙遇碱即发生化学反应，使水泥石结构疏松，强度大幅度降低。因此，铝酸盐水泥不宜用于与碱接触的混凝土工程。

除特殊情况外，铝酸盐水泥不得与硅酸盐水泥或石灰等能析出 $Ca(OH)_2$ 的材料混合使用，否则会出现“瞬凝”现象，强度也明显降低。同时，也不得与未硬化的硅酸盐类水泥混凝土拌合物相接触，两类水泥配制的混凝土的接触面也不能长期处在潮湿状态下。此外，铝酸盐水泥还不得用于高温高湿环境，也不能在高温季节施工或采用蒸汽养护（如需蒸汽养护须低于 50℃）。铝酸盐水泥的碱度较低，当用于钢筋混凝土时，钢筋保护层厚度不得小于 60mm。铝酸盐水泥可配制一系列的膨胀水泥和自应力水泥等。

3.3.2 白色与彩色硅酸盐水泥

1. 白色硅酸盐水泥

凡以适当成分的生料烧至部分熔融，所得以硅酸钙为主要成分、氧化铁含量很少的白色硅酸盐水泥熟料和适量石膏（70%～100%）及混合材（0～30%，含石灰岩、白云质石灰岩和石英砂），共同磨细制成的水硬性胶凝材料，称为白色硅酸盐水泥，简称白水泥，代号P·W。其中，熟料中的MgO含量不超过5%；如果水泥经压蒸安定性试验合格，则熟料中的MgO含量不超过6%。

生产白水泥的关键是得到白度满足要求的熟料，其主要措施是限制原料中Fe_2O_3的含量，控制熟料中Fe_2O_3含量一般在0.5%～0.2%。使用纯度较高的石灰石、白黏土（高岭土、瓷石、白泥、石英砂等），煅烧熟料时用灰分极少的重油、煤气或天然气，粉磨时用陶瓷或白色花岗岩做磨机的衬板和研磨体，即可以生产出白色水泥。

白水泥的白度P·W-1应不小于89；P·W-2应不小于87；45μm方孔筛筛余不得大于30.0%；初凝时间不得早于0.75h，终凝时间不得迟于10h；水泥中SO_3含量不大于3.5%，体积安定性必须合格。白水泥的强度等级分为32.5、42.5、52.5三个等级，各强度等级、各龄期的强度值要求见表3-9中的规定。

白水泥各强度等级各龄期的强度值　　表3-9

强度等级	抗压强度(MPa)≥		抗折强度(MPa)≥	
	3d	28d	3d	28d
32.5	12.0	32.5	3.0	6.0
42.5	17.0	42.5	3.5	6.5
52.5	22.0	52.5	4.0	7.0

2. 彩色硅酸盐水泥

根据我国现行行业标准《彩色水泥硅酸盐》JC/T 870中的规定，凡以硅酸盐水泥熟料以及适量石膏（或白色硅酸盐水泥）、混合材、着色剂磨细或混合而成的一种带有色彩的水硬性胶凝材料，称为彩色硅酸盐水泥，简称彩色水泥。混合材料应符合相关国家标准规定，掺量不得超过水泥质量的50%。工程实践中，也可以将颜料直接与水泥混合配制成彩色水泥，但是颜料用量稍大且色泽不易均匀。制造红色、棕色和黑色水泥时，可不用白色硅酸盐水泥而直接用普通硅酸盐水泥混合制得。彩色水泥中加入的颜料，必须具有良好的大气稳定性及耐久性，不溶于水，分散性好，抗碱性强，不参与水泥水化反应，对水泥的组成和特性无破坏作用等特点。常用的颜料有氧化铁（红或黑、褐、黄）、二氧化锰（黑褐色）、氧化铬（绿色）、钴蓝（蓝色）等。彩色水泥按颜色分类，其基本色有红色、黄色、蓝色、绿色、棕色和黑色等。白水泥和彩色水泥主要用于各种装饰混凝土及装饰砂浆中。

彩色硅酸盐水泥的80μm方孔筛筛余不得大于6.0%；SO_3不得超过4.0%；初凝时间不得早于1h，终凝时间不得迟于10h；体积安定性必须合格。彩色硅酸盐水泥的强度等级分为27.5、32.5、42.5三个等级，各等级的强度值见表3-10的要求。

彩色硅酸盐水泥各等级的强度值　　表 3-10

强度等级	抗压强度(MPa)≥		抗折强度(MPa)≥	
	3d	28d	3d	28d
27.5	7.5	27.5	2.0	5.0
32.5	10.0	32.5	2.5	5.5
42.5	15.0	42.5	3.5	6.5

3.3.3 膨胀水泥及自应力水泥

通用硅酸盐水泥在空气中硬化时，通常都会产生一定的体积收缩。收缩会引起混凝土制品产生微裂纹，对混凝土不利，影响混凝土的各项使用性能，如强度、抗渗性和抗冻性下降，侵蚀性介质更易侵入，造成钢筋锈蚀，使耐久性进一步下降等。而膨胀水泥在其凝结硬化时能产生一定量的体积膨胀，从而减小或消除混凝土的干缩，甚至产生膨胀。

膨胀水泥主要是比一般水泥多了一种膨胀组分，在凝结硬化过程中，膨胀组分使水泥产生一定量的膨胀值。常用的膨胀组分是在水化后能形成膨胀性产物——水化硫铝酸钙的材料。在限制膨胀的条件下（如配有钢筋时），由于水泥石的膨胀作用，使与混凝土粘结在一起的钢筋受到拉应力作用而使混凝土受到压应力作用，从而达到了预应力的作用。因为这种压应力是依靠水泥本身的水化而产生的，所以称为“自应力”，它可有效地改善混凝土易产生干燥开裂、抗拉强度低的缺陷。膨胀水泥按自应力的大小可分为两类：膨胀水泥（自应力小于 2.0MPa，通常为 0.5MPa）和自应力水泥（当自应力≥2.0MPa）两大类。膨胀水泥的膨胀率较小，主要用于补偿水泥在凝结硬化过程中产生的收缩，因此又称为无收缩水泥或收缩补偿水泥。自应力水泥的膨胀值较大，除抵消干缩值外，尚有一定的剩余膨胀值。

常用的膨胀水泥及主要用途：

（1）硅酸盐膨胀水泥。

该组分主要为普通硅酸盐水泥加上膨胀剂（如 U 型膨胀剂，由硫铝酸钙熟料、明矾石和石膏组成的复合膨胀剂，一般为取代水泥量的 10%～12%），主要用于制造防水层和防水混凝土；用于加固结构、浇筑机器底座或固结地脚螺栓，并可用于接缝及修补工程。当配筋率为 0.2%～1.0%时，限制膨胀率为（2～4）$\times 10^{-4}$，在混凝土中建立 0.2～0.7MPa 自应力。但禁止在有硫酸盐侵蚀性的水中使用。

（2）低热微膨胀水泥。

该组分主要为低热硅酸盐水泥加上膨胀剂（如 U 型膨胀剂，由硫铝酸钙熟料、明矾石和石膏组成的复合膨胀剂，一般为取代水泥量的 10%～12%；轻烧 MgO 膨胀剂，一般掺量为取代水泥用量的 4%～6%），主要用于要求较低水化热和要求补偿收缩的混凝土、大体积混凝土，也适用于要求抗渗和抗硫酸盐侵蚀的工程。

（3）硫铝酸盐膨胀水泥。

该水泥组分主要有无水硫铝酸钙、硅酸二钙、煅烧矾石粉和硬石膏等，主要用于配制结点、抗渗和补偿收缩的混凝土工程中。

(4) 自应力水泥。

主要用于自应力钢筋混凝土压力管及其配件。

3.3.4 道路硅酸盐水泥

根据现行国家标准《道路硅酸盐水泥》GB/T 13693，道路硅酸盐水泥是由道路硅酸盐水泥熟料（90%～100%）、0～10%活性混合材料和适量石膏磨细制得的水硬性胶凝材料，代号P·R。由于C_4AF具有抗折强度高、抗冲击、耐磨、低收缩等特性，道路硅酸盐水泥熟料中规定C_4AF的含量应不低于15.0%，同时严格限制了C_3A的含量应不超过5.0%。此外，水泥熟料中游离氧化钙的含量不应大于1.0%。

现行国家标准《道路硅酸盐水泥》GB/T 13693规定，道路硅酸盐水泥的比表面积为300～450m^2/kg、初凝应不早于1.5h、终凝不得迟于12h、氧化镁含量应不大于5.0%、三氧化硫含量应不大于3.5%、体积安定性用沸煮法检验必须合格、28d干缩率应不大于0.10%、耐磨性28d磨耗量应不大于3.00kg/m^2。道路硅酸盐水泥按照28d抗折强度划分为7.5、8.5两个强度等级，相应的强度指标见表3-11的要求。

道路硅酸盐水泥的强度指标　　表3-11

强度等级	抗折强度(MPa)≥		抗压强度(MPa)≥	
	3d	28d	3d	28d
7.5	4.0	7.5	21.0	42.5
8.5	5.0	8.5	26.0	52.5

道路硅酸盐水泥具有抗折强度高、耐磨性高、干缩小、早期强度高、抗疲劳性高、抗冻性高、耐腐蚀性强等特性，因而主要用于高速公路、机场跑道等路面工程。

3.3.5 抗硫酸盐硅酸盐水泥

抗硫酸盐硅酸盐水泥是以特定矿物组成的硅酸盐水泥熟料，加入适量石膏磨细制成的具有抵抗硫酸根离子侵蚀的水硬性胶凝材料，按其抗硫酸盐性能分为中抗硫酸盐硅酸盐水泥、高抗硫酸盐硅酸盐水泥两类。中抗硫酸盐硅酸盐水泥可抵抗中等浓度硫酸根离子侵蚀，简称中抗硫酸盐水泥，代号P·MSR；高抗硫酸盐硅酸盐水泥可抵抗较高浓度硫酸根离子侵蚀，称为高抗硫酸盐硅酸盐水泥，简称高抗硫酸盐水泥，代号P·HSR。

抗硫酸盐硅酸盐水泥的主要矿物成分、化学成分、比表面积、线膨胀率等应满足表3-12的规定。抗硫酸盐硅酸盐水泥分为32.5、42.5两个强度等级，各强度等级、各龄期的强度值见表3-13的规定，此外体积安定必须合格。

抗硫酸盐硅酸盐水泥的主要矿物成分、化学成分、比表面积、线膨胀率要求　表3-12

抗硫酸盐等级	C_3S (%)≤	C_3A (%)≤	SO_3 (%)≤	f-MgO (%)≤	烧失量 (%)≤	14d线膨胀率 (%)≤
中抗硫酸盐硅酸盐水泥	55.0	5.0	2.5	5.0	3.0	0.060
高抗硫酸盐硅酸盐水泥	50.0	3.0				0.040

注：1. 比表面积≥280m^2/kg，初凝≥0.75h，终凝≤10h。

2. 如水泥经压蒸试验体积安定性合格，则游离氧化镁含量可放宽至6.0%。

抗硫酸盐硅酸盐水泥的强度　　　　表 3-13

	强度等级	抗压强度(MPa)≥		抗折强度(MPa)≥	
		3d	28d	3d	28d
中抗硫酸盐硅酸盐水泥	32.5	10.0	32.5	2.5	6.0
高抗硫酸盐硅酸盐水泥	42.5	15.0	42.5	3.0	6.5

抗硫酸盐硅酸盐水泥的凝结硬化速度慢、水化放热速度慢且放热量小、早期强度低、抗硫酸盐腐蚀性高、抗冻性高，主要用于环境中硫酸盐含量高的混凝土工程。

3.3.6　低热硅酸盐水泥、中热硅酸盐水泥

中热硅酸盐水泥、低热硅酸盐水泥是以适当成分的硅酸盐水泥熟料，加入适量石膏磨细而成的水硬性胶凝材料。具有中等水化热的称为中热硅酸盐水泥（简称中热水泥），代号 P・MH；具有低水化热的称为低热硅酸盐水泥（简称低热水泥），代号 P・LH。

根据《中热硅酸盐水泥、低热硅酸盐水泥》GB/T 200—2017 规定，中热和低热硅酸盐水泥的初凝时间不得小于 1h，终凝时间不得大于 12h；比表面积不低于 250m^2/kg；两种水泥熟料的矿物成分及水泥指标应满足表 3-14 的要求。中热水泥强度等级为 42.5、低热水泥强度等级为 32.5 及 42.5，各龄期强度值须不低于表 3-15 中的数值。此外，体积安定性必须合格。

中热硅酸盐水泥、低热硅酸盐水泥熟料的矿物成分及水泥部分指标　　　　表 3-14

品种	C_3S (%)≤	C_2S (%)≥	C_3A (%)≤	f-CaO (%)≤	SO_3 (%)≤	MgO (%)≤	烧失量 (%)≤
中热水泥	55.0	—	6.0	1.0	3.5	5.0	3.0
低热水泥	—	40.0	6.0	1.0			

中热硅酸盐水泥、低热硅酸盐水泥的主要技术要求　　　　表 3-15

品种	等级	抗压强度(MPa)≥				抗折强度(MPa)≥			水化热(kJ/kg)≤		
		3d	7d	28d	90d	3d	7d	28d	3d	7d	28d
中热水泥	42.5	12.0	22.0	42.5	—	3.0	4.5	6.5	251	293	—
低热水泥	32.5	—	10.0	32.5	62.5	—	3.0	5.5	197	230	290
	42.5	—	13.0	42.5	62.5	—	3.5	6.5	230	260	310

注：水化热允许采用直接法或溶解法进行检验，各龄期的水化热应不大于表中的要求。

低热硅酸盐水泥、中热硅酸盐水泥的水化热放热速度慢，且放热量小，早期强度较低、抗冻性高、耐腐蚀性较高，主要用于大体积水利大坝工程，也可用于耐腐蚀工程。

3.3.7　硫铝酸盐水泥

根据现行国家标准 GB 20472，硫铝酸盐水泥，是以适当成分的生料，经煅烧所得以无水硫铝酸钙和硅酸二钙为主要矿物成分的水泥熟料和石灰石、适量石膏共同磨细制成的，具有早期强度高的水硬性胶凝材料，包括快硬硫铝酸盐水泥（石灰石掺量≤15%），代号 R・SAC，以 3d 抗压强度分为 42.5、52.5、62.5 及 72.5 级四个强度等级；低碱度

硫铝酸盐水泥（15%≤石灰石掺量≤35%），简称 L·SAC，以 7d 抗压强度分为 32.5、42.5 及 52.5 级三个强度等级。

硫铝酸盐水泥各品种各等级、各龄期的强度值不得低于表 3-16 中的数值，细度、凝结时间也须满足规定。硫铝酸盐水泥的物理性能应符合表 3-17 的数值。

硫铝酸盐水泥各品种部分强度等级各龄期强度值 **表 3-16**

品种	强度等级	抗压强度(MPa)≥			抗折强度(MPa)≥			备注
		1d	3d/7d	28d	1d	3d/7d	28d	
R·SAC	42.5	30.0	42.5	45.0	6.0	6.5	7.0	3d
	52.5	40.0	52.5	55.0	6.5	7.0	7.5	
	62.5	50.0	62.5	65.0	7.0	7.5	8.0	
L·SAC	32.5	25.0	32.5	—	3.5	5.0	—	7d
	42.5	30.0	42.5	—	4.0	5.5	—	
	52.5	40.0	52.5	—	4.5	6.0	—	

硫铝酸盐水泥的物理性能 **表 3-17**

项目		指标		
		R·SAC	L·SAC	S·SAC
比表面积(m^2/kg)≥		350	400	370
凝结时间(min)	初凝	≤25		≤40
	终凝	≥180		≥240
碱度(pH)≤		—	10.5	—
28d 自由膨胀率(%)		—	0.00～0.15	≤1.75

硫铝酸盐水泥主要水化产物为高硫型水化硫铝酸钙，因而水泥具有快硬、高早强、微膨胀等特性。由于高硫型水化硫铝酸钙在 90℃以上会延迟生成或分解为低硫型水化硫铝酸钙，而后在常温下又会与石膏反应生成高硫型水化硫铝酸钙（亦称生成二次钙矾石），引起混凝土开裂。因此，硫铝酸盐水泥在施工时应控制混凝土内部温度不超过 90℃，并且混凝土的使用环境也不得超过 90℃。硫铝酸盐水泥的 pH 值为 10.0～12.0，对钢筋的保护作用较差，因而在水化初期钢筋会产生轻微的锈蚀。但随着水化的进行，混凝土的密实度迅速提高，使得水与空气难以进入混凝土内，故钢筋的锈蚀现象不会再发展。

硫铝酸盐水泥具有高早强、高强、高抗渗、高抗冻、微膨胀等特性，并具有优良的抗硫酸盐腐蚀性，其抗硫酸盐腐蚀能力超过抗硫酸盐硅酸盐水泥。主要用于早期强度要求高的紧急抢修混凝土工程、负温混凝土工程、高强混凝土和抗硫酸盐侵蚀混凝土，也用于浆锚、喷锚支护、拼装、节点、地质固井、堵漏等混凝土工程。

低碱度硫铝酸盐水泥是专门为生产玻璃纤维增强水泥或混凝土制品而生产的。该水泥水化后析出的氢氧化钙数量很少，因而水泥浆体的碱度低于硅酸盐类水泥的碱度，也低于快硬硫铝酸盐水泥的碱度。除对玻璃纤维的腐蚀作用弱外，该水泥还具有快硬早强、微膨胀等特性。

3.3.8 砌筑水泥

现行国家标准《砌筑水泥》GB/T 3183 规定：由硅酸盐水泥熟料加入规定的混合材料（活性混合材料和非活性混合材料）和适量的石膏磨细制成的保水性较好的水硬性胶凝材料，称为砌筑水泥，代号 M。砌筑水泥的初凝时间不早于 1h，终凝时间不迟于 12h；保水率应不低于 80%；80μm 方孔筛筛余不得超过 10%；体积安定性须合格。砌筑水泥的强度等级分为 12.5、22.5 及 32.5 三个等级，M32.5 级重要技术指标见表 3-18。

M32.5 水泥重要的技术指标 **表 3-18**

细度：80μm 方孔筛筛余	抗压强度（MPa）	保水率	水溶性 Cr^{6+}
≤10.0%	3d：≥10.0；28d：≥32.5	≥80%	≤10mg/kg

砌筑水泥的施工性能好，但强度较低，主要用于工业与民用建筑的砌筑砂浆、内墙抹灰砂浆、垫层混凝土等。

思考题与习题

1. 试述硅酸盐水泥熟料的矿物组成、特性及其对水泥性质的影响。

2. 硅酸盐水泥水化后的主要产物有哪些？其形态和特性如何？

3. 水泥石的组成有哪些？每种组成对水泥石的性能有何影响？

4. 水泥石凝结硬化过程中为什么会出现体积安定性不良？安定性不良的水泥有什么危害？如何处理？

5. 既然硫酸盐对水泥石有腐蚀作用，为什么在水泥生产过程中还要加入石膏？

6. 硅酸盐水泥腐蚀的类型有哪几种？各自的腐蚀机理如何？指出防止水泥石腐蚀的措施。

7. 硅酸盐水泥有哪些特性？主要适用于哪些工程？在使用过程中应注意哪些问题？为什么？

8. 在水泥中掺入活性混合材料后，对水泥性能有何影响？

9. 与硅酸盐水泥比较，掺混合材料的水泥在组成、性能和应用等方面有何不同？

10. 不得不采用普通硅酸盐水泥进行大体积混凝土施工时，可采取哪些措施保证工程质量？

11. 下列混凝土工程中，应优先选用哪种水泥？

（1）干燥环境的混凝土；（2）湿热养护的混凝土；（3）大体积的混凝土；（4）水下工程的混凝土；（5）高强混凝土；（6）热工窑炉的基础；（7）路面工程的混凝土；（8）冬期施工的混凝土；（9）严寒地区水位升降范围内的混凝土；（10）有抗渗要求的混凝土；（11）紧急抢修工程；（12）经常与流动淡水接触的混凝土；（13）经常受硫酸盐腐蚀的混凝土；（14）修补建筑物裂缝。

12. 与硅酸盐水泥比较，高铝水泥在性能及应用方面有哪些不同？

13. 道路硅酸盐水泥的主要性能与硅酸盐水泥有何不同？

14. 硫铝酸盐水泥与普通硅酸盐水泥在性能和应用上有哪些不同？

15. M32.5 砌筑水泥与 32.5 级的粉煤灰硅酸盐水泥、矿渣硅酸盐水泥及火山灰硅酸盐水泥比较，有哪些优点和特点？

第4章　混　凝　土

4.1　混凝土概述

4.1.1　混凝土的定义及发展概况

混凝土是由胶凝材料将集料（包括粗集料、细集料，又称骨料）和水等按照适当比例，混合搅拌均匀成具有一定可塑性的混合物，经一定时间硬化而成的具有一定强度的人造石材。根据所用胶凝材料的不同，分为水泥混凝土、石膏混凝土、水玻璃混凝土、树脂混凝土、沥青混凝土等。土木工程中用量最大的为水泥混凝土，属于水泥基复合材料。

混凝土材料的应用历史可以追溯到久远的年代，早在公元前500年就已经在欧洲使用了以石灰、砂和卵石制成的混凝土。中国明朝在砌筑城墙时，广泛采用石灰砂浆和糯米汁一起搅拌作胶结材，这样大大增加了胶结力，直到今天砖缝的砂浆粘结力仍很坚固。现代意义的混凝土直到19世纪30年代才出现，特指由集料（砂、石等）、水泥和水混合而成的建材，这依赖于1824年英国人约瑟夫·阿斯曾丁（Joseph Aspdin）发明的水泥。在水泥混凝土近200年的发展史中，有三次重大的突破：第一次是1850年首先出现了钢筋混凝土，确立了混凝土材料在土木工程中的绝对优势地位；第二次是1928年制成了预应力钢筋混凝土，进一步扩大了混凝土的应用范围；第三次是1965年前后出现的混凝土外加剂，特别是减水剂的应用，使得混凝土的工作性能得到了显著提高，泵送混凝土、高强混凝土与超高强混凝土在今天得到了广泛应用。

目前，混凝土技术正朝着轻质、高强、高耐久及多功能的方向发展，而混凝土施工工艺和施工机械的不断发展，更给混凝土的可持续发展带来了广阔的前景。

4.1.2　混凝土的分类

混凝土的种类很多，从不同角度考虑，有以下几种分类方法。

1. 按表观密度分类

（1）重混凝土：干表观密度大于2600kg/m^{3}的混凝土，系采用体积密度大的集料（如重晶石、铁矿石、铁屑等）配制而成。具有良好的防射线性能，具有不透X射线和γ射线的性能，故称为防射线混凝土。主要用于核反应堆的屏蔽结构、核废料容器以及其他防射线工程中。

（2）普通混凝土：干表观密度在2000～2800kg/m^{3}的混凝土，它采用普通天然密实的集料配制而成，常用普通混凝土的表观密度为2320～2500kg/m^3。广泛用于建筑、桥梁、道路、水利、码头、海洋等工程，是各种工程中用量最大的混凝土，故简称为混凝土。

（3）次轻混凝土：表观密度在 1950～2300kg/m^3 的混凝土，除采用轻粗集料（人造陶粒等）外，还部分使用了普通天然密实的粗集料。主要用于高层、大跨度结构。

（4）轻混凝土：表观密度小于 1950kg/m^3 的混凝土，采用多孔轻质集料（人造陶粒、膨胀珍珠岩及玻璃微珠等）配制而成，或采用特殊方法在混凝土内部造成大量孔隙，使混凝土具有多孔结构。保温性较好，主要用于保温、结构保温或结构材料。其又分为三类：

① 轻集料混凝土：其表观密度为 800～1950kg/m^3，是采用陶粒、火山渣、浮石、膨胀珍珠岩、煤渣等轻质多孔集料配制而成。

② 多孔混凝土（泡沫混凝土、加气混凝土）：其表观密度为 300～1000kg/m^3，是由水泥浆或水泥砂浆掺加泡沫剂引气剂制成的具有多孔结构的混凝土。

③ 大孔混凝土（普通大孔混凝土、轻集料大孔混凝土）：其组成材料中无细集料，故又称为无砂大孔混凝土。普通无砂大孔混凝土的表观密度在 1500～1900kg/m^3，是用普通碎石卵石或重矿渣作集料配制而成；轻集料大孔混凝土的表观密度为 500～1500kg/m^3，是用陶粒、浮石、煤渣、碎砖等作集料配制而成。

2. 按流动性来分类

新拌混凝土按照拌合物的流动性大小，可分为干硬性混凝土：其坍落度一般小于10mm，须用维勃稠度（s）表示其稠度；塑性混凝土：其坍落度一般在 10～90mm 之间；流动性混凝土：其坍落度一般在 100～150mm 之间；大流动性混凝土：其坍落度一般大于 160mm。

3. 按土用途分类

混凝土按用途分类主要有：结构用混凝土、防水混凝土、道路混凝土、水工混凝土、耐热混凝土、耐酸混凝土及防辐射混凝土等。

4. 按生产和施工方法分类

（1）按照生产方式，可分为现场搅拌混凝土和预拌混凝土（或商品预拌混凝土）。

（2）按照施工方法，混凝土可分为泵送混凝土、喷射混凝土、碾压混凝土、挤压混凝土、真空脱水混凝土、压力灌浆混凝土（或预填集料混凝土）、自密实混凝土、造壳混凝土、水下不分散混凝土等。

5. 按抗压强度分类

（1）低强度混凝土，抗压强度在 C10～C15，主要用于垫层、基础、地坪及受力不大的结构。

（2）中强度混凝土，抗压强度 C20、C25、C30、C35、C40、C45、C50、C55，用于混凝土结构中的梁、板、柱、楼梯、屋架等普通和大跨度钢筋混凝土结构。

（3）高强混凝土，抗压强度≥C60，如 C65、C70、C75、C80、C85、C90，主要用于承受重荷载、高层建筑结构、大跨度预应力钢筋混凝土构件，承受动荷载结构及特种结构等。

（4）超高强混凝土，抗压强度≥100MPa，主要用于特别重要的工程部位，如军事隐蔽工程及特大跨度桥梁等。

混凝土种类很多，但在实际工程中还是以普通水泥混凝土应用最为广泛，本章主要介绍以水泥为胶凝材料的普通混凝土，其基本理论或基本规律在其他混凝土中也基本适用。

4.1.3 混凝土的特点

1. 混凝土的优点

（1）可塑性。混凝土可以浇筑成各种形状和尺寸的构件及整体结构，能应用于各种工程。

（2）可靠性。混凝土的抗压强度高，可以根据工程不同要求配制不同的强度等级（目前工程中最高强度已达 130MPa），它与钢筋有牢固的粘结力，使结构安全性得到可靠的保证。

（3）耐火性。混凝土在高温下数小时仍能保持其强度，而钢结构建筑物则无法与其比拟。

（4）耐久性。木材易腐朽、钢材易生锈，而混凝土在自然环境下使用耐久性相当优良。

（5）多用性。可以根据不同要求配制成不同性质的混凝土，且与现代施工机械及施工工艺适用性强，能满足多种工程要求。

（6）经济性。混凝土的原材料来源丰富，其中砂、石等地方材料占 80%左右，容易就地取材，因而价格低廉，且生产工艺简单，结构建成后的维护费用也较低。

2. 混凝土的缺点

（1）抗拉强度低。混凝土的抗拉强度只有其抗压强度的 1/20～1/10，是钢筋抗拉强度的 1/100 左右。

（2）延展性不高。混凝土属于脆性材料，变形能力差，只能承受少量的受拉变形（约 0.003），因而易开裂；抗冲击能力差，在冲击荷载作用下容易产生脆断。

（3）自重大、比强度低。高层、大跨度建筑物要求材料在保证力学性能的前提下，以轻为宜，而混凝土在这方面比钢材逊色。

（4）体积稳定性较差。混凝土随着温度、湿度、环境介质的变化容易引发变形，产生裂纹等内部缺陷，影响建筑物的使用寿命。尤其是当水泥浆用量大、混凝土流动性大时，这一缺陷表现得更加突出。

（5）保温隔热性能稍差。混凝土的导热系数大约是黏土砖的 2 倍。

（6）施工周期长。混凝土浇筑后需要较长的养护时间才能达到预定的强度，从而延缓了施工进度。

4.2 混凝土的组成材料

水泥混凝土（以下简称混凝土）的基本组成材料是水泥、细集料、粗集料及水。其中水泥浆体占混凝土质量的 25%～35%，粗细集料约占混凝土总体积的 65%～75%。为改善混凝土的某些性能，还常需要加入适量的混凝土外加剂和掺合料（矿物外加剂），分别称为混凝土的第五和第六组分。由此可见，混凝土的组分复杂，不是一种匀质材料，所以影响混凝土性能的因素很多。

4.2.1 混凝土的组成及其作用

混凝土是由水泥石将集料胶结在一起而成的固体复合材料，硬化前的混凝土称为混凝土拌合物或新拌混凝土。水和水泥组成水泥浆，水泥浆包裹在砂的表面，并填充于砂粒的空隙中成为砂浆，砂浆又包裹在石子的表面，并填充石子的空隙。水泥浆和砂浆在混凝土拌合物中分别起到润滑砂、石的作用，使混凝土具有施工要求的塑性（流动性），并使混凝土易于成型密实。硬化后，水泥石将砂、石牢固地胶结为一整体，使混凝土具有所需的强度、耐久性等性能。通常所用砂、石的强度高于水泥石的强度，且砂、石占混凝土总体积的65%～75%，因而它们在混凝土中起到了骨架的作用，故又称为集料。集料主要起到限制与减小混凝土的干缩和开裂，减少水泥用量、降低水泥水化热与混凝土温升，降低混凝土成本的作用，并可起到提高混凝土强度和耐久性的作用。

随着混凝土技术的进步和工程要求的不断提高，混凝土的组成中又增加了化学外加剂、矿物掺合料、纤维增强材料、高聚物乳液等，这些组分对改善混凝土的性能，扩展混凝土应用范围起到了重要的作用，其中许多已成为混凝土中不可缺少的组分。混凝土中外加剂和掺合料的作用是：①加入适宜的外加剂和掺合料，在硬化前能改善混凝土拌合物的和易性，以满足现代施工工艺对混凝土拌合物的高和易性要求；②硬化后能改善混凝土的物理力学性能和耐久性等，尤其是对于配制高强度混凝土、高性能混凝土，外加剂和矿物掺合料是必不可少的；③用掺合料替代部分水泥，还可起到降低混凝土成本的作用。

4.2.2 混凝土的结构与性质

混凝土是一种非均质多相复合材料。从亚微观上来看，混凝土是由粗、细集料，水泥的水化产物、毛细孔、气孔、微裂纹（因水化热、干缩等致使水泥石开裂）、界面微裂纹（因干缩、泌水等所致）及界面过渡层等组成。即混凝土在受力以前，内部就存在有许多微裂纹。界面过渡层是由于泌水等原因，而在集料表面处形成的厚度约为30～60μm的水泥石薄层，其结构相对较为疏松，且界面过渡层中常含有微裂纹或孔隙。界面过渡层对混凝土的强度和耐久性有着重大的影响，特别是粗集料与砂浆（或水泥石）的界面。从宏观上看，混凝土是由集料和水泥石组成的二相复合材料（图4-1）。因此，混凝土的性质主要取决于混凝土中集料与水泥石的性质、它们的相对含量以及集料与水泥石间的界面粘结强度。

集料的强度一般均高于水泥石的强度，因而普通混凝土的强度主要取决于水泥石的强度和界面粘结强度，而界面粘结强度又取决于水泥石的强度和集料的表面状况（粗糙程度、棱角的多少、黏附的泥等杂质的多少、吸水性的大小等）、凝结硬化条件及混凝土拌合物的泌水性等（图4-2）。界面是普通混凝土中最为薄弱的环节，改善界面过渡层的结构或界面粘结强度是提高混凝土强度与其他性质的重要途径。

4.2.3 混凝土的基本要求

工程上使用的混凝土，一般须满足以下四项基本要求。

1. 和易性

新拌混凝土，是由混凝土的组成材料拌和而成的尚没凝结的混合物，也称为混凝土拌

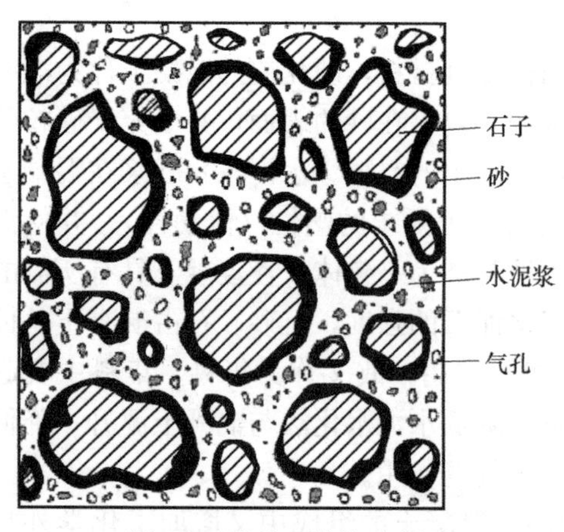

图 4-1　混凝土结构示意图

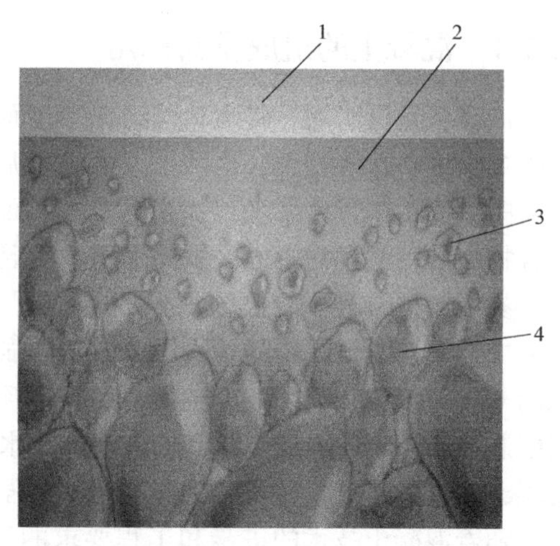

图 4-2　混凝土分层、离析现象示意图
1—水；2—浆体；3—砂；4—石

合物。新拌混凝土的和易性也称工作性或工作度，是指混凝土拌合物能保持其组分均匀、便于施工操作（运输、浇筑、振捣及成型），并能获得质量均匀、成型密实的混凝土的性能。为保证混凝土的质量，混凝土拌合物必须具有与施工条件相适应的和易性。混凝土拌合物的和易性包括以下三项含义：

（1）流动性。

流动性是指混凝土拌合物在自重力或机械振动力作用下，易于产生流动、易于运输、易于充满混凝土模板的性质。一定的流动性可保证混凝土构件或结构的形状与尺寸以及混凝土结构的密实性。一般来说，流动性过小不利于施工，并难以达到密实成型，在混凝土内部容易产生孔隙或孔洞，影响混凝土的质量；流动性过大虽然成型方便，但水泥浆用量大或者减水剂掺量过大，不经济且可能会造成混凝土拌合物产生离析和分层，影响混凝土的匀质性。流动性是和易性中最重要的性质，对混凝土的强度及其他性质有较大的影响。

（2）黏聚性。

指混凝土拌合物各组成材料之间具有一定的黏聚力，在施工过程中保持整体均匀一致的能力。黏聚性差的混凝土拌合物在运输、浇筑、成型等过程中，石子容易与砂浆产生分离，即易产生离析、分层现象（图 4-2），造成混凝土内部结构不均匀。黏聚性对混凝土的强度及耐久性有较大影响。

（3）保水性。

保水性是指混凝土拌合物在施工过程中保持水分的能力。保水性好可保证混凝土拌合物在运输、成型和凝结硬化过程中，不发生大的或严重的泌水。泌水会在混凝土内部产生大量的连通毛细孔隙，成为混凝土中的渗水通道。部分上浮的水会聚集在钢筋和石子的下部，增加了石子和钢筋下部水泥浆的水灰比（混凝土中水的质量与水泥质量之比 W/C）或水胶比（混凝土中水的质量与胶凝材料总质量之比 W/B），形成薄弱层即界面过渡层，严重时会在石子和钢筋的下部形成水隙或水囊，即孔隙或裂纹，从而严重影响它们与水泥石之间的界面粘结力。部分上浮到混凝土表面的水，会大大增加表面层混凝土的水灰比或水胶比，造成混凝土表面疏松。若继续浇筑混凝土，则会在混凝土内形成上下薄弱的夹层。保水性对混凝土的强度和耐久性有较大的影响。

混凝土拌合物的流动性、黏聚性及保水性，三者相互联系，但又相互影响。当流动性较大时，往往混凝土拌合物的黏聚性和保水性较差，反之黏聚性和保水性较好。因此，混凝土拌合物的和易性好是指三者相互协调，均为良好的状态。

2. 强度

混凝土在 28d 时的强度或规定龄期时的强度应满足结构设计的要求。

3. 耐久性

混凝土应具有与环境相适应的耐久性，以保证混凝土结构的使用寿命。

4. 经济性

在满足上述三项要求的前提下，混凝土中的各组成材料应技术经济合理，即应节约水泥用量，以降低成本。

4.2.4 混凝土的原材料

1. 水泥

水泥是混凝土中最重要的胶凝材料，配制混凝土时，应正确选择水泥的品种和其强度等级。水泥的品种应根据混凝土工程的工程性质、工程部位、施工条件和所处的环境条件来确定，并应考虑混凝土的配制强度，详见第 3 章。

水泥强度等级的选择应根据混凝土的强度等级来确定。对 C30 及其以下等级的混凝土，水泥强度等级一般应为混凝土强度等级的 1.5～2.0 倍；对 C30～C60 的混凝土，水泥强度等级一般应为混凝土强度等级的 1.1～1.5 倍。高强度等级水泥配制低强度等级混凝土时，较少的水泥用量即可满足混凝土的强度，但水泥用量过少会严重影响混凝土拌合物的和易性及混凝土的密实性，进而影响其耐久性；用低强度等级的水泥配制中高强混凝土时，会因水灰比太小及水泥用量过大而影响混凝土拌合物的流动性，并会显著增加混凝土的水化热和混凝土的温升、干缩与徐变，同时混凝土的强度也不易得到保证，经济上也不合理。故水泥强度等级应与混凝土的强度等级相适应。表 4-1 是各强度等级的水泥可配制混凝土强度等级的经验表，可参考使用。

过分追求高强度等级水泥或早强型水泥在很多情况下是非常有害的。高强度等级水泥或早强型水泥，特别是 C_3A 和 C_3S 含量高的水泥，凝结硬化速度快、水化放热量高，化学收缩和干缩大，常会使混凝土在尚未凝结的情况下，即在塑性阶段出现大量表面裂纹(即早期塑性开裂)，这对混凝土的耐久性极为不利。此种现象在掺用膨胀剂、高效减水剂、促凝型外加剂等的混凝土中，更易出现。

水泥强度等级可配制的混凝土强度等级　　表 4-1

水泥强度等级	宜配制的混凝土强度等级	水泥强度等级	可配制的混凝土强度等级
32.5	C10、C15、C20、C25	52.5	C40、C45、C50、C60、C70、C80、C90、C100、C120
42.5	C30、C35、C40、C45、C50	高效减水剂和掺合料的应用，可以使水胶比或水灰比大幅度降低，混凝土强度等级提高	

2. 细集料

普通混凝土用集料按粒径分为细集料和粗集料。虽然集料一般不参与水泥复杂的水化反应，但它对混凝土的许多重要性能，如强度、和易性、体积稳定性及耐久性等都会产生很大的影响，必须予以足够的重视。

1）细集料的产源

粒径为0.16～4.75mm的集料称为细集料，简称砂。它分为天然砂和机制砂。天然砂是由岩石经自然风化、水流搬运和分选、堆积形成的粒径小于4.75mm的散状细岩石颗粒，按产源不同分为河砂（江砂）、湖砂、山砂及淡化海砂等，但不包括软质风化的岩石颗粒。山砂表面粗糙、棱角多，含泥量和有机质含量较多；海砂长期受海水的冲刷，表面圆滑，较为清洁，但天然海砂中常混有贝壳和较多的盐分，工程应用时需先进行淡化处理；河砂（江砂）及湖砂的表面圆滑，较为清洁且分布广，曾为混凝土主要用砂，性能优良特别是河砂的耐磨性较机制砂高，故在工业与民用建筑、铁路、公路桥梁、机场、水利大坝及重交通混凝土路面中广泛使用。

机制砂是用开采的天然岩石或卵石、机械破碎、筛分而得的粒径小于4.75mm的颗粒，其形状多为立方体和棱角状。机制砂在生产过程中不可避免地会产生一定量的石粉，与天然砂中的泥粉不同，机制砂中适量的石粉（约5%～15%）存在可以作为混凝土或水泥砂浆的充填材料，进而提高混凝土或砂浆的和易性。而机制砂颗粒表面粗糙、尖锐多棱角等基本特性，在一定程度上可以增强砂与水泥的粘结程度以及增加骨料间的嵌挤锁结力，改善硬化后混凝土和砂浆的力学性能，特别是在水利大坝工程上可以大力推广使用。

目前，我国生产机制砂的主要原料也是石灰岩、白云岩、花岗岩、玄武岩等，其中以石灰岩最为居多。国内机制砂的生产主要有三种形式，一种是采用石灰岩、白云岩、花岗岩、玄武岩矿石专门生产机制砂或者开采矿石的同时生产机制砂；另一种是在河道里用卵石生产机制砂，或配以少量天然砂生产混合砂；再一种是利用各种尾矿生产的，其中主要是各地生产石灰石碎石后的石屑或石粉，经过简单筛分和加工后直接利用，质量差别较大。混合砂是由天然砂和机制砂混合制成的砂，目的是克服机制砂粗糙而天然砂偏细的缺点。实际工程应用时，可以因地制宜地将天然砂和机制砂按照设计的比例计量后搭配使用。单独使用机制砂时，可掺加引气型高效减水剂，以增加混凝土的和易性。

2）砂的粗细与颗粒级配

砂是不同粒径颗粒的混合体，砂的粗细是指砂粒混合后的平均粗细程度。砂的粒径越大，则砂的比表面积越小，包裹砂表面所需的用水量和水泥浆用量就越少。因此，采用中粗砂配制混凝土，可减少拌合用水量，节约水泥用量，并可降低混凝土温升，减少混凝土的干缩与徐变；若保证用水量不变，则可提高混凝土拌合物的流动性；若保证混凝土拌合物的流动性和水泥用量不变，则可减少用水量，从而可提高混凝土的强度。但砂过粗时，含有较多粗颗粒砂的砂浆对石子的黏聚力降低，严重时会引起混凝土拌合物产生离析、分层甚至泌水。

砂的颗粒级配是指大小不同颗粒砂的搭配程度。单一粒径的大颗粒砂堆积，其空隙率最大（图4-3a），大颗粒砂的空隙被中等颗粒砂所填充后空隙率降低（图4-3b），而中等颗粒砂的空隙被小颗粒砂所填充（图4-3c），依次填充使集料的空隙率最小（图4-3）。级配良好的砂可减少混凝土拌合物的水泥浆用量，节约水泥，提高混凝土拌合物的流动性和黏聚性，并可降低混凝土温升，提高混凝土的密实度及强度和耐久性。

砂的粗细与颗粒级配，通常采用筛分法测定与评定，即采用一套筛孔尺寸为

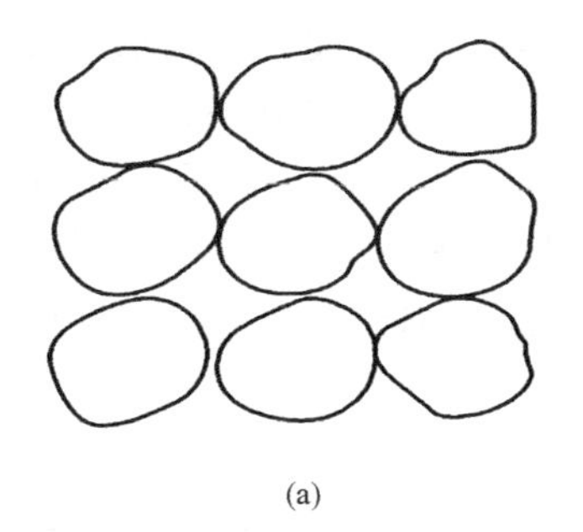
(a)

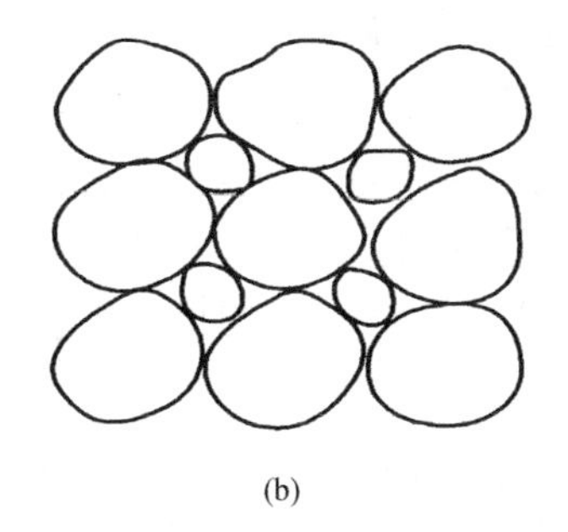
(b)

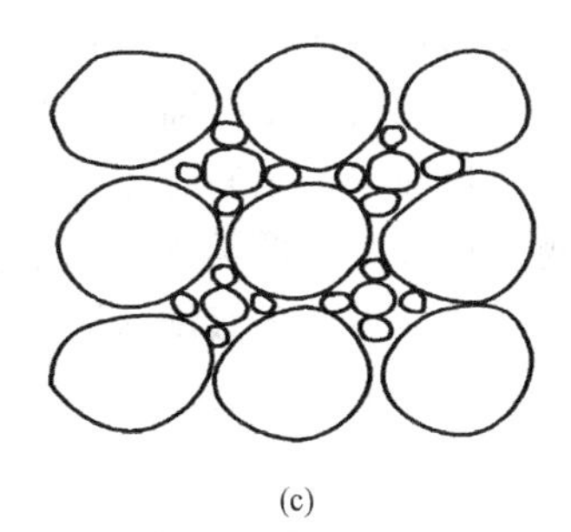
(c)

图 4-3　细集料的颗粒级配

4.75mm、2.36mm、1.18mm、0.60mm、0.30mm、0.15mm 的方孔筛，将绝干质量 $m=500g$ 砂由粗到细依次筛分，然后称量每一个筛上砂的筛余量（即每个筛上的质量），并计算出各筛的分计筛余百分率（即各筛上的筛余量与干砂试样质量的百分率）a_1、a_2、a_3、a_4、a_5、a_6 和各筛的累计筛余百分率（即该筛上的分计筛余百分率与大于该筛的各筛上的分计筛余百分率之和）A_1、A_2、A_3、A_4、A_5、A_6。筛余量、分计筛余、累计筛余的关系见表 4-2。

分计筛余百分率与累计筛余百分率的计算关系　　表 4-2

筛孔尺寸(mm)	筛余量(g)	分计筛余(%)	累计筛余(%)
4.75	m_1	$a_1=m_1/m$	$A_1=a_1$
2.36	m_2	$a_2=m_2/m$	$A_2=A_1+a_2$
1.18	m_3	$a_3=m_3/m$	$A_3=A_2+a_3$
0.60	m_4	$a_4=m_4/m$	$A_4=A_3+a_4$
0.30	m_5	$a_5=m_5/m$	$A_5=A_4+a_5$
0.15	m_6	$a_6=m_6/m$	$A_6=A_5+a_6$

砂的粗细程度用细度模数 M_x 表示，计算式如下：

$$M_x=\frac{(A_2+A_3+A_4+A_5+A_6)-5A_1}{100-A_1}$$

式中　M_x——砂的细度模数；

A_1、A_2、A_3、A_4、A_5、A_6——孔径分别为 4.75mm、2.36mm、1.18mm、0.60mm、0.30mm、0.15mm 标准方孔筛的累计筛余百分率。

细度模数越大，表示砂越粗。根据现行国家标准《建设用砂》GB/T 14684，$M_x=3.7\sim3.1$ 为粗砂，$M_x=3.0\sim2.3$ 为中砂，$M_x=2.2\sim1.6$ 为细砂，$M_x=1.5\sim0.6$ 为特细砂。砂按照技术要求，可以分为Ⅰ类、Ⅱ类和Ⅲ类。一般工程中应优先使用中砂或粗砂。当使用细砂和特细砂时，应采取一些相应的技术措施。对路面工程，应优先使用中砂，也可使用细度模数为 2.0～3.5 的砂，而细砂和特细砂会降低路面的耐磨性和抗滑性，因而不宜选用。

砂的级配用级配区和级配曲线来表示。砂的级配区主要以 600μm 筛以及其他筛的累计筛余百分率来划分，并分为三个级配区。混凝土用砂的颗粒级配应处于表中任何一个级配区以内。若以累计筛余百分率为纵坐标，以筛孔尺寸为横坐标，根据表的规定可画出天然砂的标准级配区筛分曲线，如图 4-4 所示。筛分曲线超过 3 区往左上偏时，表示砂过细，拌制混凝土时需要的水泥浆用量多，而且混凝土强度显著降低；筛分曲线超过 1 区往右下偏时，表示砂过粗，其混凝土拌合物的和易性不易控制，且内摩擦较大，不易振捣成型。所以，这两类砂未包括在级配区内。天然砂和机制砂的级配应满足表 4-3、表 4-4。

天然砂的各级配区颗粒级配应符合表 4-3 的技术要求，机制砂的各级配区颗粒级配应符合表 4-4 的技术要求。

天然砂的各级配区颗粒级配　　表 4-3

方孔筛筛孔尺寸(mm)	级配区累计筛余(%)		
	1 区	2 区	3 区
9.5	0	0	0
4.75	10～0	10～0	10～0
2.36	35～5	25～0	15～0
1.18	65～35	50～10	25～0
0.60	85～71	70～41	40～16
0.30	95～80	92～70	85～55
0.15	100～90	100～90	100～90
级配类别			
砂类别	Ⅰ	Ⅱ	Ⅲ
级配区	2 区	1 区、2 区、3 区	

机制砂的各级配区颗粒级配　　表 4-4

方孔筛筛孔尺寸(mm)	级配区累计筛余(%)		
	1 区	2 区	3 区
9.5	0	0	0
4.75	10～0	10～0	10～0
2.36	35～5	25～0	15～0
1.18	65～35	50～10	25～0
0.60	85～71	70～41	40～16
0.30	95～80	92～70	85～55
0.15	97～85	94～80	94～75
级配类别			
砂类别	Ⅰ	Ⅱ	Ⅲ
级配区	2 区	1 区、2 区、3 区	

Ⅰ类细集料宜用于 C60 以上等级的高强混凝土，Ⅱ类细集料宜用于 C30～C60 的混凝土，Ⅲ类细集料宜用于 C30 以下的混凝土及建筑砂浆。有抗渗、抗冻、抗盐冻、腐蚀及其他耐久性要求或特殊要求的混凝土应使用Ⅰ类、Ⅱ类细集料。高速公路、一级公路、二级公路及有抗冻、抗盐冻要求的三级、四级公路的混凝土路面应使用不低于Ⅱ类的细集料，无抗冻、抗盐冻要求的三级、四级公路的混凝土路面、碾压混凝土及贫混凝土基层可

使用Ⅲ类细集料。

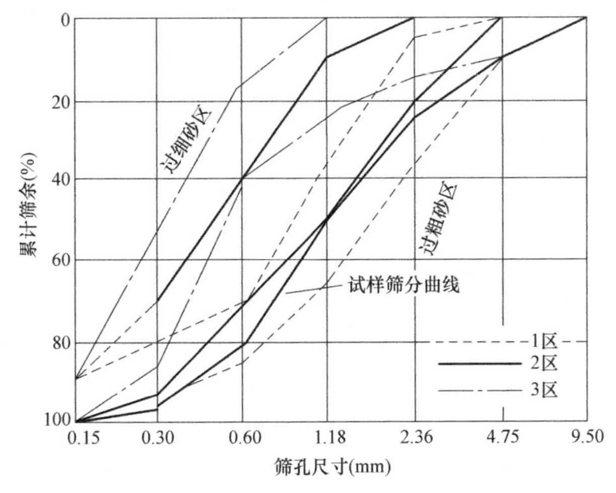

图 4-4 天然砂的标准级配区筛分曲线

细集料级配合格则空隙率小，有利于降低用水量和水泥用量，提高混凝土的各项性能。如砂的自然级配不符合级配区的要求，应进行调整。方法是将粗、细不同的两种或三种砂按适当比例（2∶8、3∶7、4∶6 或 5∶5）混合搭配，直至级配合格。一般认为，处于 2 级配区的砂粗细适中，级配较好，配制混凝土时应优先选用。砂的级配是否合格可按如下方法进行判断：①各筛上的累计筛余百分率原则上应完全处于表 4-3 或表 4-4 中的任何一个级配区；②允许有少量累计筛余超出分区界限，但超出总量不应大于 5%（指几个粒级累计筛余百分率超出之和或只有一个粒级的超出百分率）；③在 4.75mm 和 0.60mm 筛档不允许有任何超出；④砂浆用砂 4.75mm 筛筛余应为 0。

3）泥、泥块含量和石粉含量

天然砂中粒径小于 0.075mm 的黏土及淤泥等粉状物统称为泥，泥的质量占砂质量的百分率称为含泥量；块状的黏土、淤泥统称为泥块或黏土块（对于细集料指粒径大于 1.18mm，经水洗手捏后成为小于 0.60mm 的颗粒；对于粗集料指粒径大于 4.75mm，经水洗手捏后成为小于 2.36mm 的颗粒）。泥块或黏土块占砂质量的百分率为泥块含量。泥常包覆在砂粒的表面，因而会大大降低砂与水泥石间的界面粘结力，使混凝土的强度降低，同时泥的比表面积大，含量多时会吸附水和混凝土外加剂，从而降低混凝土拌合物的流动性，或增加拌合用水量和水泥用量以及混凝土的干缩与徐变，并使混凝土的耐久性降低。泥块对混凝土性质的影响与泥基本相同，但危害更大。天然砂中泥及泥块的含量应符合表 4-5。

天然砂的含泥量、泥块含量及氯离子含量 **表 4-5**

类别	Ⅰ	Ⅱ	Ⅲ
含泥量(以质量计)(%)≤	1.0	3.0	5.0
泥块含量(以质量计)(%)≤	0	1.0	2.0
氯离子含量(以氯离子质量计)(%)≤	0.01	0.02	0.06
贝壳(以质量计)(%)≤	3.0	5.0	8.0

石粉是在机制砂的生产中，在加工前经除土处理，加工后形成的粒径小于 75μm、其矿物组成和化学成分与母岩相同的微粒。石粉与天然砂中的泥土成分在混凝土中所起的负面影响不同，在一定含量范围内，它对改善混凝土细骨料级配、改善中低强度等级新拌混凝土的和易性、提高混凝土密实性等有一定益处。为区分机制砂中粒径小于 75μm 的颗粒主要为泥土还是与母岩化学成分相同的石粉，可通过亚甲蓝试验的 MB 值（用于判定机制砂中粒径小于 75μm 颗粒的吸附性能的指标）进行判定。机制砂的石粉含量和泥块含量应符合表 4-6 的规定。

机制砂的石粉含量、泥块含量及压碎指标　　表 4-6

MB 值≤1.4 时			
类别	Ⅰ	Ⅱ	Ⅲ
MB 值≤	0.5	1.0	1.4 或合格
石粉含量(以质量计)(%)≤	15.0(也可根据实际，供需双方协商确定)		
泥块含量(以质量计)(%)≤	0	1.0	2.0
MB 值>1.4 时			
类别	Ⅰ	Ⅱ	Ⅲ
石粉含量(以质量计)(%)≤	1.0	3.0	5.0
泥块含量(以质量计)(%)≤	0	1.0	2.0
机制砂压碎指标			
类别	Ⅰ	Ⅱ	Ⅲ
机制砂压碎指标(%)≤	20	25	30

4）有害物质含量

砂中有害物质包括硫酸盐、硫化物、有机质、云母、轻物质、氯盐等，其含量应符合表 4-7 的要求。

砂中有害物质含量的限值　　表 4-7

项　目	指　标		
	Ⅰ类	Ⅱ类	Ⅲ类
云母(按质量计)(%) <	1.0	2.0	
轻物质(按质量计)(%) <	1.0		
有机物(用比色法试验)	合格		
硫化物及硫酸盐(按 SO_3 质量计)(%) <	0.5		
氯化物(以氯离子质量计)(%) <	0.01	0.02	0.06

硫酸盐、硫化物及有机质对水泥石有腐蚀作用。云母表面光滑，与水泥石的粘结力差，且本身强度低，会降低混凝土的强度和耐久性。轻物质（表观密度小于 2.0g/cm^3 的物质）的强度低，会降低混凝土的强度和耐久性。有抗冻、抗渗要求的混凝土，砂中云母的含量不应大于 1.0%。砂中如发现有颗粒状的硫酸盐或硫化物杂质时，须进行专门检验，确认能满足混凝土的耐久性要求时，方能使用。氯盐对钢筋有锈蚀作用发生的危险，采用淡化海砂配制钢筋混凝土时，淡化海砂中氯离子的含量不应大于 0.03%（有些地区

控制在 0.02%以下，有些地区控制在 0.002%以下）；用海砂配制素混凝土（不配钢筋的混凝土）时，对海砂中的氯离子含量不予限制。

根据现行《海砂混凝土应用技术规范》JGJ 206 规定，淡化海砂的重要质量指标见表 4-8。

淡化海砂的重要质量指标　　　　表 4-8

项目	指标	
水溶性氯离子含量(以干砂质量计)(%)≤	0.03	0.02(预应力钢筋混凝土用砂)
含泥量(以干砂质量计)(%)≤	1.0	
泥块含量(以干砂质量计)(%)≤	0.5	
坚固性指标(%)≤	8	

5）活性氧化硅

砂中含有活性氧化硅时，在某些条件（温度、湿度大）下有可能会与水泥或外加剂中的碱发生反应，称为碱-集料反应（AAR）。碱-集料反应会使混凝土膨胀开裂和耐久性下降。砂中不应含有活性氧化硅。对重要工程混凝土使用的砂，应对集料进行碱活性检验，经检验判断有潜在危害时，应采取综合适当措施（如添加锂盐抑制剂、掺加大量的矿物掺合料或有条件时尽量采用低碱水泥等）方可使用。

6）坚固性

集料在气候、环境变化或其他物理因素作用下抵抗破坏的能力称为坚固性。细集料的坚固性应符合表 4-9 的要求。

砂的坚固性指标　　　　表 4-9

项　　目	指　　标		
	Ⅰ类	Ⅱ类	Ⅲ类
质量损失率(%)　<	8		10

坚固性用硫酸钠饱和溶液法测定，即将细集料试样在硫酸钠饱和溶液中浸泡至饱和，然后取出试样烘干，经 5 次循环后，测定因硫酸钠结晶膨胀引起的质量损失率。在严寒及寒冷地区室外使用，并处于潮湿或干湿交替状态下的混凝土，以及有抗疲劳、耐磨、抗冲击要求的混凝土，或有腐蚀介质作用，或受冰冻与盐冻作用，或经常处于水位变化区的地下结构混凝土，所用砂的坚固性质量损失率应小于 8%。其他条件下使用的混凝土，坚固性质量损失率应小于 10%。

3. 粗集料

粒径大于 4.75～90mm（方孔筛）的集料称为粗集料，简称为石子。粗集料分为碎石和卵石。卵石分为河卵石、海卵石、山卵石等，其中河卵石分布广，应用较多。卵石的表面光滑，有机杂质含量较多。碎石为天然岩石或卵石经机械破碎而成，其表面粗糙、棱角多，较为清洁。与卵石比较，用碎石配制混凝土时，需水量及水泥用量较大，混凝土拌合物的流动性较小，但由于碎石与水泥石间的界面粘结力强，故碎石混凝土的强度高于卵石混凝土。特别是在水灰比较小的情况下，强度相差尤为明显。因此配制高强混凝土时，宜采用碎石。

为了保证混凝土的质量，现行国家标准《建设用卵石、碎石》GB/T 14685 按各项技术指标将混凝土用粗骨料划分为Ⅰ、Ⅱ、Ⅲ类：Ⅰ类骨料宜用于强度等级C60以上的混凝土；Ⅱ类骨料宜用于强度等级为C30～C60及抗冻、抗渗或有其他要求的混凝土；Ⅲ类骨料宜用于强度等级C30以下的混凝土。

1）坚固性和强度

混凝土中的粗骨料要起到骨架作用，则必须具有足够的坚固性和强度。粗骨料的坚固性检验方法与细骨料中的天然砂相同，即采用饱和硫酸钠溶液浸泡、烘干循环5次后，测定其质量损失率，作为衡量坚固性的指标。碎石和卵石的坚固性指标见表4-10。

碎石和卵石的坚固性指标　　表4-10

项　目	指　标		
	Ⅰ类	Ⅱ类	Ⅲ类
质量损失率(%)　＜	5	8	12

碎石的强度可用抗压强度和压碎指标值表示，卵石的强度只用压碎指标值表示。

碎石抗压强度的测定，是将母体岩石加工成50mm×50mm×50mm的立方体（或直径与高度均为50mm的圆柱体）试件，在水中浸泡48h使试件吸水饱和后，在压力机上进行抗压强度试验。

压碎指标的试验是：将一定量气干状态下粒径为9.50～19.0mm的石子，去除针、片状颗粒后，装入一定规格的圆筒内，在压力机上施加荷载到200kN并持荷5s的时间，卸去荷载后称取试样质量；再用孔径为2.36mm的标准筛筛除被压碎的细粒，称取试样的筛余量。按下式计算压碎指标值：

$$Q_e=\frac{G_1-G_2}{G_1}\times100\%$$

式中　Q_e——压碎指标值（%）；

G_1——试样总质量（g）；

G_2——压碎试验后孔径2.36mm筛筛余的试样质量（g）。

压碎指标值越小，表明石子的强度越高。碎石和卵石的压碎指标值应符合表4-11的规定。

碎石和卵石的压碎指标值　　表4-11

项　目	指　标		
	Ⅰ类	Ⅱ类	Ⅲ类
碎石压碎指标值(%)≤	10	20	30
卵石压碎指标值(%)≤	12	14	16

2）含泥量、泥块含量和有害物质含量

粗骨料中粒径小于75μm的尘屑、淤泥等颗粒的含量称为含泥量；原粒径大于4.75mm，经水浸洗、手捏颗粒溃散后小于2.36mm的颗粒含量称为泥块含量。粗骨料中的有害杂质主要有硫化物、硫酸盐及有机物质等。它们对混凝土的危害作用与在细骨料中相同。含泥量、泥块含量和有害物质的含量都不应超出国家标准的规定，其技术要求及含量限值见表4-12。

粗集料的吸水率、含泥量、泥块量和有害物质含量要求　　表 4-12

项　目	指标		
	Ⅰ类	Ⅱ类	Ⅲ类
有机物（用比色法试验）	合格	合格	合格
吸水率（%）≤	1.0	2.0	2.0
硫化物及硫酸盐（按 SO_3 质量计）（%）≤	0.5	1.0	1.0
含泥量（按质量计）（%）≤	0.5	1.0	1.5
泥块含量（按质量计）（%）≤	0	0.2	0.5
针片状颗粒含量（按质量计）（%）≤	5	10	15

C30 与 C30 以上的混凝土，以及有抗冻、抗渗或其他特殊要求的混凝土，所用粗集料中的含泥量及泥块含量应分别不大于 1%（若含泥基本上为非黏土的石粉时，含泥量可放宽到 1.5%、0.50%，即必须使用Ⅰ类或Ⅱ类砂）。

3）碱活性物质

骨料中若含有活性氧化硅、活性硅酸盐或活性碳酸盐类物质，在一定条件下会与水泥凝胶体中的碱性物质发生化学反应，生成一种新的凝胶体物质，其吸水即膨胀，导致混凝土开裂。这种反应称为碱-集料反应（碱-硅酸反应或碱-碳酸反应）。对重要工程的混凝土，用粗集料或可能有碱活性的集料，应进行碱活性检验。当判定为有潜在的碱-集料反应危害时，不宜作混凝土的集料。如必须使用，应以专门的混凝土试验结果做出评定；当判定为有潜在的碱-集料反应时，在限制水泥的总碱含量小于 0.60%，或掺加适量的活性矿物掺合料，或掺加专门的碱-集料反应抑制剂后方可使用。

4）颗粒形状与表面特征

粗骨料的表面特征指表面粗糙程度。卵石的表面光滑，少棱角，空隙率和表面积均较小，拌制混凝土时所需的水泥浆用量较少，混凝土拌合物的和易性较好；但卵石与水泥凝胶体之间的胶结能力较差，界面强度较低，所以难以配制高强度的混凝土。碎石表面粗糙，富有棱角，骨料的空隙率和总表面积较大，且骨料间的摩擦力较大，对混凝土的流动阻滞性较强，因此需包裹骨料表面和填充空隙的水泥浆较多；而碎石界面的粘结力和机械咬合力强，所以适于制备高强度混凝土。在水泥用量和用水量相同的情况下，卵石混凝土的流动性较碎石混凝土的好，卵石混凝土的强度较碎石混凝土的低。

为了形成坚固、稳定的骨架，粗骨料的颗粒形状以其三维尺寸尽量相近为宜，但用岩石破碎生产碎石的过程中往往会产生一定的针状、片状碎片。骨料颗粒的长度大于该颗粒平均粒径的 2.4 倍者为针状颗粒，颗粒的厚度小于平均粒径的 0.4 倍者为片状颗粒。针状、片状集料的比表面积与空隙率较大，且内摩擦力大，受力时易折断，含量高时会显著增加混凝土的用水量、水泥用量及混凝土的干缩与徐变，降低混凝土拌合物的流动性及混凝土的强度与耐久性。针片状颗粒还影响混凝土的铺摊效果和平整度。锤式、反击式、对流式破碎机生产的碎石粒型相对较好。对于粗骨料中针状、片状颗粒含量的规定为：Ⅰ类骨料≤5%，Ⅱ类骨料≤10%，Ⅲ类骨料≤15%。C60 与 C60 以上的高性能混凝土须小于 5%，普通泵送混凝土、自密实混凝土、粗集料中针状、片状颗粒的含量须小于 10%；C30 以下的混凝土须小于 15%。

5）粗集料的最大粒径与颗粒级配

（1）最大粒径。粗集料公称粒径的上限称为该粒级的最大粒径。当骨料粒径增大时，其总表面积随之减小，包裹骨料表面的水泥浆或砂浆的数量也相应减少，可以节约水泥。因此，在满足其他条件要求的前提下，应尽量选用最大粒径较大的粗骨料。但试验研究表明，在普通配合比的结构混凝土中，当粗骨料粒径大于 40mm 后，由于减少用水量而获得的强度提高，被大粒径骨料较少的粘结面积以及其自身的不均匀性所造成的不利影响相抵消，因此并非有利。

骨料的最大粒径还受到结构形式、配筋疏密的限制。根据现行国家标准《混凝土结构工程施工质量验收规范》GB 50204 的规定：粗骨料的最大粒径不得超过结构截面最小尺寸的 1/4，且不得超过钢筋最小净间距的 3/4；对于混凝土实心板，最大粒径不宜超过板厚的 1/3，且不得超过 40mm；而在建筑工程中常采用最大粒径为 80mm 或 40mm 的石子。

骨料的粒径也受到施工条件的限制。石子粒径过大，对运输和搅拌都不方便。对于泵送混凝土，为防止混凝土泵送时管道堵塞，保证泵送的顺利进行，粗骨料的最大粒径与输送管的管径之比应符合表 4-13 的要求。

粗骨料的最大粒径与输送管的管径之比 **表 4-13**

石子品种	泵送高度(m)	粗骨料最大粒径与输送管径比
碎石	＜50	≤1∶3
	50～100	≤1∶4
	＞100	≤1∶5
卵石	＜50	≤1∶2.5
	50～100	≤1∶3
	＞100	≤1∶4

（2）颗粒级配。粗骨料的级配原理与砂的基本相同，级配试验也采用筛分法测定。其方孔筛的筛孔尺寸分别为：2.36mm、4.75mm、9.50mm、16.0mm、19.0mm、26.5mm、31.5mm、37.5mm、53.0mm、63.0mm、75.0mm 和 90.0mm，共 12 种孔径。

石子的颗粒级配可分为连续粒级和间断粒级两种。连续粒级是石子粒径由小到大连续分组，每级石子占一定比例。用连续粒级配制的混凝土拌合物，和易性较好，不易发生离析现象，易于保证混凝土的质量，适于在大型混凝土搅拌站和泵送混凝土中使用，如许多搅拌站选择 5～25mm 连续粒级的石子生产泵送混凝土。间断级配是指粒径不连续，即中间缺少 1～2 级的颗粒，且相邻两级粒径相差较大。间断级配的空隙率最小，有利于节约水泥用量，但由于集料粒径相差较大，使混凝土拌合物易产生离析、分层，造成施工困难。故仅适合配制流动性小的混凝土，或半干硬性及干硬性混凝土，或富混凝土（即水泥用量多的混凝土），且宜在预制厂使用，不宜在工地现场使用。单粒粒级主要由一个粒级组成，空隙率最大，一般不宜单独使用。粗骨料级配或最大粒径不符合要求时，应进行调整。方法是将两种或两种以上最大粒径与级配不同的粗集料按适当比例混合试配，直至符合要求。

现行国家标准《建设用碎石、卵石》GB/T 14685 对碎石和卵石的颗粒级配规定见表 4-14。

碎石和卵石的颗粒级配 **表 4-14**

级配情况	公称粒级(mm)	累计筛余(按质量计)(%) 筛孔尺寸(方孔筛)(mm)											
		2.36	4.75	9.50	16.0	19.0	26.5	31.5	37.5	53.0	63.0	75.0	90.0
连续粒级	5~10	95~100	80~100	0~15	0	—	—	—	—	—	—	—	—
	5~16	95~100	85~100	30~60	0~10	0	—	—	—	—	—	—	—
	5~20	95~100	90~100	40~80	—	0~10	0	—	—	—	—	—	—
	5~25	95~100	90~100	—	30~70	—	0~5	0	—	—	—	—	—
	5~31.5	95~100	90~100	70~90	—	15~45	—	0~5	0	—	—	—	—
	5~40	—	95~100	70~90	—	30~65	—	—	0~5	0	—	—	—
单粒粒级	10~20	—	95~100	85~100	—	0~15	0	—	—	—	—	—	—
	16~31.5	—	95~100	—	85~100	—	—	0~10	0	—	—	—	—
	20~40	—	—	95~100	—	80~100	—	—	0~10	0	—	—	—
	31.5~63	—	—	—	95~100	—	—	75~100	45~75	—	0~10	0	—
	40~80	—	—	—	—	95~100	—	—	70~100	—	30~60	0~10	0

对于道路混凝土，混凝土的抗折强度随最大粒径的增加而减小，因而碎石的最大粒径不宜大于 31.5mm、碎卵石的最大粒径不宜大于 26.5mm、卵石的最大粒径不宜大于 19mm。路面混凝土对粗集料的级配要求高于其他混凝土，这主要是为了增强粗集料的骨架作用和在混凝土中的嵌锁力，减小混凝土的干缩，提高混凝土的耐磨性、抗渗性和抗冻性。而对于水工混凝土，为降低混凝土的温升，粗集料的最大粒径可达 150mm。

6）集料的含水状态

集料的含水状态可分为干燥状态、气干状态、饱和面干状态和湿润状态四种，如图 4-5 所示。集料含水率等于或接近于零时称作干燥状态，通常是在（105±5)℃的温度下烘干而得；集料含水率和大气湿度相平衡时称作气干状态；集料表面干燥而内部空隙含水率达饱和时称作饱和面干状态；集料不仅内部空隙充满水，而且表面还覆有一层表面水时称湿润状态。

分析集料的 4 种状态主要是为了计算混凝土配合比设计中的用水量。如以饱和面干状

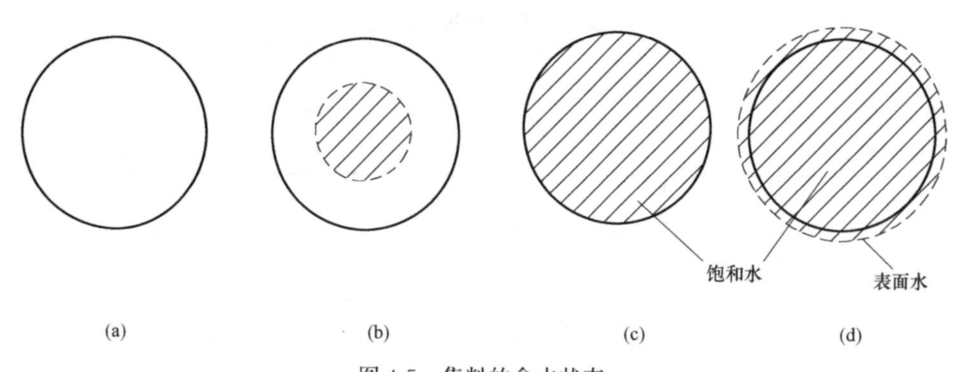

图 4-5　集料的含水状态

(a) 干燥状态；(b) 气干状态；(c) 饱和面干状态；(d) 湿润状态

态为基准，则不会影响混凝土的用水量和集料用量，因为饱和面干的集料既不从混凝土中吸收水分也不向混凝土中释放水分，因此在一些大型的水利工程、道路工程、机场混凝土工程、核电混凝土及大型预拌混凝土搅拌站等领域就常以饱和面干状态下的集料为基准进行混凝土配合比设计和混凝土和易性状态观察和检测，这样混凝土的用水量和集料用量的控制就比较准确。在一般的建筑工程混凝土配合比设计中，也有一些企事业单位的工程技术人员以干燥状态下（a）的集料为基准，如果集料中的含泥量和石粉含量不大，集料的饱和面干状态吸水率不超过 2%，工程实践中，经常需要采用烘干法（热炒法或酒精燃烧法）测定集料的含水率（表面水率＋饱和面干吸水率），以及时调整混凝土配合比中实际集料的用量比例，从而保证混凝土的质量；如果集料中的含泥量和石粉含量较大，集料的饱和面干状态吸水率可能超过 2%，再采用测定集料含水率的办法来设计混凝土配合比、测试新拌混凝土和易性或指导混凝土工程实践，就会有很大的误差，很难控制混凝土的质量。因此，工程实践中，提倡以饱和面干状态下的集料为基准进行混凝土配合比设计和新拌混凝土和易性检测。

工程实践中，需要经常测定湿砂的表面含水量 S_w，S_w＝湿砂表面含水质量/砂饱和面干质量×100%，湿砂表面含水率测定方法：

（1）取湿砂样品 $W_1=500$g。

（2）把锥形瓶装满水，盖好瓶盖，擦去锥形瓶表面水，电子秤称取（锥形瓶＋水）质量 W_2(g)。

（3）把锥形瓶的水倒掉 1/2 左右，把称量好的湿砂样品 500g 倒入锥形瓶中，摇晃并排出气泡后，加水到满瓶，盖上瓶盖，擦去锥形瓶外部的水，电子秤称取（锥形瓶＋水＋湿砂试样）质量 W_3(g)。

（4）计算置换水的质量 $W=W_1+W_2-W_3$。

（5）测试出砂饱和面干密度 D_s，一般在 2.60～2.70 之间。

（6）计算 $W_s=W_1/D_s$。

（7）计算湿砂表面水率 $S_w=(W-W_s)/(W_1-W)\times100\%$，取 2 次结果的平均值，精确到 0.1%。

4. 混凝土拌和与养护用水

混凝土拌和及养护用水应是清洁的水。混凝土拌和及养护用水分为饮用水、地表水、地下水、海水以及经适当处理或处置过的工业废水。水中不得含有过多的有损于混凝土拌合物和易性、凝结、强度、耐久性以及促进钢筋锈蚀及污染混凝土表面的酸类、盐类和其他有害物质。

1）混凝土拌合用水

（1）混凝土拌合用水宜采用饮用水。若采用其他水源，用水水质应符合表 4-15 的规定。

混凝土拌合用水水质要求 JGJ 63　　　表 4-15

项　目	预应力混凝土	钢筋混凝土	素混凝土
pH 值≥	5.0	4.5	4.5
不溶物(mg/L)≤	2000	2000	5000
可溶物(mg/L)≤	2000	5000	10000
氯离子(mg/L)≤	500	1000	3500
硫酸根离子(mg/L)≤	600	2000	2700
碱含量(mg/L)≤	1500	1500	1500

注：1. 对于使用年限为 100 年的混凝土结构，Cl^- 含量不得超过 500mg/L；对使用钢丝或经处理钢筋的预应力混凝土，Cl^- 不得超过 350mg/L。

2. 碱含量按 $Na_2O+0.658K_2O$ 计算值来表示。采用非碱性活性集料时，可不检验碱含量。

（2）地表水、地下水、再生水的放射性应符合现行国家标准《生活饮用水卫生标准》GB 5749 的规定。

（3）当对水质有怀疑时，被检测水样应与饮用水样进行水泥凝结时间对比试验。对比试验的水泥初凝时间差及终凝时间差均不得大于 30min；同时，初凝和终凝时间应符合现行国家标准《通用硅酸盐水泥》GB 175 的规定。

（4）被检测水样应与饮用水样进行水泥胶砂强度对比试验。被检测水样配制的水泥胶砂 3d 和 28d 强度不应低于饮用水配制的水泥胶砂 3d 和 28d 强度的 90%。

（5）混凝土拌合用水不应有明显的漂浮油脂和泡沫，不应有明显的颜色和异味。

（6）混凝土企业设备洗刷水不宜用于预应力混凝土、装饰混凝土、加气混凝土和暴露于腐蚀环境中的混凝土，不得用于使用碱活性或潜在碱活性骨料的混凝土。

（7）未经处理的海水严禁用于钢筋混凝土和预应力混凝土。在无法获得水源的情况下，海水可用于素混凝土，但不宜用于装饰混凝土。

2）混凝土养护用水

（1）混凝土养护用水可不检验不溶物和可溶物，其他检验项目应符合混凝土拌合用水的水质技术要求和放射性技术要求的规定。

（2）混凝土养护用水可不检验水泥凝结时间和水泥胶砂强度。

5. 混凝土化学外加剂

在拌制混凝土过程中掺入的、用以显著改善混凝土性能的化学物质，称为混凝土化学外加剂，简称混凝土外加剂，其掺量一般不大于水泥（或胶凝材料）质量的 5%。在混凝土中掺入不同种类的外加剂，可获得改善混凝土拌合物和易性和硬化后混凝土性能、节省水泥、节约资源和能源、加快施工速度等多种效果。目前，外加剂在现代混凝土工程中的应用越来越普遍，已成为混凝土中除水泥、砂、石和水之外的第五种组成材料。混凝土外加剂的种类很多，按其主要使用功能可分为以下四类：

(1) 改善混凝土拌合物流变性能的外加剂，如各种减水剂、引气剂和泵送剂等。

(2) 调节混凝土凝结时间、硬化速度的外加剂，如缓凝剂、早强剂和速凝剂等。

(3) 改善混凝土耐久性的外加剂，如引气剂、防水剂、阻锈剂等。

(4) 改善混凝土其他性能的外加剂，如加气剂、膨胀剂、防冻剂、着色剂等。

按照外加剂的化学成分可分为三类：无机盐化合物，主要是电解质盐类；有机高分子化合物，主要是表面活性物质，又称作表面活性剂；有机与无机相结合的复合物。

由于外加剂的品种繁多、掺量少，它的质量控制、应用技术、品种选择较之其他工程材料更为重要。

常用的外加剂主要有以下几种。

(1) 减水剂。

减水剂是指在混凝土拌合物坍落度基本相同的条件下，能显著减少拌合用水量的外加剂，又称作塑化剂。按其减水能力及其兼有功能，可分为普通减水剂、高效减水剂、早强减水剂、缓凝减水剂及引气减水剂等。减水剂大多属于表面活性剂。

① 表面活性剂的基本知识。

表面活性剂是指溶于水并定向排列于液体表面或两相界面上，从而显著降低表面张力或界面张力的物质，或能起到湿润、分散、乳化、润滑、起泡等作用的物质。它是由憎水基和亲水基两个基团组成。憎水基指向非极性液体、固体或气体；亲水基指向水，产生定向吸附，形成单分子吸附膜，使液体、固体或气体界面张力显著降低。表面活性剂分子的亲水基的亲水性大于憎水基的憎水性时，称为亲水性的表面活性剂；反之，称为憎水性的表面活性剂。根据表面活性剂的亲水基在水中是否电离，分为离子型表面活性剂与非离子型（分子型）表面活性剂。如果亲水基能电离出正离子，本身带负电荷，称为阴离子型表面活性剂；反之，称为阳离子型表面活性剂。如果亲水基既能电离出正离子又能电离出负离子，则称为两性型表面活性剂。常用混凝土减水剂多为阴离子型表面活性剂，其能提高混凝土拌合物流动性的作用机理主要包括分散作用和湿润与润滑作用这两个方面。

② 减水剂的作用机理与主要经济技术效果。

水泥加水拌和后，由于水泥颗粒及水化产物间的吸附作用，会形成絮凝结构（图 4-6）。这些絮凝结构中包裹着部分拌合水，被包裹着的水没有起到提高流动性的作用。如果能把这部分被包裹着的水释放出来，分散在每个水泥颗粒的周围，则可大大提高水泥浆的流动性；或在流动性不变的情况下，可大大降低拌合用水量，且能提高混凝土的强度，而减水剂就能起到这种作用。

加入减水剂后，减水剂分子的亲水基如-OH、-COOH、$-SO_3H$、$-NH_2$ 指向水，憎水基指向水泥颗粒，定向吸附在水泥颗粒表面，形成单分子吸附膜，起到如下作用：

(a) 降低了水泥颗粒的表面能，因而降低了水泥颗粒的粘连能力，使之易于分散；

(b) 水泥颗粒表面带有同性电荷，产生静电斥力，使水泥颗粒分开，破坏了水泥浆中的絮凝结构，释放出被包裹着的水；

(c) 减水剂的亲水基又吸附了大量极性水分子，增加了水泥颗粒表面溶剂化水膜的厚度，润滑作用增强，使水泥颗粒间易于滑动；

(d) 表面活性剂降低了水的表面张力和水与水泥颗粒间的界面张力，水泥颗粒更易于润湿。上述综合作用起到了在不增加用水量的情况下，提高混凝土拌合物流动性的作用；或在不影响混凝土拌合物流动性的情况下，起到减水作用，见图 4-7。

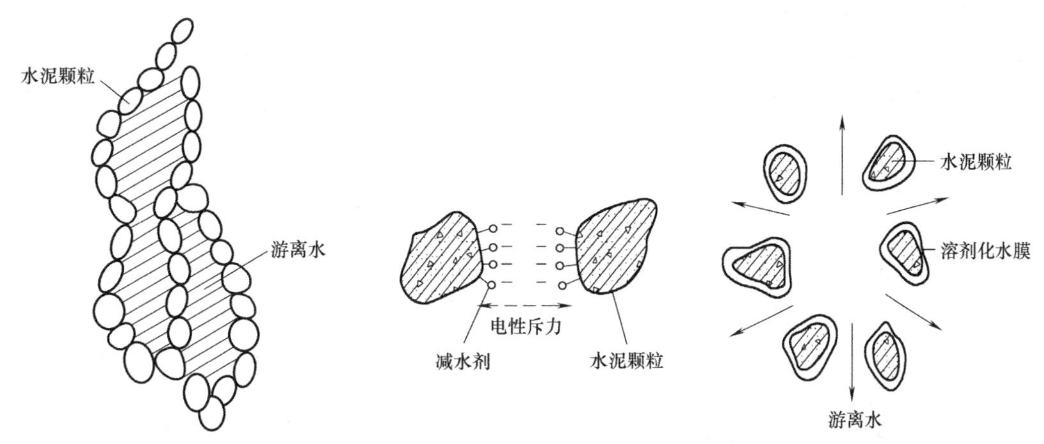

图 4-6　水泥浆的絮状结构示意图　　图 4-7　减水剂的减水机理示意图

根据不同使用条件，混凝土中掺入减水剂后，可获得以下效果：

(a) 用水量不变时，发挥塑化剂功能，可提高混凝土拌合物的流动性，如坍落度可增大 50～150mm。

(b) 在保持混凝土拌合物流动性及水泥用量不变的条件下，可减少用水量 8%～30%，提高混凝土的强度 10%～40%，非缓凝型减水剂还可大大提高混凝土的早期强度，并可提高混凝土的耐久性。

(c) 在保持混凝土拌合物流动性和混凝土强度不变的条件下，可减水 8%～30%，节约水泥 10%～20%。

(d) 减少混凝土拌合物的分层、离析和泌水。

(e) 减缓水泥的水化放热速度和减小混凝土的温升。

(f) 改善混凝土的耐久性。

(2) 减水剂常用品种与效果。

混凝土用减水剂品种很多。按其减水效果及对混凝土性质的作用，分为普通减水剂、高效减水剂、早强减水剂、缓凝减水剂和引气减水剂。按化学成分，分为木质素磺酸盐系、萘磺酸盐系、三聚氰胺树脂系、糖蜜系、聚羧酸盐系、氨基磺酸盐系、脂肪族羟基磺酸盐系等减水剂，其质量应满足现行国家标准《混凝土外加剂》GB 8076 的规定。

① 木质素系减水剂。

木质素系减水剂，包括木质素磺酸钙、木质素磺酸钠和木质素磺酸镁，分别简称木钙(又称 M 剂)、木钠、木镁，其中木质素磺酸钙是主要品种，使用普遍。木钙是由生产纸浆或纤维浆的木质废液经处理而得的一种棕黄色粉末，主要成分为木质素磺酸钙，含量60%以上，属阴离子型表面活性剂。木钙属缓凝引气型减水剂，多以粉剂供应。掺量一般为胶凝材料用量的 0.2%～0.3%。在混凝土拌合物流动性和水泥用量不变的情况下，可减少用水量约 10%，28d 强度约提高 10%～20%，并可以使混凝土的抗冻性、抗渗性等耐久性有明显提高；在用水量不变时，可提高坍落度 50～100mm；在混凝土拌合物流动性和混凝土强度不变时，可节省水泥约 10%；可延缓凝结时间 1～3h；可使混凝土含气量增加1%～3%；对钢筋无锈蚀作用。

木钙成本低，广泛用于一般混凝土工程，特别是有缓凝要求的混凝土（水工大坝、大体积混凝土、夏季施工混凝土、滑模施工混凝土等）；不宜用于低温季节（低于5℃）施工或蒸汽养护。木钙常与早强剂、高效减水剂等复合使用。使用木钙时，应严格控制其掺量，掺量过多缓凝严重，甚至几天也不硬化，且含气量增加，强度下降。生产时如进行改性，即可得到改性木质素减水剂，减水率可达15%以上，属于高效减水剂。木钠减水剂，其在水中的溶解性比木钙要好，可以和萘磺酸盐系减水剂复合搭配使用。

② 萘磺酸盐系减水剂。

萘磺酸盐系减水剂是以工业萘及萘的同系物经硫酸磺化、甲醛缩合而成。主要成分为聚烷基芳基磺酸盐等，属阴离子型表面活性剂。萘系减水剂对水泥的分散、减水、早强、增强作用均优于木钙，属高效减水剂。这类减水剂多为非引气型，且对混凝土凝结时间基本无影响。国内品种较多，常用牌号有FDN、UNF、NF、NNO、MF、建I、JN等。萘系减水剂多以粉剂供应。适宜掺量为胶凝材料用量的0.2%～1.0%，常用掺量为0.5%～0.75%，可减水12%～23%或增大坍落度100～150mm，单独使用时混凝土坍落度损失较快；1～3d强度提高50%左右，28d强度提高20%～40%，抗折、抗拉及后期强度有所提高；抗冻性、抗渗性等耐久性指标也有明显的改善；可节省水泥12%～20%，对钢筋无锈蚀作用。若掺引气型萘系减水剂，混凝土含气量可达3%～6%。

萘系减水剂主要适用于配制高强混凝土、泵送混凝土、大流动性混凝土、自密实混凝土、早强混凝土、冬期施工混凝土、蒸汽养护混凝土及防水混凝土等。依据硫酸钠含量的不同，萘系减水剂常分为高浓产品和低浓产品，一般产品含有5%～20%的硫酸钠，秋冬季采用液体萘系减水剂时容易结晶析出，加强液体外加剂罐体的加热保温及闭路循环搅拌，会大大改善这类问题。

③ 三聚氰胺树脂系减水剂。

三聚氰胺树脂系减水剂，又称密胺树脂系减水剂，是将三聚氰胺与甲醛反应生成三羟甲基三聚氰胺，然后用亚硫酸氢钠磺化而成。主要成分为三聚氰胺甲醛树脂磺酸盐，这类减水剂减水率较高，属非引气型早强高效减水剂。我国生产的产品主要有SM剂，是阴离子型表面活性剂。SM剂的分散、减水、早强、增强效果比萘系减水剂好。SM剂为无色液体，适宜掺量为胶凝材料用量的0.5%～2.0%，可减水20%～27%，1d强度提高60%～100%，3d强度提高50%～70%，7d强度提高30%～70%，28d强度提高30%～60%；抗折、抗拉、弹性模量、抗冻、抗渗等性能均有显著提高，对钢筋无锈蚀作用。

SM产品在混凝土中最大特点是混凝土面层颜色均匀、光亮、几乎没有气孔，是制备清水混凝土的最佳减水剂，也适用于高强混凝土、早强混凝土、大流动性混凝土及耐火混凝土等。

④ 聚羧酸盐系减水剂。

聚羧酸盐系减水剂是以主要原料不饱和酸——丙烯酸、丙烯酸羟乙酯和甲基丙烯酸和聚链烯基物质——聚链烯基醚大单体：异丁烯醇聚氧乙烯醚HPEG、异戊烯醇聚氧乙烯醚TPEG及甲基烯丙醇聚氧乙烯醚VPEG（碳6）等经过化学合成而成，通常合成母液的含固量在40%左右。聚羧酸盐系减水剂多以液体（含固量在10%或20%）供应，为了物流方便目前也有固体或粉体产品。该产品配制的混凝土坍落度经时损失小，可显著提高混凝土的强度。特别适合泵送混凝土、大流动性混凝土、自密实混凝土、高性能混凝土等。

聚羧酸系高性能减水剂分子结构设计是在分子主链或侧链上引入强极性基团羧基、磺酸基、聚氧化乙烯基等，使分子具有梳形结构。见图 4-8。

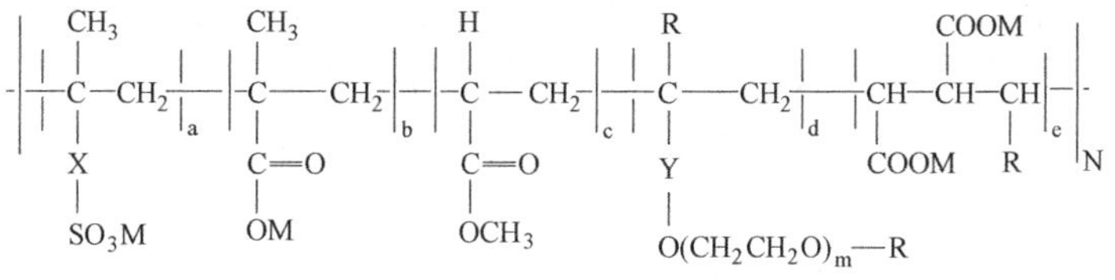

$$-\left[\left[C(CH_3)(X{-}SO_3M)-CH_2\right]_a-\left[C(CH_3)(C{=}O{-}OM)-CH_2\right]_b-\left[CH(C{=}O{-}OCH_3)-CH_2\right]_c-\left[C(R)(Y{-}O(CH_2CH_2O)_m{-}R)-CH_2\right]_d-\left[CH(COOM)-CH(COOM)-CH(R)\right]_e\right]_N-$$

$X=CH_2;CH_2O$

$Y=CH_2;C=O$

$R=H;CH_3;CH_2CH_3$

$M=H;Na$

图 4-8 聚羧酸系高性能减水剂分子结构

聚羧酸系高效减水剂，市售液状产品的固体含量一般为 10%左右，掺量为胶凝材料用量的 1.8%～2.4%。与其他高效减水剂相比，一是其减水率高，一般为 25%～35%，最高可达 40%，增强效果显著，并有效地提高混凝土的抗渗性、抗冻性；二是具有很强的保塑性，能有效地控制混凝土拌合物的坍落度经时损失；三是具有一定的减缩功能，能减小混凝土因干缩而带来的开裂风险。由于该类减水剂含有许多羟基（—OH）、醚基（—O—）和羧基（—COO－）等亲水性基团，故具有一定的液-气界面活性作用。因此聚羧酸系减水剂具有一定的缓凝性和引气性，并且气孔尺寸大，使用时需加入消泡剂。

聚羧酸减水剂在混凝土中的表现也存在一些问题：高温环境下保坍性不足；温度敏感性强，同种聚羧酸减水剂在不同季节施工，混凝土保坍性相差甚远；黏度高，在高掺和材低水胶比混凝土配制中，混凝土黏度高，不利于施工；对砂石集料的含泥量和吸水率敏感性强。对机制砂的颗粒形貌适应性较差，外加剂含固量高时，对水用量敏感影响施工。

⑤ 糖蜜系减水剂。

糖蜜，是制糖工业生产过程中提炼食糖后剩下的残液，经石灰中和处理调制成的一种粉状产品称为糖钙，其主要成分为糖钙、蔗糖钙，是非离子型表面活性剂。糖蜜系减水剂属缓凝型减水剂，适宜掺量为 0.1%～0.3%，减水率 6%～10%，提高坍落度约 50mm，28d 强度提高 10%～20%，抗冻性、抗渗性等耐久性有所提高，节省水泥 10%，凝结时间延缓 3h 以上，对钢筋无锈蚀作用。

糖蜜系减水剂常用做缓凝剂，主要用于大体积混凝土、夏季施工混凝土、水工混凝土等。当用于其他混凝土时，常与早强剂、高效减水剂等复合作用。糖蜜系减水剂使用时，应严格控制其掺量，掺量过多，缓凝严重，甚至多天也不硬化。

⑥ 氨基磺酸盐系减水剂。

氨基磺酸盐系减水剂为氨基磺酸盐甲醛缩合物，一般以对氨基苯磺酸钠、苯酚、甲醛为原料，以水为介质，在加热条件下缩合反应而成。主要反应过程有：酚的羟甲基化、碱性条件下的缩合反应和碱性条件下的分子重排反应。该类减水剂以芳香族氨基磺酸盐甲醛缩合物为主。氨基磺酸盐系减水剂以固含量为 30%～35%的液状产品为主，该类减水剂的主要特点是 Cl^- 含量低以及 Na_2SO_4 含量低。

氨基磺酸盐系减水剂在水泥颗粒表面呈环状、引线状和齿轮状吸附，能显著降低水泥颗粒表面的ζ负电位，因此其分散减水作用机理仍以静电斥力为主，并具有较强的空间位阻斥力作用及水化膜润滑作用。同时，由于具有强亲水性羟基（—OH），能使水泥颗粒表面形成较厚的水化膜，故具有较强的水化膜润滑分散减水作用。所以，氨基磺酸盐系减水剂对水泥颗粒的分散效果更强，对水泥的适应性明显提高，不但减水率高，而且保塑性好。氨基磺酸盐系减水剂无引气作用，由于分子结构中具有羟基（—OH），故具有轻微的缓凝作用。

氨基磺酸盐系高效减水剂的掺量一般为胶凝材料用量的 0.2%～1.0%，最佳掺量为 0.5%～0.75%。在此掺量下，对流动性混凝土的减水率为 28%～32%；对塑性混凝土的减水率为 17%～23%，具有显著的早强和增强作用，其早期强度比掺萘系及三聚氰胺系的混凝土早期强度增长更快。在初始流动性相同的条件下，混凝土坍落度经时损失明显低于掺萘系及三聚氰胺系减水剂的混凝土，其对混凝土保坍的效果完全可以和聚羧酸外加剂相媲美。但是，合成氨基磺酸盐减水剂的成本较高，与其他高效减水剂相比性价比不占优势。当其掺量过大时，混凝土更易泌水。生产实践中，氨基磺酸盐减水剂可以和萘系减水剂、脂肪族减水剂等复配后使用，效果良好。

⑦ 脂肪族羟基磺酸盐减水剂。

该类减水剂主要原料为丙酮、亚硫酸钠或亚硫酸氢钠，它们之间按一定的摩尔比混合，在碱性条件下进行磺化引入亲水性磺酸基团，然后在碱性条件下与甲醛缩合，最后通过甲醛缩合反应而成。合成的母液通常为含固量在 30%～35%的血红色液体，该类减水剂的减水分散作用以静电斥力为主，掺量通常为胶凝材料用量的 1.2%～2%，减水率可达 15%～20%，属早强型非引气减水剂。有一定的坍落度经时损失，可以和萘系减水剂复配，尤其适用于混凝土管桩的生产。

⑧ 复合型减水剂。

单一品种的减水剂往往很难满足不同工程性质和不同施工条件的要求，因而减水剂生产中往往复合各种其他外加剂，组成早强减水剂、缓凝减水剂、引气减水剂、缓凝引气减水剂等。随着工程建设和混凝土技术进步的需要，各种新型多功能复合减水剂正在不断研制生产中，如 1～3h 内无坍落度损失的保塑高效减水剂等。减水剂之间也可以复配，主要有：常规型聚羧酸盐与保坍型聚羧酸盐减水剂的复配、氨基磺酸系减水剂与萘系减水剂复配、萘系与脂肪族减水剂复配、萘磺酸甲醛缩合物与木钠减水剂等复配等，聚羧酸系减水剂为酸性减水剂，一般不得和碱性减水剂复配。

采用输送泵施工的混凝土称为泵送混凝土，泵送剂是指能改善混凝土拌合物泵送性能的外加剂，通常由减水剂、缓凝剂、引气剂等复合而成，有粉体和液体之分，粉体掺量一般为胶凝材料用量的 0.3%～1.0%，液体掺量一般为胶凝材料用量的 1.2%～2.4%。随着混凝土生产的机械化、自动化和自动计量的需要，液体泵送剂已经成为主流产品。

泵送剂除可使混凝土拌合物的流动性显著增大外，还能减少泌水和水泥浆的离析现象，提高黏聚性，使混凝土的和易性能良好，并可延缓水泥的凝结，这些都对混凝土的泵送十分有利。而且，硬化后的混凝土能有足够的强度和满足多项物理力学性能要求。

泵送剂可用于各类建筑物、构筑物、市政工程及其他工程中泵送施工的混凝土，特别适用于高层建筑和大体积混凝土，也适用于水下灌注桩的混凝土。泵送剂在预拌（商品）

混凝土中使用量最大，也是工程实践中应用量最大的外加剂品种。

（3）减水剂的适应性与掺加方法

① 减水剂的适应性。

同一种减水剂用于不同品种水泥或不同生产厂的水泥时，其减水或保塑效果可能相差很大，即减水剂对水泥有一定的适应性，因而应根据所用水泥品种，通过试验来确定减水剂的品种。当然，也可以通过调整混凝土外加剂的配方和掺量，以提高外加剂对水泥的适应性。随着原材料优质砂石资源的短缺，混凝土外加剂对砂石特别是砂的适应性问题突显，砂子的含泥量、粒型、石粉量和吸水量，都对混凝土外加剂的性能要求提出了严峻的考验。当然，这在一定程度上也促进了混凝土外加剂产业的不断进步和创新。提高减水剂对水泥和砂石原材料的适应性，可以采取多重手段：减水剂与减水剂、保坍剂之间的复配；缓凝剂品种、掺量的选择；引气剂的选择和掺量；保水剂和消泡剂的选择和掺量；降粘剂的选择和掺量等。

② 减水剂的掺加方法。

减水剂的掺加方法不同，对其在混凝土中的效果影响很大。

一般的掺用方法是将减水剂预先溶于水中，配制成一定浓度的水溶液，搅拌混凝土时与拌合水同时加入（溶液中的水量必须从混凝土拌合水中扣除），或将粉状减水剂与水泥、砂、石、水等同时加入搅拌机进行搅拌。此法的优点是搅拌程序较简单。但随时间的延续，混凝土拌合物的坍落度下降较大，即坍落度损失较大。

采用后掺法时，减水剂的效果将有很大的提高。后掺法是在搅拌混凝土时，先不加入减水剂，而是在混凝土拌和一段时间后再加入外加剂，或在混凝土拌和完之后加入（如在运输过程中或在浇筑地点），并进行二次搅拌。此法的优点是混凝土拌合物的坍落度损失小，可避免在运输过程中产生分层和离析，并能提高减水剂的效果和对水泥的适应性，减少减水剂用量。缺点是需要进行二次搅拌，效率低。

根据减水剂品种的不同，当减水剂掺量过多时，可能会给混凝土拌合物带来泌水、扒底、离析或黏度增大、缓凝、引气等现象，高效减水剂还可能使混凝土拌合物产生假凝现象，使用时应注意。

（4）早强剂

早强剂是指能促进水泥凝结，提高混凝土早期强度，并对后期强度无显著影响的外加剂。只起促凝作用的称为促凝剂。早强剂的品种主要有无机类、有机类和复合型三大类，并以无机类早强剂的应用最为普遍。无机类早强剂又可分为两种：氯化钙、氯化钠等的氯盐类，硫酸钠、硫代硫酸钠、硫酸钙、硫酸铝、硫酸钾铝等的硫酸盐类；有机类早强剂主要有三乙醇胺，三异丙醇胺、甲酸盐、乙酸盐等；复合型早强剂是将三乙醇胺与氯化钙、氯化钠、硫酸钠、亚硝酸钠、石膏等复配而组成，效果大大改善。工程中也常采用由早强剂与减水剂复合而成的早强减水剂。

① 氯盐。

氯盐系早强剂主要有氯化钙（$CaCl_2$）和氯化钠（NaCl），其中氯化钙是使用最早、应用最为广泛的一种早强剂。氯盐的早期作用主要是通过生成水化氯铝酸钙（$3CaO \cdot Al_2O_3 \cdot 3CaCl_2 \cdot 32H_2O$、$3CaO \cdot Al_2O_3 \cdot CaCl_2 \cdot 10H_2O$）以及氧氯化钙［$CaCl_2 \cdot 3Ca(OH)_2 \cdot 12H_2O$ 和 $CaCl_2 \cdot Ca(OH)_2 \cdot H_2O$］实现早强的。氯化钙除具有促凝、早强作

用外，还具有降低冰点的作用。因其含有氯离子（Cl^-），会加速钢筋锈蚀，故掺量必须严格控制。掺量一般为胶凝材料用量的1%～2%，可使1d强度提高70%～140%，3d强度提高40%～70%，对后期强度影响较小，且可提高防冻性，但增大干缩，降低抗冻性。

氯化钠的掺量、作用及应用同氯化钙基本相似，但作用效果稍差，且后期强度会有一定降低。现行国家标准《混凝土外加剂应用技术规范》GB 50119及《混凝土结构工程施工质量验收规范》GB 50204规定，在无筋混凝土中，氯盐掺量不得大于3.0%；在钢筋混凝土中，氯盐掺量不得大于1.0%；在预应力混凝土中，不允许掺入氯盐，而且由其他原料带入的氯盐总量不应高于水泥质量的0.1%；在潮湿环境下的混凝土中，不应高于水泥质量的0.25%，以上氯盐均以无水氯化钙计。经常处于潮湿或水位变化区的混凝土、遭受侵蚀介质作用的混凝土、集料具有碱活性的混凝土、薄壁结构混凝土、大体积混凝土、预应力混凝土、装饰混凝土、使用冷拉或冷拔低碳钢丝的混凝土结构中，不允许掺入氯盐早强剂。为防止氯化钙对钢筋的锈蚀作用，常与阻锈剂复合使用。

氯盐早强剂主要适用于冬期施工混凝土、早强混凝土，不适用于蒸汽养护混凝土。

② 硫酸钠。

硫酸钠（Na_2SO_4），通常使用无水硫酸钠，又称元明粉，是硫酸盐系早强剂之一，是应用较多的一种早强剂。硫酸钠的早强作用是通过生成二水石膏，进而生成水化硫铝酸钙实现的。掺量一般为0.5%～2.0%，可使3d强度提高20%～40%，28d后的强度基本无差别，抗冻性及抗渗性有所提高，对钢筋无锈蚀作用。当集料为碱活性集料时，不能掺加硫酸钠，以防止碱-集料反应。现行国家标准《混凝土外加剂应用技术规范》GB 50119中规定，预应力混凝土硫酸钠掺量不应大于1%；潮湿环境下的钢筋混凝土硫酸钠掺量不应大于1.5%；同时还规定，硫酸钠强电解质无机盐早强剂还不得用于下列结构：与镀锌钢材或铝铁相接触部位的结构及有外露钢筋预埋铁件而无防护措施的结构；使用直流电源的工厂及使用电气化运输设施的钢筋混凝土结构；含有活性骨料的结构。其次，由于掺入的Na^+不能与水化生成物结合而留在液相中，在混凝土凝结硬化后这些钠盐晶体要在混凝土表面析出，即盐析，从而在建筑物表面留下白色污染，影响美观。

硫酸钠的应用范围较氯盐系早强剂更广。硫酸钠对混凝土特别是低温下硬化的混凝土早强作用显著，因此我国的早强剂、早强减水剂、早强高效减水剂和防冻剂中几乎都含有硫酸钠。

③ 三乙醇胺。

三乙醇胺（TEA）为无色或淡黄色油状液体，通常含量为85%，无毒，呈碱性，属非离子型表面活性剂。三乙醇胺的早强作用机理与前两种早强剂不同，它不参与水化反应，不改变水泥的水化产物，能降低水溶液的表面张力，使水泥颗粒更易于润湿，且可增加水泥的分散程度，因而加快了水泥的水化速度，对水泥的水化起到催化作用。三乙醇胺是一种较好的络合剂，在水泥水化的碱性溶液中能与铁和铝等离子形成比较稳定的络离子，这种络离子与水泥的水化物作用生成溶解度很小的络盐，因此三乙醇胺对水泥水化有较好的催化作用。同时，随着水泥浆中固相比例的增加，有利于早期骨架的形成，使混凝土的早期强度提高。三乙醇胺掺量一般为胶凝材料用量的0.02%～0.05%，可使3d强度提高20%～40%，对后期强度影响较小，抗冻、抗渗等性能有所提高，对钢筋无锈蚀作用，但会增大干缩。

通常，高效减水剂能在不同程度上提高混凝土的早期强度。若将早强剂与减水剂复合使用，既可提高早期强度，又可使后期强度增长，并可改善混凝土的施工性质。因此，早强剂与减水剂的复合使用，特别是无氯盐早强剂与减水剂的复合早强减水剂发展迅速。如硫酸钠与木钙、糖钙及高效减水剂等的复合早强减水剂已广泛得到应用。早强剂或早强减水剂掺量过多，会使混凝土表面起霜，后期强度和耐久性降低，并对钢筋的保护有不利作用。

早强剂及早强减水剂适用于蒸养混凝土，或在常温、低温和最低温度不低于－5℃环境中施工的有早强要求的混凝土工程及抢修工程。炎热环境条件下不宜使用早强剂、早强减水剂。

（5）引气剂

在混凝土搅拌过程中，能引入大量均匀分布的微小气泡（直径为 20～1000μm），以减少混凝土拌合物泌水、离析，改善和易性，并能显著提高硬化混凝土抗冻融耐久性的外加剂，称为引气剂。引气剂属憎水性表面活性剂。

引气剂的作用机理是：由于它的表面活性，能定向吸附在水-气界面上，且显著降低水的表面张力，使水溶液易形成众多新的表面（即水在搅拌下易产生气泡）；同时，引气剂分子定向排列在气泡上，形成单分子吸附膜，使液膜坚固而不易破裂；此外，水泥中的微细颗粒以及氢氧化钙与引气剂反应生成的钙皂，被吸附在气泡膜壁上，使气泡的稳定性进一步提高。

混凝土拌合物中，气泡的存在增加了水泥浆的体积，相当于增加了水泥浆量；同时，形成的封闭、球形气泡有“滚珠轴承”的润滑作用，可提高混凝土拌合物的流动性，或可减水 5%左右。在硬化后混凝土中，这些微小气泡“切断”了毛细管渗水通路，提高了混凝土的抗渗性，降低了混凝土的水饱和度；同时，这些大量的未充水的微小气泡能够在结冰时让尚未结冰的多余水进入其中，从而起到缓解膨胀压力、提高抗冻性的作用。在同样含气量下，气泡直径越小，则气泡数量越多，气泡间距系数（混凝土或水泥浆体中相邻气泡之间的平均距离）越小，水迁移的距离越短，对抗冻性的改善越好。由于气泡的弹性变形，使混凝土弹性模量有所降低。气泡的存在减少了混凝土承载面积，使强度下降。如保持混凝土拌合物流动性不变，由于减水，可补偿一部分由于承载面积减少而产生的强度损失。质量优良的引气剂对混凝土强度影响不大。

引气剂品种有：松香树脂类，如松香热聚物、松香皂类等；烷基和烷基芳烃磺酸盐类，如十二烷基磺酸盐、烷基苯磺酸盐、烷基苯酚聚氧乙烯醚等；脂肪醇磺酸盐类，如脂肪醇聚氧乙烯醚、脂肪醇聚氧乙烯磺酸钠、脂肪醇硫酸钠等；皂苷类，如三萜皂甙；其他，如蛋白质盐、石油磺酸盐等。但最常用引气剂品种为松香热聚物、松香皂、皂甙类（三萜皂甙）、α-烯基磺酸钠 AOS 及十二烷基苯磺酸钠（K12）。引气剂掺量很少，通常为胶凝材料用量的 0.5/10000～2/10000（混凝土泵送剂中的掺量为 1kg/t 左右），可使混凝土的含气量达到 3%～6%，并可显著改善混凝土拌合物的黏聚性和保水性，减水率 5%～10%，提高抗冻性 1～6 倍以上，抗渗性明显提高。当混凝土中掺加粉煤灰时，由于其中含有漂珠及碳粒，引气剂的掺量会成倍增加；拌合物坍落度较小或黏度较大时，引气剂的掺量也会成倍增加。

使用引气剂时，混凝土含气量控制在 4%～6%为宜。含气量太小时，对混凝土耐久性改善不大；含气量太大时，使混凝土强度下降过多，故应严格控制引气剂的掺量和混凝土的含气量，一般混凝土含气量每增加1%，其抗压强度将下降4%～6%，抗折强度将下降2%～3%。因此，引气剂的掺量必须适当。混凝土含气量须满足现行国家标准《混凝土外加剂应用技术规范》GB 50119的规定，见表4-16。此外，引气剂不得与含钙离子的其他外加剂共同配制溶液，而应分别配制溶液并分别加入搅拌机，以免相互反应产生沉淀或絮凝现象，影响引气效果。掺引气剂的混凝土，出料到浇筑的停放时间不宜过长。当采用插入式振捣棒振捣时，振捣时间不宜超过20s。

混凝土最小含气量限值（体积含气量）　　表4-16

粗骨料最大公称粒径(mm)	混凝土最小含气量(%)	
	潮湿或水位变动的寒冷和严寒环境	盐冻环境
40.0	4.5	5.0
25.0	5.0	5.5
20.0	5.5	6.0

引气剂及引气型减水剂适宜于配制抗冻混凝土、泵送混凝土、防水混凝土、港口混凝土、水工混凝土、道路混凝土、轻集料混凝土、泌水严重的混凝土以及腐蚀环境与盐结晶环境下使用的混凝土，但不宜用于蒸汽养护混凝土和预应力混凝土结构。

（6）缓凝剂

能延缓混凝土凝结时间，并对混凝土后期强度发展无不利影响的外加剂，称为缓凝剂。高温季节施工的混凝土、泵送混凝土、滑模施工混凝土及远距离运输的商品预拌混凝土，为保持混凝土拌合物具有良好的和易性，要求延缓混凝土的凝结时间；大体积混凝土工程需延长放热时间，以减少混凝土结构内部的温度裂缝；分层浇筑的混凝土，为消除冷接缝，常需在混凝土中掺入缓凝剂。

缓凝剂的品种繁多，常采用木钙、糖蜜（钙）、柠檬酸、柠檬酸钠、葡萄糖酸钠、葡萄糖酸及白糖等。它们能吸附在水泥颗粒表面，并在水泥颗粒表面形成一层较厚的溶剂化水膜，因而起到缓凝作用。特别是含糖分较多的缓凝剂，糖分的亲水性很强，溶剂化水膜厚，缓凝性更强，故糖钙及白糖缓凝效果更好。

缓凝剂掺量一般为胶凝材料用量的0.01%（冬季）～0.03%（糖类，夏季）～0.08%（葡萄糖酸钠，夏季），可缓凝1～10h。根据需要调节缓凝剂的掺量，可使缓凝时间达24h，甚至36h、78h。掺加缓凝剂后可降低水泥水化初期的水化放热；此外，少量的缓凝剂还具有增强后期强度的作用。糖类缓凝剂掺量过多或搅拌不均时，会使混凝土或局部混凝土长时间不凝而报废。但葡萄糖酸钠缓凝剂超量不是很大时，经过延长养护时间之后，混凝土强度仍可继续发展。掺加柠檬酸类缓凝剂，会使混凝土泵送剂的酸性提高，容易腐蚀铁类管道和储罐，故宜谨慎使用。

缓凝剂适宜于配制大体积混凝土、水工混凝土、夏季施工混凝土、远距离运输的混凝土拌合物及夏季滑模施工混凝土。

（7）速凝剂

速凝剂是一种使砂浆或混凝土迅速凝结硬化的化学外加剂。速凝剂与水泥加水拌和后立即反应，使水泥中的石膏丧失其缓凝作用，使C_3A迅速水化，产生快速凝结。速凝剂分为粉剂和液态两种：①粉状速凝剂是以铝酸盐、碳酸盐等为主要成分的无机盐混合物；②液状速凝剂是以铝酸盐、水玻璃等为主要成分，并与其他无机盐复合而成的复合物。

速凝剂的作用机理：速凝剂加入混凝土后，其主要成分中的铝酸钠、碳酸钠在碱性溶液中迅速与水泥中的石膏反应形成硫酸钠和碳酸钙，使石膏丧失其原有的缓凝作用，从而导致铝酸钙矿物迅速水化，并在溶液中析出其水化产物晶体。同时，速凝剂中的铝氧熟料、石灰、硫酸钙等组分又为形成溶解度很小的水化硫铝酸钙、次生石膏晶体提供有效组分。上述作用都能导致水泥混凝土的迅速凝结。

掺入速凝剂后，混凝土由于水化初期形成了疏松的铝酸盐结构，水泥中主要矿物成分的进一步水化受到一定的阻碍，使水泥凝胶体的内部结构不够密实，因此会导致混凝土后期强度的降低和抗渗性能变差。常用粉体速凝剂的组成、掺量和效果见表 4-17。

常用粉体速凝剂的组成、掺量和效果　　表 4-17

组成和配比	铝氧熟料：碳酸钠：生石灰=1：1：0.5	铝氧熟料：无水石膏=3：1	钒泥：铝氧熟料：生石灰=74.5：14.5：11
适宜掺量(c×%)	2.5～4.0	2.5～5.0	5.0～8.0
初凝(min)≤	5		
终凝(min)≤	10		
混凝土强度	1h 产生强度，1d 强度提高 2～3 倍，28d 强度损失 15%～40%		

速凝剂可用于采用喷射法施工的喷射混凝土，亦可用于其他需要速凝的混凝土。速凝剂适宜掺量一般为水泥用量的 2.0%～6.0%，可在 3min 内初凝，10min 内终凝，1h 产生强度，但 28d 强度较不掺时下降 15%～40%，对钢筋无锈蚀作用。速凝剂主要用于喷射混凝土、堵漏等。

(8) 防冻剂

防冻剂是能使混凝土在负温下硬化，并在规定养护条件下达到预期性能的外加剂。在我国北方，为防止混凝土早期受冻，冬期施工（日平均气温低于 5℃）常掺加防冻剂。防冻剂能降低水的冰点，使水泥在负温下仍能继续水化，提高混凝土早期强度，以抵抗水结冰产生的膨胀压力，起到防冻作用。

常用防冻剂有亚硝酸钠、亚硝酸钙、硝酸钙、硝酸钠、氯化钙、氯化钠、氯化铵、碳酸钾、乙二醇、甲酸钙、乙酸钙、尿素等。亚硝酸钠和亚硝酸钙的适宜掺量为水泥用量的 1.0%～8.0%，具有降低冰点、阻锈、早强作用。氯化钙和氯化钠的适宜掺量为水泥用量的 0.5%～1.0%，具有早强、降低冰点的作用，但对钢筋有锈蚀作用。含亚硝酸盐和碳酸盐的防冻剂严禁用于预应力混凝土工程和民用饮水混凝土工程，铵盐、尿素严禁用于办公、居住等室内建筑工程。

为提高防冻剂的防冻效果，防冻剂多与减水剂、早强剂及引气剂等复合，使其具有更好的防冻性。目前，工程上使用的都是复合型防冻剂，是由防冻组分、减水组分、引气组分和早强组分复合而成。防冻组分可分为三类：①氯盐类，如氯化钙、氯化钠等；②氯盐阻锈类，是氯盐与阻锈剂复合，阻锈剂有亚硝酸钠、亚硝酸钙、磷酸盐等；③无氯盐类，如硝酸盐、亚硝酸盐、碳酸盐、尿素、乙酸盐等。防冻剂中的减水、引气、早强组分，则分别采用前面所述的各类减水剂、引气剂、早强剂。

防冻剂中的各组分对混凝土起到不同的作用：

① 防冻组分可改变混凝土中液相浓度，降低冰点，保证混凝土在规定的负温条件下有较多的液相存在，使水泥仍能继续水化。

② 减水组分可减少混凝土的拌合用水量，从而减少混凝土中的成冰量，并使冰晶粒度细小而均匀分散，减小对混凝土的破坏应力。

③ 引气组分可引入一定量的微小封闭气泡，减缓冻胀应力。

④ 早强组分能提高混凝土的早期强度，增强混凝土抵抗冰冻破坏的能力。

（9）膨胀剂

膨胀剂是指其在混凝土拌制过程中与硅酸盐类水泥、水拌和后经水化反应生成钙矾石或氢氧化钙（镁）等，使混凝土产生膨胀的外加剂。分为硫铝酸钙类、氧化钙类、硫铝酸钙-氧化钙类。

硫铝酸钙类膨胀剂加入水泥混凝土后，其自身组成中的无水硫铝酸钙水化，或参与水泥矿物的水化，或与水泥水化产物反应，生成三硫型水化硫铝酸钙（钙矾石）晶体，使固相体积增加很多，从而引起表观体积的膨胀。氧化钙类膨胀剂的膨胀作用主要是由氧化钙晶体水化生成氢氧化钙晶体，从而导致体积的增大。

普通混凝土掺入膨胀剂后，产生适度膨胀，则可以补偿水泥在水化过程中的收缩，以及早期水化热引起的温差收缩，避免产生收缩裂缝。同时，使混凝土内部组织更加密实、完好，提高其抗渗性。膨胀剂最适用于环境温差变化较小的工程，主要用于配制补偿收缩混凝土、结构自防水混凝土等。此外，膨胀剂也可用于混凝土拆除工程，使混凝土因膨胀而破裂，便于拆除。膨胀剂常用品种为U型（硫铝酸钙型），目前还有低碱型U型膨胀剂和低掺量的高效U型膨胀剂。膨胀剂的掺量（内掺，即等量替代水泥）为10%～14%（低掺量的高效膨胀剂掺量为6%～10%），可使混凝土产生一定的膨胀，抗渗性提高2～3倍，或自应力值达0.2～0.6MPa，且对钢筋无锈蚀作用，并使抗裂性大幅度提高。掺加膨胀剂的混凝土水胶比不宜大于0.50，施工后应在终凝前进行多次抹压，并采取保湿保温措施；终凝后需立即浇水养护，并保证混凝土始终处于潮湿状态或处于水中，养护龄期必须大于14d。养护不当，会使混凝土产生大量的裂纹。

膨胀剂主要适用于长期处于水中、地下或潮湿环境中有防水要求的混凝土、补偿收缩混凝土、接缝、地脚螺丝灌浆料、自应力混凝土等，使用时需配筋。硫铝酸钙型、硫铝酸钙-氧化钙复合型不得用于长期处于80℃以上的工程，氧化钙型不得用于海水或有侵蚀性介质作用的工程。

（10）防水剂

防水剂是指能降低砂浆或混凝土在静水压力下的透水性的外加剂。

混凝土是一种非均质材料，体内分布着大小不同的孔隙（凝胶孔、毛细孔和大孔）。防水剂的主要作用是要减少混凝土内部的孔隙，提高密实度或改变孔隙特征以及堵塞渗水通路，以提高混凝土的抗渗性。常用的防水剂有四类：①无机化合物类，如氯化铁、硅灰粉末、锆化合物等；②有机化合物类，如脂肪酸及其盐类、有机硅表面活性剂（甲基硅醇钠、乙基硅醇钠、聚乙基羟基硅氧烷）、石蜡、地沥青、橡胶及水溶性树脂乳液等；③混合物类，如无机类混合物、有机类混合物、无机类与有机类混合物等；④复合类，为上述各类防水剂与引气剂、减水剂、缓凝剂等外加剂复合的复合型防水剂。工程实践中，常采用引气剂、引气减水剂、膨胀剂、氯化铁、氯化铝、三乙醇胺、硬脂酸钠、甲基硅醇钠、乙基硅醇钠等外加剂作为防水剂。工程中使用的多为复合防水剂，除上述成分外有时还掺入少量高活性的矿物材料，如硅灰。

防水剂的品种众多，防水的作用机理也不一样。

① 无机化合物类中的氯盐类能促进水泥的水化和硬化，在早期具有较好的防水效果，特别是在要求早期必须具有防水性的情况下，可以用它作防水剂。但因为氯盐类会使钢筋锈蚀，混凝土收缩率增大，后期防水效果不好。

② 有机化合物类的防水剂主要是一些憎水性表面活性剂，其防水性能较好。

③ 防水剂与引气剂组成的复合防水剂中，由于引气剂能引入大量封闭的微细气泡，隔断混凝土中的毛细管通道，减少渗水通路，并减少泌水和骨料的沉降，从而提高了混凝土的防水性。防水剂与减水剂组成的复合防水剂中，由于减水剂的减水作用和改善混凝土的和易性，使混凝土更加致密，从而能达到更好的防水效果。

④ 水泥基渗透结晶型防水材料，是以硅酸盐水泥或普通硅酸水泥、精细石英砂或硅砂等为基材，掺入活性化学物质（催化剂）及其他辅料组成的渗透型防水材料。其防水机理是通过混凝土中的毛细孔隙或微裂纹，在水存在的条件下逐步渗入混凝土的内部，并与水泥水化产物反应生成结晶物而使混凝土致密。产品分为防水剂（A 型）和防水涂料（C 型），使用时直接掺入（A 型）到水泥混凝土中或加水调制成浆体涂刷（C 型）于水泥混凝土的表面或干撒（C 型）在刚刚成型后的水泥混凝土表面进行抹压（可洒适量水，使防水材料被润湿）。A 型掺量为 5%～10%，C 型涂刷量（干撒量）为 1.0～1.5kg/m^2。水泥基渗透结晶型防水材料的防水效果好，并可使表层混凝土的强度提高 20%～30%。水泥基渗透结晶型防水材料在初凝后必须进行喷雾养护，以使其能充分渗入到混凝土内部。

防水剂主要用于有抗渗要求的建筑物屋面和地下室、隧道、矿井巷道、给水排水池、水泵站等混凝土工程中，但含有氯盐的防水剂不得用于预应力混凝土。此外，还有防水堵漏材料，它可以使水泥砂浆和混凝土在 2～10min 内初凝，15min 内终凝，主要用于有水渗流部位的防水处理，其质量应满足现行国家标准《无机防水堵漏材料》GB 23440 的要求。

(11) 水下不分散混凝土絮凝剂

水下不分散混凝土絮凝剂是由水溶性高分子聚合物、表面活性物质等复合而成的混凝土外加剂，又称水中抗分离剂。它能有效减少集料与水泥浆的分离，防止水泥被水冲走，保证混凝土拌合物在水中浇筑后仍有足够的水泥和砂浆，从而保证水下浇筑混凝土的强度及其他性能。其主要成分有纤维素醚、丙烯酰胺、丙烯酸钠、聚乙烯醇、聚氧化乙烯等。粉体，常用掺量为胶凝材料用量的 2.0%～3.5%。

适用于各种水下浇筑的混凝土工程；絮凝剂可用于沉井封底、围堰、沉箱、抛石灌浆、水下连续墙浇筑、水下基础的找平、填充，RC 板等水下大面积无施工缝工程，大口径灌注桩、码头、大坝，水库修补，排水口防水冲击补强底板、水下承台、海堤护岸、护坡，封桩堵漏以及普通混凝土较难施工的水下工程。

(12) 阻锈剂

阻锈剂是指能抑制或减轻混凝土中钢筋锈蚀的外加剂。阻锈剂较环氧涂层钢筋保护法、阴极保护法等成本低、施工方便、效果明显。阻锈剂分为阳极型、阴极型和复合型。

阳极型为含氧化性离子的盐类，起到增加钝化膜的作用，主要有亚硝酸钠、亚硝酸钙、铬酸钾、氯化亚锡、苯甲酸钠；阴极型大多数是表面活性物质，在钢筋表面形成吸附膜，起到减缓或阻止电化学反应的作用，主要有氨基醇类、羧酸盐类、磷酸酯等。某些可在阴极生成难溶于水的物质也能起到阻锈作用，如氟铝酸钠、氟硅酸钠等。阴极型的掺量大，效果不如阳极型的好。复合型对阳极和阴极均有保护作用。

工程上主要使用亚硝酸钙，适宜掺量为胶凝材料用量的1%～8%；亚硝酸钠严禁用于预应力混凝土工程。阻锈剂应复合使用，以增加阻锈效果、减少掺量。

当外加剂中含有氯盐时，或环境中含有氯盐时，需掺入阻锈剂，以保护钢筋。阻锈剂的掺量一般在2%～5%（粉剂型），极端环境下（如氯盐为主的盐碱地、撒除冰盐环境、海边浪溅区）的掺量为6%～15%（粉剂型）。对于一些重要结构，除掺入混凝土中外，还应在浇筑混凝土前用含阻锈剂5%～10%的溶液涂覆钢筋表面，以增加防腐效果；对于修复工程，浓度应提高至10%～20%。

有机阻锈剂主要是含各种胺、醇胺及其盐与其他有机和无机化合物的复合阻锈剂，具有在混凝土孔隙中通过气相和液相扩散到钢筋表面形成吸附膜，从而产生阻锈作业的特点。故该类阻锈剂又称为迁移性阻锈剂（MCI），可直接涂覆于混凝土表面，也可以通过掺入法直接进入混凝土中，药剂通过迁移到达钢筋表面成膜，实现对钢筋的保护。目前，广泛应用于结构修复领域。

除上述外加剂外，混凝土中应用的外加剂还有减缩剂、保水剂、增稠剂、降粘剂等新产品。混凝土中应用外加剂时，需满足现行国家标准《混凝土外加剂应用技术规程》GB 50119的规定。

6. 混凝土矿物掺合料

配制混凝土时，掺加到混凝土中的具有改善新拌合和硬化混凝土性能（特别是混凝土耐久性）的磨细矿物材料称为混凝土矿物掺合料，亦称为矿物外加剂。很多情况下，矿物掺合料已成为混凝土的第六组分。通常使用的掺合料有：硅灰、磨细粉煤灰、磨细粒化高炉矿渣粉、磨细天然沸石粉及石灰石粉，此外，还有磨细硅质页岩、磨细煅烧偏高岭土及其他磨细工业废渣等。矿物掺合料的比表面积一般应大于350m^2/kg。比表面积大于600m^2/kg的称为超细矿物掺合料，其增强效果更优，但对混凝土早期塑性开裂有不利影响。

矿物掺合料在混凝土中的主要作用有：

① 改善混凝土拌合物的和易性。细度适宜的优质矿物掺合料可提高混凝土拌合物的流动性，显著改善黏聚性和保水性，并提高混凝土拌合物的体积稳定性。

② 降低混凝土温升。除硅灰外，掺加矿物掺合料替代水泥后，可使混凝土的放热率和温升明显降低，同时出现温峰的时间推迟。如掺30%粉煤灰的混凝土和掺75%磨细矿渣的混凝土较基准混凝土的温升可分别降低7℃、12℃。

③ 提高混凝土的抗化学侵蚀性能力，增强混凝土的耐久性。掺加矿物掺合料后，减少了水泥用量，使易受腐蚀的$Ca(OH)_2$、C_3A减少，同时活性矿物掺合料的火山灰效应与微集料效应改善了混凝土的孔结构和界面过渡层，增大了混凝土的密实度和抗渗性，使侵蚀性物质难以进入；同时，对碱-集料反应也有很好的抑制作用。

④ 提高混凝土的后期强度。在适量的掺加范围内，掺加矿物掺合料后（除硅灰外），

混凝土的早期强度一般均有所降低，掺量越高，早期强度降低越大。但使用超细粉时，早期强度不一定会降低。后期由于火山灰效应的逐步进行，可使混凝土 90d、120d 强度有较大的提高。

⑤ 减少混凝土的干缩。细度适宜的优质矿物掺合料可减少混凝土的干缩。

⑥ 降低混凝土的成本。矿物掺合料的掺入会降低混凝土的抗碳化性和碱度，而不利于保护钢筋，但矿物掺合料又使混凝土的密实度提高，使 CO_2 和 H_2O 的扩散与渗透能力降低。因此，适量的矿物掺合料对钢筋的保护作用影响不大。掺加矿物掺合料的混凝土需加强养护，特别是早期养护，并需养护 14d 以上。

1）常用矿物掺合料

（1）粉煤灰

粉煤灰是从发电厂煤粉炉排放出的烟道气体中收集起来的细粉末，属于活性混合材料。粉煤灰的颗粒非常细微，不必粉磨即可直接用作混凝土的掺合料。根据燃煤品种，分为 F 类粉煤灰（由无烟煤或烟煤煅烧收集的粉煤灰）和 C 类粉煤灰（由褐煤和次烟煤煅烧收集的粉煤灰，CaO 含量一般≥10％）。

① 粉煤灰的技术要求。

用作混凝土掺合料的粉煤灰，其各项技术性质必须满足现行国家标准《用于水泥和混凝土中的粉煤灰》GB/T 1596 的规定，用于拌制砂浆和混凝土的粉煤灰可以分为Ⅰ、Ⅱ和Ⅲ三个等级。其重要技术指标见表 3-6。此外，考虑到粉煤灰的放射性危害，粉煤灰应当符合现行国家标准《建筑材料放射性核素限量》GB 6566 的规定。

对各等级粉煤灰的使用规定：Ⅰ级粉煤灰适用于钢筋混凝土和跨度小于 6m 的预应力钢筋混凝土；Ⅱ级粉煤灰适用于钢筋混凝土和无筋混凝土；Ⅲ级粉煤灰主要用于无筋混凝土；但对于设计强度等级 C30 及以上的无筋混凝土，宜采用Ⅰ、Ⅱ级粉煤灰。

② 粉煤灰掺入混凝土中的作用。

（a）活性效应。粉煤灰中非晶态的 SiO_2、Al_2O_3、Fe_2O_3 等活性物质的含量达 70％以上。可与水泥的水化产物氢氧化钙（CH）发生反应，生成水化硅酸钙、水化铝酸钙、水化铁酸钙等凝胶体，使水泥石骨架增加，显著降低混凝土内部结构中水泥石的孔隙率。一般 28d 龄期的反应程度很小，60d 后逐渐增加，一直可延续 1 年以上。

（b）形态效应。粉煤灰的矿物组成主要为铝硅玻璃体，呈微珠球状颗粒，表面光滑而致密，掺入混凝土中起到了滚珠润滑作用，可减少骨料间的内摩阻力，提高拌合物的流动性和减少泌水性，从而可改善混凝土拌合物的和易性。

（c）微料填充效应。粉煤灰粒径细微，总体上比水泥颗粒还细，且强度很高，填充于水泥凝胶体的气孔和毛细孔之中，起到了微骨料的作用，改善了混凝土的孔结构，从而增大了混凝土的密实度，提高其抗渗性能。

（d）其他效应。由于粉煤灰可改善混凝土拌合物的和易性，所以可减少单位体积用水量，使水泥浆体硬化后干缩小，提高其抗裂性能；而且“二次反应”最终使混凝土中的氢氧化钙大为减少，可有效提高混凝土抵抗化学侵蚀的能力；大掺量的粉煤灰还可降低混凝土的早期水化热，减少温度裂缝，并可明显抑制混凝土碱-集料反应的发生。

③ 粉煤灰在混凝土中的掺量。

粉煤灰掺入混凝土中的效果，与掺量有关。通常，粉煤灰在混凝土中的掺量有以下三种方法：

(a) 等量取代法。等量取代法是指以等质量的粉煤灰取代混凝土中的水泥，可节约水泥并减少水泥的水化热，改善拌合物的和易性，提高混凝土的抗渗性。

(b) 外加法。外加法是指在保持混凝土中水泥用量不变的情况下，外掺一定数量的粉煤灰。

(c) 超量取代法。超量取代法是指掺入的粉煤灰质量超过其取代的水泥用量，超出的粉煤灰可取代同体积的砂。粉煤灰的超量系数（粉煤灰掺入量与取代的水泥用量之比）与粉煤灰的等级有关，可按表 4-18 选用。

粉煤灰的超量系数 **表 4-18**

粉煤灰等级	超量系数
Ⅰ	1.1～1.4
Ⅱ	1.3～1.7
Ⅲ	1.5～2.0

粉煤灰在各种混凝土中取代水泥的最大限量（以质量计），应符合表 4-19 的规定。

粉煤灰取代水泥的最大限量 **表 4-19**

混凝土种类	粉煤灰取代水泥的最大限量(%)			
	硅酸盐水泥	普通硅酸盐水泥	矿渣硅酸盐水泥	火山灰质硅酸盐水泥
预应力钢筋混凝土	25	15	10	—
钢筋混凝土 高强度混凝土 高抗冻性混凝土 蒸养混凝土	30	25	20	15
中、低强度混凝土 泵送混凝土 大体积混凝土 水下混凝土 地下混凝土 压浆混凝土	50	40	30	20
碾压混凝土	65	55	45	35

④ 粉煤灰应用范围。

粉煤灰适合用于普通工业与民用建筑结构混凝土，尤其适用于配制预应力混凝土、高强混凝土、高性能混凝土、泵送混凝土与流态混凝土、大体积混凝土、抗渗混凝土、高抗冻性混凝土、抗硫酸盐与抗软水侵蚀的混凝土、蒸养混凝土、轻集料混凝土、地下与水下工程混凝土、压浆混凝土、碾压混凝土、海洋工程混凝土等，在机场混凝土和重载道路混凝土中尽量不掺或少掺粉煤灰。

(2) 硅灰

硅灰又称硅粉，为电弧炉冶炼硅铁合金等时的副产品，是石英在 2000℃的高温下被还原成 Si、SiO 气体，冷却过程中又被氧化成 SiO_2 的极微细颗粒。硅灰中 SiO_2 的含量达 80%以上，主要是非晶态的 SiO_2。硅灰颗粒的平均粒径为 0.1～0.2μm，比表面积为 20000～25000m^2/kg，因而具有极高的活性。

硅灰作为矿物掺合料掺入混凝土中，可取得以下几方面的效果。

① 硅灰具有很高的化学活性，可与水泥的水化产物氢氧化钙反应生成水化硅酸钙凝胶体，形成密实结构，从而显著提高混凝土的强度。一般当硅灰掺量为胶凝材料总量的5%～10%时，便可配制出抗压强度高达100MPa的超高强混凝土。

② 硅灰的粒径非常细微，能充分填充在水泥凝胶体的毛细孔中，使混凝土的微观结构更加密实，因此混凝土的抗渗性、抗冻性、抗溶出性及抗硫酸盐腐蚀性等耐久性显著提高，硅灰还同样具有抑制碱-集料反应的作用。

③ 由于硅灰的比表面积很大，因而其需水量很大，在混凝土中掺入硅灰的同时一般需掺用减水剂。这样，在保证混凝土拌合物流动性的情况下，硅灰微小的球状体可以起到润滑作用，并可改善混凝土拌合物的黏聚性和保水性，使混凝土的和易性达到最佳效果。

硅灰的取代水泥量一般为5%～10%（混凝土中取代水泥的量一般在5%左右），使用时必须同时掺加减水剂，以保证混凝土的流动性。但由于硅灰的价格很高，故一般只用于高强或超高强混凝土、泵送混凝土、高耐久性混凝土以及其他高性能的混凝土。

（3）磨细粒化高炉矿渣

粒化高炉矿渣是炼铁工业的副产品，将粒化高炉矿渣经干燥、粉磨（可掺加少量石膏）制成一定细度的粉体，称作粒化高炉矿渣粉，简称矿渣粉。矿渣粉的主要化学成分为二氧化硅、氧化钙和三氧化二铝，这三种氧化物的含量约达90%，故其活性比粉煤灰高。矿渣中除玻璃态物质外，还有很少量硅酸二钙、钙黄长石、硅酸一钙等矿物，因此有很弱的自身水硬性。在碱性或硫酸盐的激发剂作用下，可表现出较高的水硬性，产生和水泥相近的强度。常用激发剂有石灰、石膏、硅酸盐水泥等。矿渣中二氧化硅多的为酸性矿渣，氧化铝和氧化钙多的为碱性矿渣。碱性矿渣的活性比酸性矿渣高。根据《用于水泥、砂浆和混凝土中的粒化高炉矿渣粉》（GB/T 18046—2017），用作混凝土掺合料的粒化高炉矿渣粉，按其细度（比表面积）、活性指数，分为S105、S95和S75三个级别，各级别矿渣粉的技术性能指标应符合表4-20的要求。

粒化高炉矿渣粉技术要求　　表4-20

项目		级别		
		S105	S95	S75
密度($g \cdot cm^{-3}$)≥		2.8		
比表面积($m^2 \cdot kg^{-1}$)≥		500	400	300
活性指数(%)≥	7d	95	70	55
	28d	105	95	75
流动度比(%)≥		95		
含水量(质量分数)(%)≤		1.0		
三氧化硫(质量分数)(%)≤		4.0		
氯离子(质量分数)(%)≤		0.06		
烧失量(质量分数)(%)≤		1.0		
玻璃体含量(质量分数)(%)≥		85		
放射性		合格		

矿渣粉对混凝土工作性能和力学性能的影响如下：

① 矿渣粉比表面积在420～520m^2/kg之间，在混凝土中等量取代水泥掺量在30%～40%范围，增强效应表现得最为显著。

② 单掺矿渣粉作掺合料会使混凝土的黏聚性提高，凝结时间有所延长，如果矿渣粉细度较粗，新拌混凝土泌水量有增大的趋势，可能对混凝土泵送带来一定的不利影响。

③ 矿渣粉和Ⅰ或Ⅱ级粉煤灰复掺配制混凝土，可以充分发挥二者的“优势互补效应”，使混凝土的流动性增加，黏聚性好，泌水性得到改善。同时，混凝土成本可显著降低。

④ 针对水泥-粉煤灰-矿渣粉胶凝材料体系，在等量取代的前提下粉煤灰的掺量以不超过水泥用量的20%为宜，粉煤灰和矿渣粉总掺量以不超过胶凝材料的40%为宜（海洋混凝土工程可放大到55%）；同时，建议采用60d、90d或180d作为混凝土质量评定标准，以降低水泥的水化热并充分利用矿渣粉混凝土的后期强度。

矿渣粉可用于钢筋混凝土和预应力钢筋混凝土，还可以用于高强、高性能混凝土和预拌混凝土等。大掺量矿渣粉混凝土特别适用于大体积混凝土、地下或水下混凝土、耐硫酸盐侵蚀混凝土等。

(4) 磨细天然沸石粉

磨细天然沸石粉，由天然沸石（主要为斜发沸石和丝光沸石）磨细而成。沸石是含有微孔的含水铝硅酸盐矿物，SiO_2 含量为60%～70%，Al_2O_3 含量为8%～12%，沸石粉具有很大的内表面积和开放性孔结构，平均粒径为5.0～6.5μm。因此，磨细沸石粉具有较高的活性，其效果优于粉煤灰。

沸石粉用作混凝土的掺合料，掺量一般为5%～10%，可以有以下效果。

① 沸石粉中的活性物质，能与水泥水化生成的氢氧化钙反应，生成胶凝体，故可提高混凝土的强度，用于配制高强度混凝土。

② 沸石粉与其他矿物掺合料一样，具有改善混凝土和易性，提高抗渗性和抗冻性，抑制碱-集料反应的功能，因此适于配制流态混凝土及泵送混凝土，还可配制调湿混凝土等功能性混凝土。

两种以上矿物掺合料复合使用，可以获得较单一矿物掺合料更大的掺量和更好的技术效果。因此，在条件允许的情况下，应尽量复合使用矿物掺合料。

4.3 新拌混凝土和易性的测定

1) 和易性的测定与选择

新拌混凝土的和易性，也称工作性，是一项综合性质，目前还没有一种能够全面反映和易性的测定方法。通常是测定混凝土拌合物的流动性，而黏聚性和保水性则凭经验目测评定，然后综合评定混凝土拌合物的和易性。

混凝土拌合物的流动性可采用坍落度、维勃稠度或扩展度表示。坍落度检验适用于坍落度≥10mm，且最大粒径小于40mm的混凝土拌合物；维勃稠度检验适用于维勃稠度在5～30s，且最大粒径小于40mm的混凝土拌合物；扩展度检验适用于大流动性的大坍落度混凝土或自密实混凝土拌合物。测试新拌混凝土流动性的方法，目前最常用的有坍落度法和维勃稠度法。

（1）坍落度法。

坍落度法是用来测定混凝土拌合物在自重力作用下的流动性，适用于测量塑性混凝土及流动性较大的混凝土拌合物，目前被世界各国普遍采用。测定时，将混凝土拌合物再次手工拌和均匀后按规定的方法装入混凝土坍落度筒内，并按照规定方式插捣，待装满刮平后将坍落度筒垂直向上提起，混凝土拌合物因自重力作用而产生坍落，混凝土拌合物静止后坍落的高度（以 mm 计）称为坍落度，如图 4-9 所示。坍落度越大，则混凝土拌合物的流动性越大。

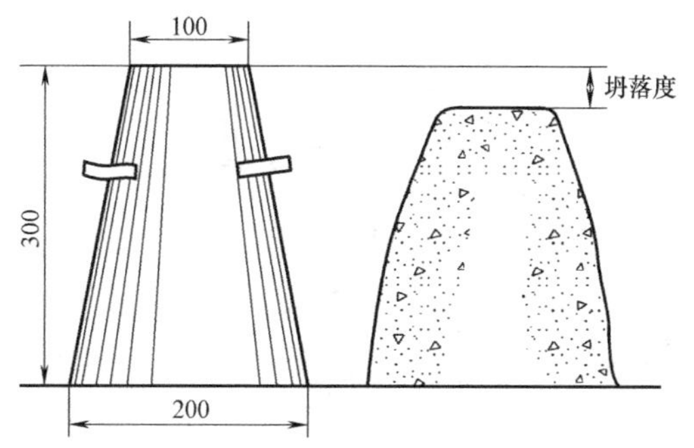

图 4-9　混凝土拌合物坍落度测定

混凝土拌合物有可能出现三种不同的坍落形状：真实的坍落度是指混凝土拌合物全体坍落而没有任何离析（图 4-10b）；剪切坍落意味着混凝土拌合物缺乏黏聚力，容易离析（图 4-10c）；崩溃坍落则表明混凝土拌合物质量不好，过于稀薄（图 4-10d）。后两种拌合物都不适宜浇筑。但对于泵送混凝土，某些情况下需要通过掺加高效减水剂，使坍落度达到 200mm 甚至更大，以满足施工要求，这种大流动性的混凝土常表现为如图 4-10（d）所示的坍落形状。

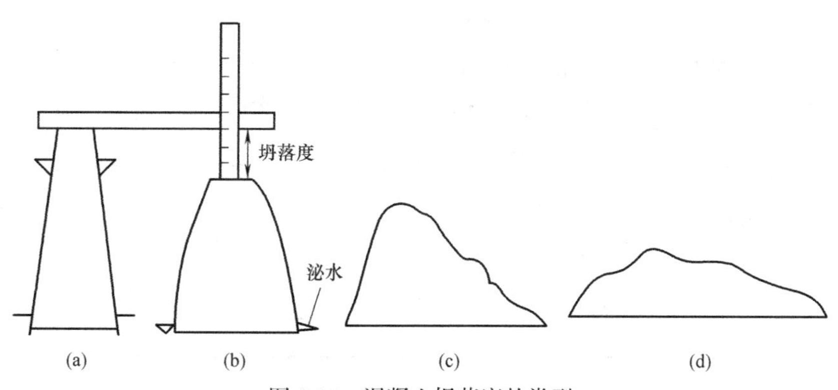

图 4-10　混凝土坍落度的类型

（a）坍落度筒；（b）坍落度；（c）剪切坍落度；（d）崩溃坍落度

对于大流动性的混凝土拌合物可采用坍落扩展度试验。该试验是在传统的坍落度试验基础上，把混凝土拌合物均匀装入坍落度筒内无需插捣，装满刮平后向上提起坍落度筒，同时测定水平扩展度（以 mm 计）和扩展到某一直径（一般为 500mm）时所用的时间 T_{500}，以此来反映拌合物的变形能力和变形速度，主要用于评价自密实混凝土（SCC）。扩展度越大，则混凝土的自流平性与自密实性越高，说明混凝土拌合物的黏度越小、流动能力越强。大流动性混凝土坍落扩展度与坍落度值的范围在（550～650mm）/(240～260mm)，比值范围在 2.1～2.7。

评定混凝土拌合物黏聚性的方法是用插捣棒轻轻敲击已坍落的混凝土拌合物锥体的侧面，如混凝土拌合物锥体保持整体缓慢、均匀下沉，则表明黏聚性良好；如混凝土拌合物锥体突然发生崩塌或出现石子离析，则表明黏聚性差。评定保水性的方法是观察混凝土拌合物锥体的底部，如有较多的稀水泥浆或水析出，或因失浆而使集料外露，则说明保水性差；如混凝土拌合物锥体的底部没有或仅有少量的水泥浆析出，则说明保水性良好；针对大流动性混凝土，测试完毕混凝土坍落度和扩展度后，静置 5～10min 后，观察混凝土拌合物表层有没有水泥浆体明显析出、有没有水泥浆体明显析出混凝土拌合物、抹刀（或铁锹）翻转拌合物有没有扒底现象等，来判断新拌混凝土的黏聚性和保水性。必要时，需要调整混凝土配合比（砂率或砂石颗粒级配或砂搭配比例等）、混凝土外加剂配方或掺量来调整新拌混凝土的和易性，直到满足和易性的技术要求。

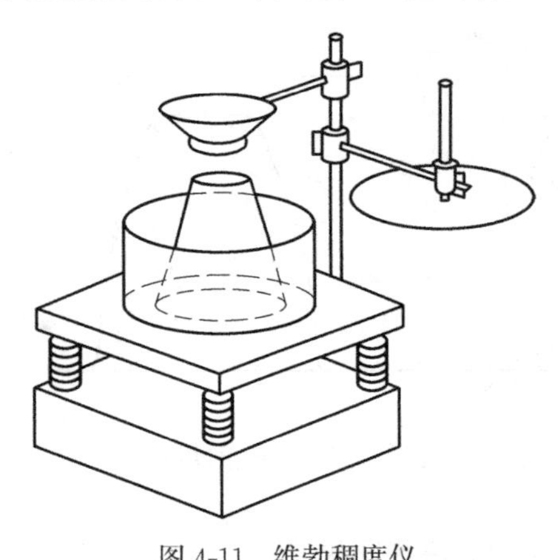

图 4-11　维勃稠度仪

（2）维勃稠度法。

维勃稠度法用来测定混凝土拌合物在机械振动力作用下的流动性，适用于流动性较小（坍落度值小于 10mm）的混凝土拌合物。测定时，将混凝土拌合物按规定方法装入坍落度筒内，并将坍落度筒垂直提起，之后将规定的透明有机玻璃圆盘放在混凝土拌合物锥体的顶面上（图 4-11），然后开启振动台，记录当透明圆盘的底面刚刚被水泥浆所布满时所经历的时间（以 s 计），称为维勃稠度。维勃稠度越大，则混凝土拌合物的流动性越小。该法适用于维勃稠度在 5～30s，且最大粒径小于 40mm 的混凝土拌合物。

按混凝土拌合物坍落度和维勃稠度的大小各分为五个流动性级别，见表 4-21。

混凝土拌合物坍落度和维勃稠度的分级　　表 4-21

级别	名称	坍落度(mm)	级别	名称	维勃稠度(s)
S_1	低塑性混凝土	10～40	V_0	超干硬性混凝土	≥31
S_2	塑性混凝土	50～90	V_1	特干硬性混凝土	30～21
S_3	流动性混凝土	100～150	V_2	干硬性混凝土	20～11
S_4	大流动性混凝土	160～210	V_3	半干硬性混凝土	10～6
S_5		≥220	V_4		5～3

实际工程中选择混凝土拌合物的坍落度，要根据构件截面的大小、钢筋的疏密程度、混凝土运输的距离和气候条件等确定。当构件截面较小或钢筋较密时，坍落度应选择大些；而构件截面较大或钢筋较疏时，坍落度可小些。若混凝土从搅拌机出料口至浇筑地点的运输距离较远，特别是预拌混凝土，应考虑运输途中的坍落度损失，则搅拌时的坍落度宜适当大些。当气温较高、空气相对湿度较小时，因水泥水化速度的加快及水分蒸发加速，坍落度损失较大，搅拌时的坍落度亦应选大些。

对于泵送混凝土，选择坍落度时，除应考虑上述因素之外，还要考虑其可泵性。若拌合物的坍落度较小，泵送时的摩擦阻力较大，会造成泵送困难，甚至会产生阻塞；若拌合物坍落度过大，拌合物在管道中滞留时间较长，则泌水就多，容易产生骨料分层离析而形成阻塞事故。一般情况下，当环境温度＜30℃时，混凝土浇筑时的坍落度可按表 4-22 选用。

2）影响和易性的因素

（1）用水量与水灰比（或水胶比，下同）。

混凝土浇筑时的入模坍落度（mm） **表 4-22**

项次	结构种类	坍落度
1	基础或地面等的垫层、无配筋的大体积结构（挡土墙、基础等）或配筋稀疏的结构	10～30
2	板、梁和大型及中型截面的柱子等	35～50
3	配筋密列的结构（薄壁、斗仓、筒仓、细柱等）	55～70
4	配筋特密的结构	75～90
泵送混凝土	泵送高度＜30m	100～140
	泵送高度 30～60m	140～160
	泵送高度 60～100m	160～180
	泵送高度＞100m	180～200
	200m＜泵送高度＜1000m	220～260

注：1. 本表系指采用机械振捣时的坍落度，当采用人工振捣时可适当增大。
2. 对轻集料混凝土拌合物，坍落度宜较表中数值减少 10～20mm。

水灰比，也就是水和水泥的质量比。在水灰比不变的情况下，混凝土拌合物的单方用水量越多，则水泥浆的数量越多，包裹在砂、石表面的水泥浆层越厚，对砂、石的润滑作用越好，因而混凝土拌合物的流动性越大。但用水量过多（即水泥浆的数量过多），施工振捣时会产生流浆、泌水、离析和分层等现象，使混凝土拌合物的黏聚性和保水性降低，混凝土的干缩与徐变增加，混凝土的强度和耐久性降低，同时也增加了水泥用量和水化热；用水量过少（即水泥浆数量过少），则不能填满砂、石集料的空隙，且水泥浆的数量不足以很好地包裹砂、石的表面，润滑作用和黏聚力均较差，因而混凝土拌合物的流动性、黏聚性降低，易产生崩塌现象，且使混凝土的强度、耐久性降低。故混凝土拌合物的用水量（或水泥浆数量）不能过多也不宜过少，应以满足良好的混凝土拌合物和易性为准。

水灰比越大，混凝土拌合物的流动性越大、黏聚性与保水性越差，并使混凝土的强度与耐久性降低，使混凝土的干缩与徐变增加。水灰比过大时，则水泥浆过稀，会使混凝土拌合物的黏聚性与保水性显著降低，并产生流浆、泌水、离析和分层等现象，从而使混凝土的强度和耐久性大大降低，并使混凝土的干缩和徐变显著增加；水灰比过小时，则水泥浆的稠度过大，使混凝土拌合物的流动性显著降低，并使黏聚性也因混凝土拌合物发涩而变差，且在一定施工条件下难以成型或不能保证混凝土密实成型。故混凝土拌合物的水灰比应以满足混凝土的强度和耐久性为宜，并且在满足强度和耐久性的前提下，应选择较大的水灰比，以节约水泥用量。

实践证明，当砂、碎石的品种和用量一定时，混凝土拌合物的流动性主要取决于混凝土拌合物用水量的多少。混凝土拌合物的用水量一定时，即使水泥用量有所变动（增减 50～100kg/m^3），混凝土拌合物的流动性也基本上保持不变，这种关系称为混凝土的恒定用水量法则。由此可知，在单方混凝土用水量相同的情况下，采用不同的水灰比可以配制出流动性相同而强度不同的混凝土。这一法则给混凝土配合比设计带来了很大的方便，混凝土的用水量可通过试验来确定或根据施工要求的流动性及集料的品种与规格来选择。缺乏经验时，可按表 4-23 选择。

塑性混凝土和干硬性混凝土的用水量（kg/m^3）　　表 4-23

拌合物流动性		卵石最大粒径(mm)				碎石最大粒径(mm)			
项目	指标	10	20	31.5	40	16	20	31.5	40
维勃稠度(s)	16～20	175	160	—	145	180	170	—	155
	11～15	180	165	—	150	185	175	—	160
	5～l0	185	170	—	155	190	180	—	165
坍落度(mm)	10～30	190	170	160	150	200	185	175	165
	35～50	200	180	170	160	210	195	185	175
	55～70	210	190	180	170	220	205	195	185
	75～90	215	195	185	175	230	215	205	195

注：1. 本表适用于水胶比为 0.4～0.8 的混凝土。水胶比小于 0.4 的混凝土以及采用特殊成型工艺的混凝土应通过试验确定。

2. 本表用水量系采用中砂时的平均取值。采用细砂时，每立方米混凝土用水量可增加 5～10kg；采用粗砂时，则可减少 5～10kg。

3. 对于坍落度大于 90mm 的混凝土，以本表中 90mm 的用水量为基准，按照坍落度每增大 20mm，用水量增加 5kg 计算混凝土用水量。

4. 掺用各种化学外加剂或矿物掺合料时，用水量应相应调整。

（2）集料的品种、规格与质量。

由于集料在混凝土中占据的体积最大，故集料的品种、规格与质量对混凝土拌合物的和易性有较大的影响。骨料对拌合物和易性的影响主要是骨料的总表面积、骨料的空隙率和骨料间摩擦力的大小，即骨料的级配、颗粒形状、表面特征及粒径的影响。

卵石和河砂的表面光滑，因而采用卵石、河砂配制混凝土时，混凝土拌合物的流动性大于用碎石、山砂和机制砂配制的混凝土。采用粒径粗大、级配良好的粗、细集料时，由于集料的比表面积和空隙率较小，因而混凝土拌合物的流动性大，黏聚性及保水性好，但细集料过粗时，会引起黏聚性和保水性下降。采用含泥量、泥块含量、云母含量及针、片状颗粒含量较少的粗、细集料时，混凝土拌合物的流动性较大。机制砂中的石粉含量及粒型对混凝土拌合物的流动性影响也较大，提高机制砂石颗粒圆形度（球形度）是混凝土用集料高品质化的关键。

（3）砂率。

砂率（β_s）是指砂用量（m_s）与砂、石（m_g）总用量的质量百分比。砂率表示混凝土中砂、石的组合或配合程度。砂率对粗、细集料总的比表面积和空隙有很大的影响。砂率过大，则粗、细集料总的比表面积和空隙率大，在水泥浆数量一定的前提下，减薄了起到润滑集料作用的水泥浆层的厚度，使混凝土拌合物的流动性减小，如图 4-12 所示；若砂率过小，则粗、细集料总的空隙率大，混凝土拌合物中砂浆量不足，包裹在粗集料表面的砂浆层的厚度过薄，对粗集料的润滑程度和黏聚力不够，甚至不能填满粗集料的空隙，因而砂率过小会降低混凝土拌合物的流动性（图 4-12），特别是使混凝土拌合物的黏聚性及保水性大大降低，产生离析、分层、流浆及泌水等现象，并对混凝土的其他性能也产生不利的影响。砂率过大或过小时，若要保持混凝土拌合物的流动性不变，则须增加水泥浆的数量，即必须增加水泥用量及用水量，这同时会对混凝土的其他性质也造成不利的影响（图 4-13）。

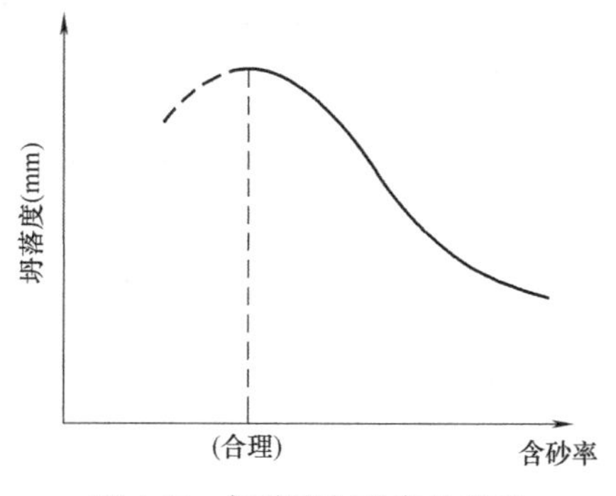

图 4-12　坍落度与砂率的关系
（水和水泥用量一定）

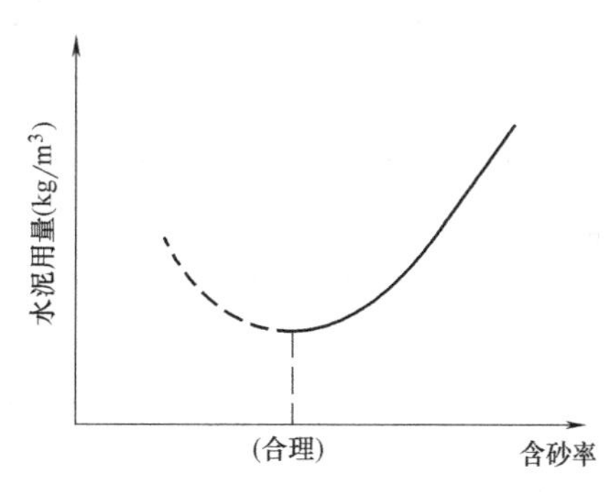

图 4-13　水泥用量与砂率的关系
（达到相同的坍落度）

从图 4-12 和图 4-13 可以看出，砂率既不能过大，又不能过小，中间存在一个合理砂率。合理砂率应是砂子体积填满石子的空隙后略有富余，以起到较好的填充、润滑、保水及黏聚石子的作用。因此，合理砂率是指在用水量及水泥用量一定的情况下，使混凝土拌合物获得最大的流动性及良好的黏聚性与保水性时的砂率值；或指在保证混凝土拌合物具有所要求的流动性及良好的黏聚性与保水性条件下，使水泥用量最少的砂率值。

合理砂率与许多因素有关。粗集料的最大粒径较大、级配较好时，因粗集料的空隙率较小，故合理砂率较小；细集料细度模数较大时，由于细集料对粗集料的黏聚力降低，且其保水性也较差，故合理砂率需较大；碎石的表面粗糙、棱角多，因而合理砂率较大；水灰比较小时，水泥浆较为黏稠，混凝土拌合物的黏聚性及保水性易得到保证，故合理砂率较小；混凝土拌合物的流动性较大时，为保证黏聚性及保水性，合理砂率需较大；使用减水剂，特别是引气剂时，黏聚性及保水性易得到保证，故合理砂率较小。

砂率可以按照下式计算：

$$S_p=\frac{\rho_{s0}\cdot P_{g空}}{\rho_{s0}\cdot P_{g空}+\rho_{g0}}\alpha$$

式中　ρ_{s0}——砂子堆积密度（kg/m³）；

ρ_{g0}——石子堆积密度（kg/m³）；

$P_{g空}$——石子空隙率（%）；

α——砂子富余系数（1.1～1.4）。

确定或选择砂率的原则是，在保证混凝土拌合物的黏聚性及保水性的前提下，应尽量使用较小的砂率，以节约水泥用量，提高混凝土拌合物的流动性。对于混凝土量大的工程，应通过试验确定合理砂率。当混凝土量较小，或缺乏经验或缺乏试验条件时，可根据集料的品种（碎石、卵石）、集料的规格（最大粒径与细度模数）及所采用的水灰比，参考表 4-24 确定。

（4）混凝土组成材料的影响。

水泥对拌合物和易性的影响主要反映在水泥的标准稠度需水量上。不同的水泥品种、细度、矿物组成及混合材，其需水量不同。在其他条件一定的情况下，需水量大的水泥比需水量小的水泥配制的拌合物，流动性小，但黏聚性和保水性好。采用矿渣水泥和火山灰水泥时，混凝土拌合物的流动性一般比用普通水泥时小，而且粗磨的矿渣水泥容易使混凝土拌合物易泌水。水泥颗粒越细，粉体比表面积越大，润湿颗粒表面及吸附在颗粒表面的水分就越多。在其他条件相同时，混凝土拌合物的流动性就越小。

混凝土砂率选用表（%） **表 4-24**

水灰比（W/C）	卵石最大粒径(mm)			碎石最大粒径(mm)		
	10	20	40	16	20	40
0.40	26～32	25～31	24～30	30～35	29～34	27～32
0.50	30～35	29～34	28～33	33～38	32～37	30～35
0.60	33～38	32～37	31～36	36～41	35～40	33～38
0.70	36～41	35～40	34～39	39～44	38～43	36～41

注：1. 本表数值系天然中砂的选用砂率，对天然细砂或粗砂，可相应地减少或增大砂率。
2. 只用一个单粒级粗集料配制混凝土时，砂率应适当增大。
3. 对薄壁构件，砂率取大值。
4. 本表适用于坍落度为10～60mm的新拌混凝土。坍落度大于90mm的混凝土砂率，可经试验确定，也可在表4-23的基础上，按坍落度每增大20mm，砂率增大1%的幅度予以调整；坍落度小于10mm的混凝土砂率，应通过试验确定。

外加剂对混凝土拌合物的和易性有较大影响。在拌制混凝土时，加入减水剂（塑化剂或超塑化剂）或引气剂可明显提高新拌混凝土的流动性，引气剂还可有效地改善混凝土拌合物的黏聚性和保水性。掺有需水量较小的粉煤灰或磨细矿渣粉时，拌合物需水量降低，因此在用水量、水灰比相同时可明显改善其流动性。以粉煤灰取代部分砂子，可在保持用水量一定的条件下提高拌合物的流动性。

新拌混凝土的流动性随时间的延长，由于水分的蒸发、泥、石粉及集料的吸水和水泥的水化与凝结，而逐渐变得干稠，流动性逐渐降低，将这种损失称为经时损失。温度越高，水泥的水化加快，水分的蒸发也越快，导致新拌混凝土流动性损失越大，且温度每升高10℃，坍落度下降20～40mm。掺加减水剂时，流动性的损失较大。混凝土泵送施工时更应考虑到流动性损失这一因素。拌制好的混凝土拌合物一般应在45min内成型完毕。如超过这一时间，应掺加缓凝剂或缓凝减水剂等以延缓凝结时间，保证成型时的施工坍落度。预拌商品混凝土，一般需要新拌混凝土1h或2h的经时坍落度损失控制在30～40mm之内，以满足物流和现场泵送施工的需要。夏季施工时，可以考虑加冰降低拌合用水的温度、降低水泥入库的温度、采取砂石喷水降温、掺加混凝土掺合料以及缓凝性保坍型高效减水剂等措施，确保新拌混凝土流动性损失控制在合理范围，满足工程施工的需要。新拌混凝土坍落度与时间的关系见图4-14，温度对新拌混凝土坍落度的影响见图4-15。

3）改善和易性的措施

调整混凝土拌合物的和易性时，一般应先调整黏聚性和保水性，然后调整流动性，且调整流动性时，须保证黏聚性和保水性不受大的损害，并不得损害混凝土的强度和耐久性。

（1）改善混凝土拌合物黏聚性和保水性的措施主要有：

① 选用级配良好的粗、细集料，并选用连续级配。

② 适当限制粗集料的最大粒径，避免选用过粗的细集料。

③ 适当增大砂率或掺加粉煤灰等矿物掺合料。

④ 掺加减水剂和引气剂。

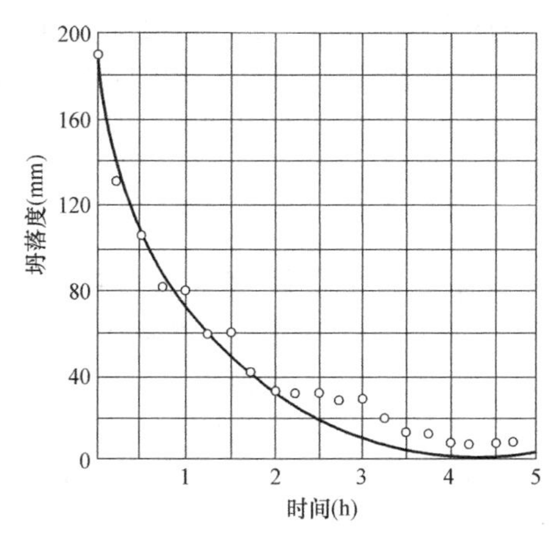

图 4-14　新拌混凝土坍落度与时间的关系
（$C:S:G=1:2:4$，$W/C=0.775$）

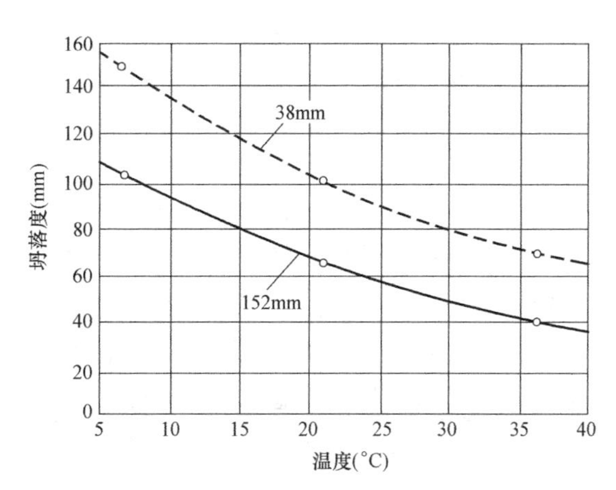

图 4-15　温度对新拌混凝土坍落度的影响
（曲线上数字为骨料最大粒径）

（2）改善混凝土拌合物流动性的措施主要有：

① 采用泥及泥块等杂质含量少，级配好的粗、细集料。

② 尽量降低砂率。

③ 在上述基础上，如流动性太小，则保持水灰比不变，适当增加水泥用量和用水量；如流动性太大，则保持砂率不变，适当增加砂、石用量。

④ 掺加减水剂。

4）混凝土浇筑后凝结前的性能

混凝土浇筑后至初凝前的时间约 3～15h，此时拌合物呈塑性和半流动状态，各组分由于密度的不同，在自重作用下将产生相对运动，骨料与水泥下沉而水分上浮，于是会出现泌水、塑性沉降和塑性收缩等现象。这些都会影响硬化后混凝土的性能，应引起足够的重视。

（1）泌水。

泌水现象往往发生在坍落度较大的混凝土、塑化剂超掺或超缓凝的混凝土拌合物中。拌合物在浇筑与捣实以后、凝结之前，表面会出现一层可以观察到的水分，大约为混凝土浇筑高度的 2%或更大。这些水分或蒸发，或由于继续水化被吸回，伴随发生的是混凝土体积的减小。这种现象对混凝土的性能将产生不利影响：首先，顶部或靠近顶部的混凝土因水分很大而形成疏松的水化物结构，常称为浮浆，这对于分层浇筑的柱、桩的连接，或混凝土路面的耐磨性等都十分不利；其次，部分上升的水积存在骨料和水平钢筋的下方形成水囊，将明显影响硬化混凝土的强度和与钢筋间的粘结力；此外，泌水过程中在混凝土中形成的泌水通道，也会使硬化后的混凝土抗渗性、抗冻性下降。

（2）塑性沉降。

混凝土由于泌水会产生整体沉降，浇筑厚度大的混凝土时靠近顶部的拌合物沉降量会更大。如果沉降受到水平钢筋的阻碍，则将在钢筋的上方沿钢筋方向产生塑性沉降裂缝，裂缝从表面深入到钢筋处。

（3）塑性收缩。

一般情况下，向上运动到达混凝土顶部的泌出水会蒸发掉。如果泌水速度低于蒸发速度，表面混凝土的含水量减小，将会引起塑性状态下的干缩，干缩可能使混凝土表面产生裂缝。这种塑性收缩裂缝与塑性沉降裂缝明显不一样，裂缝细微且没有一定方向性。当混凝土自身温度较高、气候炎热干燥或混凝土厚度较小而面积较大时，很容易出现塑性收缩裂缝。

(4) 减小泌水及其影响的措施。

引起泌水的主要原因是骨料的级配不良及缺少 300μm 以下的细颗粒，这可以通过增加砂子用量进行弥补；但如果砂子粗大或不宜增加砂的用量时，可以采用掺加引气剂、减水剂、保水剂、硅灰或增大粉煤灰用量来减小泌水。施工时采用二次振捣也是减小泌水、避免塑性沉降的有效措施，尤其是对大体积混凝土更为有利。此外，对大体积混凝土和大面积的平板结构，进行多次抹面工作以及浇筑后尽快开始养护，也可减少表面塑性收缩裂缝。

(5) 含气量。

任何搅拌好的混凝土拌合物中都有一定量的空气，它们是在搅拌过程中带进混凝土的，约占其体积的 0.5%～2%，称为混凝土的含气量。如果在配料中还掺有一些外加剂，含气量可能会更大。由于含气量对硬化后混凝土的性能有重要影响，所以在试验室和施工现场要对它进行测定与控制。测定混凝土含气量的方法有多种，通常采用压力法。影响含气量的因素包括水泥品种、水灰比、砂颗粒级配、砂率、外加剂、气温、搅拌机的大小及搅拌方式等。

(6) 凝结时间。

水泥与水之间的水化反应是混凝土产生凝结的主要原因，凝结是混凝土拌合物固化的开始。但由于各种因素的影响，混凝土的凝结时间与配制混凝土所用水泥的凝结时间并不一致，不存在确定的关系。由于水泥浆体的凝结和硬化过程要受到水化产物在空间填充情况的影响，因此，水灰比的大小会明显影响其凝结时间，水灰比越大，凝结时间越长。而配制混凝土的水灰比与测定水泥凝结时间规定的水灰比不同，故这两者的凝结时间便有所不同。工程中需要直接测定混凝土的凝结时间，包括初凝时间和终凝时间。

测定混凝土的凝结时间通常采用贯入阻力法，所使用的仪器为贯入阻力仪。该方法是：先用 5mm 筛孔的筛子从拌合物中筛取砂浆，按一定方式装入规定的容器中；然后，每隔一定时间测定在砂浆中贯入到一定深度时的贯入阻力，绘制出贯入阻力与时间关系的曲线；再以贯入阻力为 3.5MPa 及 28.0MPa 画两条平行于时间坐标的直线，直线与曲线交点的时间即分别为混凝土的初凝和终凝时间。初凝时间表示混凝土浇筑和捣实工作时间的极限，终凝时间表示混凝土力学强度的开始与发展。

需要说明的是，用贯入阻力仪测定的凝结时间和工程现场混凝土真正的凝结时间并不会一致。工程现场的环境温度、混凝土面层湿度及风速，都对工程现场的混凝土凝结时间产生重要影响。

4.4 硬化混凝土的强度

1) 混凝土的受力破坏特点

由于水化热、干燥收缩及泌水等原因，硬化后的混凝土在受力前就在水泥石中存在有微裂纹，特别是在集料的表面处存在着部分界面微裂纹。当混凝土受力后，在微裂纹处产生应力集中，使这些微裂纹不断扩展、数量不断增多，并逐渐汇合连通，最终形成若干条可见的裂缝而使混凝土破坏。

通过显微镜观测混凝土的受力破坏过程，表明混凝土的破坏过程是内部裂纹产生、发生与汇合的过程，可分为四个阶段。混凝土单轴静力受压时的变形与荷载关系，如图 4-16 所示。

第一阶段，当荷载达到“比例极限”（约为极限荷载的 30%）以前，混凝土的应力较小，界面微裂纹无明显的变化（图 4-16 中Ⅰ及图 4-17 中Ⅰ）。此时，荷载与变形近似为直线关系（图 4-16 *OA* 段）。

第二阶段，荷载超过“比例极限”（约为极限应力的 30%～50%）后，界面微裂纹的数量、宽度和长度逐渐增大，但尚无明显的砂浆裂纹（图 4-16 中Ⅱ及图 4-17 中Ⅱ）。此时，变形增大的速度大于荷载增大的速度，荷载与变形已不再是直线关系（图 4-16 *AB* 段）。

第三阶段，当荷载超过“临界荷载”（约为极限荷载的 70%～90%）时，界面裂纹继续产生与扩展，同时开始出现砂浆裂纹，部分界面裂纹汇合（图 4-16 中Ⅲ及图 4-17 中Ⅲ）。此时，变形速度明显加快，荷载与变形曲线明显弯曲（图 4-16 *BC* 段）。

第四阶段，变形进一步加快，混凝土承载能力下降，裂缝体系不稳定。混凝土承载能力下降，载荷减少而变形迅速扩大，以致完全破坏，曲线变形下降而最后结束（图 4-16 CD 段，图 4-17Ⅳ）。

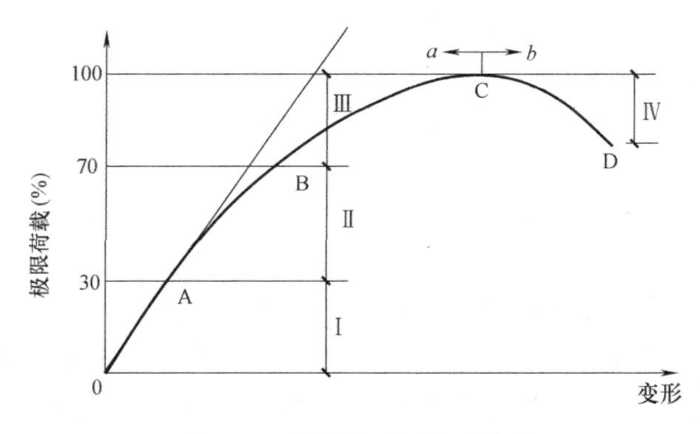

图 4-16　混凝土受压变形曲线

Ⅰ—界面裂缝无明显变化；Ⅱ—界面裂缝增长；Ⅲ—出现砂浆裂缝和连续裂缝；Ⅳ—连续裂缝快速发展；*a*—裂缝缓慢增长；*b*—裂缝迅速增长

由此可见，混凝土的受力变形与破坏是混凝土内部微裂纹产生、扩展、汇合的结果，且只有当微裂纹的数量、长度与宽度达到一定程度时，混凝土才会完全破坏。

2）混凝土的强度

（1）混凝土的立方体抗压强度。

混凝土在结构中主要承受压力作用，而且混凝土立方体抗压强度与各种强度及其他性能之间有一定的相关性，因此是衡量混凝土力学性能的主要指标，也是评定混凝土施工质量的重要指标。

按照现行国家标准《普通混凝土力学性能试验方法标准》GB/T 50081 的规定：将混

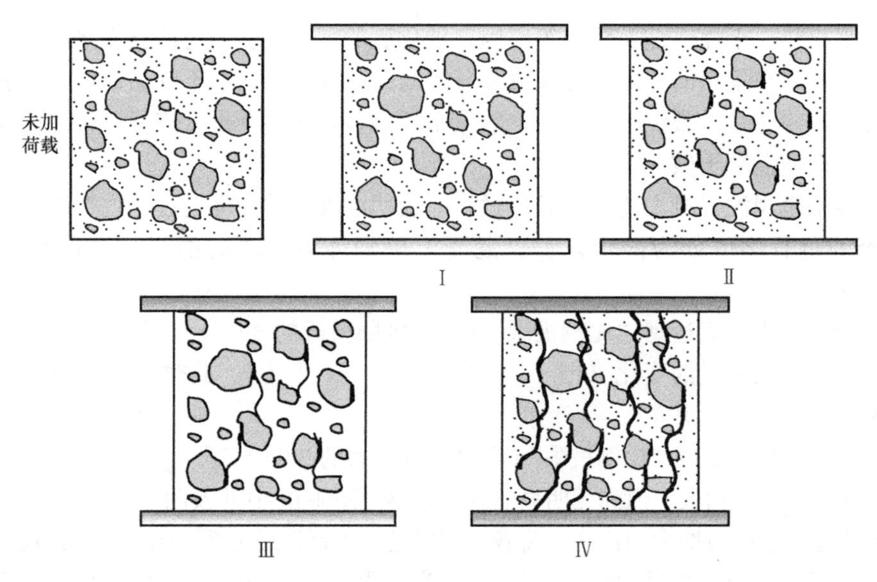

图 4-17　不同受力阶段受力示意图

凝土拌合物按规定的方法，制作成边长为 150mm 的立方体试件，在标准条件下（温度 (20±2)℃，相对湿度 95%以上）养护至 28d 龄期，测得的抗压强度值（试件单位面积承受的压力值）为混凝土立方体试件抗压强度（常简称为混凝土抗压强度），以 f_{cu} 表示，单位为 N/mm^2 或 MPa。

制作混凝土试件时，也可根据粗骨料最大粒径采用非标准尺寸的试件，如边长为 100mm 或 200mm 的立方体试件。但在计算抗压强度时，需乘以换算系数，即换算成标准试件的强度值：边长为 100mm 的立方体试件，换算系数为 0.95；边长为 200mm 的立方体试件，换算系数为 1.05。

当混凝土立方体试件在压力机上受压时，在沿加载方向产生纵向压缩变形的同时也产生横向膨胀变形，但压力机的上下压板与试件表面之间的摩擦力，对试件的膨胀变形起着约束作用，常称为环箍效应，如图 4-18 所示。这种环箍效应在一定高度的范围内起作用，离试件的承压面越远，环箍效应越弱。在试件的中部，可以比较自由地横向膨胀，所以试件破坏时其上下部分各呈一个较完整的棱锥体，如图 4-19 所示。因此，试件尺寸较小时，环箍效应的相对作用较大，测得的抗压强度就偏高；反之，试件尺寸较大时，测得的抗压强度就偏低。故对于非标准尺寸试件的抗压强度，应乘以上述的换算系数。

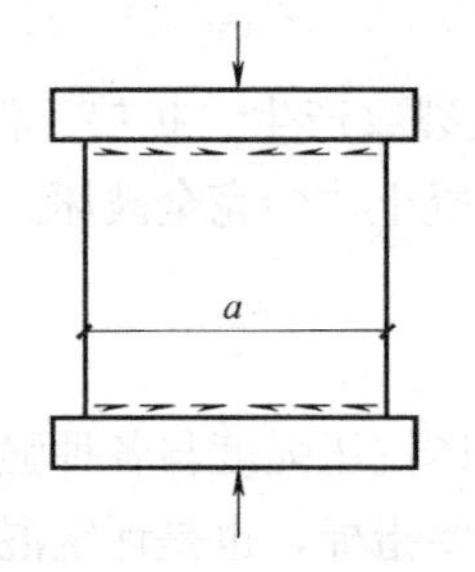

图 4-18　压力机压力板对试件的约束作用

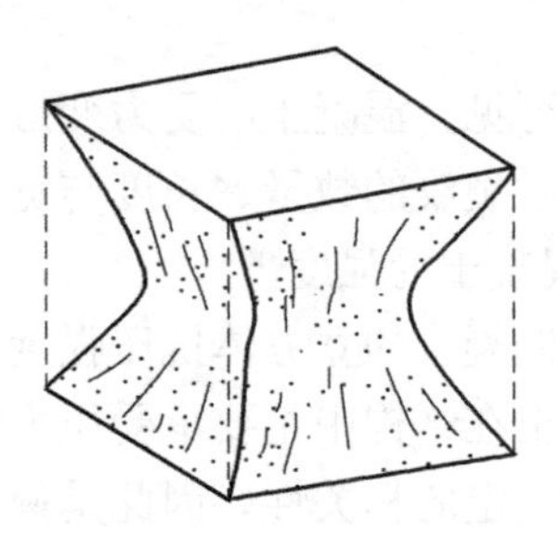
图 4-19　试件破坏后残存的棱锥体

(2) 混凝土的强度等级。

按现行国家标准《混凝土结构设计规范》GB 50010 规定，混凝土的强度等级按立方体抗压强度标准值划分。混凝土立方体抗压强度标准值是指按标准方法制作和养护的边长为 150mm 的立方体试件，在 28d 龄期，用标准方法测得的抗压强度总体分布中具有不低于 95%保证率的抗压强度值，以 $f_{cu,k}$ 表示。混凝土强度等级是按混凝土立方体抗压强度标准值来划分的，采用符号“C”和立方体抗压强度标准值（单位为 MPa）表示。普通混凝土共划分为 14 个强度等级：C15、C20、C25、C30、C35、C40、C45、C50、C55、C60、C65、C70 、C75 和 C80。如 C30 即表示混凝土立方体抗压强度标准值为 $30MPa \leqslant f_{cu,k} < 35MPa$。

C10～C15 的混凝土主要用于垫层、基础、地坪及受力不大的结构；C20～C40 的混凝土主要用于普通混凝土结构的梁、板、柱、承台、屋架、楼梯等；C50～C120 的混凝土主要用于预应力及大跨度结构、耐久性较高的结构及预制构件。

(3) 混凝土的轴心抗压强度。

混凝土轴心抗压强度也称作棱柱体抗压强度，以 f_c 表示。由于在实际工程结构中，混凝土受压构件大多为棱柱体或圆柱体而不是立方体，所以用轴心抗压强度能更好地反映混凝土的实际受压情况。

轴心抗压强度的测定采用 150mm×150mm×300mm 的棱柱体作为标准试件。如有必要，也可采用非标准尺寸的棱柱体试件，但其高度与宽度之比应在 2～3 的范围内。由于试件不受环箍效应的影响，混凝土的轴心抗压强度 f_c 比同截面的立方体抗压强度 f_{cu} 要小。试验表明：在立方体抗压强度 f_{cu}=10～50MPa 的范围内，二者之间的关系约为 $f_c=(0.7 \sim 0.8)f_{cu}$。

(4) 混凝土的抗拉强度。

混凝土属于脆性材料，抗拉强度只有抗压强度的 1/20～1/10，且比值随混凝土抗压强度的提高而减少。在混凝土结构设计中，通常不考虑混凝土承受拉力，但混凝土的抗拉强度与混凝土构件的裂缝有着密切的关系，是混凝土结构设计中确定混凝土抗裂性的重要依据。

用轴向拉伸方向测定时，外力的作用线与试件的轴线不易重合，且夹具处易被夹坏。GB/T 50081—2019 规定采用劈拉法测定，即采用边长为 150mm 的立方体试件（采用 100mm×100mm×100mm 试件，则换算系数为 0.85），如图 4-20 所示进行试验。劈拉强度 f_{ts} 按下式计算：

$$f_{ts}=\frac{2F}{\pi A}=0.637\frac{F}{A}$$

式中 F——破坏荷载（N）；

A——试件受劈面的面积（mm^2）。

试验结果表明，混凝土的轴心抗拉强度与劈拉强度的比值约为 0.9。

(5) 混凝土的弯拉强度。

混凝土的弯拉强度（即抗弯强度、抗折强度），略高于劈拉强度。公路路面、机场跑道路面等以弯拉强度作为主要的设计指标。

弯拉强度采用 150mm×150mm×550mm 的试件（采用 100mm×100mm×400mm 试

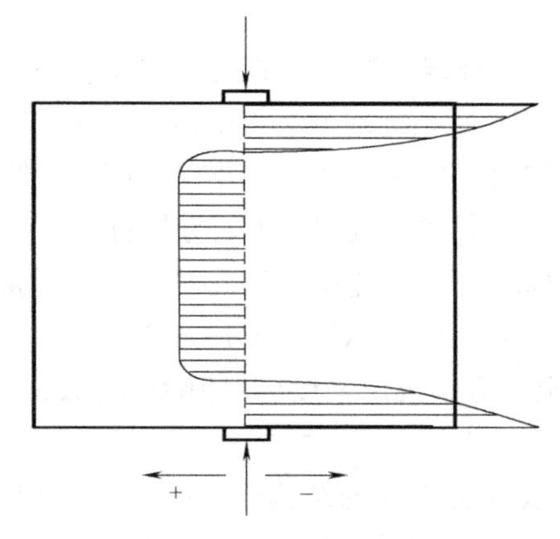

图 4-20　劈拉试验时垂直于受力面的应力分布

件，则换算系数为 0.85)，经 28d 标准养护后，按三分点加荷方式测得（图 1-5）。国家现行标准《公路水泥混凝土路面设计规范》JTG D40 按混凝土弯拉强度高低与路面等级分为四级，见表 4-25。北京大兴国际机场飞机跑道混凝土 28d 抗折强度按照 5.0～6.0MPa 设计。

3）影响混凝土强度的因素

（1）水泥的强度等级与水胶比。

从混凝土的结构与混凝土的受力破坏过程可知，混凝土的强度主要取决于水泥石的强度和界面粘结强度。普通混凝土的强度主要取决于水泥强度等级与水胶比。水泥强度等级越高，水泥石的强度越高，对集料的粘结作用也越强。水胶比越大，在水泥石内造成的孔隙越多，混凝土的强度越小。在能保证混凝土密实成型的前提下，混凝土的水胶比越小，混凝土的强度越高。当水胶比过小时，水泥浆稠度过大，混凝土拌合物的流动性过小，在一定的施工成型工艺条件下，混凝土不能密实成型，反而导致强度严重降低，如图 4-21（a）所示。

公路水泥混凝土弯拉强度　　表 4-25

交通等级	特重	重	中等	轻
水泥混凝土抗折强度标准值(MPa)	5.0	5.0	4.5	4.0
钢纤维混凝土抗折强度标准值(MPa)	6.0	6.0	5.5	5.0

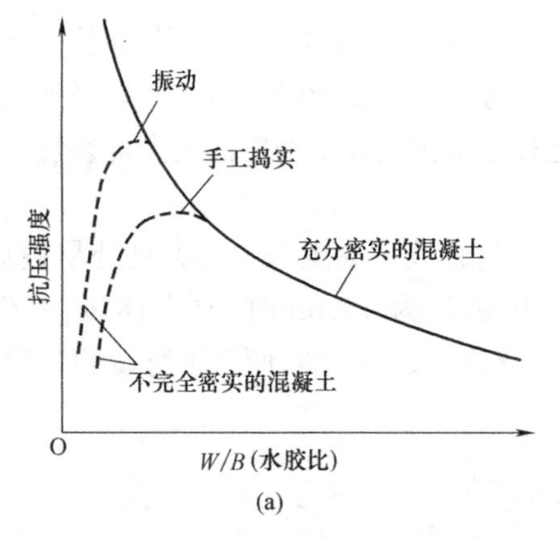

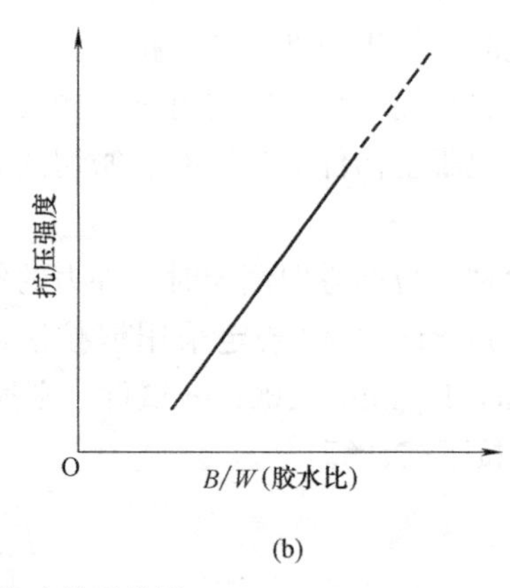

图 4-21　混凝土抗压强度与水胶比关系曲线

大量试验表明，在材料相同的条件下，混凝土的强度随水灰比的增加而有规律降低，并近似呈双曲线关系，如图 4-21 所示。而混凝土的强度与胶水比（B/W）的关系近似呈直线关系（图 4-21b），这种关系可用下式表示：

$$f_{cu}=\alpha_a f_{ce}\left(\frac{B}{W}-\alpha_b\right)$$

式中　f_{cu}——混凝土 28d 龄期的抗压强度（MPa）；

B/W——混凝土的胶水比（胶凝材料与水的质量比）；

α_a、α_b——与粗骨料有关的回归系数，可通过历史资料统计得到；若无统计资料，可采用《普通混凝土配合比设计规程》JGJ 55—2011 提供的经验值：采用碎石时 $\alpha_a=0.53$，$\alpha_b=0.20$；采用卵石时，$\alpha_a=0.49$，$\alpha_b=0.13$。

f_{ce}——实测的经标准养护 28d 的胶凝材料胶砂抗压强度（MPa）。有试验条件时应将水泥与掺合料按预定的掺入比例混合均匀后，按水泥胶砂强度测试方法测定胶凝材料 28d 抗压强度。无试验条件时，可取 $f_{ce}=\gamma_f\gamma_s\gamma_c f_{ce,k}$（MPa）。$f_{ce,k}$ 为水泥强度等级标准值（32.5、42.5 及 52.5）（MPa）；γ_c 为出厂水泥强度富余系数，可按照表 4-26 选取，建议在 1.0～1.16 范围内选取。γ_f、γ_s 分别为掺加粉煤灰和矿渣粉作为混凝土掺合料时，对胶凝材料胶砂强度的影响系数，可按表 4-27 选取。

上式称为混凝土的强度公式，又称为保罗米公式。该式适用于 C60 以下的流动性较大的混凝土，即适用于低塑性与塑性混凝土，不适用于干硬性混凝土和 C60 以上的高强混凝土。

利用该公式，可根据所用水泥的强度等级、掺合料种类和掺量、水胶比及骨料品种来估计所配制的混凝土标准养护 28d 的强度，或根据要求的 28d 混凝土强度和所用的原材料情况来计算配制混凝土时应采用的水胶比。

水泥强度富余系数 γ_c **表 4-26**

水泥强度等级 $f_{ce,k}$	32.5	42.5	52.5
富余系数 γ_c	1.12	1.16	1.10

粉煤灰影响系数 γ_f 和矿渣粉影响系数 γ_s **表 4-27**

掺量(%)	粉煤灰影响系数 γ_f	矿渣粉影响系数 γ_s
0	1.00	1.00
10	0.90～0.95	1.00
20	0.80～0.85	0.95～1.00
30	0.70～0.75	0.90～1.00
40	0.60～0.65	0.80～0.90
50	—	0.70～0.85

注：粉煤灰宜采用Ⅰ、Ⅱ级并宜取上限值；矿粉采用 S95 级时取上限，采用 S105 时，可用上限值加 0.05。

（2）集料的品种、规格与质量。

骨料本身的强度一般都比水泥石强度高（轻骨料除外），所以不会直接影响混凝土的强度，但骨料的含泥量和泥块含量、有害物质含量、颗粒级配、形状及表面特征等均影响混凝土的强度。若骨料含泥量较大，将使骨料与水泥石的粘结强度大大降低；骨料中的有机物质会影响水泥的水化反应，从而影响水泥石的强度；颗粒级配影响骨架的强度和骨料之间的空隙率；有棱角且三维尺寸相近的颗粒有利于骨架的受力；表面粗糙的集料有利于与水泥石的粘结，故用碎石配制的混凝土比用卵石配制的混凝土强度高。在水泥强度等级与水灰比相同的条件下，碎石混凝土的强度往往高于卵石混凝土，特别是在水灰比较小时。如水灰比为 0.40 时，碎石混凝土较卵石混凝土的强度高 20%～35%；而当水灰比为

0.65 时，二者的强度基本上相同。其原因是水灰比小时，界面粘结是主要矛盾；而水灰比大时，水泥石强度成为主要矛盾。粒径粗大的集料，可降低用水量及水灰比，有利于提高混凝土的强度。对高强混凝土，较小粒径的粗集料可明显改善粗集料与水泥石的界面粘结强度，提高混凝土的强度。

（3）养护温度、湿度。

混凝土所处环境的湿度与温度，都是影响混凝土强度的重要因素，因为它们都对水泥的水化过程产生影响。

① 温度。

养护温度高，水泥的水化速度快，早期强度高，但 28d 及 28d 以后的强度与水泥的品种有关。普通硅酸盐水泥混凝土与硅酸盐水泥混凝土在高温养护后，再转入常温养护至 28d，其强度较一直在常温或标准养护温度下养护至 28d 的强度低 10%～15%；而矿渣硅酸盐水泥以及其他掺活性混合材料多的硅酸盐水泥混凝土，或掺活性矿物掺合料的混凝土经高温养护后，28d 强度可提高 10%～40%。当温度低于 0℃时，水泥水化停止后，混凝土强度停止发展，同时还会受到冻胀破坏作用，严重影响混凝土的早期强度和后期强度。受冻越早，冻胀破坏作用越大，强度损失越大。因此，应特别防止混凝土早期受冻。当平均气温连续 5d 低于 5℃时，应按冬期施工的规定进行。环境温度特别是低温环境，对掺加有粉煤灰和矿渣粉的预拌混凝土的水化进程影响更加显著。冬期（或低温环境下）混凝土施工时，混凝土配合比应及时根据工程具体情况降低粉煤灰和矿渣微粉的掺量，适当提高水泥用量，降低施工坍落度，否则混凝土水化速度很慢，强度增长缓慢，有可能会耽误工期。如果再加上外加剂缓凝作用及坍落度偏大，后续工序处理不当有可能会发生工程质量事故。

② 湿度。

由于水泥的水化是在充水的毛细孔空间发生，因此必须创造条件防止水分从毛细孔中蒸发而失去；同时，大量的自由水会被水泥水化产物结合或吸附，也需要不断提供水分以使水泥的水化正常进行，从而产生更多的水化产物使混凝土的密实度增加。环境湿度越高，混凝土的水化程度越高，混凝土的强度越高。如环境湿度低，则由于水分大量蒸发，使混凝土不能正常水化，严重影响混凝土的强度。受干燥作用的时间越早，造成的失水干缩开裂越严重（因早期混凝土的抗拉强度较低），结构越疏松，混凝土的强度损失越大。混凝土在浇筑后，应在初凝前进行覆盖塑料薄膜，多次掀开、抹压混凝土后再覆盖养生，以防早期水分蒸发过快，混凝土终凝后进行浇水覆盖薄膜并草袋保温养护。使用硅酸盐水泥、普通硅酸盐水泥、矿渣硅酸盐水泥时，混凝土保湿时间应不小于 7d；使用火山灰质硅酸盐水泥和粉煤灰硅酸盐水泥，或掺用缓凝型外加剂，或有耐久性要求时，混凝土保湿养护应不小于 14d。高强混凝土、高耐久性混凝土则在成型后须立即覆盖或采取适当的保湿措施。图 4-22 所示是保持不同的潮湿养护时间对混凝土强度的影响。图 4-23 是混凝土在不同温度的水中养护时强度的发展规律。

（4）龄期。

在正常养护条件下，混凝土强度随龄期的增加而增大，最初 7～14d 内强度增长较快，28d 以后强度逐渐趋于稳定，所以通常以 28d 强度作为确定混凝土强度的依据。但此后强度仍有所增长，甚至在几年期间混凝土强度都有增长的趋势。对于掺加粉煤灰的混凝土，因其早期强度发展较慢而后期强度增长显著，有时也以其他龄期的强度作为质量评定的依据，例如地下工程或海洋混凝土工程中的大体积掺粉煤灰和矿渣粉的混凝土，强度评定可以按照 60d 或 90d 甚至 180d 的龄期。普通水泥配制的混凝土，在标准条件养护下，其强度的增长大致与龄期的对数成正比关系（龄期不小于 3d），即：

$$f_n = f_{28} \cdot \frac{\lg n}{\lg 28}$$

式中 f_n——nd 龄期时混凝土的抗压强度（MPa）；

f_{28}——28d 龄期时混凝土的抗压强度（MPa）；

n——混凝土养护龄期（d），$n \geqslant 3$。

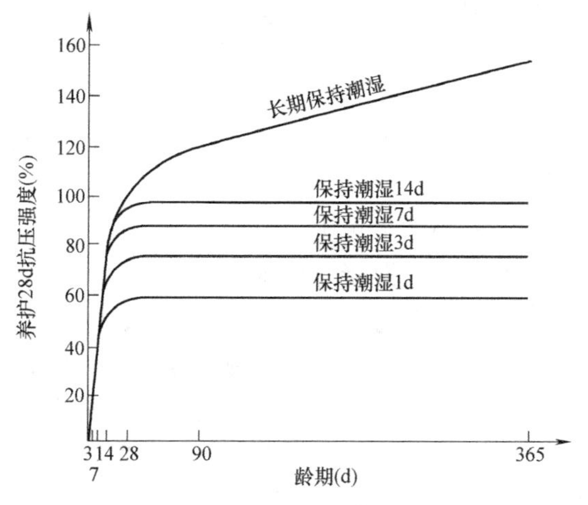

图 4-22 不同的潮湿养护时间对混凝土强度的影响

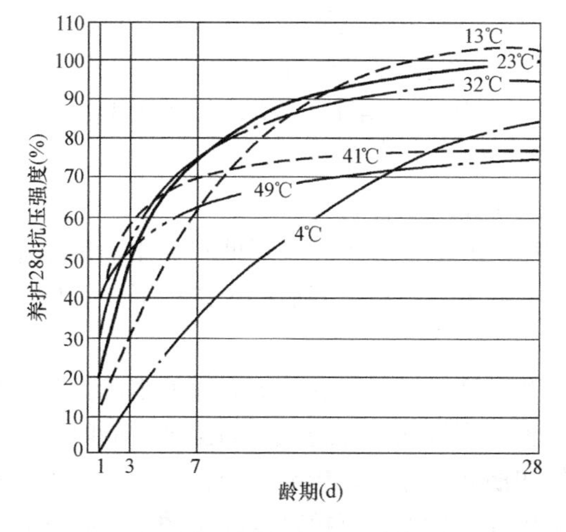

图 4-23 不同温度的水中养护对混凝土强度的影响

在实际工程中，可利用该式根据混凝土的早期强度推算其后期强度。但由于影响混凝土强度的因素很多，故结果只能做参考。

(5) 施工方法、施工质量及其控制。

采用机械搅拌可使拌合物的质量更加均匀，特别是对水灰比较小的混凝土拌合物。采用机械振动成型时，机械振动作用可暂时破坏水泥浆的凝聚结构，降低水泥浆的黏度，从而提高混凝土拌合物的流动性，有利于获得致密结构，这对水灰比小的混凝土或流动性小的混凝土尤为显著。

此外，计量的准确性、搅拌时的投料次序与搅拌制度、混凝土拌合物的运输与浇灌方式、工程现场人为的随意加水等，都对入模板的混凝土和易性造成影响，最终也对混凝土强度有一定的影响。

4) 提高混凝土强度的措施

(1) 采用高强度等级水泥或快硬早强型水泥。

采用高强度等级水泥，例如 52.5 级水泥，可提高混凝土 28d 强度，早期强度也可获得提高；采用快硬早强水泥或早强型水泥，例如 42.5 或 52.5 级硫铝酸盐水泥，可提高混凝土的早期强度，即 3d 或 7d 强度。但不应过分追求提高水泥的强度，特别是早期强度，以免造成混凝土开裂加剧。

(2) 采用干硬性混凝土或较小的水灰比。

干硬性混凝土的用水量小（一般混凝土用水量在 140～160kg/m^3），即水灰比小，因而硬化后混凝土的密实度高，故可显著提高混凝土的强度。但干硬性混凝土在成型时需要较大、较强的振动设备，适合在预制厂使用，在现浇混凝土工程中一般无法使用。采用碾压施工时，可选用干硬性混凝土。即使水灰比（水胶比）相同的同一混凝土配比，相同龄期下小坍落度混凝土也比大坍落度甚至自流平混凝土的强度高得多。路面及广场混凝土可采用真空吸水设备，降低混凝土中含水量，从而降低水灰比（或水胶比），提高混凝土强度。

(3) 采用级配好、质量高、粒径适宜的集料。

级配好，泥、泥块等有害杂质少以及针、片状颗粒含量较少的粗、细集料，混凝土需水量少，有利于降低水灰比提高混凝土的强度。对中低强度的混凝土，应采用最大粒径较大的粗集料；对高强混凝土，则应采用最大粒径较小的粗集料，同时应采用较粗的细集料。

(4) 采用机械搅拌和机械振动成型。

采用机械搅拌和机械振动成型，可进一步降低水灰比，并能保证混凝土密实成型。在低水灰比情况以及干硬性混凝土、小坍落度混凝土条件下，效果尤为显著。

(5) 加强养护。

混凝土在成型后，应及时进行保湿保温养护以保证水泥基胶凝材料能正常水化与凝结硬化。对自然养护的混凝土，应保证一定的温度与湿度。同时，应特别注意混凝土的早期保湿保温养护，即在养护初期必须保证有较高的湿度，防止混凝土早期失水干缩裂缝，并防止混凝土早期受冻。采用湿热处理，可提高混凝土的早期强度，可根据水泥品种对高温养护的适应性和对早期强度的要求，选择适宜的高温养护温度。

(6) 掺加减水剂或高效减水剂。

掺加减水剂，特别是高效减水剂可大幅度降低用水量和水灰比，使混凝土的 28d 强度显著提高，高效减水剂还能提高混凝土的早期强度。掺加早强剂可显著提高混凝土的早期强度。

（7）掺加优质混凝土矿物掺合料。

掺加活性矿物掺合料，如硅灰、磨细粉煤灰、沸石粉、矿渣粉等可提高混凝土的后期强度，特别是硅灰可大幅度提高混凝土的强度。近年来，有研究尝试用纳米 SiO_2、超细水泥等特种材料掺入混凝土中，以提高高强度等级混凝土的强度和性能。但是，对于机场道面混凝土和重载混凝土道路工程，考虑到混凝土的耐磨、耐冲击、抗折等技术要求，不建议在其中掺入矿物掺合料，特殊情况下掺加也应控制在 $50kg/m^3$ 以内。

特殊情况下，可掺加合成树脂或合成树脂乳液，这对提高混凝土的强度及其他性能十分有利。但价格昂贵，一般用在修补加固及防水混凝土工程中。

4.5 混凝土的变形性能

混凝土在水化、硬化和服役过程中，由于受物理、化学及力学等其他因素的作用，会产生各种变形。由物理、化学因素引起的变形称为非荷载作用下的变形，包括塑性收缩、化学收缩、碳化收缩、干湿变形及温度变形等；由荷载作用引起的变形称为荷载作用下的变形，包括短期荷载作用下的变形和长期荷载作用下的变形。如果混凝土处于自由的非约束状态，那么这种变形一般不会产生不利影响。但是，实际使用中的混凝土结构总会受到基础、钢筋或相邻构件的牵制而处于不同程度的约束状态，因此，混凝土的变形将会由于约束作用而在内部产生拉应力。当内部拉应力超过混凝土的抗拉强度时，就会引起开裂，产生裂缝。这些裂缝不仅影响混凝土承受设计荷载的能力，而且严重影响混凝土的耐久性和结构安全。

1. 非荷载作用下的变形

1）化学收缩变形

新拌混凝土在水化硬化过程中，由于水泥水化产物的体积小于反应物（水泥与水）的体积，会导致混凝土在硬化时产生收缩，称为化学收缩。普通混凝土的化学收缩是不可恢复的，收缩量随混凝土的硬化龄期的延长而增加，一般在 40d 内逐渐趋向稳定。硅酸盐水泥完全水化后总体积减缩 7%～9%，一般对混凝土的结构没有破坏作用。硬化前宏观体积减小，即系统的体积减小了，但水泥水化产物的体积大于反应物水泥的体积，即随反应的进行，固相体积增加，密实度提高；硬化后宏观体积不变，系统减缩后在混凝土内部形成孔隙。

2）塑性收缩

塑性收缩是新拌混凝土在浇筑后尚未硬化前因混凝土表面水分蒸发而引起的收缩。当新拌混凝土的表面水分蒸发速率大于混凝土内部向表面泌水的速率，且水分得不到补充时，混凝土表面就会失水干燥，在表面产生很大的湿度梯度，从而导致混凝土表面开裂。高强和高性能混凝土的用水量较小，基本上不泌水，尤其是掺有较多矿物掺合料时更是如此，所以高强和高性能混凝土非常容易发生塑性开裂。

塑性收缩裂缝极少贯穿整个混凝土板，而且通常不会延伸到混凝土板的最下边缘。塑性收缩裂纹的宽度一般为 0.1～2mm，深度为 25～50mm，并且很多裂纹相互平行，间距约为 25～75mm。气温越高、相对湿度越小、风速越大，则产生塑性开裂的时间越早，出现塑性裂缝的数量越多和宽度越大。

若浇筑后的混凝土拌合料泌水严重，则可引起混凝土产生整体沉降，在沉降受阻的部位，如钢筋上方，严重时会在大尺寸粗集料处也产生，这种变形称为塑性沉降。塑性沉降较大时，可产生塑性沉降裂缝，沉降裂缝一般长度大约为 0.2～2m，宽度为 0.2～2mm，从外观看可分为无规则网络状、稍有规则的斜纹状或反映混凝土布筋情况和混凝土构件截面变化等的规则形状，深度一般为 3～50mm。混凝土断面越深，沉降裂纹越易产生。

3）干缩湿胀变形

混凝土在干燥环境中会产生干缩湿胀变形。水泥石内吸附水和毛细孔水蒸发时，会引起凝胶体紧缩和毛细孔负压，从而使混凝土产生收缩。当混凝土吸湿时，由于毛细孔负压减小或消失而产生膨胀。

混凝土在水中硬化时，由于凝胶体中胶体粒子表面的水膜增厚，使胶体粒子间的距离增大，混凝土产生微小的膨胀，此种膨胀对混凝土一般没有危害。混凝土在空气中硬化时，首先失去毛细孔水。继续干燥时，则失去吸附水，引起凝胶体紧缩（此部分变形不可恢复）。干缩后的混凝土再遇水时，混凝土的部分干缩变形可恢复，约有 30%～50%不可恢复，如图 4-24 所示。混凝土的湿胀变形很小，一般无破坏作用。混凝土的干缩变形对混凝土的危害较大。干缩可使混凝土的表面产生较大的拉应力而引起开裂，从而使混凝土的抗渗性、抗冻性、抗侵蚀性等降低。

影响混凝土干缩变形的因素主要有：

（1）水泥用量、细度、品种。水泥用量越多，水泥石含量越多，干燥收缩越大。水泥的细度越大，混凝土的用水量越多，干燥收缩越大。强度等级高的水泥，细度往往较大，故使用高强水泥时混凝土的干燥收缩较大。使用火山灰质硅酸盐水泥时，混凝土的干燥收缩较大；而使用粉煤灰硅酸盐水泥时，混凝土的干燥收缩较小。

（2）水灰（胶）比。水灰（胶）比越大，混凝土内的毛细孔隙数量越多，混凝土的干燥收缩越大。一般用水量每增加 1%，混凝土的干缩率增加 2%～3%。

（3）集料的规格与质量。集料的粒径越大、级配越好，水与水泥用量越少，混凝土的干燥收缩越小。集料的含泥量及泥块含量越少，水与水泥用量越少，混凝土的干燥收缩越小。针、片状集料含量越少，混凝土的干燥收缩越小。

（4）养护条件。养护湿度高，养护的时间长，则有利于推迟混凝土干燥收缩的产生与发展，可避免混凝土在早期产生较多的干缩裂纹，但对混凝土的最终干缩率没有显著的影

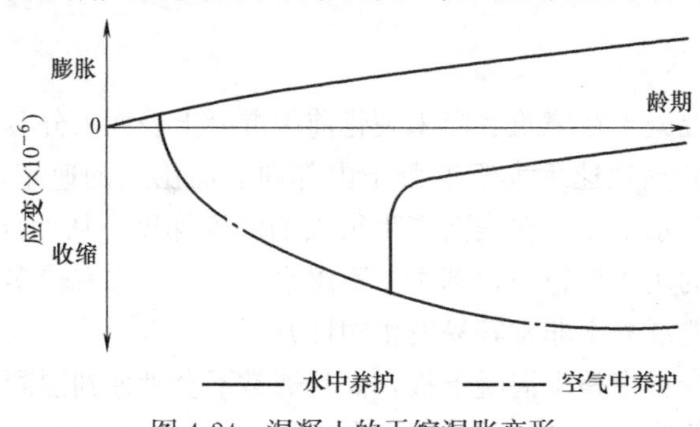

图 4-24　混凝土的干缩湿胀变形

响。采用湿热养护时，可降低混凝土的干缩率。

4）自收缩

自收缩是由于水泥水化时消耗水分，使混凝土内部的相对湿度降低，造成毛细孔、凝胶孔的液面弯曲，体积减小，产生所谓的自干缩现象。

C50 以上的混凝土水胶比相对较低，自收缩大，且主要发生在早期。对未掺缓凝剂的混凝土，从初凝（浇筑后 5～8h 左右）时开始就产生很大的自收缩，特别在浇筑后的 24h 内自收缩速度很快，1d 的自收缩值可以达到 28d 的 50％～60％，往往导致混凝土在硬化期间产生大量微裂缝。

水泥细度大、强度高，特别是早期强度高、水化快、水胶比小，以及能加快水泥水化速度的早强剂、促凝剂、膨胀剂等的掺入，都会加剧混凝土的早期自收缩。

5）温度变形

对大体积混凝土工程，在凝结硬化初期，由于水泥水化放出的水化热不易散发而聚集在内部，造成混凝土内外温差很大，有时可达 40～50℃以上，温度应力有导致混凝土表面开裂的危险。为降低混凝土内部的温度，应采用水化热较低的水泥或采用普通硅酸盐水泥加混凝土掺合料；采用最大粒径、较大的粗集料；并应尽量降低水泥用量；在混凝土中埋冷却水管，表面绝热，减小内外温差；还可掺加缓凝剂、矿物掺合料；采取人工加冰给水降温、液氮给集料降温；对混凝土合理分缝、分块、减轻约束等措施。

混凝土在正常使用条件下也会随温度的变化而产生热胀冷缩变形。混凝土的线膨胀系数与混凝土的组成材料及用量有关，但影响不大。混凝土的线膨胀系数一般为 $(0.6\sim1.3)\times10^{-5}\ \frac{1}{K}$，即温度每升降 1K，1m 长混凝土的胀缩约为 0.01mm。温度变形对大体积混凝土工程、大面积混凝土及纵长的混凝土结构等极为不利，易使混凝土产生温度裂纹。对纵长的混凝土结构及大面积的混凝土工程，应每隔一段长度设置一道温度伸缩缝。

塑性沉降、塑性收缩、自收缩和温升变形共同作用，常使浇筑后的混凝土产生早期裂缝。

2. 混凝土在荷载作用下的变形

1）混凝土在短期荷载作用下的变形

（1）混凝土的弹塑性变形。

混凝土的弹塑性变形见本书 4.4　1）混凝土的受力破坏特点。

（2）混凝土的弹性模量。

混凝土是一种弹塑性材料，混凝土的应力 σ 与应变 ε 的比值，称为弹性模量。弹性模量随应力增大而降低，并不完全遵守胡克定律。实验结果表明，混凝土以 40％～50％的轴心抗压强度 f_{cp} 为荷载值，经 3 次以上循环加荷、卸荷的重复作用后，应力与应变关系基本上成为直线关系。因此，为测定方便、准确以及所测弹性模量具有实用性，GB/T 50081—2019 规定，采用 150mm×150mm×300mm 的棱柱试件（采用非标准试件 100mm×100mm×300mm、200mm×200mm×400mm 时，换算系数分别为 0.95、1.05），用 1/3 轴心抗压强度值 f_{cp} 作为荷载控制值，循环 3 次加荷、卸荷后，测得的应力与应变的比值，即为混凝土的弹性模量，如图 4-25 所示。由此测得的弹性模量为割线 A′C′的弹性模量，故又称割线弹性模量，见图 4-26。

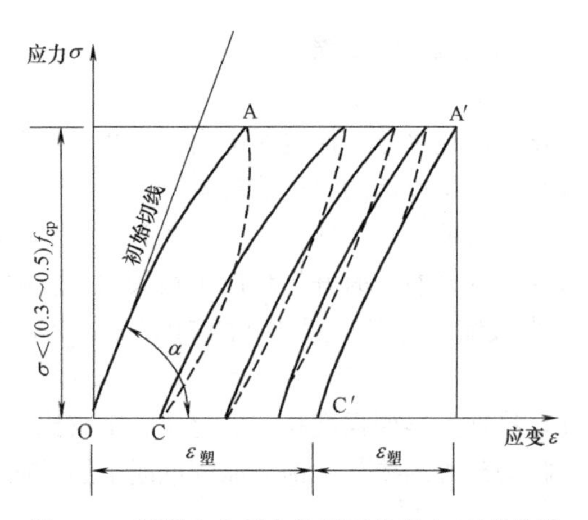

图 4-25　混凝土在压力作用下的应力-应变曲线

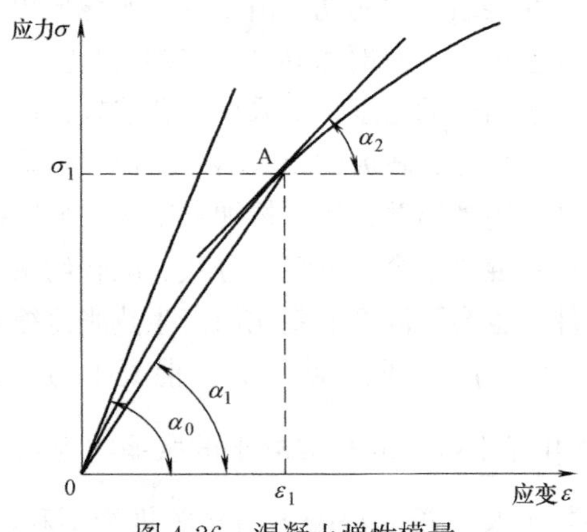

图 4-26　混凝土弹性模量

混凝土弹性模量有三种表示方法：

初始切线弹性模量：$E_c=\tan\alpha_0$；

割线弹性模量：$E'_c=\tan\alpha_1=\dfrac{\sigma_1}{\varepsilon_1}$；

切线弹性模量：$E''_c=\tan\alpha_2=\dfrac{d\sigma_c}{d\varepsilon_c}$。

混凝土的弹性模量在结构设计中主要用于结构的变形与受力分析。对于 C10～C60 的混凝土，其弹性模量为（1.75～3.60）$\times10^4$ MPa。

影响混凝土弹性模量的主要因素有：

① 混凝土强度。混凝土的强度越高，则其弹性模量越高。

② 混凝土水泥用量与水灰比。混凝土的水泥用量越少，水灰比越小，粗细集料的用量越多，则混凝土的弹性模量越大。

③ 集料的弹性模量与集料的质量。集料的弹性模量越大，则混凝土的弹性模量越大；集料泥及泥块等杂质含量越少，级配越好，则混凝土的弹性模量越高。

④ 养护和测试时的湿度。混凝土养护和测试时的湿度越高，则测得的弹性模量越高。湿热处理混凝土的弹性模量高于标准养护混凝土的弹性模量。

2）混凝土在长期荷载作用下的变形——徐变

混凝土在长期不变荷载作用下，沿作用力方向随时间而产生的塑性变形称为混凝土的徐变。图 4-27 为混凝土的变形与荷载作用时间的关系。混凝土随受荷时间的延长，又产生变形，即徐变变形。徐变变形在受力初期增长较快，之后逐渐减慢，2～3 年时才趋于稳定。徐变变形可达瞬时变形的 2～4 倍。普通混凝土的最终徐变为 $(60\sim160)\times10^{-5}$。卸除荷载后，部分变形瞬时恢复，还有部分变形在卸荷一段时间后逐渐恢复，称为徐变恢复。最后残留的不能恢复的变形称为残余变形。

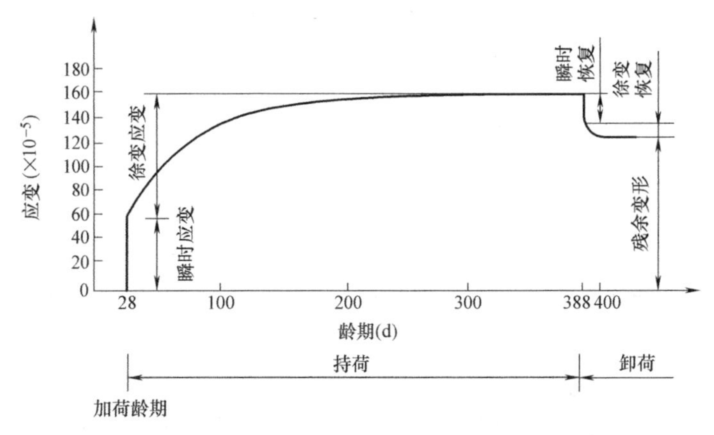

图 4-27　混凝土的徐变与受荷时间的关系

产生徐变的原因是水泥石中凝胶的黏性流动，并向毛细孔中移动的结果，以及凝胶体内的吸附水在荷载作用下向毛细孔迁移的结果。

影响混凝土徐变的因素主要有：

① 水泥用量与水灰比。水泥用量越多，水灰比越大，则混凝土中的水泥石含量及毛细孔数量越多，混凝土的徐变越大。

② 集料的弹性模量与集料的规格与质量。集料的弹性模量越大，混凝土的徐变越小；集料的级配越好，粒径越大，泥及泥块的含量越少，则混凝土的徐变越小。

③ 养护湿度。养护湿度越高，混凝土的徐变越小。

④ 养护龄期。混凝土受荷载作用时间越早，徐变越大。

徐变可消除混凝土、钢筋混凝土中的应力集中程度，使应力重新分配，从而使混凝土结构中局部应力集中得到缓和；对大体积混凝土工程，可降低或消除一部分由于温度变形所产生的破坏应力；但在预应力混凝土中，徐变将会使钢筋的预应力值受到损失。

4.6　混凝土的耐久性

混凝土除应具有设计要求的强度以保证其能安全地承受设计荷载外，还应具有要求的耐久性。耐久性是指混凝土结构在外部环境因素和内部不利因素的长期作用下，能保持其良好的使用性能和外观完整性，从而维持混凝土结构预定的安全性和正常使用的能力。环境因素包括水压渗透作用、冰冻破坏作用、碳化作用、干湿循环引起的风化作用以及酸、碱、盐的侵蚀作用等，内部因素主要指的是碱-集料反应和自身体积的变化。

我国在现行国家标准《混凝土结构设计规范》GB 50010 中，也将混凝土结构的耐久性设计作为一项重要内容，并对耐久性作出了明确的界定和划分了环境类别，见表 4-28。

混凝土结构的环境类别　　表 4-28

环境类别		条　件
一		室内正常环境，无侵蚀性静水浸没环境
二	a	室内潮湿环境；非严寒和非寒冷地区的露天环境，非严寒和非寒冷地区与无侵蚀性的水或土壤直接接触的环境，严寒与寒冷地区冷冻线以下与无侵蚀性的水或土壤直接接触的环境
	b	干湿交替环境，水位频繁变动环境，严寒和寒冷地区的露天环境，寒冷和寒冷地区冰冻线以上与无侵蚀性的水或土壤直接接触的环境
三	a	严寒和寒冷地区冬季水位变动区环境；受除冰盐影响环境；海风环境
	b	盐渍土环境，受除冰盐作用的环境；海岸环境
四		海水环境
五		受人为或自然的侵蚀性物质影响的环境

1. 混凝土抗渗性

（1）抗渗性的定义。混凝土的抗渗性是指混凝土抵抗水、油等液体在压力作用下渗透的性能。抗渗性是决定混凝土耐久性的最基本因素。如果其抗渗性较差，水等液体介质不仅易渗入内部。当环境温度降至负温或环境水中含有侵蚀性介质时，混凝土还易遭受冰冻或侵蚀破坏，也易引起钢筋混凝土内部钢筋的锈蚀。因此，对地下结构、桥墩、水坝、水池、水塔、压力水管、油罐以及港工、海工等工程，通常把混凝土抗渗性作为一个最重要的技术指标。

（2）抗渗性的衡量。混凝土的抗渗性用抗渗等级表示。抗渗等级试验是按照标准试验方法进行，每组 6 个试件，以 6 个试件中有 4 个试件未出现渗水时的最大水压力表示混凝土的抗渗等级，分为 P4、P6、P8、P10、P12 共五个等级，即表示混凝土可抵抗 0.4MPa、0.6MPa、0.8MPa、1.0MPa、1.2MPa 的静水压力而不渗水。抗渗等级等于或大于 P6 级的混凝土为抗渗混凝土。在工程设计中，应依据工程实际所承受的水压力大小来选择抗渗等级。

此外，在国家现行标准《普通混凝土配合比设计规程》JGJ 55 中规定，具有抗渗要求的混凝土，试验要求的抗渗水压力值应比设计值高 0.2 MPa，试验结果应符合下式要求：

$$P_t \geqslant P/10+0.2$$

式中　P_t——6 个试件中 4 个未出现渗水的最大水压力（MPa）；

P——设计要求的抗渗等级值。

（3）影响抗渗性的因素。混凝土的抗渗性主要与混凝土的密实度和孔隙率及孔隙结构有关。混凝土中相互连通的孔隙越多，孔径越大，则其抗渗性越差。这些孔隙主要包括：水泥石中多余水分蒸发留下的气孔，水泥浆泌水所形成的毛细孔道，粗骨料下方界面聚积的水囊，施工振捣不密实形成的蜂窝、孔洞，混凝土硬化后因干缩或热胀等变形造成的裂缝等。提高混凝土抗渗性需要良好的施工质量和养护条件，此外还应针对以下各项影响因素，采取相应的措施：

① 水胶比。水胶比和水泥用量是影响混凝土抗渗透性能的最主要指标。水胶比越大，

多余水分蒸发后留下的毛细孔道越多，亦即孔隙率越大，又多为连通孔隙，故混凝土抗渗性能越差。特别是当水胶比大于0.6时，抗渗性能急剧下降。

② 骨料的最大粒径。水胶比相同时，骨料最大粒径越大，其混凝土抗渗性越差。骨料粒径越大，胶凝材料与之粘结界面越易产生裂隙，骨料下方越易形成孔穴。

③ 水泥品种。采用普通硅酸盐水泥、粉煤灰硅酸盐水泥及火山灰硅酸盐水泥，对混凝土具有较好的保水性；而矿渣硅酸盐水泥由于矿渣较难粉磨粒径粗，水泥保水性差容易造成严重的混凝土泌水，泌水孔道会造成混凝土抗渗性下降。

④ 掺合料。活性矿物掺合料，如硅灰、磨细粉煤灰、沸石粉、矿渣粉等掺合料，可以发挥其形态效应、活性效应、微集料效应和界面效应，可提高混凝土的密实度细化孔隙，从而改善孔结构和骨料与水泥石界面的过渡区结构，提高混凝土的抗渗性。

⑤ 外加剂。减水剂可以通过减水，降低水灰比，改善混凝土和易性，提高混凝土密实性和抗渗性。HPMC保水剂和引气剂，可以降低混凝土泌水率，提高混凝土黏聚性，提高硬化后的混凝土抗渗性。

⑥ 养护方法。保温保湿养护，可以让混凝土水化更彻底，水化产物增多，提高混凝土密实性。

⑦ 龄期。龄期越长，混凝土水化更彻底，水化产物增多，混凝土密实性越好，抗渗性越好。

混凝土的抗渗性是混凝土的一项重要性质，它还直接影响混凝土的抗冻性、抗侵蚀性等其他耐久性。因此，除地下工程、有防水或抗渗要求的工程必须考虑混凝土的抗渗性外，对其他耐久性有要求的工程也应考虑混凝土的抗渗性。对于抗渗性高的高性能混凝土，水压法不再适用，目前采用氯离子扩散法，用电量、氯离子扩散系数等来表征混凝土的抗渗性。

2. 抗冻性

（1）抗冻性的定义。混凝土的抗冻性是指混凝土在水饱和状态下，经受多次冻融循环作用，能保持强度和外观完整性的能力。寒冷地区的室外结构以及建筑物中的寒冷环境（如冷库），对所采用的混凝土都要求具有较高的抗冻能力。

（2）抗冻性的衡量。混凝土的抗冻性以抗冻等级表示。抗冻等级采用慢冻法试验，即以龄期为28d的试件吸水饱和后承受－20～－18℃至18～20℃的反复冻融循环，且满足抗压强度损失率不超过25%或质量损失率不超过5%时，所能承受的最大冻融循环次数来确定。混凝土共划分为九个抗冻等级：F10、F15、F25、F50、F100、F150、F200、F250和F300，分别表示混凝土能够承受反复冻融循环次数不少于10、15、25、50、100、150、200、250和300次。抗冻等级F50及以上的混凝土称为抗冻混凝土。实际工程中，混凝土的抗冻等级应根据气候条件或环境温度、混凝土所处部位以及可能遭受冻融循环的次数等因素来确定。

目前，混凝土的抗冻性试验主要采用快冻法（属于非破损法）进行，该法冻结与融化均在水中进行，冻融速度快，适用于抗冻性高的混凝土。快冻法是已经快速冻融循环后，混凝土的相对动弹性模量下降至不小于60%或质量损失率不大于5%时，混凝土所能承受的最多冻融循环次数来表示。与慢冻方法相比，同配合比混凝土快冻法的冻融循环次数明显少于慢冻法。

(3) 冻融循环破坏机理及其影响因素。混凝土受冻融破坏的原因很复杂。其主要原因是：混凝土内部孔隙和毛细孔道中的水在负温下结冰时体积膨胀（水结冰时体积膨胀约9%），膨胀造成了静水压力，同时内部因冰、水蒸气压的差别迫使未冻结水向冻结区的迁移造成了渗透压力。当这两种压力产生的内应力超过混凝土的抗拉强度时，就会产生细微裂缝。经多次冻融循环后就会使细微裂缝逐渐增多和扩展，从而造成混凝土内部结构的逐渐破坏。

混凝土的抗冻性与其内部孔结构、水饱和程度、受冻龄期、混凝土的强度等许多因素有关。而混凝土的孔结构及强度又主要取决于其水灰（胶）比、有无外加剂及养护方法等，归纳如下：

① 水灰（胶）比。水灰比直接影响混凝土的孔隙率及孔结构。随着水灰比的增大，不仅可饱水的开孔总体积增加，而且平均孔径也增大，因而混凝土的抗冻性必然降低。国内外有关规范均规定了用于不同环境条件下的混凝土最大水灰比及最小水泥用量。

混凝土的水灰比从0.4增加到0.6时，其抗冻性能将下降几十倍，所以，对严寒条件下使用的混凝土，必须限定水灰比不超过规定的范围。一般，为了使混凝土具有足够的抗冻性，应使其水灰比小于0.5。

② 含气量。含气量也是影响混凝土抗冻性的主要因素，特别是加入引气剂形成的微细气孔对提高混凝土抗冻性尤为重要。因为这些互不连通的微细气孔在混凝土受冻初期能使毛细孔中的静水压力减少，即起到减压作用。在混凝土受冻结冰过程中，这些孔隙可阻止或抑制水泥浆中微小冰体的生成。除了必要的含气量之外，要提高混凝土的抗冻性，还必须保证气孔在砂浆中分布均匀。通常可用气泡间距来控制其分布均匀性。混凝土含气量及气孔分布的均匀性可用掺加引气剂或引气型减水剂、控制水灰比及集料粒径等方法予以调整。

③ 混凝土的饱水状态。混凝土的冻害与其孔隙的饱水程度紧密相关。一般认为，含水量小于孔隙总体积的91%就不会产生冻结膨胀压力，该数值被称为极限饱水度。在混凝土完全饱水状态下，其冻结膨胀压力最大。混凝土的饱水状态主要与混凝土结构的部位及其所处自然环境有关。一般来讲，在大气中使用的混凝土结构，其含水量均达不到该极限值，而处于潮湿环境的混凝土，其含水量要明显增大。最不利的部位是水位变化区，此处的混凝土经常处于干湿交替变化条件下，受冻时极易破坏。另外，由于混凝土表层的含水率通常大于其内部的含水率，且受冻时表层的温度均低于其内部的温度，所以冻害往往是由表层开始逐步深入发展的。

④ 混凝土龄期。混凝土的抗冻性随其龄期的增长而增高。因为龄期越长，水泥水化越充分，可冻结水逐渐减少，同时水中溶解盐的浓度增加，因此冰点也随龄期而下降，抗冻性能得以提高。这一点对早期受冻的混凝土更为重要。

⑤ 水泥品种及集料质量。混凝土的抗冻性随水泥活性的增高而提高。普通硅酸盐水泥混凝土的抗冻性较好。混凝土集料对其抗冻性的影响主要体现在对集料吸水量的影响及对集料本身抗冻性的影响。一般的碎石及卵石都能满足混凝土抗冻性的要求，只有风化岩等坚固性差的集料才会影响混凝土的抗冻性。在严寒地区室外使用或经常处于潮湿或干湿交替作用状态下的混凝土，则应注意选用优质集料（无软弱颗粒及风化岩的集料）。

⑥ 外加剂及掺合料的影响。减水剂、引气剂及引气减水剂等外加剂均能提高混凝土的抗冻性。引气剂能增加混凝土的含气量且使气泡均匀分布，而减水剂则能降低混凝土的水灰比，从而减少孔隙率，最终都能提高混凝土的抗冻性。粉煤灰掺合料对混凝土抗冻性的影响，主要取决于粉煤灰本身的质量与掺量。掺入适量的（20%以下）优质粉煤灰，只要保持混凝土等强、等含气量，就不会对其抗冻性有不利影响。如果掺入过量的粉煤灰，则会降低水泥浆体和集料界面粘结强度，也必然降低其抗冻性。

为提高混凝土的抗冻性，应提高其密实度或改善其孔结构，最有效的方法是采用掺加引气剂、减水剂和防冻剂的混凝土或密实混凝土。采用较低的水胶比，级配好、泥及泥块含量少的集料，掺加减水剂，加强振捣成型和养护，均可提高混凝土的抗冻性。掺加引气剂，可显著提高混凝土的抗冻性和抗盐冻性。

影响混凝土抗冻性和抗盐冻性的最大因素为混凝土的含气量及气泡间距系数。为有效提高混凝土的抗冻性，混凝土拌合物的含气量应为 4%～6%，硬化后混凝土的气泡间距系数应小于 250～350μm（严寒地区潮湿环境或与水接触取下限）；当受盐冻作用时，气泡间距系数应小于 200～300μm（严寒地区取下限）。引气后的 C25～C50 混凝土，其抗冻等级可以达到 F300～F1000；而非引气混凝土，当水胶比小于 0.24 以下时才具有高抗冻性，如 C80 的非引气混凝土可达 F800～F1000。

3. 混凝土抗侵蚀性

当混凝土所处的环境中含有侵蚀性介质时，混凝土就会遭受化学侵蚀。环境介质对混凝土的化学侵蚀有软水侵蚀、硫酸盐侵蚀、碳酸侵蚀、一般酸侵蚀、强碱侵蚀等，其侵蚀机理与水泥石的化学侵蚀相同。对于海岸、海洋工程中的混凝土，海水的侵蚀除了硫酸盐侵蚀外，还有反复干湿的物理作用、盐分在混凝土内部的结晶与聚集、海浪的冲击磨损、海水中氯离子对钢筋的锈蚀作用等，都会使混凝土受到侵蚀而破坏。

海水侵蚀中危害最大的是氯离子对钢筋的锈蚀作用。在正常情况下，混凝土中的钢筋不会锈蚀，这是由于钢筋表面的混凝土孔溶液呈高度碱性（pH 值>13），可维持钢筋表面形成致密的氧化膜，即成为钢筋的钝化保护膜。但海水中的氯盐侵入后，氯离子从混凝土表面扩散到钢筋位置并积累到一定浓度时，会使钝化膜破坏（故混凝土拌合物中的氯离子浓度应控制在水泥质量的 0.04%以下）。钝化膜破坏后钢筋在水分和氧的参与下发生锈蚀。这种锈蚀作用一方面破坏了混凝土与钢筋之间的粘结，削弱了钢筋的截面面积并使钢筋变脆；另一方面，使钢筋保护层的混凝土开裂、剥落，使介质更容易进入混凝土内部，造成侵蚀加剧，最后导致整个结构物破坏。

混凝土的抗侵蚀性主要取决于水泥的品种与混凝土的抗渗性。解决抗侵蚀性最有效的方法是提高混凝土的抗渗性和适量引气，降低水胶比，掺加适量的掺合料提高混凝土密实度，在混凝土表面涂抹密封性材料，也可改善混凝土的抗侵蚀性。

4. 混凝土的碳化

空气中的二氧化碳与水泥石中的氢氧化钙作用，生成碳酸钙和水的过程称为碳化，又称中性化。未碳化的混凝土内含有 10%～20%的氢氧化钙使毛细孔内水溶液的 pH 值可达到 12.5～13，这种强碱性环境能在钢筋表面形成一层钝化膜，因而对钢筋具有良好的保护能力。碳化使混凝土的碱度降低，当碳化深度超过钢筋的保护层时，由于混凝土的中性化，钢筋表面的钝化膜被破坏，钢筋产生锈蚀。钢筋锈蚀还会引起体积膨胀，使混凝土保护层开裂或剥落。混凝土的开裂和剥落又会加速混凝土的碳化和钢筋的锈蚀。因此，碳化的最大危害是对钢筋的保护作用降低，使钢筋容易锈蚀。

碳化使混凝土产生较大的收缩而使混凝土表面产生微细裂纹，从而降低混凝土的抗拉强度、抗折强度等。但碳化产生的碳酸钙使混凝土的表面更加致密，因而对混凝土的抗压强度有利。总体来讲，碳化对混凝土弊大于利。混凝土的碳化过程是由表及里逐渐进行的过程。混凝土的碳化深度 D（mm）随时间 t（d）的延长而增大。在正常大气中，二者的关系为：$D=at$，其中 a 为碳化速度系数，与混凝土的组成材料及混凝土的密实程度等有关。

检测混凝土碳化深度的方法有两种，一种是 X 射线，另一种是化学试剂法。工程现场检测主要是采用化学试剂法，该方法是在混凝土表面凿一个小洞，立即滴入化学试剂，根据反应的颜色测量碳化深度。常用的试剂是 1%含量的酚酞酒精试剂，它以 pH 为 9 当界限，已碳化的部分不显示变色；未碳化的部分则呈粉红色。这种办法只能检测完全碳化深度。

影响混凝土碳化速度的因素有：

（1）二氧化碳的浓度。二氧化碳的浓度高，则混凝土的碳化速度快。如室内混凝土的碳化较室外快，翻砂及铸造车间混凝土的碳化则更快。

（2）湿度。湿度为 50%～70%时，混凝土的碳化速度最快。湿度过小时，由于缺乏水分而停止碳化；湿度过大时，由于孔隙中充满了水分，不利于二氧化碳向内扩散。

（3）水泥品种与掺合料用量。使用混合材料数量多的硅酸盐水泥或掺合料多的混凝土，由于碱度低，抗碳化能力较差。

（4）水胶比。水胶比越大，毛细孔越多，碳化速度越快。

（5）集料的质量。集料的级配越好，泥及泥块含量越少，混凝土的水胶比越小，抗碳化能力越高。

（6）养护。混凝土的养护越充分，抗碳化能力越好。早期养护差时，可使混凝土的碳化速度成倍增加，甚至在 7d 左右即可碳化 10～20mm 深。采用湿热处理的混凝土，其碳化速度较标准养护时的碳化速度快。

（7）化学外加剂。掺加减水剂和引气剂时，可明显降低混凝土的碳化速度。

对无腐蚀介质作用的普通工业与民用建筑中的钢筋混凝土，不论使用何种水泥，不论配合比如何，只要混凝土的成型质量较好，钢筋外部 20～30mm 的混凝土保护层完全可以保证钢筋在使用期限内（约 50 年）不发生锈蚀。但对薄壁钢筋混凝土结构或 CO_2 浓度较高环境，则需专门考虑混凝土的抗碳化性。对处于腐蚀介质（如 Cl^-）环境中或受冻环境中的钢筋混凝土结构与预应力混凝土结构，混凝土保护层厚度需 50～80mm。

5. 碱-集料反应

1）碱-集料反应的定义

混凝土中的碱性氧化物（氧化钠和氧化钾）与骨料中的活性二氧化硅（或活性碳酸盐）发生化学反应生成碱-硅酸盐凝胶（或碱-碳酸盐凝胶），沉积在骨料与水泥凝胶体的界面上，吸水后体积会膨胀（约 3 倍以上），从而导致混凝土开裂破坏，称为碱-集料反应。属于活性氧化硅的矿物有蛋白石、玉髓、鳞石英等，这些矿物常存在于流纹岩、安山岩、凝灰岩等天然岩石中，检验时采用砂浆长度法。碱-集料反应破坏的特点是，混凝土表面产生网状裂纹，活性集料周围出现反应环，裂纹及附近孔隙中常含有碱-硅酸凝胶等。碱-集料反应的速度极慢，其危害需要几年、十几年甚至更长时间才逐渐表现出来。因此，在潮湿环境中，一旦采用了碱活性集料和高碱水泥，这种破坏将无法避免和挽救，故有时将碱-集料反应称为混凝土的癌症。碱-硅酸反应式如下：

$2ROH + nSiO_2 + mH_2O \longrightarrow R_2O \cdot nSiO_2 \cdot mH_2O$（碱-硅酸凝胶），R代表K或Na。

2）碱-集料破坏通常具有的特征

（1）开裂破坏，一般发生在混凝土浇筑后两三年或者更长时间。

（2）常呈现沿钢筋开裂和网状龟裂。

（3）裂缝边缘出现凹凸不平现象。

（4）越潮湿的部位反应越强烈，膨胀和开裂破坏越明显。

（5）常有透明、淡黄色、褐色凝胶从裂缝处析出。

3）混凝土发生碱-集料反应必须同时具备的三个条件

（1）水泥或混凝土中碱含量过高。

（2）砂、石骨料中含有活性二氧化硅。

（3）潮湿环境。

4）防止碱-集料反应的措施

混凝土的碱-集料反应进行缓慢，有一定潜伏期，通常要经若干年后才会出现，其破坏作用一旦发生便难以阻止，因此应以预防为主。而且，碱-集料反应引起混凝土开裂后，还会引发或加剧冻融破坏、钢筋锈蚀、化学腐蚀等一系列破坏作用。这些综合破坏作用将会导致混凝土结构的迅速崩溃，直至丧失使用功能，造成巨大损失。为防止碱-集料反应的发生，通常可采取以下措施。

（1）尽量采用非活性骨料，对重要工程的混凝土所使用的粗、细骨料，应进行碱活性检验，当检验判定该骨料有潜在危害时应采取相应措施。

（2）使用碱含量小于0.60%的普通硅酸盐水泥，外加剂带入混凝土中的碱含量不宜超过$1.0kg/m^3$，并应控制混凝土中最大碱含量不超过$3.0kg/m^3$。

（3）掺加磨细的活性矿物掺合料。利用活性矿物掺合料粉煤灰、矿渣粉，特别是硅灰与火山灰质混合材料可吸收和消耗水泥中的碱，使碱-集料反应的产物均匀分布于混凝土中，而不致集中于集料的周围，以降低膨胀破坏应力。

（4）掺加引气剂或引气型混凝土减水剂，利用引气剂在混凝土内产生的微小气泡，使碱-集料反应的产物能分散嵌入到这些微小的气泡内，以降低膨胀破坏应力。

（5）可以考虑使用碱-集料反应锂盐抑制剂。

6. 提高混凝土耐久性的措施

尽管引起混凝土抗冻性、抗渗性、抗侵蚀性、抗碳化性等耐久性下降的因素或破坏介质不同，但却均与混凝土所用的水泥品种、原材料的质量以及混凝土的孔隙率、开口孔隙率等有关，提高混凝土耐久性的措施中最重要的是提高混凝土的密实度。一般，提高混凝土耐久性的措施有以下方面：

（1）合理选用水泥品种，使其与工程所处的环境相适应。

（2）采用较小的水灰比和保证足够的胶凝材料和水泥用量，以提高混凝土的密实度。混凝土的最大水胶比与最小胶凝材料用量的限值可见表4-29、表4-30。

混凝土的最大水胶比要求（GB 50010）　　表 4-29

<table>
<tr><th>环境类别</th><th>最大水胶比</th><th>最低强度等级</th><th>最大氯离子含量(%)</th><th>最大碱含量(kg/m^3)</th></tr>
<tr><td>一</td><td>0.60</td><td>C20</td><td>0.30</td><td>无限制</td></tr>
<tr><td>二 a</td><td>0.55</td><td>C25</td><td>0.20</td><td rowspan="4">3.0</td></tr>
<tr><td>二 b</td><td>0.50(0.55)</td><td>C30(C25)</td><td>0.15</td></tr>
<tr><td>三 a</td><td>0.45(0.50)</td><td>C35(C30)</td><td>0.15</td></tr>
<tr><td>三 b</td><td>0.40</td><td>C40</td><td>0.10</td></tr>
</table>

注：1. 氯离子含量是氯离子占混凝土中胶凝材料总量的百分比。预应力构件混凝土中最大氯离子含量为水泥（或胶凝材料）质量的 0.06%。

2. 二 b 和三 a 环境下的混凝土应使用引气剂，混凝土中的含气量应为 4.5%～6.0%。

3. 当使用非碱活性集料时，对混凝土中的碱含量可不作限制。

混凝土中最小胶凝材料用量　　表 4-30

<table>
<tr><th rowspan="2">最大水胶比</th><th colspan="3">最小胶凝材料用量(kg/m^3)</th></tr>
<tr><th>素混凝土</th><th>钢筋混凝土</th><th>预应力混凝土</th></tr>
<tr><td>0.60</td><td>250</td><td>280</td><td>300</td></tr>
<tr><td>0.55</td><td>280</td><td>300</td><td>300</td></tr>
<tr><td>0.50</td><td colspan="3">320</td></tr>
<tr><td>0.45</td><td colspan="3">330</td></tr>
</table>

(3) 选用质量良好、级配合理的砂石骨料，并采用合理的砂率，以减小混凝土的孔隙率，进一步提高其密实度。

(4) 混凝土中掺用适量的引气剂或减水剂，并掺用优质的矿物掺合料，以改善混凝土内部的孔结构。

(5) 加强混凝土施工中的质量控制，确保生产出构造均匀、强度合格且密实度高的混凝土。

(6) 加强养护，特别是早期养护。预防混凝土早期的塑性收缩开裂、失水干燥开裂等。

(7) 采用机械搅拌和机械振动成型，密实混凝土结构。

(8) 在混凝土表面涂覆防护涂层。硅烷浸渍涂料［化学名称：异丁基（烯）三乙氧基硅烷］是一种性能优异的渗透型新型混凝土耐久性防护涂料，可以渗透到混凝土 3～10mm 深处形成聚硅氧烷互穿网格结构，分布在混凝土毛细孔内壁，甚至到达较小的毛细孔壁上，与空气及基底中的水分产生化学反应，又聚合形成网状交联结构的硅酮高分子羟基团（类似硅胶体）。这些羟基团将与基底和自身缩合，产生胶连、堆积，固化结合在毛细孔的内壁及表面，形成坚韧的防腐渗透斥水层。其作用于混凝土面层的机理见图 4-28。大面积施工时建议使用无气喷涂机，施工效率高，可以减少原材料的损耗，小面积施工可使用刷涂或滚涂的方法。硅烷施工后至少保证 24h 内不淋雨，自然风干即可。

液体硅烷浸渍剂的活性成分含量为 99%，该产品既可用于新建混凝土结构防护，也可用于旧混凝土建筑的加固维修，能有效抑制各种腐蚀因子对钢筋混凝土结构造成的破坏，显著提高混凝土结构的耐久性和使用寿命。

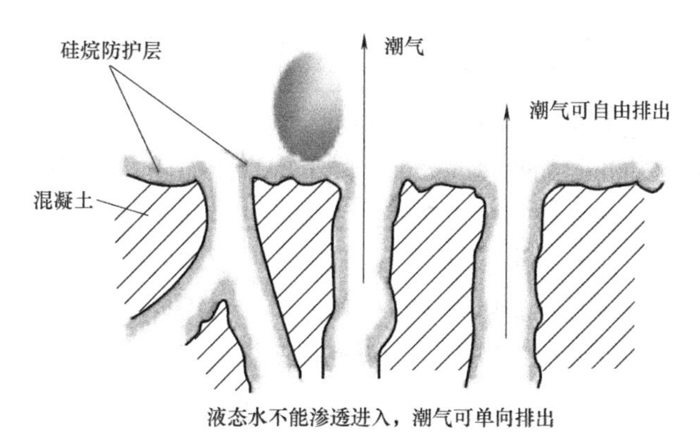

图 4-28　硅烷浸渍涂料在混凝土面层的作用机理

4.7　混凝土的质量控制与评定

1. 混凝土生产的质量波动与控制

混凝土的生产质量由于受各种因素的作用或影响总是有所波动。引起混凝土质量波动的因素主要有原材料质量的波动，组成材料计量的误差，搅拌时间、振捣条件与时间、养护条件等的波动与变化，以及试验条件和人员的操作差异因素等的变化。

为减小混凝土质量的波动程度，将其控制在小范围内波动，应采取以下措施：

1）严格控制各组成材料的质量

各组成材料的质量均须满足相应的技术规定与要求，且各组成材料的质量与规格应满足工程设计与施工等的要求。

2）严格计量

混凝土各组成原材料的计量误差须满足水泥、矿物掺合料、水、化学外加剂的误差不得超过 2%，粗细集料的误差不得超过 3%，且不得随意改变配合比，并应随时测定砂、石集料的含水率，以保证混凝土配合比的准确性。

3）加强施工过程的管理

采用正确的搅拌与振捣方式，并严格控制搅拌与振捣时间。一般来说，自落式搅拌机最短搅拌时间为 90～150s，强制式搅拌机的最短搅拌时间为 60～120s。检查出机和入模板的坍落度及含气量。按规定的方式运输，按照最小坍落度施工原则来浇筑混凝土。加强对混凝土的振捣、多次抹面管控及早期养护，严格控制养护温度与湿度。做好施工现场混凝土试块的制作和混凝土试块同条件养护与标准养护工作。

4）绘制混凝土质量管理图

对混凝土的强度，可通过绘制质量管理图来掌握混凝土质量的波动情况。利用质量管理图分析混凝土质量波动的原因，并采取相应的对策，达到控制混凝土质量的目的。

混凝土的质量控制包括：①初步控制：混凝土生产前对原材料质量检验与控制和混凝土配合比的合理确定。②生产控制：混凝土生产过程中组成材料的计量控制和混凝土拌合物的搅拌、运输、浇筑和养护等工序的控制。③合格控制：混凝土质量的验收，即对混凝土强度或其他技术指标进行检验评定。工程中，采用数理统计方法来评定混凝土的质量，并以混凝土抗压强度作为评定和控制其质量的主要指标。

2. 混凝土强度的波动规律——正态分布曲线

在正常生产条件下，混凝土的强度受许多随机因素的作用，即混凝土的强度也是随机变化的，因此可以采用数理统计的方法来进行分析、处理和评定。

为掌握混凝土强度波动的规律，对同一种强度等级要求的混凝土进行随机取样，制作 n 组试件（$n \geqslant 25$），测定其 28d 龄期的抗压强度。然后，以抗压强度为横坐标，以抗压强度出现的频率作为纵坐标，绘制抗压强度频率分布曲线，如图 4-29 所示。大量实验证明，混凝土的抗压强度频率曲线均接近于正态分布曲线，即混凝土的抗压强度服从正态分布。

正态分布曲线的高峰对应的横坐标为强度平均值，且以强度平均值为对称轴。曲线与横坐标所围成的面积为 100%，即概率的总和为 100%，对称轴两边出现的概率各为 50%。对称轴两侧各有一个拐点，对应于 f_{cu}-σ，拐点之间曲线向下弯曲，拐点以外曲线向上弯曲。离强度平均值越近，出现的概率越大。正态分布曲线高而窄时，说明混凝土强度的波动较小，即混凝土的施工质量控制较好，如图 4-30 所示。当正态分布曲线矮而宽时，说明混凝土强度的波动较大，即混凝土的施工质量控制较差。

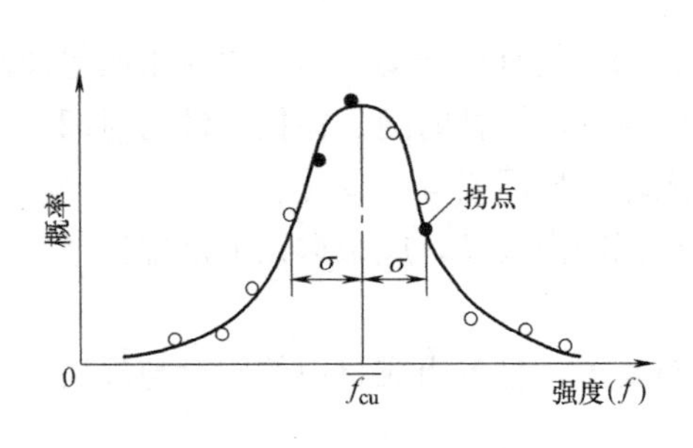

图 4-29　强度正态分布曲线

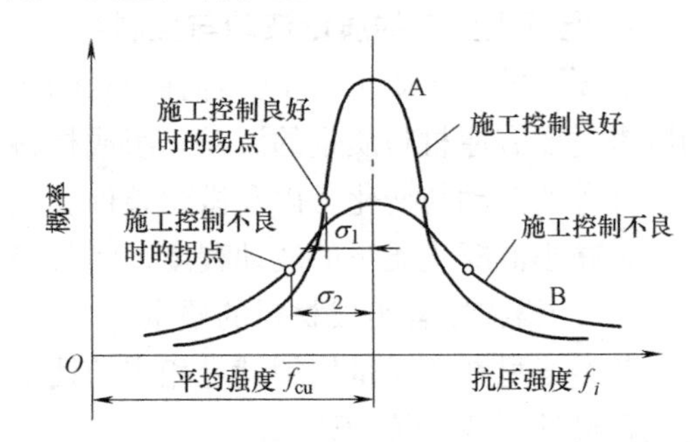

图 4-30　离散程度不同的两条强度分布曲线

3. 强度波动的统计计算

1）强度的平均值$\overline{f_{cu}}$

混凝土强度的平均值$\overline{f_{cu}}$按下式计算：

$$\overline{f_{cu}} = \frac{1}{n}\sum_{i=1}^{n} f_{cu,i}$$

式中　n——混凝土强度试件的组数；

$f_{cu,i}$——第 i 组混凝土试件的强度值（MPa）。

强度平均值只能反映混凝土总体强度水平，即强度数值集中的位置，而不能说明强度波动的大小。

2）强度标准差 σ

混凝土强度标准差 σ 按下式计算：

$$\sigma = \sqrt{\frac{\sum_{i=1}^{n}(f_{cu,i} - \overline{f_{cu}})^2}{n-1}}$$

标准差 σ 又称为均方差，它表明分布曲线的拐点距离强度平均值的距离。反映强度波动的程度（或离散程度），标准差 σ 越小，说明强度波动越小。标准差 σ 越大，说明强度离散程度越大，混凝土质量控制越差，生产管理水平越低。

3）变异系数 C_v

变异系数 C_v 按下式计算：

$$C_v = \frac{\sigma}{\overline{f_{cu}}}$$

变异系数 C_v 反映强度的相对波动程度，变异系数 C_v 越小，说明强度越均匀，混凝土质量控制越稳定，生产管理水平越高。

4. 混凝土强度保证率与质量评定

混凝土强度保证率 P（%）是指混凝土强度大于设计强度等级值 $f_{cu,k}$ 的概率，即图 4-31 中阴影部分的面积。低于强度等级的概率，即不合格率，为图 4-31 中阴影以外的面积。

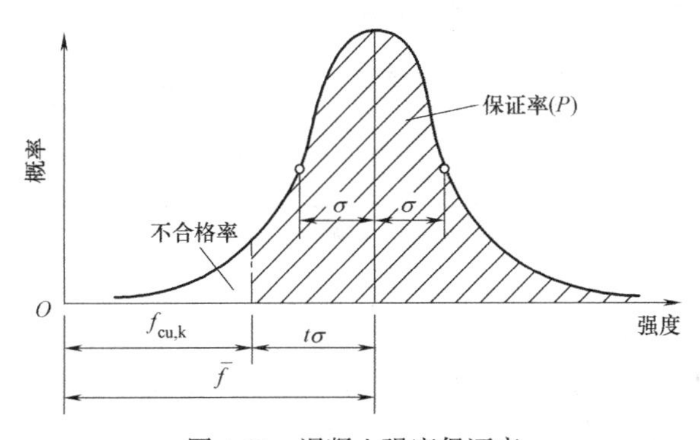

图 4-31　混凝土强度保证率

计算强度保证率 $P_{(t)}$ 时，首先计算出概率度系数 t（又称保证率系数），计算式如下：

$$t = \frac{f_{cu,k} - \overline{f_{cu}}}{\sigma} = \frac{f_{cu,k} - \overline{f_{cu}}}{C_v \times \overline{f_{cu}}}$$

混凝土强度保证率 $P_{(t)}$（%），由下式计算：

$$P_{(t)} = \int_t^{+\infty} \phi(t)\mathrm{d}t = \frac{1}{\sqrt{2\pi}}\int_t^{+\infty} e^{-\frac{t^2}{2}}\mathrm{d}t$$

实际应用中，当已知 t 值时，可从数理统计书中查得 $P_{(t)}$。部分 t 值对应的 $P_{(t)}$ 见表 4-31。按混凝土强度标准差 σ 及强度保证率 $P_{(t)}$ 评定混凝土的生产质量水平，根据现行国家标准《混凝土质量控制标准》GB 50164 生产单位的混凝土强度标准差要求见表 4-32。

不同 t 值的保证率 $P_{(t)}$　　　　表 4-31

t	0.00	−0.50	−0.80	−0.84	−1.00	−1.04	−1.20	−1.28	−1.40	−1.50	−1.60
$P_{(t)}$(%)	50.0	69.2	78.8	80.0	84.1	85.1	88.5	90.0	91.9	93.5	94.5
t	−1.645	−1.70	−1.75	−1.81	−1.88	−1.96	−2.00	−2.05	−2.33	−2.50	−3.00
$P_{(t)}$(%)	95.0	95.5	96.0	96.5	97.0	97.5	97.7	98.0	99.0	99.4	99.87

混凝土强度标准差 表 4-32

生产场所	混凝土强度标准差 σ(MPa)≤		
	<C20	C20~C40	≥C45
预拌混凝土搅拌站 预制混凝土构件厂	3.0	3.5	4.0
施工现场搅拌站	3.5	4.0	4.5

5. 混凝土的配制强度

为保证混凝土强度具有 95%保证率，混凝土的配制抗压强度 $f_{cu,0}$ 必须大于设计要求的强度等级 $f_{cu,k}$。令 $f_{cu,0}=\overline{f_{cu}}$，代入概率度系数 t 计算式，即得：$t=(f_{cu,k}-f_{cu,0})/\sigma$，由此得混凝土配制抗压强度 $f_{cu,0}$ 为：$f_{cu,0}=f_{cu,k}-t\sigma$，其中 σ 可由混凝土生产单位的历史统计资料得到，无统计资料时，对于普通混凝土工程可按表 4-33 取值。当保证率 $P_{(t)}=95\%$ 时，对应的概率度系数 $t=-1.645$，因而上式可写为：$f_{cu,0}=f_{cu,k}+1.645\sigma$。

普通混凝土工程混凝土的标准差 σ 取值表 表 4-33

混凝土强度等级	≤C20	C25~C45	C50~C55
标准差 σ(MPa)	4.0	5.0	6.0

注：在采用本表时，施工单位可根据实际情况，对 σ 做调整。

6. 混凝土强度的检验评定

抗压强度检验评定以验收批为单位，同一验收批的混凝土应满足下列要求：①设计强度等级相同；②龄期相同；③生产工艺条件基本相同；④混凝土配合比基本相同。

混凝土强度的检验评定须按《混凝土强度检验评定标准》GB 50107—2010 进行。

1）统计方法评定

（1）当混凝土的生产条件在较长时间内能保持一致，且同一品种混凝土的强度变异性能保持稳定时，应由连续的三组试件组成一个验收批，其强度应同时满足下列要求：

$$\overline{f_{cu}}\geq f_{cu,k}+0.7\sigma_0$$

$$f_{cu,min}\geq f_{cu,k}-0.7\sigma_0$$

当混凝土强度等级不高于 C20 时，其强度的最小值尚应满足下式要求：$f_{cu,min}\geq 0.85f_{cu,k}$

当混凝土强度等级高于 C20 时，其强度的最小值尚应满足下式要求：$f_{cu,min}\geq 0.90f_{cu,k}$

式中 $\overline{f_{cu}}$——同一验收批混凝土立方体抗压强度的平均值（MPa）；

$f_{cu,min}$——同一验收批混凝土立方体抗压强度的最小值（MPa）；

σ_0——验收批混凝土立方体抗压强度的标准差（MPa）。

σ_0 的计算应根据前一个检验批内（跨越时间不得超过 3 个月）同一品种混凝土试件强度数据，按下式计算：

$$\sigma_0=\frac{0.59}{n}\sum_{i=1}^{n}\Delta f_{cu,i}$$

式中 $\Delta f_{cu,i}$——第 i 批试件立方体抗压强度中最大值与最小值之差；

n——用以确定验收批混凝土立方体抗压强度标准差的数据总批数，且 $n\geq 45$。

σ_0 精确到 0.01（N/mm^2）；当 σ_0 计算值小于 $2.5N/mm^2$ 时，应取 $2.5N/mm^2$。

（2）标准差未知的统计方法适用于当混凝土的生产条件在长时间内不能保持一致时，且混凝土强度变异性能不能保证稳定，或在前一个检验期内的同一品种没有足够的数据用以确定验收批混凝土立方体抗压强度的标准差时，应由不少于 10 组的试件组成一个验收批，其强度应同时满足下列要求：

$$\overline{f_{cu}} \geqslant f_{cu,k} + \lambda_1 S_{f_{cu}}$$

$$f_{cu,min} \geqslant \lambda_2 f_{cu,k}$$

式中　$S_{f_{cu}}$——同一验收批混凝土立方体抗压强度的标准差，按下式计算：

$$S_{f_{cu}} = [(\sum_{i=1}^{n} f_{cu,i}^2 - n\overline{f_{cu}})^2/(n-1)]^{1/2}$$

λ_1、λ_2——合格判定系数，按表 4-34 取值。

混凝土强度合格判定系数表　　**表 4-34**

试件组数	10～14	15～19	≥20
λ_1	1.15	1.05	0.95
λ_2	0.90	0.85	

2）非统计方法评定

工程现场零星生产批量不大的混凝土或预制构件组数小于 10 组。不能按统计方法进行，则必须按非统计方法评定混凝土强度，其强度应同时满足下列要求：

$$\overline{f_{cu}} \geqslant \lambda_3 f_{cu,k}$$

$$f_{cu,min} \geqslant \lambda_4 f_{cu,k}$$

式中　λ_3、λ_4——合格判定系数，按表 4-35 取值。

混凝土强度的非统计法合格判定系数　　**表 4-35**

试件组数	＜C60	≥C60
λ_3	1.15	1.10
λ_4	0.95	

3）混凝土强度的合格性判定

当检验结果能满足上述要求时，则该批混凝土的强度判定为合格，否则为不合格。由不合格混凝土制成的结构和构件应进行鉴定，对于不合格结构或构件必须及时进行处理。当对混凝土试件强度的代表性有怀疑时，可采用从结构或构件中钻取芯样的方法或采用非破损检验方法，按有关标准的规定对结构或构件中的混凝土强度进行推定。

4.8　普通混凝土配合比设计

混凝土配合比是指混凝土中各组成材料数量之间的比例关系，通过计算、试验等方法，确定混凝土中各组分间用量比例的过程。配合比设计表示方法：一种是以每 $1m^3$ 混凝土中各项材料的质量表示，如水泥 300kg、水 180kg、砂 720kg、石子 1200kg；另外一种是以各项材料相互间的质量比来表示（以水泥质量为1），将上例换算成质量比为：水泥∶砂∶石＝1∶2.4∶4，W/C＝0.60。混凝土配合比设计需要按强度设计和按耐久性设计综合考虑。它适用于一般环境的耐久性要求，强度等级在C60以下，W/C（或W/B）在0.30～0.60范围内。对特殊环境下使用的混凝土，应针对其耐久性要求进行专门设计。

1. 普通混凝土配合比设计的基本要求

混凝土配合比设计的任务，就是要根据原材料的技术要求及施工条件，合理选用原材料并确定能够满足工程要求的技术经济指标的各项组成材料的用量。混凝土配合比设计的基本要求是：

（1）满足结构设计要求的强度等级。

（2）满足施工要求的混凝土拌合物和易性。

（3）满足环境和使用要求的耐久性。

（4）满足以上要求的前提下，节约水泥和降低混凝土成本。

2. 普通混凝土配合比设计的基本资料

1）工程要求与施工水平方面

为确定混凝土的和易性、强度标准差、集料的最大粒径、配制强度、最大水灰比与最小水泥用量等，必须首先掌握设计要求的强度等级、混凝土工程所处的部位、使用环境条件与所要求的耐久性。

2）原材料方面

为确定用水量、砂率，并最终确定混凝土的配合比，必须掌握适合的水泥品种、强度等级、密度等参数；掌握粗、细集料的规格（粗细程度或最大粒径）、品种、表观密度、级配、含水率及杂质与有害物的含量等；掌握水质情况；掌握矿物掺合料与化学外加剂等的品种、性能等。各种原材料的规格、质量等需满足相应的规范要求。

3）施工和管理资料

施工和管理方面的资料，包括施工泵送还是非泵送，施工入泵（入模板）坍落度，施工管理水平，掌握混凝土构件或混凝土结构的断面尺寸和配筋情况。

4）混凝土配合比设计中的三个基本参数

混凝土配合比设计中的三个基本参数是：水胶比，即水和胶凝材料之间的比例；砂率，即砂和石子间的比例；单位用水量，即骨料与水泥基浆体之间的比例。①水胶比的确定主要取决于混凝土的强度和耐久性。从强度和耐久性角度看，水胶比应小些，水泥用量多些，混凝土的密实度就高，耐久性则优良，这可通过控制最大水胶比和最小胶凝材料用量来满足。由强度和耐久性分别决定的水胶比往往是不同的，此时应取较小值。但当强度和耐久性都已满足的前提下，水胶比应取较大值，以获得较高的流动性或满足经济性。②砂率主要应从满足工作性和节约水泥两个方面考虑。在水胶比和胶凝材料用量不变的前提下，砂率应取坍落度最大，而黏聚性和保水性又好的砂率，即合理砂率，可通过查表初步决定，经试拌调整而定。在工作性满足的情况下，砂率尽可能取小值以达到节约胶凝材料（水泥）的目的。③单位用水量在水胶比和胶凝材料用量不变的情况下，实际反映的是水泥浆量与骨料用量之间的比例关系。水泥浆量要满足包裹粗、细骨料表面并保持足够流动性的要求，但用水量过大，会降低混凝土的耐久性。在满足新拌混凝土流动性及黏聚性要求的基础上，混凝土中尽可能选用较小的用水量。

3. 普通混凝土配合比设计步骤

普通混凝土配合比应按下列步骤进行计算：

1）初步配合比设计

（1）计算配制强度 $f_{cu,0}$。

当设计强度等级小于 C60 时，配制强度应按下式确定：

$$f_{cu,0}=f_{cu,k}+1.645\sigma$$

式中 $f_{cu,0}$——混凝土配制强度（MPa）；

$f_{cu,k}$——混凝土立方体抗压强度标准值（MPa）；

σ——混凝土强度标准差（MPa）。当无统计资料时，可参考表 4-34 取值。

当设计强度等级不小于 C60 时，配制强度应按下式确定：

$$f_{cu,0}\geqslant 1.15f_{cu,k}$$

（2）确定水胶比。

确定水胶比的原则是在满足强度和耐久性的前提下，应选择较大的水胶比，以节约水泥用量。当混凝土强度等级小于 C60 级时，混凝土水胶比宜按下式计算：

$$W/B=\frac{\alpha_a f_b}{f_{cu,0}+\alpha_a\alpha_b f_b}$$

式中 $f_{cu,0}$——混凝土 28d 龄期的配制强度（MPa）；

W/B——混凝土的水胶比（胶凝材料与水的质量比）；

α_a、α_b——与粗骨料有关的回归系数，可通过历史资料统计得到；若无统计资料，可采用《普通混凝土配合比设计规程》JGJ 55—2011 提供的经验值：采用碎石时 $\alpha_a=0.53$，$\alpha_b=0.20$；采用卵石时，$\alpha_a=0.49$，$\alpha_b=0.13$；

f_b——实测的经标准养护 28d 的胶凝材料胶砂抗压强度（MPa）。

有试验条件时应将水泥与掺合料按预定的掺入比例混合均匀后，按水泥胶砂强度测试方法测定胶凝材料 28d 抗压强度。无试验条件时，可取 $f_{ce}=\gamma_f\gamma_s\gamma_c f_{ce,k}$（MPa）。$f_{ce,k}$ 为水泥强度等级标准值（32.5、42.5 及 52.5）（MPa）；γ_c 为出厂水泥强度富余系数，可按照表 4-26 选取，建议在 1.0～1.16 范围内选取。γ_f、γ_s 分别为掺加粉煤灰和矿渣粉作为混凝土掺合料时，对胶凝材料胶砂强度的影响系数，可按表 4-27 选取。

根据混凝土耐久性要求，水胶比不得大于表 4-29 中所规定的最大水胶比。为了同时满足强度和耐久性要求，取两者的较小值作为试验用水胶比。

（3）确定用水量（W_0）和外加剂用量（A_D）。

① 水灰比在 0.40～0.80 范围时，根据粗集料的品种、粒径及施工要求的混凝土拌合物稠度，干硬性和塑性混凝土用水量 W_0 的确定，按照表 4-23 选取。

单方混凝土用水量 W_0 也可以按照下式估算：

$$W_0=\frac{10(T+K)}{3}$$

式中 T——混凝土坍落度（cm）；

K——系数，取决于粗骨料种类与最大粒径，可参考表 4-36 选取。

② 流动性和大流动性混凝土的用水量宜按下列步骤计算：

以表 4-23 中坍落度 90mm 的用水量为基础，按坍落度每增大 20mm 用水量增加 5kg，计算出未掺化学外加剂时的混凝土的用水量 W_0。

混凝土单方用水量计算公式中的 K 值 **表 4-36**

系数	碎石最大粒径(mm)			卵石最大粒径(mm)		
	10	20	40	10	20	40
K	57.5	53.0	48.5	54.5	50.0	45.5

注：采用细砂时，表格中数据加 3.0。

③ 掺化学外加剂时的混凝土用水量可按下式计算：

$$W_{a0}=W_0(1-\beta/100)$$

式中 W_{a0}——掺化学外加剂后每立方米混凝土的用水量（kg）；

W_0——掺化学外加剂前每立方米混凝土的用水量（kg）；

β——化学外加剂的减水率，在 10%～28%之间根据生产厂家提供的掺量、减水率数据确定。

④ 化学外加剂用量

$$A_D=(C+FA+SL)\times\beta_a$$

式中 A_D——混凝土中外加剂用量（kg/m^3）；

C——水泥质量（kg/m^3）；

FA——粉煤灰质量（kg/m^3）；

SL——矿渣微粉的质量（kg/m^3）；

β_a——混凝土外加剂掺量，一般为胶凝材料用量的 1.2%～2.4%。

（4）胶凝材料（含水泥）用量确定。

每立方米混凝土的胶凝材料用量 B_0 可按下式计算：

$$B_0=\frac{W_0}{W/B}$$

式中 B_0——混凝土中胶凝材料用量（kg/m^3）；

W/B——计算出来的水胶比；

W_0（或 W_{a0}）——掺化学外加剂前（后）每立方米混凝土的用水量（kg/m^3）。

由此计算出的胶凝材料用量，根据工程性质、用途不得低于相应规定的最小值，见表 4-31。另外，为满足泵送混凝土配合比设计的要求，胶凝材料用量 B_0 不宜小于 $300kg/m^3$，必要时可以采取粉煤灰超量取代法满足最低胶凝材料用量实现混凝土可泵性。

每立方米混凝土各种矿物掺合料的用量按照下式计算：

粉煤灰 $FA=B_0\times\beta_{FA}$；矿渣粉 $SL=B_0\times\beta_{SL}$；必要时硅灰用量 $S_i=B_0\times\beta_{Si}$。

其中，β_{FA} 为粉煤灰在胶凝材料中的掺量（0～10%～40%）；β_{SL} 为矿渣粉在胶凝材料中的掺量（0～10%～50%）；硅灰在胶凝材料中的掺量 β_{Si} 为 5%～10%。一般地，硅灰是等量取代胶凝材料用量，S95 级矿渣粉也是等量取代胶凝材料的用量；因为粉煤灰的活性不及矿渣粉和硅灰，故粉煤灰的实际掺量可以考虑引入一个超量系数 K 值为（1.0～1.5），$FA=B_0\times\beta_{FA}\times K=B_0\times\beta_{FA}\times(1.0\sim1.5)$。

混凝土中的水泥用量 $C_0=B_0-FA$(超量取代前的粉煤灰量)$-SL$（kg/m^3）。

粉煤灰、矿渣粉及硅灰等矿物掺合料在混凝土中的掺量，需要通过试验来最后确定。

采用硅酸盐水泥或普通硅酸盐水泥时，钢筋混凝土中矿物掺合料最大掺量宜符合表 4-37 所示的规定，预应力混凝土中矿物掺合料最大掺量宜符合表 4-38 所示的规定。

钢筋混凝土中矿物掺合料最大掺量　　　表 4-37

矿物掺合料种类	水胶比	最大掺量(%)≤	
		硅酸盐水泥	普通硅酸盐水泥
粉煤灰 *FA*	≤0.40	45	35
	>0.40	40	30
矿渣粉 SL	≤0.40	65	55
	>0.40	55	45
钢渣粉	—	30	20
磷渣粉	—	30	20
硅灰	—	10	10
复合掺合料	≤0.40	60	50
	>0.40	50	40

预应力钢筋混凝土中的矿物掺合料最大掺量　　　表 4-38

矿物掺合料种类	水胶比	最大掺量(%)≤	
		硅酸盐水泥	普通硅酸盐水泥
粉煤灰(Ⅰ、Ⅱ级)	≤0.40	35	30
	>0.40	25	20
矿渣粉	≤0.40	55	45
	>0.40	45	35
钢渣粉	—	20	10
磷渣粉	—	20	10
硅灰	—	10	10
复合掺合料	≤0.40	50	40
	>0.40	40	30

(5) 确定砂率。

砂率 β_s 根据骨料的技术指标、混凝土拌合物性能和施工条件，参考历史资料确定。也可以按照以下规定确定：

① 坍落度小于 10mm 的干硬性混凝土，其砂率应经过试验确定；

② 坍落度为 10～60mm 的混凝土，其砂率可根据粗骨料的品种最大公称粒径及水灰（胶）比，按照表 4-40 选取。

③ 坍落度大于 60mm 的混凝土，其砂率可经试验确定；也可以在表 4-39 的基础上，按照坍落度每增大 20mm，砂率增加 1%的幅度予以调整。一般泵送混凝土的砂率在 40%～50%之间，随水胶比（0.30～0.60）的增加而增加。

④ 计算法。可以根据砂填充石子空隙并稍有富余，以拨开石子的原则来确定。根据这个原理，可以列出计算公式：

$$\beta_s=\frac{m_s}{m_s+m_g};\ v_{0s}=v_{0g}P'$$

$$\beta_s=\lambda\frac{m_s}{m_s+m_g}=\lambda\frac{\rho'_{0s}v_{0s}}{\rho'_{0s}v_{0s}+\rho'_{0g}v_{0g}}=\lambda\frac{\rho'_{0s}v_{0g}P'}{\rho'_{0s}v_{0g}P'+\rho'_{0g}v_{0g}}=\lambda\frac{\rho'_{0s}P'}{\rho'_{0s}P'+\rho'_{0g}}\times 100$$

式中 β_s——砂率（%）；

m_s、m_g——每方混凝土中的砂和石子质量（kg）；

v_{0s}、v_{0g}——每方混凝土中的砂和石子的松散体积（m^3）；

ρ'_{0s}、ρ'_{0g}——砂子和碎石的堆积密度（kg/m^3）；

P'——碎石孔隙率（%）；

λ——拨开系数，一般取 1.1～1.4。

混凝土的砂率（%） **表 4-39**

水胶比(W/B)	卵石最大公称粒径(mm)			碎石最大粒径(mm)		
	10.0	20.0	40.0	16.0	20.0	40.0
0.40	26～32	25～31	24～30	30～35	29～34	27～32
0.50	30～35	29～34	28～33	33～38	32～37	30～35
0.60	33～38	32～37	31～36	36～41	35～40	33～38
0.70	36～41	35～40	34～39	39～44	38～43	36～41

注：1. 表中数据是中砂的选用砂率，对细砂或粗砂可相应地减少或增大砂率。
2. 采用机制砂时，砂率可适当增加。
3. 只有一个单粒级粗集料配制混凝土时，砂率应适当增加。

（6）粗集料和细集料用量的确定。

① 体积法。

该法假定混凝土各组成材料的体积（指各材料排开水的体积，即水泥与水以密度计算体积，砂、石以表观密度计算）与拌合物所含的少量空气的体积之和等于混凝土拌合物的体积，即 $1m^3$ 或 1000L。由此即有下述方程组：

$$C_0/\rho_c+FA/\rho_{FA}+SL/\rho_{SL}+G_0/\rho_g+S_0/\rho_s+W_0/\rho_w+10\alpha=1000$$

$$\beta_s=\frac{S_0}{S_0+G_0}\times 100\%$$

式中 G_0、S_0、C_0、FA、SL、W_0——分别为每立方米混凝土粗集料用量、细集料用量、水泥用量、粉煤灰用量、矿渣粉用量、水用量（kg）；掺加减水剂时，式中 W_0 应以 W_{a0} 替代；

ρ_c、ρ_w、ρ_g、ρ_s、ρ_{FA}、ρ_{SL}——分别为水泥密度、水的密度，粗集料、细集料、粉煤灰和矿渣粉的表观密度（g/cm^3）；水泥可取 3.1（g/cm^3），粉煤灰可取 2.2（g/cm^3），矿粉可取 2.8（g/cm^3），砂可取 2.60～2.70（g/cm^3），石子可取 2.70～2.75（g/cm^3），水可取 1.0（g/cm^3）；

α——混凝土的含气量百分数（%），在不使用引气型化学外加剂时，α 可取为 1；使用引气剂时，α 可取 3.0～6.0。

② 质量法（或称体积密度法）。

当常规混凝土所用原材料的性能相对稳定时，即使各组成材料的用量有所波动，混凝土拌合物的体积密度也基本上是不变，接近于一个恒定数值，可在 2350～2450kg/m^3 之间选取。当混凝土强度等级较高、集料密实时，应选择上限。因此，该法假定混凝土各组成材料的质量之和等于混凝土拌合物的质量。由此，即有下述方程组：

$$C_0+G_0+S_0+W_0+FA+SL=m_{cp}$$

$$\beta_s=\frac{S_0}{S_0+G_0}\times 100\%$$

式中　m_{cp}——新拌混凝土的假定体积密度值，在 2350～2450kg/m^3 之间。

一般地，C30 级混凝土体积密度在 2360～2380kg/m^3；C40 级混凝土体积密度在 2400～2420kg/m^3；C50 级混凝土体积密度在 2440～2450kg/m^3。

通过以上 6 个步骤，就可以很简单地计算出混凝土配合比，得到混凝土的初步配合比，供试配。以上混凝土配合比的原材料（主要是砂石）均是以饱和面干状态下的砂石集料为基准进行计算的。

2）试拌检验与调整和易性及确定基准配合比

初步配合比是根据一些经验公式或表格通过计算得到的，或是直接选取的，因而不一定符合实际情况，故须进行检验与调整，并通过实测的混凝土拌合物体积密度 ρ_{0t} 进行校正。

（1）和易性调整。

试拌时，新拌混凝土拌合物应再次手工拌和均匀，并立刻测试混凝土坍落度，观察混凝土的黏聚性和泌水情况。若流动性大于要求值，可保持水灰比不变，降低用水量和胶凝材料用量，保持砂率不变，适当增加砂和石用量，或稍微降低减水剂掺量：胶凝材料量的 0.1%～0.2%；若流动性小于要求值，可保持水灰比不变，适当增加水泥用量和水用量，其数量一般为 5%或 10%，或适当提高混凝土减水剂用量：胶凝材料量的 0.1%～0.2%；若黏聚性或保水性不合格，则应适当增加砂用量，直至和易性合格。

每盘试配的最小搅拌量应符合表 4-40 的规定，并不应小于搅拌机公称容量的 1/4，且不应大于搅拌机公称容量。

混凝土试配的最小搅拌量　　表 4-40

粗集料最大公称粒径（mm）	最小搅拌的拌合物数量（L）
31.5	20
40.0	25

（2）含气量检验与调整。

如掺加引气剂或混凝土对含气量有要求，则应在和易性合格后检验混凝土拌合物的含气量。若含气量误差在要求值的 0.5%以内，则不必调整；当含气量误差在要求值的 0.5%以外时，则应增减引气剂的掺量，重新拌和检验，直至含气量合格。

（3）计算基准配合比。

和易性与含气量合格后，应测定混凝土拌合物的体积密度 $\rho_{c,t}$，并计算出各组成材料的拌和实际用量：水泥 C_{0b}、水 W_{0b}、砂 S_{0b}、石 G_{0b}、粉煤灰 FA_b 及矿粉 SL_b，拌合物

的总用量 m_{tb} 为：$m_{tb}=C_{0b}+W_{0b}+S_{0b}+G_{0b}+FA_{b}+SL_{b}$，由此可计算出和易性合格时的配合比，即混凝土的基准配合比，按下式计算：

$$C_{cr}=C_{0b}/m_{tb}\times\rho_{c,t}；W_{r}=W_{0b}/m_{tb}\times\rho_{c,t}；S_{r}=S_{0b}/m_{tb}\times\rho_{c,t}；G_{r}=G_{0b}/m_{tb}\times\rho_{c,t}$$

$$FA_{cr}=FA_{b}/m_{tb}\times\rho_{c,t}；SL_{cr}=SL_{b}/m_{tb}\times\rho_{c,t}$$

需要说明的是，即使混凝土拌合物的和易性、含气量不需要调整，也必须用实测的体积密度 $\rho_{c,t}$ 按上式校正配合比。

（4）检验强度与确定实验室配合比。

① 强度检验。按试拌配合比配制的混凝土，虽然满足了和易性要求，但强度是否满足要求必须经过试验检验。在试拌配合比的基础上应进行混凝土的强度试验，并应符合下列规定：

（a）进行混凝土强度试验时，尚需检验混凝土拌合物的和易性及测定表观密度，拌合物性能应符合设计和施工要求。

（b）进行混凝土强度试验时，每个配合比应至少制作一组试件，并应标准养护到 28d 或设计规定龄期时试压。

（c）检验强度时，应采用不少于三组的配合比。其中一组为基准配合比；另两组的水胶比分别比基准配合比增加或减小 0.05，而用水量、砂用量、石用量与基准配合比相同（也可将砂率增减 1%）。三组配合比分别为成型、养护、测定 28d 抗压强度 f_{I}，f_{II}，f_{III}。由三组配合比的灰水比和抗压强度，绘制 f_{28}-B/W 关系图。

② 混凝土配合比的调整。混凝土配合比调整应符合下述规定：

（a）根据上述混凝土强度试验结果，宜绘制强度和胶水比的线性关系图或插值法确定略大于配制强度的强度对应的胶水比。

（b）在试拌配合比的基础上，用水量（W'）和外加剂用量（AD'）应根据确定的水胶比做调整。

（c）胶凝材料用量（B'）应以用水量乘以确定的胶水比计算得出。

（d）粗集料和细骨料用量（G'和 S'）应根据用水量及胶凝材料用量进行调整。

③ 配合比校正。混凝土配合比经过试配、调整确定后，配合比调整后的混凝土拌合物的表观密度应按下式计算：

$$\rho_{c,c}=W'+C'+FA'+SL'+S'+G'$$

还需要根据实测的混凝土表观密度做必要的校正，其步骤为：首先计算出混凝土的表观密度 $\rho_{c,c}$，然后将混凝土的实测表观密度值 $\rho_{c,t}$ 除以 $\rho_{c,c}$ 得到校正系数 δ 为：

$$\delta=\rho_{c,t}/\rho_{c,c}$$

式中 δ——混凝土配合比校正系数；

$\rho_{c,t}$——混凝土的实测表观密度值；

$\rho_{c,c}$——混凝土的计算表观密度值。

当混凝土拌合物表观密度实测值与计算值之差的绝对值不超过计算值的 2%时，由以上定出的配合比即为设计配合比；若二者之差超过 2%时，则须将已定出的混凝土配合比中每项材料用量均乘以校正系数 δ，即为最终确定的设计配合比。配合比调整后，混凝土拌合物中水溶性氯离子最大含量应符合国家现行标准 JGJ 55 的有关规定。对耐久性有设计要求的混凝土应进行相关耐久性试验验证。

3）确定施工配合比

工地的砂、石均含有一定数量的水分，为保证混凝土配合比的准确性，应根据实测的砂子含水率 W_s、石子含水率 W_g，将实验室配合比换算为施工配合比（又称工地配合比），即：

水泥 C'，粉煤灰 FA'，矿渣粉 SL' 数量不变，

$S_{施工}=S'\times(1+W_s)$

$G_{施工}=G'\times(1+W_g)$

$W_{施工}=W'-S'\times W_s-G'\times W_g$

施工配合比应根据集料含水率以及颗粒级配的变化，随时做相应的调整以满足工程施工的质量。

4. 混凝土配合比设计实例

1）案例题

例 4-1 某民用建筑工程柱梁结构需要 C40 等级（强度保证率 95%）混凝土现浇，现场施工坍落度要求在 70～90mm，采用 P. O42. 5 水泥，水泥密度 3. 15g/cm³；沂河中砂 $M_x=2.6$，砂密度 2. 65g/cm³，砂含水 5%；碎石 $G=5\sim25$mm 连续级配，碎石密度 2. 70g/cm³，含水 0；地下井水。施工管理水平一般，强度数值无历史统计资料。求混凝土施工配合比。

解：（1）$f_{cu,0}=f_{cu,k}+1.645\sigma=40+1.645\times5=48.23$MPa（$\sigma$ 取 5. 0MPa）。

（2）求水胶比，水胶比计算公式参照现行国家标准《普通混凝土配合比设计规程》JGJ 55，由于胶凝材料中没有粉煤灰和矿粉，$f_b=f_{ce}=1.16f_{ce,g}$。

$$W/B=\frac{\alpha_a f_b}{f_{cu,0}+\alpha_a\alpha_b f_b}=\frac{0.53\times1\times1\times1.16\times42.5}{48.23+0.53\times0.20\times1.16\times42.5}=0.488$$

根据实际工程经验及施工管理水平一般综合考虑，取 $W/C=0.45$。

（3）单位用水量，根据经验公式：$W=10(T+K)/3=10(9+50)/3=197\text{kg/m}^3$，这里坍落度 $T=9$cm，骨料用水系数 $K=50$。

（4）求胶凝材料用量

$B=C=\frac{W}{W/C}=\frac{197}{0.45}=438\text{kg/m}^3$，水胶比和最少胶凝材料用量均满足表 4-31 中最大水胶比和最少胶凝材料用量要求。

（5）选择混凝土砂率，采用插入法查砂率表 4-40，选 β_s 取 35%。

（6）采用体积法计算混凝土中砂石用量：

$\frac{C}{3.15}+\frac{W}{1}+\frac{S}{2.65}+\frac{G}{2.70}+10\alpha=1000$，$\alpha$ 均取 1。

$\frac{S}{S+G}\times100\%=35\%$

由：$\frac{438}{3.15}+\frac{197}{1}+\frac{S}{2.65}+\frac{G}{2.70}+10\times1=1000$，$S_p=\frac{S}{S+G}\times100\%=35\%$

得出：$S=618\text{kg/m}^3$，$G=1147\text{kg/m}^3$。

（7）计算混凝土配合比的体积密度

$$W+C+S+G=197+438+618+1147=2400\text{kg/m}^3$$

(8) 生产配合比

砂：$S'=S(1+5\%)=618\times(1+5\%)=649\text{kg/m}^3$

石子：$G'=G(1+0)=1147\times(1+0)=1147\text{kg/m}^3$

水：$W'=W-S\times5\%=197-618\times5\%=166\text{kg/m}^3$

水泥：$C'=C=438\text{kg/m}^3$

例 4-2 某民用建筑工程需要 C40 等级（强度保证率 95%）混凝土用于柱和梁浇筑，要求现场施工坍落度 70～90mm，采用 P·O42.5 水泥，水泥密度 3.15g/cm^3；沂河中砂 $M_x=2.6$，砂密度 2.65g/cm^3，砂含水 5%；碎石 $G=5\sim25$mm 连续级配，碎石密度 2.70 g/cm^3，含水 0；地下井水；施工管理水平一般，强度数值无历史统计资料。液体聚羧酸混凝土减水剂 PC2.0%掺时混凝土减水率 20%，求混凝土施工配合比。

解：(1) 混凝土配制强度 $f_{cu,0}=f_{cu,k}+1.645\sigma=40+1.645\times5=48.23\text{MPa}$。

(2) 求水胶比，水胶比计算公式参照现行国家标准《普通混凝土配合比设计规程》JGJ 55，由于胶凝材料中没有粉煤灰和矿粉，$f_b=f_{ce}=1.16f_{ce,g}$。

$$W/B=\frac{\alpha_a f_b}{f_{cu,0}+\alpha_a\alpha_b f_b}=\frac{0.53\times1\times1\times1.16\times42.5}{48.23+0.53\times0.20\times1.16\times42.5}=0.488$$

根据实际工程经验及施工管理水平一般综合考虑，取 $W/C=0.45$。

(3) 用水量

$$W=\frac{10}{3}(9+50)\times(1-20\%)=158\text{kg/m}^3$$

(4) 胶凝材料用量

$$B=C=\frac{W}{W/C}=\frac{158}{0.45}=351\text{kg/m}^3$$

水胶比和最少胶凝材料用量均满足表 4-31 中最大水胶比和最少胶凝材料用量要求。

(5) 根据胶凝材料总量和碎石最大粒径，参考例 4-1，混凝土砂率 β_s 选取 38%。

(6) 采用体积法计算混凝土中砂石用量：

$$\frac{W}{1}+\frac{C}{3.15}+\frac{S}{2.65}+\frac{G}{2.70}+10\alpha=1000$$

$$\beta_s=\frac{S}{S+G}\times100\%=38\%$$

得出：$S=735\text{kg/m}^3$，$G=1200\text{kg/m}^3$。

(7) 计算混凝土配合比的体积密度

$$W+C+S+G+PC=158+351+735+1200+7=2451\text{kg/m}^3$$

(8) 生产配合比

砂：$S'=S(1+5\%)=735\times(1+5\%)=772\text{kg/m}^3$

石子：$G'=G(1+0)=1200\times(1+0)=1200\text{kg/m}^3$

水：$W'=158-S\times5\%=121\text{kg/m}^3$

水泥：$C'=C=351\text{kg/m}^3$

减水剂：$PC=351\times2\%=7.02\text{kg/m}^3$

例 4-3 某民用建筑工程需要 C40 等级（强度保证率 95%）混凝土用于柱和梁浇筑，要求现场施工坍落度 70～90mm，采用 P·O42.5 水泥，水泥密度 3.15g/cm^3；沂河中砂 $M_x=2.6$，砂密度 2.65g/cm^3，砂含水 5%；碎石 $G=5\sim25$mm 连续级配，碎石密度 2.70g/cm^3，含水 0；地下井水；施工管理水平一般，强度数值无历史统计资料。要求加粉煤灰Ⅱ级 FA，其密度 2.2g/cm^3（下同），掺加减水剂 PC2.0%，减水率 20%，求混凝土施工配合比。

解：（1）混凝土配制强度 $f_{cu,0}=f_{cu,k}+1.645\sigma=40+1.645\times5=48.23$MPa

（2）求水胶比，水胶比计算公式参照现行国家标准《普通混凝土配合比设计规程》JGJ 55，由于胶凝材料中有粉煤灰，粉煤灰按照 20%掺量，γ_f 取 0.85，$f_b=1\times\gamma_f f_{ce}=0.85\times1.16f_{ce,g}$。

$$W/B=\frac{\alpha_a f_b}{f_{cu,0}+\alpha_a\alpha_b f_b}=\frac{0.53\times1\times0.85\times1.16\times42.5}{48.23+0.53\times0.20\times0.85\times1.16\times42.5}=0.42$$

根据实际工程经验及施工管理水平一般综合考虑，取 $W/C=0.42$。

（3）用水量

$W=\frac{10}{3}(9+50)\times(1-20\%)=158\text{kg/m}^3$

（4）计算胶凝材料用量

$B=\frac{W}{W/C}=\frac{158}{0.42}=376\text{kg/m}^3$

水胶比和最少胶凝材料用量均满足表 4-31 中最大水胶比和最少胶凝材料用量要求。

Ⅱ级 FA 掺量为 $B\times20\%=376\times20\%=75\text{kg/m}^3$，为了保持混凝土相同强度等级，取 FA 超量系数 $K_c=1.3$，则 $FA=376\times20\%\times1.3=98\text{kg/m}^3$，$C=B-FA=376-75=301\text{kg/m}^3$（胶凝材料量一超量取代前的粉煤灰掺量）

总胶凝材料为：$301+98=399\text{kg/m}^3$。

（5）混凝土砂率，根据总胶凝材料数量和例 4-2，取 $\beta_s=37\%$。

（6）采用体积法计算混凝土中砂石用量

$\frac{W}{1}+\frac{C}{3.15}+\frac{S}{2.65}+\frac{G}{2.70}+10\alpha+\frac{FA}{2.2}=1000$

$\beta_s=\frac{S}{S+G}\times100\%=37\%$

$S=688\text{kg/m}^3$

$G=1172\text{kg/m}^3$

（7）计算混凝土配合比的体积密度

$W+C+FA+S+G+PC=158+301+98+688+1172+8=2425\text{kg/m}^3$

（8）生产配合比：

砂：$S'=S(1+5\%)=688\times(1+5\%)=722\text{kg/m}^3$

石子：$G'=G(1+0)=1172\text{kg/m}^3$

水：$W'=158-S\times5\%=158-688\times5\%=124\text{kg/m}^3$

水泥：$C'=C=301\text{kg/m}^3$，$FA=98\text{kg/m}^3$，$PC=(C'+FA)\times2\%=399\times20\%=8\text{kg/m}^3$。

例 4-4 某民建工程需要C40等级（强度保证率95%）混凝土用于柱和梁浇筑，要求现场施工坍落度70～90mm，采用P·O42.5水泥，水泥密度3.15g/cm^3；沂河中砂M_x=2.6，砂密度2.65g/cm^3，砂含水5%；碎石G=5～25mm连续级配，碎石密度2.70g/cm^3，含水0；地下井水；施工管理水平一般，强度数值无历史统计资料。要求加粉煤灰Ⅱ级FA，S95级矿渣微粉（其密度2.8g/cm^{3}下同），减水剂PC2.0%掺量，减水率20%，求混凝土施工配合比。

解：(1) 混凝土配制强度：

$$f_{cu,0}=f_{cu,k}+1.645\sigma=40+1.645\times5=48.23\text{MPa}$$

(2) 求水胶比，水胶比计算公式参照现行国家标准《普通混凝土配合比设计规程》JGJ 55，由于胶凝材料中有粉煤灰和矿渣粉，粉煤灰按照20%掺量，γ_f取0.85；矿渣粉按照20%掺量，γ_s取1.00。$f_b=1\times\gamma_f f_{ce}=0.85\times1.16f_{ce,g}$。

$$W/B=\frac{\alpha_a f_b}{f_{cu,0}+\alpha_a\alpha_b f_b}=\frac{0.53\times1\times0.85\times1.16\times42.5}{48.23+0.53\times0.20\times0.85\times1.16\times42.5}=0.42$$

根据实际工程经验及施工管理水平一般综合考虑，取$W/C=0.42$。

(3) 用水量

$$W=\frac{10}{3}(9+50)\times(1-20\%)=158\text{kg/m}^3$$

(4) 计算胶凝材料用量

$$B=\frac{W}{W/C}=\frac{158}{0.42}=376\text{kg/m}^3$$

水胶比和最少胶凝材料用量均满足表4-31中最大水胶比和最少胶凝材料用量要求。

现用Ⅱ级FA取代水泥，$C\times20\%=376\times20\%=75\text{kg/m}^3$，为了保持混凝土相同强度等级，取$FA$超量系数$K_c=1.3$，则$FA=376\times20\%\times1.3=98\text{kg/m}^3$；矿渣微粉按照20%掺量，$SL=B\times20\%=376\times20\%=75\text{kg/m}^3$。

则：$C=B-20\%B-20\%B=226\text{kg/m}^3$。

总胶凝材料为：$226+75+98=399\text{kg/m}^3$。

(5) 混凝土砂率，根据总胶凝材料数量和例4-3选择，取$\beta_s=37\%$。

(6) 采用体积法计算混凝土中砂石用量

$$\frac{C}{3.15}+\frac{W}{1}+\frac{S}{2.65}+\frac{G}{2.70}+10\alpha+\frac{FA}{2.2}+\frac{SL}{2.8}=1000$$

$$\beta_s=\frac{S}{S+G}\times100\%=37\%$$

$$S=683\text{kg/m}^3$$

$$G=1164\text{kg/m}^3$$

(7) 计算混凝土配合比的体积密度

$W+C+FA+SL+S+G+PC=158+226+98+75+683+1164+8=2412\text{kg/m}^3$

(8) 生产配合比

砂：$S'=S(1+5\%)=683\times(1+5\%)=717\text{kg/m}^3$

石子：$G'=G(1+0)=1164\text{kg/m}^3$

水：$W'=W-S\times5\%=158-683\times5\%=124\text{kg/m}^3$

水泥：$C'=226\text{kg/m}^3$，$FA=98\text{kg/m}^3$，$SL=75\text{kg/m}^3$，$PC=(C'+FA+KF)\times2\%=399\times2\%=8\text{kg/m}^3$。

例 4-5 某商品混凝土搅拌站需要生产 C30 级商品泵送混凝土（95%强度保证率），要求混凝土出料坍落度 220mm（1h 后坍落度≥160mm），采用 P·O42.5 级水泥，水泥密度 3.15g/cm³；沂河中砂 $M_x=2.6$，砂密度 2.65g/cm³，砂含水 5%；碎石 $G=5\sim25$mm 连续级配，碎石密度 2.70g/cm³，含水 0；地下井水；施工管理水平一般，强度数值无历史统计资料。要求加粉煤灰Ⅱ级 FA，减水剂 PC2.2%掺量，减水率 28%，求混凝土施工配合比。

解：（1）混凝土配制强度 $f_{cu,0}=f_{cu,k}+1.645\sigma=30+1.645\times5=38.2\text{MPa}$

（2）求水胶比，水胶比计算公式参照现行国家标准《普通混凝土配合比设计规程》JGJ 55，由于胶凝材料中有粉煤灰，粉煤灰按照 20%掺量，γ_f 取 0.85，$f_b=1\times\gamma_f f_{ce}=0.85\times1.16f_{ce,g}$。

$$W/B=\frac{\alpha_a f_b}{f_{cu,0}+\alpha_a\alpha_b f_b}=\frac{0.53\times1\times0.85\times1.16\times42.5}{38.2+0.53\times0.20\times0.85\times1.16\times42.5}=0.52$$

根据实际工程经验及施工管理水平一般综合考虑，取 $W/C=0.50$。

（3）用水量

$$W=\frac{10}{3}(22+50)\times(1-28\%)=180\text{kg/m}^3$$

（4）计算胶凝材料用量

$$B=\frac{W}{W/C}=\frac{180}{0.50}=360\text{kg/m}^3$$

FA 掺量为 20%，取超重系数 $K_c=1.3$，则

$FA=B\times20\%\times1.3=360\times20\%\times1.3=94\text{kg/m}^3$

$C=B-B\times20\%=360\times80\%=288\text{kg/m}^3$

总胶凝材料$=C+FA=288+94=382\text{kg/m}^3$

水胶比和最少胶凝材料用量均满足表 4-31 中最大水胶比和最少胶凝材料用量要求。

（5）混凝土砂率选择，根据泵送混凝土的要求，砂石粒径及混凝土总胶凝材料的多少等情况，取 $\beta_s=45\%$。

（6）采用体积法计算混凝土中砂石用量

$$\frac{C}{3.15}+\frac{W}{1}+\frac{S}{2.65}+\frac{G}{2.70}+10\alpha+\frac{FA}{2.2}=1000$$

$$\beta_s=\frac{S}{S+G}\times100\%=45\%$$

$S=814\text{kg/m}^3$

$G=995\text{kg/m}^3$

（7）计算混凝土配合比的体积密度

$W+C+FA+S+G+PC=180+288+94+814+995+8=2379\text{kg/m}^3$

(8) 生产配合比

砂：$S'=S(1+5\%)=814\times(1+5\%)=855\text{kg/m}^3$；石子：$G'=G(1+0)=992\text{kg/m}^3$

水：$W'=W-S\times5\%=180-855\times5\%=137\text{kg/m}^3$；水泥：$C'=288\text{kg/m}^3$，$FA=94\text{kg/m}^3$

外加剂：PC=总胶凝材$\times2.2\%=382\times2.2\%=8.4\text{kg/m}^3$。

例 4-6 某商品混凝土搅拌站需要生产 C30 级商品泵送混凝土，要求混凝土出料坍落度 220mm（1h 后坍落度≥160mm），采用 P. O42.5 级水泥，水泥密度 3.15g/cm³；沂河中砂 $M_x=2.6$，砂密度 2.65g/cm³，砂含水 5%；碎石 $G=5\sim25$mm 连续级配，碎石密度 2.70g/cm³，含水 0；地下井水；施工管理水平一般，强度数值无历史统计资料。要求加粉煤灰Ⅱ级 FA，S95 级矿渣微粉，减水剂 PC2.2%掺量，减水率 28%，求混凝土施工配合比。

解：(1) 混凝土配制强度 $f_{cu,0}=f_{cu,k}+1.645\sigma=30+1.645\times5=38.2\text{MPa}$。

(2) 求水胶比，水胶比计算公式参照现行国家标准《普通混凝土配合比设计规程》JGJ 55，由于胶凝材料中有粉煤灰和矿渣粉，粉煤灰按照 20%掺量，γ_f 取 0.85；矿渣粉按照 20%掺量，γ_s 取 1.00，$f_b=1.00\times\gamma_f f_{ce}=0.85\times1.16f_{ce,g}$。

$$W/B=\frac{\alpha_a f_b}{f_{cu,0}+\alpha_a\alpha_b f_b}=\frac{0.53\times1.00\times0.85\times1.16\times42.5}{38.2+0.53\times0.20\times0.85\times1.00\times1.16\times42.5}=0.52$$

根据工程应用经验及预拌混凝土质量控制水平，综合考虑选取 $W/B=0.5$ 进行混凝土配比设计。

(3) 用水量

$$W=\frac{10}{3}(22+50)\times(1-28\%)=180\text{kg/m}^3$$

(4) 计算胶凝材料用量

$$B=\frac{W}{W/C}=\frac{180}{0.50}=360\text{kg/m}^3$$

设 FA 取代水泥 20%，取超重系数 $K_c=1.3$，则 $FA=B\times20\%\times1.3=360\times20\%\times1.3=94\text{kg/m}^3$

矿渣微粉掺量为 20%，则 $SL=B\times20\%=360\times20\%=72\text{kg/m}^3$

$C=B-B\times20\%-B\times20\%=360\times60\%=216\text{kg/m}^3$

总胶凝材料$=C+FA+SL=216+72+94=382\text{kg/m}^3$

水胶比和最少胶凝材料用量均满足表 4-31 中最大水胶比和最少胶凝材料用量要求。

(5) 混凝土砂率选择，根据泵送混凝土的要求，砂石粒径及混凝土总胶凝材料的多少等情况，取 $\beta_s=45\%$。

(6) 采用体积法计算混凝土中砂石用量

$$\frac{C}{3.15}+\frac{W}{1}+\frac{S}{2.65}+\frac{G}{2.70}+10\alpha+\frac{FA}{2.2}+\frac{SL}{2.8}=1000$$

$$\beta_s=\frac{S}{S+G}\times100\%=45\%$$

$S=810\text{kg/m}^3$

$G=992\text{kg/m}^3$

(7) 计算混凝土配合比的体积密度

$W+C+FA+SL+S+G+PC=180+216+72+94+810+992+8=2372\text{kg/m}^3$

(8) 生产配合比

砂：$S'=S(1+5\%)=810\times(1+5\%)=851\text{kg/m}^3$

石子：$G'=G(1+0)=992\text{kg/m}^3$

水：$W'=W-S\times5\%=180-810\times5\%=140\text{kg/m}^3$

水泥：$C'=216\text{kg/m}^3$，$FA=94\text{kg/m}^3$，$SL=72\text{kg/m}^3$

外加剂：$PC=$总胶凝材$\times2.2\%=382\times2.2\%=8.4\text{kg/m}^3$。

例 4-7 某工程需要 C50SCC 自流平混凝土，采用 P·O42.5 水泥，水泥密度 3.15g/cm^3；沂河中砂 $M_x=2.6$，砂密度 2.65g/cm^3，砂含水 5%；碎石 $G=5\sim25$mm 连续级配，碎石密度 2.70g/cm^3，含水 0；地下井水；施工管理水平一般，强度数值无历史统计资料。要求加粉煤灰Ⅰ级 *FA*，S95 级矿渣微粉，聚羧酸缓凝高保坍减水剂 *PC*2.4%掺量，减水率 30%，混凝土出料坍落度 250mm，混凝土流动度 Flow=550mm×550mm 以上，出料混凝土无泌水分层离析现象，1h 混凝土流动度不损失，求混凝土施工配合比。

解：(1) 混凝土配制强度：$f_{cu,0}=f_{cu,k}+1.645\sigma=50+1.645\times6=59.9\text{MPa}$。

(2) 求水胶比，水胶比计算公式参照现行国家标准《普通混凝土配合比设计规程》JGJ 55，由于胶凝材料中有粉煤灰和矿渣粉，粉煤灰按照 20%掺量，γ_f 取 0.85；矿渣粉按照 20%掺量，γ_s 取 1.00，$f_b=1.00\times\gamma_f f_{ce}=1.00\times0.85\times1.16f_{ce,g}$。

$$W/B=\frac{\alpha_a f_b}{f_{cu,0}+\alpha_a\alpha_b f_b}=\frac{0.53\times1.00\times0.85\times1.16\times42.5}{59.9+0.53\times0.20\times0.85\times1.00\times1.16\times42.5}=0.34$$

根据工程应用经验及预拌混凝土质量控制水平，考虑到免振捣自流平混凝土，强度保险系数应加大，取 $W/B=0.33$。

(3) 用水量

$$W=\frac{10}{3}(25+50)\times(1-30\%)=175\text{kg/m}^3$$

(4) 计算胶凝材料用量

$$B=\frac{W}{W/C}=\frac{175}{0.33}=530\text{kg/m}^3$$

FA 掺量为 20%，取超量系数 $K_c=1.2$，则 $FA=B\times20\%\times1.2=530\times20\%\times1.2=127\text{kg/m}^3$

取矿渣微粉掺量为 20%，即 $SL=B\times20\%=530\times20\%=106\text{kg/m}^3$

$C=B-B\times20\%-B\times20\%=530\times60\%=318\text{kg/m}^3$

总胶凝材料$=C+FA+SL=318+106+127=551\text{kg/m}^3$。

(5) 根据自流平混凝土特点和砂石粒径，选取混凝土砂率 $\beta_s=45\%$。

(6) 采用体积法计算混凝土中砂石用量

$$\frac{C}{3.15}+\frac{W}{1}+\frac{FA}{2.2}+\frac{SL}{2.8}+\frac{S}{2.65}+\frac{G}{2.70}+10\alpha=1000$$

$$\beta_s=\frac{S}{S+G}\times100\%=45\%$$

得出：$S=745\text{kg/m}^3$，$G=910\text{kg/m}^3$。

（7）生产配合比

砂：$S'=S(1+5\%)=745\times(1+5\%)=782\text{kg/m}^3$

石子：$G'=G(1+0)=910\text{kg/m}^3$

水：$W'=W-S\times5\%=175-782\times5\%=138\text{kg/m}^3$

水泥：$C'=318\text{kg/m}^3$，$FA=127\text{kg/m}^3$，$SL=106\text{kg/m}^3$

外加剂：$PC=$总胶凝材料$\times2.4\%=551\times2.4\%=13.2\text{kg/m}^3$。

（8）计算混凝土配合比的体积密度

$W+C+FA+SL+S+G+PC=175+318+106+127+745+910+13=2394\text{kg/m}^3$。

2）试验室检验

试验室试拌以上混凝土配合比（按照25L计量），每个混凝土配合比需要检验混凝土出料时坍落度、混凝土和易性、黏聚性、扩展度（必要时的含气量）以及新拌混凝土的实际表观密度 $\rho_{c,t}$，必要时需要调整混凝土砂率、减水剂掺量，使混凝土满足施工和易性要求。同时，每个混凝土配合比水胶比再降低0.02或0.05，重新再设计一次混凝土配合比，同样要求混凝土和易性满足设计要求后，成型试块检验混凝土7d、28d甚至60d强度，最后，优选最合适的混凝土配合比作为施工配合比。混凝土配合比的基本要求就是：满足混凝土结构设计的强度等级；满足混凝土施工所要求的混凝土拌合物和易性，主要是坍落度、黏聚性及坍落度损失要满足施工要求；满足混凝土结构设计中耐久性要求指标，如抗冻、抗渗、抗裂、抗海水侵蚀等。节约水泥降低混凝土成本。

良好的混凝土施工配合比，应反复试验调整。混凝土学科，在很大程度上还是通过试验来认知现象、结合理论获得知识。混凝土配合比的设计，经过工程实践其实还是有规律可循的。在此列举如下：

（1）泵送混凝土其砂率，一般为40%～55%，从C80～C15随混凝土强度等级的降低而砂率逐渐增加。

（2）单方混凝土用水量，从C20～C80，靠减水剂来调节，单方混凝土用水量一般从185kg/m^3逐渐降低到150kg/m^3以下。

（3）一般说来，根据单方混凝土中胶凝材料的多寡，针对C20～C50混凝土，使用P.O42.5等级水泥生产的混凝土单方成本更具有优势；针对C55～C120混凝土，使用P.O52.5等级水泥生产的混凝土单方成本更具有优势；外加剂掺量是跟随胶凝材料用量成比例的。

（4）对于道路、机场混凝土，混凝土施工坍落度一般较小（约10～30mm，甚至10mm以下），为了提高混凝土抗折耐磨性，粉煤灰用量宜在胶凝材料用量的0～15%。

（5）针对粒型球形度不高、含泥量较大、含粉量大的机制砂，最好选择萘系、脂肪族与氨基磺酸盐混凝土外加剂复配使用，效果更好。

4.9 粉煤灰混凝土的配合比设计

粉煤灰是当代混凝土中应用最普遍的矿物掺合料，其粉体颗粒多为圆球形，表面光滑、级配良好。掺入混凝土后，粉煤灰颗粒均匀分布于水泥浆体中，能有效阻止水泥颗粒间的相互粘结，显著改善混凝土的和易性和泵送性能。粉煤灰中的活性成分与水泥水化产生的氢氧化钙发生反应，所生成的水化产物填充于混凝土的孔隙之中，不仅使密实性增强、强度提高，而且可减少水泥石中氢氧化钙的含量，改善混凝土的抗硫酸盐侵蚀性能和抗软水侵蚀性能。在混凝土中掺入粉煤灰，还可实现降低混凝土的水化热温升，提高大体积混凝土抗裂性；利用工业废料，减轻环境污染；节约水泥，降低工程造价等目的。

粉煤灰混凝土的突出优点是后期性能优越，尤其适用于不受冻的海港工程和早期强度要求不太高的大体积工程，如高层建筑的地下基础、大型设备基础和水工结构工程。水利工程中的大坝混凝土几乎全部掺用粉煤灰，预拌（商品）混凝土搅拌站为了改善混凝土的泵送性能及其他性能，也把粉煤灰作为矿物掺合料。

用于混凝土中的粉煤灰，按其质量分为Ⅰ、Ⅱ、Ⅲ三个等级，品质和掺量需符合表3-6。粉煤灰混凝土其配合比设计是以未掺粉煤灰的混凝土（称为基准混凝土）配合比为基础进行的，即设计时需首先计算基准混凝土的配合比（C_0、W_0、S_0、G_0），方法同普通混凝土配合比设计。

根据掺用粉煤灰的目的不同，一般有超量取代法、等量取代法和外加法三种方法。

超量取代法：粉煤灰掺量大于所取代的水泥量，多出的粉煤灰取代等体积的砂，取代砂的粉煤灰所获得的强度增强效应，用以补偿粉煤灰取代水泥所降低的早期强度，从而保证粉煤灰混凝土的强度等级。

等量取代法：粉煤灰掺量等于所取代的水泥量，其早期强度会有所降低，但随着龄期的增长，粉煤灰的活性效应会使其强度逐渐赶上并超过普通混凝土，因此多用于早期强度要求不高的混凝土，如水利工程中的大体积混凝土。

外加法又称粉煤灰代砂法：指掺入粉煤灰后水泥用量并不减少，用粉煤灰取代等体积的砂。主要适用于水泥用量较少、和易性较差的低强度等级混凝土。

1. 等量取代法配合比设计

（1）首先计算出基准混凝土的配合比（C_0、W_0、S_0、G_0），方法同普通混凝土配合比设计。

选定与基准混凝土相同或稍低的水灰比 W_0/C_0。

（2）计算水泥用量与粉煤灰用量。

根据确定的粉煤灰取代率 β_f（其最大取代率应符合工程相关规范的规定）和基准混凝土的水泥用量 C_0，按下式计算粉煤灰混凝土的粉煤灰用量 FA 和水泥用量 C：

$FA=\beta_f \times C_0$

$C=C_0-FA$

（3）计算粉煤灰混凝土用水量。

$W=W_0$

（4）确定砂率。

选用与基准混凝土相同或稍低的砂率 $\beta_s = \dfrac{S_0}{S_0 + G_0} \times 100\%$。

（5）计算砂石用量 S 和 G。

$W/\rho_w + C/\rho_c + FA/\rho_{FA} + S/\rho_s + G/\rho_g + 10\alpha = 1000$

$\dfrac{S}{S+G} \times 100\% = \times \beta_s$

其中，ρ_w、ρ_c、ρ_{FA}、ρ_s、ρ_g 分别为水、水泥、粉煤灰、砂和碎石的表观密度（g/cm^3）。

（6）一立方米煤灰混凝土中各材料用量为 W、C、FA、S、G。

2. 超量取代法配合比设计

（1）首先计算出基准混凝土的配合比（C_0、W_0、S_0、G_0），方法同普通混凝土配合比设计。

确定粉煤灰取代率 β_f 和超量系数 K_c（应符合表 4-19 及表 4-20 的规定）。

（2）确定粉煤灰取代水泥量 F_a、总粉煤灰掺量 FA 和超量部分粉煤灰质量 F_e。

$F_a = C_0 \times \beta_f$；$FA = K_c \times C_0 \times \beta_f$；$F_e = FA - F_a = (K_c - 1) \times C_0 \times \beta_f$；

（3）计算水泥用量

$C = C_0 - F_a$

（4）计算粉煤灰超量部分代砂后的砂用量 S。

$S = S_0 - \dfrac{F_e}{\rho_f} \times \rho_s$

（5）一立方米粉煤灰混凝土中各材料用量为 W_0、C、FA、S、G_0。

3. 外加法配合比设计

（1）首先计算出基准混凝土的配合比（C_0、W_0、S_0、G_0），方法同普通混凝土配合比设计。根据基准配合比选定外加粉煤灰的掺量 β_f。

（2）计算外加粉煤灰质量。

$$FA = C_0 \times \beta_f$$

（3）计算粉煤灰代砂后的砂用量 S。

$S = S_0 - \dfrac{FA}{\rho_f} \times \rho_s$

（4）一立方米粉煤灰混凝土中各材料用量为 W_0、C_0、FA、S、G_0。

以上计算的粉煤灰混凝土配合比，需经过试配调整和强度检验，合格后方可用于工程，其过程与普通混凝土相同。

4.10 公路水泥混凝土路面的配合比设计

水泥混凝土路面，其混凝土要求具有较好的抗冲击性能和耐磨性能。其配合比设计步骤和过程类似普通水泥混凝土，但是强度指标、设计方法和配合比参数选取与普通混凝土不同。

1. 道路混凝土配合比设计

1）配制强度

路面混凝土以抗弯拉强度（抗折强度）为设计强度指标。其配制强度 f_c 按照下式计算：

$$f_c=\frac{f_r}{1-1.04C_v}+ts$$

式中 f_c——配制 28d 弯拉强度的均值（MPa）；

f_r——设计弯拉强度标准值（MPa）；

s——弯拉强度试验样本的标准差（MPa）；高速及一级公路 $0.25 \leqslant s \leqslant 0.50$；二级、三级公路 $0.45 \leqslant s \leqslant 0.67$；

t——保证率系数；高速公路 0.39～0.79；一级公路 0.30～0.59；二级公路以下 0.46～0.19；

C_v——弯拉强度变异系数，见表 4-41。

弯拉强度变异系数　　表 4-41

施工管理水平	优秀	良好	一般	差
变异系数 C_v	<0.10	0.10～0.15	0.15～0.20	>0.20

s 和 t，可以参阅《公路水泥混凝土路面施工技术细则》JTG/T F30—2014 有关数据。为简化起见，$f_c=k \times f_r$，$k=1.10 \sim 1.15$。

2）水灰比（水胶比）

根据混凝土粗骨料品种水泥抗折强度和混凝土抗折强度等已知参数，按以下公式计算水灰比（W/C）：

针对碎石：

$$\frac{W}{C}=\frac{1.5684}{f_c+1.0097-0.3595f_s}$$

针对卵石：

$$\frac{W}{C}=\frac{1.2618}{f_c+1.5429-0.4709f_s}$$

式中 f_s——水泥实测 28d 抗折强度；

f_c——配制 28d 混凝土弯拉强度的均值（MPa）；

$\frac{W}{C}$——水灰比（水胶比）。

应将上述公式计算出的满足弯拉强度值与表 4-42 满足耐久性要求的水灰比中取小值。

混凝土满足耐久性要求的最大水灰比和最小单位水泥用量　　表 4-42

公路技术等级		高速公路一级公路	二级公路	三、四级公路
最大水灰比		0.44	0.46	0.48
抗冰冻要求最大水灰比		0.42	0.44	0.46
抗盐冻要求最大水灰比		0.40	0.42	0.44
最小单位水泥用量（kg/m^3）	42.5 级	300	300	290
	32.5 级	310	310	305

续表

公路技术等级		高速公路一级公路	二级公路	三、四级公路
抗冰(盐)冻时最小单位水泥用量(kg/m^3)	42.5级	320	320	315
	32.5级	330	330	325
掺粉煤灰时最少单位水泥用量(kg/m^3)	52.5级	250	250	245
	42.5级	260	260	255
	32.5级	—	—	265

3）确定砂率 S_P

砂率应根据砂的细度模数和粗集料种类，查表4-43取值。

砂的细度模数与最优砂率关系　　表4-43

砂细度模数 M_x		2.2～2.5	2.5～2.8	2.8～3.1	3.1～3.4	3.4～3.7
砂率 S_P(%)	碎石	30～34	32～36	34～38	36～40	38～42
	卵石	28～32	30～34	32～36	34～38	36～40

4）单位用水量

混凝土单位用水量按照如下经验公式计算，其中集料为饱和面干状态。当用粗砂或细砂时，混凝土用水量应及时减少或增加以调整到施工所要求的坍落度。

碎石混凝土：$W_0=104.97+0.309S_L+11.27C/W+0.61S_P$

卵石混凝土：$W_0=86.89+0.370S_L+11.24C/W+1.00S_P$

式中　W_0——不掺外加剂与掺合料混凝土的单位用水量（kg/m^3）；

S_L——坍落度（mm），根据粗集料种类，由表4-44或表4-45中选择适宜的坍落度；

S_P——砂率（%）；

C/W——灰水比。

混凝土路面滑模摊铺最佳工作性及最大用水量　　表4-44

指标＼界限	坍落度 S_L(mm)	
	卵石混凝土	碎石混凝土
最佳工作性(mm)	20～40	25～50
允许波动范围(mm)	5～55	10～65
最大单位用水量(kg/m^3)	155	160

不同路面施工方式混凝土坍落度及最大单位用水量　　表4-45

摊铺方式	轨道摊铺机摊铺		三辊轴机组摊铺		小型机具摊铺	
出机坍落度(mm)	40～60		30～50		10～40	
摊铺坍落度(mm)	20～40		10～30		0～20	
最大单位用水量(kg/m^3)	碎石 156	卵石 153	碎石 153	卵石 148	碎石 150	卵石 145

当道路混凝土使用减水剂时，混凝土用水量 $W'=W_0(1-\beta\%)$，$\beta\%$为一定掺量下的混凝土减水剂减水率。

5）单位水泥用量的计算与确定

$$C_0=(C/W)W_0$$

式中　C_0——单位水泥用量（kg/m^3）。

道路混凝土，应优先选择道路硅酸盐水泥，以提高混凝土抗折强度，路面混凝土水泥用量要参考表4-43的要求。

6）计算砂（S_0）、石（G_0）用量

$$\begin{cases}C_0+W_0+S_0+G_0=\gamma_C\\ \dfrac{S_0}{S_0+G_0}\times100\%=S_P\end{cases}$$

式中　S_0——砂单位用量（kg/m^3）；

G_0——石子单位用量（kg/m^3）；

S_P——砂率（%）；

γ_C——欲配制混凝土假设体积密度，一般在2400～2450kg/m^3之间。

经计算得到的配合比，应验算单位粗集料填充体积率，且不宜小于70%。

2. 试配调整工作性，提出基准配合比

1）试配检验新拌混凝土的工作性

按上面计算的初步配合比配制0.03m^3的混凝土拌合物，测定坍落度，并观察黏聚性和保水性，振实难易程度，如不符合要求，应进行调整，调整时应注意不得减小满足计算弯拉强度及耐久性要求的单位水泥用量，具体调整方法如下：

① 新拌混凝土过稀，坍落度过大，流浆离析时，说明砂石用量不足，保持水灰比和砂率不变，同时增大砂石用量。

② 新拌混凝土过干，坍落度过小，黏聚性不足，说明砂石用量过大，保持水灰比和砂率不变，同时减少砂石用量，或增加水泥浆用量。

③ 新拌混凝土砂浆过多，坍落度合适，振实后表面砂浆较厚时，应降低砂率。

④ 新拌混凝土砂浆量过少，拌合物干涩，坍落度合适，增大砂率，或增加水泥浆用量。

2）含气量检验

路面混凝土的抗折强度、抗冻性、耐久性和干缩变形量的大小，主要与新拌混凝土的含气量有关。含气量检测应按照《公路工程水泥及水泥混凝土试验规程》JTG 3420—2020中规定的方法进行检测，含气量应符合表4-46要求，如含气量不能满足要求，应适当调整引气剂的用量。

路面混凝土含气量及允许偏差（%）　　**表4-46**

集料最大公称粒径(mm)	无抗冻性要求	有抗冻性要求	有抗盐冻要求
19.0	4.0±1.0	5.0±0.5	6.0±0.5
26.5	3.5±1.0	4.5±0.5	5.5±0.5
31.5	3.5±1.0	4.0±0.5	5.0±0.5

3）新拌混凝土密度检验和配合比调整

通过试验测得实测混凝土体积密度 γ_t 与计算时假定混凝土体积密度 γ_C 之差的绝对值超过 2%时，应对初步配合比中的各材料进行调整，调整方法如下：

（1）算调整系数

$$\delta=\gamma_t/\gamma_C$$

（2）用初步配合比中的各材料数量乘以调整系数 δ

砂用量：$S_0'=S_0\times\delta$

石子用量：$G_0'=G_0\times\delta$

水泥用量：$C_0'=C_0\times\delta$

水用量：$W_0'=W_0\times\delta$

（3）定基准配合比：

水泥：水：砂：石子$=C_0':W_0':S_0':G_0'$

4）测定强度、检测耐久性，确定试验室配合比

（1）以基准配合比，增加和减少水灰比 0.02，再计算两组配合比，按《公路工程水泥及水泥混凝土试验规程》JTG 3420—2020 的规定分别制成三组不同水灰比 150mm×150mm×550mm 的抗折强度试件测定抗折强度，和 150mm×150mm×150mm 的抗压强度试件作强度校核。

（2）标准养护 28d 后，按试验规程要求测定强度。

（3）检验抗折强度是否满足试配强度要求。

（4）检测耐久性：有抗冻性要求的应进行抗冻性检验，严寒地区路面混凝土抗冻等级不宜小于 F250，寒冷地区不宜小于 F200；有抗盐冻要求的还应进行抗盐冻试验；对于高速公路、一级公路，有条件还要求进行抗磨性试验。

（5）最终综合分析确定满足工作性、抗折强度、耐久性要求，并且经济合理的试验室配合比。

5）换算施工配合比

（1）检测施工现场砂石材料含水率分别为 $a\%$和 $b\%$，按下式计算施工配合比的各种材料单位用量：

砂：$M_S=S_0'\times(1+a\%)$

石子：$M_G=G_0'\times(1+b\%)$

水泥：$M_C=C_0'$

水：$M_W=W_0'-(S_0'\times a\% +G_0' \times \mathrm{b}\%)$

（2）确定施工配合比

水泥：水：砂：石子$=M_C:M_W:M_S:M_G$

3. 机场道面混凝土

机场道面混凝土的技术要求类似于道路混凝土，混凝土 28d 抗折强度 5.0～6.0MPa，P.O42.5 级普通硅酸盐水泥或者道路硅酸盐水泥用量在 300～330kg/m^3，$W/C<0.45$，采用河砂，细度模数 $M_x=2.1\sim2.8$；碎石采用 5～20mm 与 20～40mm 二级配，用水量一般在 130～150kg/m^3，施工坍落度一般小于 5mm。工程实践表明：为了耐磨抗裂的技术要求，一般不需掺矿物掺合料，特殊情况下即使掺入矿物掺合料，用量宜在 50kg/m^3

以下。混凝土的物流运输采用 5～20t 自卸平板卡车，采用排式电动高频插入式振捣棒机组振捣、平板振动器为辅的振捣方式。采用塑料布或成膜养护剂即时覆盖养护。我国典型的若干机场道面混凝土配合比见表 4-47。

机场道面混凝土配合比（kg/m^3）　　表 4-47

机场名	C	W	S	G(5～20mm)	G(20～40mm)	砂率(%)
玉树	320	135	648	622	760	32
乌海	320	140	628	733	733	31
和田	320	141	652	555	832	32
阿勒泰	335	150	629	627	772	32
喀什	320	140	573	590	885	30
某部	330	150	626	532	799	31
中川	310	140	630	441	1029	31
白云	310	133	617	360	1080	28
天津	330	132	524	671	799	26

4.11 轻混凝土

随着建筑节能技术要求的不断提高以及高层、大跨度结构的发展，对材料的性能相应地有了更高的要求，因而轻混凝土得到快速发展。轻混凝土按原料与生产方法的不同，可分为轻集料混凝土、多孔混凝土和大孔混凝土。

1. 轻集料混凝土

用轻粗集料、轻砂（或普通砂）、水泥和水配制而成的混凝土，其干表观密度不大于 $1950kg/m^3$ 的混凝土称为轻集料混凝土。采用轻砂作细集料的轻集料混凝土称为全轻混凝土，采用普通砂或部分轻砂作细集料的轻集料混凝土称为砂轻混凝土。

轻集料混凝土常以轻粗集料的名称来命名，有时也将轻细集料的名称写在轻粗集料后，如浮石混凝土、粉煤灰陶粒混凝土、陶粒珍珠岩混凝土等。

按用途，轻集料混凝土分为保温轻集料混凝土、结构保温轻集料混凝土和结构轻集料混凝土，相应的强度等级与表观密度见表 4-48。

轻集料混凝土按用途分类　　表 4-48

类别名称	混凝土强度等级的合理范围	混凝土密度等级的合理范围(kg/m^3)	用途
保温轻集料混凝土	LC5.0	≤800	主要用于保温围护结构和热工构筑物
结构保温轻集料混凝土	LC5.0、LC7.5、LC10、LC15	800～1400	主要用于既承重又保温的围护结构
结构轻集料混凝土	LC15、LC20、LC25、LC30、LC35、LC40、LC45、LC50、LC55、LC60、	1400～1900	主要用于承重构件或构筑物

1）轻集料

(1) 轻集料的分类与品种。

轻集料可分为轻粗集料和轻细集料。凡粒径大于5mm、堆积密度小于1200kg/m^{3}的轻质集料，称为轻粗集料；凡粒径不大于5mm、堆积密度小于1200kg/m^{3}的轻质集料，称为轻细集料（或轻砂）。轻集料内部含有大量孔隙，属于多孔结构。

轻粗集料按其粒型可分为圆球形、普通型和碎石型。

按轻集料来源分为三类：

① 天然轻集料。火山爆发等形成的天然多孔岩石，经加工而成的轻集料，如浮石、火山渣及其轻砂。

② 工业废料轻集料。以工业废料为原料，经加工而成的轻集料，如粉煤灰陶粒、自燃煤矸石、膨胀矿渣珠、炉渣及其轻砂。

③ 人造轻集料。以地方材料为原料，经加工而成的轻集料，如页岩陶粒、黏土陶粒、膨胀珍珠岩及其轻砂。

陶粒的生产工艺流程：原料粉碎和粉磨→原料配比→原料搅拌→制粒（圆盘式或对辊挤压式）→整形筛选→回转长窑烧结→冷却→圆筒筛筛分→装袋。

生产陶粒的原料主要有粉煤灰、黏土、页岩、城市水道污泥、煤矸石等，粉煤灰污泥陶粒采用粉煤灰、污泥和黏土配料。粉煤灰储存在钢板圆库内，由仓下的刚性叶轮给料机卸出后，经皮带秤计量后，送入双轴搅拌机；进厂的污泥堆在防雨棚中，存放一段时间蒸发部分水分后，被铲车送入污泥料仓，经仓下的螺旋输送机计量后也送入双轴搅拌机；进厂的黏土经板式喂料机送入辊齿式破碎机，破碎后经计量也进入双轴搅拌机。粉煤灰、污泥和黏土在双轴搅拌机内进行充分的搅拌，混合均匀后送到陈化堆场。陈化15～20d后，被铲车送到双轴搅拌机打散和搅拌，然后送入对辊造粒机，造出的颗粒状料球由皮带输送机送入整形筛分机，圆整处理后，小颗粒被筛出，合格的颗粒球被送入回转窑，随着回转窑的旋转，逐步向窑头方向移动，水分得到烘干后，进入回转焙烧窑，随着温度的升高，物料内部发生化学变化，生成的气体使物料变得蓬松，烧成于1050～1200℃温度下，颗粒表面出现液相，使物料内部的气孔被封闭起来，形成内部具有微细气孔结构和表面有一层硬壳包裹的体积密度大约500kg/m^{3}的建筑陶粒。烧制出的陶粒成品落入冷却机冷却后，再由回转筛分成5mm、15mm、25mm三种规格的成品，各自存放在堆场，装袋后入库。常见的陶粒品种见图4-32。

图4-32　陶粒品种

Ⅰ—黏土陶粒；Ⅱ—污泥陶粒；Ⅲ—页岩陶粒；Ⅳ—粉煤灰陶粒

(2) 轻集料技术要求。

轻集料的技术要求，主要包括堆积密度、颗粒级配、筒压强度和吸水率四项，同时对耐久性、安定性和有害杂质含量也有一定要求。

① 堆积密度。轻粗集料按其堆积密度（kg/m^3）分为 200、300、400、500、600、700、800、900、1000、1100 及 1200 十一个密度等级；轻细集料按其堆积密度（kg/m^3）分为 500、600、700、800、900、1000、1100 至 1200 八个密度等级。

② 最大粒径与颗粒级配。轻集料粒径愈大，强度愈低。因此，保温及结构保温轻集料混凝土用轻集料，其最大粒径不宜大于 40mm；结构轻集料混凝土用轻集料，其最大粒径不宜大于 20mm。轻粗集料的级配应符合《轻集料及其试验方法　第 1 部分：轻集料试验方法》GB/T 17431.1—2010。

③ 筒压强度与强度等级。轻集料混凝土的强度与轻粗集料本身的强度、砂浆强度及轻粗集料与砂浆界面的粘结强度有关。由于轻粗集料多孔、粗糙，界面粘结强度较高，故轻集料混凝土的强度取决于轻粗集料本身强度和砂浆强度。在一定的范围内，随着砂浆强度的增加，轻集料混凝土的强度也随之增长，轻粗集料不影响轻集料混凝土的强度；当砂浆强度进一步增长时，轻集料混凝土的强度增长不大，甚至不再增长，这主要是由于轻粗集料本身的强度较小，妨碍了轻集料混凝土强度的进一步提高。

轻粗集料的强度采用“筒压法”来测定。它是将粒径为 10～20mm 烘干的轻集料装入 ϕ115mm×100mm 的带底圆筒内，上面加上 ϕ113mm×70mm 的冲压模，取冲压模被压入深度为 20mm 时的压力值，除以承压面积（10000mm^2），即为轻集料的筒压强度值。筒压强度是一项间接反映轻粗集料强度的指标，并没有反映出轻集料在混凝土中的真实强度，因此，轻粗集料的强度还采用强度等级来表示。轻粗集料的强度等级是将轻粗集料按规定试验方法配制的轻集料混凝土合理强度的上限值。表 4-49 为轻粗集料筒压强度及强度等级的对应关系。

轻粗集料筒压强度及强度等级　　　　表 4-49

轻粗集料种类	堆积密度等级（kg/m^3）	筒压强度(MPa)≥		强度等级
		普通轻粗集料	高强轻粗集料	
人造轻集料	200	0.2	—	—
	300	0.5	—	—
	400	1.0	—	—
	500	1.5	—	—
	600	2.0	4.0	25
	700	3.0	5.0	30
	800	4.0	6.0	35
	900	5.0	6.5	40

④ 吸水率。轻集料的吸水率较普通集料大。吸水速度快，1h 吸水率可达 24h 吸水率的 62%～94%；同时，由于毛细管的吸附作用，释放水的速度却很慢。一般情况下，轻集料的吸水性显著影响轻集料混凝土拌合物的和易性和水泥浆的水灰比以及硬化后轻集料混凝土的强度。轻集料的堆积密度越小，吸水率越大。表 4-50 为不同密度等级的轻粗集

料的吸水率限值。

不同密度等级的轻粗集料的吸水率　　表 4-50

轻粗集料种类	密度等级(kg/m³)	1h 吸水率(%)≤
人造轻集料 工业废渣轻集料	200	30
	300	25
	400	20
	500	15
	600～1200	10
人造轻集料中的烧结工艺生产的粉煤灰陶粒	600～900	20
天然轻集料	600～1200	—

2）轻集料混凝土的性质

(1) 和易性。

影响轻集料混凝土和易性的因素同普通混凝土的相似，但轻集料对和易性有很大的影响。由于轻集料会吸收混凝土拌合料中的水分，即总用水量中有一部分未起到润滑和提高流动性的作用，将这部分被轻集料吸收的水量称为附加用水量，其余部分称为净用水量。标准规定，附加用水量为轻集料 1h 的吸水量，轻集料混凝土的水灰（胶）比用净水灰（胶）比表示，即净用水量与水泥（胶凝材料）用量的比值。轻集料混凝土的流动性主要取决于净用水量和减水剂用量。轻集料混凝土和易性也受砂率的影响，轻集料混凝土的砂率用体积砂率表示，分为密实体积砂率（即细集料的自然状态体积占粗、细集料自然状态体积之和的百分率）、松散体积砂率（即细集料的堆积体积占粗、细集料堆积体积之和的百分率）。轻集料混凝土的砂率一般高于普通混凝土。当采用易破碎的轻砂时（如膨胀珍珠岩），砂率明显较高，且粗、细集料的总体积（两者堆积体积之和）也较大。采用普通砂时，流动性较高，且可提高轻集料混凝土的强度，降低干缩与徐变变形，但会明显增大其绝干体积密度，并降低其保温性。

(2) 抗压强度。

轻集料混凝土的强度等级用 LC 和抗压强度标准值表示，划分有 LC5.0、LC7.5、LC10、LC15、LC20、LC25、LC30、LC35、LC40、LC45、LC50、LC55 及 LC60 等级别。轻集料的品种多、性能差异大。因此，影响轻集料混凝土强度的因素也较为复杂，主要为水泥强度、净水灰比和轻粗集料本身的强度。

轻集料表面粗糙或多孔，具有吸水与返水特性，即在搅拌与成型过程中能降低粗集料周围的水灰比（或水胶比），在后期则向水泥石持续提供水泥水化用水，对混凝土起到自养护作用。因而使轻集料与水泥石的界面粘结强度大大提高，界面不再是最薄弱环节。采用某种轻集料配制混凝土时，当水泥石强度较低时，裂纹首先在水泥石中产生；随着水泥石强度的提高，当两者接近时，裂纹几乎同时在水泥石和轻粗集料中产生；进一步再提高水泥石强度，裂纹首先在轻粗集料中产生。因此，轻集料混凝土的强度随着水泥石强度的提高而提高，但提高到某一强度值即轻粗集料的强度等级后，即使再提高水泥石强度，由于受轻粗集料强度的限制，轻集料混凝土的强度提高甚微。

在水泥用量和水泥石强度一定时，轻集料混凝土的强度随着轻集料本身强度的降低而降低。轻集料用量越多、堆积密度越小、粒径越大，则轻集料混凝土强度越低。轻集料混凝土的体积密度越小，强度越低。轻集料混凝土的水泥用量与强度有着密切的关系。水泥用量过少不利于强度的提高，过多则增加轻集料混凝土的体积密度和收缩，且强度也不再提高。

（3）轻集料混凝土的其他性质。

轻集料混凝土按绝干表观密度，划分为 600、700、800、900、1000、1100、1200、1300、1400、1500、1600、1700、1800、1900 十四个等级，轻集料混凝土的弹性模量为同强度等级混凝土的 50％～70％。即轻集料混凝土的刚度小，变形较大，但这一特征有利于改善建筑物的抗震性能和抵抗动荷载的作用。增加混凝土组分中普通砂的含量，可以提高轻集料混凝土的弹性模量。轻集料混凝土的收缩和徐变约比普通混凝土相应大 20％～50％和 30％～60％，线膨胀系数比普通混凝土小 20％左右。轻集料混凝土的导热系数较小，具有较好的保温能力，适合用作围护材料或结构保温材料。轻集料混凝土的导热系数主要与其体积密度有关，体积密度为 600～1900kg/m^3 时，导热系数为 0.23～1.01W/（m·K）。

轻集料混凝土的净水灰比小，加之轻集料对水泥的自养护作用，使水泥石的密实度高，水泥石与轻集料界面的粘结良好，因而轻集料混凝土的耐久性较同强度等级的普通混凝土高。但强度等级低的，特别是采用炉渣、煤矸石配制的轻集料混凝土抗冻性相对较差。需要指出的是，人造轻集料及轻集料混凝土的价格虽高于普通砂、石和普通混凝土，但其自重小，保温隔热性好，可降低基础造价、建筑能耗、材料运输量等，因而也能取得较好的经济效益和社会效益。

与普通混凝土相比，轻集料混凝土具有轻质、高强、抗震性好、保温隔热性好及耐久性优良等特点，可应用于各种土木工程中，尤其适用于高层建筑、高架桥与大跨度桥梁、水工工程、海洋工程；高寒及炎热地区、软土地基区、地震多发区、碱-集料反应多发区、受化学介质侵蚀地区的土木工程及某些遭受腐蚀破坏建筑的加固、修复与扩建改造工程，应用轻集料混凝土更能显示其优越性。

3）轻集料混凝土配合比设计

轻集料混凝土配合比设计大多是参考普通混凝土配合比设计方法，并考虑到轻集料及轻集料混凝土的特点，依据经验和通过实验试配来确定。轻集料混凝土配合比设计的基本要求，除要满足和易性、强度、耐久性、设计要求的干体积密度及经济性外，有时还要满足其他性能，如导热系数、弹性模量等。配合比设计前，首先须根据设计要求的强度等级、体积密度和用途，确定粗、细集料的品种、堆积密度等级和轻粗集料的最大粒径。轻集料混凝土的水灰比以净水灰比表示。净水灰比为不包括骨料 1h 吸水量在内的净用水量与水泥用量之比。

配制全轻混凝土时，以总水灰比表示。总水灰比包括轻集料 1h 吸水量在内的总用水量与水泥量之比。因轻集料易上浮，不易搅拌均匀，应采用强制式搅拌机，且搅拌时间要比普通混凝土略长一些。轻集料混凝土在气温 5℃以上的季节施工时，可根据工程需要，对轻粗集料进行预湿处理（浸泡 1～2h 后，捞出沥水后单独存放，及时使用），这样拌制的拌合物的和易性和水灰比比较稳定。

轻骨料混凝土配合比设计依据现行标准《轻骨料混凝土技术规程》JGJ 51，水泥宜用 32.5 级或 42.5 级通用硅酸盐水泥，掺合料粉煤灰、矿粉应符合现行国家或行业标准。轻集料混凝土配合比设计步骤如下：

（1）确定配制强度 $f_{cu,0}$。

$$f_{cu,0} \geqslant f_{cu,k} + 1.645\sigma$$

式中 $f_{cu,0}$——轻骨料混凝土的试配强度（MPa）；

$f_{cu,k}$——轻骨料混凝土立方体抗压强度标准值（MPa）；

σ——轻骨料混凝土强度标准差（MPa）。

σ 应按统计资料确定（$n \geqslant 25$），无统计资料时，强度标准差按照表 4-51 取值。

强度标准差 σ **表 4-51**

混凝土强度等级	≤LC20	LC20～LC35	＞LC35
σ(MPa)	4.0	5.0	6.0

（2）轻骨料混凝土中水泥用量的选择。

轻骨料混凝土中水泥用量的选择，按照表 4-52 选用。

轻骨料混凝土中水泥用量（kg/m^3） **表 4-52**

混凝土试配强度(MPa)	轻骨料密度等级						
	400	500	600	700	800	900	1000
＜5	260～320	250～300	230～280				
5～7.5	280～360	260～340	240～320	220～300			
7.5～10		280～370	260～350	240～320			
10～15			280～350	260～340	240～330		
15～20			300～400	280～380	270～370	260～360	250～350
20～25				330～400	320～390	310～380	300～370
25～30				380～450	360～430	360～430	350～420
30～40				**420～500**	**390～490**	**380～480**	**370～470**
40～50					**430～530**	**420～520**	**410～510**
50～60					**450～550**	**440～540**	**430～530**

注：1. 表格中加粗数字为 42.5 级水泥；非加粗数字为 32.5 级水泥。

2. 表格中下限值适用于圆球形和普通型轻粗骨料；上限值适用于碎石型轻粗骨料或全轻混凝土。

3. 最高水泥用量不宜超过 550kg/m^3。

（3）轻骨料混凝土最大水灰比和最小水泥用量。

轻骨料混凝土的水灰比，以净水灰比表示。轻骨料混凝土最大水灰比和最小水泥用量限值应符合表 4-53 规定。

轻骨料混凝土最大水灰比和最小水泥用量 **表 4-53**

混凝土所处的环境条件	最大水灰比	最小水泥用量(kg/m^3)	
		配筋混凝土	素混凝土
不受风雪影响的混凝土	—	270	250
受风雪影响的露天混凝土；位于水中及水位变动区的混凝土和潮湿环境中的混凝土	0.50	325	300

续表

混凝土所处的环境条件	最大水灰比	最小水泥用量(kg/m³)	
		配筋混凝土	素混凝土
寒冷地区位于水位变动区的混凝土和受水压或除冰盐作用的混凝土	0.45	375	350
严寒和寒冷地区位于水位变动区和受硫酸盐除冰盐等腐蚀的混凝土	0.40	400	375

注：1. 严寒地区是指寒冷月份的月平均气温在－15℃以下；寒冷地区是指寒冷月份月平均气温在－15℃～－5℃。
2. 表格中的水泥用量不包括掺合料。
3. 严寒地区或寒冷地区的轻骨料混凝土应掺入引气剂，使其含气量达到5%～8%。

（4）轻骨料混凝土的净用水量根据稠度（坍落度或维勃稠度）和施工要求，按照表4-54来选择。

轻骨料混凝土的净用水量 **表4-54**

轻骨料混凝土用途		稠度		净用水量(kg/m³)
		维勃稠度(s)	坍落度(mm)	
预制构件与制品	振动加压成型	10～20		45～140
	振动台成型	5～10	0～10	140～180
	振捣棒或平板振动器振实		30～80	165～215
现浇混凝土	机械振捣		50～100	180～225
	人工振捣或钢筋密集		≥80	200～230

注：1. 本表用水量适用于圆球形和普通型轻粗骨料；对于碎石型轻粗骨料，用水量宜增加10kg/m³左右的用水量。
2. 掺加混凝土减水剂时，应按照外加剂减水率减少用水量，并按照施工稠度要求调整。
3. 表中数据适用于砂轻混凝土，若采用轻砂时，应考虑轻砂1h后的吸水率作为附加用水量。

（5）轻骨料混凝土的砂率。

轻骨料混凝土的砂率可按照表4-55选用，当采用松散体积法设计混凝土配合比时，表中数据为松散体积砂率；当采用绝对体积法设计混凝土配合比时，表中数据为绝对体积砂率。

轻骨料混凝土的砂率 **表4-55**

轻骨料混凝土用途	细骨料品种	砂率(%)
预制构件	轻砂	35～50
	普通砂	30～40
现浇混凝土	轻砂	—
	普通砂	35～45

注：1. 当采用圆球形轻粗骨料时，砂率取表中数值下限；当采用碎石型轻粗骨料时，砂率取表中数值上限。
2. 当混合使用轻砂和普通砂做细骨料时，砂率宜取中间值，宜按照轻砂和普通砂的比例插入法计算。

（6）当采用松散体积法设计轻骨料混凝土配合比时，粗、细骨料松散状态的总体积可按表4-56选用。

粗、细骨料松散状态的总体积 **表 4-56**

轻粗骨料粒型	细骨料品种	粗、细骨料总体积(m^3)
圆球形	轻砂	1.25～1.50
	普通砂	1.10～1.40
普通型	轻砂	1.30～1.60
	普通砂	1.10～1.50
碎石型	轻砂	1.35～1.65
	普通砂	1.10～1.60

（7）当粉煤灰做混凝土掺合料时，粉煤灰取代水泥的百分率和超量系数的选择，应按现行标准《粉煤灰混凝土应用技术规范》GB/T 50146 的有关规定执行。

（8）配合比的计算与调整。

① 松散体积法。

砂轻混凝土和全轻混凝土宜采用松散体积法进行配合比计算。粗、细骨料用量均以干燥状态为基准。具体配合比设计步骤如下：

（a）根据设计要求的轻骨料混凝土的强度等级、混凝土的用途，确定粗、细骨料的种类和粗骨料的最大粒径。

（b）测定粗骨料的堆积密度、筒压强度和 1h 吸水率，并测定细骨料的堆积密度。

（c）计算混凝土试配强度。

（d）根据表 4-51 和表 4-52 选择水泥用量。

（e）根据混凝土施工稠度的要求，根据表 4-53 选择轻骨料混凝土净用水量。

（f）根据混凝土用途，按照表 4-54 选取松散体积砂率。

（g）根据粗、细骨料的类型，按照表 4-55 选用粗、细骨料总体积；并按下式计算每立方米轻骨料混凝土中的粗、细骨料用量：

$$V_s = V_t \times S_p$$
$$m_s = V_s \times \rho_{1s}$$
$$V_a = V_t - V_s$$
$$m_a = V_a \times \rho_{1a}$$

式中 V_s、V_a、V_t——每立方米细骨料、粗骨料、粗、细骨料的松散体积（m^3）；

m_s、m_a——细骨料和粗骨料用量（kg/m^3）；

S_p——体积砂率（%）；

ρ_{1s}、ρ_{1a}——细骨料和粗骨料的松散堆积密度（kg/m^3）。

（h）计算总用水量 $m_W = m_{W_净} + m_{W_{附加}}$（kg）。附加用水量为轻粗集料的吸水量和轻砂骨料的吸水量。生产实际中，轻粗骨料一般预先浸泡吸水、沥水处理后再利用，故可不考虑轻粗骨料的吸水量。

（i）按照下式计算混凝土干表观密度，并与设计要求的干表观密度进行对比，如其误差大于 2%，则应按下式重新调整和计算配合比：

$$\rho_{cd} = 1.15 m_c + m_s + m_a$$

式中 ρ_{cd}——轻骨料混凝土干表观密度（kg/m^3）；

m_c、m_s、m_a——轻骨料混凝土中的水泥、细骨料和粗骨料用量（kg/m^3）。

② 采用绝对体积法计算。

砂轻混凝土也可采用绝对体积法计算，应按下列步骤进行：

（a）根据设计要求的轻骨料混凝土的强度等级、密度等级和混凝土的用途，确定粗、细骨料的种类和粗骨料的最大粒径。

（b）测定粗骨料的堆积密度、颗粒表观密度、筒压强度和1h吸水率，并测定细骨料的堆积密度和相对密度。

（c）计算混凝土试配强度。

（d）根据表4-51和表4-52选择水泥用量。

（e）根据混凝土施工稠度的要求，按照表4-53选择轻骨料混凝土净用水量。

（f）根据混凝土用途，按照表4-54选取松散体积砂率。

（g）按下列公式计算粗、细骨料的用量。

$$V_s=\left[1-\left(\frac{m_c}{\rho_c}+\frac{m_{wn}}{\rho_w}\right)\div 1000\right]\times s_p$$

$$m_s=V_s\times\rho_s$$

$$V_a=\left[1-\left(\frac{m_c}{\rho_c}+\frac{m_{wn}}{\rho_w}+\frac{m_s}{\rho_s}\right)\div 1000\right]$$

$$m_a=V_a\times\rho_{ap}$$

式中 V_s——每立方米混凝土的细骨料绝对体积（m^3）；

m_c——每立方米混凝土的水泥用量（kg）；

m_{wn}——每立方米混凝土的净用水量（kg/m^3）；

m_s——每立方米混凝土中的细骨料用量（kg/m^3）；

ρ_c——水泥的相对密度，可取$\rho_c=2.9\sim3.1g/cm^3$；

ρ_w——水的密度，可取$\rho_c=1.0g/cm^3$；

V_a——每立方米混凝土的轻粗骨料绝对体积（m^3）；

ρ_s——细骨料密度，采用普通砂时，可取$\rho_s=2.6g/cm^3$；采用轻砂时，为轻砂的颗粒表观密度（g/cm^3）；

ρ_{ap}——轻粗骨料的颗粒表观密度（kg/m^3）。

（h）计算总用水量$m_W=m_{W_{净}}+m_{W_{附加}}$（kg）。附加用水量为轻粗集料的吸水量和轻砂骨料的吸水量。生产实际中，轻粗骨料一般预先浸泡吸水、沥水处理后再利用，故可不考虑轻粗骨料的吸水量。

（i）按照下式计算混凝土干表观密度，并与设计要求的干表观密度进行对比，如其误差大于2%，则应按下式重新调整和计算配合比。

$$\rho_{cd}=1.15m_c+m_s+m_a$$

式中 ρ_{cd}——轻骨料混凝土干表观密度（kg/m^3）；

m_c、m_s、m_a——轻骨料混凝土中的水泥、细骨料和粗骨料用量（kg/m^3）。

③ 粉煤灰轻骨料混凝土配合比计算。

（a）基准轻骨料混凝土的配合比计算。

(b) 粉煤灰取代水泥率，一般取 15%～20%。粉煤灰一般用Ⅰ或Ⅱ级粉煤灰。

(c) 根据基准混凝土水泥用量（m_{c0}）和选用的粉煤灰取代水泥百分率（β_c），按下式计算粉煤灰轻骨料混凝土的水泥用量（m_c）：

$$m_c = m_{c0}(1-\beta_c)$$

(d) 根据所用粉煤灰级别和混凝土的强度等级，粉煤灰的超量系数（δ_c）可在 1.2～2.0 范围内选取，并按下式计算粉煤灰掺量（m_f）：

$$m_f = \delta_c(m_{c0} - m_c)$$

(e) 分别计算每立方米粉煤灰轻骨料混凝土中水泥、粉煤灰和细骨料的绝对体积。按粉煤灰超出水泥的体积，扣除同体积的细骨料用量。

(f) 用水量保持与基准混凝土相同，通过试配，以符合稠度要求来调整用水量。

(g) 配合比的调整和校正。

4) 配合比的检验与调整

(1) 以上述配合比为基础，再选取与之相差 10%的两个相邻的水泥用量，用水量不变，砂率可做适当调整，分别拌制三组混凝土。测定拌合物的流动性，调整用水量直到流动性合格。之后测三组拌合料的湿体积密度，并制成试块。标准养护 28d 后，测定混凝土抗压强度和干表观密度。以既能达到设计要求的混凝土配制强度和绝干体积密度，又具有最小水泥用量的配合比作为选定的配合比。

(2) 根据实测混凝土拌合物的湿体积密度，计算校正系数 $\delta = \rho_{0t}/\rho_{0c}$。对选定配合比中的各材料用量分别乘以校正系数，即得轻集料混凝土的实验室配合比。施工配合比必须考虑各材料的表面含水率。

5) 轻集料混凝土施工中应注意的问题

轻集料混凝土宜采用强制式搅拌机搅拌，且搅拌时间应较普通混凝土略长，但不宜过长，以防较多的轻集料被搅碎而影响混凝土的强度和体积密度。由于轻集料轻质、表面粗糙，故轻集料混凝土拌合物在外观上较为干稠，且坍落度也较小。但在振动条件下，流动性较好，施工时应防止因外观判断错误而随意增加净用水量。轻集料混凝土的坍落度损失较大，拌合料应在搅拌后的 45min 内成型完毕。成型时为防止轻集料上浮造成分层、离析，宜采用加压振捣，且振动时间不宜过长；否则，会引起拌合物产生严重的分层、离析。浇筑成型后应及时覆盖并洒水养护，以防止表面失水太快而产生网状裂缝。

实现轻粗集料混凝土的泵送，需要采取综合措施：轻粗集料的粒径尽量小，一般在 5～16mm，级配良好，生产混凝土之前，把轻粗集料充分浸泡沥水后备用；提高砂率到 45%～55%之间；掺加常规的混凝土泵送剂；混凝土外加剂里面增加增粘增稠组分；掺加聚丙烯纤维或玄武岩纤维有利于陶粒混凝土的泵送施工。

轻集料混凝土的表观密度比普通混凝土减少 1/4～1/3，隔热性能改善，可使结构尺寸减小，增加使用面积，降低基础工程费用和材料运输费用，其综合效益良好。轻集料混凝土适用范围：高层和多层建筑、软土地基、大跨度结构、抗震结构、要求节能的建筑、旧建筑的加层等。

2. 多孔混凝土

多孔混凝土是内部均匀分布着大量细小的气孔、不含集料（或仅含少量轻细集料）的轻混凝土。多孔混凝土孔隙率可高达 85%，表观密度 300～1200kg/m^3，热导率为

0.081～0.29W/(m·K)，兼有结构和保温隔热功能。容易切割，易于施工，可制成砌块墙板屋面板及保温制品，广泛应用于工业与民用建筑工程中。根据气孔产生的方法不同，多孔混凝土分为加气混凝土和泡沫混凝土。目前，墙体材料中除了烧结多孔砖以外，加气混凝土砌块应用较多。

1）加气混凝土

加气混凝土是由磨细的硅质材料（石英砂、粉煤灰、矿渣、尾矿粉、页岩等）、钙质材料（少量水泥、生石灰等）、发气剂（磨细的铝粉或过氧化氢）和水等经搅拌、倒入箱体模具浇筑、发泡、静停、切割和压蒸养护（185～200℃，1.2～1.5MPa下养护4～6h）而得的多孔混凝土，属硅酸盐混凝土制品。其成孔是因为发气剂（铝粉）在料浆中与氢氧化钙发生反应，放出氢气，形成气泡，使浆体形成多孔结构，反应式如下：

$$2Al + 3Ca(OH)_2 + 6H_2O \longrightarrow 3CaO \cdot Al_2O_3 \cdot 6H_2O + 3H_2 \uparrow$$

加气混凝土砌块的体积密度一般为500～700kg/m^3，抗压强度为3.0～6.0MPa，导热系数为0.12～0.20W/(m·K)。用量最大的为500级（即ρ_0=500kg/m^3），其抗压强度为3.0～4.0MPa，导热系数为0.12W/(m·K)。加气混凝土可钉、刨，施工方便。由于加气混凝土砌块吸水率大、强度低，抗冻性较差，且与砂浆的粘结强度低，故砌筑或抹面时，须专门配制砌筑抹面砂浆，内外墙面须采取加挂钢丝网和耐碱玻璃纤维网或聚丙烯纤维网饰面防护措施。此外，加气混凝土板材不宜用于高温、高湿或化学侵蚀环境。

2）泡沫混凝土

泡沫混凝土是将水泥浆和泡沫拌和后，经硬化而得的多孔混凝土。泡沫由泡沫剂通过机械方式（搅拌或喷吹）而得。常用泡沫剂有松香皂泡沫剂和水解血泡沫剂。松香皂泡沫剂是烧碱加水，溶入松香粉熬成松香皂，再加入动物胶液而成。水解血泡沫剂是由新鲜畜血加苛性钠、盐酸、硫酸亚铁及水制成。上述泡沫剂使用时用水稀释，经机械方式处理即成稳定泡沫。泡沫混凝土可采用自然养护，但常采用蒸汽或压蒸养护。自然养护的泡沫混凝土，水泥强度等级不宜低于32.5；蒸汽或压蒸养护泡沫混凝土常采用钙质材料（如石灰等）和硅质材料（如粉煤灰、煤渣、砂等）部分或全部代替水泥。例如石灰-水泥-砂泡沫混凝土、粉煤灰泡沫混凝土。泡沫混凝土的性能及应用，基本上与加气混凝土相同。泡沫混凝土还可以在施工现场直接浇筑，用作屋面保温层。常用泡沫混凝土的干体积密度为400～600kg/m^3。作为建筑节能材料，发泡混凝土被广泛应用于屋顶保温隔热层、地暖工程、室内外垫层、室内外保温、非承重墙体、新型节能砖、抗震、隔声、坑道回填、夹芯构件等建筑工程领域。

水泥-粉煤灰-泡沫-水原料体系的泡沫混凝土常用的配合比：42.5级普通硅酸盐水泥或硫铝酸盐水泥300～600kg/m^3，粉煤灰掺量占水泥用量的0～20%（等量取代），水胶比0.28～0.50，发泡剂适量，液体减水剂掺量为胶凝材料用量的1.5%～2%。

泡沫混凝土现浇墙体，是近年来的一个热点领域，主要特点：

（1）机械化高效的施工。发泡剂发泡，水泥基浆体混合、泵体输送一体化，垂直输送120m，水平输送800m，一般的建筑物只需一两个工作点即可完成整栋楼的墙体浇筑工程，25m^3/h的浇筑能力，按每天10h计，则每天可完成近2000m^2的墙体浇筑。

（2）免拆模板技术。免拆模板技术免去了烦琐的支模拆模工序，提高了墙体表面的平整度。浇筑后的墙体龙骨与墙板由浇筑的发泡混凝土连为一体，整体效果及墙体表面质量极佳，免去墙体抹灰工序，可直接上腻子、贴瓷砖等墙体表面装饰处理。

（3）重量轻。传统建筑都是厚墙、肥梁、自重大。常用泡沫混凝土的干体积密度为300～600kg/m^3，相当于黏土砖的1/10～1/3，普通混凝土的1/10～1/5，因而采用发泡混凝土作墙体材料可以大大减轻建筑物自重，增加楼层高度，降低基础造价10%左右。

（4）保温性能好。减薄墙体，节约使用面积10%左右，由于泡沫混凝土内部含有大量气泡和微孔，因而有良好的绝热性等。导热率通常为0.09～0.17W/(m·K)，其隔热保温效果比普通混凝土高数倍，20cm厚的泡沫混凝土外墙，其保温效果相当于49cm的黏土砖外墙。

3. 大孔混凝土

大孔混凝土是以粒径相近的粗集料、水泥、水、外加剂等配制而成的混凝土，也称为无砂大孔混凝土，包括不用砂的无砂大孔混凝土和为提高强度而加入少量砂的少砂大孔混凝土。大孔混凝土水泥浆只起包裹粗集料的表面和胶结粗集料的作用，而不是填充粗集料的空隙。

大孔混凝土的体积密度和强度与集料的品种和级配有很大的关系。采用轻粗集料配制时，体积密度一般为800～1500kg/m^3，抗压强度为1.5～7.5MPa；采用普通粗集料配制时，体积密度一般为1500～1950kg/m^3，抗压强度为3.5～30MPa；采用单一粒级粗集料配制的大孔混凝土较混合粒级的大孔混凝土的体积密度小、强度低，但均质性好，保温性好。大孔混凝土导热系数较小，吸湿性较小，收缩较普通混凝土小30%～50%，抗冻性可达F15～F25，水泥用量仅200～450kg/m^3。

大孔混凝土主要用于透水混凝土铺设路面地坪，也用于现浇墙体等。南方地区主要使用普通集料大孔混凝土，北方地区则多使用轻集料大孔混凝土。用于海绵城市建设的典型的C20～C30级透水混凝土路面地坪配合比：42.5级水泥350～450kg/m^3，水135～150kg/m^3，底层用粒径5～10mm的普通碎石1450～1550kg/m^3（面层普通碎石粒径3～5mm），减水剂7.0～9.0kg/m^3，聚合物增强剂10.0～15.0kg/m^3，面层透水混凝土需要的无机化合物颜料（红色、绿色、黄色等）8～12kg/m^3，施工坍落度30～50mm。

透水混凝土的施工主要是摊铺、夯平，见图4-33。摊铺比较简单，人工和机械施工

图4-33　彩色透水混凝土道面

均可。夯平要注意使用低频振动器，避免骨料之间过于密实而降低透水性。透水混凝土的初凝时间为2h左右，注意随时检查坍落度。在铺摊时可设置胀缝条，以$25m^2$为界限，避免以后切缝，也更加美观。透水混凝土的保养：透水混凝土建议覆膜保养15d，洒水保湿养护至少7d，洒水养护时要注意禁止使用高压水枪直接冲击路面。

4.12 预拌混凝土与泵送混凝土

预拌混凝土指水泥、集料、水以及根据需要掺入的外加剂、矿物掺合料等组分按一定比例，在混凝土搅拌站经计量、拌制后，采用运输车在规定时间内运至使用地点的混凝土拌合物。可出售或购买的预拌混凝土称为商品混凝土。如有必要，可在运送至卸料地点前再次加入适量减水剂等外加剂进行搅拌。预拌混凝土是由设备相对优良（如双卧轴强制式搅拌机）的固定式搅拌站拌制的，其自动计量、拌和等工艺优于现场搅拌设备，因而混凝土的质量相对较高，并且材料浪费少，对环境影响小。

预拌混凝土分为常规品A和特制品B，特制品B包括高强混凝土、纤维混凝土、自密实混凝土、轻骨料混凝土及重混凝土等。常规品A指强度等级为C10～C55的普通预拌混凝土。坍落度大于80mm的混凝土拌合物需采用混凝土搅拌运输车运送，运输途中搅拌筒应保持3～5r/min的低转速，卸料前应中、高速旋转搅拌筒以使混凝土拌和均匀；坍落度小于80mm的混凝土拌合物可使用翻斗车或平板卡车运送，并应保证运送容器不漏浆，内壁光滑、平整，易于卸料，并具有覆盖设施。

坍落度大于100mm的预拌混凝土，可以实现混凝土的泵送施工。泵送混凝土一般是在坍落度为70～90mm、砂率为40%～50%的基准混凝土中掺入泵送剂（或塑化剂）而获得，泵送剂可采用同掺法或后掺法加入。泵送混凝土应具有良好的流动性、黏聚性和保水性，在泵压力作用下也不应产生离析和泌水，否则将会堵塞混凝土输送管道。初始坍落度、泵压下的坍落度损失和压力泌水率是影响混凝土拌合物可泵性的重要指标。30m以下泵送高度时，坍落度应在100～160mm；泵送高度在100m以上时，坍落度应在180～220mm；10s时的相对压力泌水率S10不宜超过40%。

在钢筋混凝土工程中，粗骨料的粒径不得大于混凝土结构截面最小尺寸的1/4，并不得大于钢筋最小净距的3/4；对于混凝土实心板，其最大粒径不宜大于板厚的1/3，并不得超过40mm。最大粒径与输送管径之比，当泵送高度50m以下时，碎石不宜大于1∶3.0，卵石不宜大于1∶2.5；泵送高度在50～100m时，碎石不宜大于1∶4.0，卵石不宜大于1∶3.0；泵送高度在100m以上时，碎石不宜大于1∶5.0，卵石不宜大于1∶4.0。粗集料应选用连续级配（各级累计筛余量应尽量落在级配区的中间值附近），且粗集料的针片状含量应小于10%；细集料宜采用中砂，级配应符合Ⅱ区，且通过0.315mm筛孔上的颗粒含量不应少于15%。

配制泵送混凝土时，一般应加入泵送剂（塑化剂）和矿物掺合料，水胶比不宜大于0.60，水泥基胶凝材料用量不宜低于$300kg/m^3$，砂率宜为40%～50%，此外，混凝土拌合物的含气量应控制在2.5%～4.5%。泵送施工时应充分考虑到混凝土的运距和拌合物坍落度经时损失，以保证能够顺利卸料、泵送、浇筑和成型。

超高泵送混凝土技术，一般是指泵送高度超过200m的现代混凝土泵送技术。超高泵送混凝土技术是一项综合技术，包含混凝土制备技术、泵送参数计算、泵送设备选定与调试、泵管布设和泵送过程控制等内容。通过原材料优选、配合比优化设计和工艺措施，使制备的混凝土具有较好的和易性，混凝土拌合物的工作性良好，无离析泌水，泵送坍落度180～240mm，混凝土坍落度经时损失不宜大于20mm/h，混凝土倒置坍落筒排空时间宜小于10s。泵送高度超过300m的，坍落扩展度宜大于550mm；泵送高度超过400m的，坍落扩展度宜大于600mm；泵送高度超过500m的，坍落扩展度宜大于650mm；泵送高度超过600m的，坍落扩展度宜大于700mm，基本上接近自流平混凝土（SCC）的性能。

泵送设备的选定应参照现行《混凝土泵送施工技术规程》JGJ/T 10中规定的技术要求，首先要进行泵送参数的验算，包括混凝土输送泵的型号和泵送能力，水平管压力损失、垂直管压力损失、特殊管的压力损失和泵送效率等。对泵送设备与泵管的要求为：

（1）宜选用大功率、超高压的S阀结构混凝土泵，其混凝土出口压力满足超高层混凝土泵送阻力要求。

（2）应选配耐高压、高耐磨的混凝土输送管道。

（3）应选配耐高压管卡及其密封件。

（4）应采用高耐磨的S管阀与眼镜板等配件。

（5）混凝土泵基础必须浇筑坚固并固定牢固，以承受巨大的反作用力，混凝土出口布管应有利于减轻泵头承载。

（6）输送泵管的地面水平管折算长度不宜小于垂直管长度的1/5，且不宜小于15m。

（7）输送泵管应采用承托支架固定，承托支架必须与结构牢固连接，下部高压区应设置专门支架或混凝土结构，以承受管道重量及泵送时的冲击力。

（8）在泵机出口附近设置耐高压的液压或电动截止阀。

泵送施工的过程控制要求很严，应对到场的混凝土进行坍落度、扩展度和含气量的检测，根据需要对混凝土入泵温度和环境温度进行监测，如出现不正常情况，及时采取应对措施；泵送过程中，要实时检查泵车的压力变化、泵管有无渗水、漏浆情况以及各连接件的状况等，发现问题及时处理。泵送施工控制要求为：

（1）合理组织，连续施工，避免中断。

（2）严格控制混凝土流动性及其经时变化值。

（3）根据泵送高度适当延长初凝时间。

（4）严格控制高压条件下的混凝土泌水率。

（5）采取保温或冷却措施控制管道温度，防止混凝土摩擦、日照等因素引起管道过热。

（6）弯道等易磨损部位应设置加强安全措施。

（7）泵管清洗时应妥善回收管内混凝土，避免污染或材料浪费。泵送和清洗过程中产生的废弃混凝土，应按预先确定的处理方法和场所，及时进行妥善处理，并不得将其用于浇筑结构构件。

4.13 高强混凝土与高性能混凝土

混凝土强度等级≥C60 的混凝土，称为高强混凝土。

配制高强混凝土时，应选用质地坚实的粗、细集料。粗集料的最大粒径一般不宜大于25mm，当混凝土强度相对较低时，也可放宽到 26.5～31.5mm，但当强度高于 C70 以上时，最大粒径应小于 19mm，同时粗集料的压碎指标必须小于 10%。细集料宜使用细度模数 2.5～3.0 的中砂，颗粒球形度高且含泥量不应超过 2%。此外，粗、细集料的级配应合格，泥及其他杂质的含量应少，必要时须进行清洗。

应使用不低于 42.5 级的硅酸盐水泥或普通硅酸盐水泥，同时应掺加高效减水剂，且水泥用量不宜超过 550kg/m^3，胶凝材料总量不宜超过 600kg/m^3。C80 以上的高强混凝土或大流动性的高强混凝土，须掺加硅灰 5%～10%或其他矿物掺合料 20%～40%。高强混凝土的水胶比须小于 0.32，砂率应为 30%～35%，但泵送与自密实高强混凝土的砂率应适当增大到 40%左右。高强混凝土在成型后应立即覆盖或采取保湿措施。高强混凝土的抗拉强度与抗压强度的比值较低，而脆性较大。高强混凝土的密实度很高，因而高强混凝土的抗渗性、抗冻性、抗侵蚀性等耐久性均很高，其使用寿命大大超过一般的混凝土。高强混凝土主要用于高层、大跨、桥梁等建筑的混凝土结构以及薄壁混凝土结构、预制构件等。

高强混凝土的配制强度 $f_{cu,0}=1.15f_{cu,k}$，水胶比、胶凝材料用量、砂率可按表 4-57 选取。

高强混凝土的水胶比、胶凝材料用量和砂率 表 4-57

强度等级	水胶比	胶凝材料用量(kg/m^3)	水(kg/m^3)	砂率(%)
C60～C80	0.28～0.34	480～560	165～150	35～42
C80～C100	0.26～0.28	520～580	150～140	
>C100	0.20～0.26	550～600	140～120	

高性能混凝土（high performance concrete，HPC），是满足建设工程特定要求，采用优质常规原材料和优化配合比，通过绿色生产方式以及严格的施工措施制成的，具有优异的拌合物性能、力学性能、耐久性能和长期性能的混凝土。作为重要的绿色建材，高性能混凝土的推广应用对提高工程质量，降低工程全寿命周期的综合成本，发展循环经济，促进技术进步，推进混凝土行业结构调整具有重大意义。它是以耐久性和强度作为主要设计指标，按使用环境、用途和施工方式的不同，针对性地保证混凝土的体积稳定性（即混凝土在凝结硬化过程中的沉降与塑性开裂、温升与温度变形、自收缩、干缩、徐变等）、耐久性（抗渗性、抗冻性、抗侵蚀性、碳化、碱-集料反应、磨损等）、强度、抗疲劳性、和易性、适用性等的一种长使用寿命的混凝土。除耐久性和体积稳定性外，高性能混凝土的其他性能可以随使用环境、用途和施工方式的不同而变化，强度等级应不低于 C30，普通混凝土也可以高性能化。

高性能混凝土用集料的针片状含量应小，最大公称粒径不宜超 31.5mm，级配要好，黏土等杂质要少，同时必须掺加高效减水剂、掺加较大量或大量的适当细度的活性矿物掺合料，必要时宜掺加引气剂。此外，还需控制混凝土的拌合用水量不应过多，浆体与集料体积比应在 35∶65 左右，以此来保证混凝土拌合物的和易性更好，体积稳定性、密实度、强度和耐久性更高。

普通混凝土实现高性能化的途径：

（1）加入减水剂或高性能减水剂，实现低水胶比。

（2）加入矿物掺合料如粉煤灰、矿渣粉、硅灰、石灰石粉甚至无机纳米材料 3%～5%，以改善混凝土的某些性能。

（3）选择适合的砂率，改善混凝土和易性，良好的黏聚性和保水性是施工质量的前提。

（4）最小坍落度施工原则。在可以保证施工工艺和混凝土成型密实要求的情况下，尽量降低混凝土的施工坍落度。较小的坍落度施工，有利于混凝土的抗裂能力。

（5）高性能混凝土一定要实现抗裂、无裂或少裂。混凝土中加入聚丙烯纤维、钢纤维、各种混凝土减缩剂或微膨胀剂，都是减少混凝土裂缝的技术手段。

（6）混凝土外加剂（减水剂）或者矿物掺合料，并非高性能混凝土的必须原材料。合适的混凝土用在适合的地方，实现了无缝工作、耐久性好，就是高性能的混凝土。

（7）良好的施工与养护非常重要。

高强高性能混凝土（简称 HS-HPC）是具有较高强度（一般强度等级不低于 C60）且具有高工作性、高体积稳定性和高耐久性的混凝土，属于高性能混凝土（HPC）的一个类别。其特点是不仅具有更高的强度，且具有良好的耐久性，多用于超高层建筑底层柱、墙和大跨度梁，可以减小构件截面尺寸，增大使用面积和空间，并达到更高的耐久性。超高性能混凝土（UHPC）是一种超高强（抗压强度可达 150MPa 以上）、高韧性（抗折强度可达 16MPa 以上）、耐久性优异的新型超高强高性能混凝土，是一种组成材料颗粒的级配达到最佳的水泥基复合材料。用其制作的结构构件不仅截面尺寸小，而且单位强度消耗的水泥、砂、石等资源少，具有良好的环境效应。HS-HPC 的水胶比一般≤0.32，胶凝材料用量一般为 480～600kg/m^3，硅灰掺量不宜大于 10%，其他优质矿物掺合料掺量宜为 25%～40%，砂率宜为 40%～42%，宜采用聚羧酸系高性能减水剂。UHPC 的水胶比一般≤0.22，胶凝材料用量一般为 700～1000kg/m^3。超高性能混凝土宜掺加高强微细钢纤维，钢纤维的抗拉强度不宜小于 2000MPa，体积掺量不宜小于 1.0%，宜采用聚羧酸系高性能减水剂。

新拌 HS-HPC 最主要的特点是黏度大，为降低混凝土的黏性，宜掺入能够降低混凝土黏性且对混凝土强度无负面影响的外加剂，如降黏型外加剂、降黏增强剂等。UHPC 的水胶比更低，黏性更大，宜掺入能降低混凝土黏性的功能型外加剂，如降黏增强剂等。新拌混凝土的技术指标主要是坍落度、扩展度、T500 和倒坍落度筒混凝土流下时间（简称倒筒时间）等。对于 HS-HPC，混凝土坍落度不宜小于 220mm，扩展度不宜小于 500mm，倒置坍落度筒排空时间宜为 5～20s，混凝土经时损失不宜大于 30mm/h。HS-HPC 的配制强度可按公式 $f_{cu,0} \geqslant 1.15 f_{cu,k}$ 计算；UHPC 的配制强度可按公式 $f_{cu,0} \geqslant 1.1 f_{cu,k}$ 计算；水泥宜采用 52.5 级硅酸盐水泥或普通硅酸盐水泥；粗骨料应采用粒径为 5～19mm 的洁净碎石。

高性能混凝土因具有相当高的耐久性，其使用寿命可达 100～150 年以上。高性能混凝土特别适合用于大型基础设施建设，如高速公路、桥梁、隧道、核电站以及海洋工程与军事工程等。国内部分重点工程的高性能混凝土配合比见表 4-58。

国内部分重点工程的高性能混凝土配合比（kg/m^3）　　表 4-58

序号	水	水泥	粉煤灰	矿渣粉	砂	碎石	外加剂	备注
1	158	250	100	117	697	1090	4.7	天津 117 大厦 C50
2	172	252	168	—	799	1059	8.4	天津津塔 C40
3	170	287	110	83	715	980	6.8	广州国际金融中心（西塔）C45
4	185	330	79	37	747	1053	3.2	上海环球金融中心 C40
5	160	230	138	92	789	1042	4.3	上海绿地中心 C50
6	165	385	66	99	650	994	7.6	吉林某高层建筑 C60
7	165	330	35	210	775	874	11.5	天津津塔 C60
8	175	440	110	—	800	870	7.2	上海环球金融中心 C60
9	155	340	130	30 硅灰	920	852	7.3	台北 101 大厦 C80
10	152	370	180	35 硅灰	600	1000	2.9	香港国际金融中心 80D
11	187	530	40	—	605	995	13.4	上海金茂大厦 C60
12	130	430	145	40 硅灰	729	1000	16.0	广州国际金融中心（西塔）C90
13	130	500	170	80 硅灰	700	1000	26.0	深圳京基 100 大厦 C120

4.14 自密实混凝土

自密实混凝土（Self Compacting Concrete 或 Self-Consolidating Concrete 简称 SCC），是指在自身重力作用下，能够流动、密实，即使存在致密钢筋也能完全填充模板，同时获得很好均质性，并且不需要附加振动的混凝土拌合物。一般地，该混凝土拌合物为坍落度 240mm 以上，坍落扩展度为 550～750mm 的混凝土，通常也采用泵送方式施工。它与普通泵送混凝土的区别是它具有更高的流动性、黏聚性、保水性，并具有良好的钢筋间隙通过性。

自密实混凝土的主要特点是流动性大，钢筋间隙通过能力强，具有自密实性，成型时不需振捣，并且不会出现离析、分层和泌水现象。由于高效减水剂的使用，虽然自密实混凝土的流动性很大，但其用水量与水灰比仍较小，因而易获得高强、高抗渗性及高耐久性的混凝土。为保证自密实混凝土具有高流动性、高抗离析性和高保塑性，配制时必须掺加高效泵送剂或用高效减水剂等配制的专用外加剂，其 28d 收缩率比不宜大于 100%；同时，必须掺加矿物掺合料，胶凝材料总用量一般在 450～550kg/m^3；粗集料的最大粒径一般不宜超过 19mm，针片状含量宜小于 10%，空隙率宜小于 40%，粗集料用量按松散体积计在 0.5～0.6m^3 为宜；宜采用中砂，且小于 0.315mm 的细集料含量应在 15%以上，砂率应宜在 45%～52%；用水量对高耐久性自密实混凝土宜小于 175kg/m^3。

自密实混凝土的配合比设计，需要充分考虑自密实混凝土流动性、抗离析性、自填充性、浆体用量和体积稳定性之间的相互关系及其矛盾。在 SCC 配制中主要应采取以下措施：

（1）借助以聚羧酸或萘系、氨基磺酸盐系高效减水剂为主要组分的外加剂，可对水泥粒子产生强烈的分散作用，并阻止分散粒子凝聚，高效减水剂的减水率应≥25%，并应具有一定的保塑功能。掺入的外加剂的主要要求有：①与水泥的相容性好；②减水率大；③缓凝、保塑；④保水性好，需加 HPMC 1～3kg/t；⑤加入少部分的消泡剂 1～2kg/t。

（2）掺加适量矿物掺合料能调节混凝土的流变性能，提高塑性黏度，同时提高拌合物中的浆固比，改善混凝土和易性，使混凝土匀质性得到改善，并减少粗、细骨料颗粒之间的摩擦力，提高混凝土的通阻能力。

（3）掺入适量混凝土膨胀剂，可提高混凝土的自密实性及防止混凝土硬化后产生收缩裂缝，提高混凝土抗裂能力，同时提高混凝土黏聚性，改善混凝土外观质量。

（4）适当增加砂率和控制粗骨料粒径≤19mm，以减少遇到阻力时浆骨分离的可能，增加拌合物的抗离析稳定性。

（5）在配制强度等级较低的自密实混凝土时，可适当使用增黏剂，以增加拌合物的黏度。

（6）按结构耐久性及施工工艺要求，选择掺合料品种，取代水泥量和引气剂品种及用量。

（7）配制自密实混凝土应首先确定混凝土配制强度、水胶比、用水量、砂率、粉煤灰、膨胀剂等主要参数，通过绝对体积法计算配合比，再经过混凝土性能试验、强度检验，反复调整各原材料参数来确定最终的混凝土配合比。

（8）自密实混凝土配合比的突出特点是：高砂率、低水胶比、高矿物掺合料掺量以及高效减水增塑保水外加剂。

自密实混凝土的和易性除前述的坍落度、坍落扩展度（图 4-34）和 J 环扩展度（图 4-35）、倒坍落度筒和 V 形槽漏斗（图 4-36）流下时间和流动时间 T500 外，还包括间隙通过性（通过钢筋间隙的性质）、抗离析性，通过 L 形仪或 U 形仪检测性能，其示意图见图 4-37、图 4-38。自密实混凝土的填充性、间隙通过性、抗离析性等和坍落扩展度 *SF*、T500 等应满足表 4-59 的要求。

图 4-34　混凝土坍落度筒

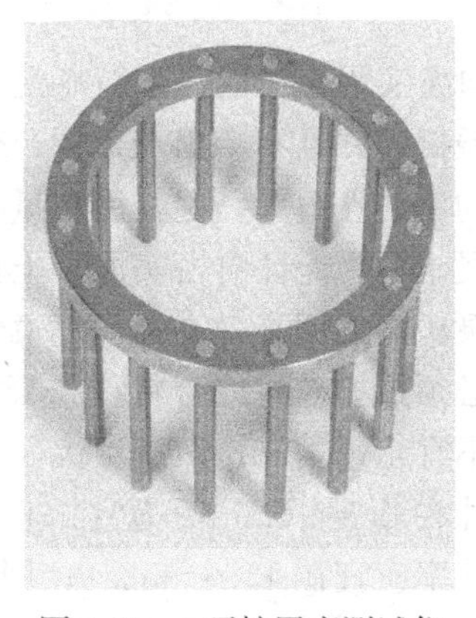

图 4-35　J 环扩展度测试仪

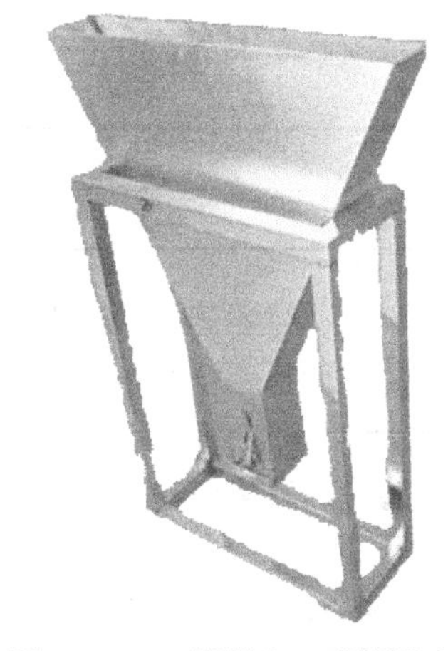

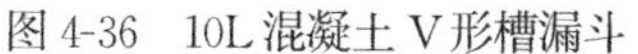

图 4-36　10L 混凝土 V 形槽漏斗

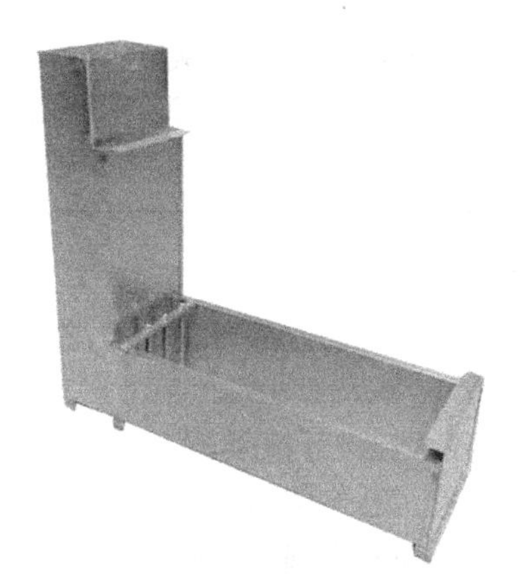

图 4-37　带钢筋格栅的 L 形仪

图 4-38　混凝土 U 形箱

自密实混凝土和易性指标（CCES 02）　　**表 4-59**

序号	测试方法	和易性级别指标要求			检测性能
1	坍落扩展度(SF)	Ⅰ级	650mm≤SF≤750mm		填充性
		Ⅱ级	550mm≤SF≤650mm		
2	T500 流动时间	2s≤T500≤5s			填充性
3	L 形仪(H_2/H_1)	Ⅰ级	钢筋净距 40mm	H_2/H_1 ≥0.80	间隙通过性 抗离析性
		Ⅱ级	钢筋净距 60mm		
4	U 形仪(Δh)	Ⅰ级	钢筋净距 40mm	Δh≤ 30mm	间隙通过性 抗离析性
		Ⅱ级	钢筋净距 60mm		
5	拌合物稳定性跳桌试验(f_m)	f_m≤10%			抗离析性

注：1. 对于密集配筋构件或厚度小于 100mm 的混凝土加固工程，拌合物和易性指标按Ⅰ级指标要求。
2. 对于钢筋最小间距超过粗集料最大粒径 5 倍的混凝土构件或钢管混凝土构件，拌合物和易性指标按Ⅱ级指标要求。

自密实混凝土可大大改善施工条件，减少工人劳动量，且施工效率高、工期短，主要用于高层建筑、大型建筑等的基础、楼板、墙板及地下工程。自密实混凝土特别适合用于配筋密集、混凝土浇筑或振捣困难的部位。但是，由于自流平混凝土粗骨料用量一般相对较少（≤1000kg/m^3），故弹性模量相对同强度等级普通混凝土稍低，干燥收缩较大，易产生有害裂缝而造成钢筋混凝土结构耐久性下降。掺用减缩剂或微膨胀剂有利于减少新拌混凝土的收缩，加强早期保湿养护等措施，可预防或减少自收缩引起的裂缝。

4.15　抗渗混凝土

抗渗性混凝土又称防水混凝土，是指抗渗性等级≥P6 的混凝土，常用的抗渗等级为 P6、P8、P10、P12 等。

抗渗混凝土的配制原则为减少混凝土的孔隙率，特别是开口孔隙率；堵塞连通的毛细孔隙或切断连通的毛细孔，并减少混凝土的开裂；或使毛细孔隙表面具有憎水性。抗渗混凝土的水胶比按表 4-60 选取。

抗渗混凝土最大水胶比 **表 4-60**

设计抗渗等级	最大水胶比		
	C20～C30	C30 以上	
P6	0.6	0.55	胶凝材料总量不宜小于 $320kg/m^3$,砂率 35%～45%
P8～P12	0.55	0.50	
>P12	0.50	0.45	

配制防水混凝土时应将抗渗压力比设计值 P 提高 0.2MPa，抗渗试验结果应满足下式：

$$P_t \geqslant P/10+0.2$$

式中 P_t——6 个试件第 3 个试件开始出现渗水时的最大水压力（MPa）；

P——设计要求的抗渗等级。

1. 普通抗渗混凝土（富水泥浆混凝土）

普通抗渗混凝土主要是通过调整混凝土配合比来提高自身密实性和抗渗性。通过采用较小的水胶比、提高胶凝材料用量和砂率，以达到提高砂浆的不透水性，在粗骨料周围形成足够数量和良好质量的砂浆包裹层，并使粗骨料彼此隔离，有效阻隔沿粗骨料相互连通的渗水孔网。配制普通防水混凝土所用的水泥应泌水性小、水化热低，并具有一定的抗侵蚀性。普通防水混凝土的配合比设计，首先应满足抗渗性的要求，同时考虑抗压强度、施工和易性和经济性等方面的要求。必要时，还应满足抗侵蚀性、抗冻性和其他特殊要求。

配制混凝土时，应优先采用普通硅酸盐水泥或火山灰质硅酸盐水泥，水泥用量不宜小于 $320kg/m^3$；水胶比不得大于 0.60，砂率不宜小于 35%；粗集料的最大粒径不宜大于 31.5mm，粗集料的含泥量及泥块含量应分别小于 1.0%、0.5%，细集料的含泥量及泥块含量应分别小于 3.0%、1.0%，宜采用矿物掺合料（FA 应在Ⅱ级灰以上）和混凝土减水剂，并应采用级配良好的粗、细集料。

施工时，通过加强搅拌、浇筑、振捣和养护质量控制，采用最小坍落度施工原则减少混凝土因收缩而开裂的概率。用途主要为地上、地下要求防水抗渗的混凝土工程。

2. 掺外加剂的抗渗混凝土

外加剂防水混凝土，是通过掺加适宜品种和数量的外加剂，改善混凝土内部结构，隔断或堵塞混凝土中的各种孔隙、裂缝及渗水通道，以达到要求抗渗性的混凝土。引气剂（松香热聚物、K12、AOS 等）掺量一般为胶凝材料用量的 0.01%～0.03%，可以使混凝土的含气量达到 3%～5%。密实剂，黄褐色或暗红色液体，主要成分为 Fe^{3+} 和铝盐，掺量一般为胶凝材料用量的 2%～3%，无机铝盐防水剂掺入水泥混凝土后，即与水泥中的水化生成物发生化学反应，生成氢氧化铝和氢氧化铁等不溶于水的胶体物质，同时还能与水泥中的水化铝酸钙作用，生成具有一定膨胀性的复盐硫铝酸钙晶体。这些胶体和晶体物质堵塞和填充了水泥混凝土在硬化过程中形成的毛细通道和孔隙，从而提高了水泥混凝土的密实性，达到防水、抗渗的目的。

3. 掺膨胀剂的抗渗混凝土

掺加膨胀剂或直接用膨胀水泥配制的混凝土，称为膨胀混凝土。

为克服普通水泥混凝土因水泥石的收缩、干燥收缩等而开裂，可采用掺加膨胀剂或直接用膨胀水泥来配制混凝土，这种混凝土称为膨胀混凝土。该混凝土在凝结硬化过程中能形成大量钙矾石，从而产生一定量的体积膨胀。当膨胀变形受到来自外部的约束或钢筋的内部约束时，就会在混凝土中产生预压应力 0.2～0.7MPa，使混凝土的抗裂性和抗渗性得到增强。膨胀剂的掺量一般为胶凝材料用量的 6%～15%，常用的膨胀剂有：

（1）以硫铝酸钙、明矾石和石膏为膨胀组分的膨胀剂 UEA。

（2）以高铝水泥熟料、明矾石和石膏为膨胀组分的铝酸盐膨胀剂 AEA。

（3）以氧化钙、天然明矾石和石膏为膨胀组分的复合膨胀剂等。

使用膨胀剂配制混凝土时的注意事项：

（1）应根据使用要求选择合适的膨胀值和膨胀剂掺量。

（2）膨胀混凝土应有最低限度的强度值和合适的膨胀速度。

（3）长期与水接触时，必须保证后期膨胀稳定性。

（4）膨胀混凝土的养护是影响其质量的关键环节，一般分为预养和水养两个阶段。预养的主要目的是使混凝土获得一定的早期强度，使之成为水养期发生膨胀时的结晶骨架，为发挥膨胀性能创造条件。一般在混凝土浇筑后 8～14h，即混凝土终凝后就开始浇水养护，水养期不宜少于 14d。

抗渗混凝土的适用范围：广泛应用于贮水池、水塔，尤其是隧道衬砌、涵洞框架结构、建筑及地下防水工程用混凝土的抗裂防水；混凝土承台、桥墩、无碴轨道现浇混凝土道床板、混凝土底座及其他混凝土结构抗渗密实；适用于工业与民用建筑的屋面、地面、墙面、厨房、卫生间、地下室等防水工程；尤其适用于各种水池、游泳池、地下仓库、人防工程、地铁、隧道等建筑物防潮、防水工程。

4.16 喷射混凝土

喷射混凝土是利用压缩空气，将配制好的混凝土拌合物通过管道高速喷射到受喷面（模板、旧建筑物等）上凝结硬化而成的一种混凝土。喷射混凝土一般须掺加速凝剂。液体速凝剂（主要成分为偏铝酸盐和胺类）的掺量一般为水泥用量的 4.0%～6.0%。粉体速凝剂，其主要成分为铝氧熟料（即铝矾土、纯碱、生石灰按比例烧制成的熟料）经磨细而制成，掺量一般为水泥用量的 3.0%～7.0%。我国常用的速凝剂是无机盐类，主要型号有红星Ⅰ型、7Ⅱ型、782 型等。红星Ⅰ型速凝剂是由铝氧熟料（主要成分是铝酸钠）、碳酸钠、生石灰按质量 1∶1∶0.5 的比例配制而成的一种粉状物，适宜掺量为水泥质量的 2.5%～4.0%；7Ⅱ型速凝剂是铝氧熟料与无水石膏按质量比 3∶1 配合粉末而成，适宜掺量为水泥质量的 3.0%～5.0%；782 型混凝土由矾泥、铝氧熟料、生石灰配制而成，适宜掺量为 5.0%～7.0%。

速凝剂掺入混凝土后，能使混凝土在 5min 内初凝，10min 内终凝，1h 就可产生强度，1d 强度提高 2～3 倍，但后期强度会下降，28d 强度约为不掺时的 80%～90%。速凝剂的速凝早强作用机理是使水泥中的石膏变成 Na_2SO_4，失去缓凝作用，从而促使 C_3A 迅速水化，并在溶液中析出其水化产物晶体，导致水泥浆迅速凝固。

喷射混凝土按喷射方式分为干喷法和湿喷法。干喷法是将混凝土干拌合物（水泥、砂、石）利用压缩空气输送至喷嘴处，在喷嘴处加水后喷出。速凝剂可干掺入干拌合物中或掺入水中。干喷法的设备简单，但喷射时空气中粉尘含量高，施工条件恶劣，且混凝土的喷射回弹率高。湿喷法是将混凝土拌合物利用压缩空气输送至喷嘴处，在喷嘴处加入掺有速凝剂的水后喷出。湿喷法的设备较为复杂，但喷射时空气中粉尘含量少，回弹率较小（5%～10%）。喷射混凝土宜选用普通硅酸盐水泥，并选用级配好的粗、细集料，粗集料的最大粒径不应超过 19mm（且应与喷射机管道内径相匹配），细集料应为中砂。速凝剂的作用是使混凝土在几分钟内就凝结，以增加一次喷射的厚度，特别是增加向上喷射的厚度，并能减少回弹率，此外，还能提高混凝土的早期强度，使后期强度降低。为改善混凝土的性能，还可掺加减水剂、引气剂等。

喷射混凝土的抗压强度为 25～40MPa，抗拉强度为 2.0～2.5MPa。由于高速喷射于基层材料上，因而混凝土与基层材料能紧密地粘结在一起，故喷射混凝土与基层材料的粘结强度高，其可接近于混凝土的抗拉强度。喷射混凝土具有较高的抗渗性（0.7MPa 以上）和良好的抗冻性（F200 以上）。为提高喷射混凝土的抗渗性，可加入 5%左右的硅灰；为提高喷射混凝土的抗裂性，可加入 1%（体积率）的钢纤维。喷射混凝土主要用于隧道工程、地下工程等的支护，坡边、坝堤等岩体工程的护面，薄壁与薄壳工程，修补与加固工程等。

4.17 耐火混凝土与耐热混凝土

能长期经受高温（高于 1300℃）作用，并能保持所要求的物理力学性能的混凝土，称为耐火混凝土。通常将在 200～900℃使用，且能保持所需的物理力学性能和体积稳定性的混凝土，称为耐热混凝土。耐火混凝土和耐热混凝土是由适当的胶凝材料、耐火的粗、细集料及水等组成。

1. 硅酸盐水泥耐火混凝土与耐热混凝土

硅酸盐水泥耐火混凝土与耐热混凝土是由普通硅酸盐水泥或矿渣硅酸盐水泥为胶凝材料，以玄武岩、重矿渣、黏土砖、铝矾土熟料、铬铁矿、烧结镁砂等耐热材料为粗、细集料，并以磨细的烧黏土、砖粉等作为耐热掺合料，加入适量水配制而成。耐热掺合料中的氧化硅和氧化铝在高温下可与氧化钙作用，生成稳定的无水硅酸盐和铝酸盐，提高了混凝土的耐热性。硅酸盐水泥耐火混凝土的极限使用温度为 900～1200℃。

2. 铝酸盐水泥耐火混凝土与耐热混凝土

铝酸盐水泥耐火混凝土与耐热混凝土是由高铝水泥或低钙铝酸盐水泥，耐火掺合料、耐火粗、细集料及水等配制而成。这类水泥石在 300～400℃时，强度急剧降低，但残留强度保持不变。当温度达到 1100℃后，水泥石中的化学结合水全部脱出而烧结成陶瓷材料，强度又重新提高。铝酸盐耐火混凝土的极限使用温度为 1300℃。

3. 水玻璃耐火混凝土与耐热混凝土

水玻璃耐火混凝土与耐热混凝土是由水玻璃、氟硅酸钠、耐火掺合料、耐火集料等配制而成。所用的掺合料和耐火粗、细集料与硅酸盐水泥耐火混凝土基本相同。水玻璃耐火混凝土的极限使用温度为 1200℃。

4. 磷酸盐耐火混凝土与磷酸盐耐热混凝土

磷酸盐耐火混凝土与磷酸盐耐热混凝土是由磷酸铝或磷酸为胶凝材料，铝矾土熟料为粗、细集料，磨细铝矾土为掺合料，按一定比例配制而成的耐火混凝土。磷酸盐耐火混凝土具有耐火度高、高温强度及韧性高、耐磨性好等特点，极限使用温度为1500～1700℃。

4.18 耐酸混凝土

常用的耐酸混凝土为水玻璃耐酸混凝土。水玻璃耐酸混凝土是由水玻璃、氟硅酸钠促硬剂、耐酸粉料及耐酸粗、细集料等配制而成。常用的耐酸粉料为石英粉、安山岩粉、辉绿岩粉、铸石粉、耐酸陶瓷粉等；常用的耐酸粗、细集料为石英岩、辉绿岩、安山岩、玄武岩、铸石等。市场上销售的耐酸水泥是掺有一定比例氟硅酸钠的石英粉，使用时必须用水玻璃拌制。

水玻璃耐酸混凝土的配合比一般为水玻璃：耐酸粉料：耐酸细集料：耐酸粗集料＝0.6～0.7：1：1：1.5～2.0，氟硅酸钠的掺量为12%～15%。水玻璃模数和密度的要求参见第2章。水玻璃耐酸混凝土可抵抗除氢氟酸、300℃以上的磷酸、高级脂肪酸以外的所有中等浓度以上的无机酸和有机酸以及绝大多数的酸性气体。由于水玻璃混凝土的耐水性较差，因而水玻璃混凝土的耐稀酸腐蚀性较差。为弥补这一缺陷，可在使用前用中等浓度以上酸对水玻璃混凝土进行酸洗数次，或用中等浓度酸浸泡水玻璃混凝土。

耐酸混凝土也可使用沥青、硫黄、合成树脂等来配制。

4.19 纤维混凝土

纤维增强混凝土（简称纤维混凝土）是指掺有纤维材料的混凝土，也称水泥基纤维复合材料。纤维均匀分布于混凝土中或按一定排列方式分布于混凝土中，从而起到提高混凝土的抗拉强度或冲击韧性的作用。常用的高弹性模量纤维有钢纤维、玄武岩纤维、玻璃纤维、石棉、碳纤维等，高弹性模量纤维在混凝土中可起到提高混凝土抗拉强度、刚度及承担动荷载能力的作用。常用的低弹性模量纤维有尼龙纤维、聚丙烯纤维以及其他合成纤维或植物纤维，低弹性模量纤维在混凝土凝结硬化过程中能起到限制混凝土早期塑性开裂的作用，但在硬化后混凝土中则不能起到提高强度的作用，而只起到提高混凝土韧性以及降低高温下爆裂的作用。纤维的弹性模量越高，其增强效果越好。纤维的直径越小，与水泥石的粘结力越强，增强效果越好，故玻璃纤维和石棉（直径小于10μm）的增强效果远远高于钢纤维（直径约0.35～0.75mm）。玻璃纤维和钢纤维是最常用的两种纤维。短切纤维的长径比（纤维的长度与直径的比值）是一项重要参数，长径比太大不利于搅拌和成型，太小则不能充分发挥纤维的增强作用（易将纤维拔出）。钢纤维的长径比宜为50～80，钢纤维长度与粗集料最大粒径的比宜为2.0～3.5，且粗集料的最大粒径不宜超过19mm。玻璃纤维通常制成玻璃纤维网、布，使用时采用人工或机械铺设；或将玻璃纤维制成连续无捻纤维，使用时采用喷射法施工。

普通水泥混凝土的极限拉伸率低，一般为 0.01%～0.20%，而聚丙烯纤维的拉伸率高达 15%～18%，混凝土中掺量为 0.8～1.2kg/m^3 的聚丙烯纤维，均匀散布于混凝土中，不仅可阻止骨料的下沉，改善和易性及泌水，减少离析，而且能有效地承受因混凝土收缩而产生的拉应变，延缓或阻止混凝土内部微裂缝及表面宏观裂缝的发生发展，提高混凝土的抗渗性。有关耐火试验表明，在混凝土中掺入低熔点纤维（直径 0.1mm，长 12mm，掺量 4kg/m^3）具有良好的耐火前景，这样的纤维混凝土柱经过标准耐火试验几乎观察不到破坏，说明低熔点纤维能防止混凝土爆裂。在混凝土中掺入 0.8～1.2kg/m^3 的聚丙烯纤维，可有效地抑制混凝土拌合物的离析与泌水，改善混凝土的和易性。掺入体积掺率为 1%的聚丙烯纤维，可使混凝土的收缩率降低约 75%；掺入体积掺率为 0.05%的聚丙烯纤维在 1.2MPa 的水压作用下与同强度（28d 龄期）未掺聚丙烯纤维混凝土比较，抗渗性能提高 70%。

玻璃纤维主要用于配制玻璃纤维水泥或砂浆（GFRC 或 GRC），而较少用于配制玻璃纤维混凝土（GRC）。普通玻璃纤维的抗碱腐蚀能力差，因而在玻璃纤维水泥中须使用抗碱玻璃纤维和低碱度的硫铝酸盐水泥。玻璃纤维水泥中纤维的体积掺量一般为 4.5%～5.0%，水灰比为 0.5～0.6。玻璃纤维水泥的抗折破坏强度可达 20MPa。玻璃纤维水泥主要用于护墙板、复合墙板的面板、波形瓦等。

钢纤维混凝土（SFRC 或 SRC）是纤维混凝土中用量最大的一种，有时也使用钢纤维砂浆。常用钢纤维的长度为 20～40mm，长径比为 60～80，其体积掺量一般为 0.5%～2.0%，掺量太大时难以搅拌。钢纤维混凝土的胶凝材料用量一般为 400～500kg/m^3，砂率一般为 38%～60%，水胶比为 0.25～0.50，为节约水泥和改善和易性，应掺加高效减水剂和混凝土掺合料。混凝土掺入钢纤维后，抗拉强度和抗弯强度可提高 1.5～2.5 倍，冲击韧性提高 5～10 倍，抗压强度提高不大，同时使混凝土的抗裂性、抗冻性等也有所提高。在体积掺量为 0.5%～2.0%时，钢纤维的加入几乎不影响新拌混凝土初始的坍落度、扩展度以及坍落度经时损失，这个特点对泵送钢纤维混凝土非常有利。钢纤维混凝土主要用于薄板与薄壁结构、公路路面、机场跑道、桩头等有耐磨、抗冲击、抗裂性等要求的部位或构件，也可用于坝体、坡体等的护面。采用喷射施工技术，可对表面不规则或坡度很陡的山岩岸坡及隧洞等提供良好的加固保护层。

工程用水泥基纤维增强复合材料简称为 ECC，它是纤维增强水泥基复合材料，具有高延展性和严格的裂缝宽度控制。传统的混凝土几乎是不可弯曲的，具有高度脆性和刚性，应变能力仅 0.1%，ECC 的应变能力超过 3%，因此更像是韧性金属，而不像脆性玻璃。可弯曲混凝土由传统混凝土的所有成分减去粗骨料组成，并掺入体积率 2%的聚乙烯醇纤维。它含有水泥、磨细石英砂、水、纤维和高效减水剂。聚乙烯醇纤维覆盖着涂层，可防止纤维破裂，因此 ECC 比普通混凝土变形性能更强。每当载荷增加超过其极限值时，PVA 纤维与混凝土在水化过程中形成的强分子键可防止其开裂。ECC 混凝土的优点：具有像金属一样弯曲的能力，比传统混凝土更坚固、更耐用，持续时间更长；具有自我修复的特性，可以通过使用二氧化碳和雨水来自我治愈；比普通混凝土轻约 20%～40%。目前，已经在日本和美国的抗震建筑和桥梁中得到应用。

4.20 聚合物混凝土

普通混凝土的最大缺陷是抗拉强度、抗裂性、耐酸碱腐蚀性以及其他耐久性较差，聚合物混凝土则在很大程度上克服了上述缺陷。

1. 聚合物水泥混凝土

聚合物水泥混凝土是由水泥、聚合物、粗集料及细集料等配制而成的混凝土。聚合物通常以乳液形式掺入，常用的为聚醋酸乙烯乳液、橡胶乳液、聚丙烯酸酯乳液等。聚合物乳液的掺量一般为5%～25%，使用时应加入消泡剂。聚合物的固化与水泥的水化同时进行。聚合物使水泥石与集料的界面粘结得到大大的改善，并增加了混凝土的密实度，因而聚合物混凝土的抗拉强度、抗折强度、抗渗性、抗冻性、抗碳化性、抗冲击性、耐磨性、抗侵蚀性等较普通混凝土均有明显的改善。聚合物混凝土价格昂贵，主要用于耐久性要求高的路面、机场跑道、某些工业厂房的地面以及混凝土结构的修补等。

2. 聚合物浸渍混凝土

聚合物浸渍混凝土是将已硬化的混凝土浸入有机单体中，之后利用加热或辐射等方法使渗入到混凝土孔隙内的有机单体聚合，使聚合物与混凝土结合成一个整体。所用单体主要有甲基丙烯酸甲酯、苯乙烯、醋酸乙烯、乙烯、丙烯腈等，此外还需加入引发剂或交联剂等助剂。为增加浸渍效果，浸渍前可对混凝土进行抽真空处理。聚合物填充了混凝土内部的大孔、毛细孔隙及部分微细孔隙，包括界面过渡环中的孔隙和微裂纹。因此，浸渍混凝土具有极高的抗渗性（几乎不透水），并具有优良的抗冻性、抗冲击性、耐腐蚀性、耐磨性，抗压强度可达200MPa，抗拉强度可达10MPa以上。聚合物浸渍混凝土主要用于高强、高耐久性的特殊结构，如高压输气管、高压输液管、核反应堆、海洋工程等。

3. 聚合物胶结混凝土

聚合物胶结混凝土又称树脂混凝土，是由合成树脂、粉料、粗集料及细集料等配制而成。常用的合成树脂为环氧树脂、聚酯树脂、聚甲基丙烯酸甲酯等。聚合物胶结混凝土的抗压强度为60～100MPa、抗折强度可达20～40MPa，耐腐蚀性很高，但成本也很高。因而，聚合物胶结混凝土主要用于耐腐蚀等特殊工程，或用于修补工程。

胶粘石透水路面是天然彩色砂或石子与高耐候有机硅改性聚氨酯树脂经特殊工艺制作而成，具有坚固美观、色泽天然炫丽、不易褪色的特点，是一种新颖的艺术景观铺装材料。而且，胶粘石透水路面具有生态、透水、透气及较好的防滑功能，环保无毒、无辐射、无环境污染，是一种会呼吸的生态地面。胶粘剂由环氧树脂胶A与固化剂B双组分组成，按产品说明要求混合使用。胶粘剂搅拌均匀后，慢慢倒入一定数量的水洗石中。石和胶水的调配，根据碎石粒径大小一般采用：胶水∶石质量比例为1∶(20～35)或1∶(14～20)，根据实际情况而定。胶水和石要搅拌均匀，让每一颗石充分被胶水包裹。将搅拌好的聚合物石粒料倒入施工区域，将拌合料摊铺在作业面，用涂有脱模剂的铝合金钯尺初步摊平，然后用不锈钢镘刀压平抹光，局部缺失部分须人工填补至整个面层呈均匀平整状态（图4-39）。

图 4-39　胶粘石透水混凝土道面

4.21　水下不分散混凝土

传统的水下混凝土施工方法通常有两类：一类是先围堰后排水，混凝土的施工与陆地相同，存在先期工程量大、工程造价高、工期长等缺点。另一类是利用专用施工机具把混凝土和环境水隔开，将混凝土拌合物直接送至水下工程部位，主要有导管法、预填骨料灌浆法、模袋法、开底容器法等。按常规浇筑水下混凝土的关键是尽量隔断混凝土与水的接触，但这将使施工工艺变得复杂，工期变长，工程成本大大增加，况且也难以保证水中混凝土的质量。水下不分散混凝土是在普通混凝土中掺入以纤维素系列或丙烯系列水溶性高分子物质为主要成分的絮凝剂，该外加剂的作用主要是使混凝土具有黏稠性，提高新拌混凝土的黏聚力，从而抑制水下施工时水泥和骨料分散，保证混凝土在水中自由下落时抗离析、抗分散。水下不分散混凝土技术填补了普通混凝土水下施工的不足和缺陷，大大简化了水中混凝土的施工工艺，促进了水中混凝土施工技术的发展。

水下不分散新拌混凝土的性能：

（1）高抗分散性。水下不分散混凝土由于保水性好，具有高抗分散性，即使在水中自由落下，也很少出现由于水洗作用而导致材料分离的现象。由于抗分散性好，水下不分散混凝土水下强度与陆上强度相比相差小，故可不排水施工。

（2）自流平性与填充性。水下不分散混凝土黏稠，富有塑性，即使它在水下水平流动的情况下，也可得到浇筑均匀的混凝土，坍落度在 200mm 以上，其黏稠性也很好。一般情况下，1h 内还可保持流动能力，满足施工要求。由于具有优良的自流平性与填充性，故可在密布的钢筋之间、骨架及模板的缝隙内依靠自重填充。

（3）保水性与整体性。由于水下不分散剂中的高分子长链在溶胀过程中能吸收大量的游离水，以及高分子的网络中封闭了一部分自由水，水下不分散混凝土很少出现泌水和浮浆现象。由于水下不分散混凝土不易离析，不但可提高施工的可易性和可泵性，还可提高混凝土与钢筋的握裹强度和层间的粘结强度。

（4）安全性。由于水下不分散混凝土具有良好的抗水洗能力，因此水泥很少流失，不污染施工水域，为环保型产品，而且目前所生产出的絮凝剂经生物安全检验为无毒产品，因此可用于一切水下工程。

水下不分散外加剂的特点：

（1）絮凝剂为固体粉剂，导管法（或泵接导管）和吊罐法施工时，推荐掺量为11～13kg/m^3。泵车直接施工时，推荐掺量为12～14kg/m^3。在流速较快的动水环境下使用时，可增加絮凝剂掺量，但最高不超过20kg/m^3。在水泥净浆中掺量为胶凝材料总量的2.0%～3.0%。在砂浆中掺量为胶凝材料总量的2.5%～3.0%。

（2）混凝土单方用水量一般在210～230kg/m^3，另掺减水剂并不能明显降低单方用水量。对于强度等级较高的混凝土，一般通过增加胶凝材料总量来提高混凝土强度。

（3）宜采用同掺法，与水泥、砂石同时加入搅拌机内。搅拌机宜采用强制式搅拌机，一般搅拌90s，若采用自落式搅拌机，搅拌时间应适当延长。不可溶解使用。

（4）正常情况下无需掺加减水剂，如有需要，可掺加标准型聚羧酸减水剂（不掺加引气和缓凝组分）。

（5）掺加掺合料（粉煤灰或矿粉）会显著降低混凝土早期强度，延长凝结时间。水温低于15℃时不推荐掺加。当需要使用掺合料代替水泥时，其替代量不宜超过20%。

（6）水泥优先采用P·O42.5或P·Ⅱ42.5硅酸盐水泥，C40以上混凝土推荐采用52.5级硅酸盐水泥。考虑水下无法振捣情况下的自密实、自流平要求，胶凝材料总量宜在420～500kg/m^3。

（7）水下不分散混凝土中细骨料宜采用中粗砂。石子粒径一般采用5～25mm，最大也可采用5～31.5mm。砂率一般为38%～46%。

（8）水下不分散混凝土流动性应以坍落扩展度值作为衡量基准，坍落扩展度值选择可按如下推荐值：导管法施工420～480mm，泵送法施工420～500mm，吊罐法施工350～450mm。采用泵和导管施工的最优坍扩度范围为440～500mm。可以振捣时，流动性应根据要求控制在合理范围内。

（9）絮凝剂和引气剂相容性良好，掺加引气剂后，可配制D400抗冻融混凝土。

水下不分散混凝土可用于沉井封底、围堰、沉箱、抛石灌浆、水下连续墙浇筑、水下基础找平及填充、RC板等水下大面积无施工缝工程、大口径灌注桩、码头、大坝、水库修补、排水口防水冲击补强底板、水下承台、海堤护岸、护坡、封桩堵漏以及普通混凝土较难施工的水下工程。

4.22 3D打印混凝土

3D打印混凝土技术是在3D打印技术的基础上发展起来的应用于混凝土施工的新技术，其主要工作原理是将配制好的混凝土浆体通过挤出装置，在三维软件的控制下，按照预先设置好的打印程序，由喷嘴挤出进行打印，最终得到设计的混凝土构件。3D打印混凝土技术在打印过程中，无需传统混凝土成型过程中的支模过程，是一种最新的混凝土无模成型技术。2012年，英国拉夫堡大学的研究者研发出新型的混凝土3D打印技术，3D打印机械在计算机软件的控制下，使用具有高度可控制挤压性的水泥基浆体材料，完成精确定位混凝土面板和墙体中孔洞的打印，实现了超复杂的大尺寸建筑构件的设计制作，为外形独特的混凝土建筑打开了一扇大门。3D 打印混凝土技术，在美国、英国、法国、德国与中国等，都开展了相关技术研究，目前都有 3D 打印的混凝土构件、雕塑、家具、桥梁乃至房屋问世。

4.23 防辐射混凝土

防辐射混凝土（GB/T 34008—2017），又称屏蔽混凝土、重混凝土或核反应堆混凝土等。该混凝土能有效地屏蔽原子核辐射和中子辐射，是原子能反应堆、粒子加速器及其他含有放射源装置常用的一种防护材料。该混凝土密度较大，对 γ 射线、X 射线或中子辐射具有屏蔽能力，不易被放射线穿透。胶凝材料一般采用水化热较低的硅酸盐水泥，或高铝水泥、镁氧水泥、膨胀水泥、钡水泥、锶水泥、石膏矾土水泥等特种水泥。重晶石、铁矿石、磁铁矿、褐铁矿、废铁块（扁钢、角铁）等作骨料，加入含有硼、镉、锂等的物质，可以减弱中子流的穿透强度，常用作铅、钢等昂贵防射线材料的代用品。防辐射混凝土的干表观密度可达 2800～7000kg/m^3，防护效果好，能降低防护结构的厚度，但价格比普通混凝土高出很多。防辐射混凝土可用于原子能反应堆、粒子加速器，以及工业、农业和科研部门的放射性同位素设备的防护。

例如，山东省某医院病房大楼 C30 防辐射混凝土配合比（kg/m^3）：水：P·O42.5 水泥：粉煤灰：铁矿砂：铁矿碎石：聚羧酸减水剂 PCE：AEA 膨胀剂＝160：240：120：1440：1900：9.6：30。泵送施工坍落度 180～210mm，抗压强度平均值：7d 为 23.2MPa，28d 为 36.4MPa，60d 为 42.6MPa。混凝土干表观密度在 3750～3850kg/m^3。

防辐射混凝土不同于普通水泥混凝土，不但表观密度大，含结合水多，而且要求导热系数较高（使局部的温度升高最小）、线膨胀系数低（使由于温升而产生的应变最小）、干燥收缩率小（使温差应变最小），还要求混凝土具有良好的均质性，不允许有空洞、裂缝等缺陷，具有一定的结构强度和耐火性。

4.24 再生骨料混凝土

掺用再生骨料配制而成的混凝土称为再生骨料混凝土，简称再生混凝土。科学、合理地利用建筑废弃物回收生产的再生骨料以制备再生骨料混凝土，一直是世界各国致力研究的方向，日本等国家已经基本形成完备的产业链。随着我国环境压力严峻、建材资源面临日益紧张的局势，寻求可利用的非常规骨料作为工程建设混凝土用骨料十分必要，再生骨料成为可行选择之一。

1）再生骨料质量控制技术

（1）再生骨料质量应符合现行国家标准《混凝土用再生粗骨料》GB/T 25177 或《混凝土和砂浆用再生细骨料》GB/T 25176 的规定，制备混凝土用再生骨料应同时符合现行行业标准《再生骨料应用技术规程》JGJ/T 240 相关规定。

（2）由于建筑废弃物来源的复杂性，各地技术及产业发达程度差异和受加工处理的客观条件限制，部分再生骨料某些指标可能不能满足现行国家标准的要求，须经过试配验证后，方可用于配制垫层等非结构混凝土或强度等级较低的结构混凝土。

2）再生骨料普通混凝土配制技术

设计配制再生骨料普通混凝土时，可参照现行行业标准《再生骨料应用技术规程》JGJ/T 240 相关规定进行。再生骨料混凝土的拌合物性能、力学性能、长期性能和耐久性能、强度检验评定及耐久性检验评定等，应符合现行国家标准《混凝土质量控制标准》GB 50164 的规定。

我国目前实际生产应用的再生骨料大部分为Ⅱ类及以下再生骨料，宜用于配制 C40 及以下强度等级的非预应力普通混凝土。鼓励再生骨料混凝土大规模用于垫层等非结构混凝土。

4.25 装饰混凝土

装饰混凝土是指具有一定颜色、质感、线型或花饰的、结构与饰面结合的混凝土墙体或构件。装饰混凝土可分为清水混凝土和露骨料混凝土两类。

1. 清水混凝土

清水混凝土是指没有经过修饰装饰的混凝土或混凝土构件，因其直接裸露在外，要求一次性浇筑成型，不做任何的二次装饰，由此而来的混凝土便成为清水混凝土装饰。清水混凝土更多体现工艺的设计与要求，在采用清水混凝土装饰时，需要从施工阶段就开始对整个工程进行要求，包括施工过程、材料配比、模板等方方面面，需要严格的控制整个生产浇筑流程，以便其达到装饰的目的。不经装饰的清水混凝土，体现的是材料最本质之美，以材料为基础，体现质朴简约的混凝土特性，也是对混凝土材料基本语言的诗意表达。清水混凝土有两种做法。一种是用模板或衬模（衬于模板内）浇筑混凝土，根据模板或衬模的线型、花饰不同，形成一定的装饰效果。颜色可以是混凝土本色，也可内掺或在表层中掺加矿物颜料，还可以在表面喷上涂料。另一种是浇筑混凝土后制作饰面，即在平模浇筑混凝土后铺一层砂浆，用手工或机具做出线型、花饰、质感，如抹刮、滚压、用麻布袋或塑料网做出花饰等。

2. 露骨料混凝土

该混凝土是在浇筑后或硬化后，通过各种手段使混凝土的骨料外露，达到一定装饰效果。

（1）混凝土浇筑后终凝前露骨料工艺。该工艺既适用于现浇混凝土，又适用于预制混凝土。主要做法有水洗法、酸洗法、缓凝剂法。缓凝剂法是在浇筑混凝土前，于底模上涂刷缓凝剂或铺放涂有缓凝剂的纸。当混凝土已达到拆模强度，即进行拆模，但在缓凝剂作用下，混凝土表层水泥浆不硬化，用水冲洗去掉水泥浆露出骨料。如果要在浇筑后混凝土表面露骨料，也可以铺贴涂有缓凝剂的纸。

（2）混凝土硬化后露骨料工艺。该工艺主要做法有水磨、凿剁、喷砂、抛球等。抛球法的主要设备是抛球机，混凝土制品以 1.5～2.0m/min 的速度通过抛球室，抛球机以

65～80m/s 的线速度抛出铁球，击掉混凝土表面的砂浆，露出骨料。

4.26 混凝土裂缝控制技术

混凝土裂缝控制与结构设计、材料选择和施工工艺等多个环节相关。结构设计主要涉及结构形式、配筋、构造措施及超长混凝土结构的裂缝控制技术等；材料方面主要涉及混凝土原材料控制和优选、配合比设计优化；施工方面主要涉及施工缝与后浇带、混凝土浇筑、水化热温升控制、综合养护技术等。

1. 结构设计对超长结构混凝土的裂缝控制要求

超长混凝土结构如不在结构设计与工程施工阶段采取有效措施，将会引起不可控制的非结构性裂缝，严重影响结构的外观、使用功能和耐久性。超长结构产生非结构性裂缝的主要原因是混凝土收缩、环境温度变化在结构上引起的温差变形与下部竖向结构的水平约束刚度的影响。

为控制超长结构的裂缝，应在结构设计阶段采取有效的技术措施。主要应考虑以下几点：

（1）对超长结构宜进行温度应力验算，温度应力验算时应考虑下部结构水平刚度对变形的约束作用、结构合拢后的最大温升与温降及混凝土收缩带来的不利影响，并应考虑混凝土结构徐变对减少结构裂缝的有利因素与混凝土开裂对结构截面刚度的折减影响。

（2）为有效减少超长结构的裂缝，对大柱网公共建筑可考虑在楼盖结构与楼板中采用预应力技术，楼盖结构的框架梁应采用有粘结预应力技术，也可在楼板内配置构造无粘结预应力钢筋，建立预压力，以减小由于温度降温引起的拉应力，对裂缝进行有效控制。除了施加预应力以外，还可适当加强构造配筋、采用纤维混凝土等用于减小超长结构裂缝的技术措施。

（3）设计时应对混凝土结构施工提出要求，如对大面积底板混凝土浇筑时采用分仓法施工、对超长结构设置后浇带与加强带，以减少混凝土收缩对超长结构的影响。当大体积混凝土置于岩石地基上时，宜在混凝土垫层上设置滑动层，以达到减少岩石地基对大体积混凝土的约束作用。

2. 原材料要求

（1）水泥宜采用符合现行国家标准规定的普通硅酸盐水泥或硅酸盐水泥；大体积混凝土宜采用中、低热硅酸盐水泥，也可使用硅酸盐水泥同时复合大掺量的矿物掺合料。水泥比表面积宜小于 $350m^2/kg$，水泥碱含量应小于 0.6%。

（2）应采用二级配或多级配粗骨料，粗骨料的堆积密度宜大于 $1500kg/m^3$，紧密堆积密度的空隙率宜小于 40%。高温季节，骨料温度不宜高于 28℃。必要时可以采取预湿粗骨料技术，并使粗骨料表面含水量稳定。

（3）根据需要，可掺加短钢纤维或合成纤维的混凝土裂缝控制技术措施。合成纤维主要是抑制混凝土早期塑性裂缝的发展，钢纤维的掺入能显著提高混凝土的抗拉强度、抗弯强度、抗疲劳特性及耐久性；纤维的长度、长径比、表面性状、截面性能和力学性能等应符合国家有关标准的规定，并根据工程特点和制备混凝土的性能选择不同的纤维。聚丙烯纤维推荐掺量为0.8～1.2kg/m^3，玄武岩纤维推荐掺量为3.0～5.0kg/m^3，钢纤维推荐掺量为体积率1%～2%。

（4）宜采用高性能减水剂，并根据不同季节和不同施工工艺分别选用标准型、缓凝型或防冻型产品。高性能减水剂引入混凝土中的碱含量（以Na_2O+0.658K_2O计）应小于0.3kg/m^3，引入混凝土中的氯离子含量应小于0.02kg/m^3，引入混凝土中的硫酸盐含量（以Na_2SO_4计）应小于0.2kg/m^3。

（5）采用的粉煤灰矿物掺合料，应符合现行国家标准《用于水泥和混凝土中的粉煤灰》GB 1596的规定。粉煤灰的级别不宜低于Ⅱ级，且粉煤灰的需水量比不宜大于100%，烧失量宜小于5%；采用的矿渣粉矿物掺合料，应符合现行国家标准《用于水泥和混凝土中的粒化高炉矿渣粉》GB/T 18046的规定。

3. 混凝土配合比要求

（1）混凝土配合比应根据原材料品质、混凝土强度等级、混凝土耐久性以及施工工艺对工作性的要求，通过计算、试配、调整等步骤选定。

（2）配合比设计中应控制胶凝材料用量，C60以下混凝土最大胶凝材料用量不宜大于550kg/m^3，混凝土最大水胶比不宜大于0.45。

（3）对于大体积混凝土，应采用大掺量矿物掺合料技术，矿渣粉和粉煤灰宜复合使用。

（4）纤维混凝土的配合比设计应满足现行《纤维混凝土应用技术规程》JGJ/T 221的要求。

（5）配制的混凝土除满足抗压强度、抗渗等级等常规设计指标外，还应考虑满足抗裂性指标要求。

（6）大体积混凝土宜采用长龄期强度作为配合比设计、强度评定和验收的依据。基础大体积混凝土强度龄期可取为60d（56d）或90d；柱、墙大体积混凝土强度等级不低于C80时，强度龄期可取为60d（56d）。

4. 施工要求

（1）大体积混凝土施工前，宜对施工阶段混凝土浇筑体的温度、温度应力和收缩应力进行计算，确定施工阶段混凝土浇筑体的温升峰值、里表温差及降温速率的控制指标，制定相应的温控技术措施。

一般情况下，温控指标宜符合下列要求：夏（热）期施工时，混凝土入模前模板和钢筋的温度以及附近的局部气温不宜高于40℃，混凝土入模温度不宜高于30℃，混凝土浇筑体最大温升值不宜大于50℃；在覆盖养护期间，混凝土浇筑体的表面以内（40～100mm）位置处温度与浇筑体表面的温度差值不应大于25℃；结束覆盖养护后，混凝土浇筑体表面以内（40～100mm）位置处温度与环境温度差值不应大于25℃；浇筑体养护期间内部相邻两点的温度差值不应大于25℃；混凝土浇筑体的降温速率不宜大于2.0℃/d。基础大体积混凝土测温点设置和柱、墙、梁大体积混凝土测温点设置及测温要求应符合现行国家标准《混凝土结构工程施工规范》GB 50666的要求。

（2）超长混凝土结构施工前，应按设计要求采取减少混凝土收缩的技术措施。当设计无规定时，宜采用下列方法：

分仓法施工：对大面积、大厚度的底板可采用留设施工缝分仓浇筑，分仓区段长度不宜大于40m，地下室侧墙分段长度不宜大于16m；分仓浇筑间隔时间不应少于7d，跳仓接缝处按施工缝的要求设置和处理。

后浇带施工：对超长结构一般应每隔40～60m设一宽度为700～1000mm的后浇带，缝内钢筋可采用直通或搭接连接；后浇带的封闭时间不宜少于45d；后浇带封闭施工时应清除缝内杂物，采用强度提高一个等级的无收缩或微膨胀混凝土进行浇筑。

（3）在高温季节浇筑混凝土时，必要时可以采用冰水拌制混凝土，以降低新拌混凝土的入模温度。混凝土入模温度应低于30℃，应避免模板和新浇筑的混凝土直接受阳光照射；混凝土入模前模板和钢筋的温度以及附近的局部气温均不应超过40℃；混凝土成型后应及时覆盖，并应尽可能避开炎热的白天浇筑混凝土。

（4）坚持最小坍落度施工原则。无论泵送还是非泵送混凝土，在满足施工工艺要求的条件下，尽可能采用较小的混凝土坍落度入模板并有良好的振捣与养护。小坍落度混凝土相对收缩小，有利于混凝土抗裂。

（5）在相对湿度较小、风速较大的环境下浇筑混凝土时，应采取适当挡风措施，防止混凝土表面失水过快，此时应避免浇筑有较大暴露面积的构件；雨期施工时，必须有防雨措施。

（6）混凝土的拆模时间除考虑拆模时的混凝土强度外，还应考虑拆模时的混凝土温度不能过高，以免混凝土表面接触空气时降温过快而开裂，更不能在此时浇凉水养护；混凝土内部开始降温以前以及混凝土内部温度最高时不得拆模。

一般情况下，结构或构件混凝土的里表温差大于25℃、混凝土表面与大气温差大于20℃时不宜拆模；大风或气温急剧变化时不宜拆模；在炎热和大风干燥季节，应采取逐段拆模、边拆边盖的拆模工艺。

（7）混凝土综合养护技术措施。对于高强混凝土，由于水胶比较低，可采用混凝土内掺养护剂的技术措施；对于竖向等结构，为避免间断浇水导致混凝土表面干湿交替对混凝土的不利影响，可采取外包节水养护膜的技术措施，保证混凝土表面的持续湿润。

（8）建议在大体积混凝土基础底板工程和工业与民用建筑领域的梁板混凝土现浇泵送施工工艺中，在混凝土初凝前推广使用均匀抛撒5～10mm或5～20mm碎石技术，并采取二次抹压抹平工艺，以消除大坍落度混凝土振捣后面层的浮浆（砂浆）因过大的失水收缩化学减缩等而造成的混凝土塑性开裂，额外的收益是同时可以节约10%左右的混凝土用量。

思考题与习题

1. 普通混凝土的主要组成有哪些？它们在硬化前后各起什么作用？

2. 砂、石中的黏土、淤泥、石粉、泥块、氯盐等对混凝土的性质有什么影响？

3. 砂、石的粗细或粒径大小与级配如何表示？级配良好的砂、石有何特征？砂、石的粗细与级配对混凝土的性质有什么影响？

4. 配制普通非泵送混凝土时，为什么要尽量选用粒径较大和较粗的砂、石？

5. 某钢筋混凝土梁的截面尺寸为300mm×400mm，钢筋净距为50mm，试确定石子的最大粒径为多少？

6. 常用混凝土外加剂有哪些？各类外加剂在混凝土中的主要作用有哪些？

7. 影响混凝土拌合物流动性的因素有哪些？改善和易性的措施有哪些？

8. 什么是合理砂率？影响合理砂率的因素有哪些？

9. 如何确定或选择合理砂率？选择合理砂率的目的是什么？

10. 影响混凝土强度的因素有哪些？提高混凝土强度的措施有哪些？

11. 干缩和徐变对混凝土性能有什么影响？减小混凝土干缩与徐变的措施有哪些？

12. 提高混凝土耐久性的措施有哪些？

13. 配制混凝土时，为什么不能随意增加用水量或改变水灰比？

14. 配制混凝土时，如何使混凝土避免产生较多的塑性开裂？

15. 某建筑工程的一现浇混凝土梁（不受风雪和冰冻作用），要求混凝土的强度等级为C25，坍落度为30～50mm。现有32.5级粉煤灰硅酸盐水泥，密度为3.05g/cm^3，强度富余系数为1.10；级配合格的中砂，表观密度为2.60g/cm^3；碎石的最大粒径为31.5mm，级配合格，表观密度为2.70g/cm^3。砂含水4.5%，碎石含水1%。采用机械搅拌和振捣成型。试计算施工配合比。

16. 为确定混凝土的配合比，按初步配合比试拌25L的混凝土拌合物。各材料的用量为水泥9.8kg、水5.6kg、砂19.0kg、石子35.0kg。经检验混凝土的坍落度偏小。在加入单方混凝土质量的5%的水泥浆（水灰比不变）后，混凝土的流动性满足要求，黏聚性与保水性均合格。在此基础上，改变水灰比，以0.60、0.55、0.50分别配制三组混凝土（拌和时，三组混凝土的用水量、用砂量、用石量均相同），混凝土的实测毛体积密度为2390kg/m^3。标准养护至28d的抗压强度分别为23.6、26.9、31.1MPa。试求C20混凝土的实验室配合比。

17. 某建筑工地采用刚出厂的42.5普通硅酸盐水泥（水泥强度富余系数为1.13）和卵石配制混凝土，其施工配合比为水泥340kg、水130kg、砂730kg、石子1160kg。已知现场砂、石的含水率分别为4.5%、0。问该混凝土是否满足C30强度等级要求（$\sigma=5.0$MPa）。

18. 某寒冷地区矿区高速公路（属于特重交通）工程，采用设超铺角的滑模摊铺机施工。使用最大粒径为31.5mm的连续级配碎石，级配合格，表观密度为2.70g/cm^3；细度模数M_x为2.5中砂，级配合格，表观密度为2.62g/cm^3；掺量为1.2%高效减水剂的减水率为23%；采用42.5普通硅酸盐水泥，实测抗折强度为8.2MPa。混凝土的弯拉强度标准差为0.40MPa。试计算初步配合比。

19. 与普通混凝土相比，轻集料混凝土在性质和应用上有哪些优缺点？更宜用于哪些建筑或建筑部位？

20. 加气混凝土和泡沫混凝土的主要性质和应用有哪些？

21. 某商品预拌混凝土搅拌站需要生产C40级商品预拌泵送混凝土，要求混凝土出机坍落度220mm（1h后坍落度≥180mm以上），采用P・O42.5级水泥，水泥密度3.10g/cm^3；中砂细度模数$M_x=2.6$，砂密度2.65g/cm^3，砂含水4.5%；碎石$G=5$～25mm连续级配，碎石密度2.72g/cm^3，含水0；地下井水；施工管理水平一般，强度数值无历史统计资料。要求加粉煤灰Ⅱ级FA，S95级矿渣微粉，减水剂PC2.2%掺量，减水率26%，求混凝土生产施工配合比。

第5章 建筑砂浆

建筑砂浆是由胶凝材料、细骨料、水按适当比例配合，有时还加入适量掺合料（矿物掺合料、石灰膏和电石膏）和外加剂等，按照适当比例搅拌配制而成的一种建筑工程材料。砂浆是用量最大、用途最广的土木工程材料之一，常用于砌筑砌体（如砖、石、砌块）结构，建筑物或构筑物内外表面（如墙面、地面、顶棚）的抹面，大型墙板、砖石墙的勾缝，以及装饰装修材料的粘结等。

建筑砂浆的种类很多。根据用途不同可分为砌筑砂浆与抹面砂浆，抹面砂浆包括普通抹面砂浆、装饰抹面砂浆、特种砂浆（如防水砂浆、耐酸砂浆、绝热砂浆、吸声砂浆等）；根据胶凝材料种类的不同可分为水泥砂浆、混合砂浆（包括水泥石灰砂浆、水泥黏土砂浆、石灰粉煤灰砂浆、石灰黏土砂浆等）、石膏砂浆、石灰砂浆等。

有关混凝土拌合料和易性与混凝土强度的基本规律，原则上也适用于砂浆，但由于砂浆的组成及用途不同，砂浆还有其自身的特点。如细集料用量大，胶凝材料用量多，干燥收缩大，强度低等。按照生产和施工方法不同，建筑砂浆又可分为现场拌制砂浆和商品砂浆。根据现行的产业政策，将逐步推广工厂生产的商品砂浆，尽量减少现场拌制砂浆。商品砂浆又分为干混砂浆和湿拌砂浆两种。

建筑砂浆的用途主要有以下几个方面：

（1）砌筑。在砌体结构中，砌筑砂浆起到了粘结、铺垫和传递应力的作用，将块状材料粘结成整体结构，以建造各种建筑物、构筑物（如桥涵、堤坝）的墙体。

（2）抹面。在装饰工程中，墙面、地面、梁和柱面等都需要采用砂浆来抹面，以起到防护、找平和装饰作用。

（3）勾缝。砖、砌块、石材墙体的勾缝，以及装配式结构中大型墙板和各种构件的接缝，都需要采用建筑砂浆。

（4）粘结。在采用天然石材、人造石材、瓷砖、锦砖等进行各种贴面装饰时，一般采用砂浆进行粘结和镶缝。

（5）修补。对结构构件表面的缺陷进行修补时，通常也采用砂浆。

（6）特殊性能。经过特殊配制，砂浆还可起到保温、防水、防腐、吸声等作用。

5.1 建筑砂浆的组成材料

建筑砂浆的组成材料主要是胶凝材料、细集料、外加剂和水。

1. 胶凝材料

由于砂浆的强度相对较低，因此选择胶凝材料时应根据使用环境及用途合理选用，且强度不宜过高。如干燥环境中使用的砂浆可选用气硬性胶凝材料（石膏或石灰膏），也可选用水硬性胶凝材料；处于潮湿环境或水中使用的砂浆则必须选用水硬性胶凝材料。选用的各类胶凝材料（水泥、石灰、建筑石膏及有机高分子胶凝材料等）均应满足相应的技术要求。

1）水泥

水泥的品种可根据工程要求选择 M32.5 级砌筑水泥、32.5 级粉煤灰硅酸盐水泥、火山灰硅酸盐水泥或 42.5 级普通硅酸盐水泥等，对特种砂浆可选择白色或彩色硅酸盐水泥、硫铝酸盐水泥、高铝水泥等。由于预拌砂浆的日益普及和商品化，矿物掺合料已经成为必需，水泥的强度等级一般也应≥32.5 级。

2）其他胶凝材料及掺合料

为改善砂浆的和易性，减少水泥用量，通常掺入一些廉价的其他胶凝材料（如石灰膏、电石膏等）制成混合砂浆，所用的石灰膏的沉入量应控制在（120±5）mm 且必须陈伏，以消除过火石灰的膨胀破坏作用；磨细生石灰粉的细度为 0.080mm 筛筛余量不应大于 15%，且必须熟化成石灰膏才可使用。消石灰粉不得直接用于砌筑砂浆，因颗粒太粗起不到改善砂浆和易性的作用，严禁使用已经脱水干燥的石灰膏。

用于拌制砂浆的粉煤灰可以分为Ⅰ、Ⅱ和Ⅲ三个等级。考虑到优质产品用到最合理的地方，砂浆用粉煤灰一般选用Ⅱ和Ⅲ灰，宜满足现行国家标准《用于水泥和混凝土的粉煤灰》GB/T 1596 规定的技术指标。此外，考虑到粉煤灰的放射性危害，粉煤灰应当符合现行国家标准《建筑材料放射性核素限量》GB 6566 的规定。

根据现行国家标准《用于水泥、砂浆和混凝土中的石灰石粉》GB/T 35164 中给出的定义，石灰石粉是将石灰石磨到一定细度的粉体或石灰石机制砂生产过程中产生的收尘粉，石灰石粉中的碳酸钙含量不小于 75%。石灰石粉在水泥砂浆中的作用：填充作用，使水泥基浆体结构密实；稀释作用，加速水泥颗粒的水化，提高水泥的水化程度；化学反应，和水泥反应生成碳铝酸盐；保水作用，石灰石粉和水具有较好的浸润性，石灰石粉的加入能改善水泥浆体的泌水性，提高抗碳化能力及降低浆体总的孔隙率，在砂浆中具有较好的保水增稠作用。现行国家标准 GB/T 35164 规定的石灰石粉的一些重要技术指标见表 5-1。

石灰石粉的一些重要技术指标 **表 5-1**

项目	理化指标		
细度(45μm 方孔筛筛余)(%)≤	A		B
	15		45
亚甲蓝值(MB 值)(g/kg)	Ⅰ级	Ⅱ级	Ⅲ级
	≤0.5	≤1.0	≤1.4
流动度比(%)≥	95		
碳酸钙含量(%)≥	75		
抗压强度比(%)	7d		28d
	≥60		≥60
含水量(%)≤	1.0		

沸石粉是指以天然沸石岩为原料，经破碎、磨细制成的粉状材料，是一种含多孔结构的微晶矿物。沸石粉的使用应符合现行国家标准《混凝土和砂浆用天然沸石粉》

JG/T 566 的规定。利用沸石粉的多孔特性，在砂浆中可具有良好的保水作用。

2. 砂浆用细集料

砂浆常用的细集料是普通河砂或机制砂，对特种砂浆也可选用白色或彩色砂、石英砂、轻砂等。砂浆用砂的质量要求原则上同混凝土，但由于砂浆多铺成薄层，因此对砂的最大粒径应加以限制。砌筑砂浆用砂的最大粒径应小于灰层厚度的 1/5～1/4，其中砖砌体应小于 2.5mm，石砌体应小于 5mm，且适宜选用级配合格的中砂。对于面层的抹面砂浆或勾缝砂浆应采用细砂，且最大粒径小于 1.2mm。强度等级＞M5 时，砌筑砂浆用砂的含泥量应不大于 5%。防水砂浆用砂的含泥量不应超过 3%。对于砌筑和抹面砂浆宜选用中砂，砂质量应满足现行国家标准《建设用砂》GB/T 14684，且最大粒径应全部通过 4.75mm 的方孔筛。

在配制保温砌筑砂浆、抹面砂浆及吸声砂浆时应采用轻砂，如膨胀珍珠岩、火山渣等。配制装饰砂浆或装饰混凝土时应采用白色或彩色砂（粒径可放宽到 2～5mm）、石屑、玻璃或陶瓷碎粒等。

石英砂是一种坚硬、耐磨、化学性能稳定的硅酸盐矿物，其主要矿物成分是 SiO_2，石英砂的颜色为乳白色或无色半透明状，常用规格有：0.5～1mm、1～2mm、10～20 目、20～40 目、40～80 目。

3. 外加剂

为改善砂浆的和易性及其他性能，还可在砂浆中掺入外加剂，如增塑剂、减水剂、微沫剂等。增塑剂能明显改善砂浆的和易性，常用的增塑剂如木质素磺酸盐减水剂。微沫剂能在砂粒之间产生大量微小的、高度分散的、稳定的气泡，增大砂浆的流动性，但硬化后气泡仍保持在砂浆中，常用的微沫剂有松香皂、K12 及 AOS 等。混凝土中采用的减水剂、引气剂、增塑剂等对砂浆也有增塑的作用。由于普通砌筑、抹面砂浆的强度等级不高，砂浆中一般不需要加入减水剂。调凝剂有速凝剂和缓凝剂两类。速凝剂用于加快砂浆的凝结硬化，广泛使用甲酸钙和碳酸锂，硅酸钠也可用作速凝剂；缓凝剂用于减缓砂浆的凝结硬化，酒石酸、柠檬酸及其盐以及葡萄糖酸盐、白糖等已被成功使用。

此外，为了改善砂浆的性能也可掺入一些其他材料，如掺入木质纤维材料可改善砂浆的抗裂性，掺入防水剂可提高砂浆的防水性和抗渗性等。在砂浆中掺用外加剂时，不但要考虑外加剂对砂浆拌合物性能的影响，还要根据砂浆的用途，考虑外加剂对硬化后砂浆使用功能的影响，并通过试验确定外加剂的品种和掺量。

4. 添加剂和填料

可再分散乳胶粉可以改善干粉砂浆的以下性能：①新拌砂浆的保水性和工作性；②对不同基层的粘结性能；③砂浆的柔性和变形性能；④抗折强度和内聚性；⑤耐磨性；⑥韧性；⑦密实度（抗渗性）。可再分散乳胶粉在薄层抹灰砂浆、瓷砖胶粘剂、外墙外保温系统、自流平地坪材料中应用均有良好的效果。保水剂能显著减少砂浆泌水，防止离析，并改善砂浆的和易性，常用的保水剂有甲基纤维素、羟丙基甲基纤维素、纤维素醚类、淀粉醚、硅藻土、膨润土及凹凸棒土等。减水剂的基本功能是减少砂浆的需水量，从而提高砂浆抗压强度，特种干粉砂浆主要使用的减水剂有：干酪素、粉体萘系减水剂、三聚氰胺甲醛缩合物、粉体聚羧酸盐减水剂。消泡剂除了调整气泡含量以外，还可以减少收缩，主要有多元醇和聚硅氧烷等。实际应用中，为了提高综合性能，需要同时使用多种添加剂。

膨润土，主要矿物成分是蒙脱石，含量在85%～90%，膨润土的一些性质也都是由蒙脱石所决定的。蒙脱石可呈各种颜色，如黄绿、黄白、灰、白色等。可以成致密块状，也可为松散的土状，用手指搓磨时有滑感，小块体加水后体积胀大数倍至20倍，在水中呈悬浮状，水少时呈糊状。蒙脱石的性质与它的化学成分和内部结构有关。层间阳离子为Na^+时称钠基膨润土，层间阳离子为Ca^{2+}时称钙基膨润土，层间阳离子为H^+时称氢基膨润土（活性白土、天然漂白土-酸性白土），层间阳离子为有机阳离子时称有机膨润土。钠质膨润土的性质比钙质的好。膨润土在砂浆中的应用需要注意的问题：

（1）膨润土有很好的造浆性，掺入砂浆后可以使砂浆变得饱满、平滑；随膨润土掺量增加，砂浆需水量增大，分层度逐渐减小；掺膨润土后砂浆保水率和强度均提高，最佳掺量为砂浆中胶凝材料用量的0.7%～1.0%。

（2）配合纤维素醚使用，可以在提高保水性的同时改善砂浆的施工性，使砂浆变得滑爽、不粘刀，施工便捷。

（3）水胶比不大于0.9，胶砂比不大于0.8，砂浆配合比设计体积密度不小于$1800kg/m^3$。

重质碳酸钙，又称双飞粉，简称重钙，是由天然碳酸盐矿物如方解石、大理石、石灰石磨碎而成，是常用的粉状无机填料，具有化学纯度高、惰性大、不易发生化学反应、热稳定性好、在400℃以下不会分解、白度高、吸油率低、折光率低、质软、干燥、不含结晶水、硬度低磨耗值小、无毒、无味、无臭、分散性好等优点。重质碳酸钙的形状都是不规则的，其颗粒大小差异较大，而且颗粒有一定的棱角，表面粗糙，粒径分布较宽，粒径较大，平均粒径一般为1～10μm。重质碳酸钙按其原始平均粒径（d）分为：粗磨碳酸钙（>3μm）、细磨碳酸钙（1～3μm）、超细碳酸钙（0.5～1μm）。重质碳酸钙是生产无水氯化钙和玻璃的原料，也是建筑腻子和涂料的主要填料。干粉砂浆用重质碳酸钙（重钙粉）325目，白度要求为95%，碳酸钙含量为98%。在干混砂浆行业中，重钙粉可以用石灰石粉代替。

灰钙粉，主要成分是$Ca(OH)_2$、CaO和少量$CaCO_3$的混合物，是石灰的精加工产品。它是以$CaCO_3$为主要成分的天然优质石灰石，经高温煅烧后成为生石灰（CaO），再经精选，部分消化，然后再通过高速风选锤式粉碎机粉碎而成的，其表观洁白、细腻。近年来，由于粉体加工技术的进步，市场上已经具有细度在600目以上的或更高细度的灰钙粉商品。最先是在建筑中应用，砌砖砌墙涂刷等，但随着灰钙粉的用途不断地被认识与认可，现已在工业、农业、建筑制造业及食品业中都有广泛应用，例如腻子粉、乳胶漆、保温砂浆、建筑涂料、电线电缆、塑钢门窗，还用于烟气脱硫、污水处理等。

5. 水

拌制砂浆用水应符合现行行业标准《混凝土用水标准》JGJ 63的规定。

5.2 砂浆的性质

建筑砂浆的技术性质，主要包括砂浆拌合物的和易性，以及硬化后砂浆的强度、粘结力、变形性能、耐久性等。

1. 新拌砂浆的和易性

新拌砂浆和易性的概念同普通混凝土，即指新拌砂浆是否便于施工操作并保证硬化后砂浆的质量及砂浆与底面材料间的粘结质量满足要求的性能，主要包括流动性与保水性。和易性好的砂浆易在粗糙、多孔的底面铺设成均匀的薄层，并能与底面牢固地粘结在一起。

1）流动性

砂浆的流动性又称稠度，是指砂浆在搅拌、运输、摊铺过程中易于流动的性能。流动性良好的砂浆能在粗糙的砖石表面铺成均匀密实的砂浆层，抹面时也能很好地抹成均匀的薄层，并与底层很好地粘结。砂浆流动性的大小用稠度表示。即采用砂浆稠度仪，以标准圆锥体在砂浆内自由沉入 10s 时沉入的深度表示，单位为 mm。沉入量越大，砂浆的稠度就越大，表明砂浆的流动性越好。但是稠度过大的砂浆容易泌水，稠度过小的砂浆则会使施工操作困难。

影响砂浆流动性的因素有：胶凝材料和掺合料的品种及掺量、用水量、外加剂掺量、砂的细度、级配、表面特征及搅拌时间等。当原材料条件和胶凝材料与砂的比例一定时，主要取决于单位用水量。砌筑砂浆流动性的选择与砌体基材、施工方法及气候有关。砌筑多孔吸水材料或天气干热时，砂浆的流动性应大一些；砌筑密实不吸水材料或天气潮湿时，流动性应小一些。实际施工时，可根据经验来拌制，并参照《砌体工程施工工艺标准》DBJ/T 61-30—2016 选择砂浆的流动性，如表 5-2 所示。抹面砂浆的流动性也可参照表 5-2 进行选择。

建筑砂浆的流动性参考表（mm） **表 5-2**

砌体种类	砌筑砂浆		抹面砂浆		
	干热环境	湿冷环境	抹灰层	机械施工	手工操作
烧结普通砖砌体、粉煤灰砖砌体	80～90	70～80	底层	80～90	100～120
轻骨料混凝土小型空心砌块砌体、烧结多孔砖砌体、烧结空心砖砌体、蒸压加气混凝土砌块砌体	70～90	60～80	中层	70～80	70～80
混凝土砖砌体、普通混凝土小型空心砌块砌体、灰砂砖砌体	60～70	50～60	面层	70～80	90～100
石砌体	40～50	30～40	石膏浆面层	—	90～120

2）保水性

砂浆保水性指砂浆保持内部水分不泌出及新拌砂浆整体均匀一致的能力。由于砂浆多铺在多孔的底面上（如砖），因此其保水性显得更加重要。保水性不好的砂浆，将因过多失水而影响砂浆的铺设及砂浆与材料间的结合，并影响砂浆正常硬化，从而使砂浆的强度，尤其是砂浆与多孔材料的粘结力大大降低。现行行业标准《砌筑砂浆配合比设计规程》JGJ/T 98 规定，砂浆的保水性用保水率表示。

砂浆保水率是指在规定被吸水的情况下砂浆的拌合水的保持率，也即将规定流动度范围内的新拌砂浆，按规定的方法进行吸水处理，测量吸水 2min 时 15 片规定的滤纸从砂浆中吸取的水分。保水率等于在吸水处理后砂浆中保留的水的质量除以砂浆中原始用水量的质量，用百分率来表示。影响砂浆保水性的因素主要为新拌砂浆组分中微细颗粒的含量，通常采用在水泥砂浆中掺入粉煤灰、石灰膏、细砂、引气剂以及保水增稠剂等措施来提高砂浆保水性。

砂浆的保水性还可以用分层度（以 mm 计）来检测。测定时将拌和好的砂浆装入内径 150mm、高 300mm 的圆桶内，测定其沉入量；静止 30min 以后，去掉上面 200mm 厚的砂浆，再测定剩余 100mm 砂浆的沉入量，前后测得的沉入量之差，即为砂浆的分层度值（mm）。新拌砂浆的分层度应控制在 10～20mm 以内。分层度大于 30mm，砂浆容易产生泌水、分层或水分流失过快等现象而不便于施工操作；分层度过小，砂浆过于干稠，也影响操作和工程质量。

实践表明：为保证新拌砂浆的和易性，水泥砂浆的最小水泥用量不宜小于 $200kg/m^3$，混合砂浆中胶凝材料总用量应在 $300～350kg/m^3$。

2. 强度与强度等级

建筑砂浆在砌体中主要起传递荷载作用，并经受周围环境介质作用，因此砂浆应具有一定的粘结强度、抗压强度和耐久性。试验证明：砂浆的粘结强度、耐久性均随抗压强度的增大而提高，即它们之间有一定的相关性。而抗压强度的试验方法较为成熟，测试较为简单准确，所以工程上常以抗压强度作为砂浆的主要技术指标。

砂浆的强度等级是以边长为 70.7mm 的立方体试件（一组 6 块），在标准养护条件下[混合砂浆为（20±3)℃，相对湿度 60％～80％；水泥砂浆和微沫砂浆为（20±3)℃，相对湿度为 90％以上]，用标准试验方法测得 28d 龄期的抗压强度来确定，并划分为 M30、M25、M20、M15、M10、M7.5、M5.0 七个等级。混合砂浆的强度等级为 M15、M10、M7.5、M5.0。

当基层为不吸水材料（如致密的石材）时，砂浆的抗压强度与混凝土相似，主要取决于水泥强度和灰水比。其关系式如下：

$$f_{m,0}=\alpha \cdot f_{ce}\left(\frac{B}{W}-\beta\right)$$

式中 $f_{m,0}$——砂浆 28d 抗压强度（MPa）；

f_{ce}——水泥 28d 实测抗压强度（MPa）；

α，β——与骨料种类有关的系数，可根据试验资料统计确定；无统计资料时 $\alpha=0.29$，$\beta=0.40$；

$\frac{B}{W}$——胶水比。

用于吸水底面（如各种烧结砖或其他吸水的多孔材料）的砂浆，即使用水量不同，在经过底面材料吸水后，保留在砂浆中的水量几乎是相同的。因而当原材料质量一定时，砂浆的强度主要取决于水泥强度与水泥用量，与新拌砂浆的灰（胶）水比基本无关。砂浆的强度可用下式表示：

$$f_{m,0}=\alpha \cdot f_{ce} \cdot Q_c/1000+\beta$$

式中 $f_{m,0}$——砂浆 28d 抗压强度（MPa）；

f_{ce}——水泥 28d 实测抗压强度（MPa），$f_{ce}=\gamma_c \times f_{ce,g}$；

$f_{ce,g}$——水泥的强度等级值（MPa）；

γ_c——水泥强度等级的富余系数（1.10～1.20），应按统计资料确定；

Q_c——$1m^3$ 砂浆的水泥用量（kg）；

α、β——经验系数，按 $\alpha=3.03$，$\beta=-15.09$ 选取。各地也可使用本地区试验资料确定 α、β 值，统计用的试验组数不得少于 30 组。

3. 粘结强度

粘结强度无论对砌筑砂浆还是抹面砂浆都是非常重要的。砌筑砂浆必须具有足够的粘结力，才能将块材胶结成整体结构。因此，砂浆的粘结力是直接影响砌体结构的抗剪强度、稳定性、抗震性、抗裂性等的重要因素。砂浆的粘结力与砂浆强度有关，砂浆抗压强度越高，其粘结力也越大。此外，砂浆的粘结力还与砌筑基层表面的粗糙程度、清洁程度、添加剂如可分散乳胶粉、湿润程度以及养护条件等有关。为了提高砂浆的粘结力，施工中应采取相应的措施，以保证砌体和抹灰的质量。

4. 变形性

新拌砂浆在硬化过程中，以及硬化后承受荷载或温度、湿度条件变化时，都会因收缩而产生变形。若变形过大或变形不均匀，就会降低砌体的整体性，引起沉降或裂缝。在拌制砂浆时，如果砂子过细、胶凝材料过多或选用轻集料，则会造成砂浆较大的收缩变形而容易开裂。为减小收缩，必要时可在抹灰砂浆中加入适量的膨胀剂或者掺一定量的麻刀、木质纤维、聚丙烯纤维、纸筋等纤维材料，防止砂浆干裂。

5. 凝结时间

砂浆的凝结时间，是指在规定的条件下，从加水拌合起，直到测定仪的贯入阻力达到 0.5MPa 时所用的时间。对凝结时间的要求是：水泥砂浆不宜超过 8h，混合砂浆不宜超过 10h，掺入外加剂砂浆的凝结时间应满足工程设计和施工的具体要求。《预拌砂浆》GB/T 25181—2019 规定：湿拌砂浆的保塑时间一般要求在 6～24h。影响砂浆凝结时间的因素主要有胶凝材料的种类及用量、用水量和气候条件（温度、湿度及风速）等，必要时可加入调凝剂（缓凝剂或早强剂）进行调节。

5.3 砌筑砂浆

砌筑砂浆是用来砌筑砖、石等材料的砂浆，起着传递荷载的作用，有时还起到保温等其他作用。对砌筑砂浆配合比设计的基本要求是：满足砂浆设计的强度等级，满足施工所要求的和易性，具有较高的粘结强度和较小的变形。

1. 砌筑砂浆的技术要求

砌筑砂浆的种类应根据应用部位进行合理选择。水泥砂浆宜用于潮湿环境和强度要求比较高的砌体，如地下的砖石基础、多层房屋的墙体、钢筋砖过梁等；水泥石灰膏混合砂浆宜用于干燥环境中的砌体，如地面以上的承重或非承重的砖石砌体；石灰膏砂浆可用于干燥环境及强度要求不高的砌体，如较低的单层建筑物或临时性建筑物的墙体。

根据现行行业标准《砌筑砂浆配合比设计规程》JGJ 98 的规定，砌筑砂浆应符合以下技术要求：

（1）水泥砂浆拌合物的密度≥$1900kg/m^3$，保水率≥80%；混合砂浆拌合物的密度≥$1800kg/m^3$，保水率≥84%。

(2) 水泥砂浆中的水泥用量不应少于 200kg/m^3，混合砂浆中水泥和石灰膏或电石膏的总量宜为≥350kg/m^3。预拌砌筑砂浆中，水泥和粉煤灰的总量宜为≥200kg/m^3。

(3) 砌筑砂浆的稠度、保水率必须同时符合要求，砂浆的稠度可按表 5-2 选用。

2. 砌筑砂浆的配合比设计

依据《砌筑砂浆配合比设计规程》JGJ/T 98—2010，砌筑砂浆应满足施工的和易性、强度、耐久性和降低成本等要求。砌筑砂浆的强度等级一般按照如下原则选取：一般的砖混多层住宅采用 M5、M10 砂浆；办公楼、教学楼及多层商场采用 M5、M10 砂浆；特别重要的砌体，可采用 M15、M20 砂浆。高层混凝土空心砌块建筑，应采用 M20 以上等级的砂浆。

1）现场混合砂浆的配合比设计

(1) 确定砂浆试配强度 $f_{m,0}$。

$$f_{m,0}=kf_2$$

式中 $f_{m,0}$——砂浆的配制强度（MPa）；

f_2——砂浆的强度等级（即砂浆抗压强度平均值）（MPa）；

k——系数。施工水平优良，$k=1.15$；施工水平一般，$k=1.20$；施工水平较差，$k=1.25$。

(2) 计算水泥用量 Q_c。

由 $f_{m,0}=\alpha \cdot f_{ce} \cdot Q_c/1000+\beta$

可得 $Q_c=1000(f_{m,0}-\beta)/(\alpha f_{ce})$

$\alpha=3.03$，$\beta=-15.09$；$f_{ce}=\gamma_c f_{ce,k}$

$\gamma_c=1.10 \sim 1.16$，$f_{ce,k}$ 为水泥强度等级（MPa）。

当计算出水泥砂浆中的水泥计算用量不足 200kg/m^3 时，应取 200kg/m^3。

(3) 计算石灰膏用量 Q_D。

混合砂浆的石灰膏按下式计算：$Q_D=Q_A-Q_c$

式中 Q_A——1m^3 砂浆中水泥和石灰膏的总量（kg），一般应在 300～350kg/m^3。

如果用粉煤灰代替石灰膏，应以干质量计。对于石灰膏、电石膏和黏土膏应以稠度为(120±5) mm 计。当石灰膏稠度不在（120±5）mm 时，石灰膏用量 $Q_D'=kQ_D$。不同石灰膏稠度时的换算系数 k 见表 5-3。

不同石灰膏稠度时的换算系数 k 　　**表 5-3**

石灰膏的稠度(mm)	120	110	100	90	80	70	60	50	40	30
换算系数 k	1.00	0.99	0.97	0.95	0.93	0.92	0.90	0.88	0.87	0.86

(4) 确定砂用量 Q_s，砂用量为 1m^3（含水率小于 0.5%）砂的堆积密度作为计算值。当含水率大于 0.5%时，应考虑砂的含水率。

$$Q_s=1\times\rho_s'$$

式中 ρ_s'——干砂的堆积密度，1350～1550kg/m^3 之间。

(5) 确定用水量 W。根据施工要求的稠度，每立方米砂浆中的用水量可在 240～310kg 之间选取（混合砂浆中的用水量，不包括石灰膏或黏土膏中的水）。当采用细砂或粗砂时，用水量分别取上限或下限；稠度值小于 70mm 时，用水量可小于下限；炎热或干燥季节，可酌量增加用水量。

（6）砂浆配合比的调整与确定。

① 试配检验、调整和易性，确定基准配合比。按计算配合比进行试拌，水泥砂浆和混合砂浆搅拌时间不少于120s；对掺加粉煤灰和外加剂的砂浆，搅拌时间不少于180s。测定砂浆拌合物的稠度和表观密度、保水率（或分层度），若不能满足要求，则应调整用水量或石灰膏、掺合料，甚至砂浆保水剂品种和掺量，直到符合要求为止。由此得到的即为基准配合比。

② 砂浆强度调整与确定。检验强度时至少应采用三个不同的配合比，其中一个为基准配合比，另外两个配合比的水泥用量按基准配合比分别增加和减少10%，在保证稠度、表观密度和保水率（或分层度）合格的条件下，可将用水量或石灰膏、掺合料用量作相应的调整。三组配合比分别成型、养护、测定28d强度，由此选定符合强度要求的且水泥用量较少的配合比。

③ 砂浆试配配合比还应按照下列步骤进行校正：

a. 计算砂浆的理论体积密度 $\rho_t = Q_c + Q_D(FA) + Q_s + W$，精确到10kg/m^3。

b. 计算砂浆配合比校正系数 $\delta = \rho_c/\rho_t$，ρ_c 为实测新拌砂浆体积密度，精确到10kg/m^3。

c. 当新拌砂浆体积密度实测值与理论计算值之差的绝对值不超过理论计算值的2%时，得到的试配混凝土即为砂浆设计配合比；若二者之差超过2%时，则须将已定出的砂浆配合比中每项砂浆原材料用量均乘以校正系数 δ，即为最终确定的砂浆配合比。

2）现场纯水泥砂浆的配合比设计

配制水泥砂浆时，往往较少的水泥用量即可满足强度，而其他性能却难以满足。因而水泥砂浆的配合比常常按经验选取，常用水泥砂浆的配合比见表5-4。

水泥砂浆配合比 **表5-4**

强度等级	每立方米水泥砂浆的原材料用量		
	水泥用量(kg)	砂用量(砂的堆积密度)(kg/m^3)	用水量(kg)
M5.0	200～230	1350～1550	270～330
M7.5	230～260		
M10	260～290		
M15	290～330		
M20	340～400		
M25	360～410		
M30	430～480		

注：1. M15及以下强度等级水泥砂浆，水泥强度等级为32.5级；M15以上等级水泥砂浆，水泥强度等级为42.5级。

2. 根据施工水平合理选择水泥用量；选定水泥砂浆的配合比后，也需进行检验调整。

3. 当采用细砂或粗砂时，用水量分别取上限或下限；稠度值小于70mm，用水量可小于下限；炎热或干燥季节，可酌情增加用水量。

3）现场水泥粉煤灰砂浆配合比选用

水泥粉煤灰砂浆材料用量可按表5-5选用。

水泥粉煤灰砂浆配合比 表 5-5

强度等级	每立方米水泥粉煤灰砂浆的原材料用量(kg)			
	水泥和粉煤灰总量	粉煤灰用量	砂用量	用水量
M5	210～240	粉煤灰掺量占胶凝材料总量的 15%～25%	按干砂的堆积密度值计算 1350～1550	270～330
M7.5	240～270			
M10	270～300			
M15	300～330			

注：该表水泥强度等级为 32.5。选定水泥粉煤灰砂浆的配合比后，也需进行检验调整。当采用细砂或粗砂时，用水量分别取上限或下限；稠度值小于 70mm，用水量可小于下限；炎热或干燥季节，可酌情增加用水量。

4）预拌砌筑干混砂浆的试配要求

干混砂浆又称为干混料或干粉砂浆。它是由胶凝材料、细集料、外加剂（有时根据需要加入一定量的掺合料）等固体材料组成，经工厂准确配料和均匀混合而制成的砂浆半成品。使用时，在现场将拌合水加入搅拌。干混砂浆的品种很多，分别适合于砌筑不同的砌筑材料。此外，还有预拌抹面砂浆，适合于不同的抹面工程等。

预拌干混砌筑砂浆的试配应满足下列规定：①预拌砂浆生产前应进行试配，试配时砂浆稠度取 70～90mm；②预拌砂浆中可掺入保水增稠材料及外加剂等，掺量经试配后确定。干混的砌筑砂浆系列配比可参考表 5-6。

干混砌筑砂浆系列参考配合比 表 5-6

砌筑砂浆	每吨干混砂浆中各材料用量(kg)				新拌砂浆体积密度(kg/m^3)≥	稠度(mm)
	42.5 级水泥	Ⅱ级 *FA*	保水增稠剂	砂		
M20	180	100	15	705	1800	70～90
M15	150	100	15	735		
M10	125	100	15	760		
M7.5	112	100	15	773		
M5	100	100	15	785		

注：保水增稠剂为甲基纤维素醚、缓凝剂及淀粉醚等组成的粉体。

例 5-1 某砌筑工程用水泥石灰混合砂浆，要求砂浆的强度等级为 M7.5，稠度为 90～100mm。所用原材料为：水泥为强度等级 32.5 的粉煤灰硅酸盐水泥，强度富余系数为 1.16；石灰膏稠度为 120mm；中砂的干堆积密度为 1450kg/m³，含水率 ω'_w 为 2%；施工水平一般。试计算砂浆的施工配合比。

解：(1) 确定配制强度 $f_{m,0}$

$$f_{m,0}=kf_2=1.2\times7.5=9.0\text{MPa}$$

(2) 计算水泥用量

$Q_c=1000(f_{m,0}-\beta)/(\alpha\cdot f_{ce})=1000(9+15.09)/(3.03\times1.16\times32.5)=211\text{kg}$

(3) 计算石灰膏用量 Q_D

取 $Q_A=350\text{kg}$，则 $Q_D=Q_A-Q_c=350-211=139\text{kg}$

(4) 确定砂用量

$$Q_s = 1450 \times (1 + \omega'_w) = 1450 \times (1 + 2\%) = 1479\text{kg}$$

(5) 确定用水量 W'

根据砂浆稠度，取用水量为 320kg，扣除砂中所含的水量，拌合用水量：$W' = 320 - 1450 \times 2\% = 291\text{kg}$。

施工砂浆的配合比：$Q_c : Q_D : Q_s : W' = 211 : 139 : 1479 : 291$。

5.4 抹面砂浆

凡涂抹于建筑物或构件表面，兼有保护基层和满足某些使用要求的砂浆，统称为抹面砂浆。抹面砂浆按其功能不同可分为普通抹面砂浆、装饰砂浆、防水砂浆和具有某些特殊功能（耐酸、绝热和吸声等）的砂浆。对抹面砂浆的要求是：砂浆的强度要求不高，但应和易性好，容易抹成均匀平整的薄层，以便于施工；砂浆与基底的粘结力好，能与基层材料牢固粘结且长期使用不会开裂或脱落。

抹面砂浆的组成材料与砌筑砂浆基本相同，但有时用于面层装饰时需要采用细砂；为了防止砂浆开裂，提高其抗拉强度，以增加抹灰层的弹性和耐久性，有时需要加入一些纤维材料（麻刀、纸筋、玻璃纤维等）；有时则需要加入一些胶粘剂（如 108 胶或可分散乳胶粉等），以提高面层的强度和柔韧性，加强砂浆层与基层材料的粘结。

1. 普通抹面砂浆

普通抹面砂浆是建筑工程中用量最大的抹面砂浆。其功能主要是保护墙体、地面不受风雨及有害介质侵蚀，提高防潮、防腐蚀、抗风化性能，增加耐久性；同时可使建筑物达到表面平整、清洁和美观的效果。抹面砂浆应具有良好的和易性及较高的粘结强度。

抹面砂浆通常分两层或三层进行施工，每层砂浆的组成也不相同。一般底层砂浆起粘结基层的作用，要求砂浆应具有良好的和易性及较高的粘结力。因此底层砂浆的保水性要好，否则水分就容易被基层材料吸收而影响砂浆的流动性和粘结力；中层抹灰主要是为了找平，有时可省去不用；对于有防水、防潮要求的部位和容易受到碰撞的部位以及外墙抹灰应采用水泥砂浆。室内砖墙多采用石灰砂浆；混凝土梁、柱、板、墙等基层多采用水泥石灰混合砂浆；面层抹灰主要起装饰作用，要求达到平整美观的效果，故要求砂浆细腻且抗裂性好。

普通抹面砂浆的流动性指标和砂子的最大粒径可参考表 5-7 选用，抹面砂浆的配合比可根据其应用情况参考表 5-8、表 5-9 选定。

抹面砂浆稠度和砂最大粒径（mm） 表 5-7

抹面层	稠度(人工抹灰或机喷)	砂的最大粒径
底层	100～120	2.5
中层	70～80	2.5
面层	90～100	1.2

施工现场普通抹面砂浆参考配合比 **表 5-8**

材料	体积配合比	应用范围
石灰：砂	1：2～1：4	砖墙内表面(潮湿房间的墙除外)
石灰：黏土：砂	1：1：4～1：1：8	干燥环境的墙表面
水泥：石灰：砂	1：1：6～1：2：9	砖墙外表面以及比较潮湿的部位
水泥：砂	1：3～1：2.5	潮湿房间的墙裙、外墙勒脚或地面基层
水泥：砂	1：2～1：1.5	地面、顶棚或墙面面层
水泥：砂	1：0.5～1：1	混凝土地面随抹压光
水泥：石膏：砂：锯末	1：1：3：5	吸声墙面

预拌砂浆厂干混抹面砂浆系列参考配合比 **表 5-9**

抹面砂浆	每吨干混砂浆中各材料用量(kg)				新拌砂浆体积密度(kg/m^3)≥	稠度(mm)
	42.5 级水泥	Ⅱ级 *FA*	保水增黏剂	砂		
M20	180	50	15	755	1800	90～100
M15	150	50	15	785		
M10	125	65	15	795		
M7.5	115	85	15	785		
M5	100	100	15	785		

注：保水增黏剂为可分散乳胶粉、甲基纤维素醚、缓凝剂及引气剂等组成的粉体。

2. 装饰砂浆

用于建筑物室内外表面具有美化装饰、改善功能、保护建筑物作用的抹面砂浆称为装饰砂浆。装饰砂浆与普通抹面砂浆的主要区别在于面层，其面层常采用具有颜色的胶凝材料和骨料，并通过特殊的施工操作方法，使表面呈现出各种不同的色彩、质地、线条、花纹和图案等装饰效果。

装饰砂浆所用的胶凝材料除普通水泥外，还可采用白水泥、彩色水泥或在普通水泥中掺加耐碱矿物颜料，配制成彩色水泥砂浆；装饰砂浆采用的骨料除普通河砂外，还可使用色彩鲜艳的花岗岩、大理石等彩色石子及细石渣，有时也采用玻璃或陶瓷碎粒。

装饰砂浆及其做法通常有以下几种。

(1) 拉毛灰。拉毛灰是先用水泥砂浆做底层，再用水泥石灰砂浆或水泥纸筋灰浆做面层，在砂浆尚未凝结之前，用抹刀将表面拍拉成凹凸不平的拉毛花纹。拉毛灰具有装饰和吸声作用，一般用于外墙面及有吸声要求的内墙和顶棚的饰面。

(2) 水刷石。水刷石是将水泥和彩色石渣（粒径约为 5mm）按一定比例拌制成水泥石渣浆涂抹在墙体表面，在砂浆初凝后终凝前，喷水冲刷表面，以冲洗掉石渣表面的水泥浆使石渣外露。水刷石用于建筑物的外墙面装饰，具有一定的质感，且经久耐用，不需维护。

(3) 干粘石。以白水泥、耐碱颜料、108 胶粘剂（有时加石灰膏）加水拌成色浆，铺设在外墙面上，待初凝后，以 3mm 以下的石屑、彩色玻璃碎粒或粒度均匀的石子用机械喷射在色浆面层上，即可得干粘砂、干粘玻璃或干粘石。其装饰效果与水刷石相似，但色彩更为丰富。避免了喷水冲洗的湿作业，施工效率高，并可节约材料和水。干粘石在预制外墙板的生产中有较多的应用。

（4）斩假石。斩假石又称剁斧石，是以水泥石渣浆或水泥石屑浆作面层抹灰，待面层硬化后，用剁斧将表面上剁出类似石材的纹理。斩假石一般用于室外局部小面积装饰，如柱面、勒脚、台阶和扶手等。

（5）假面砖。假面砖是在硬化的普通砂浆表面用刀斧凿刻出线条，或者在初凝后的普通砂浆表面用木条、钢片压划出线条，亦可用涂料画出线条，将墙面装饰成仿砖砌体、仿瓷砖贴面、仿石材贴面等艺术效果。

（6）水磨石。由普通硅酸盐水泥或彩色水泥与大理石破碎的石碴（约 5mm）按 1∶1.8～1∶3.5 的配比，再加入适量的耐碱颜料，加水拌和后，浇筑在水泥砂浆的基底上，待硬化后表面磨光，涂草酸上蜡而成。水磨石有现浇和预制两种。水磨石色彩丰富，装饰质感接近于磨光的天然石材，但造价较低。水磨石多用于室内地面、柱面、墙裙、楼梯踏步和窗台板等。

装饰砂浆还可采用喷涂、弹涂、辊压等工艺方法，做成丰富多彩、形式多样的装饰面层。装饰砂浆的操作方便，施工效率高，与其他方法的墙面、地面装饰相比，成本低、耐久性好。

3. 防水砂浆

用作防水层的砂浆称为防水砂浆，砂浆防水层又称作刚性防水层，适用于不受振动和具有一定刚度的混凝土和砖石砌体工程。常用的防水砂浆强度等级为 M15、M20，主要有以下三种。

（1）水泥砂浆。采用普通水泥砂浆进行多层抹面作为防水层，要求水泥强度等级不低于 32.5 级，砂宜采用中砂或粗砂，灰砂比（体积比）控制在 1∶2～1∶3，水灰比为 0.40～0.50。

（2）水泥砂浆加防水剂。在普通水泥砂浆中掺入防水剂，以提高砂浆的防水能力，其配合比控制与（1）相同。

常用的防水剂有氯化物金属盐类防水剂、水玻璃类防水剂、金属皂类防水剂等。此外，还有有机硅憎水剂等来配制防水砂浆。

氯化物金属盐类防水剂是主要由氯化钙、氯化铝和水按一定比例配成的有色液体。其配合比为氯化铝∶氯化钙∶水＝1∶10∶11。掺量一般为水泥质量的 3%～5%。这种防水剂在水泥凝结硬化过程中形成不透水的复盐，起到促进结构密实的作用，从而提高砂浆的抗渗性能。

水玻璃类防水剂是以水玻璃为基料，加入二种或四种矾的水溶液，又称二矾或四矾防水，其中四矾防水剂凝结速度快，一般不超过 1min。适用于防水堵漏，不能用于大面积施工。

金属皂类防水剂是由硬脂酸、氨水、氢氧化钾（或碳酸钾）和水按一定比例混合加热皂化而成。它起堵塞毛细孔的作用，掺量一般为水泥质量的 3%左右。

（3）膨胀水泥或无收缩水泥配制的砂浆。这种砂浆的抗渗性主要是由于水泥具有微膨胀和补偿收缩性能，提高了砂浆的密实性，因而有良好的防水效果。其灰砂比（体积比）为 1∶2.5，水灰比为 0.4～0.5。

防水砂浆的防渗效果在很大程度上取决于施工质量，因此施工时要严格控制原材料质量及配合比。防水砂浆层一般分四层或五层施工，每层约5mm厚。每层在初凝前压实一遍，最后一遍要压光。常常第一、三层用防水水泥浆，第二、四、五层用防水砂浆。抹完后要充分养护，防止脱水过快而造成干裂。

4. 保温砂浆

采用水泥、石灰、石膏等胶凝材料与膨胀珍珠岩或膨胀蛭石、陶砂等轻质多孔集料按一定比例配合制成的砂浆称为保温砂浆。常用的水泥膨胀珍珠岩砂浆体积比为水泥：膨胀珍珠岩＝1：(12～15)，水灰比为1.5～2.0，它具有轻质、保温隔热、吸声等性能。常用的保温砂浆有水泥膨胀珍珠岩砂浆、水泥膨胀蛭石砂浆、水泥石灰膨胀蛭石砂浆等。

5. 吸声砂浆

一般绝热砂浆是由轻质多孔集料制成的，都具有吸声性能。另外，也可以用水泥、石灰膏、砂、锯末（其体积比为1：1：3：5）制成吸声砂浆或在石灰、石膏砂浆中掺入玻璃纤维、矿棉等松软纤维材料制得。吸声砂浆主要用于室内墙壁和吊顶的吸声。

6. 防射线砂浆

在水泥中掺入重晶石粉、重晶石砂，可配制具有抗X射线和γ射线穿透能力的砂浆。其配合比为水泥：重晶石粉：重晶石砂＝1：0.25：(4～5)。如在水泥砂浆中掺加硼砂和硼酸等，可配制具有抗中子穿透能力的砂浆。

7. 自流平水泥砂浆

自流平砂浆是一种理想的水凝硬性无机复合地基材料，其主要材料为特种水泥（建筑石膏）、精细骨料（石英砂）、胶粘剂及各种添加剂，现场加水搅拌均匀即可使用。适用于铺设各类工业地面，表面强度高，耐磨性能好，主要应用于新建或旧项目改造工程，以及工业地面精找平。自流平砂浆表面细腻，为灰色，有朴实、自然的装饰效果，表面可能因潮湿程度、施工控制及现场条件等因素而有色差。自流平砂浆包括水泥基自流平砂浆、石膏基自流平砂浆、找平砂浆等，其科技含量高，技术环节比较复杂，硬化速度快，24h即可在其上行走，或进行后续工程（如铺木地板、金刚板等），施工快捷、简便，是传统人工找平无法比拟的。

自流平水泥砂浆是最复杂的特种干混砂浆之一，其关键的性能为有快硬性和低收缩性等。自流平水泥砂浆是以水泥为基料，与其他改性材料经高度复配而制成的水硬性复合材料。目前，现有的各种配方虽各不相同，但原理大致相同，主要由五大部分组成：(1)混合胶凝材料；(2)矿物填料；(3)调凝剂；(4)流变改性剂；(5)增强组分。见表5-10。水料比≈0.2。参考配合比见表5-11、表5-12。

自流平水泥砂浆的组成 **表5-10**

序号	组分	质量百分比(%)	备注
1	混合胶凝材料系统	30～40	普通硅酸盐水泥/高铝水泥/α型半水石膏/硬石膏
2	矿物填料	55～68	石英砂;碳酸钙粉
3	调凝剂	0～0.5	缓凝剂-酒石酸;促凝剂-碳酸锂
4	流变改性剂	0～0.5	超塑化剂-减水剂;消泡剂;稳定剂
5	增强组分	1～4	可再分散胶粉
6	额外组分	20～25	水

自流平水泥砂浆参考配合比（kg/t）　　**表 5-11**

组分	质量比
P·O 42.5 水泥	200～300
42.5 级高铝水泥或硫铝酸盐水泥	50～100
重钙粉	100～200
干石英砂	300～400
消泡剂	1.0～2.0
蜜胺系粉体减水剂、萘系粉体减水剂或粉体聚羧酸减水剂	5～10
可分散乳胶粉	20～30
羟丙基甲基纤维素醚	1～3
酒石酸	1～3
碳酸锂或硫酸锂	1～2

M20～M30 自流平水泥砂浆参考配合比（kg/t）　　**表 5-12**

组分	质量比
42.5 级普通硅酸盐水泥	300～350
高铝水泥	0～70
无水石膏或β型石膏	30～50
石英砂(60～140 目)	400
重钙粉(400 目)	70～100
Ⅱ级粉煤灰	60
可分散乳胶粉	2～5
减水剂(萘系或粉体聚羧酸)	3～5
纤维素醚(400CPS)	1～3
有机硅烷类消泡剂	1～3
锂盐早强剂	1～3

1）自流平水泥砂浆的基本要求

（1）具有良好的流动性，在几毫米厚的情况下，具有较好的流平性，浆体具有较好的稳定性，尽量少产生离析、分层、泌水、泛泡等不良现象，并且要保证具有足够的可使用时间，通常在 40min 以上，以便于施工操作。

（2）平整度要好，并且表面无明显缺陷。

（3）作为地面材料，其抗压强度、耐磨性、抗冲击性、耐水性等物理力学性能应达到一般室内建筑地面的要求。

（4）耐久性要好。

（5）施工简便、速度快、省时、省工。

2）自流平水泥砂浆的主要技术性能

（1）流动度

流动度是反映自流平水泥砂浆性能的重要指标。一般流动度值为 210～260mm。

（2）浆体稳定性

该指标是反映自流平水泥砂浆稳定性的指标。将拌好的浆料倒在水平放置的玻璃板上，20min 后观察，应无明显的泌水、分层、离析、泛泡等现象。该指标对材料成型后的表面状况及耐久性影响较大。

（3）抗压强度

作为地面材料，该指标必须符合水泥地面的施工规范，国内普通水泥砂浆面层要求抗压强度为 15MPa 以上，水泥混凝土面层要求抗压强度为 20MPa 以上。

（4）抗折强度

工业用自流平水泥砂浆抗折强度应大于 6MPa。

（5）凝结时间

确定浆体搅拌均匀后，保证其使用时间在 40min 以上。

（6）耐磨性

自流平水泥/砂浆作为地面面层材料，必须耐受正常的地面交通往来。由于其流平层较薄，在地面基层坚实的情况下，其承载作用力主要在表面，而不是在体积上。因此，其耐磨性比抗压强度还重要。

（7）对基层的粘结拉伸强度

自流平水泥/砂浆与基层的粘结强度，直接关系到浆体硬化后是否会出现空鼓、脱落现象，对该材料的耐久性影响较大。在实际施工过程中，涂刷地面界面剂，使之达到一个较适应自流平材料施工的条件。国内水泥地面自流平材料的粘结拉伸强度通常为 0.8MPa 以上。

（8）抗裂性

抗裂性是自流平水泥砂浆的一个关键指标，其大小关系到自流平材料硬化后，是否产生裂纹、空鼓、脱落等现象。能否正确评价自流平材料的抗裂性，关系到能否正确评价自流平材料产品的成败。

5.5 预拌砂浆

预拌砂浆是指由专业化工厂配制生产的、以商品的形式出售、用于建设工程中的各种砂浆混合物。预拌砂浆可分为普通预拌砂浆和特种预拌砂浆。普通预拌砂浆是指用于普通建筑的砌筑、抹灰、地面的砂浆，又分为干混砂浆和湿拌砂浆。特种砂浆一般是指装饰砂浆、保温砂浆、防水砂浆、修补砂浆等具有特殊性能的砂浆。特种预拌砂浆主要是干混砂浆。20 世纪 50 年代初，欧洲国家就开始大量生产和使用预拌砂浆，至今已有 70 年的发展历史。我国自 20 世纪 90 年代后期，才从欧洲引进并逐渐消化了预拌砂浆技术和关键设备。目前，预拌砂浆生产线设备已经实现了国产化，预拌砂浆技术已经日趋成熟。推广使用预拌砂浆对环境保护、提高建筑质量、发展绿色建材、加强建筑节能、缩短建筑周期等具有重要意义。目前，已经实现了普通预拌砂浆用湿拌砂浆、特种砂浆用干混砂浆为主的“干湿并举”的市场新局面。

预拌砂浆的组成材料主要有：胶凝材料、矿物掺合料、功能外加剂、集料（机制砂、天然砂及石英砂等）和水。预拌砂浆的胶凝材料一般有：32.5 级或 42.5 级常规通用水泥或白水泥、砌筑水泥 M32.5 及煅烧 β 型建筑石膏等。矿物掺合料一般有粉煤灰、石灰石粉等。矿渣微粉性价比不高，不建议在预拌砂浆中使用。砂浆功能外加剂种类很多，主要有：纤维素醚类保水剂，可分散乳胶粉类增黏剂、引气剂、消泡剂、缓凝剂、促凝早强剂、减水剂、防水剂及憎水剂等。常规的预拌砂浆除了高强度等级的地坪砂浆或自流平砂浆外，一般不需要加减水剂。

预拌砂浆的优点：质量高、品种全、生产效率高、使用方便、对环境污染小、便于文明施工、可大量利用粉煤灰等工业废渣、促进推广应用散装水泥。

1. 湿拌砂浆

湿拌砂浆是一种新型绿色建筑材料，是在专业生产厂内将水泥、水、砂、矿物掺合料和各种功能性添加剂按照一定的比例，在（混凝土或砂浆）搅拌站经计量拌制后，采用搅拌运输车运至使用地点，放入专用铁质滞留容器罐储存，并在规定时间内使用完毕的砂浆拌合物。其在节约资源、保护环境、提高工程质量等方面发挥着显著的作用。这种砂浆的施工性好，与传统的现场搅拌砂浆相比效率提高近一倍。一般说来，这种湿拌砂浆的开放时间也就是保塑时间（从砂浆生产出来到砂浆和易性可以利用的时间）可以保持 24h 以上。泵送湿拌砂浆就是在满足原来新型湿拌砂浆性能要求的基础上，达到可泵送的效果。这种砂浆可采用机械化喷涂作业，在同等手工施工作业条件下，施工效率是传统现场搅拌砂浆的 4～6 倍。机喷砂浆主要用在抹灰砂浆和地面砂浆。

湿拌砂浆的优点：①使用方便；②质量可靠；③成本低；④施工现场环境好，污染少。湿拌砂浆的性能指标见表 5-13，稠度值允许偏差见表 5-14。

湿拌砂浆的性能指标 **表 5-13**

项目	湿拌砌筑砂浆 WM	湿拌抹灰砂浆 WP		湿拌地面砂浆 WS	湿拌防水砂浆 WW
		普通抹灰 G	机喷抹灰 S		
强度等级	M5、M7.5、M10、M15、M20、M25、M30	M5、M7.5、M10、M15、M20		M15、M20、M25	M15、M20
抗渗等级	—	—		—	P6、P8、P10
稠度(mm)	50、70、90	70、90、100	90、100	50	50、70、90
保塑时间(h)	6、8、12、24	6、8、12、24		4、6、8	6、8、12、24
保水率(%)≥	88%	88%	92.0	88%	88%
14d 拉伸粘结强度(MPa)	—	M5：≥0.15；M5 以上：≥0.20	≥0.20		≥0.20
压力泌水率(%)	—	—	<40	—	—
28d 收缩率(%)≤	—	0.20		—	0.15

注：1. 湿拌砌筑砂浆拌合物的体积密度≥1800kg/m^3。

2. 湿拌砌筑砂浆的砌体力学性能应符合现行国家标准《砌体结构设计规范》GB 50003 的规定。

湿拌砂浆按下列顺序标记：湿拌砂浆代号、型号、强度等级、抗渗等级（有要求时）、稠度、保塑时间、标准号。示例：湿拌普通抹灰砂浆的强度等级为 M10，稠度为 70mm，保塑时间为 8h，其标记为：WP-G M10-70-8 GB/T 25181—2019。

湿拌砂浆稠度值允许偏差　　表 5-14

稠度规定值(mm)	允许偏差(mm)
<100	±10
≥100	−10～+5

湿拌砂浆出厂需检测的项目指标见表 5-15。

湿拌砂浆出厂需检测的项目指标　　表 5-15

品种		出厂需检测的项目
湿拌砌筑砂浆		稠度、保水率、保塑时间、抗压强度
湿拌抹灰砂浆	普通抹灰砂浆	稠度、保水率、保塑时间、抗压强度、拉伸粘结强度
	机喷抹灰砂浆	稠度、保水率、保塑时间、压力泌水率、抗压强度、拉伸粘结强度
湿拌地面砂浆		稠度、保水率、保塑时间、抗压强度
湿拌防水砂浆		稠度、保水率、保塑时间、抗压强度、拉伸粘结强度、抗渗压力

2. 干混砂浆

干混砂浆是由经干燥筛分处理的细集料与水泥等无机胶结料、保水增稠材料、矿物掺合料以及根据性能确定的各种添加剂组分，按一定比例在专业生产厂混合而成，用专用罐车运输到建设工地，在使用地点按规定比例加水或配套液体拌合使用的干混拌合物。干混砂浆也称干拌砂浆。干混砂浆优点：①砂浆品种多达几十种；②质量优良，品质稳定；③使用方便、灵活，储存时间较长；④经济效益显著；⑤节能减排效果显著。普通干混砂浆按用途分为干混砌筑砂浆（DM）、干混抹灰砂浆（DP）、干混地面砂浆（DS）和干混防水砂浆（DW）四种，性能指标应符合表 5-16 的规定。

普通干混砂浆性能指标　　表 5-16

项目	干混砌筑砂浆 DM		干混抹灰砂浆 DP			干混地面砂浆 DS	干混防水砂浆 DW
	普通砌筑砂浆	薄层砌筑砂浆	普通抹灰砂浆	薄层抹灰砂浆	机喷抹灰砂浆		
强度等级	M5、M7.5、M10、M15、M20、M25、M30		M5、M7.5、M10、M15、M20			M15、M20、M25	M15、M20
抗渗等级	—		—			—	P6、P8、P10
2h 稠度损失率(%)≤	30	—	30	—	30	30	30
凝结时间(h)	3～12	—	3～12	—	—	3～9	3～12
保水率(%)≥	88.0	99.0	88.0	99.0	92.0	88.0	88.0
14d 拉伸粘结强度(MPa)	—		M5：≥0.15；M5 以上：≥0.20	≥0.30	≥0.20	—	≥0.20
压力泌水率(%)	—	—	—	—	<40	—	—
28d 收缩率(%)≤	—	—	0.20			—	0.15

注：1. 干混砌筑砂浆加水搅拌后的体积密度≥1800kg/m^3。
2. 干混砌筑砂浆的砌体力学性能应符合现行国家标准《砌体结构设计规范》GB 50003 的规定。

干混砂浆按下列顺序标记：干混砂浆代号、型号、主要性能、标准号。示例：干混机喷抹灰砂浆的强度等级为 M10，其标记为：DP-S M10 GB/T 25181—2019。普通干混砂浆出厂检验项目见表 5-17。

普通干混砂浆出厂检验项目　　表 5-17

品种		出厂需检测的项目
干混砌筑砂浆	普通砌筑砂浆	保水率，2h 稠度损失率，抗压强度
	薄层砌筑砂浆	保水率，抗压强度
干混抹灰砂浆	普通抹灰砂浆	保水率，2h 稠度损失率，抗压强度，拉伸粘结强度
	薄层抹灰砂浆	保水率，抗压强度，拉伸粘结强度
	机喷抹灰砂浆	保水率，2h 稠度损失率，压力泌水率，抗压强度，拉伸粘结强度
干混地面砂浆		保水率，2h 稠度损失率，抗压强度
干混普通防水砂浆		保水率，2h 稠度损失率，抗压强度，拉伸粘结强度、抗渗压力

为了预拌砂浆工厂生产的需要，表 5-18 列出了预拌砂浆与传统砂浆分类对应表。

预拌砂浆与传统砂浆分类对应参考表　　表 5-18

种类	预拌砂浆	传统砂浆
砌筑砂浆	WM M5.0、DM M5.0	M5.0 混合砂浆、M5.0 水泥砂浆
	WM M7.5、DM M7.5	M7.5 混合砂浆、M7.5 水泥砂浆
	WM M10、DM M10	M10 混合砂浆、M10 水泥砂浆
	WM M15、DM M15	M15 水泥砂浆
	WM M20、DM M20	M20 水泥砂浆
抹灰砂浆	WP M5.0、DP M5.0	1∶1∶6 混合砂浆
	WP M10、DP M10	1∶1∶4 混合砂浆、1∶4 水泥砂浆
	WP M15、DP M15	1∶3 水泥砂浆
	WP M20、DP M20	1∶2 水泥砂浆、1∶2.5 水泥砂浆、1∶1∶2 混合砂浆
地面砂浆	WS M15、DS M15	1∶3 水泥砂浆
	WS M20、DS M20	1∶2 水泥砂浆、1∶2.5 水泥砂浆
	WS M25、DS M25	1∶1.5 水泥砂浆

我们在工程图纸上，目前还可以看到抹面砂浆用 1∶2 砂浆、1∶2.5 砂浆或 1∶3 砂浆。这是建筑设计院结构工程师针对工程施工现场搅拌砂浆而言的，它是指体积比。最简单的理解是，1∶2 砂浆就是 1 车斗散装水泥配 2 车斗砂，加水搅拌，稠度在 60～90mm 使用；1∶2.5 砂浆就是 1 车斗散装水泥配 2.5 车斗砂，加水搅拌，稠度在 60～90mm 使用；1∶3 砂浆就是 1 车斗水泥配 3 车斗砂，加水搅拌，稠度在 60～90mm 使用。砂浆用稠度来控制加水量。水泥是散装水泥（或袋装水泥），砂子就是自然状态的含水的砂子。论强度高低，自然是 1∶2 砂浆＞1∶2.5 砂浆＞1∶3 砂浆。

工地施工现场可以采用体积法粗略计量，但是如果采用砂浆搅拌站精确计量，应按如下方法换算。

以 1∶3 水泥砂浆为例。干砂堆积密度，一般为 1500kg/m^3，水泥的堆积密度，按照

1350kg/m^3 计算。设水泥质量为 Xkg/m^3，砂子质量为 Ykg/m^3。则有：

$X/1350 : Y/1500 = 1 : 3$,

$X+Y+W=1900$（纯水泥砂浆表观密度≥1900kg/m^3），

用水量 W 可以取 270～300kg/m^3，这里 W 取 280kg/m^3。计算可得 $X=374$kg/m^3，$Y=1245$kg/m^3，稠度为 60～90mm。

以水泥：石灰膏：砂=1：1：6 为例。石灰膏的堆积密度 1350kg/m^3，同理，设水泥质量为 Xkg/m^3，砂子质量为 Ykg/m^3，石灰膏质量为 Zkg/m^3，则有：

$X+Y+Z+W=1800$（混合砂浆表观密度≥1800kg/m^3）；

$X/1350 : Z/1350 : Y/1500 = 1 : 1 : 6$。

用水量 W 可以取 270～300kg/m^3，这里取 $W=280$kg/m^3。可以计算出每立方米混合砂浆中各原材料用量 $X=175$kg/m^3，$Z=175$kg/m^3，$Y=1166$kg/m^3，稠度为 60～90mm。

5.6 其他特种砂浆

1. 聚合物砂浆复合材料

聚合物砂浆复合材料包括聚合物浸渍砂浆（PIM）、聚合物改性砂浆（PCM 或称为聚合物水泥砂浆）和聚合物砂浆（PM）三大类，本书重点介绍前两种聚合物砂浆。

聚合物浸渍砂浆（PIM）是利用有机单体聚合物浸渍普通砂浆，经过聚合物硬化而形成的材料。这种材料主要应用于高强混凝土制品和桥梁路面的损坏修复，至今仍然少量地应用于地面材料的加强修补。聚合物浸渍砂浆改性机理在于水泥砂浆中的聚合物浸渍液对裂纹的粘结作用消除了裂缝末端的应力集中，提高了砂浆的密实性，在水泥砂浆中形成一个连续的网状结构。聚合物浸渍砂浆使水泥砂浆中的孔隙和裂纹被填充，使原有的多孔体系形成较致密的整体，提高了水泥砂浆的强度和其他各项性能；由于聚合物的粘结作用使水泥砂浆各相间的粘结力增强，所形成的水泥砂浆聚合物互穿网状结构改善了水泥砂浆的力学性能，并提高了耐久性，改善了抗渗、抗磨损、抗腐蚀等性能。

聚合物改性砂浆是用普通砂浆与聚合物胶乳复合而成。聚合物胶乳是聚合物砂浆的粘结材料，其用量为水泥用量的 10%～20%（以固含量计算）。常用的聚合物胶乳有丁苯胶乳、丙烯酸酯胶乳、氯丁胶乳和 EVA（醋酸乙烯-乙烯）乳液等。由于各种高分子聚合物有各自的特性，所以对水泥砂浆的改性效果也各不相同。丁苯胶乳价格较为便宜，其应用最为广泛；丙烯酸酯胶乳主要用于需着色、耐紫外线的建筑部位；氯丁胶乳属于人工合成的橡胶乳液，它在水泥水化产物的表面形成的膜具有橡胶的特性，弹性好，使用这种乳胶配制的聚合物水泥砂浆的抗拉强度和抗折强度都有较大的提高；EVA 乳液由于其表面张力较低，易于对物体表面进行浸润，故粘结性较好。用这种乳液配制的聚合物水泥砂浆能够与各种基体（普通混凝土、砂浆、瓷砖、砖、钢材）较好地粘结。因此，应根据不同的使用要求，选用不同的聚合物乳胶进行水泥砂浆改性。

聚合物改性砂浆已经广泛应用于混凝土结构加固。选用聚合物改性砂浆作为混凝土结构的修补材料主要有以下理由：①聚合物改性砂浆具有良好的粘结性和耐水性。②聚合物改性砂浆不需要潮湿养护，尽管最初两天保持潮湿效果会更好。③聚合物改性砂浆的收缩与普通混凝土相同或略低一些。④聚合物改性砂浆的抗折强度、抗拉强度、耐磨性、抗冲击能力比普通混凝土高，而弹性模量更低。⑤聚合物改性砂浆的抗冻融性能更好。

聚合物改性砂浆在防腐领域的应用也很广。聚合物改性砂浆比普通混凝土的抗渗性、耐介质性能好得多，能阻止介质渗入，从而提高砂浆结构的耐腐蚀性能。因此，在许多防腐蚀场合得到了应用。主要有防腐蚀地面（如化工厂地面、化学实验室地面等）、钢筋混凝土结构的防腐涂层、温泉浴池、污水管等。

2. 水泥沥青砂浆

水泥沥青砂浆（Cement Asphalt Mortar，简称 CA 砂浆）是高速铁路 CRTS 型板式无砟轨道的核心技术，是一种由水泥（42.5R 级普通硅酸盐水泥或快硬硫铝酸盐水泥）、乳化沥青、细集料、水和多种外加剂（铝粉、有机硅消泡剂、膨胀剂及保水剂）等原材料组成，经水泥水化硬化与沥青破乳胶结共同作用而形成的一种新型有机无机复合材料。水泥沥青砂浆是一种利用水泥吸水后水化加速乳化沥青破乳，由水泥水化物和沥青裹砂形成的立体网络。它以乳化沥青和水泥这两种性质差异很大的材料作为结合料，其刚度和强度比普通沥青混凝土高、比水泥混凝土低。其特点在于刚柔并济，以柔性为主，兼具刚性。水泥沥青砂浆填充于厚度约 50mm 的轨道板与混凝土底座之间，作用是支撑轨道板、缓冲高速列车荷载与减振等。其性能的好坏对板式无砟轨道结构的平顺性、耐久性和列车运行的舒适性与安全性以及运营维护成本等有着重大影响。CA 砂浆已逐渐成为板式无砟轨道道床材料的最佳选择。施工方法为灌注施工，要求水泥乳化沥青砂浆具有良好的工作性，具有大流动性和良好的黏聚性（不离析、不泌水），属于自流平聚合物砂浆。

目前，我国使用的水泥沥青砂浆有两种，分别是用在 CRTS Ⅰ型板式无砟轨道上的 CRTS Ⅰ型 CA 砂浆和用在 CRTS Ⅱ型板式无砟轨道上的 CRTS Ⅱ型 CA 砂浆。二者的区别见表 5-19。

CRTS Ⅰ型 CA 砂浆和 CRTS Ⅱ型 CA 砂浆的比较　　表 5-19

砂浆类型	有机物含量	配方组成	乳化沥青	砂浆性能特点
				大流动性和良好的黏聚性(不离析、不泌水)
CRTS Ⅰ型	30%	C=250～300kg/m³；W/C≤0.9；沥青/C≥1.4	阳离子型	28d 抗压强度≥1.8MPa、弹性模量 0.1～0.3GPa；环境敏感度高；含气量=8%～12%；表观密度>1300kg/m³
CRTS Ⅱ型	≤15%	C≥400kg/m³；W/C≤0.58；沥青/C≥0.35	阴离子型	28d 抗压强度≥15.0MPa、弹性模量 7～10GPa；性能主要是水泥的基本特征；含气量≤10.0%；表观密度≥1800kg/m³

3. 绝热保温砂浆

绝热保温砂浆是由水泥基或建筑石膏基胶凝材料、聚合物、轻质多孔骨料（常用玻化微珠、膨胀珍珠岩、膨胀蛭石、陶砂和聚苯颗粒）外加剂和水等按比例配制而成。绝热保温砂浆具有轻质、良好的保温及隔热性能，导热系数为 0.07～0.10W/(m·K)，绝热保温砂浆的干体积密度可在 600kg/m³ 以下，可用于屋面绝热层、绝热墙壁以及供热管道垫层等。

绝热保温砂浆产品所需检测项目：①均匀性；②分层度；③干表观密度；④导热系

数；⑤蓄热系数；⑥线性收缩率；⑦压剪粘结强度；⑧抗拉强度；⑨抗压强度；⑩软化系数；⑪燃烧性能等。表 5-20 为无机保温砂浆硬化后的性能指标。表 5-21 为墙体外保温用膨胀珍珠岩保温功能砂浆性能指标。

无机保温砂浆硬化后的性能指标　　表 5-20

项目		指标			
		A 型	B 型	C 型	D 型
干表观密度(kg/m^3)≤		350	450	550	650
导热系数[W/(m·K)]≤		0.07	0.08	0.10	0.12
抗压强度(28d)(MPa)≥		0.4	0.8	1.2	2.5
拉伸粘结强度(28d)(MPa)≥		0.10	0.15	0.20	0.25
耐水拉伸粘结强度(浸水 7d)(MPa)≥		0.08	0.10	0.15	0.20
线性收缩率(%)≤		0.25			
体积吸水率(%)≤		20			
软化系数(28d)≥		0.6			
燃烧性能级别		A			
放射性	I_r≤	1.0			
	I_{Ra}≤	1.0			
抗冻性(15 次冻融循环)		质量损失率不大于 5%；强度损失率不大于 20%			

墙体外保温用膨胀珍珠岩保温功能砂浆性能指标　　表 5-21

项目	指标
抗压强度(MPa)≥	2.2
拉伸粘结强度(MPa)≥	0.6
干表观密度(kg/m^3)	500～650
热导率[W/(m·K)]≤	0.15
耐冻融循环(20±2)℃水 8h，(−20±2)℃水 16h	寒冷地区 30 次，夏热冬冷地区 10 次，表面无裂纹、空鼓、气泡、剥离现象

思考题与习题

1. 新拌砂浆的和易性包括哪些含义？各用什么表示？砂浆的保水性不良对其质量有何影响？

2. 砂浆的强度和哪些因素有关？为什么说砂浆的保水增黏性非常重要？

3. 配制砂浆时，为什么除水泥外常常还要加入一定量的其他胶凝材料？

4. 某工程需要 M10、稠度为 90～100mm 的砌筑砂浆，砌体砂浆缝为 10mm。石灰膏的稠度为 12cm，含水率为 4%的砂的堆积密度为 1450kg/m^3，施工水平优良。求：计算砂浆的施工配合比。水泥采用 M32.5 砌筑水泥，其强度富余系数取 1.10。

5. 常用的装饰砂浆有哪些？各有什么特点？

6. 常用的防水砂浆有哪几种？

7. 湿拌砂浆MP10，施工稠度90～100mm，采用42.5级普通硅酸盐水泥和Ⅱ级粉煤灰，中砂含水率为5%，干砂的堆积密度为1450kg/m^3，增塑剂掺量为胶凝材料用量的0.5%，求预拌工厂施工配合比。

第6章 金属材料

在土木工程中，金属材料有着广泛的用途，金属材料包括黑色金属和有色金属两大类。黑色金属是指以铁元素为主要成分的金属及其合金，如碳素钢、合金钢和铸铁等；有色金属是指黑色金属以外的金属及其合金，如铝、铜、铅、锌等及其合金。

土木工程中应用量最大的金属材料为建筑钢材。建筑钢材是指用于钢结构的各种型钢（如圆钢、角钢、工字钢等）、钢板、用于钢筋混凝土结构中的各种钢筋和钢丝等。

建筑钢材具有以下一些特点。

（1）钢材强度高、结构自重轻。钢材与砖、石、混凝土相比，虽然密度较大，但强度更高，密度与强度的比值较小。所以承受同样荷载时，钢结构要比其他结构体积小、自重轻。例如，当跨度和荷载均相同时，钢屋架的重量仅为钢筋混凝土屋架的1/4～1/3，冷弯薄壁型钢屋架甚至只有将近1/10重。

（2）钢材品质均匀，弹性、塑性、韧性好。钢材是比较理想的各向同性材料，最符合结构计算模型，计算结果可靠；钢材的弹性模量较大，结构在正常荷载作用下变形较小；钢材又具有良好的塑性，结构破坏之前将会产生显著变形，即破坏预告，可及时防患未然；钢材还具有良好的韧性，对承受冲击荷载、振动荷载适应性强，抗震性能良好。

（3）钢材易于连接，可加工性好，施工方便。钢材具有很好的加工性能，可以铸造、切割、锻压成各种形状，也可以通过焊接、铆接或螺栓等进行多种方式的连接，装配施工方便。

（4）钢材可重复使用。钢材加工过程中产生的余料、碎屑，以及废弃或破坏了的钢结构构件，均可回炉重新冶炼成钢材，重复使用。

（5）钢材耐腐蚀性差。钢材易锈蚀，因而需要采取防腐蚀措施，还需要定期维护，且维护费用大。

（6）钢材耐热，但防火性能差。钢材受热后，当温度在200℃以内时，其强度和弹性模量下降不多，故钢材有一定的耐热性；温度达200℃时，材质变化较大，不仅强度总体趋势逐渐降低，还有徐变现象；当温度超过200℃后，钢材进入塑性状态已不能承受荷载。因此设计规定钢材表面温度超过150℃后即需要加以防护。

（7）在低温和其他条件下，钢材可能发生脆性断裂。

以往建筑钢材主要应用于钢筋混凝土结构和钢结构。近年来随着钢结构建筑体系的发展，一些厂房、仓库、大型商场、体育场馆、飞机场乃至别墅、高层住宅都相继采用钢结构体系；而一些临时用房为缩短施工周期，采用钢结构的比重也很大；桥梁工程和铁路建设中钢结构更是占有绝对的地位。所以，建筑钢材的用量将会越来越大。由于建筑钢材主要用作结构材料，钢材的性能对结构的安全性起着决定性的作用，因此我们有必要对各种钢材的性能有充分的了解，以便在设计和施工中合理地选择及使用。

6.1 钢材的冶炼与分类

6.1.1 钢材的冶炼

钢铁的主要化学成分是铁和碳，又称铁碳合金，此外还有少量的硅、锰、磷、硫、氧、氮等元素。含碳量大于2%（质量分数）的铁碳合金称为生铁或铸铁，生铁是把铁矿石中的氧化铁还原成铁而得到的。含碳量小于2%的铁碳合金称为钢，钢则是将熔融的铁水进行氧化，使碳的含量降低到预定的范围，磷、硫等杂质也降低到允许的范围而得到的。

在钢的冶炼过程中，碳被氧化成一氧化碳气体而逸出；硅、锰等被氧化成氧化硅、氧化锰随钢渣排出；硫、磷则在石灰的作用下也进入钢渣中被排出。由于冶炼过程中必须提供足够的氧以保证碳、硅、锰的氧化以及其他杂质的去除，因此，钢液中尚存一定数量的氧化铁。为了消除氧化铁对钢材质量的影响，常在精炼的最后阶段，向钢液中加入硅铁、锰铁等脱氧剂以去除钢液中的氧，这种操作工艺称为脱氧。

常用的钢材冶炼方法主要有以下三种。

（1）氧气转炉法。氧气转炉法是以熔融铁水为原料，由炉顶向转炉内吹入高压氧气，将铁水中多余的碳以及硫、磷等有害杂质迅速氧化而有效除去。该方法的冶炼速度快（每炉仅需25～45min），钢质较好且成本较低。氧气转炉法常用来生产优质碳素钢和合金钢，是目前最主要的一种炼钢方法。

（2）平炉法。平炉法是以固体或液态生铁、废钢铁及适量的铁矿石为原料，以煤气或重油为燃料，依靠废钢铁及铁矿石中的氧与杂质起氧化作用而成熔渣，熔渣浮于表面，使下层液态钢水与空气隔绝，避免了空气中的氧、氮等进入钢中。该方法冶炼时间长（每炉需4～12h），有足够的时间调整和控制其成分，去除杂质更为彻底，故钢材质量好。平炉法可用于炼制优质碳素钢、合金钢及其他有特殊要求的专用钢。其缺点是能耗高、成本高，已逐渐被淘汰。

（3）电炉法。电炉法是以废钢铁及生铁为原料，利用电能加热进行高温冶炼。该方法熔炼温度高，且温度可自由调节，清除杂质较易，故钢材的质量最好，但成本也最高。电炉法主要用于冶炼优质碳素钢及特殊合金钢。

6.1.2 钢材的分类

1. 按化学成分分类

（1）碳素钢。含碳量为0.02%～2.06%的铁碳合金称为碳素钢。碳素钢中还含有少量硅、锰以及磷、硫、氧、氯等有害杂质。碳素钢根据其含碳量的多少又可分为：低碳钢，含碳量小于0.25%；中碳钢，含碳量为0.25%～0.6%；高碳钢，含碳量大于0.6%。

（2）合金钢。合金钢是在碳素钢中加入一定量合金元素的钢。钢中除含有碳和不可避免的硅、锰、磷、硫之外，还含有一种或多种特意加入或超过碳素钢含量的化学元素，如硅、锰、钛、钒、铬、镍等。这些元素称为合金元素，用于改善钢的性能，或使钢获得某些特殊性能。合金钢根据合金元素的总含量可分为：低合金钢，合金元素总含量小于5%；中合金钢，合金元素总含量为5%～10%；高合金钢，合金元素总含量大于10%。

土木工程中所用的钢材主要是碳素钢中的低碳钢和合金钢中的低合金钢。

2. 按用途分类

(1) 结构钢。结构钢主要用于建造工程结构及制造机械零件，一般为低碳钢或中碳钢。

(2) 工具钢。工具钢主要用于制造各种工具、量具及模具，一般为高碳钢。

(3) 特殊钢。特殊钢是具有特殊物理、化学或机械性能的钢，如不锈钢、耐热钢、耐酸钢、耐磨钢、磁性钢等，一般为合金钢。

3. 按钢材品质（钢中有害杂质硫、磷含量）分类

(1) 普通钢。普通钢中硫含量≤0.050%，磷含量≤0.045%。

(2) 优质钢。优质钢中硫含量≤0.035%，磷含量≤0.035%。

(3) 高级优质钢。高级优质钢中硫含量≤0.025%，磷含量≤0.025%。

(4) 特级优质钢。特级优质钢中硫含量≤0.015%，磷含量≤0.025%。

4. 按脱氧程度分类

(1) 沸腾钢（代号F）。沸腾钢是脱氧不完全的钢，经脱氧处理之后，在钢液中尚存有较多的氧化铁。当钢液注入锭模后，氧化铁与碳继续发生反应，生成大量一氧化碳气体，气泡外逸引起钢液“沸腾”，故称沸腾钢。沸腾钢化学成分不均匀、气泡含量多、密实性较差，因而钢质较差，但其成本较低、产量高，广泛用于一般的结构工程。

(2) 镇静钢（代号Z）。镇静钢是用锰铁、硅铁和铝锭进行充分脱氧的钢。钢液在铸锭时不至于产生气泡，在锭模内能够平静地凝固，故称镇静钢。镇静钢组织致密、化学成分均匀、机械性能好，因而钢质较好，但成本较高，主要用于承受冲击荷载作用或其他重要的结构工程。

(3) 特殊镇静钢（代号TZ）。特殊镇静钢的脱氧程度比镇静钢还要充分彻底，故钢材的质量最好，主要用于特别重要的结构工程。

6.2 建筑钢材的主要技术性能

钢材的技术性能包括力学性能和工艺性能，力学性能有抗拉性能、冲击韧性、耐疲劳性和硬度，工艺性能有冷弯性能和可焊性。

6.2.1 抗拉性能

低碳钢是土木工程中使用最广泛的一种钢材，其抗拉性能是钢材最重要、最常用的力学性能。通过拉力试验测定的屈服点、抗拉强度和伸长率是钢材抗拉性能的主要技术指标。

1. 低碳钢受拉时的应力-应变曲线

低碳钢（软钢）的抗拉性能可用常温、静载条件下受拉时的应力-应变关系曲线图来阐明，见图 6-1。从图中可以看出，低碳钢试件从受拉到拉断可划分为以下四个阶段。

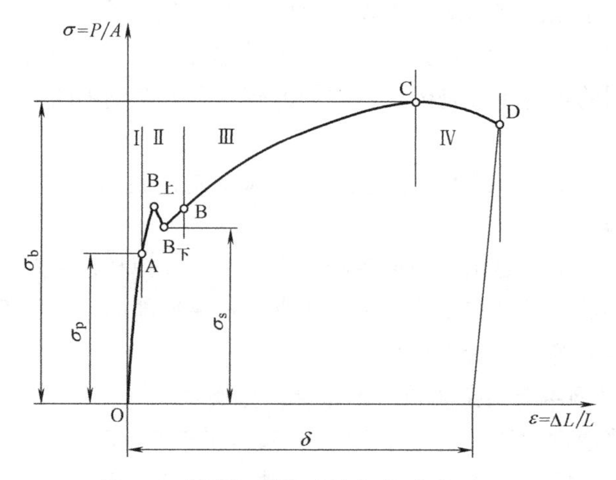

图 6-1　低碳钢受拉时的应力-应变（σ-ε）

1）弹性阶段

σ-ε 曲线在该阶段 OA 呈直线关系。即随荷载增加，试件应力和应变成比例地增长。若卸掉荷载，应力和应变可沿 AO 线回到原点，而形状不发生任何变化。在 OA 线上应力与应变的比值为一常数，即符合胡克定律 $E=\sigma/\varepsilon$。弹性阶段的应力极限值（即 A 点时的应力）称为弹性极限，以 σ_p 表示。建筑上常用的低碳钢，其弹性模量 E 为（2.0～2.1）$\times10^5$ MPa，弹性极限为 180～200MPa。

2）屈服阶段

曲线 AB 为屈服阶段，当应力超过 A 点后，σ-ε 曲线不再呈直线关系，即随应力增加，应变增加的速度超过了应力增加的速度，即在产生弹性变形的同时也开始产生塑性变形。当达到图中的 $B_{上}$ 点时，钢材抵抗不住所加的外力，发生"屈服"现象，即应力在小范围内波动，而应变迅速增加，直到 B 点为止。$B_{上}$ 称为屈服上限，屈服阶段应力的最低值用 $B_{下}$ 点对应的应力 σ_s 表示，称为屈服强度或屈服点。该点的应力在拉力试验机上容易测得。屈服强度在实际工作中有很重要的意义，钢材受力达到屈服强度以后，变形迅速发展，尽管尚未断裂破坏，但因变形过大已不能满足使用要求。因此，屈服强度表示钢材在工作状态允许达到的应力值，是结构设计中钢材强度取值的依据。常用低碳钢的屈服强度 σ_s＝210～240MPa。

3）强化阶段

曲线 BC 称为强化阶段。伴随着前一阶段塑性变形的迅速增加，钢材内部组织发生变化，当过 B 点后，又恢复了抵抗变形的能力，变得强硬起来。尽管这个阶段也有塑性变形产生，但它是伴随着应力的增加而产生的。当达到 C 点时，应力达到极限值，称为抗拉强度，以 σ_b 表示。常用低碳钢的抗拉强度 σ_b＝380～500MPa。

抗拉强度虽不作为设计时强度取值，但是它表明了钢材的潜在强度的大小。这一点可以很容易地从屈服强度与抗拉强度的比值（即屈强比 σ_s/σ_b）得到解释。屈强比小，钢材的利用率低，但屈强比过大，也将意味着钢材的安全可靠性降低，当使用中发生突然超载的情况时，容易产生破坏。因此，需要在保证安全性的前提下尽可能地提高钢材的屈强比。建筑钢材的合理屈强比一般在 0.60～0.75 范围内，常用碳素钢的屈强比为 0.58～0.63，普通低合金钢的屈强比为 0.67～0.75。

4）颈缩阶段

过了 C 点以后，试件抵抗塑性变形的能力迅速降低，塑性变形迅速增加，试件的断面在薄弱处急剧缩小，产生“颈缩现象”而断裂。

将拉断后的试件，在断口处拼合，量出拉断后标距之间的长度 L_1，按式（6-1）计算钢材的伸长率，见图 6-2。

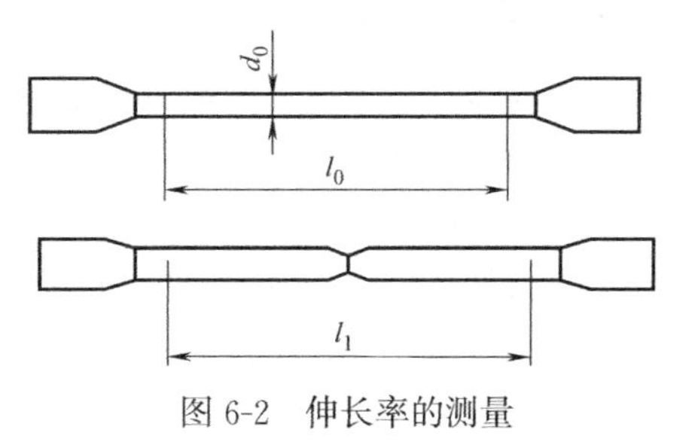

图 6-2　伸长率的测量

$$\delta=\frac{L_1-L_0}{L_0}\times100\% \tag{6-1}$$

式中　δ——试件的伸长率（%）；

L_0——试件的原始标距长度（mm）；

L_1——试件拉断后的标距长度（mm）。

由于颈缩处的伸长率较大，当原标距 L_0 与直径 d_0 之比越大，则颈缩处伸长值在整个伸长值中的比重越小，因而计算得的伸长率就越小。通常以 δ_5 和 δ_{10} 分别表示 $L_0=5d_0$ 和 $L_0=10d_0$ 时的伸长率。对同一种钢材 $\delta_5>\delta_{10}$。某些钢材的伸长率是采用定标距试件测定的，如标距 $L_0=100$mm 或 200mm，则伸长率用 δ_{100} 或 δ_{200} 表示。

伸长率是表示钢材塑性大小的指标。钢材即使在弹性范围内工作，其内部由于原有一些结构缺陷和微孔，有可能产生应力集中现象，使局部应力超过屈服强度。一定的塑性变形能力，可保证应力重新分布，从而避免结构的破坏。但塑性过大时，钢质软，结构塑性变形大，也会影响实际使用。

通过拉力试验还可以测定钢材的另一指标：断面收缩率。断面收缩率是指试件拉断后，颈缩处横截面面积的最大缩减量占试件原始横截面面积的百分比，以 ψ 表示，即

$$\psi=\frac{A_0-A_1}{A_0}\times100\%=\frac{{d_0}^2-{d_1}^2}{{d_0}^2}\times100\% \tag{6-2}$$

式中　A_0、d_0——试件原始横截面面积（mm²）、直径（mm）；

A_1、d_1——试件拉断后颈缩处的横截面面积（mm²）、直径（mm）。

伸长率、断面收缩率都表示钢材塑性变形的能力，在工程中具有重要意义。伸长率较大或者断面收缩率较高的钢材，虽钢质较软、强度较低，但塑性好、加工性能好，偶尔超载时会产生一定塑性变形使应力重新分布，避免结构破坏；而塑性小的钢材，钢质硬脆，超载后易断裂破坏。

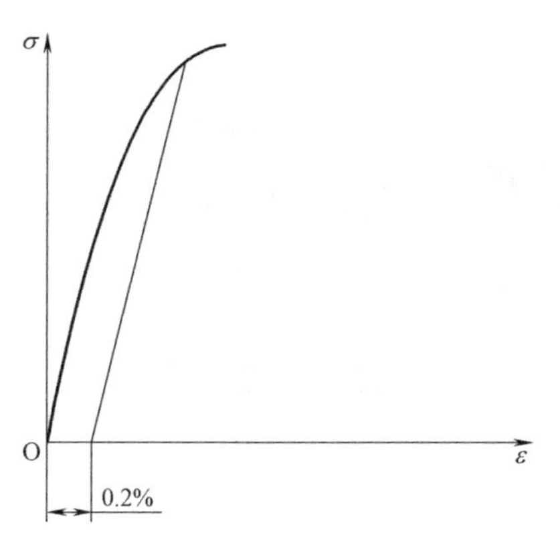

图 6-3　中、高碳钢拉伸 σ-ε 曲线

2. 中、高碳钢的拉伸性能

中、高碳钢受拉伸时的应力-应变曲线如图 6-3 所示。其特点是材质硬脆，抗拉强度高，塑性变形很小，没有明显的屈服现象，不能直接测定屈服强度。规范中规定以产生 0.2%残余变形时的应力值

作为屈服强度，用 $\delta_{0.2}$ 表示，也称条件屈服强度。

6.2.2 冷弯性能

冷弯性能是指钢材在常温下承受弯曲变形的能力，是建筑钢材的重要工艺性能。

钢材的冷弯性能用弯曲角度和弯心直径 d 与试件厚度 a（或直径）的比值来表示。试验时采用的弯曲角度越大、弯心直径对试件厚度的比值越小，表明对钢材冷弯性能的要求越高。当试件按规定的弯曲角度和弯心直径进行试验时，若弯曲处无裂断、裂纹或起层现象，即认为冷弯性能合格。图 6-4 为钢材冷弯性能试验示意图。

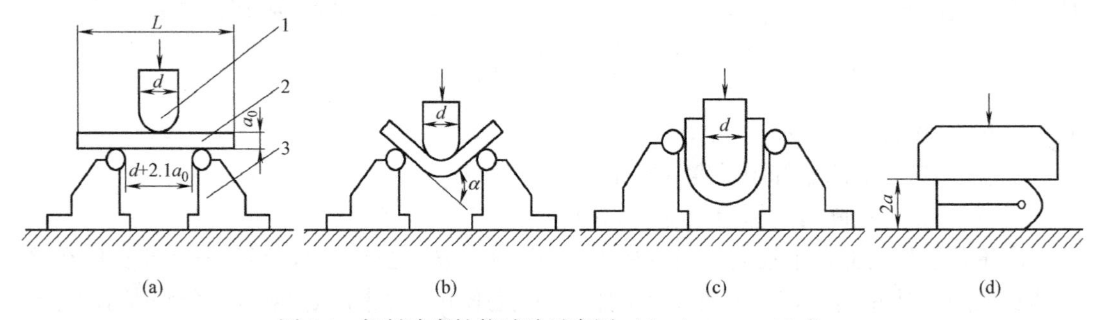

图 6-4　钢材冷弯性能试验示意图（$d=2a$，$\alpha=180°$）

(a) 试样安装；(b) 弯曲 90°；(c) 弯曲 180°；(d) 弯曲至两面重合

1—弯心；2—试件；3—支座

钢材的弯曲是通过试件弯曲处产生塑性变形实现的。这种变形是钢材在复杂应力作用下产生的不均匀变形，在一定程度上比伸长率更能反映钢的内部组织状态、内应力及杂质等缺陷。而在拉力试验中，这种缺陷常因塑性变形导致应力重分布而得不到反映。因此，可用冷弯的方法来检验钢的质量，特别是焊接质量。

6.2.3 冲击韧性

冲击韧性是指钢材抵抗冲击荷载的能力。冲击韧性指标是通过带有 V 形刻槽的标准试件的冲击韧性试验确定的，见图 6-5。测试时以摆锤打击标准试件，于刻槽处将其打

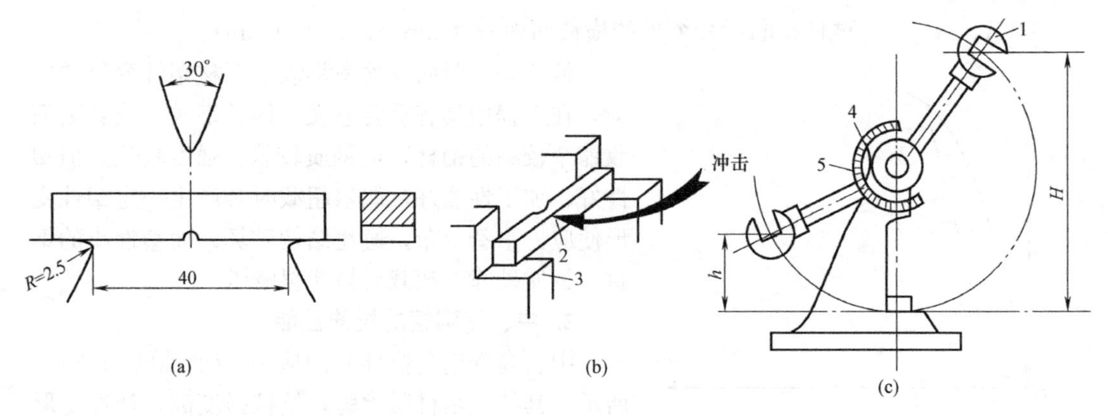

图 6-5　钢材的冲击韧性试验

1—摆锤；2—试件；3—支座；4—底盘；5—指针

断，试件单位截面面积上所消耗的功，即为钢材的冲击韧性值，以 α_k 表示。α_k 可按式（6-3）计算。

$$\alpha_k = \frac{W}{A} \tag{6-3}$$

式中　α_k——冲击韧性值（J/mm^2）；

W——冲断试件时摆锤所做的功（J），$W=G(H_1-H_2)$；

A——试件槽口处的最小横截面面积（mm^2）。

钢材的 α_k 值愈大，表明其冲击韧性愈好，但钢材的冲击韧性受多种因素的影响。

（1）化学成分及轧制质量对冲击韧性的影响。钢材的冲击韧性对钢的化学成分、内部组织状态以及冶炼、轧制质量都较敏感。钢中硫、磷含量较高，脱氧不完全，存在化学偏析或非金属夹杂物，以及焊接形成的微裂纹等，都会使钢材的冲击韧性显著降低。

（2）环境温度对冲击韧性的影响。试验表明，环境温度对钢材的冲击韧性影响很大，冲击韧性将随温度的降低而下降。其规律是开始时下降平缓，当达到某一定温度范围时，突然下降很多而呈脆性，见图 6-6，这种现象称为钢材的冷脆性。发生冷脆时的温度称为脆性临界温度，该数值愈低，说明钢材的低温冲击性能愈好。所以在负温下使用的结构，应当选用脆性临界温度较工作温度低的钢材。如碳素结构钢 Q235 的脆性临界温度约为−20℃。

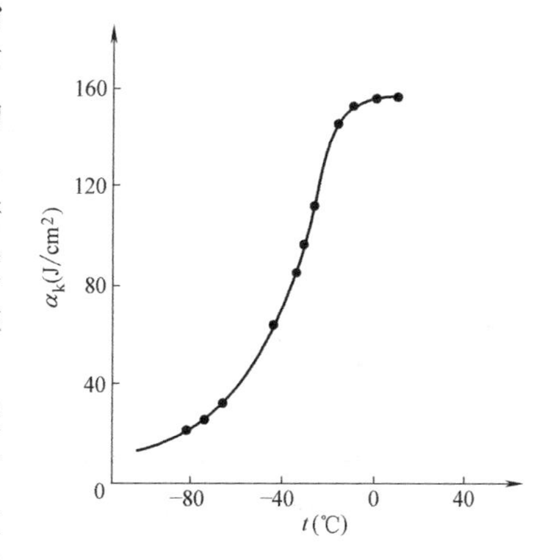

图 6-6　含锰低碳钢 α_k 值与温度的关系

（3）时间对冲击韧性的影响。随着时间的延长，钢材呈现出强度提高，而塑性和冲击韧性下降的现象，这种现象称为钢材的时效。完成时效变化的过程可达数十年，但钢材如经受冷加工变形，或使用中受到振动和反复荷载的影响，时效可迅速发展。因时效而导致钢材性能改变的程度称为时效敏感性。时效敏感性越大的钢材，经过时效以后，其塑性和冲击韧性降低越显著。对于承受动力荷载的结构，如桥梁等，应该选用时效敏感性小的钢材。

综上所述，诸多因素都会降低钢材的冲击韧性，故对于直接承受动力荷载作用或可能在负温下工作的重要结构，都必须对钢材进行冲击韧性检验。

6.2.4　耐疲劳性

钢材在交变荷载（即荷载的大小、方向循环变化）的反复作用下，往往在应力远小于抗拉强度时突然发生破坏，这种现象称为钢材的疲劳破坏。试验表明：钢材承受的交变应力 σ 越大，断裂时的交变循环次数 n 越少；相反，交变应力 σ 越小，则交变循环次数 n 越多；当交变应力 σ 低于某一数值时，交变循环可达无限次也不会产生疲劳破坏。一般将承受交变荷载达 10^7 周次时不破坏的最大应力定义为疲劳极限 σ_r。

设计承受反复荷载作用且需进行疲劳验算的结构时，应测定所用钢材的疲劳极限。测定疲劳极限时，应根据结构的使用条件确定采用的应力循环类型、应力比值（或应力幅及平均应力）和周期基数。测定钢筋的疲劳极限时，通常采用拉应力循环，普通钢筋的疲劳应力比值一般取 0.1～0.8，预应力钢筋的疲劳应力比值取 0.7～0.85，周期基数一般为 2×10^6 或 4×10^6 以上。

钢材的疲劳破坏实质上是由拉应力引起的。开始是在局部形成微细裂纹，其后由于裂纹尖端处产生应力集中，在交变荷载的反复作用下使裂纹逐渐扩展直至突然发生断裂，在断口处可明显看到疲劳裂纹扩展区和残留部分的瞬时断裂区。钢材的疲劳极限不仅与钢材的内部组织有关，也与最大应力处的表面质量有关，例如钢筋焊接接头的卷边和表面微小的腐蚀缺陷，都可能使其疲劳极限显著降低。所以，施工中应注意保护钢材的表面不受损伤。

6.2.5 硬度

钢材的硬度是指其表面局部体积内，抵抗外物压入产生塑性变形的能力。常用的测定硬度的方法为布氏法。

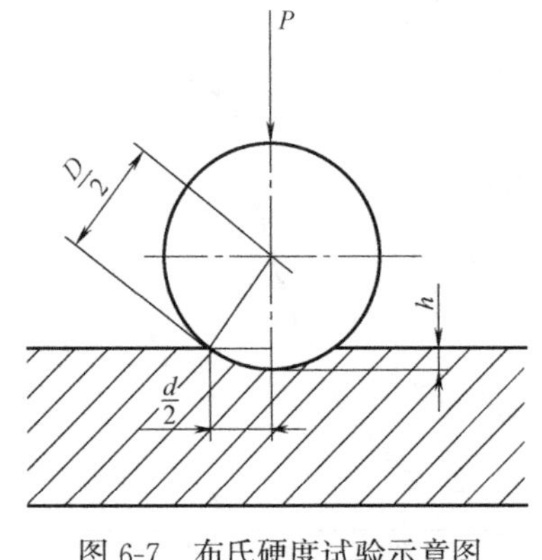

图 6-7 布氏硬度试验示意图

布氏法的测定原理是：利用直径为 D 的淬火钢球，以荷载 P 将其压入试件表面，经规定的持续时间（10～15s）后卸除荷载，即产生直径为 d 的压痕，见图 6-7。以荷载 P 除以压痕表面积 F，所得的商值即为试件的布氏硬度值，以 HB 表示（不带单位）。布氏法比较准确，但压痕较大，不适宜成品检验。钢材的硬度 HB 值可按下式计算：

$$HB=\frac{P}{F}=\frac{P}{\pi Dh}$$

$$HB=\frac{2P}{\pi D(D-\sqrt{D^2-d^2})}$$

$$h=\frac{D}{2}-\frac{1}{2}\sqrt{D^2-d^2}$$

式中 D——钢球直径（mm）；

d——压痕直径（mm）；

P——压入荷载（N）。

钢材的硬度实际上是材料的强度、韧性、弹性、塑性和变形强化率等一系列性能的综合反映，因此硬度值与其他性能有一定的相关性。例如钢材的 HB 值与抗拉强度 σ_b 就有较好的相关关系。当 $HB<175$ 时，$\sigma_b=3.6HB$；$HB>175$ 时，$\sigma_b=3.5HB$。根据这些关系，当不能直接对结构构件进行强度试验时，可以在结构的原位上测出钢材的 HB 值，以此估算出钢材的 σ_b 值，而不至于破坏钢结构本身。

6.2.6 可焊性

焊接是采用加热或加热同时加压的方法将两个金属件连接在一起。焊接后焊缝部位的性能变化程度称为可焊性。在焊接中，由于高温作用和焊接后急剧冷却作用，会使焊缝及附近的过热区发生晶体组织及结构变化，产生局部变形及内应力，使焊缝周围的钢材产生硬脆倾向，降低焊接质量。如果焊接中母体钢材的性质没有什么劣化作用，则此种钢材的可焊性较好。

可焊性能的好坏，主要取决于钢材的化学成分。低碳钢的可焊性很好。随着钢中含碳量和合金含量的增加，钢材的可焊性减弱。钢材含碳量大于 0.25%时，可焊性变差；加入合金元素（如硅、锰、钒、钛等）也将增大焊接处的硬脆性，降低可焊性。杂质及其他元素增加，也会使钢材的可焊性降低，特别是钢中含有硫会使钢材在焊接时产生热脆性。采用焊前预热和焊后热处理的方法，可使可焊性差的钢材焊接质量提高。

6.3 钢的晶体组织和化学成分对钢材性能的影响

6.3.1 钢的晶体组织对钢材性能的影响

1. 金属的晶体结构

原子有序、有规则的排列称为晶体，绝大部分金属和合金都属于晶体。在金属晶体中，各原子或离子之间以金属键的方式结合，金属键可看成是由许多原子共用许多电子的一种特殊形式的共价键。各金属原子之间通过金属键紧密地、有规律地联结起来，形成空间格子，称为晶格，见图 6-8（a）、图 6-8（b）。晶格中反映排列规律的基本几何单元称为晶胞，见图 6-8（c），无数晶胞排列构成了晶粒，见图 6-9。

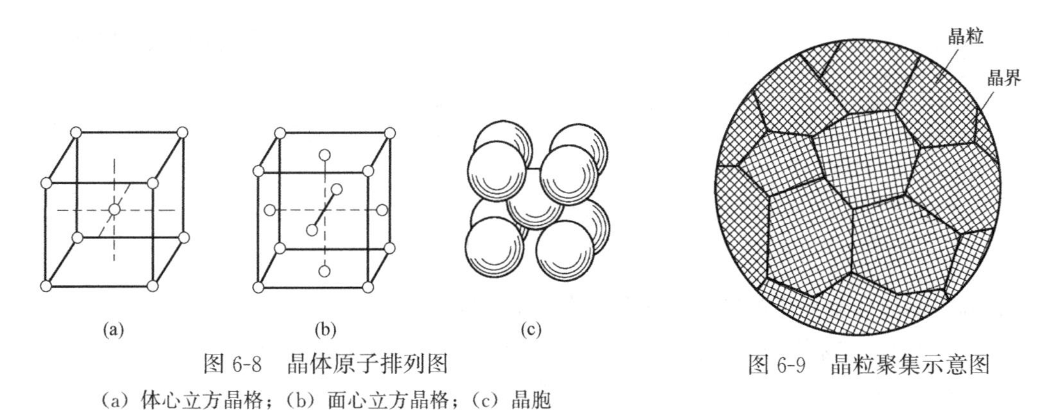

图 6-8　晶体原子排列图

（a）体心立方晶格；（b）面心立方晶格；（c）晶胞

图 6-9　晶粒聚集示意图

钢是以铁碳为主的合金。其晶体结构中的各原子是以金属键相互结合在一起，这是钢材具有较高强度和较高塑性的根本原因。描述原子在晶体中排列的最小单元（即空间格子）是晶格。钢铁的晶格分为体心立方晶格和面心立方晶格，前者为原子排列在正立方体的中心及八个顶角，后者为原子排列在正立方体的八个顶角和六个面的中心。铁在1390℃以上时为体心立方晶格，910～1390℃时转变为面心立方晶格，910℃以下时又转变为体心立方晶格。

2. 金属晶体结构中的缺陷

实际晶体的结构，无论是单晶体，还是多晶体，并不是完美无缺的，内部存在有许多缺陷，钢铁的晶体也是如此。这些缺陷将使钢材的强度低于理想单晶体结构（无缺陷晶体）。晶体的缺陷对钢材的性能有显著的影响。金属晶体中的缺陷可分成三种类型：点缺陷、面缺陷和线缺陷。

1）点缺陷

点缺陷主要指晶格内的空位和间隙原子，如图 6-10（a）所示，空位和间隙原子造成了晶格畸变。空位降低了原子间的结合力使强度降低。间隙原子增加了晶面滑移阻力，因而可使强度提高，但使塑性和韧性下降。生产钢材时，常加入一定量合金元素以适当增加点缺陷，提高钢材的强度。

2）线缺陷

线缺陷主要指刃型位错，如图 6-10（b）所示。位错的存在使晶体在滑移时并不是整个晶面在滑移，而只是位错处的部分晶面产生滑移，因而滑移的阻力大大减小，即位错的存在降低了钢材的强度，但位错是钢材具有塑性的原因。

3）面缺陷

面缺陷是指多晶体的晶粒界面，简称晶界。如图 6-10（c）所示，晶界处的原子排列紊乱。晶界增加了滑移时的阻力，因而可提高强度，但使塑性降低。晶粒越细小，晶界越多，滑移时的阻力越大，受外力时各晶粒的受力状态也越均匀，因而强度越高，且韧性也越好。生产钢材时，常采取适当的措施来细化晶粒以提高钢材的强度及其他性能。

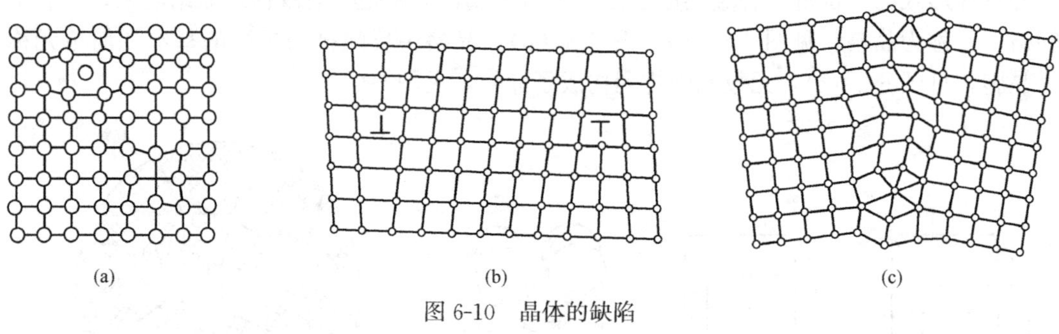

图 6-10　晶体的缺陷

（a）点缺陷（空位和间隙原子）；（b）线缺陷（刃型位错）；（c）面缺陷（晶粒界面）

3. 钢中碳与合金元素的存在方式及钢的显微组织

碳及合金元素的存在方式对钢材的性能有着很大的影响。碳与合金元素在钢中的存在方式为固溶于铁的晶格中形成固溶体，或与铁结合形成化合物，因而在钢中存在有两类完全不同的晶体结构。在显微镜下可以观测到由固溶体和化合物所形成的显微组织（又称钢的基本组织）。钢的显微组织主要有固溶体、化合物及其机械混合物，这三种显微组织对钢材的性质有很大影响。

1）固溶体

固溶体是碳或合金元素溶于铁中而形成的固态溶液，分为置换固溶体和间隙固溶体，前者是溶质原子取代晶格中的铁原子而形成的固溶体，后者是溶质原子溶入铁的晶格空隙中而成的固溶体。由于原子半径的差别及不同原子对电子的吸引力的不同，固溶体的晶格产生畸变，即在晶体中形成点缺陷。固溶体的强度高于纯铁的强度，但塑性较低。

碳溶于 α-Fe 中而形成的固溶体称为铁素体。由于 α-Fe 的原子间隙小，溶碳能力较差，故铁素体中含碳量很少（高温下小于 0.02%，常温下小于 0.006%）。因此，铁素体的塑性和韧性很好，但强度和硬度很低。

2）化合物

铁与碳或合金元素按一定比例形成化合物。形成的化合物的晶格与化合前各自的晶格不同。化合物的键力除金属键外，还可能有离子键或共价键。化合物一般硬度高、脆性大、塑性差、强度低，有的熔点很高。

铁与碳的化合物为 Fe_3C，称为渗碳体。渗碳体硬脆，强度低。

3）机械混合物

通常为固溶体与化合物的机械混合物。机械混合物通常比单一的固溶体具有更高的强度和硬度，但塑性和韧性相对较差。铁素体与渗碳体的层状机械混合物称为珠光体。珠光体的强度和硬度较高，塑性较好。

碳素钢在常温下的基本组织为铁素体、渗碳体和珠光体。它们的相对含量与钢的含碳量有着密切的关系。含碳量小于 0.8%的钢称为亚共析钢，其显微组织为铁素体与珠光体。含碳量为 0.8%的钢称为共析钢，其显微组织为珠光体。含碳量大于 0.8%的钢称为过共析钢，其显微组织为珠光体与渗碳体。建筑钢材的含碳量一般小于 0.8%，其显微组织为铁素体与珠光体。因此，建筑钢材的强度较高，塑性与韧性较好，从而能很好地满足所需的技术性能要求。

4. 金属强化的微观机理

为了提高金属材料的屈服强度和其他力学性能，可采用改变微观晶体缺陷的数量和分布状态的方法。例如，引入更多位错或加入其他合金元素，以使位错运动受到的阻力增加，具体措施有以下几种。

（1）细晶强化。金属中的晶粒越细，单位体积中的晶界就越多，因而位错运动的阻力就越大。这种以增加单位体积中的晶界面积来提高金属屈服强度的方法，称为细晶强化。某些合金元素的加入，使金属凝固时的结晶核心增多，可达到细晶的目的。

（2）固溶强化。在某种金属中加入另一种物质（例如铁中加入碳）而形成固溶体。当固溶体中溶质原子和溶剂原子的直径有一定差异时，会形成众多的缺陷，从而使位错运动的阻力增大，使屈服强度提高，这种方法称为固溶强化。

（3）弥散强化。在金属材料中，散入第二相质点，构成对位错运动的阻力，因而提高了屈服强度。在采用弥散强化时，散入质点的强度愈高、愈细、愈分散、数量愈多，则位错运动阻力愈大，强化作用愈明显。

（4）变形强化。当金属材料受力变形时，晶体内部的缺陷密度将明显增大，导致屈服强度提高，称为变形强化。这种强化作用只能在低于熔点温度 40%的条件下产生，因此也叫冷加工强化。

6.3.2 化学成分与钢材性能的关系

钢材的化学成分除了铁和碳元素之外，还有硅、锰、钛、钒、磷、硫、氮、氧等元素。它们的含量决定了钢材的质量和性能，尤其对某些有害元素，在冶炼时应通过控制和调节限制其含量，以保证钢材的质量。

碳（C）：碳存在于所有钢材中，是影响钢材性能的最重要元素。建筑钢材的含碳量一般不大于 0.8%。在碳素钢中，随着含碳量的增加，钢材的强度和硬度提高，而塑性和韧性则降低。当含碳量大于1%后，钢材的脆性增加、硬度增加、强度降低。含碳量大于0.3%时，钢材的可焊性显著降低。此外，碳还使钢材的冷脆性和时效敏感性增加，抗大气锈蚀性降低（图 6-11）。

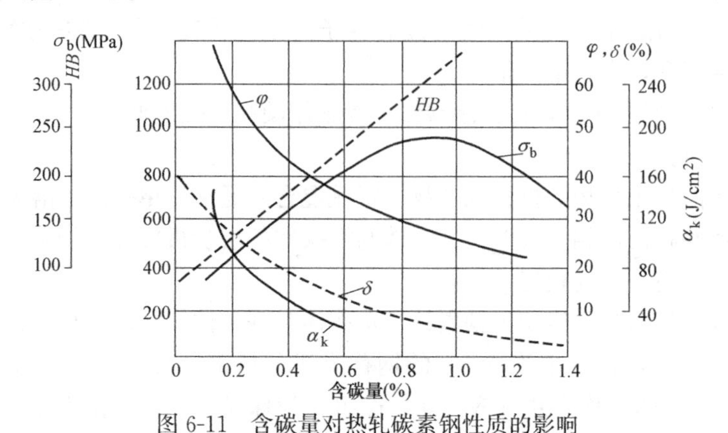

图 6-11　含碳量对热轧碳素钢性质的影响

σ_b—抗拉强度；α_k—冲击韧性；HB—硬度；δ—伸长率；φ—面积缩减率

硅（Si）：硅是在炼钢时为脱氧去硫而加入的，是低合金钢的主加合金元素。当钢中含硅量小于1%时，能显著提高钢材的强度，而对塑性及韧性没有明显影响。在普通碳素钢中，其含量一般不大于0.35%，在合金钢中不大于0.55%。当含硅量超过1%时，钢的塑性和韧性会明显降低，冷脆性增加，可焊性变差。

锰（Mn）：锰是低合金钢的主加合金元素，含锰量一般在1%～2%范围内。锰可提高钢材的强度、硬度及耐磨性，并能消减硫和氧所引起的热脆性，提高钢的淬火性，改善钢材的热加工性能。含锰量11%～14%的钢有极高的耐磨性，常用作挖土机铲斗、球磨机衬板等。

钛（Ti）：钛是强脱氧剂，并能细化晶粒，是常用的微量合金元素。钛能显著提高钢材的强度，改善韧性和焊接性能，但略为降低塑性。

钒（V）：钒是弱脱氧剂，也是常用的微量合金元素。钒加入钢中可减弱碳和氮的不利影响，细化晶粒，提高钢材强度，并能减少时效倾向，但会增加焊接时的硬脆倾向。

磷（P）：磷是碳素钢中的有害元素。在常温下其含量提高，钢材的强度和硬度提高，但塑性和韧性显著下降；温度愈低，对韧性和塑性的影响愈大，即引起所谓的“冷脆性”。磷在钢中的分布不均匀，偏析严重，使钢材的冷脆性增大，并显著降低钢材的可焊性。因此，在碳素钢中对磷的含量有严格限制。但磷可提高钢的耐磨性和耐腐蚀性，在低合金钢中可配合其他元素作为合金元素使用。

硫（S）：硫是碳素钢中的有害元素。硫呈非金属硫化物夹杂物存在于钢中，降低了钢材的各种力学性能。硫化物造成的低熔点使钢在焊接时易于产生热裂纹，显著降低可焊性，称为热脆性。此外，硫也有强烈的偏析作用，增加了危害性。

氧（O）：氧是钢中的有害元素。氧主要存在于非金属夹杂物中，少量溶于铁素体中。非金属夹杂物会降低钢材的力学性能，特别是韧性。氧还有促进时效倾向的作用，氧化物造成的低熔点也使钢材的可焊性变差。

氮（N）：氮主要嵌溶于铁素体中，也可呈化合物形式存在。氮对钢材性质的影响与碳、磷相似，可使钢材的强度提高，塑性特别是韧性显著下降。氮还可加剧钢的时效敏感性和冷脆性，降低可焊性。但氮若与铝或钛元素反应生成化合物，能细化晶粒，并改善钢材的性能。

6.4 钢材的冷加工与时效强化

6.4.1 冷加工强化与时效处理

1. 钢材的冷加工及强化

钢材的冷加工指在常温下对钢材进行的机械加工，建筑钢材常见的冷加工方式有冷拉、冷拔、冷轧、冷扭、刻痕等。钢材经过处理后，可以提高机械强度和与混凝土之间的粘结力。

(1) 冷拉：在常温下将热轧钢筋用拉伸设备进行张拉，使之伸长的加工方法。

(2) 冷拔：在常温下将光圆钢筋通过硬质合金拔丝模孔强行拉拔，以减小直径的加工方法，见图 6-12。

(3) 冷轧：在常温下将热轧钢材在冷轧机上轧制成规则断面形状的加工方法。

(4) 冷扭：在常温下将低碳钢材在冷扭机上绕其纵轴扭转，使其呈连续螺旋状、具有规定截面形状和节距的加工方法，见图 6-13。

(5) 刻痕：在常温下将光圆钢筋或钢丝采用刻痕机在其表面压出规律的凹痕的加工方法，见图 6-14。

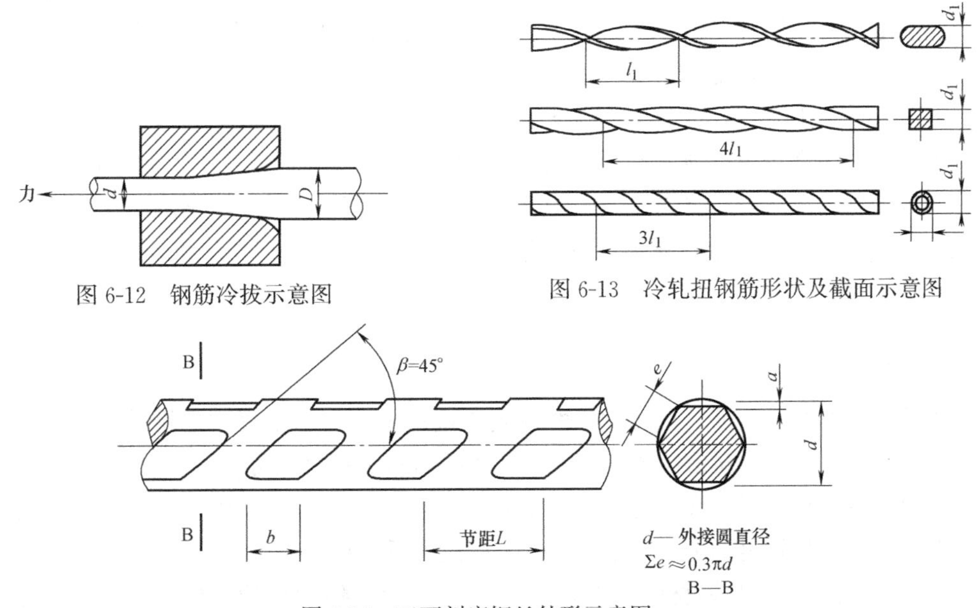

图 6-12　钢筋冷拔示意图

图 6-13　冷轧扭钢筋形状及截面示意图

图 6-14　三面刻痕钢丝外形示意图

通过冷加工强化使之产生塑性变形，从而提高钢材的屈服强度，这个过程称为钢材的冷加工强化处理。冷加工强化处理后钢材的塑性和韧性下降，此外可焊性也降低。冷加工强化的原因是钢材在冷加工过程中塑性变形区域内的晶粒产生相对滑移，使滑移面下的晶

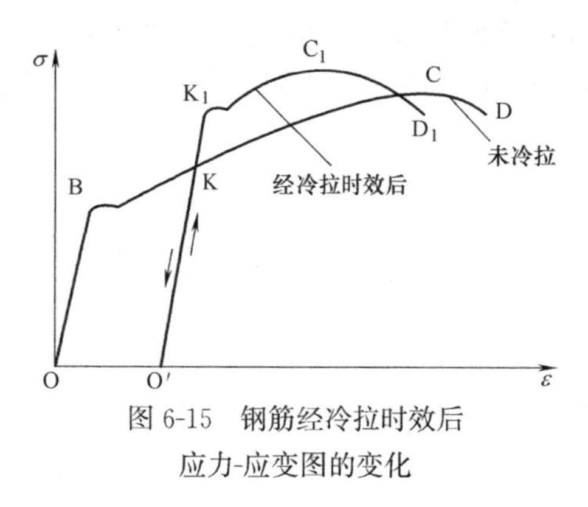

图 6-15　钢筋经冷拉时效后应力-应变图的变化

粒破碎，晶格严重畸变，因而对晶面的进一步滑移起到阻碍作用，故可提高钢材的屈服强度，而使塑性和韧性降低。由于塑性变形中产生了内应力，故钢材的弹性模量有所降低。

钢筋经冷拉、时效处理后的性能变化见图 6-15。图中，OBCD 为未经冷加工和时效处理的试件的应力-应变曲线，将试件拉伸至应力超过屈服强度的任一点 K，然后卸去荷载，由于试件已产生塑性变形，故曲线沿 KO′下降大致与 BO 平行。若立即将试件重新拉伸，则新的屈服强度将升高至原来达到的 K 点，以后的应力-应变曲线与 KCD 重合，即应力-应变曲线为 O′KCD。这表明钢筋经冷拉后屈服强度得到提高，塑性、韧性下降，而抗拉强度不变。如在 K 点卸荷载后不立即拉伸，而将试件进行时效处理后再进行拉伸，则屈服强度将上升至 K_1，继续拉伸时曲线将沿 $K_1C_1D_1$ 发展，应力-应变曲线为 $O'K_1C_1D_1$。这表明钢经冷拉和时效处理后，屈服强度进一步提高，抗拉强度也有所提高，塑性和韧性进一步降低。

2. 钢材的时效强化

钢材被冷加工处理后，随着时间的延长，强度、硬度提高而塑性、韧性下降的现象，称为时效。

将冷加工处理后的钢筋，在常温下存放 15～20d，或加热至 100～200℃后保持一定时间（2～3h），其屈服强度进一步提高，且抗拉强度也提高，同时塑性和韧性也进一步降低，弹性模量则基本恢复。这个过程称为时效处理，前者称为自然时效，适合用于低强度钢筋；后者称人工时效，适合用于高强度钢筋。

土木工程中常将屈服强度较低的低碳热轧圆盘条（盘条指成盘出厂的钢筋）进行冷加工和时效处理，以提高屈服强度，节约钢材用量可达 20%～30%。钢筋冷拉后屈服强度可提高 15%～20%，冷拔后屈服强度可提高 40%～60%。冷拉和冷拔还可使盘条钢筋得到调直及除锈。

6.4.2　钢材的焊接

焊接是钢结构、钢筋、预埋件等的主要连接形式，土木工程中的钢结构有 90%以上为焊接结构。焊接的质量取决于焊接工艺、焊接材料和钢材的可焊性等。

钢材的焊接性能是指在一定的焊接工艺条件下，在焊缝及其附近过热区不产生裂纹及硬脆倾向，焊接后钢材的力学性能，特别是强度不低于原有钢材的强度。

钢材的化学成分对钢材的可焊性有很大的影响。随钢材的含碳量、合金元素及杂质元素含量的提高，钢材的可焊性降低。钢材的含碳量超过 0.25%时，可焊性明显降低；硫含量较多时，会使焊口处产生热裂纹，严重降低焊接质量。焊接结构用钢，应选用含碳量低的氧气转炉或平炉生产的镇静钢，结构焊接用电弧焊，钢筋连接用接触对焊。

6.5 土木工程常用钢材的品种与选用

土木工程常用的钢材可分为钢结构用钢和钢筋混凝土结构用钢两类。钢结构所用的型钢以及钢筋混凝土结构所用的各种钢筋、钢丝、锚具等钢材，基本上都是碳素结构钢和低合金结构钢等钢种，经过热轧或冷轧、冷拔及热处理等工艺加工而成的。

6.5.1 土木工程常用的钢种

土木工程常用的钢种有碳素结构钢、低合金高强度结构钢及优质碳素结构钢。

1. 碳素结构钢

现行国家标准《碳素结构钢》GB/T 700 规定，碳素结构钢采用平炉、氧气转炉或电炉冶炼，且一般以热轧状态交货。碳素结构钢按屈服强度分为四级，即 Q195、Q215、Q235、Q275。各级又按其硫、磷杂质含量由多至少，划分为 A、B、C、D 四个质量等级（有些牌号不分等级或只有 A、B 等级），其中 A、B 等级为普通质量钢，C、D 等级为优质钢。同时，各级又按脱氧程度分为沸腾钢 F、镇静钢 Z、特殊镇静钢 TZ 三级。碳素结构钢的牌号按顺序由代表屈服强度的字母 Q、屈服强度数值（MPa）、质量等级符号、脱氧程度符号等四部分组成，如 Q235AF，它表示屈服强度为 235MPa 的质量等级为 A 级的沸腾碳素结构钢。牌号中的 Z 及 TZ 可以省略，如 Q235B，它表示屈服强度为 235MPa 的 B 级镇静碳素结构钢。

碳素结构钢的化学成分应符合表 6-1 的规定，强度、伸长率、冲击性能应符合表 6-2 的要求，冷弯性能应符合表 6-3 的要求。

碳素结构钢的化学成分与脱氧方法 GB/T 700　　　　表 6-1

<table>
<tr><th rowspan="2">钢材牌号</th><th rowspan="2">质量等级</th><th colspan="5">化学成分(%)≤</th><th rowspan="2">脱氧方法</th></tr>
<tr><th>C</th><th>Mn</th><th>Si</th><th>S</th><th>P</th></tr>
<tr><td>Q195</td><td>—</td><td>0.12</td><td>0.50</td><td>0.30</td><td>0.040</td><td>0.035</td><td>F、Z</td></tr>
<tr><td rowspan="2">Q215</td><td>A</td><td rowspan="2">0.15</td><td rowspan="2">1.20</td><td rowspan="2">0.35</td><td>0.050</td><td rowspan="2">0.045</td><td rowspan="2">F、Z</td></tr>
<tr><td>B</td><td>0.045</td></tr>
<tr><td rowspan="4">Q235</td><td>A</td><td>0.22</td><td rowspan="4">1.40</td><td rowspan="4">0.35</td><td>0.050</td><td rowspan="2">0.045</td><td rowspan="2">F、Z</td></tr>
<tr><td>B</td><td>0.21[1]</td><td>0.045</td></tr>
<tr><td>C</td><td rowspan="2">0.17</td><td>0.040</td><td>0.040</td><td>Z</td></tr>
<tr><td>D</td><td>0.035</td><td>0.035</td><td>TZ</td></tr>
<tr><td rowspan="5">Q275</td><td>A</td><td>0.24</td><td rowspan="5">1.50</td><td rowspan="5">0.35</td><td>0.050</td><td rowspan="3">0.045</td><td>F、Z</td></tr>
<tr><td rowspan="2">B</td><td>0.21</td><td rowspan="2">0.045</td><td rowspan="3">Z</td></tr>
<tr><td>0.22</td></tr>
<tr><td>C</td><td rowspan="2">0.20</td><td>0.040</td><td>0.040</td></tr>
<tr><td>D</td><td>0.035</td><td>0.035</td><td>TZ</td></tr>
</table>

注：[1] 经需方同意，Q235B 的碳含量（质量分数）可不大于 0.22%。

碳素结构钢的力学性能 **表 6-2**

钢材牌号	质量等级	拉伸试验												冲击试验	
		屈服强度 σ_s(MPa)≥						抗拉强度 σ_b(MPa)	断后伸长率 A(%)≥					温度(℃)	(V型)冲击功(纵向)(J)≥
		厚度或直径(mm)							厚度或直径(mm)						
		≤16	>16~40	>40~60	>60~100	>100~150	>150~200		≤40	>40~60	>60~100	>100~150	>150~200		
Q195	—	195	185	—	—	—	—	315~430	33	—	—	—	—	—	—
Q215	A	215	205	195	185	175	165	335~450	31	30	29	27	26	—	—
	B													20	27
Q235	A	235	225	215	215	195	185	370~500	26	25	24	22	21	—	—
	B													20	27
	C													0	
	D													−20	
Q275	A	275	265	255	245	225	215	410~540	22	21	20	18	17	—	—
	B													20	27
	C													0	
	D													−20	

碳素结构钢的冷弯性能 **表 6-3**

钢材牌号	试样方向	冷弯试验(试样宽度 $B=2a$,180°)B	
		钢材厚度(或直径)a(mm)	
		≤60	60~100
		弯心直径 d(mm)	
Q195	纵	0	—
	横	0.5a	
Q215	纵	0.5a	1.5a
	横	a	2a
Q235	纵	a	2a
	横	1.5a	2.5a
Q275	纵	1.5a	2.5a
	横	2a	3a

注：钢材厚度或直径大于 100mm 时，弯曲试验由双方协商确定。

由表 6-1~表 6-3 可以看出：碳素结构钢随牌号的增大，含碳含锰增高，屈服强度、抗拉强度提高，但塑性与韧性降低，冷弯性能变差，同时可焊性也降低。

Q235 是土木工程中最常用的碳素结构钢牌号，其既具有较高的强度，又具有较好的塑性、韧性，同时还具有较好的可焊性。Q235 良好的塑性可保证钢结构在超载、冲击、焊接、温度应力等不利因素作用下的安全性，因而 Q235 能满足一般钢结构用钢的要求，可轧制成钢筋、型钢、钢板和钢管等。Q235A 一般用于只承受静荷载作用的钢结构，

Q235B 适合用于承受动荷载焊接的普通钢结构，Q235C 适合用于承受动荷载焊接的重要钢结构，Q235D 适合用于低温环境使用的承受动荷载焊接的重要钢结构。

Q195 和 Q215 强度低，塑性和韧性较好，具有良好的可焊性，易于冷加工，常用作钢钉、铆钉、螺栓及钢丝；Q215 经冷加工和时效处理后可代替 Q235 使用。

Q275 强度较高，但塑性韧性和可焊性差，不易焊接和冷弯加工，可用于轧制钢筋、制作螺栓配件等，但更多用于制造机械零件和工具等。

沸腾钢不得用于直接承受重级动荷载的焊接结构，或计算温度等于和低于－20℃的承受中级和轻级动荷载的焊接结构，或计算温度等于和低于－20℃的承受重级动荷载的非焊接结构，也不得用于计算温度等于和低于－30℃的承受静荷载或间接承受动荷载的焊接结构。

2. 低合金高强度结构钢

低合金高强度结构钢是在碳素结构钢材中加入总量小于 5％的合金元素（Mn、Si、V、Ti、Nb、Cr、Ni 等）而生产的，用以提高钢材的使用性能，均为镇静钢。现行标准《低合金高强度结构钢》GB/T 1591 规定，低合金高强度结构钢按屈服强度分为 8 个牌号 Q355、Q390、Q420、Q460、Q500、Q550、Q620、Q690，并按杂质多少分为 B、C、D、E、F 共 5 个质量等级。低合金高强度结构钢的牌号按顺序由代表屈服强度的字母 Q、最小上屈服强度数值（MPa）、交货状态代号、质量等级符号等四部分组成。交货状态代号：N 表示正火或正火轧制；AR 或 WAR 表示热轧，可省略不写。如 Q355ND 表示：屈服强度 Q＋最小上屈服强度数值 355＋正火轧制或正火＋质量等级 D。低合金高强度结构钢由氧气转炉、平炉或电炉冶炼，为镇静钢或特殊镇静钢（牌号中不予表示）。各牌号低合金高强度结构钢的化学成分应符合现行国家标准《低合金高强度结构钢》GB/T 1591 之规定。热轧钢材的拉伸性能应符合表 6-4、表 6-5 的要求。

与碳素结构钢相比，低合金高强度结构钢具有屈服强度高、抗拉强度高、韧性较高、耐低温性较好及时效敏感性较小等优点，而成本与碳素结构钢相近。在相同使用条件下可比碳素结构钢节省用钢量 30％。Q355、Q390 是钢结构的常用牌号，与碳素结构钢 Q235 相比，可以承受动荷载和耐疲劳性。低合金高强度结构钢特别适合用于各种钢结构和钢筋混凝土结构，特别是重型结构、大跨度结构、高层建筑结构、公路铁路桥梁工程及大柱网结构等。

低合金高强度结构钢热轧钢材的拉伸性能要求　　表 6-4

牌号		上屈服强度 R_{eH}(MPa)≥									抗拉强度 R_m (MPa)			
钢级	质量等级	公称厚度或直径(mm)												
		≤16	>16～40	>40～63	>63～80	>80～100	>100～150	>150～200	>200～250	>250～400	≤100	>100～150	>150～250	>250～400
Q355	B	355	345	335	325	315	295	285	275	—	470～630	450～600	450～600	—
	C									265[1]				450～600[1]
	D													
Q390	B	390	380	360	340	340	320	—	—	—	490～650	470～620	—	—
	C													
	D													

续表

牌号		上屈服强度 R_{eH}(MPa)≥									抗拉强度 R_m(MPa)			
钢级	质量等级	公称厚度或直径(mm)												
		≤16	>16~40	>40~63	>63~80	>80~100	>100~150	>150~200	>200~250	>250~400	≤100	>100~150	>150~250	>250~400
Q420[2]	B C	420	410	390	370	370	350	—	—	—	520~680	500~650	—	—
Q460[2]	C	460	450	430	410	410	390	—	—	—	550~720	530~700	—	—

注：1 只适用于质量等级为 D 的钢板；2 只适用于型钢和棒材。

低合金高强度结构钢热轧钢材的伸长率 GB/T 1591　　　表 6-5

牌号		断后伸长率 A(%)≥						
钢级	质量等级	公称厚度或直径(mm)						
		试样方向	≤40	>40~63	>63~100	>100~150	>150~250	>250~400
Q355	B、C、D	纵向	22	21	20	18	17	17[1]
		横向	20	19	18	18	17	17[1]
Q390	B、C、D	纵向	21	20	20	19	—	—
		横向	20	19	19	18	—	—
Q420[2]	B、C	纵向	20	19	19	19	—	—
Q460[2]	C	纵向	18	17	17	17	—	—

注：1 只适用于质量等级为 D 的钢板；2 只适用于型钢和棒材。

3. 优质碳素结构钢（棒材）

《优质碳素结构钢》（GB/T 699—2015）规定了优质碳素结构钢棒材的分类与代号、订货内容、尺寸外形及技术要求等，适用于公称直径或厚度不大于 250mm 热轧和锻制优质碳素结构钢材，牌号与化学成分也使用于钢锭、钢坯等。硫（S）、磷（P）杂质元素含量一般控制在 0.035%以下。若硫（S）、磷（P）杂质元素含量控制在 0.030%以下者称为高级优质钢，其牌号后面加“A”。若磷（P）控制在 0.025%以下、硫（S）控制在 0.020%以下时，称为特级优质钢，其牌号后面加“E”以示区别。优质碳素结构钢（按含碳量）：低碳钢（C≤0.25%）、中碳钢（C 为 0.25%~0.6%）及高碳钢（C>0.6%）。优质碳素结构钢（按含锰量）：普通含锰量（含锰 0.25%~0.8%，共 20 个钢号）；较高含锰量（含锰 0.70%~1.20%，共 11 个钢号）。

根据现行标准《优质碳素结构钢》GB/T 699 规定，优质碳素结构钢共有 31 个牌号，除 3 个牌号 08F、10F、15F 是沸腾钢外，其余都是镇静钢。优质碳素结构钢棒材的牌号以平均含碳量的万分数来表示。含锰量较高的，在表示牌号的数字后面附“Mn”字；如果是沸腾钢，则在数字后加注“F”。28 个镇静钢牌号是 08、10、15、20、25、30、35、40、45、50、55、60、65、70、75、80、85、15Mn、20Mn、25Mn、30Mn、35Mn、40Mn、45Mn、50Mn、60Mn、65Mn、70Mn。例如：45——表示平均含碳量为 0.45%的镇静钢；30Mn——表示平均含碳量为 0.30%，较高含锰量的镇静钢；15F——表示含碳量为 0.15%的沸腾钢。

优质碳素结构钢中 08、10、15、20、25 等牌号属于低碳钢，其塑性好，易于拉拔、冲压、挤压和焊接等；其中，20 钢用途最广，常用来制造螺钉、螺母、焊接件等。30、35、40、45、50、55 等牌号属于中碳钢，因钢中珠光体含量增多，其强度和硬度较前提高，淬火后的硬度可显著增加；其中，45 钢不仅强度、硬度较高，且兼有较好的塑性和韧性，是综合性能优良钢材；30～45 号钢通常主要用于重要结构的钢铸件及高强螺栓，在预应力混凝土中常用 45 号钢制作锚具。60、65、70、75 等牌号属于高碳钢，经过淬火、回火后不仅强度、硬度提高，且弹性优良；在预应力混凝土中，常用 65～80 号钢制作碳素钢丝、刻痕钢丝和钢绞线。

6.5.2 土木工程常用的钢材

土木工程中钢结构用钢和钢筋混凝土用钢材，主要根据结构的重要性、荷载性质（动荷载和静荷载）、连接方法（焊接或铆接）、温度条件（正温或负温）等，综合考虑钢种或钢牌号、质量等级和脱氧程度等进行选用，以保证结构的安全。

1. 钢结构用型钢

我国钢结构用型钢的母材主要是普通碳素结构钢和低合金高强度结构钢，类型主要有热轧型钢、冷弯薄壁型钢、热（冷）轧钢板和钢管。

1）热轧型钢

热轧型钢常用的有：角钢、L 型钢、工字钢、槽钢、H 型钢、T 型钢。图 6-16 为热轧型钢截面示意图。热轧型钢的牌号化学组成和力学性能应符合现行标准《碳素结构钢》GB/T 700 和《低合金高强度结构钢》GB/T 1591 的有关规定。

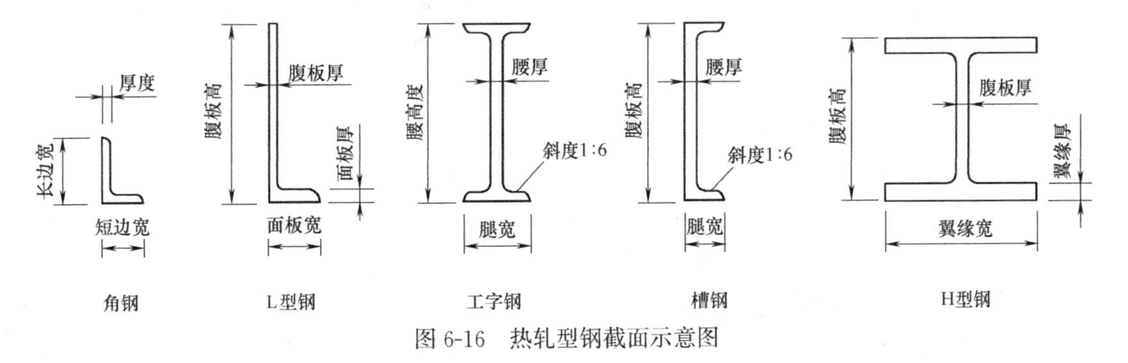

图 6-16 热轧型钢截面示意图

2）冷弯型钢

现行标准《冷弯型钢通用技术要求》GB/T 6725 中按照产品截面面积形状，冷弯型钢分为：冷弯圆形空心型钢、冷弯方形空心型钢、冷弯矩形空心型钢、冷弯异形空心型钢等。图 6-17 为冷弯型钢截面示意图。

3）压型钢板

现行标准《建筑用压型钢板》GB/T 12755 中，压型钢板是冷弯型钢的另外一种形式。分为屋面用板 W、墙面用板 Q 和楼盖用板 L。厚度 0.4～2mm，单位重量轻、强度高、抗震性能好、施工快速、外形美观。

4）钢管和钢板

（1）钢管

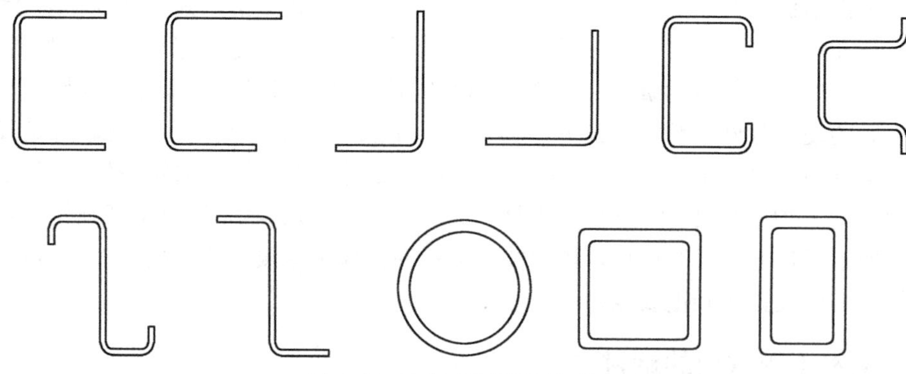

图 6-17　冷弯型钢截面示意图

土木工程用钢管种类分为热轧无缝钢管（《结构用无缝钢管》GB/T 8162—2018）和焊接钢管两种。

（2）钢板

建筑行业钢板采用的标准有现行《建筑结构用钢板》GB/T 19879 和现行《彩色涂层钢板及钢带》GB/T 12754。建筑结构用钢板中，厚度 6～200mm 的 Q345GJ、厚度 6～150mm 的 Q235GJ、Q390GJ、Q420GJ、Q460GJ 及厚度 12～40mm 的 Q500GJ、Q550GJ、G620GJ、Q690GJ 热轧钢板适用于高层建筑结构、大跨度结构及其他重要建筑结构。彩色涂层钢板是指在镀锌钢板、镀铝钢板、镀锡钢板或冷轧钢板表面涂覆彩色有机涂料或薄膜的钢板。它一方面起到了保护金属的作用，另一方面起到了装饰作用。这种钢板涂层可分为有机涂层、无机涂层和复合涂层，以有机涂层钢板发展最快。彩色涂层钢板的常用涂料是聚酯（PE）、硅改性树脂（SMP）、高耐候聚酯（HDP）、聚偏氟乙烯（PV、DF）等，涂层结构分二涂一烘和二涂二烘，涂层厚度基板表面 18～30μm，背面 5～7μm，建筑外墙、屋顶板选用涂层厚度大于 20μm，背面漆大于 10μm。根据我国常用的彩板种类和正常使用的环境角度，建筑用彩色涂层钢板的使用寿命大体上可为：装饰性使用寿命 8～12 年；翻修使用寿命 12～20 年；极限使用寿命 20 年以上。我国江西省九江地区的庐山地区，很多别墅的屋面板都是用彩钢板建造。

2. 钢筋混凝土用钢材

水泥混凝土属于脆性材料，耐压，不耐拉；钢材是塑性材料，耐拉，易生锈。二者结合，水泥混凝土可以为钢筋提供碱性环境从而保护钢筋，优势互补。钢筋混凝土用钢筋的原材料主要有碳素结构钢、低合金高强度结构钢、优质碳素结构钢。

钢筋混凝土用钢筋主要类型有：热轧钢筋、冷轧带肋钢筋、预应力混凝土用热处理钢筋、预应力混凝土用螺纹钢筋、预应力混凝土用钢棒、冷拉低碳钢筋、冷轧扭钢筋、冷拔低碳钢丝及焊接钢筋网等。

1）热轧钢筋

热轧钢筋是经热轧成型并自然冷却的成品钢筋，由低碳钢和普通低合金钢在高温状态下轧制而成，根据其表面形状分为光圆钢筋和带肋钢筋两类。其表面和截面形状如图 6-18 所示。热轧钢筋主要用于钢筋混凝土结构和预应力混凝土结构的配筋，是土木建筑工程中使用量最大的钢材品种之一。

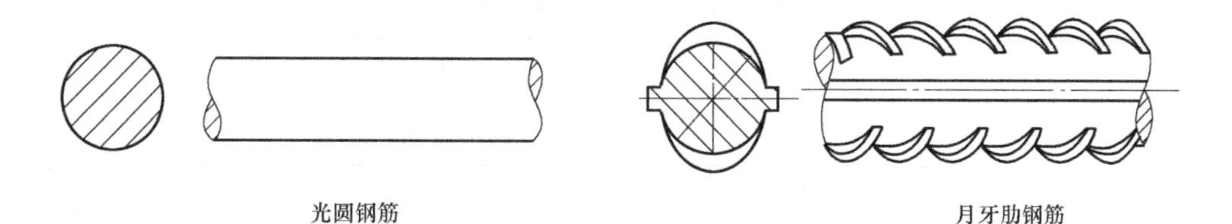

图 6-18　光圆钢筋和月牙带肋钢筋

（1）热轧光圆钢筋

热轧光圆钢筋是经热轧成型，横截面通常为圆形，表面光滑的成品钢筋。根据现行标准《钢筋混凝土用钢 第 1 部分：热轧光圆钢筋》GB/T 1499.1 的规定，钢筋为 HPB300 一个牌号。HPB300 钢筋的化学成分（质量分数，%）为：碳≤0.25%，Si≤0.55%，Mn≤1.5%，S 和 P 均≤0.045%。钢筋公称直径范围为 6～22mm，常用的光圆钢筋直径为 6mm、8mm、10mm、12mm、16mm、20mm。

热轧光圆钢筋属于低强度钢筋，具有塑性好，伸长率高，便于弯折成形及容易焊接等特点，因而被广泛用作中小型钢筋混凝土结构的主要受力钢筋和构件的箍筋以及钢木结构的拉杆等。

（2）热轧带肋钢筋

热轧带肋钢筋是用低合金镇静钢和半镇静钢轧制成的钢筋，其强度较高，塑性和焊接性能较好，因表面带肋，加强了钢筋与混凝土之间的粘结力，作为受力钢筋广泛用于大、中型钢筋混凝土结构，经过冷拉后可用作预应力钢筋。根据现行标准《钢筋混凝土用钢 第 2 部分：热轧带肋钢筋》GB/T 1499.2 的规定，普通热轧带肋钢筋牌号有 HRB400、HRB500、HRB600 三个屈服强度等级；细晶粒热轧带肋钢筋的牌号有 HRBF400 和 HRBF500 两个等级。钢筋公称直径范围为 6～50mm。热轧带肋钢筋的牌号化学成分见表 6-6。热轧光圆钢筋及热轧带肋钢筋的牌号和力学性能见表 6-7。HRB500、HRB600 级钢筋强度高，但塑性和可焊性较差，主要用作预应力混凝土结构中的主筋。

热轧带肋钢筋的牌号化学成分　　表 6-6

	牌号	化学成分(质量分数,%)≤					
		C	Si	Mn	P	S	Ceq(碳当量)
带肋钢筋	HRB400 HRBF400 HRB400E HRBF400E	0.25	0.80	1.60	0.45	0.45	0.54
	HRB500 HRBF500 HRB500E HRBF500E						0.55
	HRB600	0.28					0.58

热轧光圆钢筋及热轧带肋钢筋的牌号和力学性能　　　　表 6-7

表面形状	牌号	屈服强度 R_{el}(MPa)≥	抗拉强度 R_m(MPa)≥	断后伸长率 A(%)≥	最大力总伸长率 A_{gt}(%)≥	R^o_m/R^o_{el}≥	R^o_{el}/R_{el}≤
光圆钢筋	HPB300	300	420	25	10		
带肋钢筋	HRB400 HRBF400	400	540	16	7.5	—	—
	HRB400E HRBF400E			—	9.0	1.25	1.30
	HRB500 HRBF500	500	630	15	7.5	—	—
	HRB500E HRBF500E			—	9.0	1.25	1.30
	HRB600	600	730	14	7.5	—	—

注：R^o_m为钢筋实测抗拉强度；R^o_{el}为钢筋实测下屈服强度。

2）冷轧带肋钢筋

冷轧带肋钢筋是以热轧光圆钢筋为母材，经冷轧减径后在其表面冷轧成二面或三面横肋（月牙肋）的钢筋。图 6-19 显示了三面肋钢筋表面及截面形状。现行标准《冷轧带肋钢筋》GB/T 13788 按抗拉强度分为 CRB550、CRB650、CRB800、CRB600H、CRB680H 和 CRB800H 六个牌号。冷轧带肋钢筋简称 CRB，高延性冷轧带肋钢筋标称“CRB+抗拉强度特征值+H”。CRB650、CRB800、CRB800H 为预应力混凝土用钢筋，CRB680H 既可作为普通钢筋混凝土用钢筋，也可作为预应力混凝土用钢筋使用。CRB550、CRB600H、CRB680H 钢筋的公称直径范围为 4～12mm。CRB650、CRB800、CRB800H 钢筋的公称直径为 4mm、5mm、6mm。冷轧带肋钢筋的化学成分、力学和工艺性能应符合现行《冷轧带肋钢筋》GB/T 13788 的有关规定，其力学性能和工艺性能要求见表 6-8。

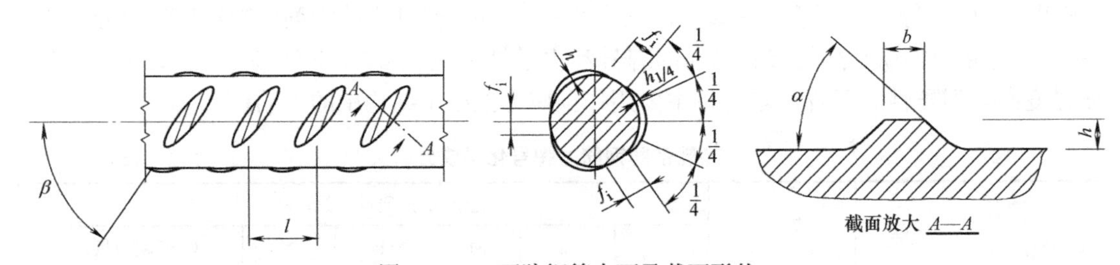

图 6-19　三面肋钢筋表面及截面形状

冷轧带肋钢筋的力学性能和工艺性能要求　　　　表 6-8

分类	牌号	塑性延伸强度 $R_{p0.2}$(MPa)≥	抗拉强度 R_m(MPa)≥	$R_m/R_{p0.2}$≥	断后伸长率(%)≥		最大力总延伸率(%)≥	弯曲试验180°D为弯心直径，d为钢筋公称直径	反复弯曲次数	应力松弛初始应力应相当于公称抗拉强度的70%
					A	A_{100}	A_{gt}			1000h(%)≤
普通钢筋混凝土用	CRB550	500	550	1.05	11.0	—	2.5	$D=3d$	—	—
	CRB600H	540	600	1.05	14.0	—	5.0	$D=3d$	—	—
	CRB680H[1]	600	680	1.05	14.0	—	5.0	$D=3d$	4	5

续表

分类	牌号	塑性延伸强度 $R_{p0.2}$ (MPa) ≥	抗拉强度 R_m (MPa) ≥	$R_m/R_{p0.2}$ ≥	断后伸长率(%) ≥		最大力总延伸率(%) ≥	弯曲试验180°D为弯心直径，d为钢筋公称直径	反复弯曲次数	应力松弛初始应力应相当于公称抗拉强度的70%
					A	A_{100}	A_{gt}			1000h(%) ≤
预应力混凝土用	CRB650	585	650	1.05	—	4.0	2.5	—	3	8
	CRB800	720	800	1.05	—	4.0	2.5	—	3	8
	CRB800H	720	800	1.05	—	7.0	4.0	—	4	5

注：1. 当该牌号钢筋作为普通钢筋混凝土用钢筋使用时，对反复弯曲和应力松弛不做要求，当该牌号钢筋作为预应力混凝土用钢筋使用时应进行反复弯曲试验代替180°弯曲试验，并检测松弛率。

冷轧带肋钢筋是用热轧盘条经多道冷轧减径，一道压肋并经消除内应力后形成的一种带有两面或三面月牙形的钢筋。冷轧带肋钢筋在预应力混凝土构件中，是冷拔低碳钢丝的更新换代产品，在现浇混凝土结构中，强度高，塑性好。抗拉强度大于550MPa，伸长率可大于4%，冷轧带肋钢筋与热轧光圆钢筋相比，用于现浇结构（特别是楼梁板结构）可节约30%～40%的钢材。冷轧带肋钢筋与混凝土之间的粘结锚固性能良好。因此用于构件中，杜绝了构件锚固区开裂、钢丝滑移而破坏的现象，且提高了构件端部的承载能力和抗裂能力；在钢筋混凝土结构中，抗裂性好，混凝土裂缝宽度也比光圆钢筋甚至比热轧螺纹钢筋还小。

3）冷轧扭钢筋

根据现行《冷轧扭钢筋》JG 3046—1998，冷轧扭钢筋是用Q235或Q215低碳钢热轧圆盘条经专用钢筋冷拉扭机调直冷轧并冷扭一次成型，具有规定截面形式和相应节距的连续螺旋状钢筋。钢筋直径一般在6.5～14mm。其刚度大，不易变形，与混凝土的粘结力和握裹力加强，有效地避免了混凝土的收缩裂缝，以保证现浇注混凝土的质量。设计和施工中采用冷轧扭钢筋可以减少板厚，节约混凝土和钢筋约30%。名称代号为LZN（ϕ^t），按其截面形状不同分为两种类型：矩形截面为Ⅰ型；菱形截面为Ⅱ型。冷轧扭钢筋主要适用于板和小梁等工程，不需要再加弯钩和预应力，其力学性能见表6-9。

冷轧扭钢筋的力学性能 **表6-9**

抗拉强度 σ_b (N/mm²)	伸长率 δ_{10} (%)	冷弯180° (弯心直径=3d)
≥580	≥4.5	受弯曲部位表面不得产生裂纹

注：d 为冷轧扭钢筋标志直径；δ_{10} 为以标距为10倍标志直径的试样拉断伸长率。

4）预应力混凝土用钢

预应力混凝土用钢除了冷轧带肋钢筋CRB650、CRB800、CRB800H之外，常用的还有钢棒、钢丝、钢绞线等。

(1) 预应力混凝土用钢棒

预应力混凝土用钢棒（PCB）是用低合金热轧盘条经冷加工（或不经冷加工）淬火和回火处理而成。现行国家标准《预应力混凝土用钢棒》GB/T 5223.3规定，按钢棒表面形状分为光圆钢棒（直径6～16mm）、带有三条或六条螺旋槽的螺旋槽钢棒（7.1～

14.0mm）、带有四条螺旋肋的螺旋肋钢棒（6～22mm）、带有月牙肋的带肋钢棒（6～16mm）。按延性分为35级、25级。低松弛L_0钢棒用钢的化学成分中，要求S和P含量都要低于0.025%。预应力混凝土用钢棒部分产品外形及截面形状见图6-20。预应力混凝土用钢棒以盘条或直条供应，其力学性能应符合表6-10的规定。

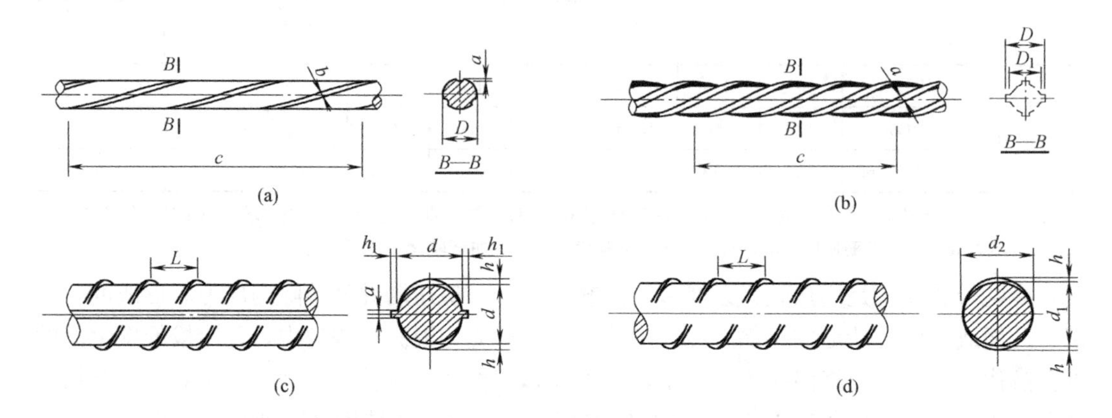

图6-20　预应力混凝土用部分钢棒外形及截面形状

（a）螺旋槽钢棒外形；（b）螺旋肋钢棒外形；（c）有纵带肋钢棒外形；（d）无纵带肋钢棒外形

预应力混凝土用钢棒属于预应力强度级别中的中间强度级。由于它的高强韧性、低松弛性、与混凝土粘结力强、可焊性好、镦锻性好、节约材料等特点，被广泛应用在高强度预应力混凝土离心管桩、电杆、高架桥墩、铁路轨枕等预应力构件中。

（2）预应力混凝土用螺纹钢筋

现行国家标准《预应力混凝土用螺纹钢筋》GB/T 20065规定：螺纹钢筋是一种热轧成带有不连续的外螺纹的直条钢筋，该钢筋在任意截面处，均可用带有匹配形状的内螺纹的连接器或锚具进行连接或锚固。预应力混凝土用螺纹钢筋以屈服强度划分级别，其代号为“PSB”加上规定屈服强度最小值表示。P、S、B分别为Prestressing、Screw、Bars的英文首位字母。例如：PSB830表示屈服强度最小值为830MPa的钢筋。钢筋的公称直径范围为15～75mm。钢的化学成分中，硫、磷含量不大于0.035%。螺纹钢筋表面及截面形状，见图6-21。螺纹钢筋的力学性能指标见表6-11。

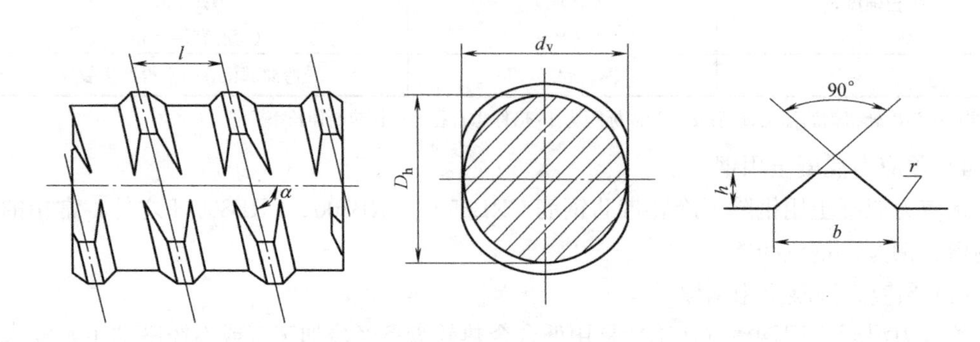

图6-21　螺纹钢筋表面及截面形状

D_h—基圆直径；d_v—基圆直径；h—螺纹高；b—螺纹底宽；l—螺距；r—螺纹根弧；α—导角

预应力混凝土用钢棒的力学性能 **表 6-10**

<table>
<tr><th rowspan="2">表面形状类型</th><th rowspan="2">公称直径 D(mm)</th><th>抗拉强度 R_m(MPa)</th><th>非比例延伸强度 $R_{p0.2}$(MPa)</th><th colspan="2">弯曲性能</th></tr>
<tr><th colspan="2">≥</th><th>性能要求</th><th>弯曲半径(mm)</th></tr>
<tr><td rowspan="5">光圆</td><td rowspan="4">6～10</td><td rowspan="9">1080
1230
1280
1570</td><td rowspan="9">930
1080
1280
1420</td><td rowspan="4">反复弯曲不小于4次(180°)</td><td>15</td></tr>
<tr><td>20</td></tr>
<tr><td>20</td></tr>
<tr><td>25</td></tr>
<tr><td>11～16</td><td>弯曲160°～180°后弯曲处无裂纹</td><td>弯心直径 $d=10a$，a 为钢棒的公称直径</td></tr>
<tr><td>螺旋槽</td><td>7.1～14.0</td><td>—</td><td>—</td></tr>
<tr><td rowspan="5">螺旋肋</td><td rowspan="4">6～14</td><td rowspan="4">反复弯曲不小于4次(180°)</td><td>15</td></tr>
<tr><td>20</td></tr>
<tr><td>20</td></tr>
<tr><td>25</td></tr>
<tr><td>16～22</td><td>1080
1270</td><td>930
1140</td><td>弯曲160°～180°后弯曲处无裂纹</td><td>弯心直径 $d=10a$，a 为钢棒的公称直径</td></tr>
<tr><td>带肋</td><td>6～16</td><td>1080
1230
1280
1570</td><td>930
1080
1280
1420</td><td>—</td><td>—</td></tr>
</table>

预应力混凝土用螺纹钢筋的力学性能 **表 6-11**

<table>
<tr><th rowspan="2">牌号</th><th rowspan="2">屈服强度 R_{sl}(MPa)≥ ($R_{p0.2}$)</th><th rowspan="2">抗拉强度 R_m(MPa)≥</th><th rowspan="2">断后伸长率 A(%)≥</th><th rowspan="2">最大力下总伸长率 A_{gt}(%)≥</th><th colspan="2">应力松弛性能</th></tr>
<tr><th>初始应力</th><th>1000h后应力松弛率 V_T(%)</th></tr>
<tr><td>PSB785</td><td>785</td><td>980</td><td>8</td><td rowspan="5">3.5%</td><td rowspan="5">$0.7R_m$</td><td rowspan="5">≤4.0</td></tr>
<tr><td>PSB830</td><td>830</td><td>1030</td><td>7</td></tr>
<tr><td>PSB930</td><td>930</td><td>1080</td><td>7</td></tr>
<tr><td>PSB1080</td><td>1080</td><td>1230</td><td>6</td></tr>
<tr><td>PSB1200</td><td>1200</td><td>1330</td><td>6</td></tr>
</table>

预应力混凝土用螺纹钢筋具有连接、张拉锚固方便、可靠，施工简便；韧性好、强度高、低松弛、节约钢材等优点；解决了高强度预应力钢筋无法接长的难题，特别适用于建造大型桥梁、隧道、码头、大型工业厂房等预应力混凝土工程和岩体锚固工程等。

(3) 预应力混凝土用钢丝和钢绞线

① 预应力混凝土用钢丝。

现行标准《预应力混凝土用钢丝》GB/T 5223 分为冷拉钢丝和消除应力钢丝，并按表面外形分为光圆钢丝 P、带有四条螺旋肋的螺旋肋钢丝 H、三面刻痕的刻痕钢丝 I。冷拉钢丝（WCD）是以碳素钢和低合金钢盘条通过拔丝模或轧辊经冷加工而成，消除应力钢丝是在塑性变形下（轴应变）进行短时热处理（由此得到的为低松弛钢丝 WLR）。预应力钢丝标记内容为：预应力钢丝公称直径抗拉强度等级加工状态代号外形代号标准号，例如，直径为 7.00mm、抗拉强度为 1570MPa、低松弛的螺旋肋钢丝，其标记为：预应力钢丝 7.00-1570-WLR-H-GB/T 5223—2014。钢丝成盘供应，开盘后无需调直，特别是屈服强度和抗拉强度高，质量稳定，安全可靠，且柔性好，无接头。带肋和刻痕钢丝主要用于先张法预应力混凝土制品，如混凝土电杆、高压水泥管、高压输水管、超长屋面板、空心板、管桩、轨枕等；光圆钢丝则主要用于后张法预应力混凝土。低松弛钢丝主要用于轨枕、桥梁及其他大跨度预应力混凝土结构与大跨度桥梁斜拉索等。预应力混凝土用钢丝的各项力学技术指标应满足现行标准《预应力混凝土用钢丝》GB/T 5223 的规定。

② 预应力混凝土用钢绞线。

预应力混凝土用钢绞线是以数根优质碳素结构钢钢丝经绞捻和消除内应力的热处理而制成，按一根钢绞线中的钢丝数量分为 2 丝钢绞线、3 丝钢绞线、7 丝钢绞线及 19 丝钢绞线。现行标准《预应力混凝土用钢绞线》GB/T 5224 按捻制结构分为两根钢丝绞捻 1×2、三根钢丝绞捻 1×3、三根刻痕钢丝绞捻 1×3 I 、7 根钢丝绞捻 1×7、7 根钢丝绞捻并经模拔处理（1×7）C 等 8 类。为延长耐久性，钢丝上可以有金属或非金属的镀层或涂层，如镀锌、涂环氧树脂等。为增加与混凝土的握裹力，表面可以有刻痕，其力学性能应满足现行标准《预应力混凝土用钢绞线》GB/T 5224 的规定，钢绞线成盘供应。无粘结预应力钢绞线采用普通的预应力钢绞线，涂防腐油脂或石蜡后包高密度聚乙烯（HDPE）。

钢绞线的强度高、柔性好、安全可靠，并且开盘后无需调直、接头，主要用于大跨度、重负荷的后张法预应力混凝土结构（如屋架、桥梁和薄腹板），特别是曲线配筋的预应力混凝土结构。钢绞线、钢丝和钢棒以及无粘结钢绞线是我国预应力混凝土结构的主力钢筋。在多数后张预应力及先张预应力工程中，光面钢绞线是最广泛采用的预应力钢材。镀锌钢绞线常用于桥梁的系杆、拉索及体外预应力工程。

6.6 钢材的腐蚀与防止

6.6.1 钢材的腐蚀

钢材的腐蚀是指钢的表面与周围介质发生化学作用或电化学作用而遭到的破坏。腐蚀不仅使其截面减少，降低承载力，而且由于局部腐蚀造成应力集中，易导致结构破坏。若受到冲击荷载或反复荷载的作用，将产生锈蚀疲劳，使疲劳强度大大降低，甚至出现脆性断裂。

1. 化学腐蚀

化学腐蚀是钢与干燥气体及非电解质液体的反应而产生的腐蚀。这种腐蚀通常为氧化作用，使钢被氧化形成疏松的氧化物（如氧化铁等）。在干燥环境中腐蚀进行得很慢，但在温度高和湿度较大时腐蚀速度较快。

由 O_2 产生：$Fe+O_2 \rightarrow FeO$，Fe_2O_3，Fe_3O_4；

由 CO_2 产生：$Fe+CO_2 \rightarrow FeO$，Fe_3O_4+CO；

由 H_2O 产生：$Fe+H_2O \rightarrow FeO$，$Fe_3O_4+H_2$。

2. 电化学腐蚀

钢材与电解质溶液接触而产生电流，形成微电池从而引起腐蚀。钢材本身含有铁、碳等多种成分，由于它们的电极电位不同，形成许多微电池。当凝聚在钢材表面的水分中溶入 CO_2、SO_2 等气体后，就形成电解质溶液。铁较碳活泼，因而铁成为阳极，碳成为阴极，阴阳两极通过电解质溶液相连，使电子产生流动。在阳极，铁失去电子成为 Fe^{2+} 进入水膜；在阴极，溶于水的氧被还原为 OH^-。同时 Fe^{2+} 与 OH^- 结合成为 $Fe(OH)_2$，并进一步被氧化成为疏松的红色铁锈 $Fe(OH)_3$，使钢材受到腐蚀。电化学腐蚀是钢材在使用及存放过程中发生腐蚀的主要形式。

阳极：$Fe=Fe^{2+}+2e^-$

阴极：$H_2O+1/2O_2+2e^-=2OH^-$

总反应式：$Fe+H_2O+1/2O_2=Fe(OH)_2$

$$2Fe(OH)_2+H_2O+1/2O_2=2Fe(OH)_3$$

6.6.2 钢筋混凝土中钢筋腐蚀

普通混凝土内部存在 $Ca(OH)_2$ 为强碱环境，pH 值一般在 11～13，用普通混凝土制作的钢筋混凝土，只要混凝土表面没有缺陷，里面的钢筋处于钝化状态是稳定的。但是普通混凝土制作的钢筋混凝土有时也发生钢筋锈蚀现象。其主要原因有：

（1）混凝土不密实，环境中的水和空气能进入混凝土内部。

（2）混凝土保护层厚度小或发生了严重的碳化，使混凝土失去了碱性保护环境。

（3）混凝土内 Cl^- 含量过大，使钢筋表面的保护膜被氧化。

（4）预应力钢筋存在微裂缝等缺陷，引起应力锈蚀。

（5）预拌商品混凝土的普及，精细化施工和养护制度的缺陷，使混凝土裂缝的常态化，大气环境中的水、氧气、CO_2 和 SO_2 直接接触到钢筋，引起钢筋锈蚀，体积膨胀、裂缝加大使钢筋锈蚀体积更大，钢筋混凝土结构耐久性下降。

为了防止钢筋锈蚀，应保证混凝土自身密实完好，保持混凝土的高碱度和防止有害离子入侵，是钢筋混凝土防腐蚀措施的出发点。基本措施：一方面要致力于提高混凝土自身的防护能力，包括使用优质水泥、适量增加水泥用量提高混凝土碱度、降低水胶比、使用钢筋阻锈剂和减水剂、合理使用混凝土掺合料、混凝土表面涂刷有机硅烷防护剂或渗透结晶防水材料、钢筋表面防腐处理以及增加混凝土钢筋保护层的厚度，另一方面更要加强工程现场精细化施工和养护，严格控制尽量减少混凝土的开裂。开裂后的钢筋混凝土结构，需要及时灌浆修补维护，切实保护好钢筋钝化的内外环境。

6.6.3 腐蚀的防止

建筑钢材的防腐主要通过以下若干措施。

1. 合金化

在钢材中加入铬、镍、锡、钛、铜等合金元素，制成不锈钢。不锈钢的成本较高，故仅用于特殊工程。

2. 金属覆盖

采用电镀，在钢材的表面镀锌、镀锡、镀铬、镀铜等。

3. 非金属覆盖

在钢材表面涂刷防锈涂料（防锈漆），涂敷搪瓷或塑料层等。利用保护膜将钢材与周围介质隔离开，从而起到保护作用。钢结构防腐，采取的最主要方法是表面经常刷漆。

4. 设置阳极或阴极保护

对于不易涂敷保护层的钢结构，如地下管道、港口结构等，可采取阳极保护或阴极保护。阳极保护又称外加电流保护法，是在钢结构的附近埋设一些废钢铁，外加直流电源，将阴极接在被保护的钢结构上，阳极接在废钢铁上。通电后废钢铁成为阳极而被腐蚀，钢结构成为阴极而得到保护。阴极保护是在被保护的钢结构上连接一块比铁更为活泼的金属，如锌、镁，使锌、镁成为阳极而被腐蚀，钢结构成为阴极而被保护。

思考题与习题

1. 冶炼方法和脱氧程度对钢材性能有什么影响？

2. 绘出低碳钢的应力-应变曲线图，并在图上标出σ_s、σ_b、δ，三者有何实际意义？

3. 什么是钢材的低温冷脆性和脆性临界温度？对钢材的使用有什么影响？

4. 什么是钢材的时效和时效敏感性？对钢材的使用有什么影响？

5. 钢材的屈服强度、屈强比和断后伸长率等技术指标对钢结构和钢筋混凝土结构具有哪些技术经济意义？

6. 建筑钢材的基本组织有哪些？对钢材的性能有什么影响？钢材的化学成分对钢材的性能有什么影响？

7. 什么是钢材的冷加工强化？冷加工时效后钢材的性能有什么变化？冷加工时效目的是什么？

8. 碳素结构钢的牌号如何表示？土木工程中如何选用碳素结构钢？哪些条件下不能选用沸腾钢？

9. 比较Q235-AF、Q235-Bb、Q235-C、Q235-D在性能和应用上有什么区别？

10. 高强度低合金结构钢的主要用途及被广泛使用的原因是什么？

11. 钢筋混凝土用热轧钢筋的级别如何划分？各级钢筋的主要性能如何？主要用途有哪些？

12. 直径为12mm的一批热轧钢筋，随机抽取并截取两根试样，测得的屈服荷载为42.4 kN、41.1kN；断裂荷载为64.3 kN、63.1kN。试件标距为60mm，断裂后的标距长度分别为71.0mm、71.4mm。试确定该钢筋的级别。

13. 预应力混凝土用钢丝与钢绞线的主要优点有哪些？

第 7 章　墙体材料与屋面材料

7.1　建筑墙体材料

用来砌筑、拼装或用其他方法构成承重或非承重墙体的材料称为墙体材料，其在建筑结构中起承重、围护、分隔的作用。在一般的房屋建筑中，墙体材料约占建筑总重量的1/2，工程造价的1/3，所以墙体材料是建筑工程中基本而重要的建筑材料，属于结构兼功能材料。墙体材料种类繁多，根据生产所用原料分为砖、砌块、板材三类。

砖类可以分为黏土砖、页岩砖、灰砂砖、煤矸石砖、粉煤灰砖和炉渣砖等；砌块类可以分为混凝土砌块、硅酸盐砌块和加气混凝土砌块等；板材类可以分为混凝土大板、石膏板、加气混凝土板、玻纤水泥板、植物纤维板及各种复合板。

7.1.1　砌墙砖

制砖的原料相当普遍，除了黏土、页岩和天然砂以外，还有一些工业废料，如粉煤灰、煤矸石和炉渣等，也可以用来制砖。砖的形式有实心砖、多孔砖和空心砖，还有装饰用的花格砖。制砖的工艺有两类，一类是通过烧结工艺获得的，称为烧结砖；另一类是通过蒸养（压）方法获得的，称为蒸养（压）砖。

1. 烧结砖

凡通过焙烧而制得的砖，称为烧结砖。目前，在墙体材料中使用最多的是烧结普通砖、烧结多孔砖及烧结空心砖。

1）烧结普通砖

烧结普通砖（实心砖）按主要原料分为黏土砖（N）、粉煤灰砖（F）、煤矸石砖（M）、页岩砖（Y）、建筑渣土砖（Z）、污泥砖（W）及固体废弃物砖（G），其中黏土砖使用最为广泛。生产工艺流程为：采土——配料调制——制坯——干燥——焙烧——成品，关键步骤是焙烧。

（1）焙烧原理。

黏土是天然岩石经长期风化而成，其主要成分是高岭土（$Al_2O_3 \cdot 2SiO_2 \cdot 2H_2O$），此外还含有石英砂、云母、碳酸钙、碳酸镁、铁质矿物、碱及一些有机物杂质，为多种矿物的混合体。黏土制成胚体，经干燥后入窑焙烧，在900～1100℃焙烧过程中原料之间发生一系列的物理化学变化，重新化合形成一些合成矿物和易熔硅酸盐类新生物。当温度升高到某些矿物的最低共熔点时易熔成分开始熔化，出现玻璃体液相并填充于不熔颗粒的间隙中将其粘结。此时坯体孔隙率下降，密实度增加，强度相应提高。这一过程称为烧结。当砖窑中焙烧时为氧化气氛，因生成三氧化二铁（Fe_2O_3）而使砖呈红色，称为红砖。在氧化气氛中砖坯烧透之后，若直接往窑中淋水的，窑内高温使水变成水蒸气从而阻隔空气的作用。在缺氧还原气氛闷窑的情况下，红色 Fe_2O_3 还原成青灰色氧化亚铁（FeO），称为青砖。如果焙烧温度过高或时间过长，则易产生过火砖，过火砖的特点为色深、敲击声脆、变形大等。如果焙烧温度过低或时间不足，则易产生欠火砖，欠火砖的特点为色浅、敲击声哑、强度低、吸水率大、耐久性差等。青砖在抵抗氧化、水化、大气侵蚀等方面性能优于红砖，但由于对原材料要求高，生产工艺相对复杂，市场价格高，目前生产应用较少。

按照焙烧方法的不同，烧结黏土砖可分为内燃砖和外燃砖。生产中可将煤渣、含碳量高的粉煤灰及煤矸石等工业废料掺入制坯的黏土中制作内燃砖。当砖焙烧到一定温度时，废渣中的可燃组分也在干坯体内燃烧，因此可以节省大量的燃料和 5%～10%的黏土原料。内燃砖燃烧均匀，表观密度小，导热系数低，且强度可提高约 20%。

（2）主要技术性质。

国家标准《烧结普通砖》GB/T 5101—2017 中，对烧结普通砖的性质作了具体规定。其中主要技术性质包括尺寸偏差、外观质量、强度等级、抗风化性能、泛霜、石灰爆裂和放射性物质，并规定产品中不允许有欠火砖、酥砖和螺旋纹砖。

① 形状尺寸。烧结普通砖为长方体，其标准尺寸为 240mm×115mm×53mm，加上砌筑用灰缝的厚度，则 4 块砖长、8 块砖宽、16 块砖厚分别约为 1m，故每一立方米砖砌体需用砖 4×8×16＝512 块。烧结普通砖的外形见图 7-1。

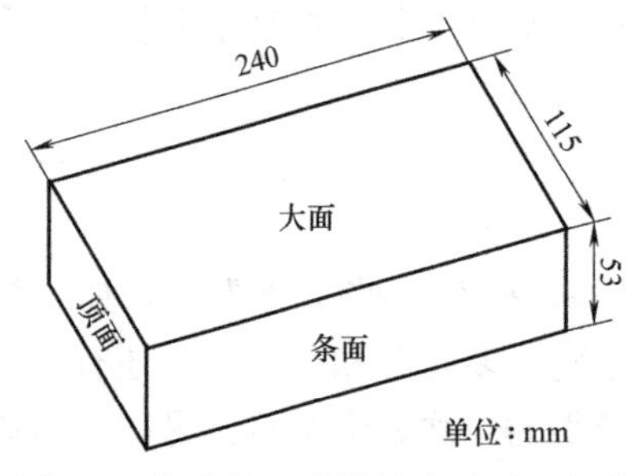

图 7-1　烧结普通砖的尺寸及平面名称

② 强度等级。烧结普通砖的强度等级分为 MU30、MU25、MU20、MU15、MU10 五个等级；强度等级应符合表 7-1 规定。

烧结普通砖强度等级（MPa）　　**表 7-1**

强度等级	抗压强度平均值(10 块)$f \geqslant$	强度标准值 $f_k \geqslant$
MU30	30.0	22.0
MU25	25.0	18.0
MU20	20.0	14.0
MU15	15.0	10.0
MU10	10.0	6.5

③ 强度、抗风化性能和放射性物质合格的砖，根据尺寸偏差、外观质量、泛霜和石灰爆裂分为合格品和不合格品两个质量等级。

④ 烧结普通砖的产品标记，按产品名称、类别、强度等级和标准编号的顺序编写。例：烧结普通砖，强度等级 MU25，优等品的黏土砖，其标记为：FCB N MU25 GB/T 5101—2017。

（3）应用。

烧结普通砖的表观密度为 1800～1900kg/m^3，孔隙率为 30%～35%，吸水率为 8%～16%，热导率为 0.78W/(m·K)。烧结普通砖具有较高的抗压强度和较好的建筑性能

（如保温隔热、隔声和耐久性），被大量用作墙体材料，还可以用来砌筑柱、拱、窑炉、烟囱、沟道及基础等。

除黏土外，还可利用粉煤灰、煤矸石、固体废弃物、污泥及页岩等为原料生产烧结普通砖。这些原料的化学成分与黏土相似，可以通过破碎、磨细、筛分和配料（如掺入黏土等材料）等手段解决颗粒细度粗、塑性差的问题，生产和烧成工艺同普通黏土砖相同。利用工业废料及地方性材料来制砖，是实现工业固体废弃物有效利用的途径，可以节约大量的黏土，减少环境污染，降低成本，是墙体材料改革的方向之一。

① 烧结煤矸石砖。煤矸石是采煤和洗煤时剔除的废石，主要成分是 Al_2O_3、SiO_2，另外还含有数量不等的 Fe_2O_3、CaO、MgO、Na_2O 等。煤矸石砖是由煤矸石经破碎磨细后根据含碳量和可塑性进行适当配料成型干燥和焙烧而成。这种砖可不用黏土，本身含有一些未燃煤，因此可以节省燃料。其抗压强度为 10～20MPa，吸水率为 15%～17%，表观密度为 1500kg/m^3 左右。

② 烧结粉煤灰砖。以粉煤灰为原料，由于其可塑性差，需掺入适量黏土作粘结料，经配料、成型、干燥后焙烧而成。抗压强度为 10～15MPa，吸水率为 20%，表观密度为 1400kg/m^3 左右，抗冻性合格。

2）烧结多孔砖

为了减轻砌体自重，减小墙厚，改善绝热及隔声性能，烧结多孔砖和烧结空心砖已经成为市场的主流产品。烧结多孔砖和烧结空心砖的生产工艺与烧结普通砖相同，但对原材料的可塑性要求更高。烧结多孔砖是以黏土、页岩和煤矸石为主要原料，经成型干燥和焙烧而成的砖。

现行《烧结多孔砖和多孔砌块》GB 13544 规定：烧结多孔砖为大面有孔的直角六面体，孔多而小，孔洞垂直于受压面。孔洞率在 28%以上，表观密度为 1000～1400kg/m^3。烧结多孔砖规格尺寸（mm）：290、240、190、180、140、115 及 90，其外形见图 7-2。

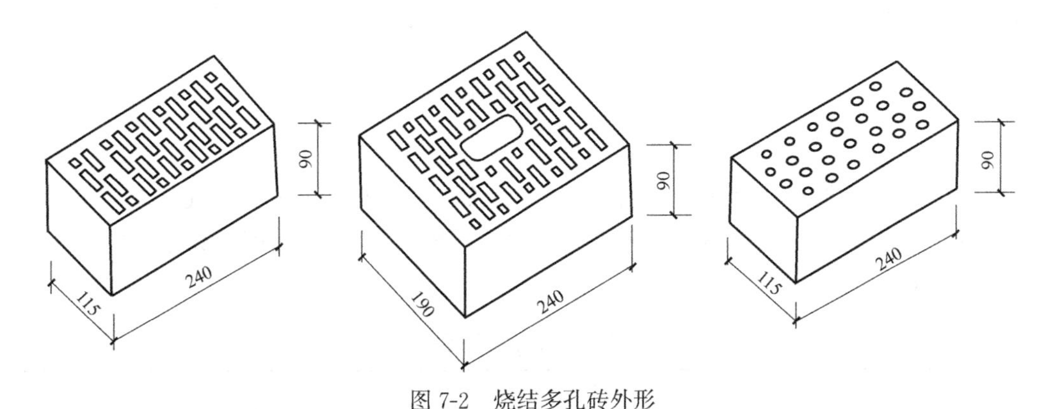

图 7-2　烧结多孔砖外形

烧结多孔砖的强度等级分为 MU30、MU25、MU20、MU15、MU10 五个等级；强度等级应符合表 7-2 规定。

烧结多孔砖的强度等级（MPa）　　**表 7-2**

强度等级	抗压强度平均值(10 块)$f \geqslant$	强度标准值 $f_k \geqslant$
MU30	30.0	22.0

续表

强度等级	抗压强度平均值(10块)$f \geq$	强度标准值 $f_k \geq$
MU25	25.0	18.0
MU20	20.0	14.0
MU15	15.0	10.0
MU10	10.0	6.5

烧结多孔砖的产品标记，按产品名称、品种、规格、强度等级和标准编号的顺序编写。例如规格尺寸 290mm×140mm×90mm，强度等级 MU25，密度 1200 级的粉煤灰烧结多孔砖，其标记为：烧结多孔砖 F 290×140×90 MU25 1200 GB 13544—2011。

烧结多孔砖因在较大压力下制坯成型，使砖孔壁致密度较高，故砖强度较高，主要用于砌筑 6 层以下建筑物的承重墙或高层建筑框架结构填充墙（非承重墙）。由于多孔砖为多孔构造，故不宜用于基础墙地面以下或室内防潮层以下砌体的砌筑。

3）烧结空心砖

烧结空心砖是以黏土、页岩、煤矸石或粉煤灰为主要原料，经成型、焙烧而成。其生产工艺与烧结多孔砖相似。

现行国家标准《烧结空心砖和空心砌块》GB/T 13545 中烧结空心砖形状如图 7-3 所示，其长度、宽度、高度尺寸应符合下列要求（mm）：长 390，290，240，190，180（175），140；宽 190，180（175），140，115；高 180（175），140，115，90。

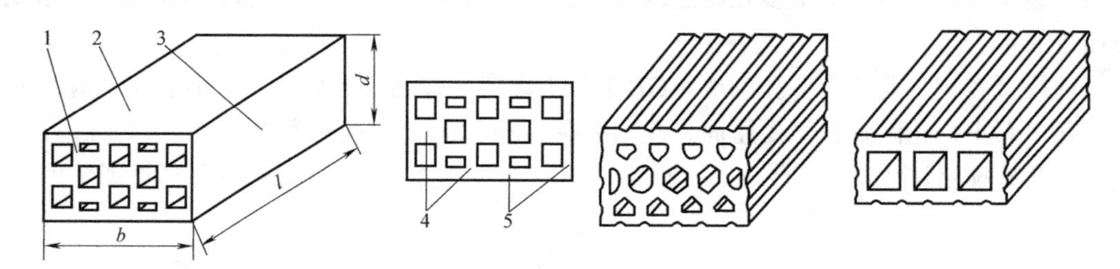

图 7-3 烧结空心砖外形

1—顶面；2—大面；3—条面；4—肋；5—壁；l—长度；b—宽度；d—高度

烧结空心砖根据砖的大面抗压强度，强度等级分为 MU10.0、MU7.5、MU5.0、MU3.5 四个等级，其强度值宜符合表 7-3 的规定。烧结空心砖的密度等级为 1100、1000、900、800（kg/m^3）。

烧结空心砖的强度等级 **表 7-3**

强度等级	抗压强度(MPa)			体积密度等级(kg/m^3)
	抗压强度平均值 $f \geq$	变异系数 $\delta \leq 0.21$	变异系数 $\delta > 0.21$	
		抗压强度标准值 $f_k \geq$	单块最小值 $f_{min} \leq$	
MU10.0	10.0	7.0	8.0	≤1100
MU7.5	7.5	5.0	5.8	
MU5.0	5.0	3.5	4.0	
MU3.5	3.5	2.5	2.8	

烧结空心砖的产品标记按产品名称、类别、规格、密度等级、强度等级和标准编号的顺序编写。例如规格尺寸 290mm×190mm×90mm、密度等级 1000、强度等级 MU7.5 的页岩空心砖，其标记为：烧结空心砖 Y（290×190×90）1000 MU7.5 GB 13545—2014。

烧结空心砖主要用于非承重墙体，如框架结构填充墙、非承重内隔墙。

2. 蒸养（压）砖

蒸养（压）砖，是非烧结砖，以含钙材料（石灰、电石渣等）和含硅材料（砂子、粉煤灰、煤矸石、炉渣和页岩等）加水拌和、经成型蒸养或蒸压而制成的。蒸汽养护或蒸压养护方法生产的砖，属于硅酸盐混凝土制品，按原材料不同分为灰砂砖、粉煤灰砖、炉渣砖等。与烧结普通砖（如黏土砖）相比，蒸养（压）砖具有节土、节能、利废、环保、强度较高等优点，但密实硅酸盐砖的体积密度大（1500～1900kg/m^3）、保温隔热性差。尽管如此，蒸养（压）砖已成为替代烧结黏土砖用于建筑墙体的主要材料之一。蒸养（压）砖一般不宜用于与腐蚀性物质接触或长期与流水接触的环境，也不宜用于受高温作用的环境。

1）蒸压灰砂砖

蒸压灰砂砖是以磨细生石灰或消石灰粉（10%～20%）、砂、颜料、外加剂和水按照一定比例搅拌混合，陈伏、压制成型、蒸压养护而制成的硅酸盐混凝土实心砖，简称灰砂砖。蒸压饱和蒸汽的温度在 175～203℃，压力在 0.8～1.6MPa。蒸压灰砂砖按颜色分为本色（N）和彩色（Co）两种，其规格尺寸与烧结普通砖相同，即 240mm×115mm×53mm，并按抗压强度、抗折强度分为 MU25、MU20、MU15、MU10 四个强度等级。表观密度为 1800～1900kg/m^3。各强度等级的指标须不低于表 7-4 的要求，参见现行标准 GB/T 11945—2019 标准规定。

灰砂砖的强度指标 **表 7-4**

强度等级	抗压强度(MPa)		抗折强度(MPa)		抗冻性指标	
	平均值≥	单块值≥	平均值≥	单块值≥	冻后抗压强度平均值(MPa)≥	单块砖的干质量损失(%)≤
MU25	25.0	20.0	5.0	4.0	20.0	2.0
MU20	20.0	16.0	4.0	3.2	16.0	2.0
MU15	15.0	12.0	3.3	2.6	12.0	2.0
MU10	10.0	8.0	2.5	2.0	8.0	2.0

根据砖尺寸偏差、外观质量、强度及抗冻性，灰砂砖分为优等品（A）、一等品（B）、合格品（C）三个质量等级。

灰砂砖的产品标记，按产品名称（LSB）、颜色、强度等级、质量等级和标准编号的顺序编写。例如强度等级为 MU20、优等品的彩色灰砂砖，标记为：LSB Co 20 A GB/T 11945—2019。

灰砂砖可以用在工业与民用建筑领域的墙体和基础，MU25、MU20、MU15 可用于基础和其他建筑，MU10 只能用在防潮层以上的建筑，灰砂砖不耐热不耐酸，也不宜用于有流水冲刷的部位。灰砂砖与砂浆的粘结力差，砌筑时应使砖含水率控制在 3%～5%，砌筑砂浆应使用石灰膏混合砂浆，不宜用微沫砂浆。灰砂砖应存放一个月以后再使用。

2）蒸压炉渣砖

炉渣，为煤燃烧后的残渣。炉渣砖是利用工业废弃物炉渣作为主要原料，加入一定量的石灰（水泥、电石渣）、石膏作胶粘剂和激发剂，经加水混合搅拌，机械压制成型、蒸汽或蒸压养护而成的实心砖。炉渣砖呈黑灰色，表观密度为1500～2000kg/m^3，吸水率为6%～18%。蒸压炉渣砖外形为直角六面体，其规格尺寸与烧结普通砖相同，即240mm×115mm×53mm，并按抗压强度分为MU25、MU20、MU15三个强度等级。各强度等级的指标须不低于表7-5的要求，参见现行标准《炉渣砖》JC/T 525规定。

炉渣砖的强度等级 **表7-5**

<table>
<tr><th rowspan="3">强度等级</th><th colspan="3">抗压强度(MPa)</th><th colspan="2">抗冻性</th></tr>
<tr><th rowspan="2">抗压强度平均值 f≥</th><th>变异系数 $\delta \leq 0.21$</th><th>变异系数 $\delta > 0.21$</th><th rowspan="2">冻后抗压强度平均值(MPa)≥</th><th rowspan="2">单块砖的干质量损失(%)≤</th></tr>
<tr><th>抗压强度标准值 f_k≥</th><th>单块最小值 f_{min}≥</th></tr>
<tr><td>MU25</td><td>25.0</td><td>19.0</td><td>20.0</td><td>22.0</td><td>2.0</td></tr>
<tr><td>MU20</td><td>20.0</td><td>14.0</td><td>16.0</td><td>16.0</td><td>2.0</td></tr>
<tr><td>MU15</td><td>15.0</td><td>10.0</td><td>12.0</td><td>12.0</td><td>2.0</td></tr>
</table>

炉渣砖的产品标记按产品名称（LZ）、强度等级和标准编号的顺序编写。例如强度等级为MU25的炉渣砖，标记为：LZ MU25 JC/T 525—2007。

炉渣砖，可用于一般建筑物的墙体和基础部位，但不得用于受热（200℃以上）、急冷急热交替作用或有酸性介质侵蚀的部位。灰渣砖砌体与砂浆的粘结性差，施工时应注意温度和湿度，及时调整新拌砂浆的稠度。

3）蒸压粉煤灰砖

蒸压粉煤灰砖是以粉煤灰、生石灰为主要原料，掺加适量石膏、外加剂和集料（可采用各种工业尾矿砂和天然砂，但须符合现行标准《硅酸盐砖及蒸压混凝土制品生产用砂》OCT 21-1-72的标准）等，经坯料制备、压制成型、高压蒸养制成的实心砖，产品代号AFB，表观密度约为1500kg/m^{3}左右。蒸压粉煤灰砖外形为直角六面体，其规格尺寸与烧结普通砖相同，即240mm×115mm×53mm，根据抗压强度、抗折强度的平均值和单块最小值分为MU30、MU25、MU20、MU15、MU10五个强度等级。各强度等级指标见表7-6。砖的线性干燥收缩值≤0.50mm/m、碳化系数≥0.85，吸水率≤20%等也应满足现行标准《蒸压粉煤灰砖》JC/T 239要求。蒸压粉煤灰砖的放射性指标应符合现行标准GB 6566。

蒸压粉煤灰砖的强度指标和抗冻性指标 **表7-6**

<table>
<tr><th rowspan="2">强度等级</th><th colspan="2">抗压强度(MPa)</th><th colspan="2">抗折强度(MPa)</th><th colspan="3">抗冻性指标</th></tr>
<tr><th>10块抗压强度平均值 f≥</th><th>单块值≥</th><th>10块平均值≥</th><th>单块值≥</th><th colspan="2">抗压强度损失(%)</th><th>干质量损失(%)</th></tr>
<tr><td>MU30</td><td>30.0</td><td>24.0</td><td>4.8</td><td>3.8</td><td>严寒地区 D50</td><td rowspan="5">≤25</td><td rowspan="5">≤5</td></tr>
<tr><td>MU25</td><td>25.0</td><td>20.0</td><td>4.5</td><td>3.6</td><td>寒冷地区 D35</td></tr>
<tr><td>MU20</td><td>20.0</td><td>16.0</td><td>4.0</td><td>3.2</td><td>夏热冬冷地区 D25</td></tr>
<tr><td>MU15</td><td>15.0</td><td>12.0</td><td>3.7</td><td>3.0</td><td rowspan="2">夏热冬暖地区 D15</td></tr>
<tr><td>MU10</td><td>10.0</td><td>8.0</td><td>2.5</td><td>2.0</td></tr>
</table>

蒸压粉煤灰砖的产品标记按产品名称（AFB）、强度等级、标准编号的顺序编写。例如强度等级为 20 级粉煤灰蒸压砖，标记为：AFB 20 JC/T 239—2014。

蒸压粉煤灰砖可用于工业与民用建筑的墙体和基础，但用于基础或易受冻融和干湿交替作用的建筑部位，必须使用 MU15 及以上强度等级的砖。粉煤灰砖不得用于长期受热（200℃以上）及受急冷急热交替作用或有酸性介质侵蚀的建筑部位，为避免或减少收缩裂缝的产生，用粉煤灰砖砌筑的建筑物，应适当增设圈梁及伸缩缝。

7.1.2 砌块

砌块是指砌筑用的块材，其外形多为直角六面体，也有异形体。与传统的黏土砖比较，砌块具有块体大、提高施工工效等优点。砌块按所用材料的不同分为普通混凝土砌块、轻集料混凝土砌块、加气混凝土砌块、石膏砌块；按结构特点不同分为实心砌块（空心率<25%）、空心砌块（空心率≥25%）；按尺寸大小分为大型砌块、中型砌块、小型砌块三类，块高大于 980mm 者为大型砌块，块高在 380～980mm 者为中型砌块，块高小于 380mm 者为小型砌块；按功能不同分为承重砌块、非承重型砌块、保温砌块、吸声砌块、装饰砌块等。常用混凝土砌块外形如图 7-4 所示。

图 7-4　常用混凝土砌块外形

我国建筑工程最常用的为中小型砌块，其具有节能、节土、利废、环保、提高施工工效等特性，已成为国内外普遍重视的墙体材料之一。

1. 普通混凝土小型（空心）砌块

普通混凝土小型砌块是以水泥、矿物掺合料为胶结材料，砂、石或炉渣、煤矸石等为骨料，经加水搅拌、成型、养护而成的块体材料，分为空心砌块（H）和实心砌块（S）。通常为减轻自重，多制成空心小型砌块，图 7-5 为混凝土空心砌块各部位名称。普通混凝土小型砌块根据抗压强度分为 MU5、MU7.5、MU10、MU15、MU20、MU25、MU30、MU35、MU40 九个强度等级，砌块各强度等级、指标见表 7-7、表 7-8。

砌块常用的块型规格尺寸：长 390mm，宽 90、120、140、190、240、290（mm），

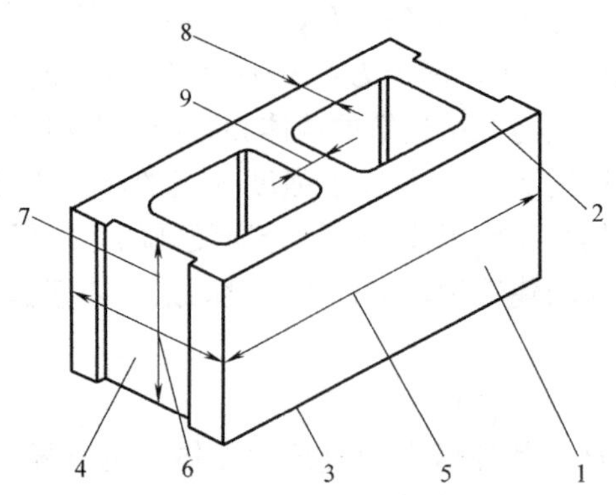

图 7-5 混凝土小型空心砌块各部位的名称

1—条面；2—坐浆面（肋厚较小的面）；3—铺浆面（肋厚较大的面）；4—顶面；
5—长度；6—宽度；7—高度；8—壁；9—肋

高度 90、140、190（mm）。常用的辅助砌块代号：半块—50；七分头块—70；圈梁块—U；清扫孔块—W。

混凝土小型砌块强度等级 **表 7-7**

类别	承重砌块(L)	非承重砌块(N)
混凝土空心砌块(H)	7.5、10.0、15.0、20.0、25.0	5.0、7.5、10.0
混凝土实心砌块(S)	15.0、20.0、25.0、30.0、35.0、40.0	10.0、15.0、20.0

普通混凝土小型砌块强度等级指标 **表 7-8**

强度等级	砌块抗压强度(MPa)	
	平均值≥	单块最小值≥
MU5	5.0	4.0
MU7.5	7.5	6.0
MU10	10.0	8.0
MU15	15.0	12.0
MU20	20.0	16.0
MU25	25.0	20.0
MU30	30.0	24.0
MU35	35.0	28.0
MU40	40.0	32.0

混凝土小型砌块的尺寸偏差、外观质量、抗冻性、吸水率（L 类≤10%；N 类≤14%）、线性干燥收缩值（L 类≤0.45mm/m；N 类≤0.65mm/m）等，均应满足现行标准 GB/T 8239 要求。普通混凝土小型空心砌块的产品标记按产品名称、强度等级、标准编号的顺序编写。例如强度等级为 MU7.5 的非承重混凝土小型空心砌块 390mm×190mm×190mm，标记为：NH 390×190×190 MU7.5 A GB/T 8239—2014。

普通混凝土小型砌块（空心为主）主要应用于一般工业与民用建筑的墙体的砌筑，这种砌块在砌筑时一般不宜浇水，但在气候特别干燥炎热时，可在砌筑前稍微喷水湿润。

2. 轻集料混凝土小型空心砌块

轻集料混凝土小型空心砌块是用轻粗骨料（陶粒、浮石）、轻砂或普通砂（炉渣）、水泥和水等材料配制，搅拌，按一定尺寸成型及养护而成的空心块体。按此空心块体的密度和28d强度可划分不同等级。轻集料混凝土小型空心砌块孔的排数分为单排孔（1）、双排孔（2）、三排孔（3）和四排孔（4）四类；主规格尺寸为长宽高 390mm×190mm×190mm，其他尺寸由供需双方协商制定。

按砌块密度等级分为 700、800、900、1000、1100、1200、1300、1400（kg/m^3）八级。按砌块强度等级分为 MU2.5、MU3.5、MU5.0、MU7.5、MU10 五级。用于非承重内隔墙时，强度等级不宜低于 3.5。强度等级指标见表 7-9。轻集料混凝土小型空心砌块选用时应考虑的主要技术指标：强度，吸水率（≤18%），干燥收缩率值（≤0.065%），相对含水率，抗冻性，碳化系数与软化系数（均≥0.8），放射性。主要技术指标应符合现行国家标准《轻集料混凝土小型空心砌块》GB/T 15229 和《建筑材料放射性核素限量》GB 6566。

轻集料混凝土小型空心砌块强度等级和抗冻性指标　　　　表 7-9

强度等级	砌块抗压强度(MPa)		表观密度等级范围(kg/m^3)≤	抗冻性			
	平均值≥	最小值≥		温和夏热冬暖地区	夏热冬冷地区	寒冷地区	严寒地区
				D15	D25	D35	D50
MU2.5	2.5	2.0	800	质量损失率≤5% 强度损失率≤25%			
MU3.5	3.5	2.8	1000				
MU5.0	5.0	4.0	1200				
MU7.5	7.5	6.0	1200[a] 1300[b]				
MU10	10.0	8.0	1200[a] 1400[b]				

注：1. 除自燃煤矸石掺量≥砌块质量 35%以外的其他砌块。
　　2. 自燃煤矸石掺量≥砌块质量 35%的砌块。

轻集料混凝土小型空心砌块的产品标记，按产品名称（LHB）、类别（砌块孔排数）、密度等级、强度等级和标准编号的顺序编写。例如密度等级为 1000 级，强度等级为 5.0 级，轻集料混凝土三排孔的小砌块，标记为：LHB（3）1000 5.0 GB/T 15229—2011。

轻集料混凝土小型空心砌块，适用于工业与民用建筑领域的非承重及承重保温墙、框架填充墙及隔墙。

3. 混凝土中型空心砌块

混凝土中型空心砌块是以水泥或无熟料水泥，配以一定比例的骨料制成的空心率≥25%的制品。无熟料水泥或少熟料水泥配制的砌块属于硅酸盐制品，生产中应通过蒸汽养护提高产品质量。中型空心砌块的主规格尺寸为：长 500、600、800、1000（mm）；宽 200、240（mm）；高 400、450、800、900（mm）。按照抗压强度砌块分为 MU15、MU10、MU7.5、MU5、MU3.5 五个等级。其物理性能、外观尺寸偏差、裂缝等均应符合现行 JC 716 的规定。

中型空心砌块具有表观密度小、强度较高、生产简单、施工方便等特点，适用于民用与一般工业建筑物的墙体。

4. 蒸压加气混凝土砌块

蒸压加气混凝土砌块是以钙质材料（水泥或石灰）、硅质材料（砂或粉煤灰）为基料，加入发气剂（铝粉），经搅拌、发气、成型、切割、蒸养等工艺制成的多孔结构的墙体材料。在我国已有几十年的生产和应用历史，由于具有重量轻、保温性能好的特点，被广泛应用于工业与民用建筑中，在目前是生产技术和应用技术最成熟的新型墙体材料。蒸压加气混凝土砌块的规格尺寸为：长 600mm；宽 100、120、125、150、180、200、240、250、300（mm）；高 200、240、250、300（mm）。

蒸压加气混凝土强度主要来源于钙质材料和硅质材料在蒸压条件（190～205℃，1.2MPa）下所形成的水化硅酸钙凝胶。砌块按其立方体的抗压强度分为 A1、A2、A2.5、A3.5、A5、A7.5 和 A10 七个强度级别。蒸压加气混凝土砌块按其干密度划分为 B03、B04、B05、B06、B07 和 B08 六个密度级别。蒸压加气混凝土砌块的尺寸偏差与外观质量、干密度、抗压强度和抗冻性，应符合现行《蒸压加气混凝土砌块》GB/T 11968 的规定。

蒸压加气混凝土砌块的抗压强度、体积密度、强度级别及物理性能指标见表 7-10、表 7-11、表 7-12 及表 7-13。

蒸压加气混凝土砌块的抗压强度　　表 7-10

强度级别	立方体抗压强度(MPa)	
	平均值≥	单组最小值≥
A1.0	1.0	0.8
A2.0	2.0	1.6
A2.5	2.5	2.0
A3.5	3.5	2.8
A5.0	5.0	4.0
A7.5	7.5	6.0
A10.0	10.0	8.0

蒸压加气混凝土砌块的体积密度　　表 7-11

体积密度级别		B03	B04	B05	B06	B07	B08
体积密度(kg/m^3)	优等品(A)≤	300	400	500	600	700	800
	优等品(B)≤	325	425	525	625	725	825

蒸压加气混凝土砌块的强度级别　　表 7-12

干密度级别		B03	B04	B05	B06	B07	B08
强度级别	优等品(A)	A1	A2	A2.5	A5	A7.5	A10
	优等品(B)			A3.5	A3.5	A5	A7.5

蒸压加气混凝土砌块的干燥收缩、抗冻性和导热系数　　表 7-13

干密度级别			B03	B04	B05	B06	B07	B08
干燥收缩值[1](mm/m)	标准法		≤0.5					
	快速法		≤0.8					
抗冻性	质量损失率(%)		≤5.0					
	冻后强度	优等品(A)(MPa)≥	0.8	1.6	2.8	4.0	6.0	8.0
		合格品(B)(MPa)≥	—	—	2.0	2.8	4.0	6.0
导热系数(干态)[W/(m·K)]≤			0.10	0.12	0.14	0.16	0.18	0.20

注：1. 规定采用标准法、快速法测定砌块干燥收缩值，若测定结果发生矛盾不能判定时，则以标准法测定的结果为准。

蒸压加气混凝土砌块的产品标记，按产品名称（ACB）、强度等级、干密度级别、规格尺寸、砌块等级和标准编号的顺序编写。例如强度级别为 A3.5，干密度级别为 B05，优等品，规格尺寸为 600mm×200mm×250mm 的蒸压加气混凝土砌块，标记为：ACB A3.5 B05 600×200×250A GB/T 11968—2020。

蒸压加气混凝土砌块的单位体积重量是黏土砖的三分之一，保温性能是黏土砖的 3～4 倍，隔声性能是黏土砖的 2 倍，抗渗性能是黏土砖的一倍以上，耐火性能是钢筋混凝土的 6～8 倍。蒸压加气混凝土砌块的施工特性也非常优良，它不仅可以在工厂内生产出各种规格，还可以像木材一样进行锯、刨、钻、钉，又由于它的体积比较大，因此施工速度也较为快捷，可作为一般建筑的填充材料，不能用于基础和潮湿环境。

5. 石膏砌块

石膏砌块是以建筑石膏为主要原料，经加水搅拌、浇筑成型和干燥等工艺而制成轻质建筑石膏制品，为改善产品的性能，有时加入纤维增强材料、轻集料或发泡剂等。其外形为一平面长方体，纵横四周分别设有凹凸企口（榫与槽）。根据国际标准推荐草案，一般石膏砌块的表面积小于 0.25m^2，厚度为 60～150mm。最佳砌块的尺寸（长×高×厚）为 666mm×500mm×（60mm，70mm，80mm，100mm），即三块砌块组成 1m^2 的墙面。

石膏砌块除具有石膏制品轻质、吸声、绝热、防火、调节室内湿度、强度高、加工性能好等优点外，还有以下特点：

（1）制品尺寸准确，表面光洁平整，省工省料。

（2）制品规格尺寸大，一般四周带有榫槽，配合精密，拼装方便，整体性好，施工效率高，墙体造价低，另外，建厂投资也较少。

现行《石膏砌块》JC/T 698 将石膏砌块分成实心砌块（代号 S）和空心砌块（带有水平或垂直方向的预制孔洞的砌块，代号 K），普通石膏砌块（P）和防潮石膏砌块（F）。其规格为长 666mm；高 500mm；厚 60、80、90、100、110、120（mm）。实心砌块的体积密度应不大于 1000kg/m^3，空心砌块的体积密度应不大于 700kg/m^3，单块砌块质量应不大于 30kg。石膏砌块的断裂荷载值应不小于 1.5kN，防潮石膏砌块的软化系数应不低于 0.60。建筑石膏空心砌块的产品性能及技术性能，见表 7-14。

石膏砌块的产品标记，按产品名称、类别代号、规格尺寸和标准号的顺序编写。例如用建筑石膏作原料制成的长度为 666mm、高度为 500mm、厚度为 80mm 普通防潮石膏空心砌块，标记为：石膏空心砌块 KF 666×500×80 JC/T 698—2010。

建筑石膏空心砌块的产品性能及技术性能 **表 7-14**

规格 (mm×mm×mm)	抗压强度 (MPa)	抗折强度 (MPa)	抗弯荷载 (N)	隔声性能 (dB)	热导率 [W/(m·K)]	表观密度 (kg/m^3)
600×500×95	6.0～8.0	>2.0	>3500	<35	0.24	550～600
600×500×115	6.0～8.0	>2.0	>4000	<40		

注：抗压强度测试承受面为 40mm×62.5mm；抗弯试验 L=400mm。

石膏砌块的自重较小、强度低、吸声与隔声性较好。此外，对室内湿度还具有较好的调节作用，主要用于建筑物中砌筑非承重内墙。

6. 装饰混凝土砌块

装饰混凝土砌块是一种新型复合墙体材料，它不仅是结构材料，而且是装饰材料，集砌块的优点及墙体装饰性、抗渗性，甚至保温、隔热、隔声于一体，使墙体在砌筑的同时就已做好装饰，并具有多种功能。装饰混凝土砌块的原料资源丰富，可利用废渣，着色容易，硬化前可塑性好、硬化后容易加工，应用范围广、生产成本低，可谓物美价廉。

我国的装饰混凝土砌块的品种主要有琢毛砌块、拉毛砌块、磨光面砌块、雕塑砌块、釉面砌块、彩色混凝土砌块、图像混凝土砌块等。

7.1.3 墙用板材

墙板是指用于墙体的板材。随着建筑结构体系的改革和大开间多功能框架结构的发展，各种轻质和复合墙板也蓬勃兴起。以板材为围护墙体的建筑体系具有质轻、节能、施工方便快捷、使用面积大、开间布局灵活等特点，已成为国内外普遍重视的，具有发展前途的墙体材料之一。

我国目前可用于墙体的板材品种很多，有承重用的预制混凝土板，质轻的石膏板和加气硅酸盐板，各种植物纤维板及轻质多功能复合板材等。本节仅介绍几种有代表性的墙板供参考。

1. 石膏类墙板

石膏类墙板是以天然石膏、磷石膏等为主要原材料与多种无机材料复合而成。具有轻质高强、防火隔热、隔声保温、可锯可蚀、破碎率低、便于安装、施工速度快、不受墙高限制、降低劳动强度、减少湿作业等特点。本产品是黏土砖的替代产品，是国家墙改的推广产品，是当今世界上最理想的新型墙体建筑材料。石膏板有普通纸面石膏板、纤维石膏板、石膏空心条板、石膏刨花板、装饰石膏板等。

（1）纸面石膏板：纸面石膏板是以建筑石膏料浆为夹芯，两面用纸做护面而成的一种轻质板材。纸面石膏板按其功能分为普通纸面石膏板（P）、耐水纸面石膏板（S）、耐火纸面石膏板（H）和耐水耐火纸面石膏板（SH）四种。纸面石膏板的性能应符合现行《纸面石膏板》GB/T 9775 规定。

板材的公称长度为 1500mm、1800mm、2100mm、2400mm、2440mm、2700mm、3000mm、3300mm、3600mm 和 3660mm。

板材的公称宽度为 600mm、900mm、1200mm 和 1220mm。

板材的公称厚度为 9.5mm、12.0mm、15.0mm、18.0mm、21.0mm 和 25.0mm。

纸面石膏板的产品标记按产品名称、板类代号、棱边形状代号、长度、宽度、厚度及标准编号的顺序编写。例如长度3000mm、宽度1200mm、厚度12.0mm、具有楔形棱边形状的普通纸面石膏板，标记为：纸面石膏板 PC 3000×1200×12.0 GB/T 9775—2008。

纸面石膏板作为一种新型建筑材料，在性能上有以下特点：

① 生产能耗低，生产效率高。生产同等单位的纸面石膏板的能耗比水泥节省78%。且投资少生产能力大，工序简单，便于大规模生产。

② 轻质。用纸面石膏板作隔墙，重量仅为同等厚度砖墙的1/15，砌块墙体的1/10，有利于结构抗震，并可有效减少基础及结构主体造价。

③ 保温隔热。纸面石膏板板芯60%左右是微小气孔，因空气的导热系数很小，因此具有良好的轻质保温性能。

④ 防火性能好。由于石膏芯本身不燃，且遇火时在释放化合水的过程中会吸收大量的热量，延迟周围环境温度的升高，因此，纸面石膏板具有良好的防火阻燃性能。经国家防火检测中心检测，纸面石膏板隔墙耐火极限可达4h。

⑤ 隔声性能好。采用单一轻质材料，如加气混凝土、膨胀珍珠岩板等构成的单层墙体，其厚度很大时才能满足隔声的要求，而纸面石膏板隔墙具有独特的空腔结构，具有很好的隔声性能。

⑥ 装饰功能好。纸面石膏板表面平整，板与板之间通过接缝处理形成无缝表面，表面可直接进行装饰。

⑦ 加工方便，可施工性好。纸面石膏板具有可钉、可刨、可锯、可粘的性能，用于室内装饰，可取得理想的装饰效果，仅需裁纸刀便可随意对纸面石膏板进行裁切，施工非常方便，用它做装饰材料可极大地提高施工效率。

⑧ 舒适的居住功能。由于石膏板的孔隙率较大，并且孔结构分布适当，所以具有较高的透气性能。当室内湿度较高时可吸湿，而当空气干燥时又可放出一部分水分，因而对室内湿度起到一定的调节作用，国外将纸面石膏板的这种功能称为“呼吸”功能，正是由于石膏板具有这种独特的“呼吸”性能，可在一定范围内调节室内湿度，使居住条件更舒适。

⑨ 绿色环保。纸面石膏板采用天然石膏及纸面作为原材料，不含对人体有害的石棉(绝大多数的硅酸钙类板材及水泥纤维板均采用石棉作为板材的增强材料)。

⑩ 节省空间。采用纸面石膏板作墙体，墙体厚度最小可达74mm，且可保证墙体的隔声、防火性能。

由于纸面石膏板具有质轻（表观密度为800～1000kg/m^3）、防火、隔声（12mm厚的石膏板，隔声量为28dB）、保温、隔热［石膏板导热系数低，一般为0.194～0.209W(m·K)］、加工性能良好（可刨、可钉、可锯）、施工方便、可拆装性能好，增大使用面积等优点，因此广泛用于各种工业建筑、民用建筑，尤其是在高层建筑中可作为内墙材料和装饰装修材料。

(2) 纤维石膏板：纤维石膏板是在建筑石膏中加入适量无机或有机纤维增强材料和外加剂，用缠绕、压滤或辊压等方法成型、凝固、干燥而成的轻质板材。其规格尺寸：长1200～1300mm，宽600～1220mm，厚10mm或12 mm。导热系数0.18～0.19W/(m·K)，隔声指数36～40dB。

与纸面石膏板相比，抗弯和抗冲击强度较高，不需用护面纸和胶粘剂，隔声、防火性能更好，工艺操作较简单，节省投资和能源。其应用及施工与纸面石膏板相同，但使用范围更广泛。纤维石膏板十分便于搬运，不易损坏。纤维石膏板因为具有如上的诸多优势，作为纸面石膏板的升级换代产品，必然会得到一个更为广阔的发展空间。

（3）石膏空心条板：石膏空心条板是以天然石膏或化学石膏为主要原料，掺加适量水泥、粉煤灰、轻集料、外加剂、增强纤维等，与水混合，经料浆搅拌、浇筑成型、抽芯、干燥等工艺制成的轻质板材。石膏空心条板规格尺寸：长2500～3000mm，宽500～600mm，厚60～90mm。一般有7孔或9孔的条形板材，如图7-6所示。表观密度为600～900kg/m^3，抗折强度2～3MPa，导热系数0.20W/(m·K)，隔声指数不小于30dB，耐火极限1～2.5h。

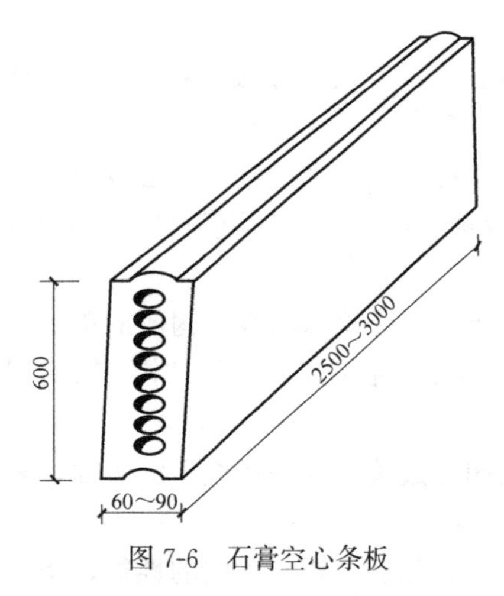

图7-6　石膏空心条板

这种板材不用纸和胶粘剂，安装时不用龙骨，是发展比较快的一种轻质板材。主要用于各种民用建筑，尤其是在高层建筑中可作为内墙材料。

（4）石膏刨花板：以熟石膏（半水石膏）为胶凝材料、木质刨花碎料（木材刨花碎料和非木材植物纤维）为增强材料，外加适量的水和化学缓凝剂，经搅拌形成半干性混合料，在成型压机内以2.0～3.5MPa的压力，维持在受压状态下完成石膏与木质材料的固结所形成的板材。石膏刨花板按品种可分为素板和表面装饰板。素板，即未经装饰的石膏刨花板。表面装饰石膏刨花板的品种目前主要包括微薄木饰面石膏刨花板、三聚氰胺饰面石膏刨花板、PVC薄膜饰面石膏刨花板等。

石膏刨花板的产品规格为（2400～3050)mm×1220mm×(8～28)mm。密度为1.1～1.3g/cm^3。石膏刨花板适用于公用建筑与住宅建筑的隔墙、吊顶、复合墙体基材等。用作墙体材料，适合用于纸面石膏板的配套龙骨，对石膏刨花板也同样适用。石膏刨花板不宜用于建筑中经常受水浸泡及潮湿部位。

（5）装饰石膏板：装饰石膏板是以建筑石膏为主要原料，掺加少量纤维材料等制成的有多种图案、花饰的板材，如石膏印花板、穿孔吊顶板、石膏浮雕吊顶板、纸面石膏饰面装饰板等。它是一种新型的室内装饰材料，适用于中高档装饰，具有轻质、防火、防潮、易加工、安装简单等特点。特别是新型树脂仿型饰面防水石膏板板面覆以树脂，饰面仿型花纹，其色调图案逼真，新颖大方，板材强度高、耐污染、易清洗，可用于装饰墙面，做护墙板及踢脚板等，是代替天然石材和水磨石的理想材料。

2. 水泥类墙板

水泥类墙板具有较好的力学性能和耐久性。生产技术成熟，产品质量可靠。可用于承重墙、外墙和复合墙板的外层面。其主要缺点是表观密度大，抗拉强度低。可制作预应力空心板材以减轻自重和改善隔热隔声性能，也可制作以纤维等增强的薄型板材，还可在水泥类板材上制作成具有装饰效果的表面层。

水泥类墙板主要有：预应力空心墙板、玻璃纤维增强水泥-多孔墙板（简称GRC-KB墙板）、纤维增强低碱度水泥建筑平板（TK板）、水泥木丝板、水泥刨花板。

3. 复合墙板

以单一材料制成的板材，常因材料本身的局限性而使其应用受到限制。为此，常用不同材料组合成多功能的复合墙体以满足需要。

常用的复合墙板主要由承受（或传递）外力的结构层（多为普通混凝土或金属板）和保温层（矿棉、泡沫塑料、加气混凝土等）及面层（各类具有可装饰性的轻质薄板）组成。

常用的复合墙板有：混凝土夹芯板、轻质隔热夹芯板、网塑夹芯板、泰柏板等。

7.2 屋面材料

屋面材料主要起防水、隔热保温、防渗漏等作用。瓦是最常用的屋面材料，瓦的种类很多，按成分不同分为黏土瓦、混凝土瓦、石棉水泥瓦等。另外，还有轻钢彩色屋面板、铝塑复合板等。

7.2.1 瓦

1. 烧结类瓦

烧结类瓦主要有黏土瓦和琉璃瓦两类，产品性能应符合现行《烧结瓦》GB/T 21149。烧结瓦最大特点是耐候性好。

（1）黏土瓦是以黏土、页岩为主要原料，经成型、干燥、焙烧而成。生产黏土瓦的原料应杂质少、塑性好。成型方式有模压成型和挤压成型两种。生产工艺与烧结普通砖相同。

（2）琉璃瓦是用难熔黏土制坯，经干燥、上釉后焙烧而成。这种瓦表面光滑、质地紧密、色彩美丽，常用的有黄、绿、黑、蓝、青、紫、翡翠等色。琉璃瓦耐久性好，成本高。

2. 水泥类瓦

水泥类瓦主要有混凝土瓦、纤维水泥波瓦和钢丝网水泥大波瓦三类。

（1）混凝土瓦是以水泥、砂或无机的硬质细骨料为主要原料，经配料混合、加水搅拌、机械滚压或人工揉压成型、养护而成。产品性能应符合现行《混凝土瓦》JC/T 746。

（2）纤维水泥波瓦是用水泥和耐碱玻璃纤维或有机高分子纤维为原料，经加水搅拌、压滤成型、养护而成的波形瓦。分成大波瓦、中波瓦、小波瓦和脊瓦四种。产品性能应符合现行《纤维水泥波瓦及其脊瓦》GB/T 9772。

（3）钢丝网水泥大波瓦是用普通水泥和砂加水混合后浇模，中间放置一层冷拔低碳钢丝网，成型后经养护而成。其尺寸为 1700mm×830mm×14mm，自重（50±5）kg，适用于作工厂散热车间、仓库及临时性建筑的屋面或围护结构。

3. 高分子类复合瓦

高分子类复合瓦主要有聚氯乙烯波纹瓦和玻璃钢波形瓦两类。

4. 玻璃纤维沥青瓦

玻璃纤维沥青瓦是以玻璃纤维薄毡为胎料，以改性沥青为涂敷材料制成的一种片状屋面材料。其特点是重量轻，可减少屋面自重、施工方便，具有互相粘结的功能，有很好的抗风化能力，如在其表面撒以不同色彩的矿物粒料，则可制成彩色沥青瓦，沥青瓦适用于一般民用建筑屋面。

7.2.2 屋面板材

在大跨度结构中，长期使用的钢筋混凝土大板屋盖自重达 300kg/m^2 以上，且不保温，须另设防水层。现在，随着彩色涂层钢板、超细玻璃纤维、自熄性泡沫塑料的出现，使轻型保温的大跨度屋盖得以迅速发展。可用于屋面的板材有许多种，如彩色压型钢板、钢丝网水泥夹芯板、预应力空心板、金属面板与隔热芯材组成的复合板等。

1. 金属波形板

金属波形板是由铝材、铝合金或薄钢板轧制而成（亦称金属瓦楞板）。如用薄钢板轧成瓦楞状，涂以搪瓷釉，经高温烧制成搪瓷瓦楞板。金属波形板重量轻，强度高，耐腐蚀，光反射好，安装方便，适用于屋面、墙面。

2. EPS 隔热夹芯板

该板是以 0.5～0.75mm 厚的彩色涂层钢板为表面板，自熄聚苯乙烯为芯材，用热固化胶在连续成型机内加热加压复合而成的超轻型建筑板材。

3. 硬质聚氨酯夹心板

该板由镀锌彩色压型钢板面层与硬质聚氨酯泡沫塑料芯材复合而成。压型钢板厚度为 0.5mm、0.75mm、1.0mm。彩色涂层为聚酯型、硅改性聚酯型、氟氯乙烯塑料型，这些涂层均具有极强的耐候性。

思考题与习题

1. 什么是青砖、红砖和内燃砖？如何鉴别欠火砖和过火砖？烧结后的黏土砖瓦，为什么耐久性比较好？
2. 烧结多孔砖、烧结空心砖的主要特点是什么？与烧结普通砖相比的优势有哪些？
3. 多孔砖与空心砖有何异同？
4. 用加气混凝土砌块砌筑的墙体，抹灰砂浆时应注意什么？
5. 屋面材料除了瓦还有屋面板材，请列出一些屋面板材的优点。

第 8 章　合成高分子材料

随着我国经济建设的不断发展，对土木工程材料提出了更高的要求。合成高分子材料是指由人工合成的高分子化合物组成的材料。合成高分子材料具有许多优良的性能，如密度小、比强度大、弹性高、电绝缘性能好、耐腐蚀、装饰性能好等，因而在土木工程材料中得到了越来越广泛的应用，产品主要包括混凝土减水剂、塑料、胶粘剂、涂料、合成橡胶、高分子防水材料等。

8.1　合成高分子材料的基本知识

8.1.1　聚合物及其分类

1. 聚合物

高分子化合物又称高聚物，其分子量虽然很大，但化学成分却比较简单，是由简单的结构以重复方式连接起来而形成的。例如聚氯乙烯的结构为：

$$-CH_2-\underset{\substack{|\\ Cl}}{CH}-CH_2-\underset{\substack{|\\ Cl}}{CH}-CH_2-\underset{\substack{|\\ Cl}}{CH}-$$

这种结构很长的大分子称为“分子链”，可简写为$\left[CH_2\text{-}CHCl\right]_n$。可见聚氯乙烯分子是以氯乙烯分子为结构单元重复组成，这种重复的结构单元称为“链节”。大分子链中，链节的数目 n 称为“聚合度”。聚合度由几百至几千。少数高分子化合物的结构非常复杂，在它们的分子链中已找不到链节。

习惯上将塑料工业中使用的高聚物统称为树脂，有时将未加工成型的高聚物也统称为树脂。

2. 聚合物的分类

按合成高聚物时化学反应的不同，分为两大类。

1）加聚聚合树脂

加聚聚合树脂（简称加聚树脂）是由含有不饱和键的低分子化合物（称为单体）经加聚反应而得。加聚反应过程中无副产品，加聚树脂的化学组成与单体的化学组成基本相同。

由一种单体加聚而得的称为均聚物，其命名方法为在单体名称前冠以“聚”字，如由乙烯加聚而得的称为聚乙烯，由氯乙烯加聚而得的称为聚氯乙烯等；由两种或两种以上单体加聚而得的称为共聚物，其命名方法为在单体名称后加共聚物，书写时各单体名称放入括号内，单体名称间加“/”，单体名称后加“共聚物”，如由丙烯腈、丁二烯、苯乙烯共聚而得的称为（丙烯腈/丁二烯/苯乙烯）共聚物，由丁二烯、苯乙烯共聚而得的称为（丁二烯/苯乙烯）共聚物（又称丁苯橡胶）。

2）缩合聚合树脂

缩合聚合树脂（简称缩聚树脂），一般由两种或两种以上含有官能团的单体经缩合反应而得。缩聚反应过程中有副产品——低分子化合物出现，缩聚树脂的化学组成与单体的化学组成完全不同。

缩聚树脂的命名方法有多种：①对聚合物结构复杂的为在单体名称后加“树脂”，如由酚类和醛类缩聚而得的称为酚醛树脂，由脲和醛类缩聚而得的称为脲醛树脂；②在单体名称前加“聚”，并在单体名称后加聚合物在有机化合物中所属的“类别”，如对苯二甲酸与乙二醇缩聚而成的聚合物，在有机化合物中属于酯类，因此称为聚对苯二甲酸乙二醇酯，又如己二酸与己二胺缩聚生成的聚合物在有机化合物中属于酰胺类，故称为己二酸己二酰胺；③对结构复杂的按分子链的特征基团命名，并在其后加“树脂”，如分子链上含有两个或两个以上环氧基团的聚合物称为环氧树脂；④大分子主链上有硅 Si、硫 S、钛 Ti 等的，属于元素有机高聚物，命名时需加入这些元素名称，如聚硅氧烷、聚硫化物、氟树脂等（本条也用于加聚类聚合物的命名）。

8.1.2 聚合物的结构与性质

1. 聚合物大分子链的几何形状与性质

1）线型

高聚物的几何形状为线状大分子，有时带有支链（如图 8-1b），且线状大分子间以分子间力结合在一起。具有线型结构的高聚物有全部加聚树脂和部分缩聚树脂。一般而言，具有线型结构的树脂，特别是带有支链的线型结构树脂，弹性模量较小、变形较大、耐热性较差、耐腐蚀性较差，且可溶可熔。

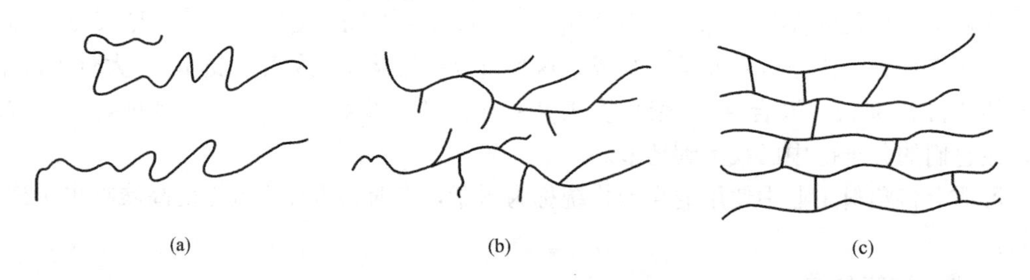

图 8-1 聚合物的分子形状

（a）线型；（b）支链型；（c）体型

线型结构的合成树脂可反复加热软化，冷却硬化，故称为热塑性树脂。

2）体型

线型大分子以化学键交联而形成的三维网状结构，也称网型结构（图 8-1c）。部分缩合树脂具有此种结构（交联或固化前也为线型或支链型分子）。由于化学键结合力强，且交联形成一个“巨大分子”，故一般来说此类树脂的强度较高、弹性模量较高、变形较小、较硬脆并且大多没有塑性、耐热性较好、耐腐蚀性较高、不溶不熔。

体型结构的合成树脂仅在第一次加热时软化，并且分子间产生化学交联而固化，以后再加热时不会软化，故称为热固性树脂。

2. 高聚物的结晶

高聚物按它们的结晶性能，分为晶态高聚物和非晶态高聚物。由于线型高分子难免没有弯曲，故高聚物的结晶为部分结晶，一条分子链可能会同时穿越几个结晶区和非结晶区。结晶区所占的百分比称为结晶度。分子链结构对称性越差、分子量越高则越不易结晶，结晶速度也越慢，此外高聚物晶体的熔点不像无机晶体那样精确。

结晶使高聚物的结构致密，分子间的作用力增强。因此，结晶度越高，则高聚物的密度、弹性模量、强度、硬度、耐热性、折光系数等越大，而冲击韧性、黏附力、断裂伸长率、溶解度等越小。晶态高聚物一般为不透明或半透明的，非晶态高聚物则一般为透明的。

线型高聚物的非晶态包括玻璃态、高弹态和黏流态。而体型高聚物只有玻璃态一种。

3. 高聚物的取向

线型高分子在伸展时，其长度为其宽度的几百、几千甚至几万倍，这种结构上的悬殊不对称性，使线型高聚物分子在某些情况下很容易沿某特定方向作占优势的排列，这种定向排列称为高聚物的取向。高聚物的取向包括分子链、链段以及结晶高聚物的晶片、晶带沿特定方向的择优排列。取向和结晶都是高分子的有序排列，但它们的有序程度不同。取向是一维或二维上的有序排列，而结晶是在三维上的有序排列。

对于未取向的高聚物，链段是随机取向的，因此未取向高聚物是各向同性的。而取向的高聚物中，链段在某些方向上是择优排列的，因此取向高聚物呈现出各向异性。

对高聚物的拉伸可以使高聚物在拉伸方向上的取向得到明显的增强。拉伸取向后高聚物的抗拉强度会提高几倍，甚至十几倍，而拉伸率会降低至10%～20%以下，甚至更低。高分子纤维生产时的牵伸正是利用了这一点。

4. 高聚物的变形与温度

恒定外力下，非晶态线型高聚物的变形与温度的关系如图8-2所示。非晶态线型高聚物在低于某一温度时，由于所有的分子链段和大分子链均不能自由转动而成为硬脆的玻璃体，即处于玻璃态，高聚物转变为玻璃态的温度称为玻璃化温度 T_g。当温度超过玻璃化温度 T_g 时，由于分子链段可以发生运动（大分子仍不可运动），使高聚物产生大的变形，具有高弹性，即进入高弹态。温度继续升高至某一数值时，由于分子链段和大分子链均可发生运动，使高聚物产生塑性变形，即进入黏流态，将此温度称为高聚物的黏流态温度 T_f。

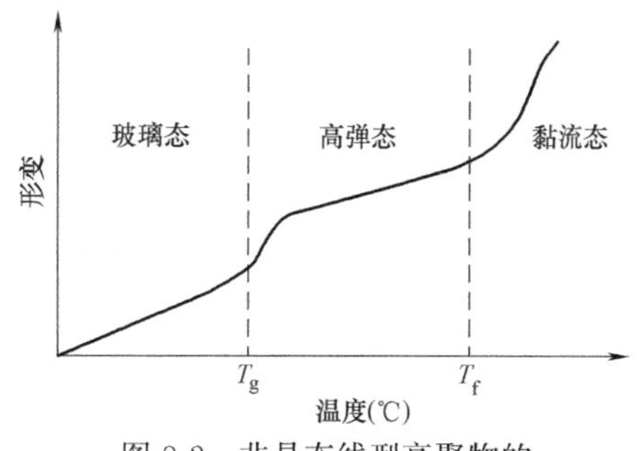

图8-2　非晶态线型高聚物的变形与温度的关系

轻度结晶的高聚物也会出现上述三种状态，但当结晶度较高时（如结晶度超过40%以后），由于微晶体彼此相连，形成贯穿整个材料的连续结晶相，此时结晶相承受的应力要比非晶相大得多，使材料变硬，宏观上觉察不到它有明显的玻璃化转化，其温度变形曲线在熔点以前不会出现明显的转折。如果分子量不太大，非晶区的黏流温度 T_f 低于晶区的熔点 T_m，则晶区熔融后整个高聚物进入黏流态；如果分子量足够大，以至 $T_f > T_m$，则晶区熔融后，将出现高弹态，直到温度进一步提高到 T_f 以上，才进入黏流态。热塑性树脂与热固性树脂在成型时均处于黏流态。

同一高聚物在不同的温度下，可能处于不同的物理状态，表现出的物理性能可能有很大的不同，如柔软大变形的高弹态、硬脆小变形的玻璃态。由于不同高聚物的玻璃化温度、黏流态温度存在着一定的差异或较大的差异（即同一温度下，不同的高聚物可能处于不同的物理状态），因而同一温度下不同高聚物的性能可能会有很大的不同。

高聚物的变形和强度除与温度有很大关系外，还与变形速率有着密切的关系。拉伸变形速度较低时，高分子链可以产生运动，表现出韧性高、拉伸强度低、伸长率高；而当变形速率较高时，高聚物分子链段来不及运动，表现出性脆、拉伸强度高、拉伸率低。

玻璃化温度 T_g 低于室温的称为橡胶，高于室温的称为塑料。玻璃化温度是塑料的最高使用温度，但却是橡胶的最低使用温度。

8.1.3 常用合成树脂的性质与应用

1. 热塑性树脂

1）聚乙烯（PE）

聚乙烯按合成时的压力分为低密度聚乙烯（LDPE，也称高压聚乙烯）和高密度聚乙烯（HDPE，也称低压聚乙烯）。低密度聚乙烯分子量较低、支链较多、结晶度低、质地柔软。高密度聚乙烯分子量较高、支链较少、结晶度较高、质地较坚硬。

聚乙烯具有良好的化学稳定性及耐低温性，拉伸强度较高、吸水性和透水性很低、无毒、密度小、易加工；但耐热性较差，且易燃烧。聚乙烯的产量大、用途广，主要用于生产防水材料（薄膜、卷材等）、给水排水管材（冷水）、水箱和洁具等。

2）聚氯乙烯（PVC）

聚氯乙烯是无色、半透明、硬而脆的聚合物，在加入适宜的增塑剂及其他添加剂后，可以获得性质优良的硬质和软质聚氯乙烯塑料。聚氯乙烯机械强度较高、化学稳定性好、耐风化性极高，但耐热性较差，使用温度一般不超过－15～55℃。软质聚氯乙烯的抗拉强度和抗折强度较硬质聚氯乙烯低，但断裂伸长率较高。聚氯乙烯中含有大量的氯，因而具有良好的阻燃性。

硬质聚氯乙烯是土木工程中应用最多的一种，主要用作天沟、水落管、外墙覆面板、天窗以及给水排水管等。用氯化聚乙烯（PE-C）改性的硬质聚氯乙烯制作的塑料门窗，其隔热保温、隔声等性能优于传统的钢木门窗，使用寿命可达 30 年以上。软质聚氯乙烯常加工为片材、板材、型材等，如卷材地板、块状地板、壁纸、防水卷材、止水带等。

3）聚丙烯（PP）

聚丙烯由丙烯单体聚合而成。产量和用量最大的为等规聚丙烯（IPP），习惯上简称为聚丙烯。聚丙烯为白色蜡状物，耐热性好（使用温度可达 110～120℃）、抗拉强度与刚度较好，硬度大、耐磨性好，但耐低温性和耐候性差、易燃烧、离火后不能自熄。聚丙烯主要用于装饰板、管材、纤维网布、包装袋等。（丙烯/乙烯）嵌段共聚物既具有较高的刚性，又具有良好的低温韧性，因此也称为耐冲击聚丙烯。两者的长期耐热性、抗老化性较正规聚丙烯高，主要用于生产给水排水管材。

4）聚甲基丙烯酸甲酯（PMMA）

聚甲基丙烯酸甲酯俗称有机玻璃，无色、透明度极高，光透射比可达 92%以上，但性脆、价高。主要用于采光平顶板等。

5）氟树脂

含有氟原子的各种树脂的总称。目前主要使用的有聚四氟乙烯（PTFE）、聚三氟氯乙烯（PCTFE）。氟树脂具有优良的耐高温性、耐腐蚀性和耐候性，但强度、刚度等较其他树脂差。氟树脂主要用于涂料。

6）氯化聚乙烯（PE-C）

氯化聚乙烯是聚乙烯氯化反应后的产物。其性质与制取聚乙烯的种类（高密度、低密度）、氯化程度等有关。按氯化程度的不同，氯化聚乙烯可具有塑性、弹塑性、弹性直至脆性。应用较多的是弹塑性体（含氯量为16%～24%）和弹性体（含氯量为25%～48%）。氯化聚乙烯具有优良的耐候性、耐寒性、耐燃性、耐冲击性、耐油性和耐化学药品性。氯化聚乙烯在土木工程中主要用于防水卷材与密封材料、各种波纹板、管材等。

7）（苯乙烯/丁二烯/苯乙烯）嵌段共聚物（SBS）

（苯乙烯/丁二烯/苯乙烯）嵌段共聚物是苯乙烯（S）、丁二烯（B）的三嵌段共聚物（由化学结构不同的较短的聚合物链段交替结合而成的线型共聚物称为嵌段共聚物）。SBS树脂为线型分子，具有高弹性（包括低温下）、高抗拉强度、高伸长率和高耐磨性的透明体，属于热塑性弹性体，土木工程中主要用于沥青的改性。

2. 热固性树脂

1）酚醛树脂

酚类和醛类或酮类化合物缩聚而得的合成树脂的统称，常用的有苯酚和甲醛缩聚的苯酚-甲醛树脂（PF）。酚醛树脂在建筑上的主要应用是利用酚醛树脂将纸、木片、玻璃布等粘结而成的各种层压板、玻璃纤维增强塑料。

2）氨基树脂

氨基树脂是由氨基化合物（如尿素、三聚氰胺等）、甲醛缩合而成的一类树脂的总称，三聚氰胺-甲醛树脂，又称密胺树脂，具有很好的耐水性、耐热性和耐磨性，表面光亮，但成本高。在土木建筑上主要用于装饰层压板、混凝土光亮剂和减水剂。

3）环氧树脂

含有能交联的环氧基团（—HCOCH—）的树脂，其品种及类型很多，常用的有二酚基丙烷环氧树脂（简称双酚A环氧树脂）。环氧树脂性能优异，特别是粘结力和强度高，化学稳定性好，且固化时的收缩小。环氧树脂性脆，使用时有时需进行增韧改性。环氧树脂主要用于高聚物基纤维增强材料、彩石路面胶粘剂等。

4）有机硅树脂

分子主链结构为硅氧链（—Si—O—）的树脂，也称硅树脂，主要包括硅油、有机硅树脂、有机硅弹性体。它们都具有耐热性高（400～500℃）、耐化学腐蚀性好，且与硅酸盐材料的结合力较强等特性，主要用于层压塑料、涂料、防水材料等。

5）聚氨基甲酸酯

分子链的重复结构单元是氨酯型的聚合物，简称聚氨酯。聚氨酯根据交联程度的不同，分为软质和硬质聚氨酯，主要用于聚氨酯泡沫。此外，还有聚氨酯弹性体，属于嵌段共聚物，其伸长率很高、耐候性高，但耐热性较差，适宜在80℃以下使用。

8.1.4 合成橡胶

橡胶是弹性体的一种，其玻璃化温度 T_g 较低。橡胶的主要特点是在常温下受外力作用时即可产生百分之数百的变形，外力取消后，变形可完全恢复，但不符合胡克定律。橡胶具有很好的耐寒性及较好的耐高温性，在低温下也具有非常好的柔韧性。土木工程中使用的各种橡胶防水卷材及密封材料正是利用橡胶的这一优良特性。玻璃化温度 T_g 较低而黏流态温度 T_f 较高的橡胶才具有较高的使用价值。

1）三元乙丙橡胶（EPDM）

三元乙丙橡胶是由乙烯、丙烯、二烯烃（如双环戊二烯）共聚而得的弹性体。由于双键在侧链上，受臭氧和紫外线作用时主链结构不受影响，因而三元乙丙橡胶的耐候性很好。三元乙丙橡胶具有优良的耐热性、耐低温性、抗撕裂性、耐化学腐蚀性，且伸长率高。此外三元乙丙橡胶的密度小，仅有 0.86～0.87g/cm^3。三元乙丙橡胶在土木工程中主要用于防水卷材。

2）氯磺化聚乙烯橡胶（CSPE）

氯磺化聚乙烯是聚乙烯经氯气和二氧化硫处理而得的弹性体。氯磺化聚乙烯具有较高的机械强度、耐候性很好、耐高低温性和耐酸碱性好、伸长率高。氯磺化聚乙烯在土木工程中主要用于防水卷材与防水密封材料。

3）氯丁橡胶（CR）

氯丁橡胶是由氯丁二烯聚合而成的弹性体。氯丁橡胶为浅黄色或棕褐色，其抗拉强度、透气性、耐磨性较好，硫化后不易老化，耐油、耐热、耐臭氧、耐酸碱腐蚀性好，粘结力较高，难燃，脆化温度为－35～－55℃。氯丁橡胶可溶于苯和氯仿，在矿物油中稍有溶胀。氯丁橡胶的密度为 1.23g/cm^3。氯丁橡胶在土木工程中主要用于防水卷材和防水密封材料。

4）丁基橡胶（IIR）

丁基橡胶是由异丁烯和少量异戊二烯共聚而得，为无色弹性体。丁基橡胶的耐化学腐蚀性、耐老化性、不透气性、抗撕裂性能、耐热性和耐低温性好。丁基橡胶在土木工程中主要用于防水卷材和防水密封材料。

8.1.5 合成纤维

合成纤维与合成树脂就材料本身而言并无明显的界限，只是使用的形式不同。许多树脂既可以生产塑料，又可以生产纤维，如聚丙烯和聚丙烯纤维、聚酰胺（尼龙）塑料和尼龙纤维等。由于对纤维的拉伸强度和变形性能的特殊要求，如一般情况下希望纤维的拉伸强度高、弹性模量高、伸长率低等，因而生产纤维的树脂需具备上述基本要求，并易于热牵伸拉丝，利用热牵伸到原长的 4～5 倍使高聚物分子沿纤维方向部分取向，以进一步提高纤维的强度，或是树脂本身不具备上述要求，但在热牵伸时能够利用取向大幅度提高其强度、弹性模量，降低伸长率。

目前土木工程中主要使用聚丙烯纤维、聚丙烯腈（又称锦纶，PAN）纤维、聚酯纤维、超高分子量聚乙烯纤维、聚对苯二甲酰胺纤维（PPTA，又称全芳香族聚酰胺纤维，商品名称芳纶纤维）等，这些纤维中除聚对苯二甲酰胺纤维外都属于低模量纤维。常用高分子纤维的直径一般为15～75μm，个别情况下也使用直径达150～630μm纤维。常用产品有无纺布、网、长丝、短切纤维等，短切纤维的长度主要有6mm、12mm和18mm等。无纺布、网等低模量纤维主要用于路基土体表面、内部、不同土体之间，以加强或保护土体或路基等；短切低模量纤维主要用于水泥混凝土以提高混凝土的早期抗塑性开裂以及混凝土的韧性和高温防爆性能（掺量为0.8～1.2kg/m^3），短切低模量纤维也广泛用于提高沥青混合料路面的抗剪性、抗裂性和耐高温性。高模量芳纶纤维主要用于混凝土等结构的补强与加固（外包法）。

8.2 建筑塑料

塑料是指以树脂为基本材料或基体材料，加入适量的填料和添加剂后而制得的材料和制品。塑料中的树脂一般为合成树脂，其在制品的成型阶段为具有可塑性的黏稠状液体，在制品的使用阶段则为固体。塑料在土木工程中可作为结构材料、装饰材料、保温材料、地面材料等。

8.2.1 建筑塑料的基本组成

1. 合成树脂

合成树脂是塑料的。基本组成材料，在塑料中起着粘结作用。塑料的性质主要决定于合成树脂的种类、性质和数量。合成树脂在塑料中的数量一般为30%～60%，仅有少量的塑料完全由合成树脂组成。

用于热塑性塑料的树脂主要有聚乙烯、聚氯乙烯、ABS共聚物、聚苯乙烯、聚甲基丙烯酸甲酯、氟树脂等；用于热固性塑料的树脂主要有酚醛树脂、脲醛树脂、不饱和聚酯树脂、环氧树脂、有机硅树脂等。

2. 填充料

填充料又称填料，其种类很多。常用的粉状填料主要有木粉、滑石粉、石灰石粉、炭黑等，在塑料中填料的主要作用是降低成本，提高强度和硬度及耐热性，并减少塑料制品的收缩；常用的纤维状填料主要为玻璃纤维，属于增强材料，在塑料中其主要作用是提高抗拉强度。

3. 增塑剂

增塑剂可降低树脂的黏流态温度 T_f，使树脂具有较大的可塑性以利于塑料的加工。增塑剂的加入降低了大分子链间的作用力，因而能降低塑料的硬度和脆性，使塑料具有较好的韧性、塑性和柔顺性。常用的增塑剂是分子量小、熔点低、难挥发的液态有机物，如邻苯二甲酸二丁酯、邻苯二甲酸二辛酯、磷酸三甲酚酯等。

4. 固化剂

固化剂又称硬化剂，其主要作用是使线型高聚物交联成体型高聚物，使树脂具有热固性。如某些酚醛树脂常用的六亚甲基四胺（乌洛托品），环氧树脂常用的胺类（乙二胺、间苯二胺）、酸酐类（邻苯二甲酸酐、顺丁烯二酸酐）及高分子类（聚酰胺树脂）。

5. 着色剂

着色剂可使塑料具有鲜艳的颜色，改善塑料制品的装饰性。常用的着色剂是一些有机和无机颜料。

6. 稳定剂

为防止某些塑料在热、光及其他条件下过早老化而加入的少量物质称为稳定剂。常用的稳定剂有抗氧化剂和紫外线吸收剂。除此之外，在塑料生产中常常还加入一定量的其他添加剂，使塑料制品的性能更好、用途更加广泛。如使用发泡剂可以获得泡沫塑料，使用阻燃剂可以获得阻燃塑料。

8.2.2 塑料的基本性质

1. 密度

塑料的密度一般为 1.0～2.1g/cm^3，约为混凝土的 1/2～2/3，仅为钢材的 1/8～1/4。

2. 耐热性、耐火性差，受热变形大

大多数塑料的耐热性都不高，且热塑性塑料的耐热性低于热固性塑料，使用温度 100～200℃，仅个别塑料的使用温度可达到 300～500℃。

3. 导热性

塑料的导热系数均较低，密实塑料的导热系数为 0.23～0.70W/(m·K)，泡沫塑料的导热系数则接近于空气。塑料的线膨胀系数较高，为其他材料的 5～10 倍。使用时需加以注意，特别是当塑料与其他材料结合（或复合）在一起使用时。

4. 强度

塑料的强度较高。如玻璃纤维增强塑料的抗拉强度可达 200～300MPa。塑料的比强度高，超过传统材料（如钢材、石材、混凝土等）5～15 倍，属于轻质高强材料。

5. 弹性模量

塑料的弹性模量较低，约为钢材的 1/10，同时具有徐变特性，因而塑料在受力时有较大的变形。

6. 耐腐蚀性

大多数塑料对酸、碱、盐等腐蚀性物质的作用具有较高的稳定性。热塑性塑料可被某些有机溶剂所溶解；热固性塑料则不能被溶解，仅可能会出现一定的溶胀。

7. 老化

在使用条件下，塑料受光、热、电等的作用，内部高聚物的组成和结构发生变化，致使塑料的性质恶化，这种现象称为塑料的老化。聚合物的老化是一个复杂的化学过程，按其实质分为分子的交联和分子的裂解两种。交联是指分子由线型结构转变为体型结构的过程；裂解是指分子链发生断裂，分子量降低的过程。如果老化过程是以交联为主，则塑料便失去弹性、变硬、变脆，出现龟裂等现象；如果老化是以裂解为主，则塑料便失去刚性、变软、发黏、出现蠕变等现象。老化也可由物理过程引起，如掺有增塑剂的塑料，由于增塑剂的挥发或渗出使塑料变硬、变脆等。

8. 可燃性与毒性

塑料的可燃性受其中聚合物的性质和数量的影响。含有磷或卤素元素的聚合物为难燃聚合物，当塑料中掺有阻燃剂时可大大降低其可燃性。但总的来说，塑料仍属于可燃材料。由于聚合物在燃烧时会放出大量有毒气体，因此在发生火灾时对人员的生命有极大的威胁。房屋建筑工程用塑料应为阻燃塑料。

8.2.3 常用塑料制品及其应用

塑料的种类虽然很多，但在土木工程中广泛应用的仅有十多种，并均加工成一定形状和规格的制品。下面介绍几种常用的塑料制品。

1. 塑料薄膜

土木工程中使用的塑料薄膜主要为聚乙烯塑料薄膜和聚氯乙烯塑料薄膜，二者主要用于防潮、防水工程，也可用于混凝土的覆盖养护。

2. 塑料门窗

目前的塑料门窗主要是采用改性硬质聚氯乙烯，并加入适量的各种添加剂，经混炼、挤出等工序而制成。改性后的硬质聚氯乙烯具有较好的可加工性、稳定性、耐热性和抗冲击性。常用的改性剂有 ABS 共聚物、氯化聚乙烯（PE-C）、(甲基丙烯酸酯/丁二烯/苯乙烯）共聚物（MBS）和（乙烯/乙酸乙烯酯）共聚物（E/VAC）等。塑料门窗的外观平整美观，色泽鲜艳，经久不褪，装饰性好，并具有良好的耐水性、耐腐蚀性、隔热保温性、隔声性、气密性、水密性和阻燃性，使用寿命可达 30 年以上。复合塑料门窗是在门窗框内部嵌入金属型材以增强塑料门窗的刚性，提高门窗的抗风压能力。增强用的金属型材主要为铝合金型材和钢型材。

3. 塑料管材

塑料管材作为化学建材的重要组成部分，以其优越的性能，卫生、环保、低耗等优点为用户所广泛接受，主要有：硬质聚氯乙烯（UPVC）管、氯化聚氯乙烯（CPVC）管、聚乙烯（PE）管、交联聚乙烯（PE-X）管、三型聚丙烯（PP-R）管、聚丁烯（PB）管、工程塑料（ABS）管、玻璃钢夹砂（RPM）管、铝塑料复合（PAP）管、钢塑复合（SP）管等。

4. 纤维增强聚合物基复合材料（玻璃钢）

纤维增强聚合物基复合材料又称纤维增强塑料（FRP），是由合成树脂胶结纤维或纤维布（带、束等）组合而成的复合材料。由于玻璃纤维增强塑料使用得最早、使用量也最大，因而也称之为玻璃钢。合成树脂的质量含量是 30%～40%，常用的合成树脂为酚醛树脂、不饱和聚酯树脂、环氧树脂等，用量最大的为不饱和聚酯树脂。

纤维增强塑料的最大优点是轻质、高抗拉、耐腐蚀，而主要缺点是弹性模量小、变形大。纤维增强塑料，主要用于结构构件、薄壳容器与管道、波形瓦、采光板、桌椅等。波形瓦与平板主要用于屋面、阳台栏板、隔墙板、夹芯墙板的面板；采光板主要用于大型采光屋面；管材主要用于化工防腐；薄壳容器主要用作蓄水容器、防腐容器和压力容器等。

8.3 建筑涂料

涂料是一种材料，这种材料可以用不同的施工工艺涂覆在物件表面，形成黏附牢固、具有一定强度、连续的固态薄膜。这样形成的膜通称涂膜，又称漆膜或涂层。因早期的涂料大多以植物油为主要原料，故又称作油漆。现在合成树脂已取代了植物油，故称为涂料。作用主要有四点：保护，装饰，掩饰产品的缺陷和其他特殊作用，提升产品的价值。

8.3.1 建筑涂料的基本组成

1. 基料

基料又称成膜物，在涂料中主要起到成膜及粘结填料和颜料的作用，使涂料在干燥或固化后能形成连续的涂层。建筑涂料中常用的基料有丙烯酸树脂、环氧树脂、醋酸乙烯-丙烯酸酯共聚物（简称乙-丙乳液）、聚苯乙烯-丙烯酸酯共聚物（简称苯-丙乳液）、聚氨酯树脂等。

2. 颜料与填料

建筑涂料中使用的一般为无机矿物颜料。常用的有氧化铁红、氧化铁黄、氧化铁绿、氧化铁棕、氧化铬绿、钛白、锌钡白、群青蓝等。

填料又称体质颜料，主要起到改善涂膜的机械性能，增加涂膜的厚度，降低涂料的成本等作用。常用的填料为重晶石粉、轻质碳酸钙、重质碳酸钙、高岭土及各种彩色小砂粒等。

3. 水与溶剂

水与溶剂主要起到溶解或分散基料，改善涂料施工性能等作用。常用的溶剂有松香水、酒精、丙酮等。

4. 助剂

助剂是为进一步改善或增加涂料的某些性能而加入的少量物质。通常使用的有增白剂、防污剂、分散剂、乳化剂、润湿剂、稳定剂、增稠剂、消泡剂、硬化剂、催干剂等。

8.3.2 常用建筑涂料

1. 聚醋酸乙烯乳液涂料

聚醋酸乙烯乳液涂料又称聚醋酸乙烯乳胶漆，是以聚醋酸乙烯乳液为基料的水性内墙涂料，其技术性质应满足现行国家标准《合成树脂乳液内墙涂料》GB/T 9756 的规定。聚醋酸乙烯乳液涂料具有无毒、不易燃烧、涂膜细腻、平滑、色彩鲜艳、装饰效果良好、价格适中、施工方便等优点，但耐水性及耐候性较差。适合用于住宅、一般公用建筑等的内墙面、顶棚等。

2. 醋酸乙烯-丙烯酸酯有光乳液涂料

醋酸乙烯-丙烯酸酯有光乳液涂料，简称乙-丙有光乳液涂料，是以乙-丙乳液为基料的水性内墙涂料，其技术性质应满足现行国家标准《合成树脂乳液内墙涂料》GB/T 9756 的规定。乙-丙有光乳液涂料的耐水性、耐候性、耐碱性优于聚醋酸乙烯乳液涂料，并具有光泽，是一种中高档的内墙装饰涂料。乙-丙有光乳液涂料主要用于住宅、办公室、会议室等的内墙面、顶棚等。

3. 苯乙烯-丙烯酸酯乳液涂料

苯乙烯-丙烯酸酯乳液涂料，简称苯-丙乳液涂料，是以苯-丙乳液为基料的水性涂料，其技术性质应满足现行国家标准《合成树脂乳液外墙涂料》GB/T 9755 的规定。苯-丙乳液涂料具有优良的耐水性、耐碱性、耐湿擦洗性，外观细腻、色彩艳丽、质感好，与水泥混凝土等大多数建筑材料的黏附力强，并具有丙烯酸酯类涂料的高耐光性、耐候性和不泛黄性。适合用于公用建筑的外墙等。

4. 丙烯酸酯系外墙涂料

丙烯酸酯系外墙涂料是以热塑性丙烯酸酯树脂为基料的外墙涂料，分为乳液型和溶剂型，技术性质应分别满足现行国家标准《合成树脂乳液外墙涂料》GB/T 9755 和《溶剂型外墙涂料》GB/T 9757 的规定。丙烯酸酯外墙涂料的耐水性、耐高低温性、耐候性良好，不易变色、粉化或脱落，具有多种颜色，可采用刷涂、喷涂、滚涂等施工工艺。丙烯酸酯外墙涂料主要用于外墙复合涂层的罩面涂料，主要用于商店、办公楼等公用建筑。

5. 聚氨酯系外墙涂料

聚氨酯系外墙涂料是以聚氨酯树脂或聚氨酯树脂与其他树脂的混合物为基料的溶剂型外墙涂料，其技术性质应满足现行国家标准《溶剂型外墙涂料》GB/T 9757 的规定。聚氨酯系外墙涂料具有一定的弹性和抗伸缩疲劳性，能适应基层材料在一定范围内的变形而不开裂，并具有优良的耐候性、耐水性、耐酸碱性和耐高低温性。使用寿命可达 15 年以上。涂膜的光洁度高，呈瓷质感，耐沾污性好。聚氨酯系外墙涂料为双组分涂料，施工时需在现场按比例混合后使用。施工时需防火、防爆。聚氨酯系外墙涂料主要用于办公楼、商店等公用建筑。

6. 合成树脂乳液砂壁状建筑涂料（真石漆）

合成树脂乳液砂壁状建筑涂料现行标准 JG/T 24 原称彩砂涂料，是以合成树脂乳液（一般为苯-丙乳液或丙烯酸乳液）为基料，加入彩色集料（粒径小于 2mm 的彩色砂粒、彩色陶瓷粒等）或石粉及其他助剂配制而成的粗面厚质涂料。合成树脂乳液砂壁状建筑涂料的技术性质应满足现行标准 JG/T 24 的规定。合成树脂乳液砂壁状建筑涂料采用喷涂法施工，涂层具有丰富的色彩和质感，保色性和耐久性优于其他类型的涂料，使用寿命可达 10 年以上。合成树脂乳液砂壁状涂料主要用于办公楼、商店等公用建筑的外墙面等。

8.4 胶粘剂

通过界面的黏附和内聚等作用，能使两种或两种以上的制件或材料连接在一起的天然的或合成的、有机的或无机的一类物质，统称为胶粘剂，又叫粘合剂。简而言之，胶粘剂就是通过粘合作用，能使被粘物结合在一起的物质。随着高分子材料的发展和建筑构件向预制化、装配化、施工机械化方向的发展以及混凝土结构裂缝修补、结构加固的发展，胶粘剂越来越广泛地用于建筑构件、材料等的连接。使用胶粘剂粘结材料、构件等具有工艺简单、省工省料、接缝处应力分布均匀、密封和耐腐蚀等优点。

8.4.1 粘结原理

胶粘剂能够将材料牢固粘结在一起是因为胶粘剂与材料间存在有粘结力。一般认为粘结力主要来源于以下几个方面：

（1）机械粘结力。胶粘剂涂敷在材料的表面后，能渗入材料表面的凹陷处和表面的孔隙内，胶粘剂在固化后如同镶嵌在材料内部。正是靠这种机械锚固力将材料粘结在一起。

（2）物理吸附力。胶粘剂分子和材料分子间存在的物理吸附力，即范德华力将材料粘结在一起。

（3）化学键力。某些胶粘剂分子与材料分子间能发生化学反应，即在胶粘剂与材料间存在有化学键力，是化学键力将材料粘结为一个整体。

8.4.2 胶粘剂的基本组成材料

1. 粘料

粘料是胶粘剂的基本组成，又称基料，它使胶粘剂具有粘结特性。粘料一般由一种或几种聚合物配合组成。用于结构受力部位的胶粘剂以热固性树脂为主，用于非结构和变形较大部位的胶粘剂以热塑性树脂或橡胶为主。

2. 固化剂

固化剂用于热固性树脂，使线型分子转变为体型分子；交联剂用于橡胶，使橡胶形成网型结构。固化剂和交联剂的品种应按粘料的品种、特性以及对固化后胶膜性能（如硬度、韧性、耐热性等）的要求来选择。

3. 填料

加入填料可改善胶粘剂的性能（如强度、耐热性、抗老化性、固化收缩率等）、降低胶粘剂的成本。常用的填料有石英粉、滑石粉、水泥以及各种金属与非金属氧化物。

4. 稀释剂

稀释剂用于调节胶粘剂的黏度、增加胶粘剂的涂敷浸润性。稀释剂分为活性和非活性两种，前者参与固化反应，后者不参与固化反应而只起到稀释作用。稀释剂需按粘料的品种来选择。一般地，稀释剂的用量越大，则粘结强度越小。

此外，为使胶粘剂具有更好的性能，还应加入一些其他的添加剂，如增韧剂、抗老化剂、增塑剂等。

8.4.3 常用胶粘剂

1. 聚醋酸乙烯（PVAC）胶粘剂

聚醋酸乙烯胶粘剂，又称聚醋酸乙烯胶粘剂，俗称乳白胶，是一种使用方便、价格便宜、应用广泛的非结构胶。其对各种极性材料有较高的黏附力，但耐热性、对溶剂作用的稳定性及耐水性较差，只能作为室温下使用的非结构胶，如用于粘结玻璃、陶瓷、混凝土、纤维织物、木材、塑料层压板、聚苯乙烯板、聚氯乙烯板及塑料地板。

2. 聚乙烯醇（PVAL）缩甲醛胶粘剂（801 胶）

801 胶水是一种建筑胶水，由聚乙烯醇与甲醛在酸性介质中经缩聚反应，再经氨基化后而制得的，制备过程中含有未反应的甲醛。801 胶水主要用于配制涂料腻子或添加到水泥砂浆或混凝土中，以增强水泥砂浆或混凝土的胶粘强度，起基层与涂料之间的粘合过渡作用。

3.（乙烯/乙酸乙烯）共聚物（E/VAC）胶粘剂

由（乙烯/乙酸乙烯）共聚物乳液加适量其他成分而成。其耐水性、粘结力优于聚乙酸乙烯胶粘剂，主要用于塑料装饰板、泡沫板、木材装饰板、石膏板、矿棉板等的粘贴。

4. 环氧树脂胶粘剂

环氧树脂胶粘剂主要由环氧树脂、固化剂、填料、稀释剂、增韧剂等组成。改变胶粘剂的组成可以得到不同性质和用途的胶粘剂。环氧树脂胶粘剂的耐酸、耐碱侵蚀性好，可在常温、低温和高温等条件下固化，并对金属、陶瓷、木材、混凝土、硬塑料等均有很高的黏附力。在粘结混凝土方面，其性能远远超过其他胶粘剂，广泛用于混凝土结构裂缝的修补和混凝土结构的补强与加固。

5. 氯丁橡胶胶粘剂

氯丁橡胶胶粘剂是目前应用最广的一种橡胶胶粘剂，其主要由氯丁橡胶、氧化锌、氧化镁、填料、抗老化剂、抗氧化剂等组成。氯丁橡胶胶粘剂对水、油、弱酸、弱碱、脂肪烃和醇类都具有良好的抵抗力，可在－50～80℃的温度下工作，但具有徐变性，且易老化。为改善性能常掺入油溶性的酚醛树脂，配成氯丁酚醛胶。氯丁酚醛胶可在室温下固化，常用于粘结各种金属和非金属材料，如钢、铝、铜、玻璃、陶瓷、混凝土、木材及塑料制品等。土木工程中常用于在水泥混凝土或水泥砂浆的表面上粘贴塑料或橡胶制品，以及木材产品间的粘结等。

思考题与习题

1. 合成树脂如何分类与命名？

2. 热塑性树脂与热固性树脂在分子的几何形状、物理性质、力学性质和应用上有什么不同？

3. 常用合成纤维有哪些？它们的主要应用有哪些？

4. 塑料的主要组成有哪些？其作用如何？常用建筑塑料制品有哪些？

5. 合成高分子防水卷材有哪些优点？常用合成高分子防水卷材有哪些？

6. 合成高分子防水涂料有哪些优点？常用合成高分子防水涂料有哪些？

7. 常用的建筑涂料组成成分有哪些？常用的建筑内外墙涂料各有何优缺点？

8. 在粘结结构材料或修补建筑结构（如混凝土、混凝土结构）时，一般宜选用哪类合成树脂胶粘剂？为什么？

第 9 章　沥青及沥青混合料

沥青是一种有机胶凝材料，在常温下呈黑色或黑褐色的黏稠状液体、半固体或固体。沥青按产源可以分为：地沥青和焦油沥青。地沥青包括天然沥青（石油经长期地球物理因素作用，轻质组分挥发和缩聚而成的沥青类物质）和石油沥青（石油蒸馏后的残余物）；焦油沥青包括煤沥青、木沥青和页岩沥青（煤、木材和页岩干馏后的焦油，再经加工得到的沥青类物质）。

土木工程中应用主要是石油沥青，也使用少量煤沥青。沥青具有良好的不透水性、粘结性、抗冲击性、隔潮防水性、耐化学腐蚀性及电绝缘性等，广泛应用于地下防潮、防水和屋面防水等建筑工程中，以及铺筑路面、木材防腐、金属防锈工程中。

9.1　石油沥青

石油沥青是石油经蒸馏提炼后得到的渣油再经加工而得到的物质。

9.1.1　石油沥青的组成

1. 石油沥青的组分

石油沥青是由多种极其复杂的碳氢化合物及其非金属（O、N、S 等）衍生物组成的混合物。由于石油沥青化学组成的复杂性，对组成进行分析的难度很大，且化学组成也不能完全反映出沥青的性质，所以一般不作沥青的化学分析。因此，从工程使用角度出发将石油沥青中化学成分和物理力学性质相近的成分或化合物作为一个组分，以便于研究石油沥青的性质。

2. 三组分分析法

石油沥青的三组分分析法是将石油沥青分离为油分、树脂（沥青脂胶）及沥青质（也称地沥青质）三个组分。因我国富产石蜡基或中间基沥青，在油分中往往含有蜡，故在分析时还应将油蜡分离。由于这一组分分析方法兼用了选择性溶解和选择性吸附的方法，所以又称为溶解-吸附法。三组分的主要特性与石油沥青性质的关系见表 9-1。

石油沥青三组分分析法的各组分性状　　**表 9-1**

组分	含量(%)	外观特征	密度(g/cm^3)	平均相对分子量	碳氢比	在沥青中作用
油分	40～60	淡黄色至红褐色黏性液体	0.7～1.0	300～500	0.5～0.7	流动性
树脂	15～30	黄色至黑褐色的黏稠半固体，熔点低于 100℃	1.0～1.1	600～1000	0.7～0.8	塑性、粘结性
地沥青质	10～30	黑褐至黑色的硬而脆的固体微粒	1.1～1.5	1000～6000	0.8～1.0	黏性、脆性，温度稳定性

1）油分

油分为淡黄色至红褐色的油状液体，其相对分子量为300～500，密度为0.70～1.0g/cm^3，是沥青中分子量和密度最小的组分，能溶于大多数有机溶剂，如石油醚、二硫化碳、三氯甲烷、苯、四氯化碳和丙酮等，但不溶于酒精。在石油沥青中，油分的含量为40%～60%。油分赋予沥青以流动性。它能降低沥青的黏度和软化点，含量适当还能增大沥青的延度。

2）树脂

树脂又称脂胶，为黄色至黑褐色半固体黏稠物质，相对分子量600～1000，密度为1.0～1.1g/cm^3。沥青脂胶中绝大部分属于中性树脂。中性树脂能溶于三氯甲烷、汽油和苯等有机溶剂，但在酒精和丙酮中难溶解或溶解度很低。中性树脂含量越高，石油沥青的延度和粘结力等性能越好。在石油沥青中树脂的含量为15%～30%，它使石油沥青具有良好的塑性、粘结性和可流动性。

3）地沥青质（沥青质）

地沥青质为深褐色至黑色固态无定性的超细颗粒固体粉末，相对分子量为1000～6000，密度大于1.0g/cm^3，不溶于汽油，但能溶于二硫化碳和四氯化碳中。地沥青质是决定石油沥青温度敏感性和黏性的重要组分。沥青中的沥青质含量在10%～30%之间，其含量越多，则软化点越高，黏性越大，也更加硬脆。

石油沥青中还含有2%～3%的沥青碳和似碳物（黑色固体粉末），是石油沥青中分子量最大的，它会降低石油沥青的粘结力。

3. 四组分法

石油沥青的四组分分析法是将石油沥青分离为4个组分：饱和分、芳香分、胶质和沥青质。各组分的性状见表9-2。

石油沥青四组分分析法的各组分性状　　　　表9-2

组分	外观特征	密度（g/cm^3）	平均相对分子量	主要化学结构	在沥青中作用
饱和分	无色液体	0.89	625	烷烃+环烷烃	降低稠度
芳香分	黄色至红色液体	0.99	730	芳香烃+含S化合物	降低稠度，增大塑胶质
胶质	棕色黏稠液体	1.09	970	多环结构+含S、O、N化合物	增加黏附力、黏度、塑性
沥青质	深棕色至黑色固体	1.15	3400	缩合环结构+含S、O、N化合物	提高黏度、降低感温性

沥青除含有上述组分外，还有蜡。沥青的含蜡量对沥青性能有很大的影响。我国富产石蜡基原油，因此更需关注。蜡属于晶体物质，但熔点较低（通常低于50℃）。蜡的存在会增大沥青的温度敏感性，使沥青在高温下容易发软、流淌，可导致沥青防水层脱落或沥青路面高温稳定性降低，出现车辙。同样，在低温时会使沥青变得硬脆，导致防水层开裂或路面低温抗裂性降低，出现裂缝。此外，蜡会使沥青与混凝土材料、石料的黏附性降低，在有水的条件下，会使沥青路面石子产生剥落现象，造成路面破坏；更严重的是，含蜡沥青会使沥青路面的抗滑性降低，影响路面的行车安全。

沥青防水工程和沥青路面工程中，都对沥青的含蜡量有限制。由于测定方法不同，所以对蜡的限值也不一致，其范围为2.2%～4.5%。现行《公路沥青路面施工技术规范》JTGF 40规定，A级、B级及C级道路沥青蒸馏法测得的含蜡量应不大于2.2%、3.0%和4.5%。

9.1.2 石油沥青的结构

对于沥青的结构，主要有胶体理论和高分子溶液理论两种。胶体理论认为，沥青中的油分、树脂和地沥青质彼此结合，以地沥青质为核心，树脂吸附于其表面，逐渐向外扩张，并溶于油分中，形成以地沥青质为核心的沥青胶团，无数胶团通过油分结合成胶体结构。沥青中各组分化学结构和含量不同，可形成以下三种胶体结构（图9-1）：

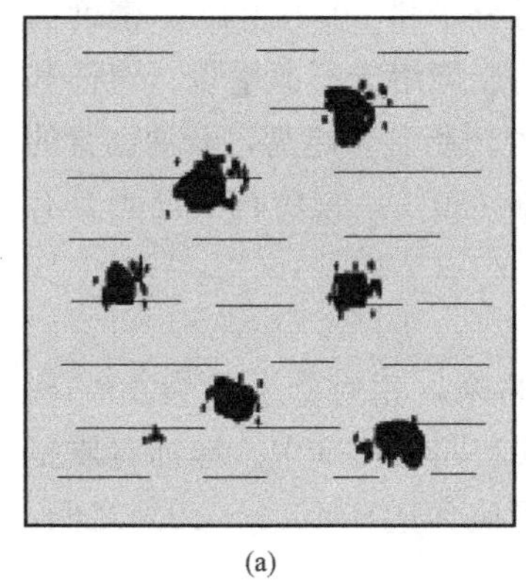

(a)

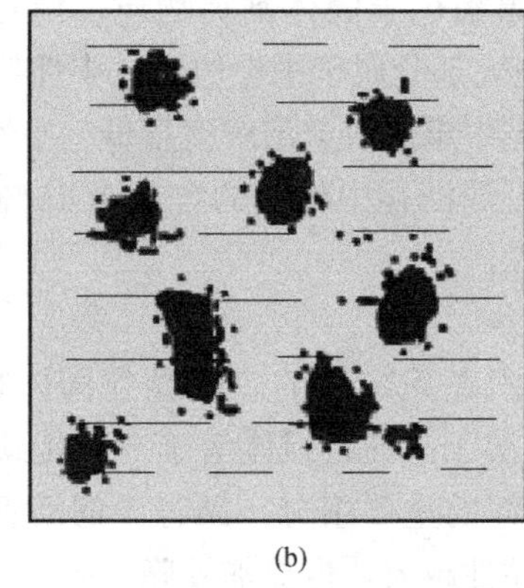

(b)

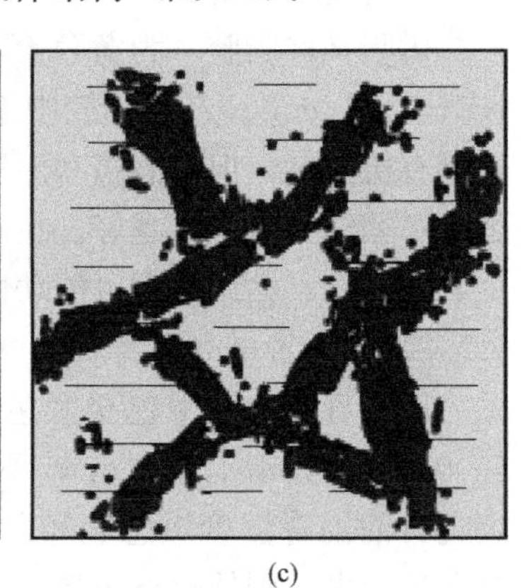

(c)

图9-1 沥青的胶体结构示意图

（a）溶胶型结构；（b）溶胶-凝胶型结构；（c）凝胶型结构

1）溶胶型结构石油沥青

沥青中油分和树脂含量较高。因而其塑性、流动性较好，黏性小，开裂后的自愈能力强，胶团之间没有或很少有吸引力。温度敏感性大，对温度的稳定性较差，温度过高会流淌。液体沥青和渣油沥青属于这类。

2）凝胶型结构石油沥青

沥青中地沥青质含量较高。形成空间网格结构，油分分散在网格结构中，胶团外围膜层较薄，分子引力较大，不易产生滑动。因而，其流动性和塑性较低、温度敏感性小，弹性和黏性较高，开裂后的自愈能力差。建筑石油沥青多属此种结构。

3）溶胶-凝胶型结构石油沥青

性质介于溶胶结构与凝胶结构之间。沥青中沥青质含量适当，并有很多胶质作为保护物质。它所形成的胶团相互之间有一定的吸引力。这类沥青在常温时，在变形的最初阶段，表现为非常明显的弹性效应，但在变形增加到一定数值后，则表现为牛顿流体。大多数优质的道路用沥青都属于溶-凝胶型沥青，它具有黏弹性和触变性，也称弹性溶胶。

沥青胶体结构的形成与沥青中各组分的含量及化学性质有关。近年来，随着研究的不断深入，高分子溶液理论已被更多的人认可。高分子溶液理论认为：沥青是以高分子量的地沥青质为溶质，以低分子量的沥青脂（树脂和油分）为溶剂的高分子溶液。

9.1.3 石油沥青的技术性质

1. 黏性（黏滞性）

沥青的黏性是沥青在外力或自重的作用下，沥青抵抗变形的能力。黏性的大小，反映了胶团之间吸引力的大小、沥青材料内部阻碍其相对流动的特性，实际上反映了胶体结构的致密程度。它以绝对黏度表示，是沥青性质的重要指标之一。

石油沥青黏性大小与组分及温度有关。沥青质含量高，同时有适量的树脂，而油分含量较少时，则黏性较大。在一定温度范围内，当温度上升时，则黏性随之降低，反之则随之增大。工程上常用相对黏度（条件黏度）表示。测定相对黏度的主要方法是用针入度仪或标准黏度计。

对于在常温下呈固体或半固体的石油沥青是用针入度表示黏性或稠度高低。针入度是在规定温度条件下，以规定质量的标准针经过规定的时间贯入到沥青试样中的深度（以1/10mm 为单位计），针入度以 P（T，m，t）表示，其中 P 为针入度，T 为试验温度，m 为标准针（包括连杆及砝码）的质量，t 为贯入时间。现行《公路工程沥青及沥青混合料试验规程》JTG E 20 规定：常用的试验条件为 25℃，100g，5s。此外，为确定针入度指数（PI），针入度试验常用条件为 5℃、15℃、25℃、35℃等，但标准针质量和贯入时间均为 100g 和 5s。

对于液体沥青，用标准黏度计测定黏度。标准黏度是在规定温度（20℃、25℃、30℃或 60℃）下，通过规定直径（3mm、5mm 或 10mm）的孔口流出 $50cm^3$ 液体沥青所用的时间（以 s 计）。常用符号 $C_{T,D}$ 表示，其中 C 为黏度，T 为试样温度，D 为流孔直径。流出时间越长，黏度越大。

针入度越大，则石油沥青越软，黏性越小或稠度越小。石油沥青黏度大小，取决于组分的相对含量。如地沥青质含量较高，则黏性大；同时，也与温度有关，随温度升高，黏性下降。针入度法和标准黏度计法测试石油沥青黏度，示意图见图 9-2。

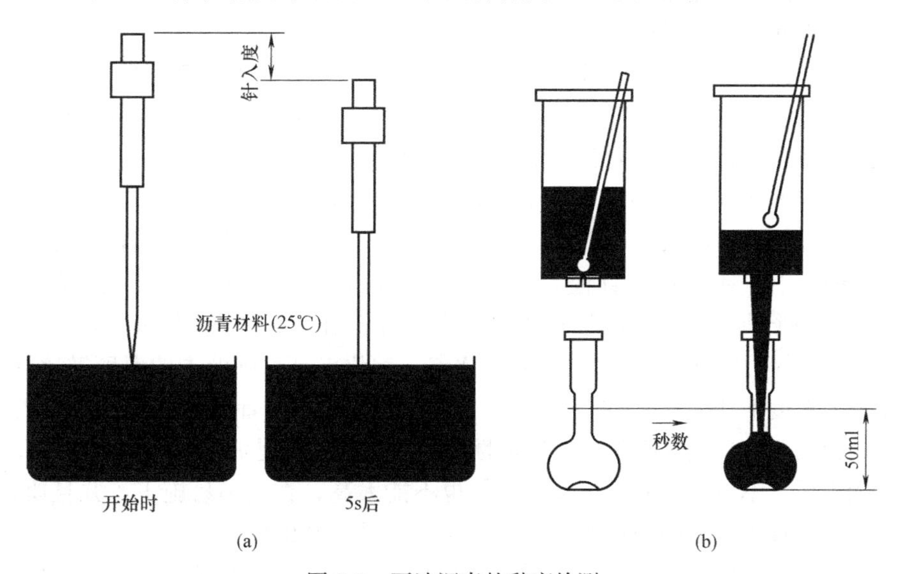

图 9-2　石油沥青的黏度检测

（a）固体或半固体——针入度法；（b）液体石油沥青——标准黏度计法

2. 塑性

沥青的塑性是指沥青受到外力作用时产生变形而不破坏，去除外力后仍保持变形后形状的性质。

沥青的塑性用延度 $D_{T,V}$（延伸度）来表示。延度是将沥青试样制成∞字形标准试件（最小断面 1cm^2），在规定条件下（25℃的液体中，以 5cm/min 的速率拉伸），沥青试件被拉断时伸长的数值（以 cm 计）。试验温度有 5℃、15℃、25℃三种，拉伸速度有 1cm/min、5cm/min 两种。延度愈大，沥青的塑性愈大，防水性愈好。

沥青中树脂或胶质含量高，则沥青的塑性较大。蜡的含量以及饱和蜡和芳香蜡的比例增大等，都会使沥青的延度值相对降低。温度升高时，沥青的塑性增大。塑性小的沥青在低温或负温下易产生开裂。塑性大的沥青能随建筑物的变形而变形，不致产生开裂。塑性大的沥青在开裂后，由于其特有的黏塑性裂缝可能会自行愈合，即塑性大的沥青具有自愈性。沥青的塑性是沥青作为柔性防水材料的原因之一。沥青的塑性对冲击振动荷载有一定的吸收功能力，并能减少摩擦时的噪声，故沥青是一种优良的道路路面用材料。沥青的延度试验示意图见图 9-3。

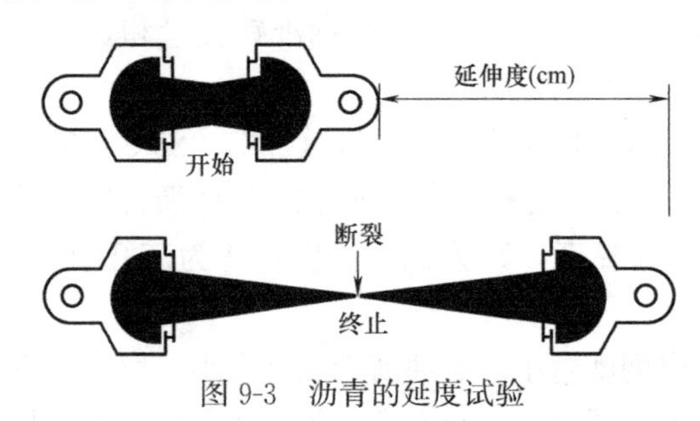

图 9-3　沥青的延度试验

3. 温度敏感性

温度敏感性是指石油沥青的黏滞性和塑性随温度升降而变化的性能。沥青是多组分的非晶体高分子物质，没有固定的熔点，随着温度的升高，沥青的状态发生连续的变化，其塑性增大，黏性减小，逐渐软化，此时的沥青如液体一样发生黏性流动。在这一过程中，不同的沥青，其塑性和黏性变化程度也不同。如果性质变化程度小，则此沥青的温度敏感性小；反之，温度敏感性大。温度敏感性也是沥青性质的重要指标之一。

石油沥青中沥青质含量较多时，在一定程度上能够减少其温度敏感性（即提高温度稳定性），在工程使用时往往加入滑石粉、石灰石粉或其他矿物填料来减小其温度敏感性。沥青中含蜡量较多时，则会增大温度敏感性。多蜡沥青不能用于建筑工程就是因为其温度敏感性大，当温度在 60℃左右时就发生流淌，在温度较低时又易变硬开裂。

沥青的温度敏感性用软化点表示。采用“环球法”测定，该法是沥青试样注于内径为 19.8mm 的铜环中，环上置一直径为 9.53mm、重为 3.5g 的钢球，在规定的加热速度（5℃/min）下进行加热，沥青试样逐渐软化，直至在钢球荷重作用下，使沥青产生 25.4mm 挠度时的温度（以℃计），称为软化点。软化点高，则沥青的温度敏感性低。针入度是在规定温度下测定沥青的条件黏度，而软化点则是沥青达到规定条件黏度时的温度。所以软化点既是反映沥青材料热稳定性的一个指标，也是沥青黏度的一种量度。沥青软化点不能太低，不然夏季易融化发软；但也不能太高，否则不易施工，并且质地太硬，冬季易发生脆裂现象。石油沥青的软化点试验示意图见图 9-4。

在建筑防水工程中，特别用于屋面防水的沥青材料，为了避免温度升高，发生流淌，或温度下降，发生硬脆，应优先使用温度敏感性小的沥青。沥青温度敏感性取决于地沥青质的含量，其含量愈高，温度敏感性愈小；此外，与沥青中石蜡的含量有关，石蜡含量高，则其温度敏感性大。

4. 大气稳定性

大气稳定性是指石油沥青在热、阳光、氧气和潮湿等因素长期综合作用下抵抗老化的

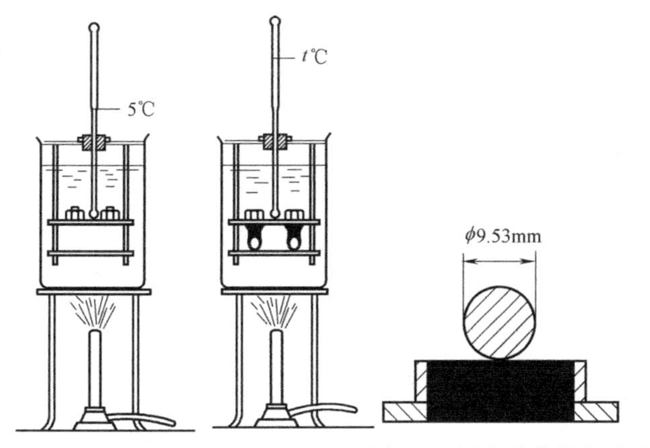

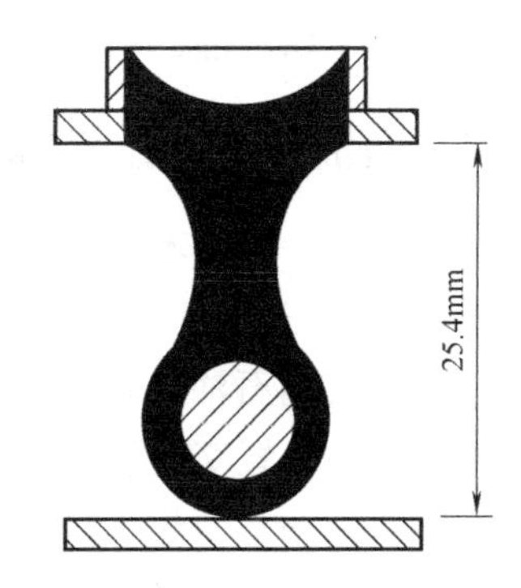

图 9-4 沥青的软化点试验

性能。石油沥青在储运、加热、使用过程中，易发生一系列的物理化学变化，如脱氢、缩合、氧化等，使沥青变硬变脆。这一过程，实际上是沥青中低分子组分向高分子组分转变，且树脂转变为地沥青质的速度比油分转变为树脂的速度快得多（约 50%），即油分和树脂含量减少，而地沥青质含量增加。因此，沥青的流动性和塑性降低，黏性增大，逐步变得硬脆、开裂。这种现象称为沥青的“老化”。石油沥青中油分含量高，则大气稳定性差。

石油沥青的大气稳定性（抗老化性），用“蒸发损失率”和“针入度比”表示。蒸发损失率是将沥青试样加热至 160℃、恒温 5h 测得蒸发前后的质量损失率。针入度比为上述条件下蒸发后与蒸发前针入度比值。如蒸发损失率越小，针入度比越大，则大气稳定性越好。

$$蒸发损失百分率=\frac{蒸发前质量-蒸发后质量}{蒸发前质量}\times100\%$$

$$针入度比=\frac{蒸发后针入度}{蒸发前针入度}\times100\%$$

5. 其他性质

石油沥青在三氯乙烯、四氯化碳或苯中溶解的百分率，以表示沥青中有效物质含量，即纯净程度。不溶解的物质会降低沥青的性能（如黏性等），应把不溶物视为有害物质加以限制。

沥青材料在使用时必须加热，当加热至一定温度时，沥青材料中挥发的油分蒸气与周围空气组成混合气体，此混合气体遇火焰则易发生闪火。若继续加热，油分蒸气的饱和度增加，由于此种蒸气与空气组成的混合气体遇火焰极易燃烧，而引起溶油车间发生火灾或使沥青烧坏的损失。为此，必须测定沥青加热闪火和燃烧的温度，即所谓闪点和燃点。闪点、燃点试验方法是，将沥青试样盛于标准杯中，按规定加热速度进行加热。当加热到某一温度时，点火器扫拂过沥青试样任何一部分表面，出现一瞬即灭的蓝色火焰状闪光时，此时温度即为闪火点。按规定加热速度继续加热，至点火器扫拂过沥青试样表面发生燃烧火焰，并持续 5s 以上，此时的温度即为燃点。燃点温度比闪点温度约高 10℃。液体沥青由于轻质成分较多，闪电和燃点的温度相差很小，在熬制沥青时的加热温度不应超过闪点。

石油沥青具有良好的耐蚀性，对多数酸碱盐都具有耐蚀能力。但是，它可溶解于多数有机溶剂中，如汽油、苯、丙酮等，使用沥青和沥青制品时应予以注意。

9.1.4 石油沥青的技术标准、选用

石油沥青按用途不同主要分为建筑石油沥青、道路石油沥青及普通石油沥青。目前，我国对这三类石油沥青分别制定了不同的技术标准：现行标准《建筑石油沥青》GB/T 494、《防水防潮石油沥青》SH/T 0002 和《重交通道路石油沥青》GB/T 15180、《道路石油沥青（中、轻交通量）》SH/T 0522、《公路沥青路面施工技术规范》JTG F 40。

道路石油沥青、建筑石油沥青和防水防潮石油沥青都是按针入度指标来划分牌号的。在同一品种石油沥青材料中，牌号愈小，沥青愈硬；牌号愈大，沥青愈软，同时随着牌号增加，沥青的黏性减小（针入度增加），塑性增加（延度增大），而温度敏感性增大（软化点降低）。石油沥青的选用应根据工程性质与要求（建筑、防腐、道路等）、使用部位、环境条件等进行，在满足使用条件的前提下，应选用牌号较大的石油沥青，以保证使用寿命较长。

1. 建筑石油沥青

建筑石油沥青，按照沥青针入度值划分为 40 号、30 号和 10 号三个标号。建筑石油沥青针入度较小（黏性较大），软化点较高（耐热性较好），但延展性较小（塑性较小）。建筑石油沥青的技术性能应符合现行标准《建筑石油沥青》GB/T 494 的规定，见表 9-3。

建筑石油沥青技术指标 **表 9-3**

项目	质量指标			试验方法
	10 号	30 号	40 号	
针入度(25℃,100g,5s)(1/10mm)	10～25	26～35	36～50	GB/T 4509
针入度(46℃,100g,5s)(1/10mm)	报告[1]	报告[1]	报告[1]	
针入度(0℃,200g,5s)(1/10mm)≥	3	6	6	
延度(25℃,5cm/min)/cm≥	1.5	2.5	3.5	GB/T 4508
软化点(环球法)(℃)≥	95	75	60	GB/T 4507
溶解度(三氯乙烯)(%)≥	99.0			GB/T 11148
蒸发后质量变化(163℃,5h)(%)≤	1			GB/T 11964
蒸发后 25℃针入度比[2](%)	65			GB/T 4509
闪点(开口杯法)(℃)≥	260			GB/T 267

注：1. 报告应为实测值。

2. 测定蒸发损失后样品的 25℃针入度与原 25℃针入度之比乘以 100%后，所得的百分比，称为蒸发后针入度比。

建筑石油沥青黏性较大，耐热性较好，但塑性较小，主要用作制造油毡、油纸、防水涂料和沥青胶。它们绝大部分用于屋面及地下防水、沟槽防水、防腐蚀及管道防腐等工程。对于屋面防水工程，应注意防止过分软化。据高温季节测试，沥青屋面达到的表面温度比当地最高气温高 25～30℃，为避免夏季流淌，屋面用沥青材料的软化点应比当地气温下屋面可能达到的最高温度高 20℃以上。例如某地区沥青屋面温度可达 65℃，选用的

沥青软化点应在85℃以上。但软化点也不宜选择过高，否则冬季低温易发生硬脆甚至开裂，对一些不易受温度影响的部位，可选用牌号较大的沥青。严寒地区屋面工程不宜单独使用10号沥青。

2. 防水防潮石油沥青

防水防潮石油沥青的温度稳定性较好，特别适用做油毡的涂覆材料及建筑屋面和地下防水的粘结材料。其中3号沥青温度敏感性一般，质地较软，用于一般温度下的室内及地下结构部分的防水。4号沥青温度敏感性较小，用于一般地区可行走的缓坡屋面防水。5号沥青温度敏感性小，用于一般地区暴露屋顶或气温较高地区的屋面防水。6号沥青温度敏感性最小，并且质地较软，除一般地区外，主要用于寒冷地区的屋面及其他防水防潮工程。防水防潮石油沥青的主要技术指标应符合现行《防水防潮石油沥青》SH/T 0002的规定，见表9-4。

防水防潮石油沥青的主要技术指标 **表9-4**

项目	质量指标				试验方法
牌号	3号	4号	5号	6号	
软化点(℃)≥	85	90	100	95	GB/T 4507
针入度,1/10mm	25～45	20～40	20～40	30～50	GB/T 4509
针入度指数≥	3	4	5	6	—
蒸发损失(%)≤	1	1	1	1	GB/T 11964
闪点(开口)(℃)≥	250	270	270	270	GB/T 267
溶解度(%)≥	98	98	95	92	GB/T 11148
脆点(℃)≤	−5	−10	−15	−20	GB/T 4510
垂度(mm)≤	—	—	8	10	SH/T 0424
加热安定性(℃)≤	5	5	5	5	—

注：针入度指数表明沥青的温度特性，通称感温性，代号PI，此值越大，感温性越小，沥青应用温度范围越宽。

3. 道路石油沥青

道路石油沥青主要用在道路工程中作胶凝材料，用来与粗细集料和填料等矿物材料共同配制成沥青混合料。现行《道路石油沥青》SH/T 0522中的石油沥青主要用于中、轻交通量道路，按针入度分为200号、180号、140号、100号和60号五个牌号；现行《重交通道路石油沥青》GB/T 15180中的石油沥青主要用于重交通量道路和其他等级道路、机场等，按针入度分为AH-130、AH-110、AH-90、AH-70、AH-50和AH-30六个牌号。在道路工程中选用沥青材料时，要根据交通量和气候特点来选择。根据现行《沥青路面施工及验收规范》GB 50092规定：高速公路、一级公路、城市快速公路、主干路面铺设沥青路面时，应选用重交通道路石油沥青；其他等级的公路与城市道路，可选用中、轻道路石油沥青。南方高温地区的高速公路、一级公路、城市快速公路、主干路面，应选用高黏度的AH-70、AH-50、AH-30以保证高温下沥青路面有足够的稳定性；而北方寒冷地区宜选用低黏度的石油沥青AH-130、AH-110、AH-90以保证低温下沥青路面仍具有一定的变形能力，减少沥青混合料路面低温开裂。中、轻道路石油沥青技术要求，见表9-5；重交通道路沥青技术要求，见表9-6。

道路石油沥青，还可以作密封材料和胶粘剂以及沥青涂料等，此时一般选用黏性较大和软化点较高的石油沥青，如 60 号或 AH-30 等。

（中、轻）道路石油沥青质量技术要求　　表 9-5

项目	技术指标					试验方法
	200 号	180 号	140 号	100 号	60 号	
针入度(25℃,100g,5s)1/10mm	200～300	160～180	120～160	80～100	50～80	GB/T 4509
延度(25℃)(cm)≥	20[1]	100[1]	100[1]	90	70	GB/T 4508
软化点(℃)	30～45	35～45	38～48	42～52	45～55	GB/T 4507
溶解度(%)≥	99.0	99.0	99.0	99.0	99.0	GB/T 1118
闪点(开口)(℃)≥	180	200	230	230	230	GB/T 267
蒸发后针入度比(%)≥	50	60	60	—	—	GB/T 4509
蒸发损失(%)≤	1	1	1	—	—	GB/T 1196

注：1. 如果 25℃延度不能达到要求，15℃的延度达到要求时，沥青也是合格的。

重交通道路沥青技术要求　　表 9-6

项目	技术指标					
	AH-130	AH-110	AH-90	AH-70	AH-50	AH-30
针入度(25℃,100g,5s)(1/10mm)	120～140	100～120	80～100	60～80	45～60	20～40
度(15℃)/cm≥	100	100	100	100	80	报告①
软化点(℃)	38～51	40～53	42～55	44～57	45～58	50～65
溶解度(%)≥	99.0	99.0	99.0	99.0	99.0	99.0
闪点(开口)(℃)≥	230					260
蜡含量(质量分数)(%)≤	3					
密度(25℃)(kg/m^3)	报告[1]					
薄膜烘箱试验(163℃,5h)						
质量变化(%)≤	1.3	1.2	1.0	0.8	0.6	0.5
针入度比(%)≥	45	48	50	55	58	60
延度(25℃)(cm)≥	100	50	40	30	报告[1]	报告[1]

注：1. 报告必须为实测值。

我国现行《公路沥青路面施工技术规范》JTG F40 根据沥青的性能指标，将其分为 A、B、C 三个等级，其适用范围见表 9-7，并按照针入度值将黏稠石油沥青分为 160 号、130 号、110 号、90 号、70 号、50 号及 30 号七个标号，见表 9-8。聚合物改性道路石油沥青技术指标，见表 9-9。不同标号等级的沥青宜按照不同的气候条件、公路等级、交通流量条件、路面类型、在结构层中的层位及施工方法等，结合当地的使用经验进行选取。对于高速公路、一级公路，夏季温度高、高温持续时间长的地区、重载交通路段、山区及丘陵区上坡路段、服务区和停车场等行车速度慢的路段，尤其是汽车荷载剪应力大的层次，宜采用稠度大，60℃动力黏度大的沥青。对于冬季寒冷的地区或者交通量小的公路，旅游公路宜选用稠度小，低温延度大的沥青。对于温度日温差、年温差大的地区应选用针入度指数大的沥青。公路等级越高，结构层在上面的层位置应采用级别越高的沥青；交通量越大，其中重载比例越大，应选择针入度越小的沥青标号；沥青混凝土面层用机拌机铺法施工，应选择 50、70、90、110 号等。如果沥青表面处置面层用喷洒法施工，应选 130 号或 160 号沥青。

道路石油沥青的使用范围　　表 9-7

沥青等级	适用范围
A 级沥青	各个等级的公路，适用于任何场合和层级
B 级沥青	1. 高速公路、一级公路沥青下面层及以下的层次，二级及二级以下公路的各个层次； 2. 用作改性沥青、乳化沥青、改性乳化沥青、稀释沥青的基质沥青
C 级沥青	三级及三级以下的公路的各个层次

气候条件是决定沥青使用性能的最关键因素。按照高温指标：炎热地区（最热月平均气温>30℃）、夏热区（最热月平均气温 20～30℃）、夏凉区（最热月平均气温<20℃）；按照低温指标：冬严寒区（极端最低<－37.0℃）、冬寒区（极端最低气温－37.0～－21.5℃）、冬冷区（极端最低气温－21.5～－9.0℃）、冬温区（极端最低气温>－9.0℃）。

公路沥青路面施工技术规范中对道路沥青的技术要求　　表 9-8

<table>
<tr><th rowspan="2">指标</th><th rowspan="2">单位</th><th rowspan="2">等级</th><th colspan="17">沥青标号</th></tr>
<tr><th>160 号</th><th>130 号</th><th colspan="3">110 号</th><th colspan="5">90 号</th><th colspan="5">70 号</th><th>50 号</th><th>30 号</th></tr>
<tr><td>针入度(25℃，100g，5s)</td><td>0.1mm</td><td></td><td>140～200</td><td>120～140</td><td colspan="3">100～120</td><td colspan="5">80～100</td><td colspan="5">60～80</td><td>40～60</td><td>20～40</td></tr>
<tr><td>适用的气候分区</td><td></td><td></td><td colspan="2">注(1)</td><td>2-1</td><td>2-2</td><td>3-2</td><td>1-1</td><td>1-2</td><td>1-3</td><td>2-2</td><td>2-3</td><td>1-3</td><td>1-4</td><td>2-2</td><td>2-3</td><td>2-4</td><td>1-4</td><td>注(1)</td></tr>
<tr><td rowspan="2">针入度指数 PI</td><td rowspan="2"></td><td>A</td><td colspan="17">－1.5～＋1.0</td></tr>
<tr><td>B</td><td colspan="17">－1.8～＋1.0</td></tr>
<tr><td rowspan="3">软化点≥</td><td rowspan="3">℃</td><td>A</td><td>38</td><td>40</td><td colspan="3">43</td><td colspan="3">45</td><td colspan="2">44</td><td colspan="2">46</td><td colspan="3">45</td><td>49</td><td>55</td></tr>
<tr><td>B</td><td>36</td><td>39</td><td colspan="3">42</td><td colspan="3">43</td><td colspan="2">42</td><td colspan="2">44</td><td colspan="3">43</td><td>46</td><td>53</td></tr>
<tr><td>C</td><td>35</td><td>37</td><td colspan="3">41</td><td colspan="5">42</td><td colspan="5">43</td><td>45</td><td>50</td></tr>
<tr><td>60℃动力黏度≥</td><td>Pa·s</td><td>A</td><td>—</td><td>60</td><td colspan="3">120</td><td colspan="3">160</td><td colspan="2">140</td><td colspan="2">180</td><td colspan="3">160</td><td>200</td><td>260</td></tr>
<tr><td rowspan="2">10℃延度≥</td><td rowspan="2">cm</td><td>A</td><td>50</td><td>50</td><td colspan="3">40</td><td>45</td><td>30</td><td>20</td><td>30</td><td>20</td><td>20</td><td>15</td><td>25</td><td>20</td><td>15</td><td>15</td><td>10</td></tr>
<tr><td>B</td><td>30</td><td>30</td><td colspan="3">30</td><td>30</td><td>20</td><td>15</td><td>20</td><td>15</td><td>15</td><td>10</td><td>20</td><td>15</td><td>10</td><td>10</td><td>8</td></tr>
<tr><td rowspan="2">15℃延度≥</td><td rowspan="2">cm</td><td>A、B</td><td colspan="15">100</td><td>80</td><td>50</td></tr>
<tr><td>C</td><td>80</td><td>80</td><td colspan="3">60</td><td colspan="5">50</td><td colspan="5">40</td><td>30</td><td>20</td></tr>
<tr><td rowspan="3">蜡含量≤（蒸馏法）</td><td rowspan="3">%</td><td>A</td><td colspan="17">2.2</td></tr>
<tr><td>B</td><td colspan="17">3.0</td></tr>
<tr><td>C</td><td colspan="17">4.5</td></tr>
<tr><td>闪点≥</td><td>℃</td><td></td><td colspan="5">230</td><td colspan="5">245</td><td colspan="7">260</td></tr>
<tr><td>溶解度≥</td><td>%</td><td></td><td colspan="17">99.5</td></tr>
<tr><td>密度(15℃)</td><td>g/cm^3</td><td></td><td colspan="17">实测记录</td></tr>
</table>

续表

指标	单位	等级	沥青标号						
			160号	130号	110号	90号	70号	50号	30号
TFOT(或RTFOT)后									
质量变化≤	%		±0.8						
残留针入度比(25℃)≥	%	A	48	54	55	57	61	63	65
		B	45	50	52	54	58	60	62
		C	40	45	48	50	54	58	60
残留延度(10℃)≥	cm	A	12	12	10	8	6	4	—
		B	10	10	8	6	4	2	—
残留延度(15℃)≥	cm	C	40	35	30	20	15	10	—

注：1. 30号沥青仅用于沥青稳定基层。130号和160号沥青除寒冷地区可直接在中低级公路上直接应用外，通常用作乳化沥青、稀释沥青、改性沥青的基质沥青。

2. 经建设单位同意，PI值、60℃动力黏度、10℃延度可作为选择性指标，也可不作为施工质量检验指标。

3. 70号沥青可根据需要要求供应商提供针入度范围为60～70或70～80的沥青，50号沥青可要求提供针入度范围为40～50或50～60的沥青。

4. 用于仲裁试验求取PI时的5个温度的针入度关系的相关系数不得小于0.997。

聚合物改性道路石油沥青技术要求　　表9-9

指标	单位	SBS类(Ⅰ类)				SBR类(Ⅱ类)			EVA、PE类(Ⅲ类)			
		Ⅰ-A	Ⅰ-B	Ⅰ-C	Ⅰ-D	Ⅱ-A	Ⅱ-B	Ⅱ-C	Ⅲ-A	Ⅲ-B	Ⅲ-C	Ⅲ-D
针入度(25℃,100g,5s)	0.1mm	>100	80～100	60～80	40～60	>100	80～100	60～80	>80	60～80	40～60	30～40
针入度指数PI不小于		−1.2	−0.8	−0.4	0	−1.0	−0.8	−0.6	−1.0	−0.8	−0.6	−0.4
延度5℃,5cm/min≥	cm	50	40	30	20	60	50	40	—			
软化点≥	℃	45	50	55	60	45	48	50	48	52	56	60
运动黏度135℃≤	Pa·s	3										
闪点≥	℃	230				230			230			
溶解度≥	%	99				99			—			
弹性恢复25℃≥	%	55	60	65	70	—			—			
黏韧性≥	N·m	—				5			—			
韧性≥	N·m	—				2.5			—			
贮存稳定性离析，48h软化点差	℃	2.5				—			无改性剂明显析出、凝聚			
TFOT(或RTFOT)后残留物												
质量变化≤	%	±1.0										
针入度比25℃≥	%	50	55	60	65	50	55	60	50	55	58	60
延度5℃≥	cm	30	25	20	15	30	20	10	—			

注：1. 135℃运动黏度可采用布什旋转黏度。

2. 贮存稳定性指标适用于工厂生产的成品改性沥青。现场制作的改性沥青对贮存稳定性指标可不作要求，但必须在制作后，保持不间断的搅拌或泵送循环，保证使用前没有明显的离析。

9.1.5 石油沥青的掺配

在工程中，往往一种牌号的沥青不能满足工程要求，因此需要用不同牌号的沥青进行掺配。在进行掺配时，为了不使掺配后的沥青胶体结构破坏，应选用表面张力相近和化学性质相似的沥青。试验证明同产源的沥青容易保证掺配后的沥青胶体结构的均匀性。所谓同源是指同属石油沥青或同属于煤沥青。当采用两种沥青时，每种沥青的配合量宜按照下列公式计算：

$$Q_1=\frac{T_2-T}{T_2-T_1}\times100\%$$

$$Q_2=100-Q_1$$

式中 Q_1——较软沥青用量（%）；

Q_2——较硬沥青用量（%）；

T_1——较软沥青软化点（℃）；

T_2——较硬沥青软化点（℃）；

T——掺配后的石油沥青软化点（℃）。

根据计算出的掺配比例及其邻近掺配比例±(5%～10%)，分别进行不少于3组的试配试验，绘制出“掺配比-软化点”曲线，从曲线上确定实际掺配比例。

例 9-1 某工程需要用软化点为85℃的石油沥青，现有10号及60号两种沥青，应如何掺配以满足工程需要？

解：由试验测得，10号石油沥青软化点为95℃；60号石油沥青软化点为45℃。

估算掺配用量：

$$60号石油沥青用量=\frac{95℃-85℃}{95℃-45℃}\times100\%=20\%;$$

10号石油沥青用量=100%－20%=80%。

根据估算的掺配比例和其邻近掺配比例±（5%～10%）进行试配（混合熬制均匀），确定掺配后沥青的软化点，然后绘制“掺配比-软化点”曲线，即可从曲线上确定所要求的掺配比例。

9.1.6 液体石油沥青

液体石油沥青一般用半固体石油沥青掺入不同分量和不同挥发度的溶剂制成，有时也称轻制沥青。按溶剂（稀释剂）的挥发程度不同，可以分为快凝AL（R）、中凝AL（M）和慢凝AL（S）三类；按照标准黏度不同，又可以分为各种标号。液体石油沥青特别适用于透层、粘层及拌制冷拌沥青混合料。根据使用目的与场所，可选用快凝、中凝、慢凝的液体石油沥青，其质量应符合规定。液体石油沥青宜采用针入度较大的石油沥青，使用前按先加热沥青后加稀释剂的顺序，掺配煤油或轻柴油，经适当的搅拌、稀释制成。掺配比例根据使用要求由试验确定。液体石油沥青在制作、贮存、使用的全过程中必须通风良好，并有专人负责，确保安全。基质沥青的加热温度严禁超过140℃，液体沥青的贮存温度不得高于50℃。

9.2 改性石油沥青

建筑上应用的沥青要求具有一定的性能：在低温下应具有较好的柔韧性；在高温下要有足够的稳定性；在加工和使用条件下具有抗“老化”的能力；与各种矿物填充料和基层表面有较强的黏附力；对构件变形具有良好的适应性和耐疲劳性等。通常石油加工厂生产的沥青不一定全满足要求。沥青中加入树脂改性后，耐寒性、耐热性、黏性提高；因此常用矿物填料、橡胶和树脂等来改性石油沥青，生产防水卷材、防水涂料和嵌缝油膏等防水制品。

9.2.1 矿物填充料改性沥青

在沥青中加入矿物填充料改性后，沥青或沥青混合料的黏性、耐热性提高，减小沥青的温度敏感性，同时也减少了沥青的耗用量。常用的矿物填充料大多是粉状或纤维状矿物，主要有滑石粉、石灰石粉、硅藻土、磨细石英砂、粉煤灰、水泥、高岭土、石棉和云母粉等。

掺入沥青中的矿物填料能被沥青包裹而形成稳定的混合物的前提是：沥青能够润湿矿物填料；沥青与矿物填料之间具有较强的吸附力，并不为水所剥离。由于沥青对矿物填充料的润湿和吸附作用，沥青可能呈单分子状排列在矿物颗粒表面，形成结合力牢固的沥青薄膜，有的将它称为结构沥青。结构沥青具有较高的黏性和耐热性等。因此，沥青中掺入的矿物填充料的数量要适当，以形成恰当的结构沥青膜层，掺量一般为20%～40%。

9.2.2 橡胶改性沥青

橡胶是沥青的重要改性材料，它和沥青具有较好的混溶性。沥青中加入橡胶后，沥青或沥青混合料的高温变形性下降，低温柔顺性好。由于橡胶的品种不同，掺入的方法也有所不同，故各种橡胶改性的沥青性能也有差异。常用的几种分述如下：

1. 氯丁橡胶改性沥青

氯丁橡胶改性沥青是氯丁橡胶与沥青的混合物。氯丁橡胶的粘结力强，作为外加剂掺入沥青后，能使混合物的气密性、低温柔性、耐化学腐蚀性、耐燃烧性，以及耐光、耐臭氧、耐气候变化等性能大为提高。掺和方法有：溶剂法，将氯丁橡胶先溶于苯或其他有机溶剂中，然后将此溶液加入沥青中；水乳法，先制成氯丁胶乳、干胶含量为50%～60%，再同乳化沥青混合，其干胶含量在50%以上。在建筑工程中，大多采用水乳法。这种改性沥青在低温下保持抗裂性，适用于结构变形缝上作为防水材料。

溶剂型氯丁橡胶沥青防水涂料系以氯丁橡胶和沥青为基料，加入填料、溶剂等，经过充分搅拌而制成的冷施工防水涂料。由于氯丁橡胶是一种性能较好的合成橡胶，用它来改善沥青，使涂料具有氯丁橡胶和沥青的双重优点。其耐候性和耐腐蚀性好，具有较高的弹性、延伸性和粘结性，对基层的适应性强，低温涂膜不脆裂，高温不流淌，涂膜成膜较快，较致密完整，耐水性好，能在常温及较低温下进行冷施工。该涂料属薄型涂料，一次涂刷成膜较薄，而且以有机溶剂为分散剂，施工时溶剂挥发对环境有污染。

2. 丁基橡胶改性沥青

3%添加量的丁基橡胶在基质沥青中具有较好的分散性；丁基橡胶的加入使得沥青的耐分解性提高、耐热性能提高，且丁基橡胶掺量不超过5%时，改性沥青具有较好的剥离性能及贮存稳定性。多用于道路路面工程、制作密封材料和涂料。

3. 热塑性弹性体（SBS）改性沥青

SBS属于苯乙烯类热塑性弹性体，是苯乙烯-丁二烯-苯乙烯三嵌段共聚物，SBS改性沥青是以基质沥青为原料，加入一定比例（3%～10%）的SBS改性剂，通过剪切、搅拌等方法使SBS均匀地分散于沥青中，同时，加入一定比例的专属稳定剂，形成SBS共混材料，SBS与沥青基质形成空间立体网络结构，从而有效地改善沥青的温度性能、拉伸性能、弹性、内聚附着性能、混合料的稳定性、耐老化性等。在众多的沥青改性剂中，SBS能够同时改善沥青的高低温性能及感温性能，使其成为研究和应用最多的品种，SBS改性沥青目前占全球沥青需求量的60%以上。

SBS高分子链具有串联结构的不同嵌段，即塑性段和橡胶段，形成类似合金的组织结构，按聚合物的结构可分为线形嵌段共聚物和星形嵌段共聚物。SBS的改性效果与SBS的品种、分子量密切相关，星形SBS对沥青的改性效果优于线形SBS，SBS的分子量越大，改性效果越明显，各种型号的SBS中苯乙烯含量高的能显著提高改性沥青的黏度、韧度和韧性。热塑性弹性体对沥青的改性机理除了一般的混合、溶解、溶胀等物理作用外，很重要的是通过一定条件产生交联作用，形成不可逆的化学键，从而形成立体网状结构，使沥青获得弹性和强度。而沥青在拌合温度的条件下网状结构消失，具有塑性状态，便于施工，在路面使用温度的条件下为固态，具有高抗拉强度。

掺加15%SBS的改性沥青，在常温下充分显示出橡胶的弹性，延伸率可达200%，热塑性范围可扩大到－25～＋100℃，而且在－50℃下仍具有防水功能，是目前沥青改性中使用量极大，也是比较成功的一种高分子改性材料。主要用于防水卷材和铺筑高等级公路路面，也可应用于密封材料。

4. 再生橡胶改性沥青

橡胶是沥青的主要改性材料，这是因为沥青和橡胶的混溶性较好，可使沥青具有类似橡胶的很多优点。如在高温下变形小，低温下具有一定的柔韧性。常用的橡胶有再生橡胶和氯丁橡胶，此外还可使用丁基橡胶、丁苯橡胶、丁腈橡胶等。

再生橡胶又称再生胶，是由废旧或磨损的橡胶制品以及生产中废料经过再生处理而得到的橡胶。这类橡胶来源广泛，价格低廉，是沥青的常用改性材料。再生橡胶改性沥青的制备常用的有两种方法：一是将废旧橡胶加工成直径为1.5mm或更小颗粒，然后与沥青相混合，经过加热脱硫即得到具有一定弹性、塑性和良好粘结力的橡胶沥青；二是在沥青中加入废橡胶粉，吹入空气制得。再生橡胶掺入沥青中以后，可提高沥青的气密性，低温柔性、耐光、热、臭氧性，耐气候性。废旧橡胶粉的掺量为3%～15%，再生橡胶改性沥青可以制作卷材、片材、密封材料胶粘剂和涂料等。

9.2.3 树脂改性沥青

树脂改性沥青可以改进沥青的耐寒性、耐热性、粘结性和不透气性。由于石油沥青中含芳香性化合物较少，因而树脂和石油沥青的相溶性较差，而且用于改性沥青的树脂品种也较少。常用的树脂改性沥青有古马隆树脂、聚乙烯、无规聚丙烯 APP、酚醛树脂及天然松香等。无规聚丙烯 APP 改性沥青能够克服单纯沥青冷脆热流缺点，具有较好的耐高温性，特别适合于炎热地区。APP 改性沥青主要用于生产防水卷材和防水涂料。

1. 古马隆树脂改性沥青

古马隆树脂又名香豆桐树脂，为热塑性树脂。呈黏稠液体或固体状，浅黄色至黑色，易溶于氯化烃、酯类、硝基苯、酮类等有机溶剂等。

将沥青加热熔化脱水，在 150～160℃情况下，把古马隆树脂放入熔化的沥青中，并不断搅拌，再将温度升至 185～190℃，保持一定时间，使之充分混合均匀，即得到古马隆树脂改性沥青。树脂掺量约 40%，这种沥青的黏性较大，可以和 SBS 等材料一起用于自粘结油毡和沥青基胶粘剂。

2. 聚乙烯树脂改性沥青

沥青中聚乙烯树脂掺量一般为 5%～10%。将沥青加热熔化脱水，再加入聚乙烯（常用低压聚乙烯），并不断搅拌 30min，温度保持在 140℃左右，即可得到均匀的聚乙烯树脂改性沥青。

3. 环氧树脂改性沥青

我国生产的环氧树脂大部分是双酚 A 类，这类改性沥青具有热固性材料性质。改性后沥青的强度和粘结力大大提高，但对延伸性改变不大。环氧树脂改性沥青可应用于屋面和厕所、浴室的修补，其效果较佳。环氧沥青混合料是通过在沥青中添加热固性环氧树脂和固化剂，经固化反应而形成强度的一种路用材料，其具有较高的强度、温度稳定性、抗疲劳性等特点，也具有非常好的抗车辙、抗剥落、耐久、耐化学腐蚀和不易产生裂缝等性能。

4. APP、APAO 改性沥青

APP、APAO 均属 α-烯烃类无规聚合物。APP 为无规聚丙烯均聚物。APAO 是由丙烯、乙烯、1-丁烯共聚而得，其中以丙烯为主。

APP 很容易与沥青混溶，并且对改性沥青软化点的提高很明显，耐老化性也很好。柔性屋面防水是用 APP 改性沥青油毡。APAO 与 APP 相比，具有更好的耐高温性能、耐低温性能、粘结性、与沥青的相溶性及耐老化性。因此，在改性效果相同时，APAO 的掺量更少（约为 APP 的 50%）。

APP 为无规聚丙烯常温下为白色橡胶状物质，无明显的熔点。因此，生产中是将 APP 加入熔化沥青中，经强烈搅拌均化而成。APP 改性沥青，由于 APP 具有一些良好性能，因而掺入沥青中也使沥青的性能得以改善。首先使改性沥青的软化点提高，从而降低了温度感应性。同时，其化学稳定性、耐水性、耐冲击性、低温柔性及抗老化能力大大提高。主要用于防水卷材。

9.3 沥青混合料

9.3.1 沥青混合料的定义、分类

沥青混合料是一种典型的粘-弹-塑性材料，它不仅具有良好的力学性质，而且具有

一定的高温稳定性和低温柔韧性；沥青混合料铺筑的路面平整、无接缝且具有一定的粗糙度；路面减振、吸声、无强烈反光且行车舒适性好；路面施工方便、可以及时开放交通且原材料可以再生利用。因此沥青混合料广泛应用于高速公路、干线公路和城市道路路面。参照现行《沥青路面施工和验收规范》GB 50092 有关定义和分类释义如下。

1. 沥青混合料的定义

沥青混合料是用适量的沥青材料与一定级配的矿质集料、必要时的填料，经过充分拌和而形成的混合物。将这种混合物加以摊铺、碾压成型，即成为各种类型的沥青路面。

2. 沥青混凝土混合料的定义

由适当比例的粗集料、细集料及填料组成的符合规定级配的矿料，与沥青结合料拌和而成的符合技术标准的沥青混合料。

3. 分类

1）按矿料级配划分的沥青混合料

（1）密级配沥青混凝土混合料（以 AC 表示）。各种粒径的颗粒级配连续、相互嵌挤密实的矿料，与沥青结合料拌和而成，压实后剩余空隙率小于 10%的沥青混合料。剩余空隙率 3%～6%（行人道路为 2%～6%）的为Ⅰ型密实式沥青混凝土混合料，剩余空隙率 4%～10%的为Ⅱ型半密实式沥青混凝土混合料。

（2）半开级配沥青混合料。由适当比例的粗集料、细集料及少量填料（或不加填料）与沥青结合料拌和而成的，压实后剩余空隙率在 10%～15%的半开式沥青混合料，也称为沥青碎石混合料（以 AM 表示）。

（3）开级配沥青混合料。矿料级配主要由粗集料嵌挤组成，细集料填料较少，矿料相互拨开，设计空隙率大于 15%的混合料。

（4）间断级配沥青混合料。矿料级配组成中缺少 1 个或几个档次（或用量很少）而形成的级配间断的沥青混合料。

2）按矿料粒径划分的沥青混合料

（1）砂粒式沥青混合料。最大集料粒径等于或小于 4.75mm 的沥青混合料，也称为沥青石屑或沥青砂。

（2）细粒式沥青混合料。最大集料粒径为 9.5mm 或 13.2mm 的沥青混合料。

（3）中粒式沥青混合料。最大集料粒径为 16mm 或 19mm 的沥青混合料。

（4）粗粒式沥青混合料。最大集料粒径为 26.5mm 或 31.5mm 的沥青混合料。

（5）特粗式沥青碎石混合料。最大集料粒径等于或大于 37.5mm 的沥青碎石混合料。

3）按结合料温度划分

热拌热铺沥青混合料（HMA），沥青与矿料在热态下拌和、热态下铺筑施工成型的沥青路面；常温沥青混合料，采用乳化沥青或稀释沥青与矿料在常温状态下拌和、铺筑的沥青路面。

热拌沥青混合料（HMA）适用于各种等级的公路的沥青路面。其种类按骨料公称最大粒径、矿料级配、空隙率划分，汇总于表 9-10。

热拌沥青混合料类型　　　　表 9-10

混合料类型	密级配			开级配		半开级配	公称最大粒径(mm)	最大粒径(mm)
	连续级配		间断级配	间断级配		沥青稳定碎石		
	沥青混凝土	沥青稳定碎石	沥青玛琋脂碎石	排水式沥青磨耗层	排水式沥青碎石基层			
特粗式	—	ATB-40	—	—	ATPB-40	—	37.5	53.0
粗粒式	—	ATB-30	—	—	ATPB-30	—	31.5	37.5
	AC-25	ATB-25	—	—	ATPB-25	—	26.5	31.5
中粒式	AC-20	—	SMA-20	—	—	AM -20	19.0	26.5
	AC-16	—	SMA-16	OGPC-16	—	AM-16	16.0	19.0
细粒式	AC-13	—	SMA-13	OGPC-13	—	AM-13	13.2	16.0
	AC-10	—	SMA-10	OGPC-10	—	AM-10	9.5	13.2
砂粒式	AC-5	—	—	—	—	AM-5	4.75	9.5
设计空隙率(%)	3～5	3～6	3～4	＞18	＞18	6～12	—	—

9.3.2 热拌沥青混合料的结构与强度

热拌沥青混合料是经人工组配的矿料与沥青在专门设备中加热拌和而成，其中沥青加热温度为 150～170℃，矿质集料加热温度为 160～180℃。用保温运输工具运至施工现场，在热态下进行摊铺和压实的混合料。通常将热拌热铺沥青混合料简称为“热拌沥青混合料”。由于热拌沥青混合料具有较好的工程性能（铺筑的路面有较高的强度、耐久性好），故在高等级道路和城市道路中得到广泛的应用。本节将重点讲述它的组成结构、技术性质和配合比设计方法。

1. 沥青混合料组成结构的现代理论

随着对沥青混合料组成结构研究的不断深入，目前对沥青混合料的组成结构有下列两种理论。

1）表面理论

按照传统的理解，沥青混合料是由粗集料、细集料和填料经人工组配成密实的级配矿质骨架，在其表面分布着沥青结合料，将它们胶结成一个具有强度的整体。如图 9-5 所示。

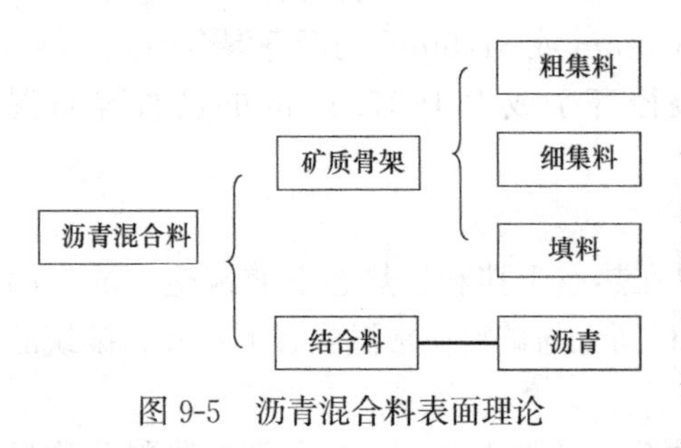

图 9-5　沥青混合料表面理论

2）胶浆理论

近代某些研究从胶浆理论出发，认为沥青混合料是一种多级空间网状结构的分散系。它是以粗集料为分散相而分散在沥青砂浆介质中的一种粗分散系；同样，沥青砂浆是以细集料为分散相而分散在沥青胶浆介质中的一种细分散系；而沥青胶浆又是以填料为分散相而分散在高稠度的沥青介质中的一种微分散系。这种理论认为 3 级分散系以沥青胶浆（沥青-矿粉系统）最为重要，它的组成结构决定沥青混合料的高温稳定性和低温变形能力。目前这一理论比较集中于研究填料（矿粉）的矿物成分、填料的级配（以 0.075mm 为最大粒径）以及沥青与填料内表面的交互作用等因素对于混合料性能的影响等。同时这一理论的研究比较强调采用高稠度的沥青和大的沥青用量，以及采用间断级配的矿质混合料。该理论如图 9-6 所示。

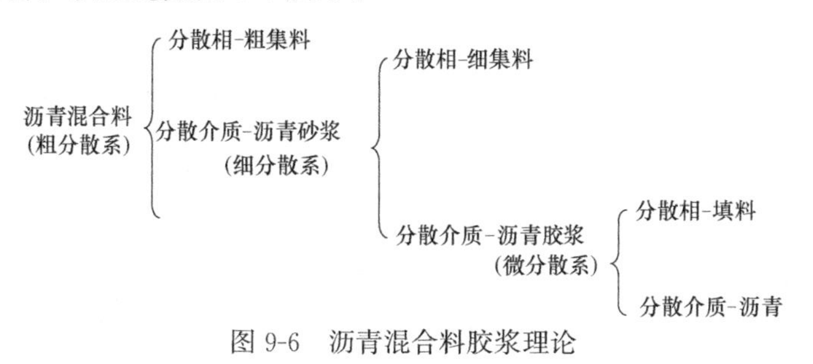

图 9-6　沥青混合料胶浆理论

2. 沥青混合料的组成结构

沥青混合料主要由矿质集料、沥青和空气三相组成，有时还含有水分，是典型的多相多成分体系。根据粗细集料的比例不同，其结构组成有三种形式，如图 9-7 所示。

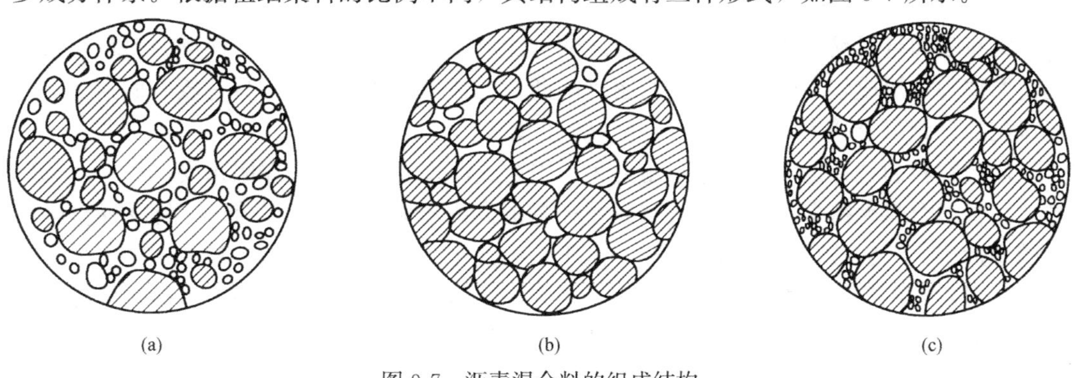

图 9-7　沥青混合料的组成结构

(a) 悬浮密实结构；(b) 骨架空隙结构；(c) 骨架密实结构

1）悬浮密实结构

悬浮-密实结构是指矿质集料由大至小组成连续密级配的混合料结构，空隙率在 5%～6%以下，混合料中粗集料数量较少，细集料数量较多，粗集料被细集料挤开，粗集料以悬浮状态存在于细集料之间，见图 9-7（a），粗骨料之间不接触不能形成骨架。这种沥青混合料黏聚力较大，内摩阻角较小，因此高温稳定性较差。按照连续密级配原理设计的 AC 型沥青混合料是典型的悬浮-密实结构。但连续级配一般不会发生粗细集料离析，便于施工，故在道路工程中应用较多。

2）骨架空隙结构

骨架空隙结构，拥有间断级配（连续开级配）的沥青混合料，由于细集料的数量较少，粗集料之间不仅紧密相连，而且有较多的空隙。少量细集料填充在粗集料的空隙中，形成骨架空隙结构，见图 9-7（b）。理论上，骨架空隙结构是粗集料充分发挥了嵌挤作用，集料之间的内摩擦角较大，黏聚力较低，温度稳定性较好且能够形成较高强度。但是，由于间断级配的粗细集料容易分离，所以一般工程中应用不多。当沥青路面采用这种形式的沥青混合料时，沥青面层下必须做下封层。

3）骨架密实结构

综合以上两种方式组成的结构，属于间断密级配结构，既有一定数量的粗集料形成骨架结构，又有足够的细集料填充到粗集料之间的空隙中去，形成具有较高密实度的结构，见图 9-7（c）。故其密实度、内摩擦角和黏聚力均较高，温度稳定性较好，但施工和易性差。这种结构的沥青混合料具有较高的黏聚力和较高的内摩阻角，是沥青混合料中最理想的一种结构类型。沥青玛琋脂碎石混合料 SMA 是典型的骨架-密实结构。

3. 沥青混合料强度的影响因素

沥青混合料是由矿质集料与沥青材料所组成的分散体系。根据沥青混合料的结构特征，其强度应由两方面构成：一是沥青与集料间的结合力；二是集料颗粒间的内摩擦力。

另外，沥青混合料路面产生破坏的主要原因是夏季高温时的抗剪强度不足和冬季低温时的变形能力不够引起的，即沥青混合料的强度决定于抗剪强度。通过三轴剪切试验表明：沥青混合料的抗剪强度决定于沥青混合料的内摩擦力和黏聚力。矿料之间的嵌挤力与内摩阻力的大小，主要取决于矿料的级配、尺寸均匀度、颗粒形状、表面粗糙度和沥青含量。

影响沥青混合料强度的主要因素有：

1）集料的形状与级配

集料表面越粗糙、凹凸不平，颗粒之间越能形成良好的齿合嵌锁，使混合料具有较高的内摩擦力，形成较高的强度。间断密级配沥青混合料内摩擦力大，具有较高的强度；连续级配的沥青混合料内摩擦力较小，强度较低。

矿质颗粒的粒径愈大，内摩阻角愈大，中粒式沥青混合料的内摩阻角要比细粒式和砂粒式沥青混合料大得多。因此增大集料粒径是提高内摩阻角的途径，但应保证级配良好、空隙率适当。颗粒棱角尖锐的混合料，由于颗粒互相嵌挤，要比圆形颗粒的内摩阻角大得多。集料颗粒的形状以接近立方体呈多棱角为好，尽量减少针片状颗粒，嵌挤后既能形成较高的内摩擦力，承受荷载时又不易折断破坏。粗集料一般用碎石。

2）沥青结合料的黏度与用量

沥青作为有机胶凝材料，对矿质集料起胶结作用，沥青的黏滞度是影响粘结力的重要因素。矿质集料由沥青胶结为一整体，沥青的黏滞度反映沥青在外力作用下抵抗变形的能力，黏滞度愈大，则抵抗变形的能力愈强，可以保持矿质集料的相对嵌挤作用。因此，修建高等级沥青路面都采用黏稠沥青，即采用针入度较小的沥青。

沥青用量过少，混合料干涩，混合料内聚力差；适当增加沥青用量，将会改善混合料的胶结性能，便于拌和，使集料表面充分裹覆沥青薄膜，以形成良好的粘结，同时沥青混合料和易性好，易于施工挤压密实，有利于提高沥青路面的密实度和强度。而当沥青用量过大时，会使集料周围的沥青膜增厚，多余的沥青形成了润滑剂，以致在高温时易形成推挤滑移，出现塑性变形，形成车辙。因此，混合料中存在着最佳沥青用量，沥青矿料比（油石比）一般为 4%～6%。

3）矿粉的品种与用量

沥青混合料中的胶结物，其实是沥青和矿粉所形成的沥青胶浆。在沥青用量一定的条件下，适当提高矿粉掺量，可以提高沥青胶浆的黏度，使胶浆的软化点明显上升，有利于提高沥青混合料的强度；矿粉用量太多，沥青混合料就显得干涩，影响沥青与集料的裹覆和黏附，反而影响沥青混合料的强度。一般来说，矿粉与沥青之比在 0.8～1.2 范围为宜。

沥青混合料中的矿料不仅能填充空隙，提高密实度，在很大程度上也影响着混合料的粘结力。密实型的混合料中，矿料的比表面积一般占总面积的 80%以上，这就大大增强了沥青与矿料的相互作用，减薄了沥青的膜厚，使沥青在矿料表面形成“结构沥青层”，矿质颗粒能够粘结牢固，构成强度。

沥青与矿料之间存在着相互作用。矿粉对沥青有吸附作用，使沥青在矿粉表面产生化学组分的重新排列，并形成一层扩散结构膜，结构膜内的这层沥青称为结构沥青；扩散结构膜外的沥青，因受矿粉吸附影响很小，化学组分并未改变，称为自由沥青。沥青与矿粉相互作用的结构示意图，见图 9-8。矿料颗粒间以结构沥青联结，可以获得更大的黏聚力，见图 9-8（b）。反之，如果矿料颗粒之间接触处是自由沥青所联结，则具有较小的黏聚力，见图 9-8（c）。

石油沥青与碱性石料（如石灰石）将产生较多的结构沥青，有较好的黏附性，而与酸性石料产生较少的结构沥青，其黏附性较差。碱性矿粉一般采用磨细石灰石粉，也可采用一部分磨细消石灰粉或失效水泥代替矿粉。

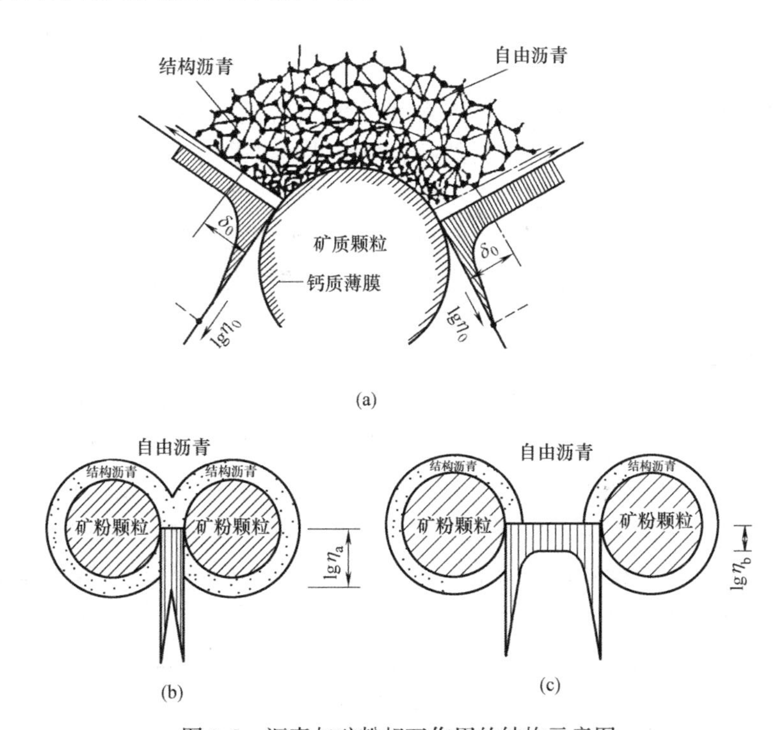

图 9-8 沥青与矿粉相互作用的结构示意图

（a）沥青与矿粉交互作用；（b）矿料颗粒间以结构沥青联结；（c）矿料颗粒间以自由沥青联结

4. 提高沥青混合料强度的具体措施

（1）选用材质坚固、表面粗糙、形状方正、有棱角的粗大均匀的碎石，提高矿质骨料之间的嵌挤力与摩阻力。

（2）选择空隙率最低的矿料级配，以降低自由沥青含量。完善拌和与压实工艺可大大提高混合料嵌挤力和水稳性。

（3）经多方案进行试验、比选，选择合适矿粉，并确定合理用量，增加混合料中结构沥青含量。

（4）选用优质的重交通石油沥青，并可使用抗剥落剂。添加抗剥落剂能改善和提高沥青混合料抗水损害能力。

9.3.3 沥青混合料的路用性能

沥青混合料是高等级公路、城市道路的主要铺面材料，它直接承受车辆荷载和各种自然因素的影响：如日照、温度、空气和雨水等，其性能和状态都会发生变化，以致影响路面的使用性能和使用寿命。沥青混合料的技术性质的试验方法参见现行《公路工程沥青及沥青混合料试验规程》JTG E20。沥青混合料应具有足够的高温稳定性、低温抗裂性、水稳定性、抗老化性、抗滑性等技术性能，以保证沥青路面优良的路用性能，经久耐用。

1. 高温稳定性

高温稳定性是指沥青混合料在高温条件下，能够抵抗车辆荷载的反复作用，不发生显著永久变形，保证路面平整度的特性。沥青混合料的抗变形能力因温度升高以及在受到荷载重复作用下而降低，造成沥青路面产生车辙、波浪及拥包等现象，在交通量大、重车比例高和经常变速路段的沥青路面是最严重的破坏形式。评价沥青混合料高温性能通常采用车辙试验的方法。

影响沥青混合料高温稳定性的主要因素是沥青的高温黏度和沥青与石料相互嵌锁作用以及矿料的级配等。为提高沥青混合料的高温稳定性，需采用较高黏度的沥青，少用或不用细集料，严格控制沥青用量。现常采用橡胶、树脂等改性剂，以改善沥青的感温性，采用一定细度和沥青有较好交互作用能力的填料以提高沥青混合料的粘结力；同时，采用适当的矿料级配，增加粗集料含量，采用表面粗糙、棱角性大的粗集料以提高矿料骨架的内摩阻力。

2. 低温抗裂性

沥青路面出现裂缝将造成路面的损坏，因此应限制沥青路面的裂缝率。沥青路面产生裂缝的原因很复杂，除了路面地基基础处理不当外，沥青混合料的低温裂缝是由混合料的低温脆化、低温缩裂和温度疲劳引起的。一般有两种类型：一种是重复荷载下产生的疲劳开裂；另一种为温度裂缝，由于沥青混合料在高温时塑性变形能力较强，而低温时较脆硬，变形能力差，所以裂缝多在低温条件下发生，特别是在气温骤降时，沥青面层受基层和周围材料的约束而不能自由收缩，产生很大的拉应力，而超过了沥青混合料的允许应力值，就会产生开裂，因此要求沥青混合料具有一定的低温抗裂性能。目前世界上采用的评价沥青混凝土低温性能的试验方法主要有抗拉试验。

为了提高沥青混合料的低温抗裂性，应选用黏度相对较低的沥青或橡胶类改性沥青，适当增加沥青用量。

3. 耐久性

耐久性是指沥青混合料在使用过程中抵抗环境因素及行车荷载反复作用的能力，它包括沥青混合料的抗老化性、水稳定性、抗疲劳性等综合性质。

1）沥青混合料的抗老化性

在沥青混合料使用过程中，受到空气中氧、水、紫外线等介质的作用，促使沥青发生诸多复杂的物理化学变化，逐渐老化或硬化，致使沥青混合料变脆易裂，从而导致沥青路面出现各种与沥青老化有关的裂纹或裂缝。沥青混合料的老化取决于沥青的老化程度，与外界环境因素和压实空隙率有关。在气候温暖、日照时间长的地区，沥青的老化速率快，而在气温较低、日照时间短的地区，沥青的老化速率相对较慢。沥青混合料的空隙率越大，环境介质对沥青的作用就越强烈，其老化程度也越高。此外，由于车辆在道路横断面上的分布不均匀，道路中部车辆作用次数较高，对路面的压密作用较大，故相应部位的沥青较边缘部位沥青的老化程度轻些。

为了减缓沥青的老化速度和程度，除了应选择耐老化沥青外，还应使沥青混合料含有足量的沥青。在沥青混合料的施工中，应控制拌和加热温度，并保证沥青路面的压实密度，以降低沥青在施工和使用过程中的老化速率。

2）沥青混合料的水稳定性

沥青路面的“水损害”，是指由于水或水汽的作用，促使沥青从集料颗粒表面剥落，降低沥青混合料的粘结强度，松散的集料颗粒被滚动的车轮带走，在路表形成独立的、大小不等的坑槽。当沥青混合料的压实空隙率较大、沥青路面排水系统不完善时，滞留于路面结构中的水长期浸泡沥青混合料，加上行车引起的动水压力对沥青产生的剥离作用，将加剧沥青路面的“水损害”。评价沥青混合料水稳定性的方法有浸水马歇尔试验、真空饱水马歇尔试验和冻融劈裂试验等。

沥青路面的水损害通常与沥青的剥落有关，而剥落的发生除与沥青和集料的黏附性有关，还受沥青混合料压实空隙率大小及沥青膜厚度的影响。沥青与集料的黏附性很大程度上取决于集料的化学组成。空隙率较大，沥青膜较薄时，外界水分容易进入沥青混合料内部并可能穿透沥青膜，导致沥青从集料表面脱落。此外，上述有关减缓沥青老化的措施对于提高沥青混合料的水稳定性也是有效的。提高水稳定性的措施：在沥青中添加抗剥落剂；采用碱性集料；采用密实结构；消石灰粉取代部分矿粉。

4. 抗滑性

由于现代交通车速不断提高，提高沥青路面的抗滑性对交通安全来说至关重要。沥青路面的抗滑性能与所用集料的表面构造（粗糙度）和集料的级配组成有密切的关系。抗滑表层粗集料应选用坚硬、耐磨、抗冲击性好的碎石或破碎碎石（如玄武岩或玄武岩与石灰岩搭配），表面粗糙、坚硬耐磨的石料多为酸性石料，与沥青的黏附性不好，应采用抗剥剂或石灰水处理石料表面，同时沥青混合料中的沥青含量也应严格控制。提高抗滑性的措施：面层集料选用质地坚硬、具有棱角的碎石；选取颗粒适当大的集料；减少沥青用量；严格控制沥青含蜡量。

5. 施工和易性

沥青混合料应具备良好的施工和易性，使混合料易于拌和、摊铺和碾压。影响混合料施工和易性的主要因素有：集料级配、沥青用量、环境温度、搅拌工艺等。从混合料材料性质来看，影响沥青混合料施工和易性的是混合料的级配和沥青用量，如粗细集料的颗粒大小相距过大，缺乏中间尺寸，混合料容易分层堆积（粗粒集中表面，细粒集中底部）；如细集料太少，沥青层就不容易均匀地分布在粗颗粒表面；细集料过多，则使拌和困难。当沥青用量过少，或矿粉用量过多时，混合料容易产生疏松不易压实。反之，如沥青用量过多，或矿粉质量不好，则容易使混合料粘结成团块，不易摊铺。另外，沥青的黏度对混合料的和易性也有较大的影响，采用黏度过大的沥青（如一些改性沥青）将给拌和、摊铺和碾压造成困难。因此，应控制沥青 135℃的运动黏度值并制定相应的施工操作规程。保证施工和易性的措施：合理的矿料级配；适量的沥青用量。

此外，施工条件、拌合设备、摊铺机械和压实工具都对沥青混合料的施工和易性有一定影响，应结合具体条件考虑。

9.4 矿质混合料的组成级配及设计

9.4.1 矿质混合料的品种和分类

矿质混合料是用于沥青混合料的集料和矿粉的总称。

集料包括：岩石、砾石（卵石）、砂以及各种尺寸的人工轧制的碎石。通常根据 SiO_2 的相对含量，将石料分为酸性石料（含量大于 65%）、中性石料（含量为 52%～65%）和碱性石料（含量小于 52%）。其中，碱性石料与沥青的黏附性强，而酸性石料与沥青的黏附性差。

集料在沥青混合料中起骨架和填充作用，不同粒径的集料在沥青混合料中所起的作用不同，为此，将集料分为粗集料和细集料两种。在水泥混凝土中粗细集料的分界尺寸为 4.75mm，但在沥青混合料中粗细集料的分界尺寸通常为 2.36mm。

1. 沥青混合料用粗集料

沥青混合料所用的粗集料包括碎石、破碎砾石、筛选砾石、钢渣、矿渣等，但高速公路和一级公路不得使用筛选砾石和矿渣。粗集料必须由具有生产许可证的采石场生产或施工单位自行加工。

粗集料应该洁净、干燥、表面粗糙，质量应符合表 9-11 的规定。当单一规格集料的质量指标达不到表中要求，而按照集料配比计算的质量指标符合要求时，工程上允许使用。对受热易变质的集料，宜采用经拌合机烘干后的集料进行检验。

沥青混合料用粗集料质量技术要求　　表 9-11

指标		高速公路、一级公路		其他等级公路	
		表面层	其他层次	表面层	其他层次
石料压碎值(%)≤		26	28	30	
洛杉矶磨耗损失(%)≤		28	30	35	
表观密度(t/m^3)≥		2.60	2.50	2.45	
吸水率(%)≤		2.0	3.0	3.0	
坚固性(%)≤		12	12	—	
针片状颗粒含量	混合料(%)≤	15	18	20	
	粒径大于 9.5mm(%)≤	12	15	—	
	粒径小于 9.5mm(%)≤	18	20	—	
水洗法粒径小于 0.075mm 颗粒含量(%)≤		1	1	1	
软石含量(%)≤		3	5	5	

续表

指标		高速公路、一级公路		其他等级公路	
		表面层	其他层次	表面层	其他层次
破碎面颗粒含量	1个破碎面(%)≥	100	90	80	70
	≥2破碎面(%)≥	90	80	60	50

注：1. 坚固性试验可根据需要进行。

2. 用于高速公路、一级公路时，多孔玄武岩的视密度可放宽至2.45t/m³，吸水率可放宽至3%，但必须得到建设单位的批准，且不得用于沥青玛琋脂碎石（SMA）路面。

3. 对S14即3～5mm规格的粗集料，针片状颗粒含量可不予要求，粒径小于0.075mm含量可放宽到3%。

粗集料的粒径规格应按表9-12的规定生产和使用。

沥青混合料用粗集料规格　　表9-12

规格名称	公称粒径(mm)	通过下列筛孔(mm)的质量百分率(%)								
		37.5	31.5	26.5	19.0	13.2	9.5	4.75	2.36	0.6
S1	40～75	0～15		0～5						
S2	40～60	0～15		0～5						
S3	30～60	—	0～15	—	0～5					
S4	25～50	—	—	0～15	—	0～5				
S5	20～40	90～100	—	—	0～15	—	0～5			
S6	15～30	100	90～100	—	—	0～15	—	0～5		
S7	10～30	100	90～100	—	—	—	0～15	0～5		
S8	10～25		100	90～100	—	0～15	—	0～5		
S9	10～20			100	90～100	—	0～15	0～5		
S10	10～15				100	90～100	0～15	0～5		
S11	5～15				100	90～100	40～70	0～15	0～5	
S12	5～10					100	90～100	0～15	0～5	
S13	3～10					100	90～100	40～70	0～20	0～5
S14	3～5						100	90～100	0～15	0～3

采石场在生产过程中必须彻底清除覆盖层及泥土夹层。生产碎石用的原石不得含有土块、杂物，集料成品不得堆放在泥地上。破碎砾石应采用粒径大于50mm、含泥量不大于1%的砾石轧制，并应符合规范对粗集料的技术要求（表9-11）。筛选的砾石仅限于三级及三级以下公路和次干路以下的城市道路沥青表面处置路面，并应经过试验论证区的许可后使用。钢渣破碎后应有6个月以上的存放期，除了吸水率允许适当放宽外，质量应符合表9-11的要求，钢渣中的游离氧化钙≤3%，浸水膨胀率≤2%。

高速公路、一级公路沥青路面的表面层（或磨耗层）粗集料的磨光值应符合表9-13的要求。除沥青玛琋脂碎石（SMA）、开级配磨耗层沥青混合料（OGFC）路面外，允许在硬质粗集料中掺加部分较小粒径的磨光值达不到要求的粗集料，其最大掺加比例由磨光值试验确定。粗集料与沥青的黏附性应符合表9-13的要求，当使用黏附性不符合要求的粗集料时（酸性石料如花岗岩、石英岩等），沥青混合料宜使用针入度较小的沥青、掺加干燥的磨细生石灰或生石灰粉、水泥或用饱和石灰水处理粗集料后使用，必要时可同时在沥青中掺加耐热、耐水、长期性能好的抗剥落剂，也可采用改性沥青，使沥青混合料的水稳定性检验达到要求。掺加外加剂的剂量由沥青混合料的水稳定性检验确定。

粗集料与沥青的黏附性、磨光值的技术要求 **表 9-13**

雨量气候区		1(潮湿区)	2(湿润区)	3(半干区)	4(干旱区)
年降雨量(mm)		＞1000	1000～500	500～250	＜250
高速公路、一级公路表面层粗集料的磨光值 PSV[1]≥		≥42	≥40	≥38	≥36
粗集料与沥青的黏附性[2]≥	高速公路、一级公路表面层	≥5	≥4	≥4	≥3
	高速公路、一级公路的其他层次及其他等级公路的各个层次	≥4	≥4	≥3	≥3

注：1. 试验方法按照现行《公路工程集料试验规程》JTG E 42 规定的方法执行。

2. 试验方法按照现行《公路工程沥青及沥青混合料试验规程》JTG E 20 规定的方法执行。

2. 沥青混合料用细集料

沥青混合料用的细集料，可以采用公称粒径不大于 2.36mm 的天然砂、机制砂或石屑。细集料应洁净、干燥、无风化、无杂质，并有适当的颗粒级配，其质量应符合表 9-14 的规定。细集料的洁净程度，天然砂以小于 0.075mm 含量的百分数表示，石屑和机制砂以砂当量（适用于 0～4.75mm）或亚甲蓝值（适用于 0～2.36mm 或 0～0.15mm）表示。

沥青混合料用细集料质量要求 **表 9-14**

项目	高速公路、一级公路、城市快速路、主干路	其他等级公路与城市道路
表观密度(kg/m^3)≥	2500	2450
坚固性(粒径＞0.3mm 部分的含量(%))≥	12	—
含泥量(粒径小于 0.075mm 部分的含量(%))≤	3	5
砂当量(%)≥	60	50
亚甲蓝值(g/kg)≤	25	—
棱角性(流动时间)(s)≥	30	—

注：1. 试验方法按照现行《公路工程集料试验规程》JTG E 42 规定的方法执行；

2. 坚固性试验可根据需要进行；

3. 当进行砂当量试验有困难时，也可用水洗法测定小于 0.075mm 部分含量（仅适用于天然砂）。对高速公路、一级公路、城市快速路、主干路要求不大于 3%，对其他公路与城市道路要求不大于 5%。

细集料应与沥青有良好的粘结能力，高速公路、一级公路、城市快速路、主干路沥青面层使用与沥青粘结性能差的天然砂及用花岗岩、石英岩等酸性岩石破碎的人工砂或石屑石时，应采用前述粗集料的抗剥离措施。

热拌沥青混合料的细集料宜采用优质的天然砂或机制砂，在缺砂地区，也可使用石屑，但用于高速公路、一级公路、城市快速路、主干路沥青混凝土面层及抗滑表层的石屑用量不宜超过砂的用量。

天然砂可采用河砂或海砂，通常宜采用粗、中砂，其规格应符合表 9-15 的规定，砂的含泥量超过规定时应水洗后使用，海砂中的贝壳类材料必须筛除。热拌密级配沥青混合料中天然砂的用量通常不宜超过集料总量的 20%，沥青玛琋脂碎石混合料 SMA 和开级配沥青磨耗层 OGFC 混合料不宜使用天然砂。

石屑是采石场破碎石料时通过 4.75mm 或 2.36mm 的筛下部分，其规格应符合表 9-16 的要求。采石场在生产石屑的过程中应具备抽吸设备，高速公路和一级公路的沥青混合料，宜将 S14 与 S16 组合使用，S15 可在沥青稳定碎石基层或其他等级公路中使用。机制砂宜采用专用的制砂机制造，并选用优质石料生产，其级配应符合 S16 的要求。

沥青混合料用天然砂规格 **表 9-15**

筛孔尺寸(mm)	通过各筛孔的质量百分数(%)		
	粗砂	中砂	细砂
9.5	100	100	100
4.75	90～100	90～100	90～100
2.36	65～95	75～90	85～100
1.18	35～65	50～90	75～100
0.60	15～30	30～60	60～84
0.30	5～20	8～30	15～45
0.15	0～10	0～10	0～10
0.075	0～5	0～5	0～5

沥青混合料用机制砂或石屑规格 **表 9-16**

规格	公称粒径(mm)	水洗法通过各筛孔的质量百分率(%)							
		9.5	4.75	2.36	1.18	0.60	0.30	0.15	0.075
S15	0～5	100	90～100	60～90	40～75	20～55	7～40	2～20	0～10
S16	0～3		100	8～100	50～80	25～60	8～45	0～25	0～15

注：当生产石屑采用喷水抑制扬尘工艺时，应特别注意含粉量不得超过表中要求。机制砂宜采用专用的制砂机制造，并选用优质石料生产，其级配应符合 S16 的要求。

细集料应与沥青具有较好的粘结能力。与沥青粘结性差的天然砂及花岗岩、花岗斑岩、砂岩、片麻岩、角闪岩、石英岩等酸性石料制得的机制砂及石屑不宜用于高速公路、一级公路、城市快速路、主干路沥青路面。当需要使用时，应采用前述粗集料的抗剥离措施。当一种细集料不能满足级配要求时，可采用两种或两种以上的细集料按照适当比例掺配使用。

3. 填料（矿粉）

沥青混合料中的填料，必须采用石灰岩或岩浆岩中的强基性岩石等憎水性石料经磨细而制得，原石料中的泥土杂质应除净。矿粉应干燥、洁净，能自由地从矿粉仓流出，其质量应符合表 9-17 的技术要求。当采用水泥、生石灰粉、粉煤灰做填料时，其用量不宜超过矿料总量的 2%。

沥青混合料用矿粉质量要求 **表 9-17**

项目	高速公路、一级公路、城市主干快速路	其他等级公路
表观相对密度(kg/m^3)≥	2500	2450
含水量(%)≤	1	1

续表

项目		高速公路、一级公路、城市主干快速路	其他等级公路
矿粉颗粒含量	粒径小于0.6mm(%)	100	100
	粒径小于0.15mm(%)	90～100	90～100
	粒径小于0.075mm(%)	75～100	70～100
外观		无团粒结块	
亲水系数≤		1	
塑性指数≤		4	
加热安定性		实测记录	

粉煤灰作为填料使用时，其烧失量应小于12%，塑性指数应小于4%，其质量要求与矿粉相同。粉煤灰的用量不宜超过填料总量的50%，并应经试验确认与沥青有良好的粘结力，沥青混合料的水稳定性应满足要求。高速公路、一级公路和城市快速路、主干路的沥青混凝土面层不宜采用粉煤灰做填料。拌合机的粉尘可作为矿粉的一部分回收使用，但每盘用量不得超过填料总量的25%，掺有粉尘填料的塑性指数不得大于4%。

9.4.2 矿质混合料的级配理论

在水泥混凝土或沥青混合料中，所用集料的粒径尺寸范围较大，而天然或人工轧制的一种集料往往仅有几种粒径尺寸的颗粒组成，难以满足工程对某一混合料的目标设计级配范围的要求，因此需要将两种或两种以上的集料配合使用，构成矿质混合料，简称矿料。级配是指集料中各种粒径颗粒的搭配比例或分布情况。集料的级配对集料的堆积密度、空隙率、粗集料骨架间隙率、细集料棱角性产生影响，进而对水泥混凝土及沥青混合料的强度、稳定性及施工和易性有着显著的影响。矿质混合料应满足最小空隙率（最大密实度）和最大摩擦力（各级集料紧密排列）的基本要求。

1）级配曲线

各种不同粒径的集料，按照一定的比例搭配起来，以达到较高的密实度（或较大摩擦力），可以采用三类级配组成。不同级配类型的级配曲线如图9-9所示。

（1）连续级配。连续级配是采用标准筛孔配成的套筛对某一混合料进行筛析试验，所得的级配曲线平顺圆滑，具有连续（不间断）的性质，相邻粒径的粒料之间，有一定的比例关系（按质量计）。这种由大到小，逐级粒径均有按比例互相搭配组成的矿质混合料，称为连续级配矿质混合料。

（2）间断级配。间断级配是在矿质混合料中剔除其中一个或几个分级而形成一种不连续的混合料，这种混合料称为间断级配矿质混合料。

（3）连续开级配。整个矿料颗粒分布范围较窄，从最大粒径到最小粒径仅在数个粒级上以连续的形式出现，形成连续开级配。

2）级配理论

关于级配理论的研究，实质上发源于我国的垛积理论。目前常用的级配理论主要有最大密度曲线理论和粒子干涉理论。本节主要介绍最大密度曲线理论，该理论主要描述了连续级配的粒径分布。

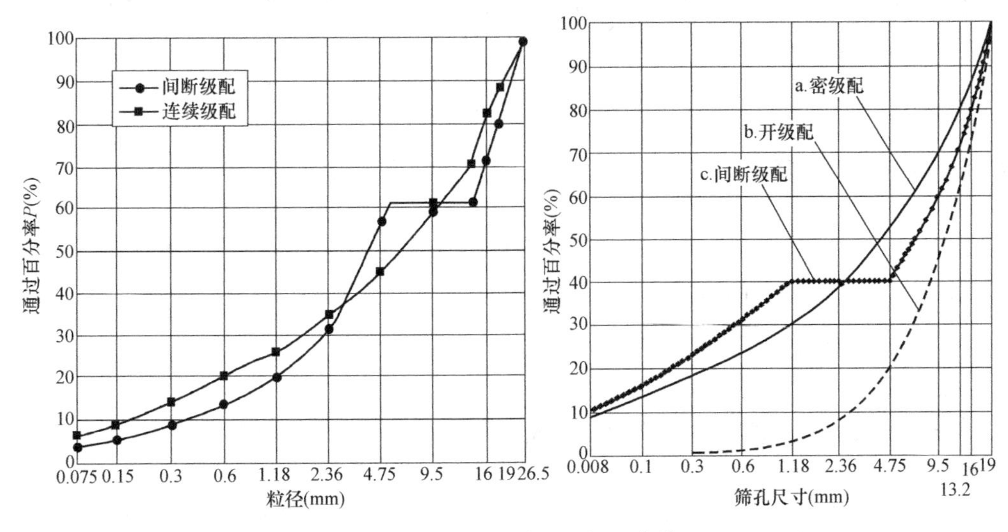

图 9-9　不同级配类型的级配曲线

（1）最大密度曲线公式。最大密度曲线是通过试验提出的一种理想曲线。该理论认为：矿质混合料的颗粒级配曲线越接近抛物线，则其密度越大。根据该理论，当矿物混合料的级配曲线为抛物线（图 9-10）时，最大密度理想曲线集料各级粒径 d_i 与通过百分率 P_i 可以表示为下式：

$$P_i^2 = kd_i$$

式中　P_i——各级颗粒粒径的集料在对应筛孔尺寸 d 上的通过百分率（%）；

d_i——集料各级颗粒粒径（mm）；

k——常数。

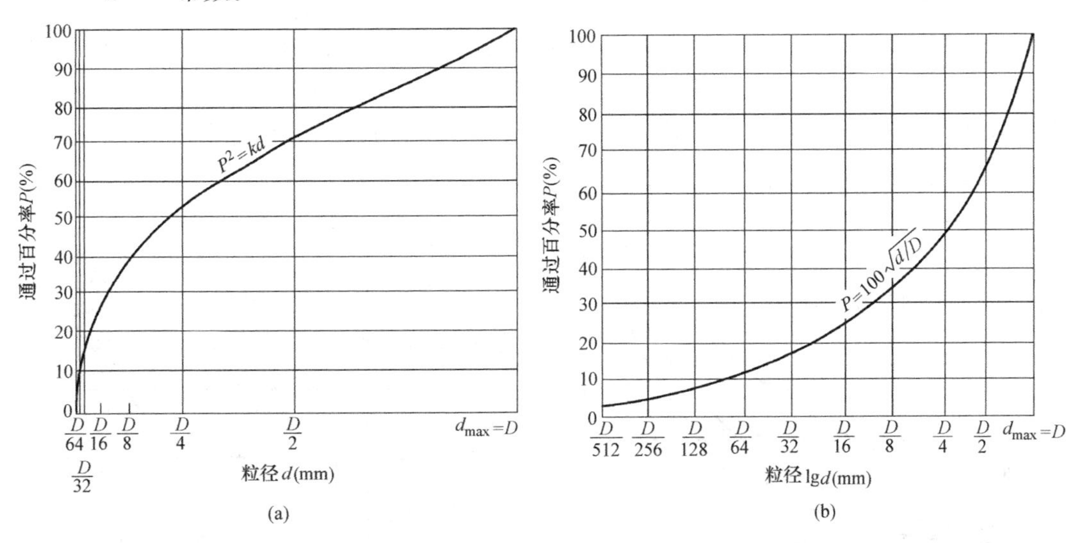

图 9-10　最大密度理想级配曲线

注：(a) 为 P-d 曲线，纵坐标通过百分率 P 与横坐标粒径 d 均为算术坐标。在横坐标上，粒径 d 按 1/2 递减，随着粒径的减少，粒径 d 的位置越来越近，甚至无法绘出。为此，常采用 (b) 的 P-lg$d$ 半对数坐标表示法。

当筛孔尺寸 d 等于集料最大粒径 D 时，其通过百分率为 100%，即 $d=D$，$P=100$，将此代入上式得：

$$k=100^2\cdot\frac{1}{D}$$

计算任何一级颗粒粒径 d_i 的通过百分率 P_i 时，计算公式为：

$$P_i=100\times\sqrt{\frac{d_i}{D}}$$

式中 P_i——欲计算的某级集料的通过百分率（%）；

d_i——欲计算的某级集料粒径（mm）；

D——矿质混合料的最大粒径（mm）。

根据上述最大密度理想曲线的级配组成计算公式，可以计算出某矿料达到最大密度时各级颗粒粒径 d_i 的通过量 P_i。

（2）最大密度曲线 n 幂公式。泰波（A N Taibal）认为，富勒曲线是一种理想曲线，实际矿料的级配应允许有一定的波动范围，故将最大密度曲线改为 n 次幂的通式：

$$P_i=100\times\left(\frac{d_i}{D}\right)^n$$

为了计算简便，公式可以用对数方程列出：

$$\lg P_i=2+n(\lg d_i-\lg D)=(2-\lg D)+n\lg d_i$$

式中 P_i——欲计算的某级集料的通过百分率（%）；

d_i——欲计算的某级集料粒径（mm）；

D——矿质混合料的最大粒径（mm）；

n——试验指数。

通常使用的矿质混合料的级配范围 $n=0.3\sim0.7$ 之间时，有较好的密实度，当 $n=0.5$ 时为抛物线，即为最大密度曲线。可以假定 $n=0.3$ 和 0.7，用上式计算矿质混合料的级配上限和下限。通常横坐标轴颗粒粒径（即筛孔尺寸）采用对数坐标，纵坐标轴通过百分率采用常规坐标，绘制级配范围曲线。最大密度 n 次幂的级配曲线范围，见图 9-11。

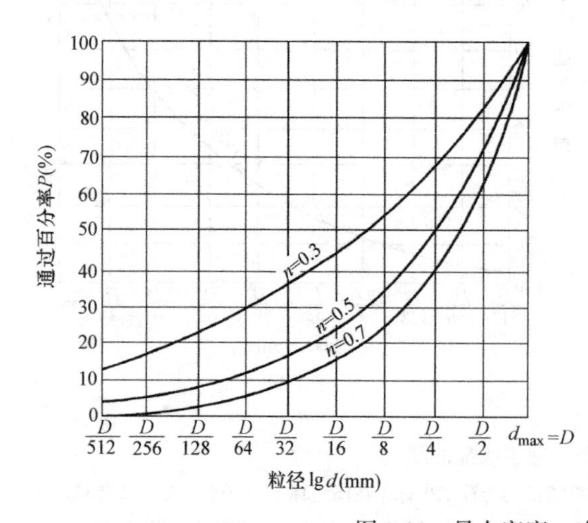

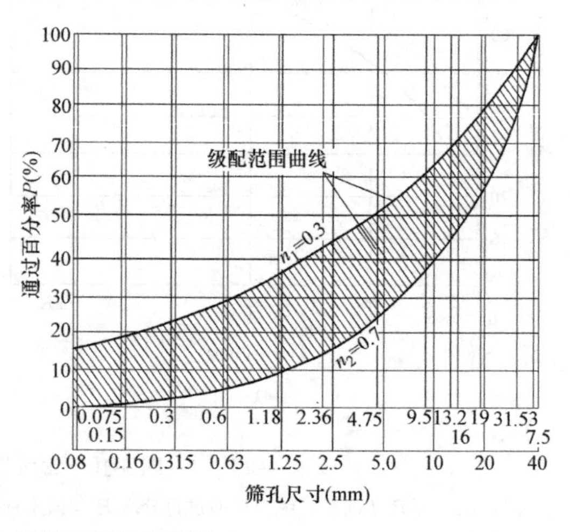

图 9-11 最大密度 n 次幂的级配曲线范围

例 9-2 已知矿质混合料的最大粒径 D 为 40mm，试用最大密度曲线公式计算其最大密度曲线的各级粒径的通过百分数，并按 $n=0.3\sim0.7$ 计算级配范围曲线的各级粒径的通过百分数。

解： 按 n 幂公式，最大密度曲线：$n=0.5$，$\lg P_i=(2-0.5\lg40)+0.5\lg d_i$；

级配范围曲线：$n_1=0.3$，$\lg P_{i1}=(2-0.3\lg40)+0.3\lg d_i$；$n_2=0.7$，$\lg P_{i2}=(2-0.7\lg40)+0.7\lg d_i$

根据题意，最大粒径 $D=40$mm，各级粒径 d_i 按 1/2 递减，分别用 D 和 d_i 代入 n 幂公式，具体计算结果见表 9-18。

最大密度曲线和级配范围曲线的各级粒径通过百分数（%） **表 9-18**

分级顺序		1	2	3	4	5	6	7	8	9	10
粒径 d_i(mm)		40	20	10	5	2.5	1.2	0.6	0.3	0.15	0.075
最大密度	$n=0.5$	100	70.70	50.00	35.36	25.00	17.32	12.22	8.66	6.12	4.30
级配范围	$n=0.3$	100	81.23	65.98	53.59	43.53	34.92	28.37	23.04	18.72	15.14
	$n=0.7$	100	61.56	37.89	23.33	14.36	8.59	5.29	3.25	2.00	1.22

9.4.3 矿质混合料的组成设计方法

矿质混合料组成设计的目的，是选配一个具有足够密实度并具有较高内摩擦阻力的矿质混合料，可以根据级配理论，计算出需要的矿质混合料的级配范围，但实际应用存在一定的困难。通常情况下，采用国家或行业标准或规范推荐的矿质混合料的级配范围。天然或人工轧制的一种集料，其级配往往很难满足符合工程需要的某一种级配范围的要求。因此，必须采用两种或两种以上的集料按照一定比例搭配起来，才能符合工程需要的混合料级配范围的要求。

矿质混合料的组成设计就是根据实际工程中现有的各种集料的级配参数（即筛分结果），针对设计要求或技术规范要求，采用一定的方法确定各规格集料在合成矿料中所占比例的操作过程。

1. 试算法

基本原理：在确定各组成集料在混合料中的比例时，先假定混合料中某种粒径的颗粒是由某一种对这一粒径占优势的集料组成，而其他各种集料中不含有此粒径。根据各个主要粒径去试算各种集料在混合料中的大致比例，再经过校核调整，最终获得满足混合料级配的各集料的配合比例。采用试算法求解，需要已知各个集料和矿质混合料的分计筛余百分率。

将几种已知筛析结果的集料 j 配制成满足目标级配要求的矿质混合料 M，混合料 M 在某一筛孔 i 上的颗粒是由这几种集料提供的。混合料的级配参数由以下两式之一确定。

$$a_{M(i)}=\sum a_{j(i)}\times X_{j(i)}$$
$$P_{M(i)}=\sum P_{j(i)}\times X_{j(i)}$$

式中 $a_{M(i)}$——矿质混合料在筛孔 i 上的分计筛余百分率（%）；

$a_{j(i)}$——某一集料 j 在筛孔 i 上的分计筛余百分率（%）；

$P_{M(i)}$——矿质混合料在筛孔 i 上的通过百分率（%）；

$P_{j(i)}$——某一集料 j 在筛孔 i 上的通过百分率（%）；

$X_{j(i)}$——某一集料 j 在矿质混合料中的质量百分率（%）。

将已知集料的级配参数和矿质混合料的目标级配参数代入上述二式，可以建立数个方程，方程的个数等于标准筛的个数，然后可以用正则方程法求解，也可以用试算法或规划求解法确定各个集料的用量。以下为求解步骤：

1）组成材料的原始数据测定

根据工程现场取样，对粗集料、细集料以及矿粉进行筛析试验，按筛析结果分别绘出各组成材料的筛分曲线。同时，测出各组成材料的相对密度（同体积的材料和水的质量比，或材料和水的密度比，无量纲），以供计算物理常数备用。

2）计算组成材料的配合比

（1）基本方程的建立

设有 A、B、C 三种集料在某一筛孔 i 上的筛余百分率分别为 $a_{A(i)}$、$a_{B(i)}$、$a_{C(i)}$，欲配制成矿质混合料 M 中在相应筛孔 i 上的分计筛余百分率设计值为 $a_{M(i)}$，假设 A、B、C 三种集料在混合料中的比例分别为 X、Y、Z，由此得公式：

$$X+Y+Z=100$$

$$a_{A(i)} \cdot X+a_{B(i)} \cdot Y+a_{C(i)} \cdot Z=100a_{M(i)}$$

（2）基本假定

假定在矿质混合料中，某一粒径的颗粒是由一种集料提供的，在其他集料中不含这一粒径的颗粒。

（3）计算各个集料在矿质混合料中的用量

第一步，计算 A 料在矿质混合料中的用量 X。首先要确定 A 集料中占优势含量的某一粒径（即混合料 M 中某一级粒径主要由 A 集料所提供，A 料占据优势），忽略其他集料在此粒径的含量。设 A 料占优势粒径的粒径尺寸为 i，则 B 料和 C 料在该粒径的含量 $a_{B(i)}$ 和 $a_{C(i)}$ 均认为等于 0，则 A 料在混合料中的用量为 $X=\frac{a_{M(i)}}{a_{A(i)}}\times 100$

第二步，计算 C 料在矿质混合料中的用量 Z。同理，首先要确定 C 集料中占优势含量的某一粒径（即混合料 M 中某一级粒径主要由 C 集料所提供，C 料占据优势），忽略其他集料在此粒径的含量。设 C 料占优势粒径的粒径尺寸为 j，则 B 料和 A 料在该粒径的含量 $a_{B(j)}$ 和 $a_{A(j)}$ 均认为等于 0，则 C 料在混合料中的用量为 $Z=\frac{a_{M(j)}}{a_{C(j)}}\times 100$

第三步，计算 B 料在矿质混合料中的用量 Y。

$$Y=100-(X+Z)$$

第四步，合成级配的计算、校核和调整。由于试算法中各种集料用量比例是根据几个筛孔确定的，不能控制所有筛孔，所以应对合成级配进行校核。先根据上述公式计算矿质混合料的合成级配 $a_{M(i)}$ 或 $P_{M(i)}$。矿质混合料的合成级配应在设计要求级配范围内，并尽可能地接近设计级配范围的中值。当合成级配不满足要求时，应调整各集料的比例。调整配合比后还应重新进行校核，直至符合要求。如计算后仍不能满足级配要求，可掺加单粒级集料或调换其他集料。

2. 图解法

通常采用“修正平衡面积法”确定矿质混合料的合成级配。

1）基本原理

（1）级配曲线坐标图的绘制方法

通常级配曲线图是采用半对数标图，即纵坐标的通过量（p_i）为算术坐标，横坐标的粒径（d_i）为对数坐标。因此，按 $p_i=100(d_i/D)^n$ 所绘出的级配中值为一曲线。但图解法要求级配中值呈一直线，因此纵坐标的通过量（p_i）仍为算术坐标，而横坐标的粒径采用 $(d_i/D)^n$ 表示，这样绘出的级配曲线中值成为直线。

（2）各种集料用量的确定方法

将各种集料级配曲线绘于坐标图上。为简化起见，假设：各集料为单一粒径，即各种集料的级配曲线均为直线；相邻两曲线相接，即在同一筛孔上，前一集料的通过量为 0 时，后一集料的通过量为 100%。将各集料级配曲线和设计混合料级配中值绘出，确定各集料配合比原理见图 9-12。

将 A、B、C 和 D 各集料级配曲线首尾相连，即作出垂线 AA′、BB′和 CC′。各垂线与级配中值 OO′相交于 M、N 和 R，由 M、N 和 R 作出水平线与纵坐标交于 P、Q 和 S，则 OP、PQ、QS 和 ST 即为 A、B、C 和 D 四种集料在混合料的配合比 X∶Y∶Z∶W。

2）图解法设计步骤

（1）绘制级配曲线坐标图

按照一定尺寸绘制矩形图框，纵坐标通过百分率 P（取 10cm 格子，每厘米格子为 10%），横坐标筛孔尺寸或粒径（取 15cm 格子）；连对角线 OO′作为要求级配曲线中值，见图 9-13；纵坐标按算术标尺，标出通过量百分率（0～100%）；将根据要求级配中值（图 9-13）的各筛孔通过百分率标于纵坐标上，从纵坐标引水平线与对角线相交，再从交点做出垂线与横坐标相交，其交点即为各相应筛孔尺寸的位置。表 9-19 所示为细粒式沥青混合料 AC-13 用矿质混合料的级配范围。

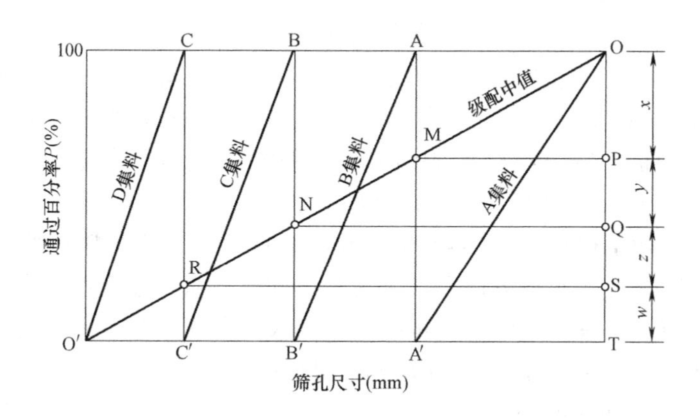

图 9-12　确定各集料配合比原理图

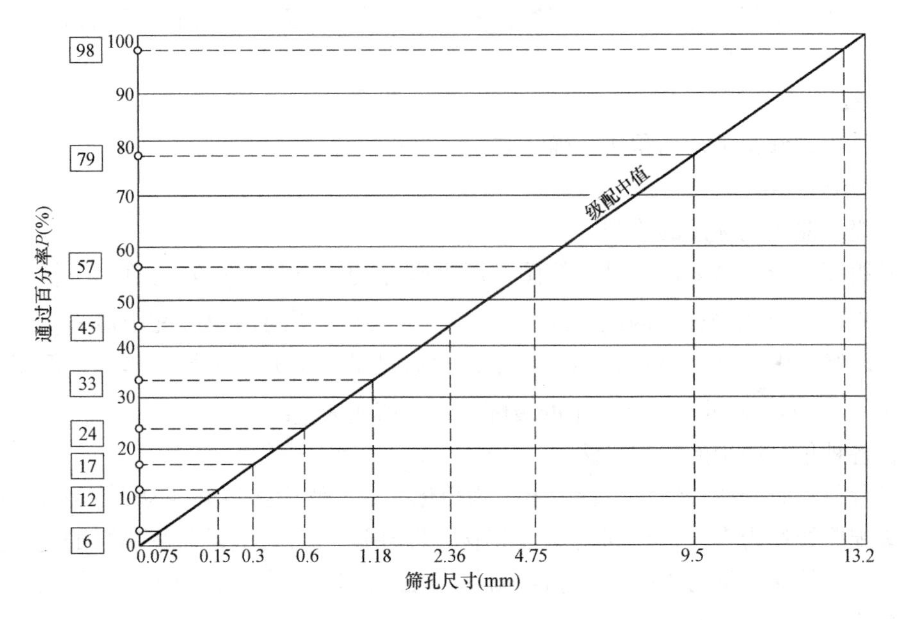

图 9-13　级配中值曲线坐标图

AC-13 沥青混合料用矿质混合料级配范围　　**表 9-19**

筛孔尺寸(mm)	16.0	13.2	9.5	4.75	2.36	1.18	0.6	0.3	0.15	0.075
级配范围(mm)	100	95～100	70～88	48～68	36～53	24～41	18～30	12～22	8～16	4～8
级配中值	100	98	79	57	45	33	24	17	12	6

（2）确定各种集料用量

以图 9-13 为基础，将各种集料、矿粉的级配曲线绘制于图上，结果见图 9-14，然后根据两条级配曲线之间的关系确定各种集料的用量。由图 9-14 可见，任意两条相邻集料级配曲线之间的关系只可能是下列三种情况之一：

① 曲线重叠　两条相邻级配曲线相互重叠，在图 9-14 中表现为集料 A 的级配曲线下部与集料 B 的级配曲线上部搭接。此时，在两级配曲线之间引一根垂线 AA′，使其与集料 A、集料 B 的级配曲线截距相等，即 $a=a'$。垂线 AA′与对角线交于点 M，通过 M 作一水平线与纵坐标交于 P 点，OP 即为集料 A 的用量。

② 曲线相接　两条相邻级配曲线相接，在图 9-14 中表现为集料 B 的级配曲线末端与集料 C 的级配曲线首端正好在同一垂直线上。对于这种情况仅需将集料 B 的级配曲线末端与集料 C 的级配曲线首端相连，得垂线 BB′。垂线 BB′与对角线交于点 N，通过 N 作一水平线与纵坐标交于 Q 点，PQ 即为集料 B 的用量。

③ 曲线相离　两条相邻级配曲线相离，在图 9-14 中表现为集料 C 的级配曲线末端与集料 D 的级配曲线首端在水平方向上彼此分离。此时，做一条垂线平分这段水平距离，使 $b=b'$，得垂线 CC′。垂线 CC′与对角线交于点 R，通过 R 作一水平线与纵坐标交于 S 点，QS 即为集料 C 的用量。剩余 ST 即为集料 D 的用量。

（3）校核调整矿质集料配比

按照图解所得的各种集料用量，校核计算所得合成级配是否符合要求。如不能符合要

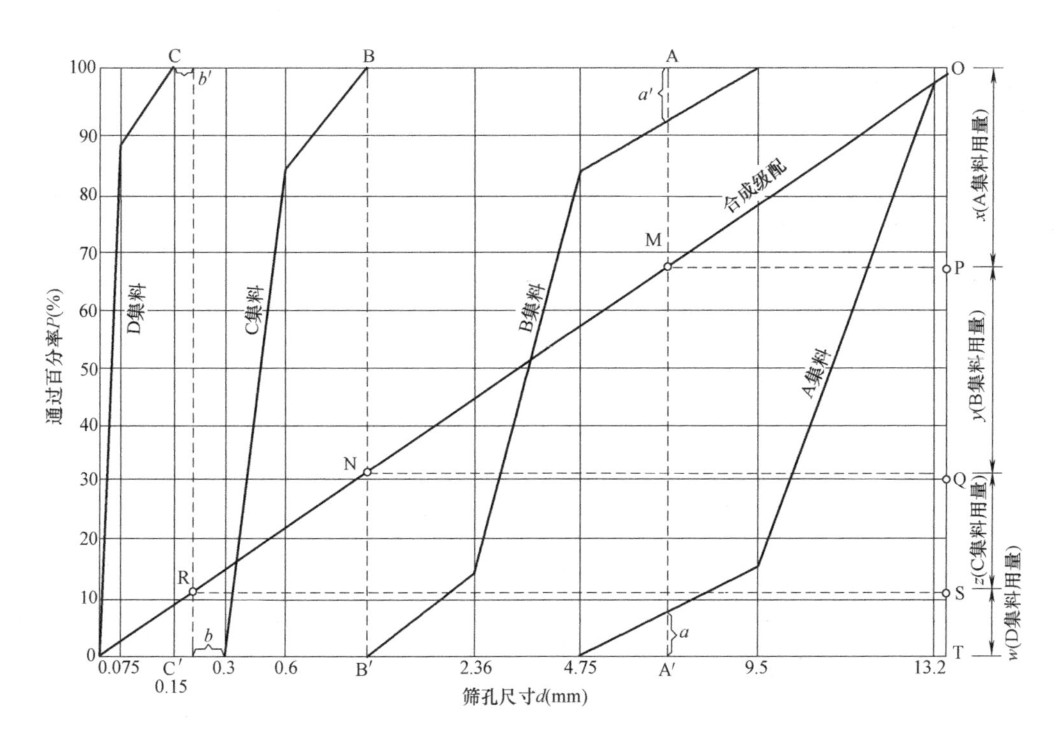

图 9-14　组成集料级配曲线和要求合成级配曲线

求（超出要求的级配范围），应调整各集料的用量。

9.5　热拌沥青混合料的配合比设计

沥青混合料配合比设计的任务是确定粗集料、细集料、填料（矿粉）和沥青等材料相互配合的最佳组成比例，使沥青混合料的各项技术指标既达到工程要求，又符合经济性原则。

热拌沥青混合料配合比设计包括：目标配合比设计（实验室配合比设计）、生产配合比设计和生产配合比验证等三个阶段。本节着重介绍目标配合比设计（实验室配合比设计）。

9.5.1　目标配合比设计

目标配合比设计在实验室进行，分为热拌沥青矿质混合料组成设计和最佳沥青用量的确定两个部分。

1. 热拌沥青矿质混合料的组成设计

热拌沥青矿质混合料配合组成设计的目的，是选配一个具有足够密实度、并且具有较高内摩擦阻力的矿质混合料。可以根据级配理论，计算出需要的矿质混合料的级配范围，但实际应用存在一定的困难。为了应用已有的研究成果和实践经验，通常采用规范推荐的矿质混合料级配范围来确定。根据现行《公路沥青路面施工技术规范》JTG F40 规定，按下列步骤进行：

1）确定沥青混合料类型

沥青混合料的类型，根据道路等级、路层类型及所处的结构层次，选择沥青混合料的类型，见表 9-20。

沥青混合料类型　　表 9-20

结构层次	高速公路、一级公路、城市快速路、主干道		其他等级公路	城市道路与其他道路工程
	三层式路面	两层式路面		
上面层	AC-13 AC-16 AC-20 AK-13 AK-16 SMA-13 SMA-16	AC-13 AC-16 AK-13 AK-16 SMA-13 SMA-16	AC-13 AC-16 SMA-13 SMA-16	AC-13 AC-16 AC-20 AK-13 AK-16 SMA-13 SMA-16
中面层	AC-20 AC-25	—	—	AC-20 AC-25
下面层	AC-25 AC-30	AC-20 AC-25 AC-30	AC-20 AC-25 AC-30 AM-25 AM-30	AC-25 AC-30 AM-25 AM-30

2）确定矿质混合料的级配范围

密级配沥青混合料宜根据公路等级、气候及交通条件按表 9-21 选择采用粗型（C 型）或细型（F 型）混合料。对夏季温度高、高温时间长、重载交通多的路段，宜选用粗型密级配沥青混合料（AC-C），并取较高的设计空隙率；对冬季温度低且低温持续时间长的地区或者重载交通量较少的路段，宜选用细型密级配沥青混合料（AC-F）并取较低的设计空隙率。根据已确定的沥青混合料类型，查表 9-22 规范推荐的矿质混合料级配范围，即可确定所需要的级配范围。

粗型（C 型）和细型（F 型）密级配沥青混凝土的关键性筛孔通过率　　表 9-21

混合料类型	公称最大粒径(mm)	用以分类的关键性筛孔(mm)	粗型(C 型)密级配		细型(F 型)密级配	
			名称	关键性筛孔通过率(%)<	名称	关键性筛孔通过率(%)>
AC-25	26.5	4.75	AC-25C	40	AC-25F	40
AC-20	19.0	4.75	AC-20C	45	AC-20F	45
AC-16	16.0	2.36	AC-16C	38	AC-16F	38
AC-13	13.2	2.36	AC-13C	40	AC-13F	40
AC-10	9.5	2.36	AC-10C	45	AC-10F	45

3）检测组成材料的原始数据

根据现场取样，对粗细集料和矿粉（填料）进行筛分试验，分别绘出各组成材料的筛分曲线，同时测出各组成材料的表观密度。

4）计算矿质混合料配合比

根据各组成材料的试验结果，借助计算机或图解法，求出各组成材料用量的比例关系，并使合成的配合比符合下列要求：

（1）通常情况下，合成级配曲线应尽量接近设计级配中限，尤其应使 0.075mm、2.36mm、4.75mm 筛孔的通过量尽量接近设计级配范围的中限。

（2）对交通量大，轴载重的道路，宜偏向级配范围的下（粗）限。对中小交通量或人行道路等宜偏向级配范围的上（细）限。

（3）合成级配曲线应接近连续或合理的间断级配，不得有过多的锯齿形交错。当经过再三调整仍有两个以上的筛孔超出级配范围时，必须对原材料进行调整或更换原材料重新设计。

2. 最佳沥青用量的确定方法

实验室确定沥青最佳用量，最常用的为马歇尔法试验法。该方法确定沥青最佳用量按下列步骤进行：

（1）按确定的矿质混合料的配合比，计算各种集料的用量。

（2）根据表 9-21 所列出的沥青用量范围及科研、实践经验，选适宜的沥青用量（或称为油石比）。

部分沥青混合料矿料级配及沥青用量范围 **表 9-22**

级配类型	通过下列筛孔（方孔筛）(mm)的质量百分率(%)												
	31.5	26.5	19.0	16.0	13.2	9.5	4.75	2.36	1.18	0.6	0.3	0.16	0.075
AC-25	100	90～100	75～90	65～83	57～67	45～65	24～52	16～42	12～33	8～24	5～17	4～13	3～7
AC-20		100	90～100	78～92	62～80	50～72	26～56	16～44	12～33	8～24	5～17	4～13	3～7
AC-16			100	90～100	76～92	60～80	34～62	20～48	13～36	9～26	7～18	5～14	4～8
AC-13				100	90～100	68～85	38～68	24～50	15～38	10～28	7～20	5～15	4～8
AC-10					100	90～100	45～75	30～58	20～44	13～32	9～23	6～16	4～8
AC-5						100	90～100	55～75	35～55	20～40	12～28	7～18	5～10
SMA-20		100	90～100	72～92	62～82	40～55	18～30	13～22	12～20	10～16	9～14	8～13	8～12
SMA-16			100	90～100	65～85	45～65	20～32	15～24	14～22	12～18	10～15	9～14	8～12
SMA-13				100	90～100	50～75	20～34	15～26	14～24	12～20	10～16	9～15	8～12
SMA-10					100	90～100	28～60	20～32	14～26	12～22	10～18	9～16	8～13
AM-20		100	90～100	60～85	50～75	40～65	15～40	5～22	2～16	1～12	0～10	0～8	0～5
AM-16			100	90～100	60～85	45～68	18～40	6～25	3～18	1～14	0～10	0～8	0～5
AM-13				100	90～100	50～80	20～45	8～28	4～20	2～16	0～10	0～8	0～6
AM-10					100	90～100	35～65	10～35	5～22	2～16	0～12	0～9	0～6
OGFC-16			100	90～100	70～90	45～70	12～30	10～22	6～18	4～15	3～12	3～8	2～6
OGFC-13				100	90～100	60～80	12～30	10～22	6～18	4～15	3～12	3～8	2～6
OGFC-10					100	90～100	50～70	10～22	6～18	4～15	3～12	3～8	2～6

注：AC——密级配沥青混合料；SMA——沥青玛琋脂碎石；AM——半开级配沥青碎石；OGFC——开级配排水式磨耗层。

(3) 以估计的沥青用量为中值，按 0.5%间隔上下变化，取 5 个不同的沥青用量，用小型拌合机与矿料拌和，按规定的击实次数（高速公路、一级公路 75 次；其他等级公路 50 次）成型马歇尔试件（公称最大粒径≤26.5mm 的密级配沥青混合料，试件 ϕ101.6mm×63.5mm）。油石比，即沥青用量与矿质混合料之比，一般为 4%～6%。

(4) 依据现行《公路工程沥青及沥青混合料试验规程》JTG E20 测定物理指标：测定试件的表观密度（ρ_s）、理论密度（ρ_t）、空隙率（VV）、沥青体积百分数（VA）、矿料间隙率（VMA）及沥青的饱和度（VFA）。

(5) 依据现行《公路工程沥青及沥青混合料试验规程》JTG E20 测定试件力学指标：

① 马歇尔稳定度（MS）：按标准试验方法制备的试件在 60℃条件下，保温 45min，然后将试件放置于马歇尔稳定度仪上，以（50±5）mm/min 形变速度加荷，直至试件破坏。测得的试件破坏时的最大荷载（以 kN 计）称为马歇尔稳定度。现行《公路沥青路面施工技术规范》JTG F40 规定：公称最大粒径≤26.5mm 的密级配沥青混合料，针对高速公路和一级公路，稳定度（MS）≥8kN；其他公路，稳定度（MS）≥5kN；行人道路，稳定度（MS）≥3kN。

② 流值（FL）：在测定稳定度的同时，测定试件的流动变形，当达到最大荷载的瞬间试件所产生的垂直流动变形（以 0.1mm 计），称为流值（FL）。

(6) 马歇尔试验结果分析。

① 绘制沥青用量与物理力学指标的关系图　以沥青用量为横坐标，分别以实测密度、稳定度等指标为纵坐标，分别绘制成关系曲线（图 9-15）。

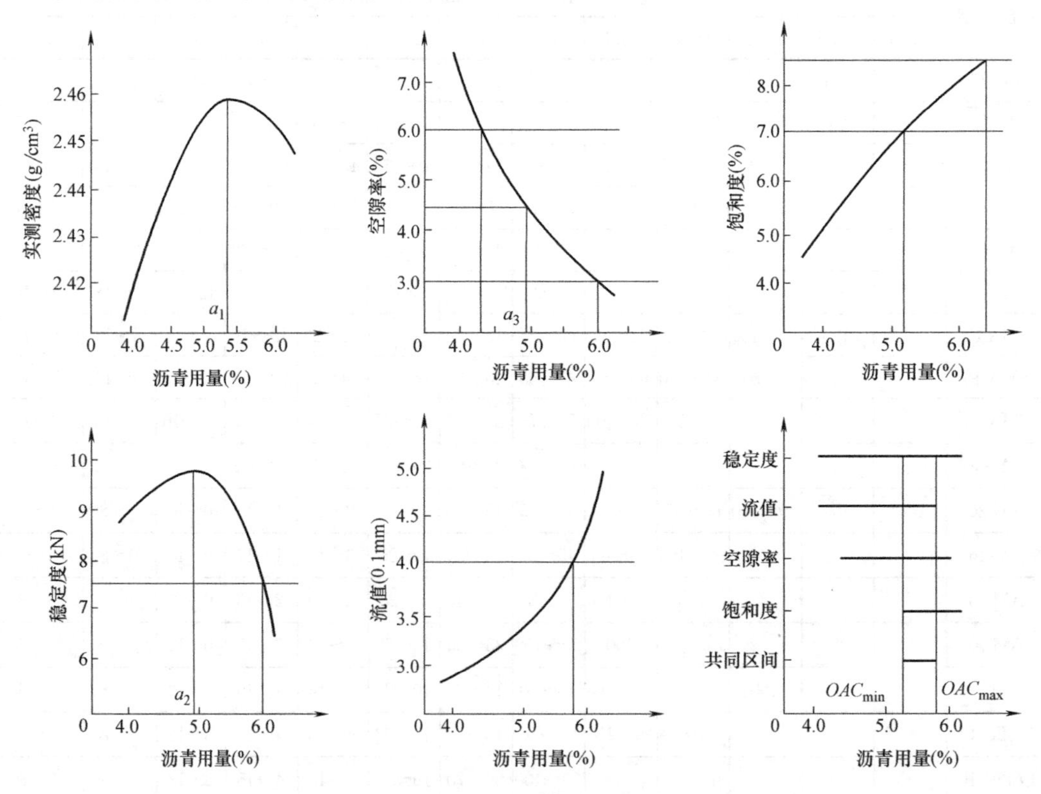

图 9-15　沥青用量与物理力学指标的关系

② 从图中求取相应于密度最大值的沥青用量为 a_1；相应于稳定度最大值的沥青用量为 a_2；相应于规定空隙率范围的中值（或要求的目标空隙率）的沥青用量 a_3，相应于沥青饱和度范围中值的沥青用量 a_4，按下式计算四者的平均值作为最佳沥青用量的初始值 OAC_1。

$$OAC_1=\frac{a_1+a_2+a_3+a_4}{4}$$

如果所选择的沥青用量范围未能涵盖沥青饱和度的要求范围，按下式求取三者平均值作为初始值 OAC_1。

$$OAC_1=\frac{a_1+a_2+a_3}{3}$$

③ 根据符合各项技术指标的沥青用量范围确定沥青最佳用量初始值（OAC_2） 根据规范求出满足稳定度、流值、空隙率、饱和度四个指标的沥青用量范围，并取各沥青用量范围的交集 OAC_{min}～OAC_{max}，以其中值作为 OAC_2。

$$OAC_2=(OAC_{min}+OAC_{max})/2$$

④ 按最佳沥青用量初始值 OAC_1，取出相应的各项指标值，当各项指标均符合各项马歇尔试验技术标准时，由 OAC_1 和 OAC_2 综合确定最佳沥青用量（OAC）。

⑤ 由 OAC_1 和 OAC_2 综合决定最佳沥青用量（OAC）时，宜根据实践经验、道路等级、气候条件等，按下列步骤进行：

(a) 一般情况下，取 OAC_1 和 OAC_2 的中值作为最佳沥青用量（OAC）。

(b) 对热区道路以及车辆渠化交通的高速公路、一级公路、城市快车道、主干路，预计有可能造成较大车辙的情况下，可在 OAC_1 与下限 OAC_{min} 范围内确定，但不宜小于 OAC_2 的 0.5%。

(c) 对寒区道路及其他等级公路与城市道路，可在 OAC_2 与上限 OAC_{max} 范围内确定，但不宜大于 OAC_2 的 0.3%。

3. 沥青混合料路用性能检验

1) 水稳定性检验

按最佳沥青用量（OAC）制作马歇尔试件，进行浸水马歇尔试验或真空饱水后的浸水马歇尔试验。当残留稳定度不符合表 9-23 规定时，应重新进行配合比试验，直至符合要求为止。当最佳沥青用量 OAC 值与两初始值 OAC_1 和 OAC_2 相差甚大时，宜按 OAC 与 OAC_1 或 OAC_2 分别制作试件，进行残留稳定度试验，根据试验结果对 OAC 做适当调整。

沥青混合料水稳定性检验技术要求 **表 9-23**

气候条件与技术指标		相应于下列气候分区的技术要求			
年降雨量及气候分区		>1000mm（潮湿区）	500～1000mm（湿润区）	250～500mm（半干区）	<250mm（干旱区）
浸水马歇尔试验残留稳定度(%)≥	普通沥青混合料	80		75	
	改性沥青混合料	85		80	
冻融劈裂试验残留强度比(%)≥	普通沥青混合料	75		70	
	改性沥青混合料	80		75	

2) 车辙试验

按最佳沥青用量 *OAC* 制作车辙试验试件，在温度 60℃、轮压 0.7MPa 条件下，检验其高温抗车辙能力。当动稳定度不符合下列要求时，即高速公路应不小于 800 次/mm，一级公路应不小于 600 次/mm，应对矿料级配或沥青用量进行调整，重新进行配合比设计。表 9-24 为沥青混合料车辙试验动稳定度技术要求。

沥青混合料车辙试验动稳定度技术要求　　表 9-24

气候条件与技术指标	相应于下列气候分区所要求的动稳定度(次/mm)≥								
七月平均最高气温及气候分区	＞30℃				20～30℃				＜20℃
	夏炎热区				夏热区				夏凉区
	1-1	1-2	1-3	1-4	2-1	2-2	2-3	2-4	3-2
普通沥青混合料	800		1000		600	800			600
改性沥青混合料	2400		2800		2000	2400			1800

3）低温抗裂性试验

沥青混合料应进行低温抗裂性试验，试验温度为−10℃，加载速度为 50mm/min。其低温抗裂能力应符合表 9-25 的要求。否则应重新进行沥青混合料的配合比设计。

沥青混合料低温弯曲试验破坏应变技术要求　　表 9-25

气候条件与技术指标	相应于下列气候分区所要求的破坏应变(με)≥								
年极端最低气温及气候分区	＜−37.0℃		−37.0～−21.5℃			−21.5～−9.0℃		＞−9.0℃	
	冬严寒区		冬寒区			冬冷区		冬温区	
	1-1	2-1	1-2	2-2	3-2	1-3	2-3	1-4	2-4
普通沥青混合料	2600		2300			2000			
改性沥青混合料	3000		2800			2500			

需经反复调整及综合试验结果，并参考以往工程经验，最终决定矿料级配和最佳沥青用量。

9.5.2　生产配合比设计

在目标配合比确定之后，应进行生产配合比设计。

进行沥青混合料生产时，虽然所用的材料与目标配合比设计相同，但是实际情况与试验室还是有所差别的；另外，在生产时，砂、石料经过干燥筒加热，然后再经筛分，这热料筛分与实验室的冷料筛分也可能存在差异。对间歇式拌合机，应从二次筛分后进入各热料仓的材料中取样，并进行筛分，确定各热料仓的材料比例，使所组成的级配与目标配合比设计的级配一致，或基本接近，供拌合机控制室使用。同时，应反复调整冷料仓进料比例，使供料均衡，并取目标配合比设计的最佳沥青用量、最佳沥青用量加 0.3%和最佳沥青用量减 0.3%等三个沥青用量进行马歇尔试验，确定生产配合比的最佳沥青用量，供试拌试铺使用。

9.5.3　生产配合比验证

生产配合比确定后，还需要铺试验路段，并用拌和的沥青混合料进行马歇尔试验，同时钻取芯样，以检验生产配合比，如符合标准要求，则整个配合比设计完成，由此确定生产用的标准配合比；否则，还需要进行调整。

标准配合比即作为生产的控制依据和质量检验的标准。标准配合比的矿料合成级配中，0.075mm、2.36mm、4.75mm三档筛孔的通过率，应接近要求级配的中值。

例9-3 试设计某高速公路沥青混凝土路面用沥青混合料的配合组成。

【原始资料】

（1）该高速公路沥青路面为三层式结构的上面层。

（2）气候条件：最高月平均气温32℃左右；最冷月平均气温－4℃左右。年降水量500～750mm。

（3）材料性能。

① 沥青材料：可供应AH-90A、SBS（Ⅰ)-B道路石油沥青，经检验技术性能符合要求。

② 矿质材料：5～15mm碎石，3～5mm碎石，0～4.75mm机制砂，碎石和机制砂为石灰石轧制，表观密度为2.70g/cm^3。矿粉为磨细石灰石粉，粒度范围符合技术要求，无团粒结块，表观密度2.60g/cm^3。

【设计要求】

（1）根据道路等级路面类型和结构层位确定沥青混凝土的矿质混合料级配范围。根据现有各种矿质材料的筛分结果，确定各种矿质材料的配合比。

（2）根据与选定的矿质混合料类型相符的沥青用量范围，通过马歇尔试验，确定最佳沥青用量。

（3）根据生产技术条件，确定生产用各种矿质材料的配合比。

解： 1）矿质混合料配合比组成设计

（1）确定沥青混合料的类型。由题意，该高速公路沥青路面为三层式结构的上面层。为使上面层具有较好的抗滑性，选用细粒式密级配AC-13沥青混合料。

（2）确定矿质混合料级配与范围。细粒式密级配AC-13沥青混合料级配范围如表9-26所示。

AC-13沥青混合料级配范围 **表9-26**

级配类型	筛孔尺寸(方孔筛)(mm)									
	16.0	13.2	9.5	4.75	2.36	1.18	0.6	0.3	0.15	0.075
AC-13	100	90～100	68～85	38～68	24～50	15～38	10～28	7～20	5～15	4～8
中值	100	95	76.5	53	37	26.5	19	13.2	10	6

（3）矿质混合料配合比计算。

① 矿质原材料筛分试验，根据工程现场取样，碎石机制砂矿粉等原材料的筛分结果见表9-27。

各种矿质原材料的筛分结果 **表9-27**

原材料名称	筛孔尺寸(方孔筛)(mm)									
	16.0	13.2	9.5	4.75	2.36	1.18	0.6	0.3	0.15	0.075
	通过筛孔的百分数(%)									
5～15mm碎石1	100	94.8	55.1	7.6	2.8	0	0	0	0	0

续表

原材料名称	筛孔尺寸(方孔筛)(mm)									
	16.0	13.2	9.5	4.75	2.36	1.18	0.6	0.3	0.15	0.075
	通过筛孔的百分数(%)									
3～5mm 碎石 2	100	100	100	95.4	8	4.4	1.8	0	0	0
0～4.75mm 机制砂	100	100	100	93.9	74.3	59.1	37.1	23.1	10.1	4
矿粉	100	100	100	100	100	100	100	98.4	92.7	88.5

② 组成原材料配合比计算。

用图解法（或基于 Microsoft Excel 设计的软件）可计算出组成原材料配合比，见图 9-16。由图解法确定的各原材料用量比例为：碎石 1∶碎石 2∶机制砂∶矿粉＝47%∶12%∶33%∶8%。

③ 对照 AC-13 级配的中值，调整配合比。矿质原材料调整前后组成配合比计算见表 9-28 所示。将表 9-28 计算的合成级配绘于矿质混合料级配范围，见图 9-17。从图 9-17 可以看出，计算结果的合成级配曲线接近 AC-13 级配范围的中值。

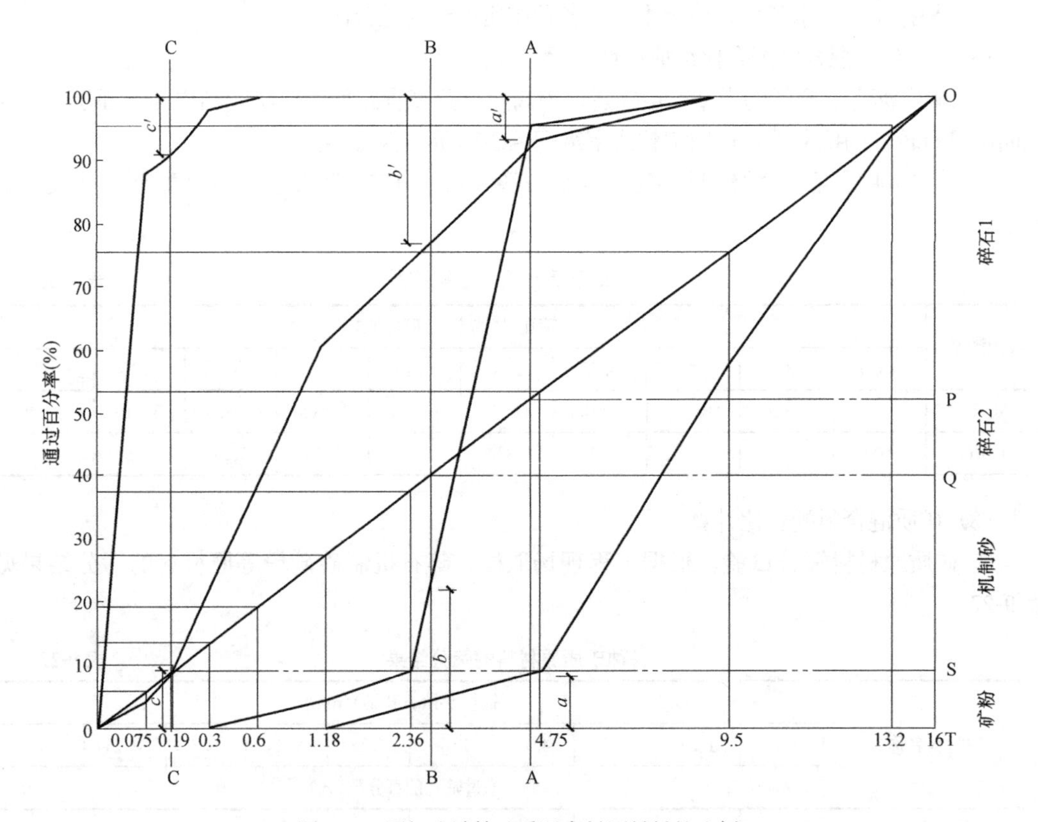

图 9-16　图解法计算矿质混合料原材料的比例

各种原材料组成配合比计算 **表 9-28**

原材料名称			筛孔尺寸(方孔筛)(mm)									
			16.0	13.2	9.5	4.75	2.36	1.18	0.6	0.3	0.15	0.075
			通过筛孔的百分数(%)									
矿质原材料		碎石 1	100	94.8	55.1	7.6	2.8	0	0	0	0	0
		碎石 2	100	100	100	95.4	8	4.4	1.8	0	0	0
		机制砂	100	100	100	93.9	74.3	59.1	37.1	23.1	10.1	4
		矿粉	100	100	100	100	100	100	100	98.4	92.7	88.5
矿质原料配比(括号中数值为调整后配比)	47%	碎石 1	47	44.6	25.6	3.6	1.3	0	0	0	0	0
	(45%)		45	42.7	24.8	3.4	1.3					
	12%	碎石 2	12	12	12	11.4	1.0	0.5	0.2	0	0	0
	(17%)		17	17	17	16.2	1.4	0.8	0.3			
	33%	机制砂	33	33	33	31	24.5	19.5	12.2	7.6	3.3	1.3
	(32%)		32	32	32	30.1	23.8	18.9	11.9	7.4	3.2	1.3
	8%	矿粉	8	8	8	8	8	8	8	7.9	7.4	7.1
	(6%)		6	6	6	6	6	6	6	5.9	5.6	5.3
合成矿质混合料级配 1			100	97.6	78.6	54	34.8	28	20.4	15.5	10.7	8.4
合成矿质混合料级配 2			100	97.7	79.8	55.7	32.5	25.7	18.2	13.3	8.8	6.6
AC-13 级配范围			100	90～100	68～85	38～68	24～50	15～38	10～28	7～20	5～15	4～8
AC-13 级配中值			100	95	76.5	53	37	26.5	19	13.2	10	6

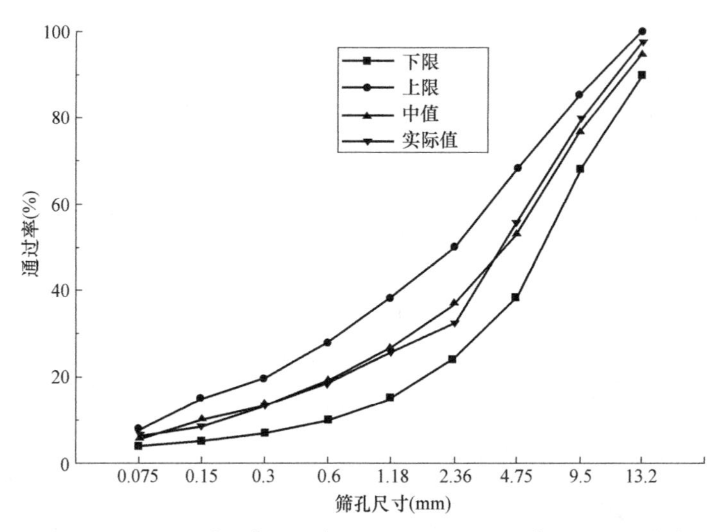

图 9-17　AC-13 矿质混合料要求的级配范围和原料合成后级配曲线图

2）最佳沥青用量的确定

（1）试件成型

根据当地气候条件，属于夏热冬温，采用 SBS（Ⅰ)-B 道路石油沥青。

根据调整后的矿质原料配比：碎石 1∶碎石 2∶机制砂∶矿粉＝45%∶17%∶32%∶

6%。SBS（Ⅰ)-B 沥青用量为矿质混合料质量的 3.5%、4%、4.5%、5%及 5.5%，按照规定热拌制备马歇尔试件（每面各击实 75 次）。

（2）马歇尔试验

① 物理指标测定。按上述方法成型的试件，经 24h 后测定其毛体积密度、空隙率、矿料间隙率、沥青饱和度等物理指标。

② 力学指标测定。测定物理指标后的试件，在 60℃温度测定其马歇尔稳定度和流值。马歇尔试验结果按照规范要求的高速公路用细粒式热拌沥青混合料的各项技术指标标准见表 9-29，供对照评定。

马歇尔试验物理-力学指标测定结果汇总表 **表 9-29**

试件组号	沥青用量(%)	技术性质					
		毛体积密度 ρ_0(g/cm^3)	空隙率 *VV*(%)	沥青饱和度 *VFA*(%)	稳定度 *MS*(kN)	流值 *FL*(0.1mm)	矿料间隙率 *VMA*(%)
1	3.5	2.411	6.9	54.3	7.48	21	15.1
2	4	2.429	5.4	63.5	8.89	24	14.8
3	4.5	2.436	4.4	70.7	9.55	29	15
4	5	2.432	3.8	75.5	9.43	36	15.5
5	5.5	2.426	3.4	79.1	8.88	44	16.3
JTG F40—2004 规定		—	3～6	65～75	≥8	15～40	≥15

（3）马歇尔实验结果分析

① 绘制沥青用量与物理-力学指标关系图。根据表 9-29 结果，绘制沥青用量与实测密度、空隙率、饱和度、流值、稳定度的关系曲线图。见图 9-18。

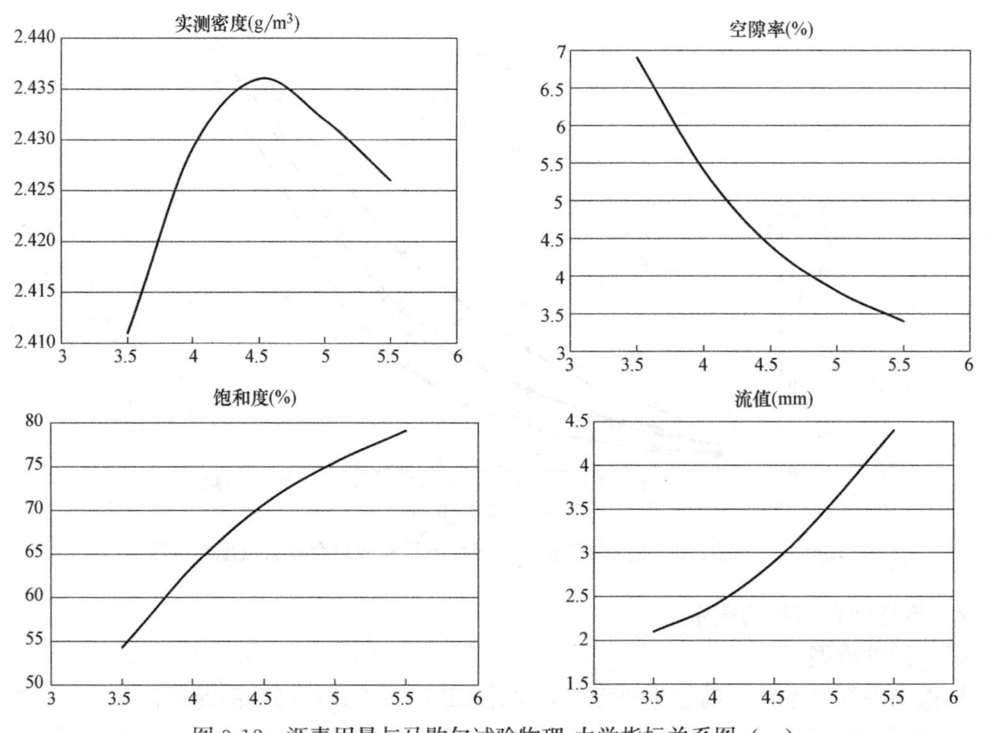

图 9-18　沥青用量与马歇尔试验物理-力学指标关系图（一）

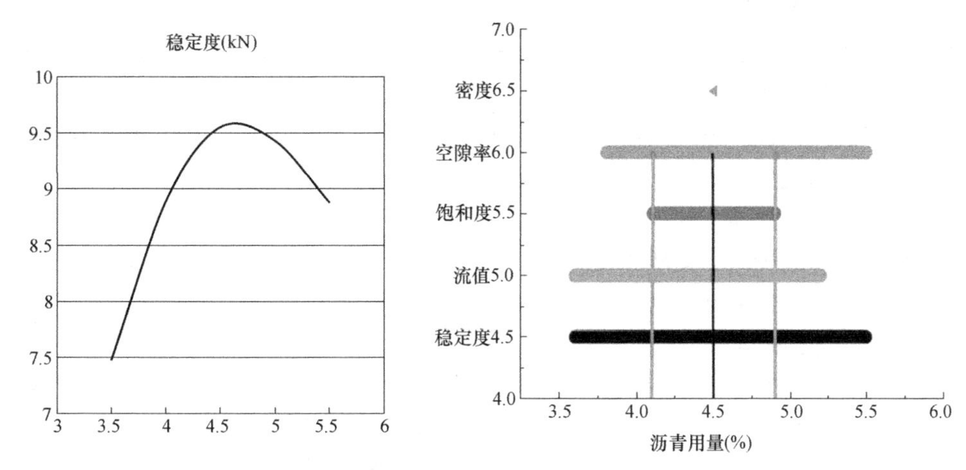

图 9-18 沥青用量与马歇尔试验物理-力学指标关系图（二）

② 确定沥青用量初始值 OAC_1。由图可知，沥青混合料稳定度最大值时沥青用量 a_1=4.7%，沥青混合料密度最大值时沥青用量 a_2=4.6%，沥青混合料空隙率范围中值的沥青用量 a_3=4.3%，沥青饱和度范围中值的沥青用量 a_4=4.5%。

$$OAC_1=(a_1+a_2+a_3+a_4)/4=(4.7\%+4.6\%+4.3\%+4.5\%)/4=4.53\%$$

③ 确定沥青用量初始值 OAC_2。由图 9-17 得，各指标符合沥青混合料技术指标的沥青用量范围为：OAC_{min}=4.1%；OAC_{max}=4.9%。

$$OAC_2=(4.1\%+4.9\%)/2=4.5\%$$

④ OAC 通常取 OAC_1 和 OAC_2 的中值，即 $OAC=(OAC_1+OAC_2)/2=4.52\%$。

⑤ 最佳沥青用量 OAC 对应的空隙率和矿料间隙率均满足 JTG F40—2004 的要求。

9.6 沥青玛瑞脂碎石混合料

沥青玛瑞脂碎石混合料（SMA），是一种以沥青、矿粉及纤维稳定剂组成的沥青玛瑞脂结合料，填充于间断级配的矿料骨架中，所形成的混合料。其组成特征主要包括两个方面：①含量较多的粗集料互相嵌锁组成高稳定性（抗变形能力强）的结构骨架；②细集料、矿粉、沥青和纤维稳定剂组成的沥青玛瑞脂将骨架胶结一起，并填充骨架空隙，使混合料有较好的柔性及耐久性。其在我国首都机场高速公路、广佛高速公路等处使用，效果良好。

SMA 的结构组成可概括为“三多一少”，即：粗集料多、矿粉多、沥青多、细集料少。①SMA 是一种间断级配的沥青混合料，5mm 以上的粗集料比例高达 70%～80%，矿粉的用量达 7%～13%，形成间断级配，很少使用细集料；②为加入较多的沥青，一方面增加矿粉用量，同时使用纤维作为稳定剂；③沥青用量较多，高达 6.5%～7.0%，粘结性要求高，并希望选用针入度小、软化点高、温度稳定性好的沥青（最好采用改性沥青）。

1 . SMA 基本性质

（1）抗车辙能力高。含量较多的粗集料互相嵌锁组成高稳定性的结构骨架，帮助消散对下层的冲击力，有效防止车辙。

（2）优良的抗裂性能。SMA 路面很少发现温度裂缝和反射裂缝，主要是因为采用了优质的沥青结合料和较厚的沥青膜。

（3）良好的耐久性。较厚的沥青膜能减少氧化、水分渗透、沥青剥落和集料破碎，从而延长沥青面层的使用寿命。

（4）较好的抗滑性能。缺少中等尺寸集料可以产生一个较深的表面构造深度，增加抗滑性能和吸声性，减少雨天车辆水漂现象。

（5）摊铺和压实性能好。

2. SMA 的组成材料

（1）沥青。用于 SMA 沥青结合料必须具有较高的黏度，与集料有良好的黏附性，以保证有足够的高温稳定性和低温韧性。对高速公路等承受繁重交通的重大工程，夏季特别炎热或冬季特别寒冷的地区，宜采用改性沥青，如 SBS 改性沥青等；当不使用改性沥青结合料时，沥青的质量必须符合“重交通道路沥青技术要求”，并采用比当地常用沥青标号稍硬五级或二级的沥青。当使用改性沥青时，用于改性沥青的基质沥青必须符合“重交通道路沥青技术要求”。沥青改性以后的针入度等级，在我国南方和中部地区宜为 40～60，北方地区宜为 40～80，东北寒冷地区宜为 60～100。聚合物改性沥青在 SMA 中的用量范围为 5.0%～6.5%；而当有机物或矿质纤维作为稳定剂时，沥青的用量一般可达 5.5%～7.0%，甚至更高。

（2）集料。粗集料在矿质混合料中所占比例高达 70%～80%。粗集料必须采用锤式破碎机生产的接近立方体硬质石料，表面粗糙且洛杉矶磨耗值及针片状颗粒含量要求都必须较高，这是 SMA 结构集料能发挥紧密嵌锁作用，具有良好的耐久性和抗车辙能力的先决条件。细集料最好选用机制砂，当采用普通石屑作为细集料时，宜采用石灰石碎屑，当与天然砂混合使用时，天然砂的含量不宜超过机制砂或石屑的比例，粒径在 0.075～5mm 之间。粗细集料的技术要求还应符合表 9-11、表 9-14 的要求。

填料必须采用石灰石等碱性岩石磨细的矿粉，粉煤灰不得作为 SMA 混合料的填料使用。破碎石灰石产生的回收粉尘的比例不得超过填料总量的 25%。

（3）稳定剂-纤维。纤维稳定剂主要可分为木质素纤维、矿物纤维、有机纤维等。由于沥青玛瑞脂碎石混合料的特性，在使用时必须掺加纤维稳定剂，其原因与 SMA 使用了较多的矿粉和沥青结合料有关。其作用主要表现为以下几个方面：加筋作用，纤维在混合料中以一种三维的分散形式存在，可以起到加筋作用；分散作用，如果没有纤维，用量颇大的沥青矿粉很可能成为胶团，铺筑在路面上将清楚地看到油斑的存在，纤维可以使胶团适当分散；吸附和吸收沥青作用，从而使沥青用量增加，沥青油膜变厚，提高混合料的耐久性；稳定作用，纤维使沥青膜处于比较稳定的状态，尤其是沥青受热膨胀时，纤维内部的空隙行将成为一种缓冲的余地，不至于成为自由沥青而泛油；增粘作用，提高粘结力，纤维将增加沥青与矿料的黏附性，通过油膜的粘结提高集料之间的粘结力。纤维的用量一般为矿质混合料质量的 0.3%～0.6%。

3. SMA 的应用

改性沥青制作温度应该满足改性剂充分融化及分散均匀的需要。沥青的加热温度通常情况下控制在 170～180℃之间，以防止沥青老化。拌合机在拌和时，集料的烘干温度要提高到 200℃以上，且拌和好的混合料储存时间不能超过 24h。SMA 混合料在运输的过程中必须加盖篷布，防止混合料表面硬结。SMA 混合料的摊铺、刚性碾碾压要一气呵成，所有工序的完成必须在 100℃以上。SMA 混合料不得在低于 10℃气温下施工。目前，SMA 被广泛地用于高速公路、城市快速路、干线道路的面层铺装，特别是钢桥面的铺装。

9.7 沥青混合料配比优化设计软件介绍

沥青混合料配合比设计是沥青路面设计和施工的一项基本内容，对提高路面性能和延长使用寿命有着重要的意义，应用计算机对沥青混合料的配合比进行设计，可大大提高设计效率和质量。沥青混合料配比优化设计软件，可以对沥青混合料的配合比从技术、经济方面得到最优化设计。

1. 该软件主要功能

（1）基本功能：沥青矿质混合料级配的添加计算、复制计算、修改计算和打印等。

（2）主要功能：软件可精确计算出“矿料配合比”下对应筛孔的重量比“筛孔配合比”，作为自动生产工艺中的实际配方，使得配方和生产一致。

（3）数据库功能：配方查询、配方排序、记录删除和配方整理等。

2. 使用主要说明

（1）添加沥青级配配方。点击菜单“文件”“添加配方”，计算步骤如下：

输入“各级矿料的筛孔通过率”，比如：100，90.5，38.6；

输入该型号“设计级配范围”，比如：100，90～100，68～85，等。

勾选需要参加计算项目下面的选择框，点击“计算配方”按钮，软件会自动进行最优规划计算，计算误差会达到最小值；

如果计算结果中，“合成级配”出现红色，或者“差值（%）”的绝对值超过 100，表示所提供的矿料不能完全满足生产条件，需要对对应的筛孔通过率进行检查。

（2）计算完成后，点击菜单“文件”“保存记录”或者“取消记录”进行保存或者取消。

（3）计算适宜的沥青用量值（油石比）。

（4）计算沥青裹覆膜平均厚度 t 值。

（5）计算沥青饱和度参考值、计算沥青混合料的理论密度 D 值。

（6）人机交互式的级配调整，打印计算数据。

思考题与习题

1. 石油沥青的主要组成和胶体结构，及其与石油沥青主要性质的关系如何？

2. 石油沥青的黏性、塑性、温度感应性及大气稳定性的概念和表达方法？

3. 石油沥青的牌号是根据什么划分的？牌号大小与沥青主要性能间的关系如何？

4. 建筑工程中选用石油沥青牌号的原则是什么？在屋面防水及地下防潮工程中，应如何选择石油沥青的牌号？

5. 高聚物改性沥青的主要品种，常用高聚物改性材料及其对沥青主要性能的影响如何？

6. 何谓沥青混合料、沥青混凝土混合料？

7. 沥青混合料按组成结构可以分为哪几种类型？试述各种不同结构类型沥青混合料的结构形式及其路用性能。

8. 试述沥青混合料的强度构成原理。

9. 影响沥青混合料的结构强度的主要因素有哪些？

10. 沥青混合料的各组成材料主要有哪些技术要求？

11. 简述我国现行热拌沥青混合料配合比组成的设计流程。

12. 试详述在沥青混合料配合比设计中，沥青最佳用量（*OAC*）是如何确定的？

第 10 章　建筑功能材料

建筑功能材料是指担负某些建筑功能的非承重用材料，如防水材料、装饰材料、绝热材料、吸声材料、密封材料等。它们的出现大大改善了建筑物的使用功能，改善了人们的生活和工作环境，对于拓展建筑物的功能，延长其使用寿命以及节能具有重要意义。

10.1　防水材料

防水材料是指能够防止雨水、地下水及其他水分等侵入建筑物的组成材料，它是建筑工程中重要的建筑材料之一。防水材料质量的优劣与建筑物的使用寿命紧密相连。建筑物防水处理的部位主要有屋面、墙面、地面、地下室和卫生间等。防水材料的质量好坏直接影响到人们的居住环境、生活条件及建筑物的寿命。防水材料具有品种多、发展快等特点，有传统使用的沥青防水材料，也有正在发展的改性沥青防水材料和合成高分子防水材料。

依据防水材料的外观形态，防水材料一般分为：防水卷材、防水涂料、密封材料和防水剂四大类，这四大类材料根据其组成不同又可分为上百个品种，使防水材料由低档到中、高档，向品种化、系列化迈进了一大步。

10.1.1　防水卷材

防水卷材是建筑工程防水材料的重要品种之一。防水卷材的品种较多，性能各异。但无论何种防水卷材，要满足建筑防水工程的要求，均需具备以下性能。

1）耐水性

耐水性指在水的作用下和被水浸润后其性能基本不变，在压力水作用下具有不透水性。常用不透水性、吸水性等指标表示。

2）温度稳定性

温度稳定性指在高温下不流淌、不起泡、不滑动，低温下不脆裂的性能。即在一定温度变化下保持原有性能的能力。常用耐热度、耐热性等指标表示。

3）机械强度、延伸性和抗断裂性

机械强度、延伸性和抗断裂性指防水卷材承受一定荷载、应力或在一定变形的条件下不断裂的性能。常用拉力、拉伸强度和断裂伸长率等指标表示。

4）柔韧性

柔韧性指在低温条件下保持柔韧的性能。它对保证易于施工、不脆裂十分重要。常用柔度、低温弯折性等指标表示。

5）大气稳定性

大气稳定性指在阳光、热、臭氧及其他化学侵蚀介质等因素的长期综合作用下抵抗侵蚀的能力。常用耐老化性、热老化保持率等指标表示。

1. 石油沥青基防水卷材

1）常见石油沥青防水卷材的特点、适用范围及施工工艺

石油沥青防水卷材是用原纸、纤维织物、纤维毡等胎体浸涂石油沥青，表面撒布粉状、粒状或片状材料制成的可卷曲的片状防水材料，分为石油沥青纸胎油毡、石油沥青玻璃布油毡、石油沥青玻纤胎油毡 、石油沥青麻布胎油毡及石油沥青锡箔胎油毡等。它们各自的特点、适用范围及施工工艺见表 10-1。

常见石油沥青防水卷材的特点、适用范围及施工工艺　　　表 10-1

卷材名称	特色	适用范围	施工工艺
石油沥青纸胎油毡	是我国传统的防水材料，目前在屋面工程中仍占主导地位。其低温柔性差，防水层耐用年限较短，但价格较低	三毡四油、二毡三油叠层铺设的屋面工程	热玛琋脂、冷玛琋脂粘贴施工
石油沥青玻璃布油毡	抗拉强度高，胎体不易腐烂，材料柔韧性好，耐久性比纸胎油毡提高一倍以上	多用作纸胎油毡的增强附加层和突出部位的防水层	热玛琋脂、冷玛琋脂粘贴施工
石油沥青玻纤胎油毡	有良好的耐水性、耐腐蚀性和耐久性，柔韧性也优于纸胎油毡	常用作屋面或地下防水工程	热玛琋脂、冷玛琋脂粘贴施工
石油沥青麻布胎油毡	抗拉强度高，耐水性好，但胎体材料易腐蚀	常用作屋面增强附加层	热玛琋脂、冷玛琋脂粘贴施工
石油沥青锡箔胎油毡	有很高的阻隔蒸汽渗透的能力，防水功能好，且具有一定的抗拉强度	与带孔玻纤毡配合或单独使用，宜用于隔汽层	热玛琋脂粘贴

2）屋面防水工程中石油沥青防水卷材的适用范围

对于屋面防水工程，根据现行国家标准《屋面工程质量验收规范》GB 50207 的规定，石油沥青防水卷材仅适用于屋面防水等级为Ⅲ级（一般的建筑、防水层合理使用年限为 10 年）和Ⅳ级（非永久性的建筑、防水层合理使用年限为 5 年）的屋面防水工程。对于防水等级为Ⅲ级的屋面，应选用三毡四油沥青卷材防水；对于防水等级为Ⅳ级的屋面，可选用二毡三油沥青卷材防水。

3）石油沥青防水卷材的物理性能

石油沥青防水卷材的物理性能应符合表 10-2 的要求。

石油沥青防水卷材的物理性能　　　表 10-2

项目		性能要求	
		350 号	500 号
纵向拉力(25+2℃)(N)≥		340	440
耐热度(85+2℃,2h)		不流淌，无集中性气泡	
柔度(18+2℃)		绕 ϕ20mm 圆棒无裂纹	绕 ϕ25mm 圆棒无裂纹
不透水性	压力(MPa)≥	0.10	0.15
	保持时间(min)≥	30	30

2. 合成高分子卷材

合成高分子防水卷材是以合成橡胶、合成树脂或它们两者的共混体为基料，再加入硫化剂、软化剂、促进剂、补强剂和防老剂等助剂和填充料，经过密炼、拉片、过滤、挤出（或压延）成型、硫化、检验和分卷等工序而制成的可卷曲的片状防水卷材。其中又分为加筋增强型和非加筋增强型两种。

1）合成高分子防水卷材的特点、适用范围及施工工艺

合成高分子防水卷材因所用的基材不同而性能差异较大；使用时应根据其性能的特点合理选择。该产品材性指标较高，如优异的弹性和抗拉强度，使卷材对基层变形的适应性增强；优异的耐候性能，使卷材在正常的维护条件下，使用年限更长，可减少维修、翻新的费用。常见合成高分子防水卷材的特点、适用范围及施工工艺，见表 10-3。

常见合成高分子防水卷材的特点、适用范围及施工工艺　　表 10-3

卷材名称	特点	适用范围	施工工艺
三元乙丙橡胶防水卷材	防水性能优异，耐候性好，耐臭氧化、耐化学腐蚀性、弹性和抗拉强度大，对基层变形开裂的适应性强，重量轻，使用范围广，寿命长，但价格高，粘结材料尚需配套完善	防水要求较高、防水层耐用年限要求长的工业与民用建筑，单层或复合使用	冷粘法或自粘法
丁基橡胶防水卷材	有较好的耐候性、耐油性、抗拉强度和延伸率，耐低温性能稍低于三元乙丙橡胶防水卷材	单层或复合使用于要求较高的防水工程	冷粘法施工
氯化聚乙烯防水卷材	具有良好的耐候、耐臭氧、耐热老化、耐油、耐化学腐蚀及抗撕裂的性能	单层或复合作用宜用于紫外线强的炎热地区	冷粘法施工
氯磺化聚乙烯防水卷材	延伸率较大、弹性较好，对基层变形开裂的适应性较强，耐高、低温性能较好，耐腐蚀性能良好，有很好的难燃性	适合于有腐蚀介质影响及在寒冷地区的防水工程	冷粘法施工
聚氯乙烯防水卷材	具有较高的拉伸和撕裂强度，延伸率较大，耐老化性能好，原材料丰富，价格便宜，容易粘结	单层或复合使用于外露或有保护层的防水工程	冷粘法或热风焊接法施工
氯化聚乙烯-橡胶共混防水卷材	不但具有氯化聚乙烯特有的高强度和优异的耐臭氧、耐老化性能，而且具有橡胶所特有的高弹性、高延伸性以及良好的低温柔性	单层或复合使用，尤宜用于寒冷地区或变形较大的防水工程	冷粘法施工
三元乙丙橡胶-聚乙烯共混防水卷材	是热塑性弹性材料，有良好的耐臭氧和耐老化性能，使用寿命长，低温柔性好，可在负温条件下施工	单层或复合外露防水屋面，宜在寒冷地区使用	冷粘法施工

2）屋面防水工程中合成高分子防水卷材的适用范围

对于屋面防水工程，根据现行国家标准《屋面工程质量验收规范》GB 50207 的规定，合成高分子防水卷材适用于防水等级为Ⅰ级、Ⅱ级和Ⅲ级的屋面防水工程。

3）合成高分子防水卷材的物理性能

合成高分子防水卷材的物理性能，见表 10-4。卷材厚度选用应符合表 10-5 的规定。

合成高分子防水卷材的物理性能　　表 10-4

项目		性能要求			
		硫化橡胶类	非硫化橡胶类	树脂类	纤维增强类
断裂拉伸强度(MPa)≥		6	3	10	9
扯断伸长率(%)≥		400	200	200	10
低温弯折(℃)		−30	−20	−20	−20
不透水性	压力(MPa)≥	0.3	0.2	0.3	0.3
	保持时间(min)≥	30			
加热收缩率(%)		<1.2	<2.0	<2.0	<1.0
热老化保持率(80℃,168h)	断裂拉伸强度(%)≥	80			
	扯断伸长率(%)≥	70			

卷材厚度选用表　　表 10-5

屋面防水等级	设防道数	合成高分子防水卷材厚度(mm)≥	高聚物改性沥青防水卷材厚度(mm)≥	石油沥青防水卷材
Ⅰ级	三道或以上	1.5	3	—
Ⅱ级	二道设防	1.2	3	—
Ⅲ级	一道设防	1.2	4	三毡四油
Ⅳ级	一道设防	—	—	二毡三油

3. 高聚物改性沥青防水卷材

高聚物改性沥青防水卷材是以合成高分子聚合物改性沥青为涂盖层，纤维织物或纤维毡为胎体，粉状、粒状、片状或薄膜材料为覆面材料制成的可卷曲片状防水材料。

1）常见高聚物改性沥青防水卷材的特点、适用范围及施工工艺

高聚物改性沥青防水卷材克服了传统沥青防水卷材温度稳定性差、延伸率小的不足，具有高温不流淌、低温不脆裂、拉伸强度高、延伸率较大等优异性能，且价格适中，在我国属中高档防水卷材。常见的有 SBS 改性沥青防水卷材、APP 改性沥青防水卷材、PVC 改性焦油沥青防水卷材、再生胶改性沥青防水卷材等。此类防水卷材按厚度可分为 2mm、3mm、4mm、5mm 等规格，一般单层铺设，也可复合使用。根据不同卷材可采用热熔法、冷粘法、自粘法施工。常见高聚物改性沥青防水卷材的特点和适用范围及施工工艺，见表 10-6。

常见高聚物改性沥青防水卷材的特点和适用范围及施工工艺　　表 10-6

卷材名称	特点	适用范围	施工工艺
SBS 改性沥青防水卷材	耐高、低温性能有明显提高，卷材的弹性和耐疲劳性有明显改善	单层铺设的屋面防水工程或复合使用，适合于寒冷地区和结构变形频繁的建筑	冷施工铺贴或热熔铺贴
APP 改性沥青防水卷材	具有良好的强度、延伸性、耐热性、耐紫外线照射及耐老化性能	单层铺设，适合于紫外线辐射强烈及炎热地区屋面使用	热熔法或冷粘法铺设
PVC 改性焦油沥青防水卷材	有良好的耐热及耐低温性能，最低开卷温度为−18℃	有利于在冬季负温度下施工	可热作业亦可冷施工

续表

卷材名称	特点	适用范围	施工工艺
再生胶改性沥青防水卷材	有一定的延伸性，且低温柔性较好，有一定的防腐蚀能力，价格低廉，属低档防水卷材	变形较大或档次较低的防水工程	热沥青粘贴
废橡胶粉改性沥青防水卷材	比普通石油沥青纸胎油毡的抗拉强度、低温柔性均明显改善	叠层适用于一般屋面防水工程，宜在寒冷地区使用	热沥青粘贴

2）屋面防水工程中高聚物改性沥青防水卷材的适用范围

对于屋面防水工程，根据现行国家标准《屋面工程质量验收规范》GB 50207 的规定，高聚物改性防水卷材适用于防水等级为Ⅰ级（特别重要或对防水有特殊要求的建筑，防水层合理使用年限为 25 年）、Ⅱ级（重要的建筑和高层建筑，防水层合理使用年限为 15 年）和Ⅲ级的屋面防水工程。

3）高聚物改性沥青防水卷材物理性能

高聚物改性沥青防水卷材物理性能，见表 10-7。卷材厚度选用应符合表 10-5 的规定。

高聚物改性沥青防水卷材物理性能 **表 10-7**

<table>
<tr><td colspan="2">拉力(N/50mm)</td><td>≥450</td><td>纵向≥350，横向≥250</td><td>≥100</td></tr>
<tr><td colspan="2">延伸率(%)</td><td>最大拉力时，≥30</td><td>—</td><td>断裂时，≥200</td></tr>
<tr><td colspan="2">耐热度(℃,2h)</td><td colspan="2">SBS 卷材 90，APP 卷材 110，
无滑动、流淌、滴落</td><td>PEE 卷材 90，
无流淌、起泡</td></tr>
<tr><td colspan="2">低温柔度(℃)</td><td colspan="3">SBS 卷材-18，APP 卷材-5，PEE 卷材-10。
3mm 厚 r=15mm；4mm 厚 r=25mm；3s 弯 180°，无裂纹</td></tr>
<tr><td colspan="2" rowspan="2">项目</td><td colspan="3">性能要求</td></tr>
<tr><td>聚酯毡胎体</td><td>玻纤胎体</td><td>聚乙烯胎体</td></tr>
<tr><td rowspan="2">不透水性</td><td>压力(MPa)≥</td><td>0.3</td><td>0.2</td><td>0.3</td></tr>
<tr><td>保持时间(min)≥</td><td colspan="3">30</td></tr>
</table>

注：SBS——弹性体改性沥青防水卷材；APP——塑性体改性沥青防水卷材；PEE——改性沥青聚乙烯胎防水卷材。

10.1.2 防水涂料

防水涂料是一种流态或半流态物质，涂布在基层表面，经溶剂、水分挥发或各组分间的化学反应，形成有一定弹性和一定厚度的连续薄膜，使基层表面与水隔绝，起到防水、防潮作用。

防水涂料固化成膜后的防水涂膜具有良好的防水性能，特别适合于各种复杂、不规则部位的防水，能形成无接缝的完整防水膜。它大多采用冷施工，不必加热熬制，既减少了环境污染，改善了劳动条件，又便于施工操作，加快了施工进度。此外，涂布的防水涂料既是防水层的主体，又是胶粘剂，因而施工质量容易保证，维修也较简单。但是，防水涂料须采用刷子或刮板等逐层涂刷（刮），故防水膜的厚度较难保持均匀一致。因此，防水涂料广泛适用于工业与民用建筑的屋面防水工程、地下室防水工程和地面防潮、防渗等。

防水涂料按液态类型可分为溶剂型、水乳型和反应型三种；按成膜物质的主要成分可分为沥青类、高聚物改性沥青类和合成高分子类。

1. 防水涂料的性能

防水涂料的品种很多，各品种之间的性能差异很大，但无论何种防水涂料，要满足防水工程的要求，必须具备以下性能：

1）固体含量

防水涂料中所含固体比例。由于涂料涂刷后靠其中的固体成分形成涂膜，因此固体含量多少与成膜厚度及涂膜质量密切相关。

2）耐热度

防水涂料成膜后的防水薄膜在高温下不发生软化变形、不流淌的性能。它反映防水涂膜的耐高温性能。

3）柔性

防水涂料成膜后的膜层在低温下保持柔韧的性能。它反映防水涂料在低温下的施工和使用性能。

4）不透水性

防水涂料在一定水压（静水压或动水压）和一定时间内不出现渗漏的性能。它是防水涂料满足防水功能要求的主要质量指标。

5）延伸性

防水涂膜适应基层变形的能力。防水涂料成膜后必须具有一定的延伸性，以适应由于温差、干湿等因素造成的基层变形，保证防水效果。

2. 防水涂料的选用

防水涂料的使用应考虑建筑的特点、环境条件和使用条件等因素，结合防水涂料的特点和性能指标选择。

1）沥青基防水涂料

指以沥青为基料配制而成的水乳型或溶剂型防水涂料。这类涂料对沥青基本没有改性或改性作用不大，有石灰乳化沥青、膨润土沥青乳液和水性石棉沥青防水涂料等。主要适用于Ⅲ级和Ⅳ级防水等级的工业与民用建筑屋面、混凝土地下室和卫生间防水。

2）高聚物改性沥青防水涂料

以沥青为基料，用合成高分子聚合物进行改性，制成的水乳型或溶剂型防水涂料。这类涂料在柔韧性、抗裂性、拉伸强度、耐高低温性能、使用寿命等方面比沥青基涂料有很大的改善。品种有再生橡胶改性沥青防水涂料、水乳型氯丁橡胶沥青防水涂料、SBS橡胶改性沥青防水涂料等。适用于Ⅱ、Ⅲ、Ⅳ级防水等级的屋面、地面、混凝土地下室和卫生间等的防水工程。高聚物改性沥青防水涂料物理性能，应符合表10-8的要求。涂膜厚度选用，应符合表10-9的规定。

3）合成高分子防水涂料

合成高分子防水涂料指以合成橡胶或合成树脂为主要成膜物质制成的单组分或多组分的防水涂料。这类涂料具有高弹性、高耐久性及优良的耐高低温性能，品种有聚氨酯防水涂料、丙烯酸酯防水涂料、聚合物水泥涂料和有机硅防水涂料等。合成高分子防水涂料物理性能要符合表10-10的要求，涂膜厚度选用应符合表10-9的规定。

高聚物改性沥青防水涂料物理性能　　表 10-8

项目		性能要求
固体含量(%)≥		43
耐热度(80℃,5h)		无流淌、起泡和滑动
柔性(−10℃)		3mm厚,绕ϕ20mm圆棒无裂纹、断裂
不透水性	压力(MPa)≥	0.1
	保持时间(min)≥	30
延伸[(20±2)℃拉伸(mm)]≥		4.5

涂膜厚度选用表　　表 10-9

屋面防水等级	设防道数	高聚物改性沥青防水涂料厚度(mm)≥	合成高分子防水涂料厚度(mm)≥
Ⅰ级	三道或以上	—	1.5
Ⅱ级	二道设防	3	1.5
Ⅲ级	一道设防	3	2
Ⅳ级	一道设防	2	—

合成高分子防水涂料的物理性能　　表 10-10

项目		性能要求		
		反应固化型	挥发固化型	聚合物水泥涂料
固体含量(%)≥		94	65	65
拉伸强度(MPa)≥		1.65	1.5	1.2
断裂延伸率(%)≥		350	300	200
柔性(℃)		−30,弯折无裂纹	−20,弯折无裂纹	−10,绕ϕ10mm圆棒无裂纹
不透水性	压力(MPa)≥	0.3		
	保持时间(min)≥	30		

聚氨酯防水涂料分为单组分和双组分两种。双组分的由A组分（预聚体）、B组分（交联剂及填充料等）组成，使用时按比例混合均匀后涂刷在基层材料的表面上，经交联成为整体弹性涂膜。单组分的聚氨酯防水涂料为直接使用，涂刷后吸收空气中的水蒸气而产生交联。聚氨酯防水涂料的弹性高、延伸率大、耐高低温性好、耐油及耐腐蚀性强，涂膜没有接缝，能适应任何复杂形状的基层，使用寿命为10～15年。主要用于屋面、地下建筑、卫生间、水池、游泳池、地下管道等的防水。

丙烯酸酯防水涂料是以丙烯酸酯树脂乳液为主，加入适量的填充料、颜料等配制而成的水乳型防水涂料。丙烯酸酯防水涂料具有耐高低温性好、不透水性强、无毒、操作简单等优点，可在各种复杂的基层表面上施工，并具有白色、多种浅色、黑色等，使用寿命为10～15年。丙烯酸涂料的缺点是延伸率较小。丙烯酸防水涂料广泛用于外墙防水装饰及各种彩色防水层。

有机硅憎水剂是由甲基硅醇钠或乙基硅醇钠等为主要原料而制成的防水涂料。有机硅憎水剂在固化后形成一层肉眼觉察不到的透明薄膜层，该薄膜层具有优良的憎水性和透气性，并对建筑材料的表面起到防污染、防风化等作用。有机硅憎水剂主要用于混凝土、砖、石材等多孔无机材料的表面，常用于外墙或外墙装饰材料的罩面涂层，起到防水、防止沾污作用。使用寿命3～7年。

在生产或配制防水建筑材料时也可将有机硅憎水剂作为一种组成材料掺入，如在配制防水砂浆或防水石膏时即可掺入有机硅憎水剂，从而使砂浆或石膏具有憎水性。

10.1.3 建筑密封材料

建筑密封材料是指嵌入建筑物缝隙、门窗四周、玻璃镶嵌部位以及由于开裂产生的裂缝，能承受位移且能达到气密、水密目的的材料，又称嵌缝材料。密封材料有良好的粘结性、耐老化和对高、低温度的适应性，能长期经受被粘结构件的收缩与振动而不破坏。

1. 密封材料的分类

密封材料分为定型密封材料（密封条和压条等）和不定型密封材料（密封膏或嵌缝膏等）两大类。

不定型密封材料按原材料及其性能可分为塑性密封膏、弹塑性密封膏、弹性密封膏。

2. 合成高分子密封材料

以合成高分子材料为主体，加入适量化学助剂、填充料和着色剂，经过特定生产工艺而制成的膏状密封材料。主要品种有沥青嵌缝油膏、丙烯酸类密封膏、聚氯乙烯接缝膏和塑料油膏、硅酮密封膏、聚氨酯密封膏等。

1）沥青嵌缝油膏

沥青嵌缝油膏：以石油沥青为基料，加入改性材料、稀释剂及填充料混合制成的密封膏。改性材料有废橡胶粉和硫化鱼油；稀释剂有松焦油、松节重油和机油；填充料有石棉绒和滑石粉等。沥青嵌缝油膏主要用作屋面、墙面、沟和槽的防水嵌缝材料。使用沥青嵌缝油膏嵌缝时，缝内应洁净干燥，先刷涂冷底子油一道，待其干燥后即嵌填油膏。油膏表面可加石油沥青、油毡、砂浆、塑料为覆盖层。

2）丙烯酸类密封膏

丙烯酸类密封膏：丙烯酸树脂掺入增塑剂、分散剂、碳酸钙、增量剂等配制而成，有溶剂型和水乳型两种，通常为水乳型。烯酸类密封膏不产生污渍，抗紫外线性能优良，延伸率很好，耐老化性能良好，属于中等价格及性能的产品。

丙烯酸类密封膏主要用于屋面、墙板、门、窗嵌缝，但它的耐水性能不算太好，所以不宜用于经常泡在水中的工程，不宜用于水池、污水处理厂、灌溉系统、堤坝等水下接缝中。丙烯酸类密封膏一般在常温下用挤枪嵌填于各种清洁、干燥的缝内，为节省材料，缝宽不宜太大，一般9～15mm。

3）聚氯乙烯接缝膏和塑料油膏

聚氯乙烯接缝膏：以煤焦油和聚氯乙烯（PVC）树脂粉为基料，按一定比例加入增塑剂、稳定剂及填充料等，在140℃温度下塑化而成的膏状密封材料，简称PVC接缝膏。塑料油膏是用废旧聚氯乙烯（PVC）塑料代替聚氯乙烯树脂粉，其他原料和生产方法同聚氯乙烯接缝膏。塑料油膏成本较低。PVC接缝膏和塑料油膏有良好的粘结性、防水性、弹塑性，耐热、耐寒、耐腐蚀和抗老化性能也较好。可以热用，也可以冷用。热用时，将聚氯乙烯接缝膏或塑料油膏用文火加热，加热温度不得超过140℃，达到塑化状态后，应立即浇灌于清洁干燥的缝隙或接头等部位。冷用时，加溶剂稀释。

这种油膏适用于各种屋面嵌缝或表面涂布作为防水层，也可用于水渠、管道等接缝，用于工业厂房自防水屋面嵌缝、大型墙板嵌缝等的效果也好。

4）硅酮密封膏

硅酮密封膏：以聚硅氧烷为主要成分的单组分（Ⅰ）和多组分（Ⅱ）室温固化的建筑密封材料。目前，大多数为单组分系统，它以硅氧烷聚合物为主体，加入硫化剂、硫化促进剂以及增强填料组成。硅酮密封膏具有优异的耐热、耐寒性和良好的耐候性；与各种材料都有较好的粘结性能；耐拉伸，压缩疲劳性强，耐水性好。

根据现行《硅酮和改性硅酮建筑密封胶》GB/T 14683 的规定，硅酮建筑密封膏分为F类和G_n、G_w类。其中，F类为建筑接缝用密封膏，适用于预制混凝土墙板、水泥板、大理石板的外墙接缝，混凝土和金属框架的粘结，卫生间和公路接缝的防水密封等；G_n类为镶装玻璃用密封膏，主要用于镶嵌玻璃和建筑门、窗的密封；G_w建筑幕墙非结构性装配用。G_n、G_w类不适用于中空玻璃。

单组分硅酮密封膏是在隔绝空气的条件下将各组分混合均匀后装于密闭包装筒中；施工后，密封膏借助空气中的水分进行交联作用，形成橡胶弹性体。

5）聚氨酯密封膏

聚氨酯密封膏一般用双组分配制，甲组分是含有异氰酸酯基的预聚体，乙组分含有多羟基的固化剂与增塑剂、填充料、稀释剂等。使用时，将甲乙两组分按比例混合，经固化反应成弹性体。

聚氨酯密封膏的弹性、粘结性及耐气候老化性能特别好，与混凝土的粘结性也很好，同时不需要打底。所以，聚氨酯密封材料可以作屋面、墙面的水平或垂直接缝。尤其适用于游泳池工程。它还是公路及机场跑道的补缝、接缝的好材料，也可用于玻璃、金属材料的嵌缝。

10.2 绝热材料

绝热材料是防止住宅、生产车间、公共建筑及各种热工设备中热量传递的材料，也称为保温隔热材料。它具有质轻、多孔或纤维状的特点，不仅可以满足人们对居住和办公环境的舒适性要求，而且有显著的节能效果。

1. 材料绝热的基本原理

绝热材料是对热流有显著阻抗性、用于减少结构物与环境热交换的一种功能材料，通常将防止室内热量流向室外的材料称为保温材料，将防止室外热量进入室内的材料称为隔热材料，保温材料和隔热材料统称为绝热材料。

传热是指由热传导、热对流或热辐射，以及它们共同作用引起的能量传输过程。

2. 绝热材料的绝热机理

绝热材料按其作用机理，分为多孔型、纤维型和反射型。

（1）多孔型。多孔材料的传热方式较为复杂，见图 10-1，通常当热量Q从高温面向低温面传递时，在未碰到气孔之前，传热过程为固相导热。在碰到气孔后，一条路线仍然通过固相传递，但固体的连续性减弱，其传热方向发生变化，传热路线大大增加，传递速度减慢。另一条路线是通过气孔内气体的传热，以气孔中气体的导热为主，由于密闭空气的导热系数大大小于固体的导热系数，热量通过气孔传递的阻力较大，传热速度大大减缓，达到绝热目的。

（2）纤维型。纤维型绝热材料的绝热机理基本上和多孔材料的情况相似，见图 10-2，纤维使得热量在固体中的传热距离大大增加，明显减缓了传热速度。对于纤维型材料，不同方向上的导热性能不同，与纤维平行的方向上，导热系数较高，绝热性能较差；与纤维垂直的方向上，导热系数较低，绝热性能较好。

（3）反射型。表面光滑的高反射率材料使大部分热辐射在表面被反射掉，另一部分能量被吸收，通过材料的热量大大减少，而达到了绝热目的，反射率越大，材料绝热性越好，见图 10-3。

当外来的热辐射能量投射到物体上时，通常会将其中一部分能量反射掉，另一部分被吸收（一般建筑材料都不能穿透热射线，故透射部分忽略不计）。根据能量守恒原理，则

$$I_A + I_B = I_0$$

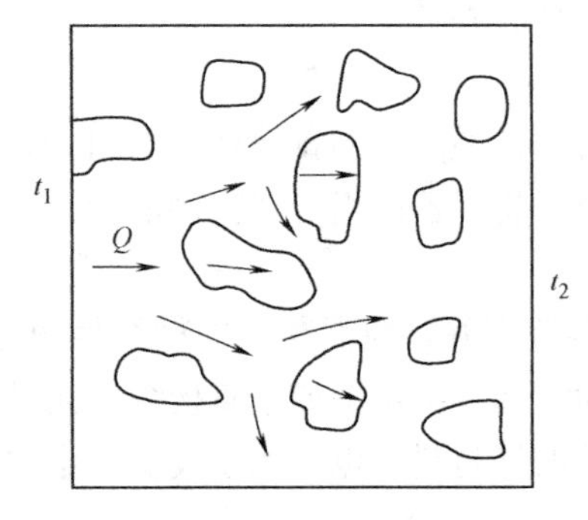

图 10-1　多孔材料传热过程

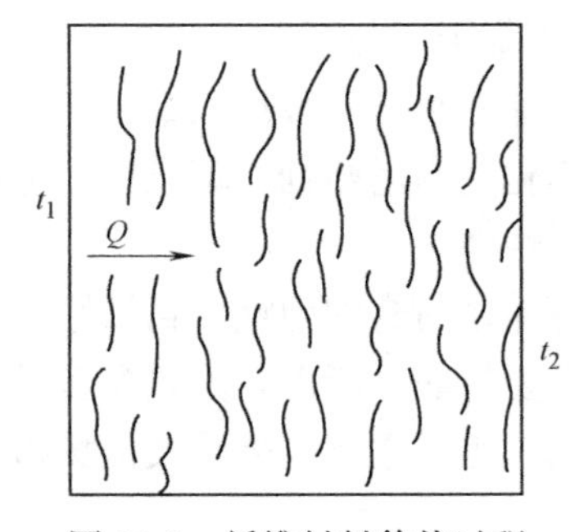

图 10-2　纤维材料传热过程

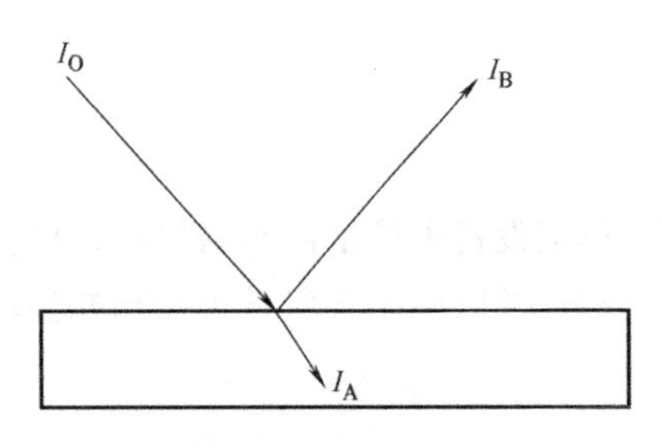

图 10-3　热辐射传热过程

或

$$\frac{I_A}{I_0} + \frac{I_B}{I_0} = 1$$

式中，比值 I_A/I_0 说明材料对热辐射的吸收性能，用吸收率“A”表示，比值 I_B/I_0 说明材料的反射性能，用反射率“B”表示，即：

$$A + B = 1$$

由此可以看出，凡是反射能力强的材料，吸收热辐射的能力就小，反之，如果吸收能力强，则其反射率就小。故利用某些材料对热辐射的反射作用（如铝箔的反射率为 0.95）在需要绝热的部位表面贴上这种材料，就可以将绝大部分外来热辐射（如太阳光）反射掉，从而起到绝热的作用。

3. 绝热材料的性能

1）导热系数

影响材料导热系数的主要因素与材料的微观结构、物质构成、结构特征、材料所处环境温、湿度及热流方向有关。

（1）微观结构：呈晶体结构的材料导热系数最大，微晶结构次之，而玻璃体结构最

小。但对于多孔的绝热材料来说，由于孔隙率高，气体（空气）对导热系数的影响起着主要作用，而固体部分的结构无论是微晶结构或玻璃体结构对其影响都不大。

（2）物质构成：金属材料导热系数最大，非金属次之，液体较小，而气体更小。同一种材料，内部结构不同时，导热系数也差别很大。

（3）结构特征：材料的孔隙率越大，导热系数就越小。在孔隙率相同的条件下，孔隙尺寸越大，导热系数越大；封闭孔比相互连通孔导热性要低。

（4）表观密度：表观密度小的材料，因其孔隙率大，其导热系数小。但对于表观密度很小的材料，特别是纤维状材料（如超细玻璃纤维），当其表观密度低于某一极限值时，互相连通的孔隙就会大大增多，导致对流作用加强，导热系数反而会增大。因此这类材料存在一个最佳表观密度，即在这个表观密度时导热系数最小。

（5）湿度：材料受潮后，其导热系数就会增大，这在多孔材料中最为明显。这是由于材料的孔隙中有了水分（包括水蒸气）后，孔隙中蒸汽的扩散和水分子的热传导将起主要传热作用，而水的 λ 比空气的 λ 大 20 倍左右。如果孔隙中的水结成了冰，材料的导热系数增加更多，其结果使材料的导热系数增大更多。故绝热材料在应用时，必须注意防水避潮。

（6）温度：温度升高时，材料的固体分子热运动增强，同时孔隙中的空气导热和孔壁间的辐射作用也会增加，材料的导热系数会随温度的升高而增大。但这种影响，当温度在0～50℃范围内时并不显著，只有对处于高温或负温下的材料，才要考虑温度的影响。

（7）热流方向：对于各向异性的材料，尤其是纤维质的材料，当热流的方向平行于纤维延伸方向时，所受到的阻力最小，导热系数大；而当热流方向垂直于纤维延伸方向时，热流受到的阻力最大，导热系数小。

上述因素中，表观密度和湿度的影响最大。

2）温度稳定性

材料在受热作用下保持其原有性能不变的能力称为绝热材料的温度稳定性，通常用其不损失绝热性能的极限温度表示。

3）吸湿性

绝热材料在潮湿环境中吸收水分的能力称为绝热材料的吸湿性，一般吸湿性越大，绝热效果越差。在实际使用中，大多数绝热材料的表面需要覆盖防水层或隔汽层。

4）强度

绝热材料的强度通常用抗压极限强度和抗折极限强度表示，由于绝热材料存在大量的孔隙，一般强度较低，不适于直接用作承重结构，需与承重材料复合使用。

综上所述，工程上选用绝热材料时通常应满足的基本性能是：导热系数小于0.175W/(m·K)、表观密度小于 600kg/m^3、抗压强度大于 0.3MPa、使用温度为－40～＋60℃等。

4. 常见的绝热材料

绝热材料很多，按化学成分可分为无机绝热材料和有机绝热材料两大类。无机绝热材料主要由矿物质原料制成，防腐、防虫，不会燃烧，耐高温，一般包括松散颗粒类及制品、纤维类制品和多孔类制品等。有机绝热材料是用有机原料制成，不耐久、不耐高温，只适于低温绝热，一般包括泡沫塑料类制品、植物纤维类制品和窗用隔热薄膜等。

1）硅藻土及制品

硅藻土是一种被称为硅藻的水生植物的残骸构成的多孔沉积物，其化学成分为含水的非晶质二氧化硅，孔隙率在50％～80％之间，最高使用温度约为900℃，常用作填充料，或用其制作硅藻土砖等。

2）膨胀珍珠岩及其制品

膨胀珍珠岩是由天然珍珠岩煅烧而成的，呈蜂窝泡沫状的白色或灰白色颗粒，具有吸湿小、无毒、不燃、抗菌、耐腐、施工方便等特点，是一种高效能的绝热材料。膨胀珍珠岩除可用作填充材料外，还可与水泥、水玻璃、沥青、黏土等结合制成膨胀珍珠岩绝热制品。

3）膨胀蛭石及其制品

蛭石是一种复杂的含水镁、铁铝硅酸盐矿物，由云母类矿物经风化而成，具有层状结构。膨胀蛭石除可直接用于填充材料外，还可用于胶结材料，如水泥、水玻璃等，将膨胀蛭石胶结在一起制成膨胀蛭石制品。

4）泡沫混凝土

泡沫混凝土通常是用机械方法将泡沫剂水溶液制备成泡沫，再将泡沫加入到含硅质材料、钙质材料、水及各种外加剂等组成的料浆中，经混合搅拌、浇筑成型、养护而成的一种多孔材料，其中含有大量封闭的孔隙。

5）加气混凝土

加气混凝土是以硅质材料（砂、粉煤灰及含硅尾矿等）和钙质材料（石灰、水泥）为主要原料，掺加发气剂（铝粉），通过配料、搅拌、浇筑、预养、切割、蒸压、养护等工艺过程制成的轻质多孔硅酸盐制品。

6）发泡黏土

发泡黏土是将一定矿物组成的黏土（或页岩）加热到一定温度会产生一定数量的高温液相，同时会产生一定数量的气体，由于气体受热膨胀，使其体积膨胀数倍，冷却后得到发泡黏土（或发泡页岩）轻质骨料。可用作填充材料和混凝土轻骨料。

7）微孔硅酸钙

微孔硅酸钙是以石英砂、普通硅石或活性高的硅藻土以及石灰等原料经过水热合成的绝热材料。其主要水化产物为托贝莫来石或硬硅钙石。以托贝莫来石为主要水化产物的微孔硅酸钙。

8）矿物棉

矿物棉是由熔融岩石、矿渣（工业废渣）、玻璃、金属氧化物或瓷土制成的棉状纤维的总称，包括岩棉和矿渣棉，由熔融的天然火成岩经喷吹制成的称为岩棉，由熔融矿渣经喷吹制成的称为矿渣棉。将矿物棉与有机胶结剂结合可制成矿棉板、毡、筒等制品。矿物棉也可制成粒状棉用作填充材料，其缺点是吸水性大、弹性小。

9）泡沫玻璃

泡沫玻璃是用玻璃细粉和发泡剂（石灰石、碳化钙和焦炭）经粉磨、混合、装模、煅烧而得到的多孔材料。泡沫玻璃导热系数小、抗压强度高、抗冻性好、耐久性好，并且对水分、水蒸气和其他气体具有不渗透性，还容易进行机械加工。泡沫玻璃作为绝热材料在建筑上主要用于保温墙体、地板、天花板及屋顶保温，可用于寒冷地区建筑低层的建筑物。

10）泡沫塑料

（1）聚苯乙烯泡沫塑料：是以聚苯乙烯树脂或其共聚物为主体，加入发泡剂等添加剂制成。

（2）聚氨酯泡沫塑料：聚氨酯泡沫塑料是氨酯/异氰酸酯和羟基化合物经聚合发泡制成，按其硬度可分为软质和硬质两类，其中软质为主要品种。

（3）聚氯乙烯泡沫塑料：由聚乙烯共聚物为原料，采用发泡剂分解法、溶剂分解法和气体混入法等工艺制得。

11）硬质泡沫橡胶

硬质泡沫橡胶是以天然或合成橡胶为主要成分加工成的泡沫材料，用化学发泡法制成。特点是导热系数小而强度大。硬质泡沫橡胶的表观密度在 0.064～0.12g/cm^3 之间。表观密度越小，保温性能越好，但强度越低。

12）碳化软木

碳化软木板是以软木橡树的外皮为原料，破碎后在模型中成型，经 300℃左右热处理而成。由于软木树皮层中含有无数树脂包含的气泡，所以成为理想的保温、绝热、吸声材料，且具有不透水、无味、无毒等特性，并且有弹性，柔和耐用，不起火焰只能阴燃。

13）植物纤维复合板

植物纤维复合板是以植物纤维为主要材料加入胶结料和填料而制成。如木丝板是以木树下脚料制成的木丝，加入硅酸钠溶液及普通硅酸盐水泥混合，经成型、冷压、养护、干燥而制成。甘蔗板是以甘蔗渣为原料，经过蒸制、加压、干燥等工序制成的一种轻质、吸声、保温材料。

14）陶瓷纤维

陶瓷纤维以二氧化硅、氧化铝为原料，经高温熔融、喷吹制成，陶瓷纤维可制成毡、毯、纸、绳等制品，用于高温绝热。还可将陶瓷纤维用作高温下的吸声材料。

15）蜂窝板

蜂窝板是由两块较薄的面板，牢固地粘结一层较厚的蜂窝状芯材而制成的板材，亦称蜂窝夹层结构。蜂窝状芯材通常用浸渍过合成树脂（酚醛、聚酯等）的牛皮纸、玻璃布和铝片，经过加工粘合成六角形空腹（蜂窝状）的整块芯材。具有强度重量比大，导热性低和抗震性好等多种功能。

16）窗用隔热薄膜

窗用隔热薄膜是以特殊的聚酯薄膜作为基材，镀上各种不同的高反射率的金属或金属氧化物涂层，经特殊工艺复合压制而成，是一种既透光又具有高隔热功能的玻璃贴膜。

5. 绝热材料的选用及基本要求

选用绝热材料时，应满足的基本要求是：导热材料系数不宜大于 0.23W/(m·K)，表观密度不宜大于 600kg/m^3，抗压强度则应大于 0.3MPa。由于保温隔热材料的强度一般都较低，在选用保温隔热材料时，应结合建筑物的用途、围护结构的构造、施工难易、材料来源和经济核算等综合考虑。对于一些特殊建筑物，还必须考虑保温隔热材料的使用温度条件、不燃性、化学稳定性及耐久性等。

10.3 吸声材料

1. 概述

声音是由物体振动产生的，声音经由空气传播会迫使附近的空气在声波中前后移动形成振动，并在空气介质中向四周传播。振动产生声音的物体，称为声源。声音的高低取决于物体振动的频率，各种声源发出的声音频率越高，产生的音调就越高；声音的大小或强弱主要决定于物体振动的幅度，振幅大，声音就大；另外它还决定于离声源的距离，离声源越近，声音越大。

声音在传播过程中，一部分声能随着距离的增大而扩散，一部分被空气分子吸收，在空旷的室外这种声能减弱的现象很明显，但在空间不大的室内，声波碰到障碍物后被反射回来会形成回声，回声与原来的声音混在一起，声能减弱的现象与室外相比不明显。如果室内的地板、墙壁、天花板等材料是吸声材料，则可以加强和控制对声能的吸收。

土木工程中常用吸声材料及其吸声系数如表 10-11 所示。

土木工程中常用吸声材料及其吸声系数 表 10-11

序号	名称	厚度(cm)	表观密度(kg/m^3)	各频率下的吸声材料						装置情况
				125Hz	250Hz	500Hz	1000Hz	2000Hz	4000Hz	
1	石膏砂浆(掺有水泥、玻璃纤维)	2.2	—	0.24	0.12	0.09	0.30	0.32	0.83	粉刷在墙上
*2	石膏砂浆(掺有水泥、石棉纤维)	1.3	—	0.25	0.78	0.97	0.81	0.82	0.85	喷射在钢丝网板条上，表面滚平，后有15cm空气层
3	水泥膨胀珍珠岩板	2.0	350	0.16	0.46	0.64	0.48	0.56	0.56	贴实
4	矿渣棉	3.13	210	0.10	0.21	0.60	0.95	0.85	0.72	贴实
		8.0	240	0.35	0.65	0.65	0.75	0.88	0.92	
5	沥青矿渣棉毡	6.0	200	0.19	0.51	0.67	0.70	0.85	0.86	贴实
6	玻璃棉	5.0	80	0.06	0.08	0.18	0.44	0.72	0.82	贴实
		5.0	130	0.10	0.12	0.31	0.76	0.85	0.99	
	超细玻璃棉	5.0	20	0.10	0.35	0.85	0.85	0.86	0.86	
		15.0	20	0.50	0.80	0.85	0.85	0.86	0.80	
7	酚醛玻璃纤维板(除去表面硬皮层)	8.0	100	0.25	0.55	0.80	0.92	0.98	0.95	贴实
8	泡沫玻璃	4.0	1260	0.11	0.32	0.52	0.44	0.52	0.33	贴实
9	脲醛泡沫塑料	5.0	20	0.22	0.29	0.40	0.68	0.95	0.94	贴实
10	软木板	2.5	260	0.05	0.11	0.25	0.63	0.70	0.70	贴实

续表

序号	名称	厚度(cm)	表观密度(kg/m³)	各频率下的吸声材料						装置情况
				125Hz	250Hz	500Hz	1000Hz	2000Hz	4000Hz	
11	* 木丝板	3.0	—	0.10	0.36	0.62	0.53	0.71	0.90	钉在木龙骨上，后留10cm空气层
*12	穿孔纤维板(穿孔率5%，孔径5mm)	1.6	—	0.13	0.38	0.72	0.89	0.82	0.66	钉在木龙骨上后留5cm空气层
*13	* 胶合板(三夹板)	0.3	—	0.21	0.73	0.21	0.19	0.08	0.12	钉在木龙骨上，后留5cm空气层
*14	* 胶合板(三夹板)	0.3	—	0.60	0.38	0.18	0.05	0.05	0.08	钉在木龙骨上，后留10cm空气层
*15	* 穿孔胶合板(五夹板)(孔径5mm，孔心距25mm)	0.5	—	0.01	0.25	0.55	0.30	0.16	0.19	钉在木龙骨上，后留5cm空气层
*16	* 穿孔胶合板(五夹板)(孔径5mm，孔心距25mm)	0.5	—	0.23	0.69	0.86	0.47	0.26	0.27	钉在木龙骨上，后留5cm空气层，填充矿物棉
*17	* 穿孔胶合板(五夹板)(孔径5mm，孔心距25mm	0.5	—	0.20	0.95	0.61	0.32	0.23	0.55	钉在木龙骨上，后留10cm空气层，填充矿物棉
18	工业毛毡	3.0	370	0.10	0.28	0.55	0.60	0.60	0.59	张贴在墙上
19	地毯	厚	—	0.20		0.30		0.50		铺于木格栅楼板上
20	帷幕	厚	—	0.10		0.50		0.60		有折叠、靠墙装置

注：1. 表中名称前有 * 者表示是由混响室法测得的结果；无 * 者是用驻波管法测得的结果，混响室法测得的结果一般比驻波管法测得的结果约大 0.20。

2. 穿孔板吸声结构在穿孔率为 0.50%～5%，板厚为 1.5～10mm，孔径为 2～15mm，后面留腔深度为 100～250mm 时，可获得较好的效果。

3. 序号前有 * 者，为吸声结构。

2. 吸声材料的类型及结构形式

吸声材料按吸声机理分为两类吸声材料：一类是多孔性吸声材料；另一类是柔性吸声材料。

多孔性吸声材料的吸声机理是材料内部有大量微小孔隙和通道，能对气体流过给予阻尼，声波沿着这些孔隙可以深入材料内部，与材料发生摩擦作用将声能转化为热能。存有大量孔隙，孔隙之间互相连通，孔隙深入材料内部是多孔材料吸声的根本特征。柔性吸声材料的机理是靠共振作用将声能转化为机械能，以上两种材料对于不同频率有不同吸声倾向，复合使用，可扩大吸声范围，提高吸声系数。

1）多孔性吸声材料

多孔性吸声材料是一种比较常用的吸声材料，材料表面至内部许多细小的敞开孔道使声波衰减，具有良好的中高频吸声性能，而低频吸声较差。这类材料的物理结构特征是材料具有大量的内外连通微孔，具有一定的透气性。这与保温绝热材料不同，同样都是多孔材料，保温绝热材料要求必须是封闭的不相连通的孔。当声波入射到材料表面时，声波很快顺着微孔进入材料内部，引起孔隙内的空气振动，由于摩擦、黏滞阻力以及材料内部的热传导作用或由于引起细小纤维的机械振动，相当一部分声能转化为热能而被吸收，声能衰减。

多孔性材料吸声性能与材料的表观密度和内部构造有关，主要影响有：

（1）材料表观密度和构造的影响：对同一种多孔材料表观密度增加（即孔隙率减小时），意味着微孔减小，能使低频吸声效果有所提高，而对高频的吸声效果则有所降低。材料孔隙率高、孔隙细小，吸声性能较好；孔隙过大，效果较差。但过多的封闭微孔，对吸声并不一定有利。

（2）材料厚度的影响：多孔材料的低频吸声系数，一般随着厚度的增加而提高，可提高低、中频吸声系数，但厚度对高频影响不显著。材料表观密度和构造对材料吸声性能的影响是复杂的，厚度的变化对材料吸声性能的影响是首要因素。

（3）背后空气层的影响：大部分吸声材料都是固定在龙骨上，材料背后空气层的作用相当于增加了材料的有效厚度，吸声效果一般随着空气层厚度增加而提高，特别是改善对低频的吸收，它比增加材料厚度来提高低频的吸声效果更有效。

（4）表面特征的影响：吸声材料的表面空洞和开口连通孔隙愈多对吸声效果愈好。当材料吸湿或变面喷涂油漆、孔隙充水或堵塞，会大大降低吸声材料的吸声效果。

2）薄板振动吸声结构

由于多孔性材料的低频吸声性能差，为解决中、低频吸声问题，往往采用薄板振动吸声结构，将胶合板、薄木板、硬质纤维板、石膏板、石棉水泥板、金属板等周边固定在刚性墙或顶棚的龙骨上，并在背后保留一定的空气层，即构成薄板振动吸声结构。这个由薄板和空气层组成的系统可以视为一个由质量块和弹簧组成的振动系统，当入射声波的频率和系统固有频率接近时，薄板和空气层的空气就产生振动，在板内部和龙骨间出现摩擦损耗，将声能转换为热能耗散掉。薄板振动吸声频率范围较窄，由于低频声波比高频声波容易使薄板产生振动，因此主要吸声范围在共振频率附近区域，通常在80～300Hz范围，在此共振频率附近吸声系数最大，约为0.2～0.5，而在其他频率吸声系数较低。

3）共振腔吸声结构

其结构的形状为一封闭的较大空腔，有一较小的开口孔隙，很像个瓶子。当腔内空气受外力激荡时，空腔内的空气会按一定的共振频率振动，此时开口颈部的空气分子在声波作用下像活塞一样往复运动，因摩擦而消耗声能，起到吸声作用。若在腔口蒙一层透气的细布或疏松的棉絮，可加宽吸声频率范围和提高吸声量。为了获得较宽频率带的吸声性能，常采用组合共振腔吸声结构。

4）穿孔板组合共振腔吸声结构

这种结构是用穿孔的胶合板，硬质纤维板、石膏板、石棉水泥板、铝合金板、薄钢板等，将周边固定在刚性龙骨上，并在背后设置空气层而构成。它相当于许多单个共振吸声器的并联组合，起扩宽吸声频带的作用，当入射声波频率和这一系统的固有频率一致时，穿孔部分的空气就激烈振动，加强了吸收效应，特别对中频声波的吸声效果较好。穿孔板厚度、穿孔率、孔径、背后空气层厚度以及是否填充多孔吸声材料等，都直接影响吸声结构的吸声性能。此种形式在建筑上使用得比较普遍。

5）柔性吸声材料

材料内部有许多微小的、互不贯通的独立密闭气孔，没有通气性能，但有一定的弹性，如聚氯乙烯泡沫塑料，表面仍为多孔材料。当声波入射到材料上时，声波引起的空气振动不易直接传递至材料内部，只能相应地激发材料作整体振动，在振动过程中由于克服材料内部的摩擦而消耗了声能，引起声波衰减。这种材料的吸声特性是在一定的频率范围内出现一个或多个吸收频率，高频的吸声系数很低，中、低频的吸声系数类似共振腔吸声。

6）悬挂空间吸声体

一种将吸声材料制成平板形、球形、圆锥形、棱锥形等多种形式，分散悬挂在顶棚上，用以降低室内噪声或改善室内音质的吸声构件。此种构造增加有效的吸声面积，再加上声波的衍射作用，可以显著地提高实际吸声效果。悬挂空间吸声体根据建筑物的使用性质、面积、层高、结构形式、装饰要求和声源特性，可有板状、方块状、柱体状、圆锥状和球体状等多种形状。它具有用料少、重量轻、投资省、吸声效率高、布置灵活、施工方便的特点，设计上应主要考虑材料、结构、悬挂数量及方式三个因素。

7）帘幕吸声体

帘幕吸声结构是用具有通气性能的纺织品，安装在离开墙面或窗洞一段距离处，背后设置空气层，通过声音与帘幕气孔的多次摩擦，达到吸声的目的。这种吸声体对中、高频都有一定的吸声效果。帘幕的吸声效果还与所用材料种类有关，具有安装拆卸方便、装饰性强的特点，应用价值较高。

10.4 隔声材料

1. 材料的隔声机理

能减弱或隔断声波传递的材料称为隔声材料。必须指出，吸声性能好的材料，不能简单地把它们作为隔声材料来使用。声音按其传播途径可分为空气声（由于空气的振动）和固体声（由于固体撞击或振动）两种，隔声可分为隔绝空气声和固体声两种，两者的隔声原理截然不同。

建筑上把主要能减弱或隔断声波传递的材料称为隔声材料。隔声材料主要用于外墙、门窗、隔墙以及隔断等。

2. 隔声材料的选用

对空气声的隔绝，主要是依据声学中的“质量定律”，其传声的大小主要取决于墙或板的单位面积质量，即材料的密度越大，其质量越大，惯性越大，越不易受声波作用而产生振动，声波通过材料传递的速度迅速减弱，隔声效果越好。所以，空气声的隔绝主要是反射，应选用密度大的材料（如钢筋混凝土、实心砖等）作为隔绝空气声的材料，并增加材料的厚度。对固体声隔绝的最有效措施是断绝其声波继续传递的途径，最有效的措施是采用不连续结构处理，即在产生和传递声波的结构（如梁、框架与楼板、隔墙等）层中加入具有一定弹性的衬垫材料，如软木、橡胶、毛毡等，当撞击作用发生时，这些材料发生了变形，产生机械能与热能的转换，使声能降低，减弱结构所受的撞击，阻止固体声波的继续传播。

材料的隔声原理与材料的吸声（吸收或消耗转化声能）原理不同，对于单一材料来说，吸声能力与隔声效果往往是不能兼顾的，吸声效果好的多孔材料隔声效果不一定好，不能简单地将吸声材料作为隔声材料来使用。“吸声”和“隔声”两个术语须清楚区分，前者是指声音能量被转化成热能，而后者指声音能量未转化成不同的能量形式，而是通过反射改变其传播方向。

思考题与习题

1. 与传统的沥青防水卷材相比较，合成高分子防水卷材有哪些特点？

2. 防水涂料的品种有哪些？简述各自品种的优缺点。

3. 高聚物改性沥青防水卷材与石油沥青纸胎防水油毡相比具有哪些优点？两者的使用范围有哪些不同？

4. 防水材料除应具有防水功能外，还应具有哪些特性？

5. 何谓绝热材料？简述不同构造材料的绝热原理。

6. 何谓吸声材料？简述不同吸声材料的吸声机理。

7. 隔绝空气声与隔绝固体声的作用机理有何不同？哪些材料宜用作隔绝空气声或隔绝固体声？

第 11 章　土木工程材料试验

土木工程材料试验是土木工程材料课程的重要实践性环节，其目的是使学生熟悉土木工程材料的技术要求，并能进行检验和评定；通过试验进一步了解土木工程材料的性质和使用形式，巩固、丰富和加深土木工程材料的理论知识，提高分析和解决问题的能力。

进行土木工程材料试验时，取样、试验条件和数据处理等均必须严格按相应的标准或规范进行，以保证试验结果的代表性、稳定性、正确性和可比性。否则，就不能对土木工程材料的技术性质和质量做出正确的评价。

本书中试验是按课程教学大纲及工程实际需要，选择了几种常用土木工程材料和在土木工程中占有重要地位的几种土木工程材料，按现行最新标准或规范编写的。可根据教学要求和实际情况选择试验内容。

11.1　材料基本性能试验

本节包含了材料的密度、表观密度、毛体积密度、堆积密度和吸水率的试验方法。通过本试验熟悉密度、表观密度、毛体积密度、堆积密度和吸水率的试验原理，并加深对密度、表观密度、毛体积密度、堆积密度、孔隙率和空隙率的理解。

试验参照 GB/T 208—2014、GB/T 14684—2011、GB/T 14685—2011、JGJ 52—2006 等标准。

11.1.1　密度试验

1. 基本概念

材料的密度是指材料在绝对密实条件下，单位体积的质量。

$$\rho=\frac{m}{V}$$

式中　ρ——材料的密度（g/cm^3 或 kg/m^3）；

m——材料的绝干质量（g 或 kg）；

V——材料在绝对密实状态下的体积（cm^3 或 m^3）。

材料的密度 ρ 取决于材料的组成与微观结构，与材料空隙状况无关。

2. 主要仪器设备

李氏瓶，容积为 220～250mL，刻度精确到 0.1mL，见图 11-1。

筛子：方孔，孔径为 0.90mm；

烘箱［温度能控制在（105±5)℃］；

干燥器、天平（称量 500g、感量 0.01g)、温度计等。

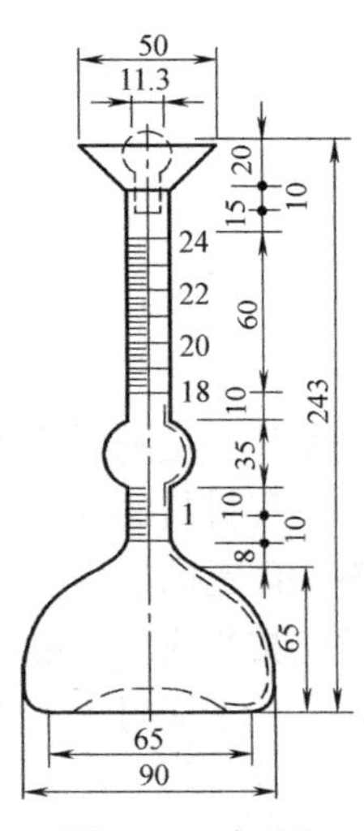

图 11-1　李氏瓶

3. 检测方法

（1）将试样（如石料）研磨成细粉，并全部通过 0.90mm 方孔筛，然后放在烘箱内，在（105±5）℃的温度下烘干到恒重，然后取出放在干燥器内备用。

（2）向李氏瓶中注入蒸馏水（或油类）及其他不与试样发生反应的液体到突颈下部的 0～1.0mL 刻度范围内，将李氏瓶放在恒温水浴中，待恒温 30min 后，记下读数 V_1（mL，精确到 0.05mL，下同）。

（3）称取 60～90g 试样 m_1，用漏斗将试样小心地逐渐装入李氏瓶内，直到液面上升到 20mL 或略高于 20mL 的刻度为止（注意勿使粉料黏附于液面以上的瓶颈内壁），再称量剩余的试样 m_2，计算出装入李氏瓶中的试样质量 $m=m_1-m_2$（g）。

（4）将注入试样后李氏瓶内的气泡充分排净，并放入恒温水浴中，待恒温 30min 后，读出液面的刻度 V_2（mL）。

4. 计算密度（精确至 0.01g/cm³）

$$\rho=\frac{m}{V_2-V_1}$$

以两次试验的平均值作为测定结果，如两次结果之差大于 0.02g/cm³，应重新取样进行试验。

11.1.2　表观密度（视密度）

1. 基本概念

表观密度是指材料在自然状态下，单位表观体积（材料真实体积和材料闭口孔体积之和）的质量。

$$\rho_0=m/V_a,\quad V_a=V+V_b$$

式中　ρ_0——材料的表观密度（g/cm³ 或 kg/m³）；

V_a——材料在自然状态下（不含开口孔隙时）的体积（图 1-1）（cm³ 或 m³）；

V——材料在绝对密实状态下的体积（cm³ 或 m³）。

V_b——材料内部闭口孔隙的体积（cm³ 或 m³）。

2. 主要仪器设备

（1）天平（称量 2kg，感量 1g）；

（2）广口瓶 1000mL（用于 4.75mm 以下粒径时可采用 500mL 容量瓶），磨口并带玻璃片；

（3）烘箱干燥箱、烧杯（500mL）、白瓷浅盘、温度计、料勺、筛子（孔径 4.75mm）；毛巾及刷子等。

3. 检测方法（广口瓶法）

本法不适合于最大粒径大于 37.5mm 的集料。

（1）试验前，将样品筛去孔径 4.75mm 以下颗粒。用四分法缩分试样（碎石）2000g，洗刷干净后，分成两份备用。

（2）将试样浸水饱和（水中浸泡 24h），然后倾斜广口瓶，将试样装入广口瓶中。之后再注入饮用水，用玻璃片覆盖瓶口，以上下左右摇晃的方法排除气泡。

（3）气泡排尽后，向瓶中再添加饮用水到水面凸出瓶口边缘，然后用玻璃片沿瓶口迅速滑行，使其紧贴瓶口水面。擦干瓶外水分后，称取该瓶（试样、水和玻璃片）的质量 m_1（g），精确到 1g。

（4）将瓶内的试样倒入浅盘中，放在（105±5）℃的烘箱中烘干到恒重。取出来放在干燥器中冷却到室温后，称其质量为 m_0(g)，精确到 1g。

（5）将瓶洗净，重新注满饮用水，用玻璃片紧贴瓶口水面，擦干瓶外水分后称其质量为 m_2（g）精确到 1g。

4. 试验结果计算（精确到 0.01g/cm³）

$$\rho_0=\left(\frac{m_0}{m_0+m_2-m_1}-a_1\right)\times 1000$$

式中 m_0——烘干后试样质量（g）；

m_1——瓶＋水＋试样＋玻璃盖片总质量（g）；

m_2——瓶＋水＋玻璃盖片总质量（g）；

a_1——水温对水相对密度修正系数，见表 11-1。

水温对水相对密度修正系数　　表 11-1

水温(℃)	15	16	17	18	19	20	21	22	23	24	25
a_1	0.002	0.003	0.003	0.004	0.004	0.005	0.005	0.006	0.006	0.007	0.008

以两次试验的平均值作为测定结果，如两次结果之差大于 20kg/m³，应重新取样进行试验。对颗粒材质不均匀的试样，如两次试验结果之差超过 20kg/m³，可取 4 次试验结果的算术平均值。

注：1. 粒径小于 4.75mm 的颗粒（如砂子）可用 500mL 容量瓶替代广口瓶进行（容量瓶法是砂子表观密度测定的标准方法）。试验时精确称取烘干试样 300g，每次加水至容量瓶的刻度线，其余步骤与广口瓶法相同。

2. 测定材料（石子）的表观密度除上述简便方法外，还有一种用液体天平测试的标准方法。

11.1.3 毛体积密度

1. 基本概念

毛体积密度指材料单位体积（包括开口闭口空隙）的质量。岩石的毛体积密度（块体密度）是一个间接反映岩石致密程度空隙发育程度的参数，也是评价工程岩体稳定性及确定围岩压力等必需的计算指标。

2. 主要仪器设备

（1）天平（称量 2000g，感量 1g）。

（2）静水天平（称量 10kg，感量 5g）。

（3）烘箱、干燥器、石蜡、酒精等。

（4）游标卡尺（精度 0.02mm）。

3. 检测方法与计算

1）对规则形状材料

（1）将规则的试样放入（105±5）℃的烘箱中烘干至恒重，取出移到干燥器中冷却至室温。用天平称量试件质量 m（精确至1g）。

（2）用游标卡尺测量试件尺寸。试件为平行六面体时，量取3对平行面一个方向的中线长度，两两取平均值。试件为圆柱体时，量取十字对称直径，上中下部位各量2次，取6次结果的平均值；量取十字对称方向高度，取4次测定结果的平均值，准确至0.02mm。

（3）根据上述几何尺寸计算出试件体积 V_0（m^3）=长×宽×高（或截面积×高）。

（4）试验结果按下式计算（精确至10kg/m^3）：

$$\rho_v = m/V_0$$

式中 ρ_v——材料的毛体积密度（kg/m^3 或 g/cm^3）；

m——材料的质量（kg或g）；

V_0——材料的自然状态体积，$V_0 = V + V_k + V_b$（m^3 或 cm^3）。

试件结构均匀者，以3个试件的结果的算术平均值作为测试结果，各次结果的误差不得大于20kg/m^3（0.02g/cm^3）；

2）对形状不规则材料

（1）将试样用刷子清扫干净放入（105±5）℃的烘箱中干燥24h，取出，冷却到室温，称其质量 m，精确到1g。

（2）将试样在真空饱水装置中先抽真空，再吸入水，使试样吸水饱和；取出试样后，用干毛巾擦干其表面，用电子天平测出试样面干饱和状态下的质量 m_1，精确到1g。

（3）用静水天平称出吸水饱和试样在水中的质量 m_2，精确到1g。

（4）毛体积密度按下式计算（精确至10kg/m^3）：

$$\rho_v = \frac{m}{m_1 - m_2} \times \rho_{水} \qquad (\text{kg/m}^3 \text{ 或 g/cm}^3)$$

（5）吸水率计算

按下式计算试样的吸水率（精确至0.1%）：

$\omega_m = \frac{m_1 - m}{m} \times 100\%$，取两次试验结果的算术平均值。

11.1.4 堆积密度

1. 基本概念

散粒材料在堆积状态下单位体积（含颗粒内部孔隙和颗粒之间空隙）的质量称为堆积密度。测定碎石或卵石等散料材料的堆积密度，主要是为了计算石子的空隙率。

$$\rho_0' = \frac{m}{V_0'}$$

式中 ρ_0'——散粒材料的堆积密度（g/cm^3 或 kg/m^3）；

m——散粒材料的质量（g或kg），一般以干燥状态为准；

V_0'——散粒材料在自然状态下的堆积体积（cm^3 或 m^3），包含所有颗粒的体积以及颗粒之间的空隙体积，也就是容量筒的体积。$V'_0=V+V_k+V_b+V_j=V_{筒}$。

2. 主要仪器设备

(1) 磅秤。称量 50kg 或 100kg，感量 50g（用于砂子时称量 10kg，感量 1g）。

(2) 容量筒。视集料的最大粒径大小而选用不同规格的容积（$V_{筒}$）的容量筒，见表 11-2。

集料容量筒规格要求 **表 11-2**

碎石最大粒径(mm)	容量筒容积(L)	容量筒规格		
		内径(mm)	净高(mm)	壁厚(mm)
9.5,16.0,19.0,26.5	10	208	294	2
31.5,37.5	20	294	294	3
砂	1	108	109	2

(3) 烘箱。20～200℃。

(4) 垫棒。直径 16mm、长 600mm 的圆钢棒。

3. 检测方法

(1) 取样方法及数量。按规定取样，放入浅盘，在（105±5)℃的烘箱中烘干，也可以摊在地面上风干，拌匀后分成两份备用。

(2) 测定松散堆积密度。取试样一份，置于平整干净的地板（或铁板）上，用小铲将试样从容量筒口中心上方 50mm 处徐徐倒入，让试样以自由落体落下；当容量筒上部试样呈堆体，且容量筒四周溢满时，即停止加料。除去凸出容量口表面的颗粒，并以合适的颗粒填入凹陷部分，使表面稍凸起部分和凹陷部分的体积大致相等（试验过程应防止触动容量筒），称量出试样和容量筒总质量 m_1（kg）。

(3) 测定紧密堆积密度（振实堆积密度）。取试样一份分为三次装入容量筒，装完第一层后，在筒底放垫棒，将筒按住，左右交替颠击地面各 25 次；再装入第二层，第二层装满后用同样方法颠实（但筒底所垫钢筋的方向与第一层时的方向垂直）；然后装入第三层，仍用同样的方法颠实。试样装填完毕，再加试样直至超过筒口，用钢尺沿筒口边缘刮去高出的试样，并用适合的颗粒填平凹处，使表面稍凸起部分与凹陷部分的体积大致相等。称量出试样和容量筒的总质量 m_1（kg）。

(4) 称量。将试样倒出，清扫干净容量筒，再称量出容量筒的质量 m_2（kg）。

4. 结果计算

材料的松散或紧密堆积密度按下式计算（精确至 $10kg/m^3$）：

$$\rho'_0=(m_1-m_2)/V'_0$$

堆积密度取两次试验结果的算术平均值。

11.1.5 孔隙率和空隙率计算

孔隙率 P 按下式计算（精确至 1%）：$P=(1-\rho_v/\rho)\times100(\%)$

空隙率 P'按下式计算（精确至 1%）：$P'=(1-\rho'_0/\rho_v)\times100(\%)$

孔隙率、空隙率取两次试验结果的算术平均值。

11.2 水泥性能试验

试验依据现行《水泥细度检验方法》GB/T 1345、《水泥标准稠度用水量凝结时间安定性检测方法》GB/T 1346、《水泥胶砂强度检验方法》GB/T 17671 等。

11.2.1 水泥细度检验

水泥细度检验分为负压筛析法和水筛法两种。

1. 负压筛析法

1）主要仪器设备

（1）负压筛。负压筛由筛网、筛框和透明筛盖组成。

（2）负压筛析仪。负压筛析仪由筛座、负压筛、负压源及收尘器组成。

2）检测方法

（1）筛析试验前，把负压筛放在筛座上，盖上筛盖，接通电源，检查控制系统，调节负压至 4000～6000Pa 范围内。

（2）称取试样，80μm 筛析称取试样 25g（45μm 筛析称取试样 10g），称取试样精确至 0.01g，置于洁净的负压筛中，盖上筛盖，放在筛座上，开动筛析仪连续筛析 2min，在此期间如有试样附着在筛盖上，可轻轻敲击，使试样落下。筛毕，用天平称量筛余物质量 m_1（g）。

2. 水筛法

1）主要仪器设备

（1）标准筛。筛布与负压筛相同，筛框有效直径 125mm，高 80mm。

（2）水筛架和喷头。水筛架能带动筛子转动，转速为 50r/min。喷头直径 55mm，面上均匀分布 90 个孔，孔径 0.5～0.7mm，安装高度以离筛布 50mm 为宜。

2）检测方法

（1）筛析试验前，应检查水中无砂、泥，调整好水压、水筛架位置，使其能正常运转。

（2）称取试样 50g，精确至 0.01g，置于洁净的水筛中，立即用淡水冲洗至大部分细粉通过后，放在水筛架上，用水压为（0.05±0.02）MPa 的喷头连续冲洗 3min。筛毕，用少量水把筛余物冲至蒸发皿中，待水泥颗粒全部沉淀后，小心倒出清水，烘干并用天平称量筛余物质量 m_1（g）。

3. 试验结果计算

水泥试验筛余百分数按下式计算（精确至 0.1%）：

$$F=m_1/m\times100\%$$

式中 F——水泥试样的筛余百分数（%）；

m_1——水泥筛余物的质量（g）；

m——水泥试样的质量（g）。

合格评定时，每个样品应称取两个试样分别筛析，取筛余平均值为筛析结果。

11.2.2 水泥标准稠度用水量测定

1. 主要仪器设备

(1) 水泥净浆搅拌机。

(2) 水泥标准稠度与凝结时间测定仪（图 11-2）。

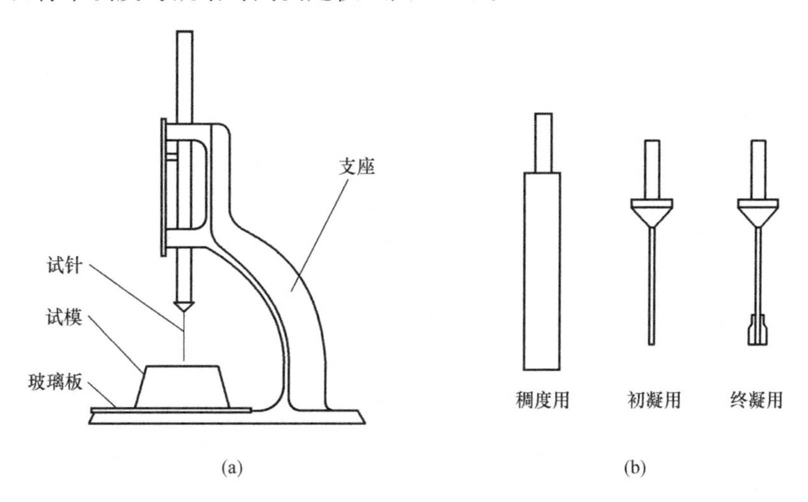

图 11-2　标准法维卡仪及附件

(a) 测定水泥标准稠度和凝结时间用维卡仪；(b) 附件（标准稠度用试杆，初凝、终凝时间用试针）

(3) 天平 1000g，感量 1g；量筒 500mL。

2. 检测方法（标准法）

(1) 试验前，需检查仪器金属棒能否自由滑动；试锥降至顶面位置时，需检查指针能否对准标尺零点及搅拌机能否正常运转等。当一切检查无误时，才可以开始检测。

(2) 将所用的搅拌锅、搅拌叶片先用湿布擦过，称取预先估计的拌合用水 w (g) 倒入搅拌锅内，然后将称量好的 500g 水泥试样倒入搅拌锅内，再将搅拌锅放置到搅拌机锅座上，升至搅拌位置，开动机器，慢速搅拌 120s，停拌 15s，同时将叶片和锅壁上的水泥浆刮入锅中，接着快速搅拌 120s 后停机。

(3) 拌和结束后，立即将拌制好的水泥净浆装入已置于玻璃底板上的试模中，用小刀插捣，轻轻振动数次，刮去多余的净浆；抹平后迅速将试模和底板移到维卡仪上，并将其中心定在试杆下，降低试杆直至与水泥净浆表面接触，拧紧螺丝 1～2s 后，突然放松，使试杆垂直自由地沉入水泥净浆中。在试杆停止沉入时记录试杆距底板之间的距离，升起试杆后，立即擦净；整个操作应在搅拌后 1.5min 内完成。以试杆沉入净浆并距底板 (6±1) mm 的水泥净浆为标准稠度净浆。其拌合水量为该水泥的标准稠度用水量（P），按水泥质量的百分比计。

3. 标准稠度用水量（*P*）的计算

$$P=\frac{W}{500}\times 100\%$$

11.2.3 水泥净浆凝结时间测定

1. 主要仪器设备

(1) 水泥净浆搅拌机。

(2) 标准法维卡仪，湿气养护箱。

2. 检测方法

(1) 测定前准备工作。调整凝结时间测定仪的试针接触玻璃板时，指针对准零点。

(2) 试件的制备。以标准稠度用水量制成标准稠度净浆一次装满试模，振动数次刮平，立即放入湿气养护箱中。记录水加水泥开始搅拌的时间作为凝结时间的起始时间。

(3) 初凝时间的测定。试件在湿气养护箱中养护至起始时间 30min 时进行第一次测定。测定时，从湿气养护箱中取出试模放到试针下，降低试针与水泥净浆表面接触。拧紧螺丝 1～2s 后，突然放松，试针垂直自由地沉入水泥净浆。观察试针停止下沉时指针的读数。临近初凝时，每隔 5min 测定一次，当试针沉至距底板 (4±1)mm 时，为水泥达到初凝状态；由初始时间至初凝状态的时间为水泥的初凝时间，用“min”表示。

(4) 终凝时间的测定。在完成初凝时间测定后，立即将试模连同浆体以平移的方式从玻璃板取下，翻转 180°，直径大端向上，小端向下放在玻璃板上，再放入湿气养护箱中继续养护。取下初凝时间的试针，换上终凝时间的试针。临近终凝时每隔 15min 测定一次。当试针沉入试体 0.5mm 时，即环形附件开始不能在试体上留下痕迹时，为水泥达到终凝状态。由初始时间至终凝状态的时间为水泥的终凝时间，用“min”表示。

(5) 测定时应注意，在最初测定的操作时应轻轻扶持金属柱，使其徐徐下降，以防试针撞弯，但结果以自由下落为准；在整个测试过程中试针沉入的位置至少要距试模内壁 10mm。到达初凝或终凝时应立即重复测一次，当两次结论相同时才能定为到达初凝或终凝状态。每次测定不能让试针落入原针孔，每次测试完毕须将试针擦净并将试模放回湿气养护箱内，整个测试过程要防止试模受振。

3. 试验结果的评定

对照相关国家标准或行业标准，可判断水泥的凝结时间合格与否。

11.2.4 水泥安定性检测

1. 主要仪器设备

(1) 水泥净浆搅拌机。

(2) 沸煮箱。

(3) 雷氏夹与雷氏膨胀值测定仪，见图 11-3、图 11-4。

2. 检测方法与评定

1) 制备标准稠度水泥净浆

按照测试标准稠度用水量和凝结时间的方法制成标准稠度水泥净浆。

2) 雷氏法（标准法）

将预先准备好的雷氏夹放在已稍擦油的玻璃板上，并立即将已制好的标准稠度净浆一次装满雷氏夹，装浆时一只手轻轻扶持雷氏夹，另一只手用宽约 10mm 的小刀插捣 15 次左右，然后抹平，盖上稍涂油的玻璃板，接着立即将试件移至湿气养护箱内养护 (24±2)h。脱去玻璃板取下试件，先测量雷氏夹指针尖端间的距离（A），精确到0.5mm，接着将试件放入沸煮箱水中的试件架上，指针朝上，然后在（30±5）min内加热至沸腾并恒沸3h±5min。沸煮结束后，立即放掉沸煮箱中的热水，打开箱盖，待箱体冷却至室温，取出试件进行判别。

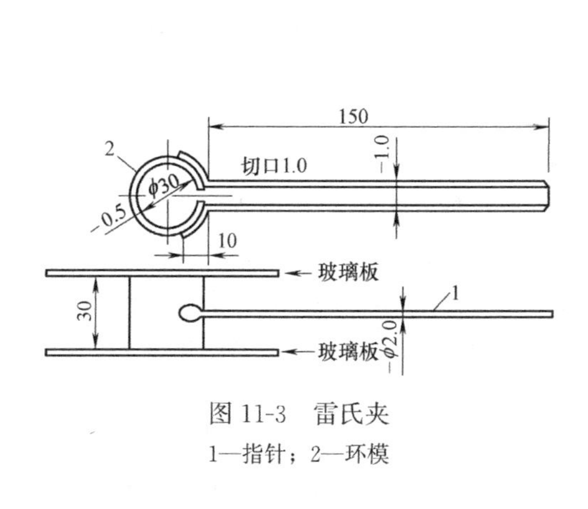

图11-3　雷氏夹
1—指针；2—环模

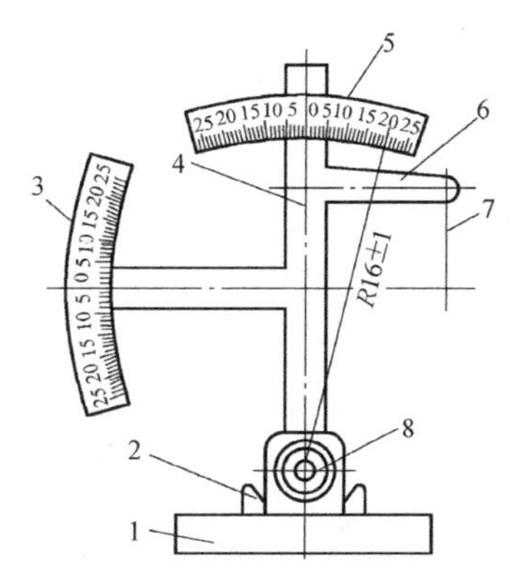

图11-4　雷氏夹膨胀值测量仪
1—底座；2—模子座；3—测弹性标尺；4—立柱；5—测膨胀值标尺；6—悬臂；7—悬丝；8—弹簧顶扭

测量雷氏夹指针尖端的距离（C），准确至0.5mm，当两个试件煮后增加距离（C-A）的平均值不大于5.0mm时，即认为该水泥安定性合格，当两个试件的（C-A）值相差超过4.0mm时，应用同一样品立即重做一次试验。再如此，则认为该水泥为安定性不合格。

3）饼法（代用法）

将制好的标准稠度净浆取出一部分分成两等份，使之呈球形，放在预先准备好的玻璃板上，轻轻振动玻璃板并用湿布擦过的小刀由边缘向中央抹动，做成直径70～80mm、中心厚约10mm、边缘见薄、表面光滑的试饼，接着将试饼放入湿气养护箱内养护（24±2）h。将养护后的试饼脱去玻璃板，在试饼无缺陷的情况下将试饼放在沸煮箱的水中篦板上，然后进行沸煮（要求同雷氏法）。沸煮结束，即放掉箱中的热水，打开箱盖，待箱体冷却至室温，取出试件判别。

目测沸煮试饼未发现裂纹，用直尺检查也没有翘曲时为安定性合格，反之为不合格。当两个试饼判别有矛盾时，该水泥的安定性也为不合格。

两种方法有争议时，以雷氏法为准。

11.2.5　水泥胶砂强度检测

1. 主要仪器设备

（1）水泥胶砂搅拌机。

（2）胶砂振实台。

（3）三联试模，模槽标定尺寸为40mm×40mm×160mm。

（4）抗折试验机。

（5）抗压试验机和抗压夹具，抗压试验机的量程以 200～300kN 为宜；抗压夹具受压面积为 40mm×40mm，加压面必须磨平。

（6）金属刮平直尺。

（7）标准养护室。

2. 试件成型

（1）成型前。将试模擦净，四周模板与底座的接触面上应涂黄油，紧密装配，防止漏浆，内壁均匀刷一薄层机油。

（2）配合比。水泥与标准砂的质量比为 1∶3.0，水灰比为 0.50。每成型 3 条试件（一联试模）需称量水泥 450g，标准砂 1350g；拌合水 225mL。

（3）搅拌。将搅拌锅、搅拌翅先用湿布擦过，把水加入锅里，再加入水泥，把锅放在固定架上，上升至固定位置。然后立即开动机器，低速搅拌 30s 后，在第二个 30s 开始的同时均匀地将砂子加入。把机器转至高速再拌 30s，停拌 90s，在第 1 个 15s 内用一胶皮刮具将叶片和锅壁上的胶砂，刮入锅中间。在高速下继续搅拌 60s。各个搅拌阶段，时间误差应在 1s 以内。

（4）成型。将空试模和模套固定在振实台上，用一个适当的勺子直接从搅拌锅里将胶砂分两层装入试模，装第一层时，每个槽里约放 300g 胶砂，用大播料器垂直架在模套顶部沿每个模槽来回一次将料层播平，接着振实 60 次。再装入第二层胶砂，用小播料器播平，再振实 60 次。振动完取下试模，胶砂用小播料器播平，再振实 60 次。移走模套，从振实台上取下试模，用一金属直尺以近似 90°的角度架在试模模顶的一端，然后沿试模长度方向以横向锯割动作慢慢向另一端移动，一次将超过试模部分的胶砂刮去，并用同一直尺以近乎水平的情况将试体表面抹平。

（5）编号。振动完毕，取下试模。用刮平刀轻轻刮去高出试模的胶砂并抹平。接着在试件上编号，编号时应将试模中的三条试件分编在两个以上的龄期内。

（6）注意事项。试验前或更换水泥品种时，搅拌锅、叶片和下料漏斗都必须抹干净。

3. 养护

将编号的试件带模放入温度为（20±1)℃，相对湿度大于 90%的养护箱中养护 24h，然后取出、脱模；脱模后的试件立即放入水温为（20±1)℃的恒温水槽中养护，养护期间试件之间间隔或试体上表面的水深不得小于 5mm。

4. 强度试验

1）各龄期试件的强度试验

各龄期试件必须按规定 24h±15min、48h±30min、72h±45min、7d±2h、28d±8h 内进行强度试验。

2）抗折强度测定

将试体一个侧面放在试验机支撑圆柱上，试体长轴垂直于支撑圆柱，通过加荷，圆柱以（50±10)N/s 的速率均匀地将荷载垂直地加在棱柱体相对侧面上，直至折断。保持两个半截棱柱体处于潮湿状态直至抗压试验。

抗折强度试验结果以 3 块试件平均值表示；当 3 个强度值中有一个超过平均值 10%时，应将该值剔除后再取平均值作为抗折强度试验结果。

3）抗压强度试验

半截棱柱体中心与压力机压板受压中心差应在0.5mm内，棱柱体露在压板外的部分约有10mm。在整个加荷过程中以（2400±200）N/s的速率均匀地加荷直至破坏。

抗折试验结果：抗折强度按下式计算，精确到0.1MPa。

$$R_1 = 1.5F_1L/b^3$$

式中 R_1——水泥抗折强度（MPa）；

F_1——折断时施加于棱柱体中部的荷载（N）；

L——支撑圆柱之间的距离（100mm）；

b——棱柱体正方形截面的边长（40mm）。

抗压试验结果：抗压强度按下式计算，精确至0.1MPa。

$$R_c = \frac{F_c}{A}$$

式中 R_c——水泥抗压强度（MPa）；

F_c——破坏时的最大荷载（N）；

A——受压部分面积（mm^2）（$40mm \times 40mm = 1600mm^2$）。

以一组3个棱柱体上得到的6个抗压强度测定值的算术平均值为试验结果，精确到0.1MPa。如6个测定值中有1个超出6个平均值的10%，就应剔除这个结果，而以剩下5个的平均数为结果。如果5个测定值中再有超过它们平均数10%的，则此组结果作废。

11.3 混凝土用集料试验

本节试验内容为砂石性能指标试验，主要是砂石的筛分。依据现行《建设用砂》GB/T 14684、《建设用卵石、碎石》GB/T 14685、《普通混凝土用砂、石质量及检验方法标准》JGJ 52、《公路工程集料试验规程》JTG E42进行评定。

11.3.1 砂石材料的取样方法与缩分

1. 砂石材料的取样

在料堆抽样时，铲除表层后从料堆不同部位均匀取8份砂或15份碎石；从皮带输送机上抽样时，应用接料器在出料处定时抽取大致等量的4份砂或8份碎石；从火车、汽车或货船上取样时，从不同部位和深度抽取大致等量的8份砂或16份碎石，分别组成一组样品。

2. 四分法缩取试样

用分料器直接分取或人工分取。四分法的基本步骤是：将取回的试样拌匀，把湿砂试样摊成20mm厚的圆饼，或将碎石试样在自然状态下堆成锥体，于饼上或锥上划十字线，将其分成大致相等的四份，除去其中两对角的两份，将余下两份再按上述四分法缩取，直至缩分后的试样质量略大于该项试验所需数量为止。

3. 取样数量

针对砂石每一单项试验项目，取样数量应分别符合表11-3和表11-4所示的规定。

砂单项试验每组样品最少取样数量　　表 11-3

检验项目	最少取样质量(kg)
砂的筛分试验	4.4
砂的表观密度试验	2.6
砂的堆积密度试验	5.0

碎石或卵石单项试验每组样品最少取样数量　　表 11-4

项目	碎石最少取样质量(kg)							
碎石试样最大粒径(mm)	9.5	16.0	19.0	26.5	31.5	37.5	63.0	75.0
碎石或卵石的筛分试验	9.5	16.0	19.0	25.0	31.5	37.5	63.0	80.0
碎石或卵石的表观密度试验	8	8	8	8	12	16	24	24
碎石或卵石的堆积密度试验	40	40	40	40	80	80	120	120

11.3.2 砂的筛分析试验

1. 主要仪器设备

（1）方孔筛：孔径为 9.50mm、4.75mm、2.36mm、1.18mm、0.60mm、0.30mm、0.15mm 的方孔筛各 1 个，以及筛盖、筛底各 1 只。

（2）天平，称量 1000g，感量 1g。

（3）烘箱（105±5)℃。

（4）摇筛机。

（5）浅盘、毛刷等。

2. 试样制备

按规定取样，并将试样缩分至约 1100g，放在烘箱中于（105±5)℃下烘干至恒量，待冷却至室温后，筛除大于 9.50mm 的颗粒，并算出大颗粒筛余百分率，其余试样分为大致相等的两份。

3. 试验步骤

（1）精确称取烘干试样 500g，置于按筛孔大小顺序排列的套筛的最上一只筛（即 4.75mm 筛孔筛）上，将套筛装入摇筛机上固定，筛分 10min 左右（如无摇筛机，可采用手筛）。

（2）取下套筛，按孔径大小顺序，在清洁的浅盘上逐个进行手筛，直至每分钟的通过量不超过试样总量的 0.1%时为止。通过的颗粒并入下一筛中，并和下一筛中的试样一起过筛，按此顺序进行，直到各号筛全部筛完。

（3）称取各筛筛余试样的质量（精确至 1g），所有各筛的分计筛余量和底盘中剩余量的总和与筛分前试样总量相比，其相差不得超过 1%，否则，重新试验。

4. 结果计算

（1）分计筛余百分率。各筛上的筛余量除以试样总量的百分率，精确至 0.1%。

（2）累计筛余百分率。该筛的分计筛余百分率加上该筛以上各筛的分计筛余百分率之和，精确至 0.1%。

（3）根据累计筛余百分率，绘制筛分曲线，评定颗粒级配分布情况。

（4）按下列公式计算砂的细度模数 M_x（精确至 0.01）：

$$M_x=\frac{(A_2+A_3+A_4+A_5+A_6)-5A_1}{100-A_1}$$

其中，$A_1 \sim A_6$ 依次为 4.75～0.15mm 筛上的累计筛余百分率。

（5）筛分试验应采用两个试样平行试验，并以两次试验结果的算术平均值作为检验结果，精确到 0.1。如两次试验的细度模数之差大于 0.20，应重新进行试验。根据细度模数 M_x 确定砂的粗细程度。

（6）级配的评定。绘制筛孔尺寸-累计筛余百分率曲线，或对照国家标准或行业标准规定的级配区范围，判定是否符合级配区要求。除 4.75mm 和 0.60mm 筛孔外，其他各筛的累计筛余百分数允许略有超出，但超出总量不应大于 5%。

11.3.3 砂的含水率测定

1. 主要仪器设备

（1）天平，称量 1kg，感量 0.1g。

（2）烘箱，(105±5)℃。

（3）容器、干燥器等。

2. 试验步骤

（1）按规定取样，并将自然潮湿条件下的试样用四分法缩分至约 1100g，拌匀后分为大致相等的两份。

（2）称取一份试样的质量 m'_w，放入烘箱中于（105±5)℃下烘至恒重，冷却至室温后，再称取其质量 m，精确至 0.1g。

3. 结果计算

（1）砂的含水率 ω'_m 按下式计算（精确至 0.1%）：

$$\omega'_m=\frac{m'_w-m}{m}\times100\%$$

（2）砂的表面水含水率 $\omega'_s=\omega'_m-\omega_m$，即砂的表面含水率等于砂的含水率减去砂的吸水率。

以两个试样的试验结果的算术平均值作为测定结果。两次试验结果之差大于 0.2% 时，须重新试验。

11.3.4 碎石或卵石的筛分析试验

1. 主要仪器设备

（1）方孔筛。孔径为 90mm、75.0mm、63.0mm、53.0mm、37.5mm、31.5mm、26.5mm、19.0mm、16.0mm、9.50mm、4.75mm、2.36mm 的方孔筛一套，及筛底和筛盖各一只。

（2）天平或台秤，称量 10kg，感量 1g。

（3）烘箱，(105±5)℃。

（4）摇筛机。

（5）浅盘、毛刷等。

2. 试样制备

按规定取试样，用四分法缩取到不少于表 11-5 规定的试样数量，烘干或风干后备用。

碎石筛分析所需试样的最小质量　　表 11-5

最大粒径(mm)	9.5	16.0	19.0	26.5	31.5	37.5	63.0	75.0
试样质量(kg)≥	1.9	3.2	3.8	5.0	6.3	7.5	12.6	16.0

3. 试验步骤

（1）按表 11-5 规定取样，精确到 1g。

（2）将试样倒入按孔径大小从上到下组合的套筛上，然后再置于摇筛机上，筛分 10min。

（3）分别取下各筛，并用手继续分筛（同砂），直到每分钟通过量不超过试样总量的 0.1%为止。通过的颗粒并入下一筛中，并和下一筛中的试样一起过筛。当试样粒径大于 19.0mm 时，允许用手拨动颗粒，使其通过筛孔。

（4）称取各筛的筛余量，精确到 1g。

4. 结果计算

（1）分计筛余百分率。各筛上的筛余量除以试样总量的百分率，精确至 0.1%。

（2）累计筛余百分率。该筛的分计筛余百分率加上该筛以上各筛的分计筛余百分率之和，精确至 1%。

（3）根据各筛的累计筛余百分率，根据国家标准或行业标准评定该试样的颗粒级配。

11.4 普通混凝土性能试验

本节试验参照现行《普通混凝土配合比设计规程》JGJ 55、《普通混凝土拌合物性能试验方法》GB/T 50080、《混凝土物理力学性能试验方法标准》GB/T 50081 等进行试验与评定。

11.4.1 普通混凝土拌合物取样和试样制备

1. 新拌混凝土取样

（1）同一组混凝土拌合物的取样应从同一盘混凝土或同一车混凝土中取样。取样量应多于试验所需量的 1.5 倍，且不宜少于 20L。

（2）混凝土拌合物的取样应具有代表性，宜采用多次采样的方法。一般在同一盘混凝土或同一车混凝土中约 1/4 处、1/2 处和 3/4 处分别取样，从第一次取样到最后一次取样不宜超过 15min，然后人工搅拌均匀。

（3）从取样完毕到开始做各项性能试验不宜超过 5min。

2. 新拌混凝土试样制备

（1）在试验室制备混凝土拌合物时试验室的温度应保持在（20±5)℃，所用材料的温度应与试验室温度保持一致。当需要模拟施工条件下所用的混凝土时，所用原材料的温度应与施工现场保持一致，且搅拌方式宜与施工条件相同。

（2）试验室拌和混凝土时，材料用量应以质量计。称量精度：骨料为±1%；水、水泥、掺合料、外加剂均为0.5%。砂、石料用量均以饱和面干状态下的质量为准。

（3）混凝土配合比试配时，每盘混凝土的最少搅拌量应符合表11-6的规定；当采用机械搅拌时，其搅拌量不应少于搅拌机额定搅拌量的1/4。

（4）从试样制备完毕到开始做各项性能试验不宜超过5min。

每盘混凝土最少搅拌量 **表11-6**

碎石最大粒径(mm)	拌合物数量(L)
31.5及以下	15
40	25

3. 主要仪器设备

（1）混凝土搅拌机。容量30～100L，转速为18～22r/min。

（2）电子磅秤。称量100kg，感量50g。

（3）其他用具。天平（称量1kg，感量0.5g以及称量10kg，感量5g）、量筒（$200cm^3$、$1000cm^3$）、拌铲、铁抹子、铁板（1.5m×2m×5mm）、振动台等。

4. 拌合方法

每盘混凝土拌合物最小拌合量应符合表11-6的规定。

1）人工拌和

（1）按所定混凝土配合比备料。

（2）将拌板和拌铲用湿布润湿后，将砂倒在拌板上，然后加入水泥，用拌铲自拌板一端翻拌至另一端，如此重复，直至充分混合，颜色均匀，再加入碎石，翻拌至混合均匀为止。

（3）将干混合物堆成堆，在中间作一凹槽，将已称量好的水，倒一半左右在凹槽中(勿使水流出)，然后仔细翻拌，并徐徐加入剩余的水，继续翻拌，每翻拌一次，用铲在拌合物上切一次，直到拌和均匀为止。

（4）拌和时力求动作敏捷，拌合时间从加水算起，应大致符合下列规定：

拌合物体积为30L以下时，4～5min；

拌合物体积为30～50L时，5～9min；

拌合物体积为51～75L时，9～12min。

（5）拌好后，根据试验要求，立即做坍落度测定或试件成型。从开始加水时算起，全部操作须在30min内完成。

2）机械搅拌法

（1）按所规定配合比备料。

（2）向混凝土搅拌机内依次加入计量过的石子、砂、水泥、掺合料等，开动搅拌机，干拌均匀，再将水及外加剂徐徐加入，继续拌和2～3min。

（3）将拌合物自搅拌机中卸出，倾倒在拌板上，再经人工翻拌2次，即可做坍落度测定或试件成型。从开始加水时算起，全部操作必须在30min内完成。

11.4.2 新拌混凝土和易性试验

1. 坍落度与坍落扩展度试验

本方法适用于集料最大粒径不大于40mm、坍落度值不小于10mm的混凝土拌合物稠度测定。

1）主要仪器设备

（1）坍落度筒。坍落度筒是由1.5mm厚的钢板或其他金属制成的圆台形筒（图11-5）。底面和顶面应互相平行并与锥体轴线垂直。在筒外2/3高度处安装两个把手，下端应焊脚踏板。筒的内部尺寸为：底部直径200mm，顶部直径100mm，高度300mm。

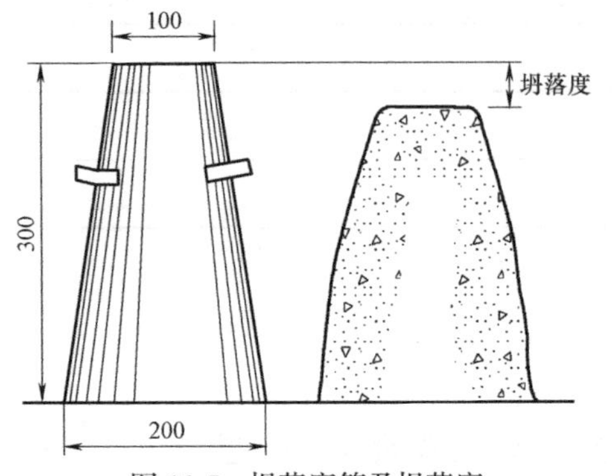

图11-5 坍落度筒及坍落度

（2）捣棒（直径16mm，长650mm的钢棒，端部应磨圆）、小铲、木尺、钢尺、拌板、镘刀等。

2）试验步骤

（1）湿润坍落度筒及其他工具，并把筒放在不吸水的平稳刚性水平底板上，然后用脚踩住两边的脚踏板，使坍落度筒装料时保持位置固定。

（2）把按要求取得的混凝土试样用小铲分三层均匀地装入筒内，使捣实后每层高度为筒高的1/3左右。每层用捣棒插捣25次。插捣应沿螺旋方向由外向中心进行，各次插捣应在截面上均匀分布。插捣筒边混凝土时，捣棒可以稍稍倾斜，插捣底层时，捣棒应贯穿整个深度，插捣第二层和顶层时，捣棒应插透本层至下一层的表面。

浇灌顶层时，混凝土拌合物应灌到高出筒口，插捣过程中，如果混凝土沉落到低于筒口，则应随时添加，顶层插捣完后，刮去多余混凝土并用抹刀抹平。

（3）清除筒边底板上的混凝土后，垂直平稳地提起坍落度筒。坍落度筒的提离过程应在5～10s内完成。从开始装料到提起坍落度筒的整个过程应不间断地进行，并应在150s内完成。

（4）提起坍落度筒后，测量筒高与坍落后混凝土试体最高点之间的高度差，即为该混凝土拌合物的坍落度值（以mm为单位，精确至1mm，结果表达修约至5mm）。

（5）坍落度筒提离后，如试件发生崩坍或一边剪坏现象则应重新取样测定。如第二次仍出现这种现象，则表示该拌合物和易性不好。

（6）测定坍落度后，观察拌合物下述性质，并记入记录。

① 黏聚性。用捣棒在已坍落的拌合物锥体侧面轻轻击打。此时，如果锥体逐渐下沉，是表示黏聚性良好，如果锥体倒塌、部分崩裂或出现离析现象，则表示黏聚性不好。

② 保水性。以混凝土拌合物中稀浆析出的程度来评定。坍落度筒提起后如有较多的稀浆从底部析出，锥体部分的混凝土也因失浆而集料外露，则表明此混凝土拌合物的保水性不好，如无这种现象，则保水性良好。

（7）当混凝土拌合物的坍落度大于220mm时，用钢尺测量混凝土扩展后最终的最大直径与最小直径，在这两个直径之差小于50mm的条件下，用其算术平均值作为坍落扩展度；否则此次试验无效。

如果发现粗集料在中央集堆或边缘有水泥浆析出，表示该混凝土拌合物抗离析性差。

3）坍落度的调整

当测得拌合物的坍落度低于要求数值，或认为黏聚性、保水性不满足时，可掺入备用的5%或10%水泥和水（水灰比不变）；当坍落度过大时，可酌情增加砂和石子的用量（一般砂率不变），尽快拌和，重新测定坍落度值。

2. 维勃稠度试验

本方法适用于集料最大粒径不大于40mm，维勃稠度在5～30s之间的混凝土拌合物稠度测定。

1）主要仪器设备

（1）维勃稠度仪。由容器、坍落度筒、圆盘、旋转架和振动台等部件组成，见图11-6。

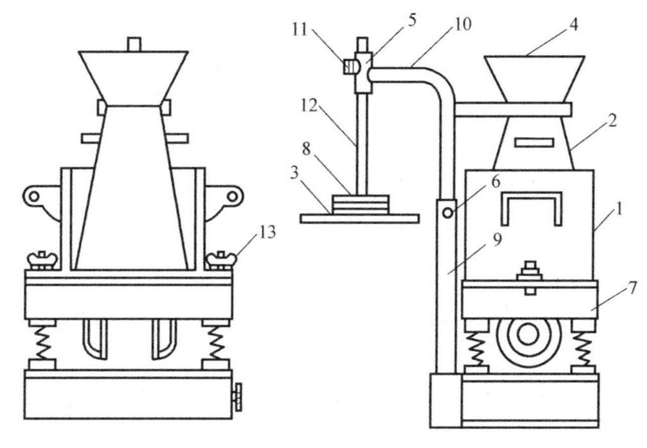

图11-6　维勃稠度仪

1—容器；2—坍落度筒；3—透明圆盘；4—漏斗；5—套筒；6—定位螺栓；7—底座；8—荷重；9—支架；10—旋转架；11—定位螺丝；12—测杆；13—固定螺丝

（2）捣棒、秒表、镘刀、小铲等，其他用具与坍落度试验相同。

2）测定步骤

（1）将维勃稠度仪放置在坚实水平的基面上，用湿布将容器、坍落度筒、喂料斗内壁及其他用具擦湿。就位后，测杆、喂料斗的轴线均应和容器轴线重合，然后拧紧固定螺丝11。

（2）将混凝土拌合物经喂料斗分三层装入坍落度筒。装料及插捣均与坍落度试验相同。

（3）将圆盘、喂料斗都转离坍落度筒，小心并垂直地提起坍落度筒，此时应注意不使混凝土试体产生横向扭动。

（4）再将圆盘转到混凝土上方，放松螺丝，降下圆盘，使它轻轻地接触到混凝土顶面，拧紧螺丝。同时开启振动台和秒表，在透明圆盘的底面被水泥浆布满的瞬间立即关闭振动台和秒表。

3）试验结果的确定

由秒表读得的时间（s）即为混凝土拌合物的维勃稠度值（精确到1s）。

11.4.3 新拌混凝土毛体积密度试验

本试验用于测定新拌混凝土单位体积的质量，为混凝土配合比计算提供依据。

1. 主要仪器设备

（1）容量筒。对骨料最大粒径不大于 40mm 的混凝土拌合物，应采用容积为 5L 的容量筒；容量筒上缘及内壁应光滑平整，顶面与底面应平行并与圆柱体的轴垂直。也可以用混凝土试模进行试验。

（2）电子台秤。称量 100kg，感量 50g。

（3）振动台、捣棒、直尺及镘刀等。

2. 试验方法

（1）用湿布把容量筒内外擦干净，称出容量筒质量 m_1，精确至 50g。

（2）混凝土的装料及捣实方法应根据拌合物的稠度而定。坍落度不大于 70mm 的混凝土，用振动台振实为宜；大于 70mm 的可用捣棒捣实。用 5L 容量筒时，混凝土拌合物应分两层装入，每层的插捣次数应为 25 次；各次插捣应由边缘向中心均匀地插捣，插捣底层时捣棒应贯穿整个深度，插捣第二层时，捣棒应插透本层至下一层的表面；每一层捣完后用橡皮锤轻轻沿容器外壁敲打 5～10 次，进行振实，直至拌合物表面插捣孔消失并不见大气泡为止。

采用振动台振实时，应一次将混凝土拌合物灌到高出容量筒口。装料时可用捣棒稍加插捣，振动过程中如混凝土低于筒口，应随时添加混凝土，振动直至表面出浆为止。

（3）用刮尺将筒口多余的混凝土拌合物刮去，表面如有凹陷应填平；将容量筒外壁擦净，称出混凝土试样与容量筒总质量 m_2，精确至 50g。

3. 试验结果

新拌混凝土表观密度应按下式计算

$$\rho_{ov}=\frac{m_2-m_1}{V}$$

式中 ρ_{ov}——毛体积密度（kg/m³）；

m_1——容量筒质量（kg）；

m_2——容量筒和试样总质量（kg）；

V——容量筒容积（m³）。

试验结果的计算精确至 10kg/m³。以两次实验结果的算术平均值作为测定值，试样不得重复使用。

11.4.4 混凝土立方体抗压强度试验

1. 试验目的

测定混凝土立方体试件的抗压强度，用来评定混凝土的强度等级。

2. 一般规定

普通混凝土力学性能试验应以三个试件为一组，每组试件所用的拌合物应从同一盘混凝土中取样。试件的尺寸应根据混凝土中骨料的最大粒径选定。骨料最大粒径≤31.5mm时，试件的最小尺寸可选择100mm×100mm×100mm；骨料最大粒径≤40mm时，试件的最小尺寸可选择150mm×150mm×150mm；骨料最大粒径≤63mm时，试件的最小尺寸可选择200mm×200mm×200mm。

3. 主要仪器设备

（1）压力试验机。其测量精度为±1%，试件破坏荷载应大于压力机全量程的20%且小于压力机全量程的80%。应具有加荷速度指示装置或加荷速度控制装置，并应能均匀、连续地加荷。应具有有效期内的计量检定证书。

（2）振动台。振动台的频率为（50±3）Hz，空载振幅约为0.5mm。

（3）混凝土试模。立方体试模可为单个，也可为三联，由铸铁或硬质塑料制成。试模结构应保证组装时其侧板能正确定位、连接紧密、紧固可靠。试模内表面工作面应光滑平整，组装后内部尺寸误差不应大于公称尺寸的±0.2%，且不应大于±1mm，其相邻侧面和各侧面与底板上表面之间的夹角应为直角，组装后各相邻面的不垂直度应不超过0.5°。C60以上混凝土应使用铸铁或钢质模具。

（4）捣棒、小铁铲、金属直尺、抹刀等。

4. 试件的制作

（1）每一组试件所用的混凝土拌合物由同一次拌和成的拌合物中取出。

（2）成型前，应检查试模尺寸；试模内表面应涂一薄层矿物油或其他不与混凝土发生反应的脱模剂。

（3）坍落度不大于70mm的混凝土宜用振动振实。将拌合物一次装入试模，并稍有富余，然后将试模放在振动台上。试模应附着或固定在振动台上，振动时试模不得有任何跳动，振动至表面呈现水泥浆时为止。记录振动时间，振动结束后用抹刀沿试模边缘将多余的拌合物刮去，并随即用抹刀将表面抹平。

坍落度大于70mm的混凝土可采用人工捣实，混凝土分两次装入试模，每层厚度大致相等，插捣按螺旋方向从边缘向中心均匀进行。插捣底层时，捣棒应达到试模底面，插捣上层时，捣棒应穿入下层深度约20～30mm。插捣时捣棒保持垂直不得倾斜，并用抹刀沿试模内壁插入数次，以防试件产生麻面。每层插捣次数应不少于12次。插捣后应用橡胶锤轻轻敲击试模四周，直至插捣棒留下的空洞消失为止，然后刮去多余混凝土，待混凝土临近初凝时用抹刀抹平。自密实混凝土应分两次将混凝土拌合物装入试模，二次装料厚度宜相等，中间间隔10s，混凝土应高出试模口，不应使用振动台或人工插捣成型；干硬性混凝土应采用四分法取样装入铸铁或铸钢的试模，二次装料先人工插捣，第二次装料用套模装料再插捣，最后再用振动台人工抹压表面出浆密实。混凝土接近初凝时，用抹刀将试模端口抹平，混凝土表面与试模端口的高度差不得超过0.5mm。

5. 试件的养护

（1）采用标准养护的试件成型后应用塑料布覆盖表面，以防止水分蒸发，并应在温度为（20±5）℃下静置一昼夜至两昼夜，然后编号拆模，并将试件立即放在温度为（20±2）℃，湿度为95%以上的养护室中养护或在温度为（20±2）℃的不流动的氢氧化钙饱和溶液中养护。标准养护室的试件应放在架上，彼此间距为10～20mm，并不得用水直接冲淋试件。

(2) 与构件同条件养护的试件成型后，应覆盖表面，试件的拆模时间可与实际构件的拆模时间相同。拆模后，试件仍需保持同条件养护。

(3) 标准养护龄期为 28d (从搅拌加水开始计时)。

6. 抗压强度试验

(1) 试件自养护室中取出后应及时进行试验，将试件表面和上下承压板面擦干净。

(2) 将试件放在试验机的下压板上，试件的承压面应与成型时的顶面垂直。试件的中心与试验机下压板中心对准，开动试验机，当上压板与试件接近时，调整球座，使接触均衡。

(3) 加载时，应连续而均匀地加荷，其加荷速度为：混凝土强度等级<C30 时，取 0.3～0.5MPa/s；混凝土强度等级≥C30 且<C60 时，取 0.5～0.8MPa/s；混凝土强度等级≥C60 时，取 0.8～1.0MPa/s。当试件接近破坏而开始迅速变形时，停止调整试验机油门，直至试件破坏，并记录破坏荷载 F(N)。

7. 试验结果计算与评定

(1) 试件的抗压强度，按下式计算 (精确至 0.1MPa)：

$$f_{cu}=\frac{F}{A}$$

式中 f_{cu}——混凝土立方体试件抗压强度 (MPa)；

F——试件破坏荷载 (N)；

A——试件承压面积 (mm^2)。

(2) 以 3 个试件的算术平均值作为该组试件的抗压强度。

如果 3 个测定值中有一个与中间值的差值超过中间值的 15%，则取中间值作为该组试件的抗压强度值。如有 2 个数据与中间值的差均超过 15%，则此组试验结果无效。

(3) 混凝土的抗压强度是以 150mm×150mm×150mm 的立方体试件的抗压强度为标准，其他尺寸试件的测定结果，应换算成标准尺寸立方体试件的抗压强度，换算系数见表 11-7。

试件尺寸插捣次数及强度换算系数 **表 11-7**

试件尺寸(mm×mm×mm)	集料最大粒径(mm)	每层插捣次数	抗压强度尺寸换算系数
100×100×100	31.5	12	0.95
150×150×150	40	25	1
200×200×200	63	50	1.05

11.4.5 混凝土劈裂抗拉、抗折强度试验

测试混凝土的抗拉强度，评价其抗裂性能。抗拉强度对于抗开裂性有重要意义，在结构设计中抗拉强度是确定混凝土抗裂能力的重要指标。也可用它来间接衡量混凝土与钢筋的粘结强度等 (图 11-7)。

1. 主要仪器设备

(1) 压力试验机。

(2) 试模。采用边长 150mm×150mm×150mm 试模。

（3）垫条。垫条与试件之间应垫以普通胶合板（GB/T 9846—2016，一等品以上）垫层，垫层宽20mm，厚3～4mm，长度不短于试件边长，垫条不得重复使用。

（4）垫块。半径为75mm的钢制弧形垫块，垫块长度不应短于试件的边长。

2. 试验步骤

（1）混凝土试件（一组3块）从养护室中取出后，擦干净，在试件侧面中部画线定出劈裂面的位置使之与试件成型时的顶面垂直。

（2）量出劈裂面的边长（精确至1mm），计算出劈裂面面积A（mm^2）。

（3）将装有试件的支架放在压力机上下压板的中心位置（图11-7）。

（4）加荷时必须连续而均匀地进行，其加荷速度为：混凝土强度等级<C30时，取0.02～0.05MPa/s；混凝土强度等级≥C30且<C60时，取0.05～0.08MPa/s；混凝土强度等级≥C60时，取0.08～0.10MPa/s。在试件临近破坏开始急速变形时，停止调整试验机油门，继续加荷直至试件破坏，记录破坏荷载P(N)。

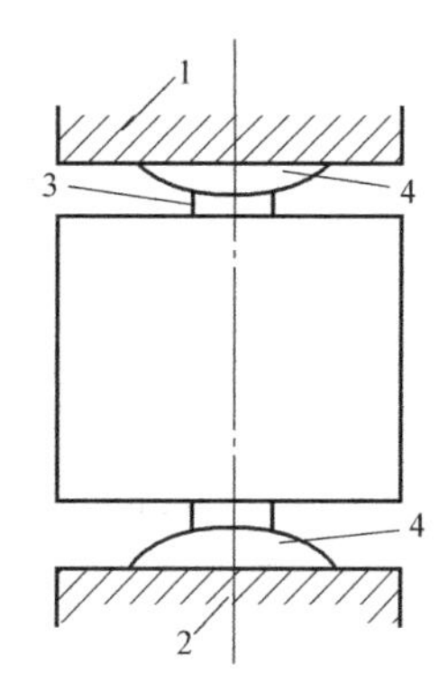

图11-7　混凝土劈裂抗拉强度示意图

1—上压板；2—下压板；3—垫条；4—垫块

3. 试验结果计算

（1）劈裂抗拉强度f_{ts}按下式计算（精确至0.01MPa）：

$$f_{ts}=\frac{2P}{A\pi}=0.637\frac{P}{A}$$

式中　f_{ts}——混凝土劈裂抗拉强度（MPa）；

P——破坏荷载（N）；

A——试件劈裂面面积（mm^2）。

（2）以3个试件的算术平均值作为该组试件的劈裂抗拉强度。其异常数据的取舍原则与混凝土抗压强度相同。

（3）标准试件为150mm×150mm×150mm立方体试件，如采用边长为100mm×100mm×100mm的立方体试件，强度值应乘以换算系数0.85。强度等级≥C60的混凝土宜采用标准试件。

11.4.6　混凝土抗折强度

水泥混凝土抗折强度是水泥混凝土路面、机场水泥混凝土道面设计的重要参数。在水泥混凝土路面施工时，为了保证施工质量，也必须按规定测定抗折强度。

1. 仪器设备

（1）压力试验机（50～300kN）。

（2）抗折试验夹具一套、直尺等。

2. 试验步骤

（1）试件从养护地取出后应及时进行试验，将试件表面擦干净。并记录支座间跨度L(mm)，试件截面高度h(mm)，试件截面宽度b(mm)。

（2）试件在长向中部1/3区段内不得有表面直径超过5mm、深度超过2mm的孔洞。试验机应能施加均匀、连续、速度可控的荷载，并带有能使2个相等荷载同时作用在试件

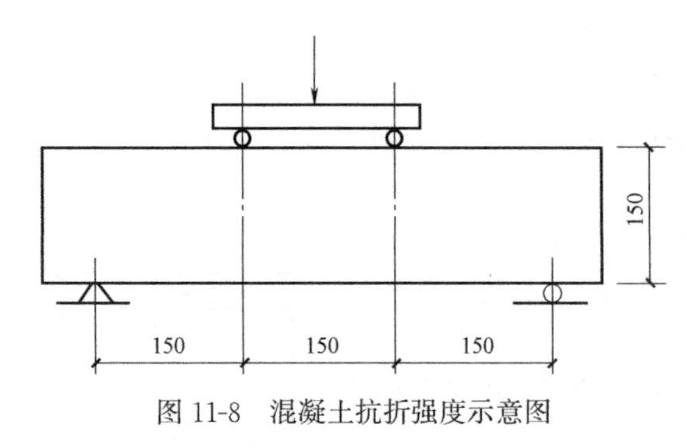

图 11-8　混凝土抗折强度示意图

跨度 3 分点处的抗折试验装置，见图 11-8。安装尺寸偏差不得大于 1mm。试件的承压面应为试件成型时的侧面。支座及承压面与圆柱的接触面应平稳、均匀，否则应垫平。

（3）施加荷载应保持均匀、连续。当混凝土强度等级＜C30 时，加荷速度取每秒 0.02～0.05MPa；当混凝土强度等级≥C30 且＜C60 时，取每秒钟 0.05～0.08MPa；当混凝土强度等级≥C60 时，取每秒钟 0.08～0.10MPa，至试件接近破坏时，应停止调整试验机油门，直至试件破坏，然后记录破坏荷载 F（N）及试件下边缘断裂位置。

3. 抗折强度试验结果计算及确定

（1）若试件下边缘断裂位置处于两个集中荷载作用线之间，则试件的抗折强度 F_f（MPa）按下式计算（精确至 0.1MPa，抗折强度值的异常数据的取舍原则与混凝土抗压强度相同）。

$$F_f=\frac{FL}{bh^2}$$

式中　F_f——混凝土抗折强度（MPa）；

F——试件被破坏荷载（N）；

L——支座间跨度（mm）；

h——试件截面高度（mm）；

b——试件截面宽度（mm）。

（2）3 个试件中若有一个折断面位于两个集中荷载之外，则混凝土抗折强度值按另两个试件的试验结果计算。若这两个测值的差值不大于这两个测值的较小值的 15%时，则该组试件的抗折强度值按这两个测值的平均值计算，否则试验无效。

（3）标准试件尺寸为 150mm×150mm×550（或 600）mm，当试件尺寸为 100mm×100mm×400mm 时，应乘以尺寸换算系数 0.85；当混凝土强度等级≥C60 时，宜采用标准试件。

11.5　砂浆性能试验

11.5.1　砂浆取样及试样制备

1. 取样

（1）建筑砂浆试验用料应从同一盘砂浆或同一车砂浆中取样。取样量不应少于试验所需量的 4 倍。

（2）当施工过程中进行砂浆试验时，砂浆取样方法应按相应的施工验收规范执行，并宜在现场搅拌点或预拌砂浆卸料点的至少 3 个不同部位及时取样。对于现场取得的试样，试验前应人工搅拌均匀。

（3）从取样完毕到开始进行各项性能试验，不宜超过 15min。

2. 试样的制备

（1）在试验室制备砂浆试样时，所用材料应提前 24h 运入室内。拌和时，试验室的温度应保持在（20±5)℃。当需要模拟施工条件下所用的砂浆时，所用原材料的温度宜与施工现场保持一致。

（2）试验所用原材料应与现场使用材料一致。砂应通过 4.75mm 方孔筛。

（3）试验室拌制砂浆时，材料用量应以质量计。水泥、外加剂、掺合料等的称量精度应为±0.5%，细骨料的称量精度应为±1%。

（4）在试验室搅拌砂浆时应采用机械搅拌，搅拌机应符合现行行业标准《试验用砂浆搅拌机》JG/T 3033 的规定，搅拌的用量宜为搅拌机容量的 30%～70%，搅拌时间不应少于 120s。掺有掺合料和外加剂的砂浆，其搅拌时间不应少于 180s。

3. 试验记录

试验记录应包括下列内容：

（1）取样日期和时间；

（2）工程名称、部位；

（3）砂浆品种、砂浆技术要求；

（4）试验依据；

（5）取样方法；

（6）试样编号；

（7）试样数量；

（8）环境温度；

（9）试验室温度、湿度；

（10）原材料品种、规格、产地及性能指标；

（11）砂浆配合比和每盘砂浆的材料用量；

（12）仪器设备名称、编号及有效期；

（13）试验单位、地点；

（14）取样人员、试验人员、复核人员。

11.5.2 砂浆稠度试验

本方法适用于确定砂浆的配合比或施工过程中控制砂浆的稠度。

1. 仪器设备

（1）砂浆稠度仪：应由试锥、容器和支座三部分组成。试锥应由钢材或铜材制成，试锥高度应为 145mm，锥底直径应为 75mm，试锥连同滑杆的质量应为（300±2)g，盛浆容器应由钢板制成，筒高应为 180mm，锥底内径应为 150mm；支座应包括底座、支架及刻度显示三个部分，应由铸铁、钢或其他金属制成（图 11-9）。

（2）钢制捣棒：直径为 10mm，图 11-9 中“1”长度为 350mm，端部磨圆。

（3）秒表。

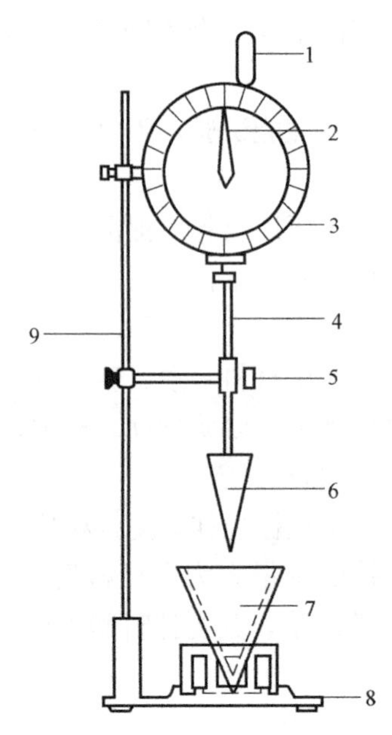

图 11-9　砂浆稠度测定仪

1—齿条测杆；2—指针；3—刻度盘；4—滑杆；5—制动螺丝；6—试锥；
7—盛浆容器；8—底座；9—支架

2. 试验步骤

(1) 应先采用少量润滑油轻擦滑杆，再将滑杆上多余的油用吸油纸擦净，使滑杆能自由滑动。

(2) 应先采用湿布擦净盛浆容器和试锥表面，再将砂浆拌合物一次装入容器；砂浆表面宜低于容器口 10mm，用捣棒自容器中心向边缘均匀地插捣 25 次，然后轻轻地将容器摇动或敲击 5～6 下，使砂浆表面平整，然后将容器置于稠度测定仪的底座上。

(3) 拧开制动螺丝，向下移动滑杆，当试锥尖端与砂浆表面刚接触时，应拧紧制动螺丝，使齿条测杆下端刚接触滑杆上端，并将指针对准零点上。

(4) 拧开制动螺丝，同时计时间，10s 时立即拧紧螺丝，将齿条测杆下端接触滑杆上端，从刻度盘上读出下沉深度（精确至 1mm），即为砂浆的稠度值。

(5) 盛浆容器内的砂浆，只允许测定一次稠度，重复测定时，应重新取样测定。

3. 数据处理

(1) 同盘砂浆应取两次试验结果的算术平均值作为测定值，并应精确至 1mm。

(2) 当两次试验值之差大于 10mm 时，应重新取样测定。

11.5.3　砂浆保水性试验

本方法适用于测定砂浆保水性，以判定砂浆拌合物在运输及停放时内部组分的稳定性。

1. 试验条件

标准试验条件为空气温度（23±2)℃，相对湿度 45％～70％。

2. 试验仪器

(1) 可密封的取样容器，应清洁、干燥。

（2）金属或硬塑料圆环试模，内径 100mm、内部深度 25mm。

（3）2kg 的重物。

（4）医用棉纱，尺寸为 110mm×110mm，宜选用纱线稀疏，厚度较薄的棉纱。

（5）超白滤纸，符合 GB/T 1914 —2017 中速定性滤纸，直径 110mm，$200g/m^2$。

（6）2 片金属或玻璃的方形或圆形不透水片，边长或直径大于 110mm。

（7）天平：量程为 200g，感量应为 0.1g；量程为 2000g，感量应为 1g。

（8）烘箱。

3. 试验步骤

（1）称量底部不透水片与干燥试模质量 m_1 和 15 片中速定性滤纸质量 m_2。

（2）将砂浆拌合物一次性装入试模，并用抹刀插捣数次，当装入的砂浆略高于试模边缘时，用抹刀以 45°角一次性将试模表面多余的砂浆刮去，然后再用抹刀以较平的角度在试模表面反方向将砂浆刮平。

（3）抹掉试模边的砂浆，称量试模、底部不透水片与砂浆总质量 m_3。

（4）用金属滤网覆盖在砂浆表面，再在滤网表面放上 15 片滤纸，用上部不透水片盖在滤纸表面，以 2kg 的重物把上部不透水片压住。

（5）静置 2min 后移走重物及上部不透水片，取出滤纸（不包括滤网），迅速称量滤纸质量 m_4。

（6）按照砂浆的配比及加水量计算砂浆的含水率；当无法计算时，可按第（7）条测试方法测定砂浆含水率。

（7）称取 100g 左右砂浆拌合物试样，置于一干燥并已称重的盘中，在（105±5)℃的烘箱中烘干至恒重，砂浆含水率应按照下式计算：

$$\alpha=\frac{m_5}{m_6}\times100\%$$

式中 α——砂浆含水率（%），保留小数点至 0.1%；

m_5——烘干后砂浆样本损失的质量（g）；

m_6——砂浆样本的总质量（g）。

4. 试验结果

（1）砂浆保水率应按下式计算：

$$W=\left[1-\frac{m_4-m_2}{\alpha\times(m_3-m_1)}\right]\times100$$

式中 W——砂浆保水率（%）；

m_1——底部不透水片与干燥试模质量（g），精确至 1g；

m_2——15 片滤纸吸水前的质量（g），精确至 0.1g；

m_3——试模、底部不透水片与砂浆总质量（g），精确至 1g；

m_4——15 片滤纸吸水后的质量（g），精确至 0.1g；

α——砂浆含水率（%）。

（2）取两次试验结果的算术平均值作为砂浆的保水率，精确至 0.1%，且第二次试验应重新取样测定。当两个测定值之差超过 2%时，此组试验结果应为无效。

11.5.4 砂浆立方体抗压强度试验

本方法适用于测定砂浆立方体的抗压强度，以确定砂浆表面抵抗压应力的能力。

1. 仪器设备

（1）试模：应为 70.7mm×70.7mm×70.7mm 的带底试模，应符合现行行业标准《混凝土试模》JG 237 的规定选择，应具有足够的刚度并拆装方便。试模的内表面应机械加工，其不平度应为每 100mm 不超过 0.05mm，组装后各相邻面的不垂直度不应超过±0.5°。

（2）钢制捣棒：直径为 10mm，长度为 350mm，端部磨圆。

（3）压力试验机：精度应为 1%，试件破坏荷载应不小于压力机量程的 20%，且不应大于全量程的 80%。

（4）垫板：试验机上、下压板及试件之间可垫以钢垫板，垫板的尺寸应大于试件的承压面，其不平度应为每 100mm 不超过 0.02mm。

（5）振动台：空载中台面的垂直振幅应为（0.5±0.05）mm，空载频率应为（50±3）Hz，空载台面振幅均匀度不应大于 10%，一次试验应至少能固定 3 个试模。

2. 试验步骤

（1）应采用立方体试件，每组试件应为 3 个。

（2）应采用黄油等密封材料涂抹试模的外接缝，试模内应涂刷薄层机油或隔离剂。应将拌制好的砂浆一次性装满砂浆试模，成型方法应根据稠度而定。当稠度大于 50mm 时，宜采用人工插捣成型，当稠度不大于 50mm 时，宜采用振动台振实成型。

① 人工插捣：应采用捣棒均匀地由边缘向中心按螺旋方式插捣 25 次，插捣过程中当砂浆沉落低于试模口时，应随时添加砂浆，可用油灰刀插捣数次，并用手将试模一边抬高 5～10mm 各振动 5 次，砂浆应高出试模顶面 6～8mm。

② 机械振动：将砂浆一次装满试模，放置到振动台上，振动时试模不得跳动，振动 5～10s 或持续到表面泛浆为止，不得过振。

（3）应待表面水分稍干后，再将高出试模部分的砂浆沿试模顶面刮去并抹平。

（4）试件制作后应在温度为（20±5）℃的环境下静置（24±2）h，对试件进行编号、拆模。当气温较低时，或者凝结时间大于 24h 的砂浆，可适当延长时间，但不应超过 2d。试件拆模后应立即放入温度为（20±2）℃，相对湿度为 90%以上的标准养护室中养护。养护期间，试件彼此间隔不得小于 10mm，混合砂浆、湿拌砂浆试件上面应覆盖，防止有水滴在试件上。

（5）从搅拌加水开始计时，标准养护龄期应为 28d，也可根据相关标准要求增加 7d 或 14d。

（6）试件从养护地点取出后应及时进行试验。试验前应将试件表面擦拭干净，测量尺寸，检查其外观，并应计算试件的承压面积。当实测尺寸与公称尺寸之差不超过 1mm 时，可按照公称尺寸进行计算。

（7）将试件安放在试验机的下压板或下垫板上，试件的承压面应与成型时的顶面垂直，试件中心应与试验机下压板或下垫板中心对准。开动试验机，当上压板与试件或上垫板接近时，调整球座，使接触面均衡受压。承压试验应连续而均匀地加荷，加荷速度应为

0.25～1.5kN/s；砂浆强度不大于2.5MPa时，宜取下限。当试件接近破坏而开始迅速变形时，停止调整试验机油门，直至试件破坏，然后记录破坏荷载。

3. 数据处理

（1）砂浆立方体抗压强度应按下式计算：

$$f_{m,cu}=K\frac{N_u}{A}$$

式中 $f_{m,cu}$——砂浆立方体试件抗压强度（MPa），应精确至0.1MPa；

N_u——试件破坏荷载（N）；

A——试件承压面积（mm^2）；

K——换算系数，取1.35。建议为了工程更安全，有关企业也可以选K取1.0～1.2。

（2）应以6个试件测值的算术平均值作为该组试件的砂浆立方体抗压强度平均值（f_2），精确至0.1MPa。

（3）当6个测值的最大值或最小值中有一个与中间值的差值超过中间值的15%时，应把最大值及最小值一并舍去，取中间值作为该组试件的抗压强度值。

（4）当两个测值与中间值的差值均超过中间值的15%时，该组试验结果应为无效。

11.5.5 砂浆拉伸粘结强度试验

本方法适用于测定砂浆拉伸粘结强度。

试验条件应符合下列规定：(1) 温度应为（20±5)℃；(2) 相对湿度应为45%～75%。

1. 仪器设备

（1）拉力试验机：破坏荷载应在其量程的20%～80%范围内，精度应为1%，最小示值应为1N；

（2）拉伸专用夹具（图11-10、图11-11)：应符合现行行业标准《建筑室内用腻子》JG/T 298的规定；

（3）成型框：外框尺寸应为70mm×70mm，内框尺寸应为40mm×40mm，厚度应为6mm，材料应为硬聚氯乙烯或金属；

（4）钢制垫板：外框尺寸应为70mm×70mm，内框尺寸应为43mm×43mm，厚度应为3mm。

2. 试验步骤

（1）基底水泥砂浆块的制备应符合下列规定：

① 原材料：水泥应采用符合现行国家标准《通用硅酸盐水泥》GB 175规定的42.5级水泥；砂应采用符合现行行业标准《普通混凝土用砂、石质量及检验方法标准》JGJ 52规定的中砂；水应采用符合现行行业标准《混凝土用水标准》JGJ 63规定的用水；

② 配合比：水泥∶砂∶水＝1∶3∶0.5（质量比）；

③ 成型：将制成的水泥砂浆倒入70mm×70mm×20mm的硬聚氯乙烯或金属模具中，振动成型或用抹灰刀均匀插捣15次，人工颠实5次，转90°，再颠实5次，然后用刮刀以45°方向抹平砂浆表面；试模内壁事先宜涂刷水性隔离剂，待干、备用；

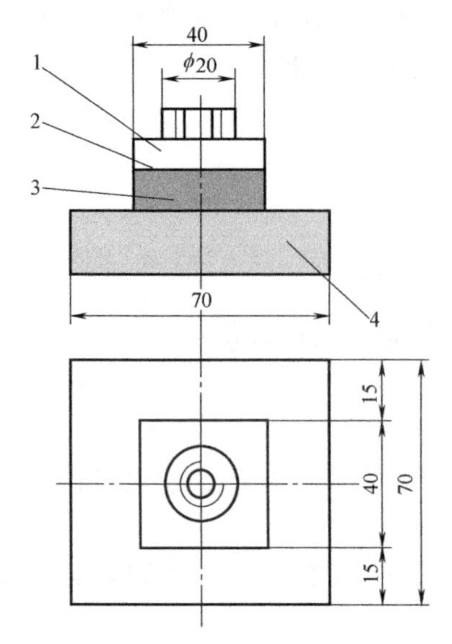

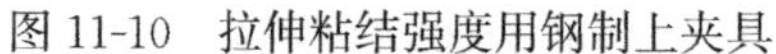

图 11-10　拉伸粘结强度用钢制上夹具

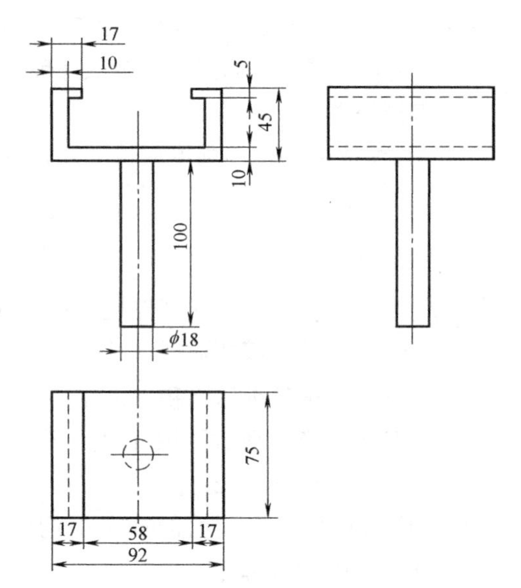

图 11-11　拉伸粘结强度用钢制下夹具

④ 应在成型 24h 后脱模，并放入（20±2)℃水中养护 6d，再在试验条件下放置 21d 以上。试验前，应用 200 号砂纸或磨石将水泥砂浆试件的成型面磨平，备用。

(2）砂浆料浆的制备应符合下列规定：

① 干混砂浆料浆的制备。

a. 待检样品应在试验条件下放置 24h 以上；

b. 应称取不少于 10kg 的待检样品，并按产品制造商提供比例进行水的称量；当产品制造商提供比例是一个值域范围时，应采用平均值；

c. 应先将待检样品放入砂浆搅拌机中，再启动机器，然后徐徐加入规定量的水，搅拌 3～5min。搅拌好的料应在 2h 内用完。

② 现拌砂浆料浆的制备。

a. 待检样品应在试验条件下放置 24h 以上；

b. 应按设计要求的配合比进行物料的称量，且干物料总量不得少于 10kg；

c. 应先将称好的物料放入砂浆搅拌机中，再启动机器，然后徐徐加入规定量的水，搅拌 3～5min。搅拌好的料应在 2h 内用完。

(3）拉伸粘结强度试件的制备应符合下列规定：

① 将制备好的基底水泥砂浆块在水中浸泡 24h，并提前 5～10min 取出，用湿布擦拭其表面。

② 将成型框放在基底水泥砂浆块的成型面上，再将按照本标准规定制备好的砂浆料浆或直接从现场取来的砂浆试样倒入成型框中，用抹灰刀均匀插捣 15 次，人工颠实 5 次，转 90°，再颠实 5 次，然后用刮刀以 45°方向抹平砂浆表面，24h 内脱模，在温度（20±2)℃、相对湿度 60%～80%的环境中养护至规定龄期。

③ 每组砂浆试样应制备 10 个试件。

(4）拉伸粘结强度试验应符合下列规定：

① 应先将试件在标准试验条件下养护 13d，再在试件表面以及上夹具表面涂上环氧树

脂等高强度胶粘剂，然后将上夹具对正位置放在胶粘剂上，并确保上夹具不歪斜，除去周围溢出的胶粘剂，继续养护 24h。

② 测定拉伸粘结强度时，应先将钢制垫板套入基底砂浆块上，再将拉伸粘结强度夹具安装到试验机上，然后将试件置于拉伸夹具中，夹具与试验机的连接宜采用球铰活动连接，以（5±1）mm/min 速度加荷至试件破坏。

③ 当破坏形式为拉伸夹具与胶粘剂破坏时，试验结果应无效。

注：对于有特殊条件要求的拉伸粘结强度，应先按照特殊要求条件处理后，再进行试验。

3. 数据处理

（1）拉伸粘结强度应按下式计算：

$$f_{at}=\frac{F}{A_z}$$

式中 f_{at}——砂浆拉伸粘结强度（MPa）；

F——试件破坏时的荷载（N）；

A_z——粘结面积（mm^2）。

（2）应以 10 个试件测值的算术平均值作为拉伸粘结强度的试验结果。

（3）当单个试件的强度值与平均值之差大于 20%时，应逐次舍弃偏差最大的试验值，直至各试验值与平均值之差不超过 20%，当 10 个试件中有效数据不少于 6 个时，取有效数据的平均值为试验结果，结果精确至 0.01MPa。

（4）当 10 个试件中有效数据不足 6 个时，此组试验结果应为无效，并应重新制备试件进行试验。

11.6 钢材试验

11.6.1 取样与验收

按现行国家标准《钢筋混凝土用钢 第 1 部分：热轧光圆钢筋》GB/T 1499.1 和《钢筋混凝土用钢 第 2 部分：热轧带肋钢筋》GB 1499.2 的规定进行。

（1）钢筋应有出厂证明书或试验报告单。验收时应抽样作机械性能试验，包括拉力试验和冷弯试验两个项目。两个项目中如有一个项目不合格，该批钢筋即为不合格品。

（2）钢筋在使用中如有脆断、焊接性能不良或机械性能显著不正常时，尚应进行化学成分分析。

（3）取样方法和结果评定规定。自每批钢筋中任意抽取两根，于每根距端部 50mm 处各取一套试样（两根试件）。在每套试样中取一根作拉力试验，另一根作冷弯试验。在拉力试验的两根试件中，如其中一根试件的屈服点、抗拉强度和伸长率三个指标中有一个指标达不到钢筋标准中规定的数值，应再抽取双倍（4 根）钢筋，制取双倍（4 根）试件重新做试验，如仍有一根试件的一个指标达不到标准要求，则不论这个指标在第一次试验中是否达到标准要求，拉力试验项目也作为不合格。在冷弯试验中，如有一根试件不符合标准要求，应同样抽取双倍钢筋，制成双倍试件重新试验，如仍有一根试件不符合标准要求，冷弯试验项目即为不合格。整批钢筋不予验收。另外，还要检查尺寸和表面状态。

（4）试验温度应在 10～35℃，如试验温度超出这一范围，应在试验记录和报告中注明。

11.6.2 拉伸试验

按照现行国家标准《金属材料拉伸试验 第 1 部分：室温试验方法》GB/T 228.1 进行。主要测定钢筋的屈服强度、拉伸强度和伸长率。

1. 主要仪器设备

钢筋拉力试验机、钢筋画线打点机、钢板尺、游标卡尺、千分尺、两脚扎规等。

2. 试件制作与准备

（1）钢筋试件一般不经车削，可以用一系列等分小冲点或细线标出试件原始标距，测量标距长度 L_0（精确到 0.1mm），钢筋拉伸试件形状和尺寸见图 11-12。

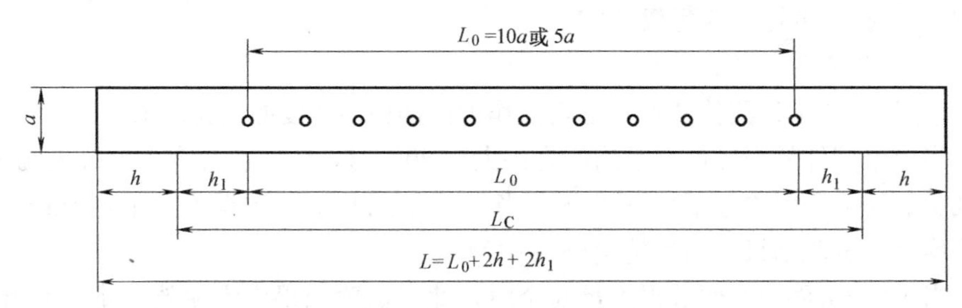

图 11-12 钢筋拉伸试验试样

L_0—标距长度；a—钢筋原始直径；h—夹头长度；h_1—取（0.5～1）a

（2）测试钢筋试件的质量和长度，不经车削的试件按质量计算截面面积 A_0（mm^2），如下式

$$A_0=\frac{m}{7.85L}$$

式中 m——试件质量（g）；

L——试件长度（mm）；

7.85——钢筋密度（g/cm^3）。

计算钢筋强度时所用截面面积为公称横截面积，故计算出钢筋受力面积后，应据此取靠近的公称受力面积 A（保留 4 位有效数字），如表 11-8 所示。

钢筋的公称横截面积 **表 11-8**

公称直径(mm)	公称横截面积(mm^2)	公称直径(mm)	公称横截面积(mm^2)
8	50.27	22	380.1
10	78.54	25	490.9
12	113.1	28	615.8
14	153.9	32	804.2
16	201.1	36	1018
18	254.5	40	1257
20	314.2	50	1964

（3）在试件表面用铅笔划一平行其轴线的直线，在直线上以浅冲眼冲出标距端点（标点），并沿标距长度用油漆划出 10 等分点的合格标点。

（4）测量标距长度 L_0，精确至 0.1mm。

3. 屈服强度 σ_s 和抗拉强度 σ_b 的测定

（1）将试件上端固定在试验机夹具内，调整试验机零点，装好描绘器、纸、笔等，再用下夹具固定试件下端。

（2）开动试验机经行试验，拉伸速度，屈服前应力施加速度为 10MPa/s；屈服后试验机活动夹头在荷载下移动速度每分钟不大于 $0.5L_c$（不经车削试件，$L_c=L_0+2h_1$），直至试件拉断。

（3）拉伸过程中，描绘器自动绘出荷载-变形曲线，由荷载变形曲线和刻度盘指针读出屈服荷载 F_s（N）（指针停止转动或第一次回转时的最小荷载）与最大极限荷载F_b（N）。

（4）量出拉伸后的标距长度 L_1。将已拉断的钢筋试件在断裂处对齐，尽量使轴线位于一条直线上。直测法：如拉断处到最邻近标距端点距离大于 $L_0/3$ 时，直接用卡尺测量标距两端点间的距离 L_1。移位法：如拉断处到最邻近标距端点的距离小于或等于 $L_0/3$ 时，则按下述方法测定 L_1：在长段上从拉断处 O 取基本等于短段格数，得 B 点，接着取等于长段所余格数（偶数，如图 11-13a）的一半，得 C 点；或者取所余格数（奇数，如图 11-13b 所示）分别减 1 与加 1 的一半，得 C 点和 C_1 点。移位后的 L_1 分别为：$AB+2BC$ 和 $AB+BC+BC_1$，如图 11-13 所示。

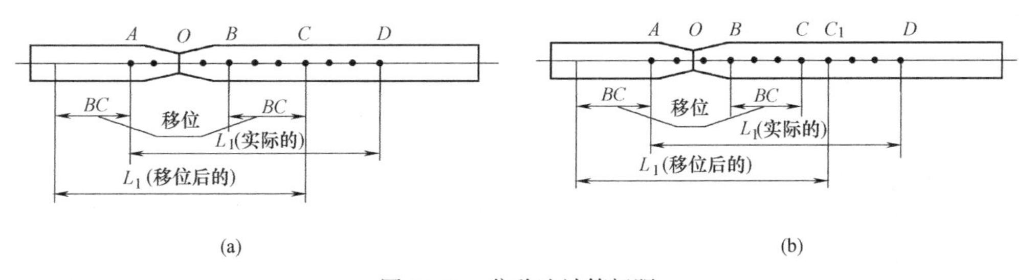

图 11-13　位移法计算标距

（a）$L_1=AB+2BC$；（b）$L_1=AB+BC+BC_1$

4. 计算结果

呈现明显屈服现象的钢材采用下列方法测定上屈服强度和下屈服强度。

（1）屈服强度 σ_s（精确至 5MPa），按下式计算

$$\sigma_s=F_s/A$$

（2）抗拉强度 σ_b（精确至 5MPa），按下式计算

$$\sigma_b=F_b/A$$

（3）断后伸长率 δ（精确至 1%），按下式计算

$$\delta_{10}\ (\text{或}\ \delta_5)=\frac{L_1-L_0}{L_0}\times 100\%$$

式中　δ_{10}、δ_5——分别表示 $L_0=10a$ 和 $L_0=5a$ 时的断后伸长率。

如拉断处位于标距之外，则断后伸长率无效，应重做检验。

测试值的修约方法：当修约精确至尾数 1 时，按前述四舍五入五单双方法修约；当修约精确至尾数为 5 时，按二进五位法修约（即精确至 5 时，≤2.5 时尾数取 0；>2.5 且<7.5 时尾数取 5；≥7.5 时尾数取 0 并向左进 1）。

11.6.3 钢筋冷弯试验

1. 试验目的

依据现行标准《金属材料 弯曲试验方法》GBT 232，通过冷弯试验，对钢筋塑性和焊接质量进行严格检验，也间接测定钢筋内部的缺陷及可焊性。

2. 主要仪器

压力机或万能试验机，虎钳式弯曲装置、支辊式弯曲装置、V 形模具式弯曲装置、翻板式弯曲装置等。支辊式弯曲装置见图 11-14。

3. 试验步骤

（1）试件不经车削，长度 $L=5d+150$mm，a 为钢筋试件的计算直径（mm）。

（2）试验温度一般在 10～35℃室温下进行，对温度要求严格的试验，温度应在 (23±5)℃范围内进行。按标准规定，选择适当大小的弯曲压头，将试件置于中心轴与支座之间，按图 11-14（a）调好两支座间的距离 $L_1=(d+3a)\pm0.5a$。

（3）按图 11-14（a）装置好试件后，开动试验机加载，加载时应均匀平稳，无冲击或跳动现象，当出现争议时，试验速率应为（1±0.2)mm/s，直到试件弯曲至规定的程度，然后卸载取下试件。要求弯曲角度为 180°的试验还需进行第二次弯曲试验。见图 11-14（c）、图 11-14（b）。

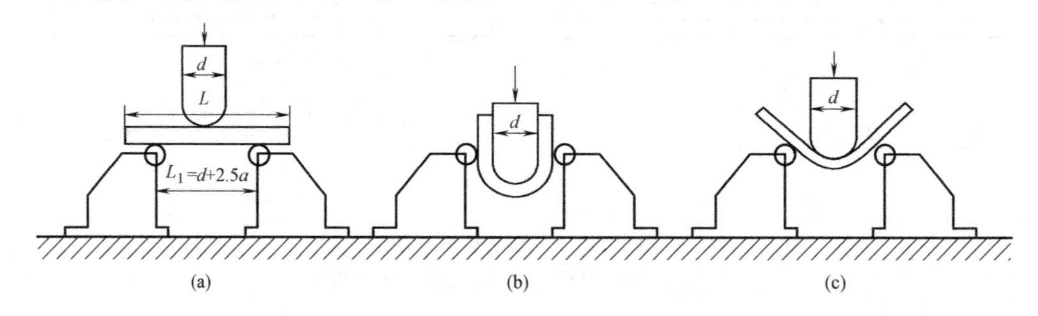

图 11-14 钢筋冷弯装置示意图

（a）冷弯试件和支座；（b）弯曲 180°；（c）弯曲 90°

4. 结果评定

试件经弯曲后，依据现行标准《金属材料 弯曲试验方法》GBT 232，检查弯曲处的外面和侧面，如无裂缝、裂断或起层，即认为冷弯试验合格。

11.7 石油沥青试验

本节试验内容为沥青针入度、延度和软化点。试验依据现行国家标准《沥青针入度测定方法》GB/T 4509、《沥青软化点测定法》GB/T 4507、《沥青延度测定法》GB/T

4508、《公路工程沥青及沥青混合料试验规程》JTG E20 进行。

11.7.1 取样方法

从容器中取样，按容器总件数的 2%（但不应少于两件）取试样，在 10mm 以下取 1.0～1.5kg 试样；从散装的石油沥青中取样，在一批产品中不同的位置取不应少于 10 块的沥青。从每块试样的不同部位取 3 块体积大约相等的小试样，进行各项试验。

11.7.2 针入度测定

通过针入度的测定可以确定石油沥青的稠度，针入度越大说明稠度越小，同时它也是划分沥青牌号的主要指标。

1. 主要仪器设备

针入度仪、标准针、恒温水浴、试样皿、平底玻璃皿、温度计、秒表、石棉筛、可控制温度的砂浴或密闭电炉等。

2. 试验准备

（1）将装有试样的盛样器带盖放入恒温烘箱中，当石油沥青试样中含有水分时，烘箱温度为 80℃左右，加热至沥青全部熔化后供脱水用。当石油沥青中无水分时，烘箱温度宜为软化点温度以上 90℃，通常为 135℃左右。沥青试样不得直接采用电炉或煤气炉明火加热。

（2）当石油沥青试样中含有水分时，将盛样器皿放在可控温的砂浴、油浴、电热套上加热脱水，不得已采用电炉、煤气炉加热脱水时必须加放石棉垫。时间不超过 30min，并用玻璃棒轻轻搅拌，防止局部过热。在沥青温度不超过 100℃的条件下，仔细脱水至无泡沫为止，最后的加热温度不超过软化点 100℃（石油沥青）或 50℃（煤沥青）。

（3）将成样器中的沥青通过 0.6mm 的滤筛过滤。

（4）过滤后不等冷却立即一次性将试样灌入盛样皿中，试样深度应超过预计针入度值 10mm，并盖上盛样皿，以防落入灰尘。盛有试样的盛样皿在 15～30℃室温中冷却 0.75～1.5h（小盛样皿）、1.5～2h（大盛样皿）或 2～2.5h（特殊盛样皿）后移入保持规定试验温度±0.1℃的恒温水槽中 1～1.5h（小盛样皿）、1.5～2h（大盛样皿）或 2～2.5h（特殊盛样皿）。

（5）调整针入度仪使之水平。检查针连杆和导轨，以确认无水和其他外来物，无明显摩擦。用三氯乙烯或其他溶剂清洗标准针，并拭干。将标准针插入针连杆，用螺丝固紧。按试验条件，加上附加砝码。

3. 试验步骤

（1）取出达到恒温的盛样皿，并移入水温控制在试验温度±0.1℃（可用恒温水槽中的水）的平底玻璃皿中的三脚架上，试样表面以上的水层深度不少于 10mm。

（2）将盛有试样的平底玻璃皿置于针入度仪的平台上。慢慢放下针连杆，用适当位置的反光镜或灯光反射观察，使针尖恰好与试样表面接触。拉下刻度盘的拉杆，使之与针连杆顶端轻轻接触，调节刻度盘或深度指示器的指针指示为零。

（3）开动秒表，在指针正指 5s 的瞬时，用手紧压按钮，使标准针自动下落贯入试样，经规定时间，停压按钮使针停止移动。

（4）拉下刻度盘拉杆与针连杆顶端接触，读取刻度盘指针或位移指示器的读数，准确至0.5（0.1mm）。

（5）同一试样平行试验至少3次，各测试点之间及与盛样皿边缘的距离不应少于10mm。每次试验后应将盛有盛样皿的平底玻璃皿放入恒温水槽，使平底玻璃皿中水温保持试验温度。每次试验应换1根干净的标准针或将标准针取下用蘸有三氯乙烯溶剂的棉花或布揩净，再用干棉花或布擦干。

（6）测定针入度大于200的沥青试样时，至少用3支标准针，每次试验后将针留在试样中，直至3次平行试验完成后，才能将标准针取出。

4. 结果评定

以3次试验结果的平均值作为该沥青的针入度。3次试验所测针入度的最大值与最小值之差不应大于表11-9中的数值。如差值超过表中数值，则试验须重做。

针入度测定最大允许差值（单位：0.1mm） **表11-9**

针入度	0～49	50～149	150～249	250～349	350～500
最大允许差值	2	4	6	8	20

11.7.3 延度测定

通过测定沥青的延度，可以评定其塑性的好坏，并依延度值确定沥青牌号。

1. 主要仪器设备

（1）延度仪。

（2）延度试模。由两个端模和两个侧模组成。

（3）温度计。0～50℃，分度0.1℃和0.5℃各1支。

（4）恒温水浴。水浴能保持试验温度变化不大于0.1℃，容量至少为10L。

（5）金属皿或瓷皿。熔化沥青用。

（6）筛。孔径0.3～0.5mm，过滤试样用。

（7）甘油、滑石粉隔离剂。

2. 试验准备

（1）组装模具于金属板上，在底板和侧模的内侧面涂隔离剂。

（2）小心加热样品，不断搅拌以防局部过热，加热到使样品能够流动。加热温度不超过预计软化点110℃，加热时间不超过2h。加热搅拌过程中避免试样中进入气泡。将沥青熔化脱水至气泡完全消除，然后将沥青试样以模的一端至另一端往返倒入，使试样略高于模具。

3. 试验步骤

（1）调正延度仪使指针正对标尺的零点。

（2）试件恒温85～95min后，将模具两端的孔分别套在滑板及槽端的金属柱上，然后去掉侧模。

（3）开动延度仪（水温25℃），并观察拉伸情况，如发现沥青细丝浮于水面或沉入槽底时，则应在水中加入乙醇或食盐水调整水的密度至与试样密度相近后，再测定。

（4）试样拉断时，指针所指读数即为试样的延度，以cm计。

4. 结果评定

若3个试件测定值在其平均值的5%内，取平行测定3个结果的算术平均值作为测定结果。若3个试件测定值不在其平均值的5%内，但其中两个较高值在平均值5%内，而最低值不在平均值5%内，则弃去最低值，取两个较高值的平均值作为测定结果，否则重新测定。

11.7.4 软化点测定（环球法）

软化点是反映沥青在温度作用下，其黏度和塑性改变程度的指标，它是在不同环境下选用沥青的最重要指标之一。

1. 主要仪器设备

（1）软化点测定仪。

（2）电炉或加热器、玻璃板、刀（切沥青用）、筛（0.3～0.5mm）、甘油、滑石粉、隔离剂、新煮沸的蒸馏水。温度计（0～80℃，分度值0.5℃）。

2. 试验准备

（1）小心加热样品，不断搅拌以防局部过热，加热到使样品能够流动。加热温度不超过预计软化点110℃，加热时间不超过120min。加热搅拌过程避免试样中进入气泡。将铜环置于涂有隔离剂的金属板或玻璃板上，试样过筛后注入铜环内并略高环面，如估计软化点在120℃以上，应将铜环加热至80～100℃。

（2）将试样在空气中冷却30min后，用热刀刮去高出环面的试样，使与环面齐平。

3. 试验步骤

（1）将试样环水平地安在环架中层板的圆孔上，然后放入烧杯中，恒温15min。烧杯中事先放入温度（5±0.5)℃的水（估计软化点低于80℃时）或（32±1)℃的甘油（估计软化点高于80℃时）。然后将钢珠放在试样上表面之中，调整水面或甘油液面至深度标记。将温度计由上层板中心孔垂直插入，使水银球与铜环下面齐平。

（2）将烧杯移放至有石棉网的三脚架上或电炉上，立即加热，升温速度为(5±0.5)℃/min。

（3）试样受热软化下坠至与下承板面接触时的温度即为试样的软化点，沥青软化点<80℃时精确到0.5℃；沥青软化点≥80℃时精确到1℃。

4. 结果评定

（1）取平行测定两个结果的算术平均值作为测定结果，精确到0.5℃。

（2）平行测定的两个结果的偏差不得大于下列规定：软化点低于80℃时，重复性试验允许差值为1℃；软化点大于或等于80℃时，重复性试验允许差值为2℃。否则试验重做。

11.8 沥青混合料试验

本节试验内容有沥青混合料的搅拌与成型、密度试验、马歇尔稳定度试验、车辙试验等，试验参照现行标准《公路工程沥青及沥青混合料试验规程》JTG E20。

11.8.1 沥青混合料的搅拌与成型（机实法）

1. 试验目的

本方法适用于采用标准击实法制作沥青混合料试件，以供试验室进行沥青混合料物理力学性质试验使用。标准击实法适用于标准马歇尔试验、间接抗拉试验（劈裂法）等所使用的直径 101.6mm×63.5mm 圆柱体试件的成型。当集料公称最大粒径小于或等于 26.5mm 时，采用标准击实法，1 组试件的数量不少于 4 个。

2. 试验仪器设备

（1）试验室用沥青混合料拌合机。能保证拌合温度并充分拌和均匀，可控制拌合时间，容量不小于 10L。拌合叶片自转速度 70～80r/min，公转速度 40～50r/min（图 11-15）。

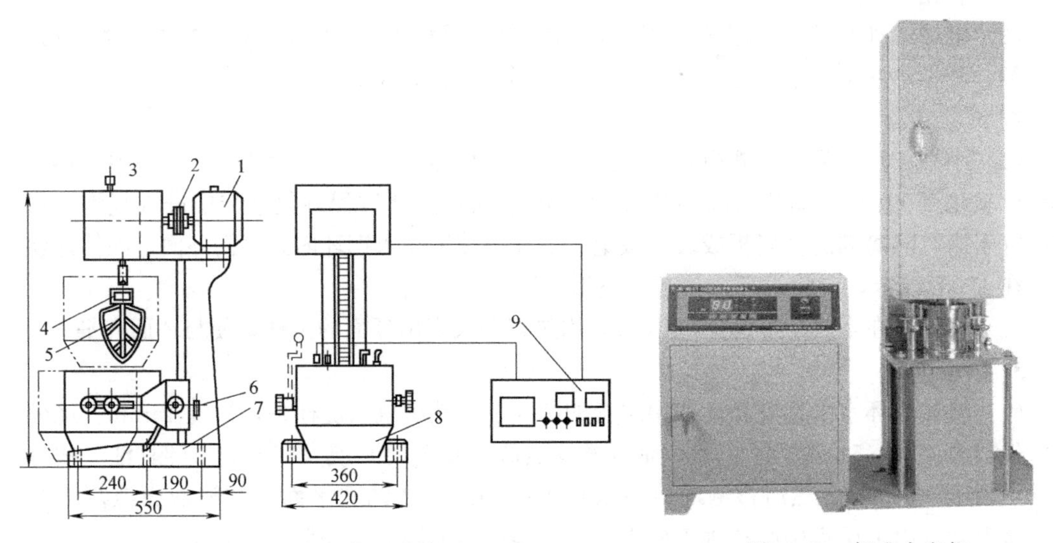

图 11-15 沥青混合料搅拌机

1—电机；2—联轴器；3—变速箱；4—弹簧；5—拌合叶片；
6—升降手柄；7—底座；8—加热拌合锅；9—温度时间控制仪

图 11-16 标准击实仪

（2）标准击实仪。由击实锤、(98.5±0.5)mm 平圆形压实头及带手柄的导向棒组成。用机械将压实锤提升，至（457.2±1.5）mm 高度沿导向棒自由落下连续击实，标准击实锤质量（4536±9）g。击实仪应具有自动记数、控制仪表、按钮设置、复位及暂停等功能（图 11-16）。

（3）试模。由高碳钢或工具钢制成，几何尺寸为标准击实仪试模的内径为（101.6±0.2）mm，圆柱形金属筒高 87mm，底座直径约 120.6mm，套筒内径 104.8mm、高 70mm。

（4）脱模器。电动或手动，应能无破损地推出圆柱体试件，备有标准试件尺寸的推出环。

（5）烘箱。应有温度调节器。

（6）天平或电子秤。用于称量沥青的，感量不大于 0.1g；用于称量矿料的，感量不大于 0.5g。

（7）布洛克菲尔德黏度计。

(8) 插刀或大螺丝刀。

(9) 温度计。分度值1℃。宜采用有金属插杆的插入式数显温度计，金属插杆的长度不小于150mm。量程0～300℃。

(10) 其他。电炉或煤气炉、沥青熔化锅、拌合铲、标准筛、滤纸（或普通纸）、胶布、卡尺、秒表、粉笔、棉纱等。

3. 准备工作

1) 确定制作沥青混合料试件的拌合温度与压实温度

(1) 按规程要求测定沥青的黏度，绘制黏温曲线。按表11-10要求确定适宜于沥青混合料拌和及压实的等黏温度。

(2) 当缺乏沥青黏度测定条件时，试件的拌和与压实温度可按表11-11选用，根据沥青品种和标号做适当调整。针入度小、稠度大的沥青取高限；针入度大、稠度小的沥青取低限；一般取中值。

沥青混合料拌和及压实的沥青等黏温度　　表11-10

沥青结合料种类	黏度与测定方法	适宜于拌和的沥青结合料黏度	适宜于压实的沥青结合料黏度
石油沥青	表观黏度，T0625	(0.17±0.02)Pa·s	(0.28±0.03)Pa·s

注：液体沥青混合料的压实成型温度按石油沥青要求执行。

沥青混合料拌和及压实温度参考表　　表11-11

沥青结合料种类	拌合温度(℃)	压实温度(℃)
石油沥青	140～160	120～150
改性沥青	160～175	140～170

(3) 对改性沥青，应根据实践经验、改性剂的品种和用量，适当提高混合料的拌和与压实温度；对大部分聚合物改性沥青，通常在普通沥青的基础上提高11～20℃；掺加纤维时，尚需再提高10℃左右。

(4) 常温沥青混合料的拌和及压实在常温下进行。

2) 沥青混合料试件的制作条件

(1) 在拌合厂或施工现场采取沥青混合料制作试样时，按规程规定的方法取样，将试样置于烘箱中加热或保温，在混合料中插入温度计测量温度，待混合料温度符合要求后成型。需要拌和时可倒入已加热的室内沥青混合料拌合机中适当拌和，时间不超过1min。不得在电炉或明火上加热炒拌。

(2) 在试验室人工配制沥青混合料时，试件的制作按下列步骤进行：

将各种规格的矿料置于(105±5)℃的烘箱中烘干至恒重（一般不少于4～6h）。

将烘干分级的粗、细集料，按每个试件设计级配要求称其质量，在一个金属盘中混合均匀，矿粉单独放入小盆里；然后置于烘箱中加热至沥青拌合温度以上约15℃（采用石油沥青时通常为163℃；采用改性沥青时通常需180℃）备用。一般按一组试件（每组4～6个）备料，但进行配合比设计时宜对每个试件分别备料。常温沥青混合料的矿料不应加热。

将按规程要求采取的沥青试样，用烘箱加热至规定的沥青混合料拌合温度，但不得超过 175℃。当不得已采用燃气炉或电炉直接加热进行脱水时，必须使用石棉垫隔开。

4. 拌制沥青混合料

1）黏稠石油沥青混合料

（1）用蘸有少许黄油的棉纱擦净试模、套筒及击实座等，置于 100℃左右烘箱中加热 1h 备用。常温沥青混合料用试模不加热。

（2）将沥青混合料拌合机提前预热至拌合温度 10℃左右。

（3）将加热的粗细集料置于拌合机中，用小铲子适当混合；然后加入需要数量的沥青（如沥青已称量在一专用容器内时，可在倒掉沥青后用一部分热矿粉将粘在容器壁上的沥青擦拭掉并一起倒入拌合锅中），开动拌合机一边搅拌一边使拌合叶片插入混合料中拌和 1～1.5min；暂停拌和，加入加热的矿粉，继续拌和至均匀为止，并使沥青混合料保持在要求的拌合温度范围内。标准的总拌合时间为 3min。

2）液体石油沥青混合料

将每组（或每个）试件的矿料置于已加热至 55～100℃的沥青混合料拌合机中，注入要求数量的液体沥青，并将混合料边加热边拌和，使液体沥青中的溶剂挥发至 50%以下。拌合时间应事先试拌决定。

3）乳化沥青混合料

将每个试件的粗细集料，置于沥青混合料拌合机（不加热，也可用人工炒拌）中；注入计算的用水量（阴离子乳化沥青不加水）后，拌和均匀并使矿料表面完全湿润；再注入设计的沥青乳液用量，在 1min 内使混合料拌匀；然后加入矿粉后迅速拌和，使混合料拌成褐色为止。

5. 成型方法

（1）将拌好的沥青混合料，用小铲适当拌和均匀，称取一个试件所需的用量（标准马歇尔试件约 1200g）。当已知沥青混合料的密度时，可根据试件的标准尺寸计算并乘以 1.03 得到要求的混合料数量。当一次拌和几个试件时，宜将其倒入经预热的金属盘中，用小铲适当拌和均匀分成几份，分别取用。在试件制作过程中，为防止混合料温度下降，应连盘放在烘箱中保温。

（2）从烘箱中取出预热的试模及套筒，用蘸有少许黄油的棉纱擦拭套筒、底座及击实锤底面。将试模装在底座上，放一张圆形的吸油性小的纸，用小铲将混合料铲入试模中，用插刀或大螺丝刀沿周边插捣 15 次，中间插捣 10 次。插捣后将沥青混合料表面整平。

（3）插入温度计至混合料中心附近，检查混合料温度。

（4）待混合料温度符合要求的压实温度后，将试模连同底座一起放在击实台上固定。在装好的混合料上面垫一张吸油性小的圆纸，再将装有击实锤及导向棒的压实头放入试模中。开启电机，使击实锤从 457mm 的高度自由落下到击实规定的次数（75 次或 50 次）。

（5）试件击实一面后，取下套筒，将试模翻面，装上套筒；然后以同样的方法和次数击实另一面。

乳化沥青混合料试件在两面击实后，将一组试件在室温下横向放置 24h；另一组试件置于温度为（105±5）℃的烘箱中养生 24h。将养生试件取出后再立即两面锤击各 25 次。

（6）试件击实结束后，立即用镊子取掉上下面的纸，用卡尺量取试件离试模上口的高度并由此计算试件高度。高度不符合要求时，试件应作废，并按下式调整试件的混合料质量，以保证高度符合（63.5±1.3)mm（标准试件）的要求。

$$调整后混合料质量=\frac{要求试件高度\times原用混合料质量}{所得试件的高度}$$

（7）卸去套筒和底座，将装有试件的试模横向放置冷却至室温后（不少于12h)，置于脱模机上脱出试件。用于现场马歇尔指标检验的试件，在施工质量检验过程中如急需试验，允许采用电风扇吹冷1h或浸水冷却3min以上的方法脱模；但浸水脱模法不能用于测量密度、空隙率等各项物理指标。

（8）将试件仔细置于干燥洁净的平面上，供试验用。

11.8.2 压实沥青混合料密度试验（表干法）

1. 目的与适用范围

（1）本方法适用于测定吸水率不大于2%的各种沥青混合料试件，包括密级配沥青混凝土、沥青玛琋脂碎石混合料（SMA）和沥青稳定碎石等沥青混合料试件的毛体积相对密度和毛体积密度。标准温度为（25±0.5)℃。

（2）本方法测定的毛体积相对密度和毛体积密度适用于计算沥青混合料试件的空隙率、矿料间隙率等各项体积指标。

2. 仪具与材料技术要求

（1）浸水天平或电子天平。当最大称量在3kg时，感量不大于0.1g；最大称量3kg以上时，感量不大于0.5g。应有测量水中重物的挂钩，见图11-17。

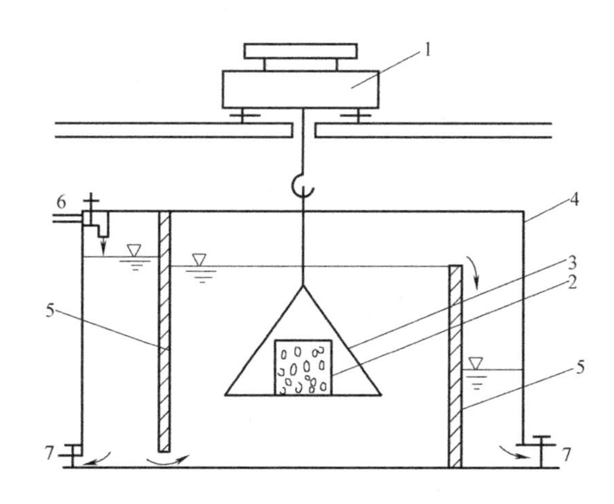

图11-17　溢流水箱及下挂法水中重称量方法示意图

1—浸水天平或电子天平；2—试件；3—网篮；4—溢流水箱；5—水位搁板；6—注入口；7—放水阀门

（2）网篮。

（3）溢流水箱。使用洁净水，有水位溢流装置，保持试件和网篮浸入水中后的水位一定，能调整水温至（25±0.5)℃。

（4）试件悬吊装置。天平下方悬吊网篮及试件的装置，吊线应采用不吸水的细尼龙线绳，并有足够的长度。对轮碾成型机成型的板块状试件，可用铁丝悬挂。

（5）秒表、毛巾、电风扇或烘箱等。

3. 方法与步骤

（1）准备试件。本试验可以采用室内成型的试件，也可以采用工程现场钻芯、切割等方法获得的试件。当采用现场钻芯取样时，应按照规程规定的方法进行。试验前试件宜在阴凉处保存（温度不宜高于35℃），且放置在水平的平面上，注意不要使试件产生变形。

（2）选择适宜的浸水天平或电子天平，最大称量应满足试件质量的要求。

（3）除去试件表面的浮粒，称取干燥试件的空中质量 m_a，根据选择的天平的感量读数，准确至0.1g或0.5g。

（4）将溢流水箱水温保持在（25±0.5）℃。挂上网篮，浸入溢流水箱中，调节水位，将天平调平并复零，把试件置于网篮中（注意不要晃动水）浸水中3～5min，称取水中质量 m_w。若天平读数持续变化，不能很快达到稳定，说明试件吸水较严重，不适用于此法测定，应改用蜡封法测定。

（5）从水中取出试件，用洁净柔软的拧干湿毛巾轻轻擦去试件的表面水（不得吸走空隙内的水），称取试件的表干质量 m_f。从试件拿出水面到擦拭结束不宜超过5s，称量过程中流出的水不得再擦拭。

（6）对从工程现场钻取的非干燥试件，可先称取水中质量 m_w 和表干质量 m_f，然后用电风扇将试件吹干至恒重［一般不少于12h，当不需进行其他试验时，也可用（60±5）℃烘箱烘干至恒重］，再称取空中质量 m_a。

4. 计算

（1）按下式计算试件的吸水率，保留1位小数。

$$S_a=\frac{m_f-m_a}{m_f-m_w}\times100$$

式中 S_a——试件的吸水率（%）；

m_a——干燥试件的空中质量（g）；

m_f——试件的水中质量（g）；

m_w——试件的表干质量（g）。

（2）按下式计算试件的毛体积相对密度和毛体积密度，取3位小数。

$$\gamma_f=\frac{m_a}{m_f-m_w}\times100 \qquad \rho_f=\frac{m_a}{m_f-m_w}\times\rho_w$$

式中 γ_f——试件毛体积相对密度，无量纲；

ρ_f——试件毛体积密度（g/cm^3）；

ρ_w——25℃时水的密度，取0.9971（g/cm^3）。

（3）按下式计算试件的空隙率，取1位小数。

$$VV=\left(1-\frac{\gamma_f}{\gamma_t}\right)\times100$$

式中 VV——试件的空隙率（%）；

γ_t——沥青混合料理论最大相对密度，实测或计算得到，无量纲；

γ_f——试件的毛体积相对密度，无量纲，通常采用表干法测定；当试件吸水率 S_a >2%时，宜采用蜡封法测定；当按规定容许采用水中重法测定时，也可采用表观相对密度代替。

(4) 按下式计算矿料的合成毛体积相对密度，取3位小数。

$$\gamma_{sb}=\frac{100}{\frac{P_1}{\gamma_1}+\frac{P_2}{\gamma_2}+\cdots+\frac{P_n}{\gamma_n}}$$

式中 γ_{sb}——矿料的合成毛体积相对密度，无量纲；

P_1、$P_2\cdots P_n$——各种矿料占矿料总质量的百分率（%），其和为100；

γ_1、$\gamma_2\cdots\gamma_n$——各种矿料的相对密度，无量纲；采用现行标准《公路工程集料试验规程》JTG E42的方法进行测定，粗集料按T 0304方法测定；机制砂及石屑可按T 0330方法测定，也可以用筛出的2.36～4.75mm部分颗粒按T 0304方法测定的毛体积相对密度代替；矿粉（含消石灰、水泥）采用表观相对密度。

(5) 按下式计算矿料的合成表观相对密度，取3位小数。

$$\gamma_{sa}=\frac{100}{\frac{P_1}{\gamma'_1}+\frac{P_2}{\gamma'_2}+\cdots+\frac{P_n}{\gamma'_n}}$$

式中 γ_{sa}——矿料的合成表观相对密度，无量纲；

γ'_1、$\gamma'_2\cdots\gamma'_n$——各种矿料的表观相对密度，无量纲。

(6) 确定矿料的有效相对密度，取3位小数。

① 对非改性沥青混合料，采用真空法实测理论最大相对密度，取平均值。按下式计算合成矿料的有效相对密度。

$$\gamma_{se}=\frac{100-P_b}{\frac{100}{\gamma_1}-\frac{P_b}{\gamma_b}}$$

式中 γ_{se}——合成矿料的有效相对密度，无量纲；

P_b——沥青用量，即沥青质量占沥青混合料总质量的百分比（%）；

γ_1——实测的沥青混合料理论最大相对密度，无量纲；

γ_b——25℃时沥青的相对密度，无量纲。

② 对改性沥青及SMA等难以分散的混合料，有效相对密度宜直接由矿料的合成毛体积相对密度与合成表观相对密度按式(14-1)计算确定，其中沥青吸收系数C值根据材料的吸水率由式(14-2)求得，合成矿料的吸水率按式(14-3)计算。

$$\gamma_{se}=C\times\gamma_{sa}+(1-C)\times\gamma_{sb} \tag{14-1}$$

$$C=0.033w_x^2-0.2936w_x+0.9339 \tag{14-2}$$

$$w_x=\left(\frac{1}{\gamma_{sb}}-\frac{1}{\gamma_{sa}}\right)\times100 \tag{14-3}$$

式中 C——沥青吸收系数，无量纲；

w_x——合成矿料的吸水率（%）。

(7) 确定沥青混合料的理论最大相对密度，取3位小数。

① 对非改性的普通沥青混合料，采用真空法实测沥青混合料的理论最大相对密度。

② 对改性沥青或SMA混合料，宜按下式计算沥青混合料对应油石比的理论最大相对密度。

$$\gamma_t=\frac{100+P_a}{\frac{100}{\gamma_{se}}+\frac{P_a}{\gamma_b}}$$

$$\gamma_t=\frac{100+P_a+P_x}{\frac{100}{\gamma_{se}}+\frac{P_a}{\gamma_b}+\frac{P_x}{\gamma_x}}$$

式中　γ_t——计算沥青混合料对应油石比的理论最大相对密度，无量纲；

P_a——油石比，即沥青质量占矿料总质量的百分比（%）；

$$P_a=[P_b/(100-P_b)]\times100$$

P_x——纤维用量，即纤维质量占矿料总质量的百分比（%）；

γ_x——25℃时纤维的相对密度，由厂方提供或实测得到，无量纲；

γ_{se}——合成矿料的有效相对密度，无量纲；

γ_b——25℃时沥青的相对密度，无量纲。

③ 对旧路面钻取芯样的试件缺乏材料密度、配合比及油石比的沥青混合料，可以采用真空法实测沥青混合料的理论最大相对密度 γ_t。

(8) 按下式计算试件的空隙率、矿料间隙率 *VMA* 和有效沥青的饱和度 *VFA*，取1位小数。

$$VV=\left(1-\frac{\gamma_f}{\gamma_t}\right)\times100$$

$$VMA=\left(1-\frac{\gamma_f}{\gamma_{sb}}\times\frac{P_s}{100}\right)\times100$$

$$VFA=\frac{VMA-VV}{VMA}\times100$$

式中　*VV*——沥青混合料试件的空隙率（%）；

VMA——沥青混合料试件的矿料间隙率（%）；

VFA——沥青混合料试件的有效沥青饱和度（%）；

P_s——各种矿料占沥青混合料总质量的百分率之和（%）；

$$P_s=100-P_b$$

γ_{sb}——矿料的合成毛体积相对密度，无量纲。

(9) 按下式计算沥青结合料被矿料吸收的比例及有效沥青含量、有效沥青体积百分率，取1位小数。

$$P_{ba}=\frac{\gamma_{se}-\gamma_{sb}}{\gamma_{se}\times\gamma_{sb}}\times\gamma_b\times100$$

$$P_{be}=P_b-\frac{P_{ba}}{100}\times P_s$$

$$V_{be}=\frac{\gamma_f\times P_{be}}{\gamma_b}$$

式中　P_{ba}——沥青混合料中被矿料吸收的沥青质量占矿料总质量的百分率（%）；

P_{be}——沥青混合料中的有效沥青含量（%）；

V_{be}——沥青混合料试件的有效沥青体积百分率（%）。

（10）按下式计算沥青混合料的粉胶比，取1位小数。

$$FB=\frac{P_{0.075}}{P_{be}}$$

式中　FB——粉胶比，沥青混合料的矿料中0.075mm通过率与有效沥青含量的比值，无量纲；

$P_{0.075}$——矿料级配中0.075mm的通过百分率（水洗法）（%）。

（11）按下式计算集料的比表面积和沥青混合料沥青膜有效厚度。各种集料粒径的表面积系数按表11-12取用。

$$SA=\sum(P_i\times FA_i)$$

$$DA=\frac{P_{be}}{\rho_b\times P_s\times SA}\times1000$$

式中　SA——集料的比表面积（m^2/kg）；

P_i——集料各粒径的质量通过百分率（%）；

FA_i——各筛孔对应集料的表面积系数（m^2/kg），按表11-12确定；

DA——沥青膜有效厚度（mm）；

ρ_b——沥青25℃时的密度（g/cm^3）。

集料的表面积系数及比表面积计算示例　　**表11-12**

筛孔尺寸(mm)	19	16	13.2	9.5	4.75	2.36	1.18	0.6	0.3	0.15	0.075
表面积系数 FA_i(m^2/kg)	0.0041	—	—	—	0.0041	0.0082	0.0164	0.0287	0.0614	0.1229	0.3277
集料各粒径的质量通过百分率 P_i(%)	100	92	85	76	60	42	32	23	16	12	6
集料的比表面积 $FA_i\times P_i$(m^2/kg)	0.41	—	—	—	0.25	0.34	0.52	0.66	0.98	1.47	1.97
集料的比表面积总和 SA(m^2/kg)	$SA=0.41+0.25+0.34+0.52+0.66+0.98+1.47+1.97=6.60$										

注：矿料级配中大于4.75mm集料的表面积系数FA均取0.0041。计算集料比表面积时，大于4.75mm集料的比表面积只计算一次，即只计算最大粒径对应部分。如表11-12所示，该例的$SA=6.60m^2/kg$，若沥青混合料的有效沥青含量为4.65%，沥青混合料的沥青用量为4.8%，沥青的密度$1.03g/cm^3$，$P_s=95.2$，则沥青膜厚度$DA=4.65/(95.2\times1.03\times6.60)\times1000=7.19\mu m$。

（12）粗集料骨架间隙率可按下式计算，取1位小数。

$$VCA_{mix}=100-\frac{\gamma_f}{\gamma_{ca}}\times P_{ca}$$

式中　VCA_{mix}——粗集料骨架间隙率（%）；

P_{ca}——矿料中所有粗集料质量占沥青混合料总质量的百分率（%），按下式计算得到：

$$P_{ca}=P_s\times PA_{4.75}/100$$

$PA_{4.75}$——矿料级配中 4.75mm 筛余量，即 100 减去 4.75mm 通过率；对于公称最大粒径不大于 9.5mm 的 *SMA* 混合料为 2.36mm 筛余量。

γ_{ca}——矿料中所有粗集料的合成毛体积相对密度，按照下式计算，无量纲。

$$\gamma_{ca}=\frac{P_{1c}+P_{2c}+\cdots+P_{nc}}{\frac{P_{1c}}{\gamma_{1c}}+\frac{P_{2c}}{\gamma_{2c}}+\cdots+\frac{P_{nc}}{\gamma_{nc}}}$$

$P_{1c}\cdots\cdots P_{nc}$——矿料中各种粗集料占矿料总质量的百分比（%）；

$\gamma_{1c}\cdots\cdots\gamma_{nc}$——矿料中各种粗集料的毛体积相对密度。

5. 试验报告

应在试验报告中注明沥青混合料的类型及测定密度采用的方法。

6. 允许误差

试件毛体积密度试验重复性的允许误差为 0.020g/cm^3。

11.8.3 沥青混合料马歇尔稳定度试验

1. 目的与适用范围

沥青混合料稳定度试验是将沥青混合料制成直径 101.6mm、高 63.5mm 的圆柱形试体，在稳定度仪上测定其稳定度和流值，用来表征其高温时的稳定性和抗变形能力。根据沥青混合料的力学指标（稳定度和流值）和物理常数（密度、空隙率和沥青饱和度等），以及水稳定性（残留稳定度）和抗车辙（动稳定度）检验，即可确定沥青混合料的配合比。

2. 试验仪器与材料

（1）沥青混合料马歇尔试验仪。自动马歇尔试验仪应具备控制装置、记录荷载-位移曲线、自动测定荷载与试件的垂直变形，能自动显示和存储或打印试验结果等功能。对用于高速公路和一级公路的沥青混合料宜采用自动马歇尔试验仪。

当集料公称最大粒径小于或等于 26.5mm 时，宜采用 ϕ101.6×63.5mm 的标准马歇尔试件，试验仪最大荷载≥25kN，读数准确至 0.1kN，加载速率应能保持（50±5)mm/min，钢球直径（16±0.05)mm，上下压头曲率半径为（50.8±0.08)mm。

（2）恒温水槽。能保持水温在测定温度 1℃的水槽，深度不少于 150mm。

（3）真空饱水容器。由真空泵和真空干燥器组成。

（4）其他。烘箱、天平（分度值不大于 0.1g)、温度计（分度 1℃)、卡尺或试件高度测定器、棉纱、黄油。

3. 标准马歇尔试验方法

1）准备工作

（1）按标准击实法成型马歇尔试件，标准马歇尔试件尺寸应符合直径（101.6±0.2)mm、高（63.5±1.3)mm 的要求。一组试件的数量不得少于 4 个。

（2）量测试件的直径及高度。用卡尺测量试件中部的直径，用马歇尔试件高度测定器或用卡尺在十字对称的 4 个方向量测量试件边缘 10mm 处的高度，准确至 0.1mm，并以其平均值作为试件的高度。如试件高度不符合（63.5±1.3)mm 要求或两侧高度差大于 2mm，此试件应作废。

（3）按前述的方法测定试件的密度，并计算空隙率、沥青体积百分率、沥青饱和度、矿料间隙率等体积指标。

（4）将恒温水槽调节至要求的试验温度，对黏稠石油沥青或烘箱养生过的乳化沥青混合料为（60±1)℃，对煤沥青混合料为（33.8±1)℃，对空气养生的乳化沥青或液体沥青混合料为（25±1)℃。

2）试验步骤

（1）将试件置于已达规定温度的恒温水槽中保温，保温时间对标准马歇尔试件需30～40min。试件之间应有间隔，底下应垫起，距水槽底部不小于5cm。

（2）将马歇尔试验仪的上下压头放入水槽或烘箱中达到同样温度。将上下压头从水槽或烘箱中取出擦拭干净内面。为使上下压头滑动自如，可在下压头的导棒上涂少量黄油，再将试件取出置于下压头上，盖上上压头，然后装在加载设备上。

（3）在上压头的球座上放妥钢球，并对准荷载测定装置的压头。

（4）当采用自动马歇尔试验仪时，将自动马歇尔试验仪的压力传感器、位移传感器与计算机或X-Y记录仪正确连接，调整好适宜的放大比例，压力和位移传感器调准零。

（5）当采用压力环和流值计时，将流值计安装在导棒上，使导向套管轻轻地压住上压头，同时将流值计读数调零。调整压力环中百分表，对准零。

（6）启动加荷设备，使试件承受荷载，加载速度为（50±5)mm/min。计算机或X-Y记录仪自动记录传感器压力和试件变形曲线并将数据自动存入计算机。

（7）当试验荷载达到最大值的瞬间，取下流值计，同时读取压力环中百分表及流值计的流值读数。

（8）从恒温水槽中取出试件至测出最大荷载值的时间，不得越过30s。

4. 浸水马歇尔试验方法

浸水马歇尔试验方法与标准马歇尔试验方法的不同之处在于，试件在已达规定温度恒温水槽中的保温时间为48h，其余步骤均与标准马歇尔试验方法相同。

5. 真空饱水马歇尔试验方法

试件先放入真空干燥器中，关闭进水胶管，开动真空泵．使干燥器的真空度达到97.3kPa(730mmHg）以上，维持15min；然后打开进水胶管，靠负压进入冷水流使试件全部浸入水中，浸水15min后恢复常压，取出试件再放入已达规定温度的恒温水槽中保温48h。其余均与标准马歇尔试验方法相同。

6. 计算

（1）试件的稳定度及流值。

① 当采用自动马歇尔试验仪时，将计算机采集的数据绘制成压力和试件变形曲线，或由X-Y记录仪自动记录的荷载-变形曲线，按图11-18所示的方法在切线方向延长曲线与横坐标相交于O_1，将O_1作为修正原点。从O_1起量取相应于荷载最大值时的变形作为流值（*FL*），以mm计，精确至0.1mm。最大荷载即为稳定度（*MS*），以kN计，精确至0.01kN。

② 采用压力环和流值计测定时，根据压力环标定曲线，将压力环中百分表的读数换算为荷载值，或者由荷载测定装置读取的最大值即为试样的稳定度（*MS*），以kN计，精确至0.01kN。由流值计及位移传感器测定装置读取的试件垂直变形，即为试件的流值

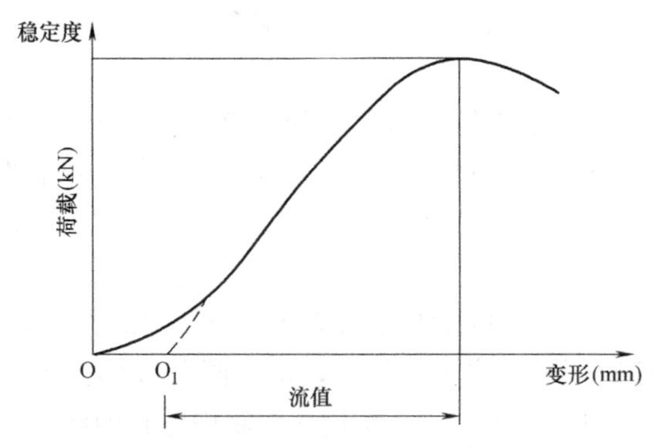

图 11-18　马歇尔试验结果的修正方法

（FL），以 mm 计，准确至 0.1mm。

（2）试件的马歇尔模数按下式计算：

$$T=\frac{MS}{FL}$$

式中　T——试件的马歇尔模数（kN/mm）；

MS——试件的稳定度（kN）；

FL——试件的流值（mm）。

（3）试件的浸水残留稳定度按下式计算：

$$MS_0=\frac{MS_1}{MS}\times 100$$

式中　MS_0——试件的浸水残留稳定度（%）；

MS_1——试件浸水 48h 后的稳定度（kN）。

（4）试件的真空饱水残留稳定度按下式计算：

$$MS'_0=\frac{MS_2}{MS}\times 100$$

式中　MS'_0——试件的真空饱水残留稳定度（%）；

MS_2——试件真空饱水后浸水 48h 后的稳定度（kN）。

7. 报告

当一组测定值中某个测定值与平均值之差大于标准差的 k 倍时，该测定值应予以舍弃，并以其余测定值的平均值作为试验结果。当试件数目 n 为 3、4、5、6 个时，k 值分别为 1.15、1.46、1.67、1.82。

试验报告应含有马歇尔稳定度、流值、马歇尔模数，以及试件尺寸、试件的密度、空隙率、沥青用量、沥青体积百分率、沥青饱和度、矿料间隙率等各项物理指标。

11.8.4　沥青混合料车辙试验

1. 试验目的

（1）本方法适用于测定沥青混合料的高温抗车辙能力，供沥青混合料配合比设计的高温稳定性检验使用。

（2）车辙试验的试验温度与轮压可根据有关规定和需要选用。非经注明，试验温度为

60℃，轮压为 0.7MPa。根据需要，如在寒冷地区也可采用 45℃，在高温条件下采用 70℃等，但应在报告中注明。计算动稳定度的时间原则上为试验开始后 45～60min 之间。

（3）本方法适用于用轮碾成型机碾压成型的长 300mm、宽 300mm、厚 50mm 的板块状试件，也适用于现场切割制作长 300mm、宽 150mm、厚 50mm 板块状试件。根据需要，试件的厚度也可采用 40mm 或其他尺寸。

2. 仪器设备

（1）车辙试验机：主要由下列几部分组成。

① 试件台：可牢固地安装两种宽度（300mm 及 150mm）的规定尺寸试件的试模。

② 试验轮：橡胶制的实心轮胎，外径 ϕ200mm，轮宽 50mm，橡胶层厚 15mm。试验轮行走距离为（230±10)mm，往返碾压速度为（42±1）次/min（21 次往返/min)。允许采用曲柄连杆驱动试验台运动（试验轮不移动）或链驱动试验轮运动（试验台不动）的任一种方式。

注：轮胎橡胶硬度应注意检验，不符合要求者应及时更换。

③ 加载装置：使试验轮与试件的接触压强在 60℃时为（0.7±0.05)MPa，施加的总荷重为 75kg 左右，根据需要可以调整。

④ 试模：钢板制成，由底板及侧板组成，试模内侧尺寸长为 300mm，宽为 300mm，厚为 50mm（试验室制作)，亦可固定 150mm 宽的现场切制试件。

⑤ 变形测量装置：自动检测车辙变形并记录曲线的装置，通常用 LVDT、电测百分表或非接触位移计。

⑥ 温度检测装置：自动检测并记录试件表面及恒温室内温度的温度传感器、温度计，精密度 0.5℃。

（2）恒温室：车辙试验机必须整机安放在恒温室内，装有加热器、气流循环装置及装有自动温度控制设备，能保持恒温室温度（60±1)℃［试件内部温度（60±0.5)℃］，根据需要亦可为其他需要的温度，用于保温试件并进行试验。温度应能自动连续记录。

（3）台秤：称量 15kg，感量不大于 5g。

3. 试验准备

（1）试验轮接地压强测定：测定在 60℃时进行，在试验台上放置一块 50mm 厚的钢板，其上铺一张毫米方格纸，再上铺一张新的复写纸，以规定的 700N 荷载后试验轮静压复写纸，即可在方格纸上得出轮压面积，并由此求得接地压强。当压强不符合（0.7±0.05)MPa，荷载应予以适当调整。

（2）用轮碾成型法制作车辙试验试块。在试验室或工地制备成型的车辙试件，其标准尺寸为 300mm×300mm×50mm，也可从路面切割得到 300mm×150mm×50mm 的试件。当直接在拌合厂取拌和好的沥青混合料样品制作试件检验生产配合比设计或混合料生产质量时，必须将混合料装入保温桶中，在温度下降至成型温度之前迅速送达试验室制作试件，如果温度稍有不足，可放在烘箱中稍事加热（时间不超过 30min）后使用，也可直接在现场用手动碾或压路机碾压成型试件，但不得将混合料放冷却后二次加热重塑制作试件。重塑制件的试验结果仅供参考，不得用于评定配合比设计检验是否合格使用。

（3）如需要，将试件脱模按本书规定的方法测定密度及空隙率等各项物理指标，如经水浸，应用电扇将其吹干，然后再装回原试模中。

（4）试件成型后，连同试模一起在常温条件下放置的时间不得少于12h。对聚合物改性沥青混合料，放置的时间以48h为宜，使聚合物改性沥青充分固化后方可进行车辙试验，但室温放置时间也不得长于7d。

注：为使试件与试模紧密接触应记住四边的方向位置不变。

4. 试验步骤

（1）将试件连同试模一起，置于已达到试验温度（60±1)℃的恒温室中，保温不少于5h，也不得多于24h。在试件的试验轮不行走的部位上，粘贴一个热电隅温度计（也可在试件制作时预先将热电隅导线埋入试件一角)，控制试件温度稳定在（60±0.5)℃。

（2）将试件连同试模移置于轮辙试验机的试验台上，试验轮在试件的中央部位，其行走方向须与试件碾压或行车方向一致。开动车辙变形自动记录仪，然后启动试验机，使试验轮往返行走，时间约为1h，或最大变形达到25mm时为止。试验时，记录仪自动记录变形曲线及试件温度。

注：对300mm宽且试验时变形较小的试件，也可对一块试件在两侧1/3位置上进行两次试验取平均值。

5. 结果计算与评定

1）计算

（1）读取45min（t_1）及60min（t_2）时的车辙变形d_1及d_2，准确至0.01mm。当变形过大，在未到60min变形已达25mm时，则以达到25mm（d_2）时的时间为t_2，将其前15min为t_1，此时的变形量为d_1。

（2）沥青混合料试件的动稳定度按下式计算：

$$DS=\frac{(t_2-t_1)\times N}{d_2-d_1}\times C_1\times C_2$$

式中 DS——沥青混合料的动稳定度（次/mm)；

d_1——对应于时间t_1的变形量（mm)；

d_2——对应于时间t_2的变形量（mm)；

C_1——试验机类型修正系数，曲柄连杆驱动试件的变速行走方式为1.0，链驱动试验轮的等速方式为1.5；

C_2——试件系数，试验室制备的宽300mm的试件为1.0，从路面切割的宽150mm的试件为0.8；

N——试验轮往返碾压速度，通常为42次/min。

2）评定

同一沥青混合料或同一路段的路面，至少平行试验3个试件，当3个试件动稳定度变异系数小于20%时，取其平均值作为试验结果。变异系数大于20%时应分析原因，并追加试验，如计算动稳定度值大于6000次/mm时，记作：大于6000次/mm。

试验报告应注明试验温度、试验轮接地压强、试件密度、空隙率及试件制作方法等。重复性试验动稳定度变异系数的允许差为20%。

11.8.5 沥青混合料冻融劈裂试验

1. 目的与适用范围

本方法适用于在规定条件下对沥青混合料进行冻融循环，测定混合料试件在受到水损害前后劈裂破坏的强度比，以评价沥青混合料水稳定性。非经注明，试验温度为25℃，加载速率为50mm/min。

本方法采用马歇尔击实成型的圆柱体试件，击实次数为双面各50次，集料公称最大粒径不得大于26.5mm。

2. 试验仪器与材料

（1）试验机。采用马歇尔试验仪。试验机负荷应满足最大测定荷载不超过其量程的80%且不小于其量程的20%的要求，宜采用40kN或60kN传感器，读数精密度为10N。

（2）恒温冰箱。能保持温度为−18℃，当缺乏专用的恒温冰箱时，可采用家用电冰箱的冷冻室代替，控温准确度为2℃。

（3）恒温水槽。能保持水温在测定温度1℃的水槽，深度不少于150mm。

（4）压条。上下各一根，试件直径100mm时，压条宽度为12.7mm，内侧曲率半径为50.8mm，压条两端均应磨圆。

（5）劈裂试件夹具。下压条固定在夹具上，压条上下可以自由活动。

（6）其他。塑料袋、卡尺、天平、胶皮手套等。

3. 试验方法与步骤

（1）按相关规程制作圆柱体试件，用马歇尔击实仪双面各击实50次，试件数目不少于8个。

（2）测定试件的直径及高度，准确至0.1mm。试件尺寸应符合直径（101.6±0.25)mm、高（63.5±1.3)mm的要求。在试件两侧通过圆心画上对称的十字标记。

（3）按相关试验规程测定试件的密度、空隙率等各项物理指标。

（4）将试件随机分成两组，每组不少于4个，将第一组试件置于平台上，在室温下保存备用。

（5）将第二组试件按标准的饱水试验方法真空饱水，在98.3～98.7kPa（730～740mmHg）真空条件下保持15min，然后打开阀门，靠负压进入冷水流使试件全部浸入水中，浸水30min后恢复常压。

（6）取出试件放入塑料袋中，加入约10mL的水，扎紧口袋，将试件放入恒温冰箱中，冷冻温度为（−18±2)℃，保持（16±1)h。

（7）将试件取出立即放入已保温为（60±0.5)℃的恒温水槽中，撤去塑料袋，保温24h。

（8）将第一组和第二组全部试件浸入温度为（25±0.5)℃的恒温水槽中不少于2h，水温高时可适当加入冷水或冰块调节，保温时试件之间的距离不少于10mm。

（9）取出试件立即按相关规程的加载速率进行劈裂试验，得到试验的最大荷载。

4. 计算

（1）劈裂抗拉强度按以下两式计算。

$$RT_1=\frac{0.006287PT_1}{h_1}$$

$$RT_2=\frac{0.006287PT_2}{h_2}$$

式中　RT_1——未进行冻融循环的第一组试件的劈裂抗拉强度（MPa）；

RT_2——经受冻融循环的第二组试件的劈裂抗拉强度（MPa）；

PT_1——第一组试件的试验荷载的最大值（N）；

PT_2——第二组试件的试验荷载的最大值（N）；

h_1——第一组试件的试件高度（mm）；

h_2——第二组试件的试件高度（mm）。

（2）冻融劈裂抗拉强度比，按下式计算：

$$TSR=\frac{RT_2}{RT_1}\times 100$$

式中 TSR——冻融劈裂试验强度比（%）。

每个试验温度下，一组试验的有效试件不得少于3个，取其平均值作为试验结果。当一组测定值中某个数据的平均值大于标准差的 k 倍时，该测定值应予舍弃，并以其余测定值的平均值作为试验结果。当试验数目 n 为 3、4、5、6 个时，k 值分别为 1.15、1.46、1.67、1.82。试验结果均应注明试件尺寸、成型方法、试验温度、加载速率。

11.9 混凝土无损与半破损检测

混凝土无损检测是指在不破坏混凝土结构的条件下，在混凝土结构构件原位上，直接测试相关物理量，推定混凝土强度和缺陷的技术，一般还包括局部破损的检测方法。试验参照现行标准《回弹法检测混凝土抗压强度技术规程》JGJ/T 23、《混凝土结构现场检测技术标准》GB/T 50784、《钻芯法检测混凝土强度技术规程》JGJ/T 384 及《普通混凝土力学性能试验方法》GB/T 50081 等。

11.9.1 回弹法检测混凝土强度

1. 基本原理

回弹法是用一个弹簧驱动的重锤，通过弹击杆，弹击混凝土表面，并测出重锤被反弹回来的距离，以回弹值（重锤反弹距离与弹簧初始长度之比）作为与强度相关的指标，来推定混凝土强度的一种方法。由于测量在混凝土表面进行，所以应属于一种表面硬度法，是基于混凝土表面硬度和强度之间存在相关性而建立的一种检测方法。

2. 主要仪器设备

（1）回弹仪。

回弹仪的种类有多种，土木建筑工程中应用最多的是中型。回弹仪的类型、名称及用途见表 11-13。

回弹仪的类型、名称及用途　　表 11-13

类型	名 称	冲击能量	主要用途
小型	L形	0.735J	小型构件及刚度稍差的混凝土或胶凝制品、烧结材料
中型	N形	2.207J	强度等级 25～50MPa 的普通混凝土构件
高强		4.5J 或 5.5J 或 9.8J	强度等级 55～90MPa 的普通混凝土构件

续表

类型	名 称	冲击能量	主要用途
摆式	P形	0.883J	轻质建筑材料、砂浆、饰面等、低强胶凝制品
大型	M形	29.40J	大型实心块体、机场跑道及公路面的混凝土

（2）碳化深度测试仪。

（3）榔头、凿子及橡皮吹气球。

（4）1%酚酞酒精试剂，即酚酞：酒精=（1～2）：（99～98）。

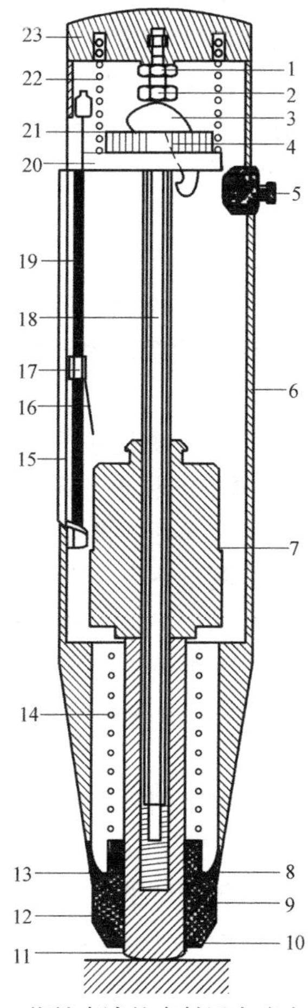

图 11-19　指针直读的直射锤击式中型回弹仪

1—紧固螺母；2—调零螺钉；3—挂钩；4—挂钩销子；5—按钮；6—机壳；7—弹击锤；8—拉簧座；9—卡环；10—密封毡圈；11—弹击杆；12—盖帽；13—缓冲压簧；14—弹击拉簧；15—刻度尺；16—指针片；17—指针块；18—中心导杆；19—指针轴；20—导向法兰；21—挂钩压簧；22—压簧；23—尾盖

3. 试验方法步骤

（1）在需要测试的构件上按照规定要求画出测区，标记测区编号。

（2）用回弹仪以垂直表面的方式测试各测区的回弹值，每个测区布置 16 个测点，测试 16 个回弹值，精确到 0.1。测点不应在气孔或外露石子上，每个测点只允许测一次。

（3）测量代表性测区或全部测区的碳化深度。

4. 测试仪器操作方法

(1) 将回弹仪的弹击杆顶住混凝土的表面，轻压仪器，使按钮松开，弹击杆徐徐伸出，并使挂钩挂上弹击锤。

(2) 使回弹仪对混凝土表面缓慢均匀施压，待弹击锤脱钩，冲击弹击杆后，弹击锤即带动指针向后移动直至到达一定位置时，指针滑块上的刻线即在刻度尺上指示某一回弹值。

(3) 使回弹仪继续顶住混凝土表面，进行读数并记录回弹值，如条件不利于读数，可按下按钮，锁住机芯，将回弹仪移至他处读数。

(4) 逐渐对回弹仪减压，使弹击杆自机壳内伸出，挂钩挂上弹击锤，待下一次使用。

(5) 每一测区记取 16 个回弹值，每一测点的回弹值测读至 1。

(6) 测点宜在测区范围内均匀分布，相邻两测点的净距一般不小于 20mm，测点距构件边缘或外露钢筋、预埋件的距离一般不小于 30mm。测点不应在气孔或外露石子上，同一测点只允许弹击一次。

(7) 碳化深度值测量。

回弹值测量完毕后，应选择不少于构件的 30%测区数在有代表性的位置上测量碳化深度值，取其平均值为该构件每测区的碳化深度值。当碳化深度值极差大于 2.0mm 时，应在每一测区测量碳化深度值。

测量碳化深度值时，可用合适的工具在测区表面形成直径约 15mm 的孔洞，其深度大于混凝土的碳化深度。然后除净孔洞中的粉末和碎屑，不得用水冲洗。立即用浓度为 1%～2%酚酞酒精溶液滴在孔洞内壁的边缘处，再用深度测量工具测量已碳化与未碳化混凝土交界面到混凝土表面的垂直距离，测量不应小于 3 次，每次读数精确至 0.25mm，取其平均值，精确至 0.5mm。当碳化深度值大于 6.0mm 时，取 6.0mm。

(8) 泵送混凝土制作的结构或构件的混凝土强度的检测应符合下列规定：

① 当碳化深度值不大于 2.0mm 时，每一测区混凝土强度换算值应按规程 JGJ/T 23—2011 附录 B 修正。

② 当碳化深度值大于 2.0mm 时，可采用同条件试件或钻芯法修正。

5. 测区回弹值的计算与评定

(1) 计算测区平均回弹值时，应从该测区的 16 个回弹值中剔除 3 个最大值和 3 个最小值，余下的 10 个回弹值按下列公式计算：

$$R_m = \frac{\sum_{i=1}^{10} R_i}{10}$$

式中 R_m——测区平均回弹值，精确至 0.1；

R_i——第 i 个测点的回弹值。

(2) 水平方向检测混凝土浇筑表面或底面时，应按下列公式修正：

$$R_m = R_m^t + R_a^t$$

$$R_m = R_m^b + R_a^b$$

式中 R_m^t、R_m^b——水平方向检测混凝土浇筑表面、底面时，测区的平均回弹值，精确至 0.1；

R_a^t、R_a^b——混凝土浇筑表面、底面回弹值的修正值。

（3）混凝土强度推定值计算。

结构或构件第 i 个测区混凝土强度换算值，可根据求得的平均回弹值 R_{m} 和平均碳化深度值 d_{m}，按统一测强曲线换算表得出，见现行行业标准《回弹法检测混凝土抗压强度技术规程》JGJ/T 23 中附录 A 和附录 B。

由各测区的混凝土强度换算值可计算得出结构或构件混凝土的强度平均值。当测区数不少于 10 个时，应计算强度标准差。平均值及标准差应按下列公式计算：

$$mf_{cu}^{c}=\frac{\sum_{i=1}^{n}f_{cu,i}^{c}}{n}$$

$$Sf_{cu}^{c}=\sqrt{\frac{\sum_{i=1}^{n}(f_{cu,i}^{c})^{2}-n(mf_{cu}^{c})^{2}}{n-1}}$$

式中　mf_{cu}^{c}——构件混凝土强度平均值（MPa），精确至 0.1MPa；

n——对于单个检测的构件，取一个构件的测区数；对于批量检测的构件，取被抽取构件测区数之和；

Sf_{cu}^{c}——结构或构件测区构件混凝土强度标准差（MPa），精确至 0.01MPa。

（4）计算结构或构件混凝土强度推定值：

当该结构或构件测区数少于 10 个时：

$$f_{cu,e}=f_{cu,min}^{c}$$

式中　$f_{cu,min}^{c}$——构件中最小的测区混凝土强度换算值（MPa），精确至 0.1MPa。

当该结构或构件的测区强度值中出现小于 10.0MPa 时：

$$f_{cu,e}<10.0\text{MPa}$$

当结构或构件的测区数不少于 10 个时或当按批量检测时，应按下列公式计算：

$$f_{cu,e}=mf_{cu}^{c}-1.645Sf_{cu}^{c}$$

对于按批量检测的构件，当该批构件混凝土强度标准差出现下列情况之一时，则该批构件应全部按单个构件检测。

① 当该批构件混凝土强度平均值小于 25MPa、$Sf_{cu}^{c}>4.5$MPa 时。

② 当该批构件混凝土强度平均值不小于 25MPa 且不大于 60MPa、$Sf_{cu}^{c}>5.5$MPa 时。

6. 检测报告

回弹法评定结构或构件混凝土抗压强度报告，应包括下列主要内容：

（1）建设单位名称；（2）委托单位；（3）施工单位；（4）设计单位；（5）工程名称和结构或构件名称；（6）施工日期；（7）检测原因；（8）检测环境；（9）检测依据；（10）回弹仪生产厂、型号、出厂编号及检定证号；（11）结构或构件的平均强度值、标准差、最小测区强度值及强度推定值；（12）出具报告的单位名称（盖章）、审核人、检测负责人、试验人员的姓名；（13）检测及出具报告的日期；（14）其他需要说明的事项。

11.9.2　取芯法检测混凝土强度

1. 基本原理

钻芯法是利用专用钻，从结构混凝土或构件中钻取芯样（芯样试件尺寸要求：直径和高度均为100mm的圆柱体标准试件），以检测混凝土强度或观察混凝土内部质量，是一种半破损的现场检验方法手段。钻芯法可以检测混凝土的强度、裂缝、接缝、分层、孔洞或离析等缺陷。对于等级强度低于C10的混凝土结构不宜采用钻芯法检测。从钻孔中取出的芯样试件的尺寸一般不满足尺寸要求，必须进行切割加工和断面修补后，才能够进行抗压强度试验。水泥砂浆补平层厚度不宜大于5mm。其他控制指标有端面平整度、垂直度、直径偏差等。

2. 主要仪器设备

钻芯机，磨平机，钢筋探测仪，压力试验机，钢直尺，钢卷尺等。

3. 试验方法及步骤

（1）钻芯机应具有足够的刚度、操作灵活、固定和移动方便，并应有水冷却系统，钻取的芯样直径一般不宜小于骨料最大粒径的3倍，检测混凝土内部缺陷时直径不受限制。

（2）钻芯位置的确定。

结构或构件受力较小的部位，混凝土强度质量具有代表性的部位，便于钻芯机安放与操作的部位，避开主筋预埋件和管线位置。

（3）芯样钻取。

钻芯机就位并安放平稳后，应将钻芯机固定；芯样应进行标记。当所取芯样高度和质量不能满足要求时，则应重新钻取芯样；钻芯后留下的孔洞需及时进行修补；钻取芯样时需要控制进钻的速度；在钻芯工作完毕后，应对钻芯机和芯样加工设备进行维修保养。

（4）芯样加工及测量。

抗压芯样试件的高度与直径之比（H/d）为1.00；锯切后的芯样应进行端面处理，宜采用在磨平机上磨平端面的处理方法。承受轴向芯样试件端面，也可采取下列处理方法：①用环氧胶泥或聚合物水泥砂浆补平；②抗压强度低于40MPa的芯样试件，可采用水泥砂浆、水泥净浆或聚合物水泥浆补平，补平层厚度不宜大于5mm；也可采用硫黄胶泥补平，补平层厚度不宜大于1.5mm。

4. 强度检测

芯样试件抗压强度试验分为潮湿状态和干燥状态两种。芯样试件应以自然干燥状态进行抗压试验；按自然干燥状态进行试验时，芯样试件在受压前应在室内自然干燥3d，再进行抗压强度试验。

当结构工作条件比较潮湿，需要确定潮湿状态下混凝土强度时，芯样试件宜在（20±5）℃的清水中浸泡40～48h，从水中取出后擦干立即进行抗压强度试验。压力机精度不低于±2%，试件的破坏荷载为压力机量程的20%～80%。加载速率一般控制在0.3～0.8MPa/s。

芯样试件的混凝土抗压强度值按下列公式计算：

$$f_{cu,cor}=F_{con}/A$$

式中 $f_{cu,cor}$——芯样试件混凝土抗压强度值（MPa），精确至0.1MPa；

F_{con}——芯样试件抗压试验测得的最大压力（N）；

A——芯样试件的抗压截面面积（$1/4\pi d^2$，mm^2）。

单个构件混凝土强度推定值，按有效芯样试件混凝土抗压强度值中的最小值确定。

（1）检测批的混凝土强度推定值应计算推定区间，推定区间的上限值和下限值按下列公式计算：

上限值 $f_{cu,e1}=f_{cu,cor,m}-k_1S_{cor}$

下限值 $f_{cu,e2}=f_{cu,cor,m}-k_2S_{cor}$

平均值 $f_{cu,cor,m}=\frac{\sum_{i=1}^{n}f_{cu,cor,i}^{c}}{n}$

标准差 $S_{cor}=\sqrt{\frac{\sum_{i=1}^{n}(f_{cu,cor,i}^{c}-f_{cu,cor,m})^2}{n-1}}$

式中 $f_{cu,cor,m}$——芯样试件的混凝土抗压强度平均值（MPa），精确至0.1MPa；

$f_{cu,cor,i}^{c}$——单个芯样试件的混凝土抗压强度值（MPa），精确至0.1MPa；

$f_{cu,e1}$——混凝土抗压强度推定上限值（MPa），精确至0.1MPa；

$f_{cu,e2}$——混凝土抗压强度推定下限值（MPa），精确至0.1MPa；

k_1，k_2——推定区间上限值系数和下限值系数，置信度为0.85条件下根据试件数确定。

S_{cor}——芯样试件的抗压强度样本的标准差（MPa），精确至0.1MPa。

$f_{cu,e1}$ 和 $f_{cu,e2}$ 所构成推定区间的置信度宜为0.85，$f_{cu,e1}$ 与 $f_{cu,e2}$ 之间的差值不宜大于5.0MPa和 $0.10f_{cu,cor,m}$ 两者的较大值。

（2）宜以 $f_{cu,e1}$ 作为检测批混凝土强度的推定值。

参考文献

[1] 杜红秀，周梅. 土木工程材料［M］. 北京：机械工业出版社，2015.

[2] 葛勇. 土木工程材料学（2011年新标准版）［M］. 北京：中国建材工业出版社，2011.

[3] 杨杨，钱晓倩. 土木工程材料［M］. 武汉：武汉大学出版社，2018.

[4] 吴科如，张雄. 土木工程材料［M］. 上海：同济大学出版社，2008.

[5] 湖南大学，同济大学，天津大学，等. 土木工程材料. 2版［M］. 北京：中国建筑工业出版社，2011.

[6] 彭小芹. 土木工程材料. 3版［M］. 重庆：重庆大学出版社，2013.

[7] 周爱军，张玫. 土木工程材料［M］. 北京：机械工业出版社，2015.

[8] 葛勇，谭忆秋，袁杰. 道路建筑材料［M］. 北京：人民交通出版社，2005.

[9] 张伟. 高性能水泥基材料应用技术［M］. 北京：中国建材工业出版社，2017.

[10] 张伟，徐世君. 建筑预拌砂浆应用指南［M］. 北京：中国建材工业出版社，2020

[11] 中国建筑科学研究院. 建筑业10项新技术［R］. 北京：住房和城乡建设部，2017.

[12] 钱慧丽. 预拌砂浆应用技术［M］. 北京：中国建材工业出版社，2015.

[13] 张伟，刘梁友，李莉丽，等. 铁尾矿粉-粉煤灰-矿渣粉复合掺合料对混凝土性能的影响［J］. 硅酸盐通报，2016，35（11）：3826-3831.

[14] 王广凯，刘梁友，冯恩娟，等. 硫铝酸盐水泥基自流平砂浆性能的研究［J］. 硅酸盐通报，2016，35（6）：1912-1917.

[15] 张伟，刘梁友，刘丹，等. 不同外加剂在湿拌砂浆中的性能研究［J］. 硅酸盐通报，2017. 8，36（8）：2833-2837.

[16] CHEN H C，HUANG H L，QIAN C X. Study on the deterioration process of cement-based materials under sulfate attack and drying-wetting cycles［J］. Structural Concrete，2018，19（4）：1225-1234.

[17] CHEN H C，QIAN C X，LIANG C Y，et al. An approach for predicting the compressive strength of cement-based materials exposed to sulfate attack［J］. Plos One，2018，13（1）：e0191370.

[18] CHEN H C，QIAN C X，HUANG H L. Self-healing cementitious materials based on bacteria and nutrients immobilized respectively［J］. Construction and Building Materials，2016，126：297-303.

[19] 陈怀成，钱春香，赵飞，等. 聚羧酸系减水剂对水泥水化产物的影响［J］. 东南大学学报（自然科学版），2015，45（4）：745-749.

[20] 陈怀成，钱春香，任立夫. 基于微生物矿化技术的水泥基材料早期裂缝自修复［J］. 东南大学学报（自然科学版），2016，46（3）：606-611.